KB124741

개정판
지리교육학의 이해

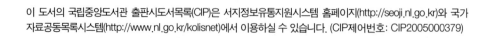

이 도서의 국립중앙도서관 출판시도서목록(CIP)은 서지정보유통지원시스템 홈페이지(http://seoji.nl.go.kr)와 국가
자료공동목록시스템(http://www.nl.go.kr/kolisnet)에서 이용하실 수 있습니다. (CIP제어번호: CIP2005000379)

개정판
지리교육학의 이해

서태열 지음

Understanding and Implementing the Geographical Education

한올
아카데미

머리말

　이 책은 지리교육이 무엇이어야 하는지를 고민하는 사람들에게 지리교육을 이해할 수 있는 틀을 제공하기 위한 것이다. 어떻게 보면 이 책은 지리교과교육 연구를 위한 지침서로 보일 수도 있고, 동시에 하나의 지리교육학 개론서 역할을 할 수도 있다.

　저자는 지리교육연구가 어떻게 하나의 연구학문이 되는가를 보여주고 싶었고, 이를 통해 교과교육으로서 지리교육을 실천교육학의 위상을 가진 실천지리학으로 자리매김하고 싶었다. 그리고 이 책을 통해 지리교육에 대한 논의와 연구가 좀더 체계화되고 활성화되었으면 하는 바람을 가져본다.

　우리나라에서 지리교육이 교과교육으로 제도화되고 본격적으로 하나의 학문으로 등장하기 시작한 것은 1980년대 후반이었다. 물론 1960년대부터 지리교육에 대한 활발한 연구를 통해 지리교육의 이론과 실천을 위한 토대가 성립되었다고 볼 수도 있지만, 1980년대 후반까지의 지리교육은 교수할 학문적 내용 자체와 지리교수의 실행방식에 대한 관심이 주를 이루었던 것이 사실이다. 이에 비해 1980년대 후반부터는 국내 대학에서 지리교육 박사를 배출하기 시작하였을 뿐만 아니라, 교실수업에서 교육과정의 계획 및 실천에 이르는 전 과정에 걸쳐 지리를 가르치고 학습하는 현상을 개념화하고 이론적으로 설명하며 이를 실천할 방법을 모색하는 실천교육학이자 교과교육학으로서 지리교육은 자리를 잡기 시작하였다.

　그동안 많은 지리교육학도들은 지리교육을 어떻게 정립할 수 있을 것인가에 대해서 고민하였고, 또 각자의 관점에 따라 활발하게 저술활동을 함으로써 지리교육의 장은 크게 확대되었다. 특히 1990년대 이후 많은 연구 성과와 서적들이 축적되며 지리교육의 존립근거와 존립방식은 확고해지고 이론이나 실천의 양면 모두 풍성해진 것만은 틀림이 없다.

　그렇지만 아직 지리교육은 그 전체의 모습이 어떠해야 하는지를 보여주는 하나의 정형적인 틀을 완전히 제공하지 못한 면이 있다. 그리고 교육과정 역시 그 개편의 횟수가 날로 늘어나고는 있지만, 여전히 블랙박스로 남아있는 학교 교육현장을 제대로 반영하고 있는지에 대해서는 의문이 생긴다. 즉 학교에서 진행되는 지리교육현상을 어떻게 이해하고 계획하며, 우리 지리교육의 위치가 어디인지를 가늠하지 못한다는 것이다. 여전히 지리교육의 교육학적·지리학적 본질은 무엇이며, 교육과 지리학의 발전을 위하여 지리교육의 역할이 무엇이어야 하는가는 고민거리로 남아 있다.

이 책은 저자가 지리교육 연구자의 입장에서 지리교육을 이해하기 위하여 지리교육 전체의 틀을 제시해보고, 이를 바탕으로 그동안의 지리교육을 한번 돌아본다는 생각에서 출판하게 된 것이다.

저자는 이 책을 지리교육에 있어서 가장 근본적인 질문인 "왜 지리를 가르치는가?", "지리를 통해 무엇을 가르치려고 하는가?", "지리를 어떻게 가르칠 것인가?" "지리를 가르치고 학습하는 현상을 어떻게 분석하고 설명하며, 이를 어떻게 반성적으로 탐구할 수 있을까?"와 같은 궁극적인 질문들에 답하도록 구성하고 싶었다.

따라서 이 책은 이러한 질문에 답할 수 있도록 지리교육의 맥락, 지리에 대한 교과적 이해, 지리 교수-학습, 지리교육과정, 지리평가, 지리교육연구라는 주제 하에 모두 6개의 부로 구성되었다. 그리고 교육의 과정, 즉 목적과 철학, 내용, 교수-학습, 평가에 이르는 과정이 포함되도록 하였는데, 전체적으로 지리교육의 교육적 맥락, 의미와 가치에서 시작하여 지리에 대한 교과적 이해, 지리의 학습과 교수, 지리교육 계획으로서의 교육과정, 지리평가로 이어지도록 그 흐름을 잡았다. 그리고 이러한 지리교육의 계획, 실행, 평가의 전 과정을 반성적으로 돌아볼 수 있는 지리교육에 대한 연구를 마무리로 배치하였다.

또한 저자는 단순한 개론서에 머물지 않고, 가능한 종래의 일상적 논의에서 벗어나 새로운 내용을 중점을 두도록 주의를 기울였다. 그리고 그동안 논의가 부족하다고 생각했던 목적과 목표, 교과의 구조, 지리 교과의 심리적 기초, 지리교육의 발달사, 지리평가와 지리교육연구에 대해 최대한 상세하게 쓰려고 노력하였다. 그렇지만 한국의 지리교육발달사에 대한 부분은 한국교원대학의 남상준 교수님께 신세진 바가 크다.

이 책은 지리교육의 여러 분야를 모두 다룬 관계로 자료수집에도 많은 시간이 걸렸는데, 지난 2000년 미국 텍사스 대학에서 가졌던 안식년 기간 동안에도 관련된 자료를 모으고 정리를 하는 등 틈나는 대로 자료의 수집과 연구를 진행하였다. 그러나 저자의 부족함으로 수집한 연구물이나 자료들을 반영하지 못한 부분도 많고 최근의 국내·외 지리교육관련 연구 성과들을 충분히 반영하지 못한 점도 있다. 이 책의 불완전함이나 결점은 모두 저자의 과문하고 부족한 탓이며, 언제든지 독자 여러분들의 견해들을 받아들여 적극적으로 수정할 생각이다.

끝으로 본 책이 출간되도록 적극적으로 도와주신 한울출판사의 김종수 사장님과 이재연 이사님, 그리고 편집을 위하여 많은 수고를 아끼지 않은 편집부 여러분께 감사를 드린다. 그리고 급박한 요청에도 불구하고 표와 그림을 능숙하게 다시 그려준 안종욱 선생, 마경묵 선생, 양병일 군에게 깊은 감사의 뜻을 전하고 싶고, 교정을 보아준 이병철 선생, 김혜숙 선생, 임은진 선생, 선지연과 김성은 양에게도 큰 고마움을 표한다.

2005년 2월
안암골에서 저자 씀

차례

제2부 지리에 대한 교과적 이해

제3부 지리 교수와 학습

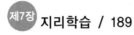

제4부 지리교육과정

12

14

제6부 지리교육연구

 지리교과교육 연구의 영역과 방법 / 497

 지리교육연구의 동향 / 525

제1부 맥락

1 지리교육의 맥락

모든 사람들에게 보다 나은 세계를 위해 일할 희망, 신념, 능력을
제공하는 데 전념하고 있는 지리교육자들에게 세계가 직면하고 있는
주요한 쟁점과 문제들이 야기한 갈등들은 하나의 도전이다
(IGU Commission on Geographic Education,
International Charter on Geographic Education, 1992, p.1).

1. 지리교육환경의 변화

1) 변화하는 사회와 지리교육

현대사회처럼 조직화, 체계화, 복잡화, 전문화가 진행된 사회일수록 사회와 교육의 관계는 더욱 긴밀해진다. 이에 따라 교육이 사회와 떨어져 관련을 맺지 않은 채 별도의 분리된 과정으로 행해져야 한다는 관점은 거의 사라진 상태이다. 사회의 분화와 조직화가 가속되는 현대 산업사회에서 교육은 사회적 기능을 수행하는 한 부분으로 더욱 전문화되고 있으며, 사회화 과정의 필수요소로 보는 관점이 지배적이다.

이에 따라 개인의 자아성취나 발달, 발전과 관련한 교육의 목적보다 사회구성원으로서의 역할과 사회적 문제해결을 위한 교육을 더욱 강조하게 되었다. 학교의 역할도 학생을 미래사회의 구성원, 즉 사회적 존재로 육성하는 것을 강조한다. 이처럼 교육을 통해 미래의 사회활동을 대비한다는 점은 '미성숙한 아동을 성숙한 사회인(시민)으로 만드는 것'이 교육의 목적이라고 했던 듀이의 주장에서 잘 드러난다. 이에 따라 교육은 미덕을 전달하는 것이라는 전통적 교육관에서 벗어나 사회화 과정의 일환으로 보며 교육에 대해 좀더 적극적인 관점을 갖게 되었다.

사회의 변화는 교육의 목적, 내용, 방법의 변화를 가져온다. 특히 내용과 방법의 측면에서 교육 내용의 주요 부분을 이루는 지식이 사회적 영향을 크게 받아 생산·활용되면서 많은 변화를 수반하고 있다. 이는 교육에서 지식의 사회성을 언급할 때 지식 그 자체나

진리탐구과정 못지않게 문제해결, 의사결정을 강조하는 데에서도 잘 나타난다. 이렇듯 사회적 필요와 요구에 의해 지식 생산이 급격히 팽창되면서 교육의 내용 및 방법에 영향을 주고, 교육자들에게도 이를 수용할 것을 요구하고 있는 시점이다. 심지어 교육내용의 선정에 있어서도 사회와의 관련성, 즉 유관적합성과 지식의 유용성이 특히 강조되고 있다. 지리교과도 이러한 영향을 직접적으로 받고 있다. 즉, 지리학은 사회에서 비롯한 지적 생산물이다. 또한 지리교육 역시 사회 속에서 행해지므로 지리학이나 지리교육 모두 사회와의 관련성을 부인할 수 없게 되었으며 점차적으로 사회와의 관련성이 높아지고 있다.

최근에 나타나는 사회변화의 양상은 대단히 다양하고 복잡하지만 현대사회는 정보화, 세계화와 지방화, 국제화와 개방화 등으로 특징지을 수 있다. 그중에서도 지리교육에 미치는 가장 중요한 영향력은 정보화 사회의 도래와 지식기반사회의 등장이라고 볼 수 있다. 정보화는 세계화, 국제화, 개방화를 이끌어내는 중요한 수단이 되고 있으며 국제사회 연결망의 근본구조를 변화시키고 있다.

한편 정보화 사회의 대두는 지리교육의 목표, 내용, 방법의 측면에서 영향을 주고 있다. 지리교육 목표의 측면에서 보면, 정보화로 인하여 사회구조와 교육조건이 변화된 상황에서 지리교육을 통하여 궁극적으로 어떤 인간상을 기를 것인지에 대한 검토가 요구된다. 급격한 정보통신기술의 발전이 가져오는 환경의 변화에 대응하기 위해서는 가치 창조적 인간, 능동적이고 목표지향적인 인간, 공동체의식을 가진 협동적 인간의 육성이 요구되고 있다. 특히 정보화 사회는 정보의 창조·활용 면에서 창의성을 발휘하는 창조적 인간, 지식과 정보의 홍수 속에서 이를 올바르게 판단할 수 있는 비판적 인간을 요구하고 있다. 또한 정보화가 동반하는 국제화, 개방화, 세계화의 과정에서 차별화된 개성을 지니면서도 동시에 편견 없는 열린 마음과 교호성을 가진 협동적 인간과, 전 지구적 차원에서 지구촌 사회의 지속적 번영에 필요한 세계시민정신을 갖춘 인간이 필요하다. 덧붙여 이러한 목표들을 달성하기 위해 창조성, 비판적 사고 등 지리적 사고력과 미디어 문장력(media literacy)이 강조되고 있다.

지리교육의 내용 측면에서도 정보화 사회는 많은 영향을 주고 있으며, 그 구체적 내용은 다음과 같다. 첫째, 정보를 조직하고 그것이 한 개인의 삶에서 유용한 기능을 하도록 만드는 능력, 즉 정보능력은 정보화 시대에 있어서 생존의 필수기능으로 강조된다. 둘째, 지식의 폭발적 증가와 지식정보화 추세는 결과적으로 드러난 지식 그 자체보다 지식획득 및 활용과 관련한 전반적인 과정(과정적 지식)에 해당하는 기능을 강조한다. 셋째, 선택이 폭넓어지며 선택에 따른 의무가 강조되고 다양한 가치와 문화의 추구로 경쟁과 변화가 가속화되면서 불확실성이 증가하는 상황을 고려해야 한다. 즉 지리적 정보에 대한 창의적 사고와 다양한 지리적 정보에 대한 평가를 중시하는 비판적 사고능력이 강화되어야 하며, 문제해결능력과 의사결정능력 또한 함께 다루어야 한다. 넷째, 정보화에 따른 지식의 폭발적 성장은 상대적으로 기존의 지식을 어떻게 볼 것인지와 관련된 문제를 야기했다. 따라서 지리적 지식과 관련해서도 인식에 포함된 가치와 태도의 중요성에 대해 재인식하고 지리적 지식과 관련한 사고와 가치의 중요성을 재강조하게 되었다. 이에 따라 지리에서는 세계와 각 지역에 대한 종합적 지식과 이해뿐만 아니라 개방된 다른 지역의 문화와 지역에 대한 이해·협력을 위하여 국제이해교육, 이문화교육(異文化教育), 다문화교육이 세계학습과 동시에 이루어져야 한다.

지리교육 방법의 측면에서도 정보화는 영향을 주고 있다. 정보화로 인해 지식·정보 전달방법이 획기적으로 변해 한 명의 교사가 다수를 가르치는 집단교육에서 벗어나 다양한 의사교환의 통로를 이용한 교육으로 변화하고 있다. 그리고 교사가 일방적으로 수업을 진행하기보다는 상호작용을 중시하는 방향으로 전환되고 있으며, 지식·정보의 암기 대신 창조와 창조적 이용, 이를 통한 문제해결을 중시하는 방향으로 변화하고 있다.

더불어 교통, 통신이 발달해 정보의 동시전달이 가능해지며 지리교육도 학교라는 물리적 장소에 국한되지 않고 시·공간적으로 영역이 확대되고 있다. 그리고 사회적 지리정보와 교사의 지리정보 간 격차 또한 점점 커지고 있다. 따라서 지리교사의 능력과 자질에 있어서 수업내용 및 자료개발과 관련한 지리정보의 재조직능력을 강조하고 있다. 컴퓨터를 이용한 정보의 확산은 정보전달방식의 변화를 초래하지만, 정보전달과정에서 사실의 발견보다 사실이 가지는 의미의 발견과정이 좀더 중요해진다. 이에 따라 정보화 시대의 지리교육에서는 단순히 정보전달자의 역할만 하는 교사와 이를 무비판적으로 수용·소비하는 학생은 더 이상 의미가 없으며, 학생이 정보를 창조적으로 이용하고 조직하도록 육성해야 한다.

그리고 지식기반사회의 등장 또한 교육 및 지리교육과 관련하여 많은 변화를 가져오며 변화를 요구하고 있다. 적어도 지식기반사회는 전통적으로 학교교육에서 다루었던 내용에 대해 재고할 것을 요구한다. 지식기반사회에서 학교의 교육내용은 기초기능교육의 강화 및 그 범위의 확대, 직업관련능력 강화, 자기주도적 학습능력의 강화, 통합적 구조 지향 등의 방향으로 변화될 필요가 있으며, 기존의 지식에 대해서도 재개념화가 요구된다. 또한 현대사회에서 교육적 지식은 파편처럼 조각난 낱개들이 아니라 다른 지식과의 관계 속에서 형성되는 것임을 인식해야 한다. 그뿐만 아니라 우리의 감정이나 의지, 행동으로부터 분리시킬 수 없는 삶의 한 부분으로서 '하나의 체제' 속에 있는 것으로 이해해야 한다(이돈희 외, 1999: 28).

이와 같이 지식기반사회에서는 종전의 '내용'을 강조하는 지식 대신에 다른 종류의 지식을 강조해야 한다는 주장이 많아지고 있다. 지식기반사회에서 요구하는 이러한 변화를 스펜더(Spender, 2001)는 다음과 같이 표현하고 있다.

> 이제 더 이상 '무엇을 알고 있는가(what you know)' 하는 것이 문제가 될 수 없다. '무엇을 할 수 있는가(what you can do)' 하는 것이 문제이다. 머릿속에 '무엇이 들어가느냐'가 아니라 수행으로 나타나는 것, 행위, 창조적으로 사고하는 능력, 비판적으로 사고하는 능력, 새로운 정보와 해결책을 창출하는 능력 등이 중요하다(소경희·이화진, 2001: 92).

독일의 교육연구부는 지식기반사회의 막대한 정보와 지식을 능숙하게 처리하고 자신이 가지고 있는 지식을 효율적으로 관리하기 위한 지식을 일반지식(general knowledge)이라고 표현하였다. 일반 지식에는 일반적인 기초와 문화능력, 그리고 정보기술의 처리능력을 바탕으로 하는 도구적 능력, 개인의 경험적 지식과 그 지식을 처리하는 개인적 능력, 의사소통능력과 사회적 책임을 바탕으로 하는 사회적 능력, 시사문제에 대한 사실적 지식과 일상적 지식을 바탕으로 하는 기본적 사실에 관한 능력이 포함된다.

이러한 지식은 특정한 교과 혹은 영역에 제한되기보다는 여러 교과 혹은 내용에 걸쳐 지식을 습득하는 데 기초가 되는 것으로 전통적인 지식의 목록들과는 상당한 차이를 가지고 있다.

이에 대해 김성재(1999: 11)는 전통적 지식사회에서 요구하는 주제적 또는 교과적 지식과 구분해 지식기반사회에서 요구하는 지식을 연계망적 지식 또는 문제해결적 지식으로 설명했다. 즉 전통적 의미의 지식은 세계를 일목요연하게 인식, 표현, 예측할 수 있다고 생각하는 '결정론적 세계관'에 의한 '주제적 또는 교과적 지식(subject knowledge)'이었다. 하지만 이제 이러한 전통적인 교과적 지식은 무의미하거나 낡은 것으로 취급되고 있다. 지식 정보량이 폭발적으로 성장하고 있어 올바른 교과적 지식이라 해도 이 지식을 암기하는 교육은 무의미할 뿐만 아니라 학습자의 다양한 학습기회를 빼앗는 결과를 가져올 수 있다.

따라서 지식기반사회에서는 특정 교과와 관련한 내용지식보다 정보를 효율적으로 다루어 지식으로 변화시킬 수 있는 지적 능력이 중요하게 된다. 지식기반사회에서는 전통적인 교과적 지식과는 달리 다양한 정보와 지식의 신속성, 다양성, 복잡성, 중첩성 등을 조직하고 관리하는 '연계망적 지식(networking knowledge, cross-linked knowledge)' 혹은 능력이 중요하다. 그리고 지식이 양적으로 팽창하며 또 다른 지식생산의 동기를 형성함에 따라 상호 연결된 지식과 함께 거대한 양의 정보와 지식을 다루는 방법에 관한 지식을 필요로 하기 때문에 전통적 지식과 달리 '문제해결을 위한 지식'이 중심이 된다(김성재, 1999: 11).

2) 지리학과 지리교육

지리학과 지리교과를 동일시하는 것은 두 가지 모두 오랜 역사를 가지고 있는 데에서 비롯된 오랜 전통이기도 하다. 그리고 교육학적 측면에서 보면, 교과 설정의 기초로서 지식의 습득을 교육과 거의 동일시하고 있는 입장은 '지식의 구조'를 강조하는 교육과정 이론에 힘입어 학문과 교과를 거의 동일시했다. 이것은 전통적으로 지지되어온 '교육은 지식습득이다'이라는 관점에까지 그 뿌리가 맞닿아 있다(이돈희 외, 1997: 48).

그러나 이돈희 등(1997: 50~53)은 이처럼 현대교육에서 교과와 학문이 혼동해 나타나는 것은 지금까지 교과공동체가 그들 스스로의 정체성을 확립하지 못한 데에서 비롯된 것이라고 보기도 한다. 그것은 학문적 지식 및 경험과 이를 바탕으로 교육적 변용이 가해진 교과내용은 엄밀히 말하여 같은 것이 아니며, 교과와 교과의 배경을 이루는 학문의 가치체계는 반드시 서로 일치하는 것이 아니라 상이할 가능성이 훨씬 크기 때문이다.

따라서 학문적인 내용이나 경험과 구분하여 교육의 맥락에 의해 여과되기 이전과 이후 상태 사이에서 교과가 여타의 배경학문과 구별되는 일종의 경계선이 존재한다고 볼 수 있다. 이 차이는 지리교과교육의 가치영역과 지리학의 가치영역 간 차이이기도 하고, 지리교과교육이 실현하려는 가치영역과 지리교과교육 이외의 가치를 추구하는 영역들간의 차이이기도 하다.

물론 지리교과와 지리학 양자는 서로 영향을 주고받는 관계에 있으며, 양자의 관계는 그와 같은 차이를 고려할 때 비로소 의미를 가진다고 할 수 있다. 지리교과의 가치를 논하는 문제는 적어도 지리교과교육이 지닌 가치체계의 명료화에 기초하여 지리교과교육과 여타 분야의 관계를 고려하는 방식으로 접근하는 것이 바람직하다.

따라서 지리교과의 의미나 성격은 지리교육의 목적이나 개념을 어떻게 보느냐에 따라 다르게 규정될 수 있다. 달리 말하면, 무엇이 '지리교과'에 포함되어야 하며 지리교과를 구성하는 요소들이 일반적으로 갖추어야 할 특징이 무엇인지의 문제는 지리학을 무엇으로 규정하느냐보다는 '교육'을 무엇으로 규정하느냐에 따라 다르게 설명될 수 있다는 것이다.

3) 변화하는 학습자관과 지리교육

교육에서 학생의 지위와 역할에 대한 새로운 인식이 요구되고 있다. 전통적 교육활동에서 교사는 교육내용(예로서 전통)의 전달자이고 지식의 권위자이며, 학생들은 이러한 교육

내용과 지식의 전수자, 혹은 교육의 대상으로 하나의 용기(container)로만 여겨졌다. 로크가 주장한 바와 같이 아동은 백지상태이며, 교육을 통하여 이 백지 위에 그림을 그려나가는 하나의 과정으로 교육을 연상시킨다. 이는 교수활동에서 교수중심의 교육관(수업관)에 바탕을 두고 있는 것이며, 이와 비교해 최근에는 학생들이 무엇을 어떻게 배우는지와 관련한 학습중심의 교육관(수업관)이 부각되고 있다.

최근에 나타나고 있는 학생관(학습자관)의 변화는 다음과 같은 변화를 바탕으로 나타난 것이라고 볼 수 있다.

(1) 수업관의 변화

기존의 학생관(학습자관)은 교사가 절대적 진리를 가르칠 수 있으며 학생들은 그것을 절대적으로 수용한다는 가정을 하고 있으며 전통적 교육(수업)에서 학생들은 하나의 객체화된 대상이 된다. 그러나 가르친다는 것의 원론적 의미에 대한 검토와 담론(discourse)으로서 교육행위를 보는 관점의 등장으로 학생을 인식과 사고의 주체로 보는 시각이 나타나고 있다. 또한 지식의 권위자로서 교사의 위치가 지식 정보화와 지식의 사회적 활용도의 증가로 인하여 전문성과 권위 양자의 측면에서 붕괴되고 있다. 이러한 입장은 구성주의에서도 잘 드러나는데, 구성주의에 따르면 학생들과 교사 모두 하나의 의미 형성자라고 볼 수도 있다.

한편, 원론적으로 '가르친다'의 상대어로서 '배운다'의 의미를 다시 생각해볼 필요도 있다. 즉 제대로 가르친다는 것은 배운다는 것과 이를 통해 안다는 것이 의미하는 바가 무엇인지를 고려해야 하는 것이라 할 수 있다. 학생들이 '어떻게 학습하는가'를 아는 것과 학생들을 '어떻게 가르칠 것인가'를 아는 것은 같은 맥락을 지니고 있다. 결국 잘 가르친다는 것은 인간 개인이 '어떻게 아는가'를 인식하는 것의 연장선상에 있다.

이러한 관점에서 가르치는 것과 배우는 것을 일직선상에 놓지 않을 경우 우리는 가르치는 것과 배우는 것이 왜 다른가도 알 수 없을 것이다. 학생들이 배우는 것과 교사가 가르치는 것이 실제로 같지 않은 경우가 많으며, 대부분의 경우 오개념(misconception)이라고 불리는 학생 입장의 개념이 내면적으로 만들어진다. 교사가 '고위평탄면'이라고 가르치는 내용과 학생들이 '고위평탄면'으로 배운 내용이 정확히 일치할 지에 대해 생각해보면, 분명한 것은 교사와 학생 각각의 인지구조에서 이 양자의 모습은 같지 않으며, 교사와 학생은 각자가 생각하고 있는 '고위평탄면'을 근접시키려고 노력할 뿐이다.

이 상황을 해석해보면 교사의 교수행위는 하나의 담론을 형성하는 과정일 뿐이다. 교사가 가르치고 지시하는 것은 학생의 입장에서 보면 해석하고 재해석하며 재구성해야 할 하나의 텍스트(text)인 셈이다. 학생은 특정한 맥락(context)에서만 그 텍스트들을 받아들일 뿐이다.

수업현상을 담론 형성의 과정으로 볼 수도 있지만 다른 관점에서 살펴보면 이는 끊임없이 이루어지는 하나의 사회적 상호작용의 과정이다. 교육이나 수업은 대상화된 학생을 가르치는 것이 아니라 사회 속에서 다양한 역할을 수행하는 과정에 있는 역할자로서 학생과의 상호작용을 하는 것이며, 학생들은 교육을 받은 후에도 각자가 행하게 될 다양한 사회적 역할이 기다리고 있는 것이다.

최근 교육내용의 유관적합성과 관련해 볼 때, 교육내용의 사회적 유관적합성 못지않게 개인적 유관적합성을 강조하는 것도 학생을 교육의 하나의 주체로 보는 관점을 드러낸다고 할 수 있다.

(2) 현대교육의 목표의 변화

현대교육의 목표는 점점 현대사회의 인간소외를 극복할 수 있는 대안적 교육, 즉 인간 존중의 교육을 요구하고 있다. 그것은 학생의 과거, 현재, 미래의 삶을 존중하는 교육을 고려하는 것이다. 교육의 목표가 지식교육, 즉 단편적 지식의 암기교육에서 미래의 삶을 설계하는 현장으로서의 교육으로 전환되고 있다. 또한 정답과 조각 지식의 획득을 추구하는 인간이 아닌 다양한 사고와 창의적 사고를 추구하는 인간의 육성으로 전환될 것을 요구하고 있다. 이는 곧 획일적 인간상을 만드는 것보다 개성 있는 인격체를 양성하는 것이 교육의 근본적 목적임을 확인하는 것으로 볼 수 있다. 이에 따라 행정의 편의와 능률의 극대화라는 효율성을 강조하기보다 인간 개개인의 만족과 성취를 중심으로, 수적 경쟁 대신 질적 경쟁을 요구하는 현대사회에 더욱 적합한 교육에 대한 인식이 확대되고 있는 것이다. 더욱이 현대사회의 불확실성 때문에 미래사회의 새로운 문제에 대한 대비에 있어서 '정답의 위기'가 나타나고 있으며, 이러한 제한적 교육의 한계를 넘어 생애교육의 필요성도 더 높아지고 있다.

(3) 새로운 인식론의 대두: 구성주의

구성주의 인식론은 인지하는 주체, 즉 지식 구성의 주체를 강조하므로 구성주의 교육도 그 기본적 원리는 바로 구성자 또는 학습자에 있다. 이는 구성주의 교수-학습 원리에도 나타나 구성주의 교육에서는 학습자 중심이라는 점을 가장 두드러진 특징으로 들 수 있다. 박영배가 제시한 학생중심적 개별화 원리, 의미지향적 활동의 원리, 반영적 추상화의 원리, 발문중심적 상호작용의 원리나 강인애(1997: 20~26)가 제시한 학습자의 학습에 대한

주인의식, 자아성찰적 실천, 협동학습환경의 활용, 학습자의 학습을 돕는 조언자이자 함께
배움을 같이하는 동료학습자로서의 교사의 역할, 상황 또는 맥락을 지닌 진정한 실재적
과제의 부여와 같은 원리들을 보더라도 이 점을 잘 알 수 있다.

구성주의 교수-학습에서 강조하는 학생중심적 요소는 지식의 형성과정이 인식주체(학
습자)에 의한 연속적 구성을 통해 알아가는 적극적 앎의 메커니즘이라는 구성주의의 기본
개념에 잘 나타나며, 이는 구성주의의 원리인 지식의 자주적 구성원리, 생장지향성의 원
리, 지식의 사회적 구성원리를 통해 좀더 상세하게 나타난다.

먼저 지식의 자주적 구성원리에 바탕한 구성주의 교수-학습에서 나타나는 학습자 중심
요소는 다음과 같다. 이 원리에서 보면, 지식은 교사로부터 학생에게 수동적으로 옮겨지
기보다는 학생에 의해 자주적으로 구성되는 것이다. 다시 말해, 구성주의자들은 지식이
외부적인 강화 또는 강요에 의하여 교사로부터 학생으로 전달될 수 있다는 견해를 거부한
다. 그 대신에 구성주의자들은 모든 지식은 인식의 주체인 학생의 내면세계에서 자주적으
로 구성되는 것이라는 견해를 수용한다. 이 점을 글레이져스펠트(Glasersfeld, 1984)는 "우
리의 경험에 적합한 개념적 프레임워크는 자물쇠를 열고 여행할 수 있도록 하는 열쇠이다.
학생의 열쇠가 반드시 교사의 것과 일치할 필요가 없다"라고 표현했다.

그러나 지식이 학생에 의해 자주적으로 구성된다고 해서 그것이 결코 학생의 내면세계
에서 지식이 '저절로' 구성된다는 것을 의미하지는 않는다. 박영배(1996: 7)는 오히려 구성
주의에서는 지식을 적절한 환경에서 교사의 안내 또는 도움을 받아 구성되는 것으로 보고
있으며, 바로 이러한 이유에서 학생에 의한 지식의 자주적 구성은 바로 '교사의 안내에 의한
자주적 구성'이라고 할 수 있는 부분이 있다고 주장한다. 따라서 구성주의자의 교수-학습관
에서 보면, 교사는 학생 스스로 지식을 구성해나갈 수 있도록 환경을 조성해주어야 한다.

생장지향성의 원리와 지식의 사회적 구성원리에 따른 구성주의 교수-학습 역시 학습자
중심적인 것이다. 개인의 인지적 행위와 사회참여 및 사회구성원간의 상호작용이라는 두
조건의 상호작용에 의해 지식이 형성된다고 전제하는 구성주의에서는, 자율적이고 적극
적인 학습과 동시에 학습자 개개인이 지닌 사회·문화적 배경을 바탕으로 스스로 지식을
형성하고 습득하는 학습을 강조한다.

덧붙여 구성주의 인식론에 근거한 지식구성과 형성을 위한 중요한 학습의 원칙으로
강인애(1997: 136, 192)는 학습자 개개인의 직접적 지적 체험과 특정한 사회 참여를 통한
문화적 동화를 강조한다. 전자는 개개인의 사회적, 문화적, 역사적 배경이 다르고, 그에
따라 구성된 지식의 구조도 다르므로 학습자는 제시된 지식과 정보를 선택적으로 받아들
인다는 점을 나타낸다. 따라서 일반적이고 보편적인 지식의 습득에 앞서 학습자 개개인의

개별적 체험과 경험을 통한 이해를 강조한다. 후자는 학습자가 개인의 인지적 작용에 의해서 뿐만 아니라 자신이 속한 특정사회 구성원과의 지속적인 상호작용과 사회참여를 통해 그 사회가 공유하는 행동양식, 언어, 지식과 기술 등을 습득하게 되는 것을 의미한다.

그러므로 구성주의 학습의 목표는 객관주의적 학습환경에서처럼 미리 구체적으로 설정되고 그 내용이 구조화·연계화되어 있는 환경에서 주어진 학습과제를 완전히 습득하는 데 있는 것이 아니다. 그 대신에 복잡한 여러 변인이 얽혀 있는 상태 그대로의 과제를 바탕으로 교사나 수업설계자들에 의해 주어진 것이 아닌, 학습자들 스스로 자신의 지식수준과 관심, 흥미에 따라 학습목표를 설정하고 문제를 만들어내며 해결하는 학습자 중심적인 것이다. 즉 구성주의 교수-학습에서는 무엇보다도 문제선택, 형성, 해결의 자율성, 자신의 학습에 대한 주인의식, 적극적이고 완전한 참여를 통한 학습자의 정체성 변화 등에 대한 인지적 변화가 강조된다고 할 수 있다.

한편 구성주의의 중심적 개념은 피아제의 이론과 진화론에서 발전한 균형(equilibrium) 개념과 결합된 앎(knowing)의 유용성(viability)[1]이다. 학습자는 의미구성과정의 적극적 행위자로 보아야 하며 구성주의적 교수는 지속적 재구조화, 수정, 지식주장채택의 과정으로 특징지을 수 있다.

이러한 인지변화 과정을 수반하는 학습을 위해서, 개념적 변화를 가져오는 환경을 조성하는 것과 이를 위한 이론구축을 강화하는 교수법을 개발하는 것과 더불어 학생들이 현재 유지하고 있는 신념체계를 정확히 알고 이를 존중하는 것이 필요하다. 이를 통해 구성주의는 기존의 교수자를 중심으로 전개된 지식중심, 기능중심 전달주의 교육에서 벗어나 인지 주체로서 학습자의 자기구성, 자기조직을 중심으로 지식, 기능, 가치 및 태도가 결합되는 인지·사고과정을 교육의 중심적 주제로 이끌어냈다.

구성주의적 입장에서 의미 있는 학습과 관련되는 중심적 주제들을 정리하면 다음과 같다.

① 인지체계의 변화를 가져오기 위해 어떻게 학생들의 경험에 생기를 불어넣어 섭동(perturbation)을 일으킬 것인가? 학생들은 특정한 문제를 어떻게 보며, 왜 학생들에게는 특정한 해결과정만이 유망해 보이는가? 이러한 학습의 방향은 토론중심학습이다.
② 학생들이 성공적이고도 학업성취에 대한 만족감을 느끼는 개념적 연결망을 발견할 가능성이 있는 분위기는 어떤 것인가? 이러한 학습의 방향은 학습자의 경험과 신념체계의 이해를 존중하는 것이다.
③ 상대적으로 신뢰성이 있는 인지체계를 만드는 방법은 무엇인가? 이러한 방법은 상호작용의 기회와 그에 필요한 능력을 제공하는 것인데 그룹 및 협동활동을 전개하는 것이다.

---

1) 박영배(1996)는 생장성, 적합성으로 해석하였고, 조연주 등(1997)은 '유용성'으로 번역하였음.

2. 지리교육 이데올로기

지리교육 및 지리수업은 개별교사 및 교사집단에 의해 실제로 진행되지만, 외면적 표방 여부에 관계없이 지리교육자집단과 교사집단은 그들의 신념, 가치 및 태도의 종합적인 틀, 즉 교육 이데올로기에 근거하여 특정한 방향을 수립하여 교육을 실시한다. 따라서 지리교육도 특정한 교육 이데올로기와 밀접한 관계를 가지고 실행, 실천된다고 볼 수 있을 것이다.

교육과정 문서에서 제시되는 학교 지리교육의 목표는 지리수업에서 일어나고 있는 현상들과 관련한 실제에 대해 설명하는 데 부적합한 경우가 많다. 오히려 특정한 교육 이데올로기가 공식화되지는 않지만 하나의 현실적인 실제로서 자리잡고 있다. 즉 교사는 자신의 경험이나 직감에서 비롯된 확신, 동료 교사나 학교행정가들과의 교류를 통해 형성된 교육적 실천의 패턴, 학교교육환경과 사회와의 관계에 따라 의미가 달라지는 시험과 같은 평가 상황에서 갖게 되는 효용성에 대한 판단 등에 기반을 둔 교육 이데올로기에 따라 교육전략을 결정한다. 이에 따라 교실수업은 교사의 교육관이 일련의 실행과정으로 표출된다고 볼 수 있다.

지금까지 지리교육의 실행과 관련해 그 바탕이 되는 이데올로기에 대한 충분한 검토 없이 관행적으로 지리교육을 해왔다. 물론 특정한 관점이나 이데올로기에 집착하여 다른 관점들을 일방적으로 무시하는 경향도 존재했다. 그러므로 이데올로기로부터 자유롭기 위해서나 다른 관점에 대한 이해를 바탕으로 더욱 넓은 지리교육의 지평을 마련하기 위해서도 이에 대한 검토가 요구된다. 교사가 특정 이데올로기에 편중된 자세를 유지할 것인지 또는 균형을 추구할 것인지를 결정할 필요 또한 있다.

월포드(Walford, 1981)는 지리교육의 양식에 작용하여 이를 형성하는 데 주요한 역할을 한 교육 이데올로기, 즉 지리교육을 행하는 데 배경이 되는 지리교육의 의의, 내용, 방법에 대한 믿음, 신념, 가치의 집합체를 의미하는 지리교육 이데올로기를 인문주의 지리교육 이데올로기, 학생중심 지리교육 이데올로기, 실용주의 지리교육 이데올로기, 사회재구성적 지리교육 이데올로기의 네 가지로 구분하였다.

첫째, 전통적 인문주의 교육 이데올로기(liberal humanitarian tradition)에 바탕을 둔 인본주의 지리학 전통에 따른 인문주의 지리교육 이데올로기는 교육을 전세대의 문화유산을 다음 세대에 전수하는 것이라고 생각한다. 즉 가치 있는 사상과 지식들을 계속 유지하는 것이 가장 중요하며, 중요하다고 인정되는 것들을 학교교육을 통해 계속 유지해야 한다는 관점이다. 이러한 주요 지식들을 만드는 원천은 학문이며, 이러한 학문적 지식이야말로 일시적으로 사용되는 지식이 아닌 다음 세대에 전수할 만한 가치를 지닌 것으로 간주된다.

이 관점에 따르면 지리교육에서는 지리학자와 지리교사들이 중요하고 가치 있게 생각하는 지식, 문화와 더불어 인간이 그 이전 세대에서 당대에까지 발견하고 발전시킨 중요한 가치와 지식, 문화를 학생들로 하여금 숙달하도록 하는 데 중점을 두게 된다. 곧 당대까지의 지리학적 지식과 가치의 정수를 학생들에게 이해시키고 전달하는 것을 중요한 교육적 사명으로 생각하는 것이다.

그리고 이러한 입장에 있는 교사들은 많은 지식들 중에서 지리학의 연구 결과 만들어지는 지리학적 지식을 절대적인 것으로 받아들이고 바로 이러한 지식을 전달하는 것을 가장 중요한 일로 생각한다. 또한 이러한 지식의 전달과정에서 이해와 판단이 발생한다고 본다.

이 경우 무엇을 가치 있는 지식이라 보아야 할 것인지에 대한 논쟁의 여지는 여전히 남아있으며, 특정한 천재적 소질을 가진 인물들이 만들어 놓은 지식을 이해하는 데 급급하게 되는 경우도 많다.

둘째, 학생중심 교육 이데올로기(child-centered tradition)에 따른 학생중심 지리교육 이데올로기이다. 이 교육관은 학생 개개인의 자아발달과 성숙한 인간으로 육성하는 것을 무엇보다 중요하게 여긴다. 즉, 스스로 자율성을 갖춘 인간과 사회적으로 성숙한 인간이 조화를 이루는 것을 중요시하는 것이다. 교사에 의해 주어진 목표를 달성하도록 하는 것보다 학생들이 겪게 되는 일상의 교육적 경험과 과정이 더욱 중요한 것으로 간주된다.

이러한 지리교육에서는 학생들이 미래에 지리학자가 될 지의 여부에는 관심을 가지지 않는다. 오히려 지리라는 교과에 한정시키기보다 다른 교과들과 더불어 그 장벽을 허물고 학생들이 가지는 다양한 경험을 중심으로 통합하는 것을 중요시한다. 교사들은 학생들이 경험하는 것과 직접적으로 관련된 지식을 경험과 통합하는 것을 중심으로 교육활동을 하고자 한다. 학생을 중심으로 보면, 지리학적 지식은 학생들이 경험하는 세계에 대한 이해에 도움이 되는 한 의미를 가지게 된다. 물론 지리학 내에서 보면 장소와 공간에 대한 인간의 이미지와 감정에 대한 연구가 바로 이러한 부분과 같은 입장을 견지하기도 한다. 이러한 인간주의 지리학 혹은 인본주의 지리학적 입장은 지리적 지식을 규정하는 것과 관계 깊으며, 지리교육에서 보면 학생중심 교육 이데올로기를 이에 접목할 수 있다.

셋째, 실용주의적 교육 이데올로기(utilitarian tradition)에 바탕을 둔 실용주의 지리교육 이데올로기이다. 이 교육관에서 교육의 역할은 학생들이 주어진 현실 속에서 살아남도록 도와주는 것이다. 교육이란 사회나 국가의 정책을 실현하는 도구이며, 이러한 요구에 따라 그것에 적합한 인간을 육성하여 학생들이 사회 속에서 좀더 잘 적응하도록 하는 것이다. 학교는 사회의 변화에 따라 요구되는 기능과 지식을 제공하는 데 일차적인 목적을 둔다.

이러한 교육관에 따르면 지리교육은 현재 사회와 미래 사회에서 요구되는 직업을 중심으로 한 사회적 활동에 초점을 두게 되며, 지리교사는 사회생활에 유용한 지리 지식, 지리 정보처리기능 등을 집중적으로 교육하게 된다.

그렇지만 지식의 사회적 실용성에 대한 관점은 그 사회의 교육적 환경에 따라 다르게 정의될 수 있다. 지식이 사회적으로 각종 고시제도와 같은 시험제도에서만 유용하다면 지식의 유용성은 많은 제약을 받게 되며, 그 유효한 범위 내에서만 가치를 가지게 된다. 만약 지리적 지식의 중요성이 입시에만 한정된다면 지리적 지식은 입시를 중심으로 하여 발달하게 된다. 이러한 입시지리는 지리학에서 나오는 지식의 본질적 성격이나 학생의 경험을 효과적으로 이용하더라도 지리적 지식의 유용성 및 사회적 유용성은 제한적일 수밖에 없게 된다. 그것은 학생들이 지리수업을 통하여 자신의 삶에서 의미 있는 지적 경험을 하더라도 하나의 감상에 그칠 뿐만 아니라, 지리적 지식의 사회적 유용성은 오히려 입시에만 있기 때문이다.

넷째, 사회재구성적 교육 이데올로기(reconstructionist tradition)에 따른 사회재구성 중심 지리교육 이데올로기이다. 이 교육관에서는 교육을 사회변화의 잠재적 도구로 생각하며 사회현상을 수동적으로 받아들이기보다 적극적으로 사회를 변화시킬 가능성, 즉 대안에 대한 통찰력을 키워주는 것을 중요하게 생각한다. 이에 따라 학교는 학생들이 살고 있는 사회에 대한 비판력을 갖도록 하는 역할이 중시된다.

이 교육관에 따르면, 지리교육은 사회문제에 주로 관심을 가진다. 특히 지리적 맥락이 강조되는 사회 내에서의 공간적 불평등과 불균형을 강조하고 학생들이 사회적·환경적 관심을 나타내도록 개발하는 데 초점을 맞춘다. 가치와 느낌에 대한 공개적인 토론이 두드러지게 되며, 여러 가지 태도 중 한 가지를 드러내 가치교육을 하게 될 것이다. 의사결정을 할 경우 적극적인 참여가 장려되고 학생들의 후속적인 사회적 행동도 배제되지 않는다. 그러나 이 경우에는 바람직한 가치교육이 되기보다 가치주입에 흐르게 되는 위험성을 내포하게 되며, 가치주입은 가치교육이라고 보기 어려운 면이 생기면서 독단과 편견으로 흐르기 쉽다.

실제 학교에서의 지리교육은 위에서 언급한 하나의 이데올로기에만 근거하기보다는 몇 가지 이데올로기를 결합하여 행해진다. 이들 네 가지가 완전히 균형을 이루어 모든 관점을 반영하고 있는 지리교육과정을 찾기는 힘들며, 오히려 어떤 한 가지에 대한 주장이 중심이 되어 지리교육이 행해지는 경우가 많다. 지리학의 본질에 대한 개인적 감정이 어떠하든, 적절한 정보중심의 전통으로 돌아가 세계 에너지, 자원, 인구문제, 자연재해, 그리고 다른 유관한 쟁점중심 내용들에 대한 일반적인 토론이 이루어지며 적절한 정보중심의 전통으로 돌아갈 때 지리는 학교의 교과로 살아남을 수 있을 것이다.

3. 학생중심 지리교육의 등장

변화된 학생관은 교수중심에서 학습중심으로 교육이 변화하면서 그에 대한 새로운 인식을 요구하고 있는데, 피엔(Fien)은 학생중심 지리교육을 주장하였다. 지리교육의 목적도 '모든 학생들로 하여금 삶의 경험과 행위, 마주하는 수많은 환경에 의미를 부여하고 그것을 알도록 도와주는 데 관심을 기울이는 것'으로 변화될 움직임을 보이고 있다. 즉 학생들로 하여금 지리에서 사용되는 개념과 탐구방법을 스스로 시험해보도록 하고, 그들의 삶의 경험을 정신적으로 구조화하고 해석하는 수단으로 지리를 사용하도록 도와주어야 한다는 것이다.

피엔에 따르면 현재까지 지리수업에서 학생과 교사 간에 교감형성이 실패하는 원인 중의 하나로 교사가 단순히 전달하고자 하는 형식적 지리지식과 그에 대한 형식적 평가에 과도하게 기울인 불균형적인 관심을 들 수 있다. 그럼으로써 교사들은 종종 지나칠 정도로 학생들을 피동적인 수업의 대상으로만 생각하고, 학생들의 개인지리를 구성하는 부분인 일상적인 지리경험과 관련된 학문의 경험적 기초를 대개 무시해왔다. 결국 지리 교과 내에서의 지식은 학생들의 인지구조 내에 규격화되고 자신의 삶이나 생활과 무관하게 판에 박힌 죽은 지식으로 자리 잡게 된다. 따라서 우리는 지리수업에서 다루는 지리 지식이 학생들의 경험 밖에 독자적으로 존재하는 것으로 여기고 학생들을 교사들이 제시하는 교과내용의 수용자로만 생각함으로써 지나치게 피동적인 학생관과 이에 연계된 교과내용 중심의 판에 박힌 지식관과 수업관을 벗어나지 못하고 있는 것인지 모른다.

이와 같은 학습자와 교육에 대한 가정과 관련하여 우리는 자칫 지리교육에서 학생들을 포함하여 모든 인간들이 환경적 경험과 학교지식의 의미형성자라는 사실을 일방적으로 무시해버리기 쉽다. 우리가 '무엇을 어떻게 가르치는가'와 관계없이 ― 교사들이 인지하든 못하든 개인의 지적, 육체적 경험을 통해 ― 학생들은 모두 그들 자신의 의미를 만들 수 있고 아이디어와 기능을 자신의 경험과 관련시키며 개인적 인지구조 속으로 결합시켜나간다는 것은 사실이다. 이를 바탕으로 분명히 개별 학생들은 자신의 개별적 정신세계 또는 지리 세계를 창조해나간다.

학생들의 개별적 지리세계가 건강해야만 지리교육과 교육, 나아가 지리학이 건강하게 된다. 지리학을 주입하고자만 하거나 무조건 가치 있는 것으로 받아들이기를 강요한다면 지리학과 지리교육 모두, 더 넓게는 전체 교육도 성공하기가 힘들다. 여러 가지 시행착오와 의미 있는 학습경험을 통하여 형성된 학생 개개인의 건강한 지리세계가 있을 때, 지리의 중요성에 대해 확신을 가지게 되고, 지리를 통한 새로운 지식과 안목의 지평을 확대하는 교육의 목표들을 달성할 수 있을 것이다.

피엔은 현대사회에서 교육행위를 펼치는 수업현장에서 중요한 것은 내용 그 자체의 전달보다 내용을 통해 전달하고자 하는 의도와 의미이고, 이에 따른 교사와 학생의 상호작용이라고 주장하였다. 심지어 이러한 의도와 의미가 명백하다면 먼 거리의 가정이나 교실에서 수업의 질적 차이가 없이 교육행위가 발생할 수 있다고 주장한다. 따라서 교육에 있어서 교육의 형식·방법에 대한 고려 못지않게 수업상황에서 수업내용 및 과정을 통해 획득되는 의미와 의도, 그리고 이에 따라 나타나는 효율성 또는 유용성이 점점 더 강조되고 있다.

지리수업에는 분명히 지리 교사가 전하거나 교환하고자 하는 의도와 의미로서의 무엇이 있어야 하며, 학생들은 그 의미나 의도와 관련하여 어떤 매개체를 통해 인지하고 경험하면서 부딪치고 그것으로 인하여 가치 있게 느끼는 무엇을 담고 있어야 한다. 지리교육 또는 지리 수업은 일상적인 틀에 박힌 매일매일의 단순한 반복이 아니라―단순한 반복일지라도―명시적으로든 묵시적으로든 개입된 의도와 교사나 학생이 그 지리수업에 부여할 수 있는 의미를 통해서 가치를 지니게 된다.

교사의 의도와 의미를 학생이 모두 파악할 수 없는 경우가 많지만, 학생들은 이 의미와 의도를 해석해나가는 과정에서 또 다른 종류의 가치 있는 의도와 의미를 생성할 수 있다. 학생들은 이를 통해 자신의 세계를 창조해나간다. 이때 교사가 가르친 것에 대해 학생들이 칭송하는 것과 관계없이 가르친 것 그 자체는 이미 학생들에 의해 새로운 의미로 파악되고 개별 학생의 정신세계를 형성하는 원천이 된다. 뜻있는 교육 혹은 수업은 이러한 학생들의 정신세계를 활성적으로 만드는 것이다. 따라서 이때 가장 필요한 것은 학생들의 '의도읽기'와 '의미 만들기'이며 이와 관련한 학생들의 생활, 즉 매일 매일의 실제 지리적 생활이 무엇보다도 중요한 지리수업의 원천이 될 것이다.

학생들의 의미부여 활동과 그들이 매일매일 개입하는 실제 지리적 생활을 고려하지 못함으로써, 우리는 불행하게도 바로 학문의 출발점이자 학생들의 삶과 가장 깊고도 밀접한 관계를 가져온 생활지리를 무시해왔다. 이러한 문제는 학생들이 지리를 그들의 정신세계 내에서 만드는 것이 아니라 이미 만들어지거나 획득되어야 할 지식체로만 보는 시각의 편협성을 야기했다.

지리교육에서 학생들이 그들의 환경과 관련지어 미래의 발전에 어떤 역할을 할 수 있을지에 대해 생각하도록 관심을 유도하고, 더불어 다른 사람의 경험에 대한 동정심의 수준을 올리도록 주의를 기울인다면, 학생이 경험하는 일상 생활세계에서 살아있는 지리, 즉 개인지리를 형성하는 데 도움을 줄 수 있을 것이다.

개인지리2)에서 발견할 수 있는 지식의 형태와 학술적 학교지리에서 발견되는 지식의 형태 사이에는 인식론적으로 중대한 차이가 있다. 개인지리가 세계에 대한 개인적·문화적 견해로 구성되어 직접적으로 환경과 관련한 의미에 의해 윤색되는 데 비해, 학술지리는 방법상 파생되어 나타나며 대체로 객관화되고 일반화된 세계에 대한 견해를 제공한다. 즉, 그것은 우리의 기본적인 환경과 관련한 과정을 알기 위해 이해할 필요가 있는 공유된 공적 의미를 강조한다. 지리적 지식은 양자 형태 모두 한쪽 없이는 다른 한쪽이 충분히 이해될 수 없다는 점에서 지리수업에서 각각의 위치를 가지고 있다. 학생들의 개인지리는 학술적 지리의 개념과 방법들과의 접촉을 통해 세련되고 확대되며 풍부해지므로 학생들로 하여금 그들의 개인지리에서 질서와 의미를 발견하도록 도와주는 측면에서 후자의 교과내용과 기능들을 활용할 필요가 있을 것이다. 한편, 학술지리는 그것이 파생되어 나타난 일상의 환경경험과 개인지리에 대한 참고 없이는 교육매체로서 아무런 의미를 갖지 못한다.

학생들에게 교과서에 있는 지식을 '어떻게 가르칠 것인가'도 중요한 일이지만, 학생들을 위한 지리가 무엇이고 그러한 지리 지식을 통해 전달하고자 하는 의도와 의미를 파악하고 이러한 교사의 의도와 의미가 무엇에 의해 어떠한 시각을 지닐 때 활성화되는가를 분명히 인식할 때 좀더 나은 지리수업의 조건을 갖출 수 있을 것이다.

피엔(1982)은 학습자중심 지리교육의 철학적 원리를 다음과 같이 네 가지로 제시하고 있다.

---

2) 사적지리 혹은 개인지리는 인간주의 지리학자들이 제시한 개념으로 지리학자들의 학문적인 개념과 구분하여 일반인들이 가지고 있는 지리세계를 뜻한다. 이는 피엔(1982)에 의해 지리교육에 도입되었으며, 권정화(1997: 68)는 이를 현상학에서 제시하는 생활세계, 혹은 자연적 태도로서 일반 성인과 다른 학생의 경험양식으로 파악하였다. 그러한 개념은 각 개인이 가지는 환경에 대한 각성과 지식이 각각 독특하고 다르게 나타나는 데 바탕을 두었다. 즉, 사적지리 또는 개인지리는 실재이든 상상의 것이든 세계에 대한 지각과 경험에 토대를 두고 있으므로 그 결과 나타나는 환경에 대한 감정과 이미지는 실제로 다르게 존재한다는 점을 강조한 것이다. 이러한 개인지리와 상대적인 개념은 전문적인 지리학자들이 만들어 놓은 지리세계인 공적지리이다.
결국 사적지리란 아동들의 생활세계, 경험양식으로서 존재하는 지리이며, 아동들의 사적지리는 학문으로서의 지리학적 개념 및 방법들과의 접촉을 통해서 세련되고 확장된다(남상준, 1999: 108). 권정화(1997)와 남상준(1999)은 아동으로 하여금 자신의 사적지리에 내포되어 있는 질서와 의미를 발견하도록 도와주기 위하여 공적지리, 즉 지리학의 연구대상과 기법들을 활용할 필요가 있다는 점을 지적하였다. 또한 사적지리는 우리의 행위와 정체성의 무의식적인 부분을 이루며 기억, 가치, 기능들을 포함하고, 이것은 우리로 하여금 환경 속에서 효과적으로 행동하게 해준다. 사적지리는 어떤 것에 대한 우리의 의사결정에 영향을 미친다(남상준, 1999: 108).

첫째, 학생들은 그들의 생활경험을 통하여 이미 지리학자이다.

둘째, 학습자중심의 지리교육은 개인지리(personal geography)를 이루는 내용들이 학생들의 삶에 있어서 환경적 경험, 지식, 가치들의 개인적 의미와 결합되기 때문에 지리교육의 출발점으로 삼아야 한다.

셋째, 지리교육의 목적은 개인지리의 세련화, 확장, 질적 향상에 초점을 두어야 한다. 가르칠 내용과 방법은 그들이 살고 있는 환경과, 그것에 관한 감정, 가치에 보다 효과적으로 대처하고, 환경적 상황과 타인의 경험을 함께 느낄 수 있도록 학생들을 도와주어야 한다.

넷째, 지리에서 학습경험은 경험적 학습을 고무시키는 방향에서 설계되어야 한다. 새로운 지식을 획득하기 위해 필요한 지식과 기능의 습득에서 나아가, 경험적 학습이 학생들로 하여금 그들의 환경과 자기 자신, 그리고 환경과의 관계에 관한 것을 찾도록 구조화된 새로운 상황에의 참여, 그리고 과거경험에 대한 규칙적이고 구조화된 반성을 요구한다.

참고문헌

권정화. 1997, 「지역인식 논리와 지역지리 교육의 내용 구성에 관한 연구」, 서울대학교 대학원 박사학위 논문.

남상준. 1999, 『지리교육의 탐구』, 교육과학사.

옥한석·차옥이. 2003, 「학생의 일상적 개념을 활용한 지리학습 동기유발 방안 연구─중학교 세계지리 단원을 사례로」, ≪한국지환경교육학회지≫, 제11권 제1호, 한국지리환경교육학회.

지크프리트 J. 슈미트 편저. 1995, 『구성주의』(박여성 옮김), 까치.

Bailey, P. & P. Fox(eds.). 1996, *Geography Teacher's Handbook*, The Geographical Association.

Dewey, J. 1900, *The School and Society*, The Univesity of Chicago Press.

_____. 1916, *Democracy and Education*, Macmillan, 이홍우 옮김, 1987, 『민주주의와 교육』, 교육과학사.

Fien, John. 1979, "Towards A Humanistic Perspective in Geographical Education," *Geographical Education*, 3(3).

_____. 1980, "Operationalizing the Humanistic Perspective in Geographical Education," *Geographical Education*, 3(4).

_____. 1982, "Humanistic Geography," in Huckle, John(ed.), 1982, *Geographical Education: Reflection and Action*, Open University Press.

Hall, R. 1978, "Teaching Humanistic Geography," *Australian Geographer*, Vol.14(May).

Romey, W. & Elberty, W. 1980, "A Person-Centered Approach to Geography," *Journal of Geography in Higher Education*, 4(1).

Seamon, D. 1979, "Phenomenology, Geography and Geographical Education," *Journal of Geography in Higher Education*.

Seo Tae-Yeol. 1994, "Recontextualizing Geography Curriculum: Society, Student and Discipline of Geography," *Journal of the Korean Geographical Society*, Vol.29, No.4.

Von Glaserfeld, E. 1989, "Cognition, Construction of Knowledge, and Teaching," Synthese, Vol.80.

Yager, R. E. 1991, "The Constructivist Learning Model," *The Science Teacher*, Vol.78.

Wheatly, G. H. 1991, "The Constructivist Perspectives on Science and Mathematics Learning," *Science Education*, Vol.75, No.1.

2 지리교육의 의미와 가치

지리는 원래 상상력, 심지어 낭만적 상상력까지도 자극하는 교과이다.
지리는 모험이라든가, 여행이라든가, 탐험 같은 것이 가지는
경이와 영광을 함께 담고 있다. 다양한 인종과 환경,
그리고 그것과 우리 자신과의 대조는 무한한 자극을 제공한다.
지리를 통해 우리의 마음은 익숙한 것에서 느끼는 단조로움을 벗어난다
(듀이(이홍우 옮김), 1991: 333).

1. 지리교육의 의미

지리교육이란 용어는 '지리'와 '교육'이 합성된 용어이며 무엇보다도 교육이라는 점이 우선적으로 강조되는 용어라고 볼 수 있다.

먼저 교육이 무엇인지를 생각해보면, 지리교육의 의미를 분명히 할 수 있을 것이다. 교육이란 흔히 '인간행동의 계획적 변화'(정범모, 1979: 18) 등으로 정의된다. 이때 인간행동은 인간의 지식, 사고력, 태도, 가치관, 성격에 관심을 두며, 변화란 육성, 조성, 함양, 계발, 교정, 개선, 성숙, 발달, 증대 등을 포함한다고 볼 수 있다. 그러나 이러한 정의에는 변화의 성격이나 교육이 가진 용어적 합목적성에 대한 언급이 부족하다고 할 수 있다. 즉 이것은 교육의 외형적인 특징을 말해주기는 하나 본질적인 교육의 의미를 밝혀주기에는 미흡하다. 이는 행동주의의 영향을 받은 정의라고 볼 수 있으며, 교육이 지향하는 바가 너무나 광범위하고 또한 오랜 시간이 요구되는 것이라고 보는 시각에 반하여 짧은 시간 내에 구체적으로 보이는 것을 추구하는 것을 중시하려는 것이다. 이처럼 교육의 결과가 즉각적이고 행동화할 수 있는 것이라고 할 때, 교육내용은 또한 그것과 동일하게 구체적이고 행동적이며 순간적으로 실행 가능한 것이어야 할 것이다.

그런데 이러한 의도된 행동의 변화 혹은 목표에 도달하도록 하는 것은 '교육'이라는 개념보다는 '훈련'이라는 개념이 더 적합하다. '의도된 행동의 변화'라는 표현은 명백히 가치중립적인 성격을 포함하며 이로 인하여 혼란이 발생할 수도 있기 때문이다. 예를 들

면 범죄자가 형기를 치르고 있는 감옥에서 또 다른 범죄 전문가에게서 '보다 심도 높게' 범죄의 원리와 방법을 배우고 범죄에 대한 확신을 가지는 과정을 겪었다고 해서 우리는 이를 '잘 교육받았다'고 진술할 수는 없을 것이며, 교육을 받기보다는 잘 훈련받았다고 진술할 수 있을 것이다.

그것은 최소한 우리가 교육이라는 개념을 어떤 바람직한 상태를 지향하는 방식으로 사용해온 것에 대한 위반이다. 즉 이제까지 우리는 교육을 최소한 어떤 바람직한 의미로서 사용해왔기 때문이다. 만약 우리가 범죄훈련을 범죄교육이라고 한다면 이는 개념적인 혼란이며 교육의 본질적 의미가 전도된 결과이다.

교육은 인간이 추구해야 할 어떤 방향성과 관계있는 것이며, 그 방향은 인류가 추구해야할 바람직한 가치 있는 어떤 것이어야 할 것이다. 피터스(Peters, 1981)에 따르면 교육은 가치 있는 세계에 입문하는 것이다.

이러한 의미에 따르면, 지리교육이란 지리를 통하여 가치 있는 세계에 입문하도록 하는 것이다. 즉 지리교육은 지리학이라는 학문을 막연히 가르치는 것이나 전달하는 것이 아니라 지리를 통하여 학생들을 어떤 가치 있는 세계에 발을 들여놓도록 하는 것이다.

이 점에서 지리교육과 지리학의 차이점을 찾을 수 있다. 지리학의 모든 내용이 지리교육에서 반드시 의미가 있는 것은 아니므로 지리교육은 지리학에서 가치 있는 세계에 입문하는 데 필요한 것들을 취사선택할 수도 있다. 따라서 지리교육은 그 재료인 현상을 이해하는 지리학적인 방법과 방식(탐구방법과 방식, 안목)을 지리학에서 빌려오는 것이라 할 수 있다.

한편, 교과교육으로서 지리교육의 출발점은 지리학이라는 중심학문이 있기 때문에 성립된다. 지리교육에서 교육의 체제가 되는 지리학을 모른다면 지리교육은 성립되지 않고 지리교육의 고유성을 찾는 것은 불가능해진다. 그리고 지리교육은 다른 교과의 교육과 차별되는 무엇을 줄 수도 없다. 지리교육이 지리학적 지식과 탐구방법을 통하지 않고서는 현상이나 세계를 다른 방식으로 이해함으로써 인식의 수준을 높이는 가치 있는 세계에 입문시키는 데 실패하게 될 것이다. 지리학을 제대로 이해하지 못하는 지리교육은 합성된 용어의 본질적 의미를 살리지 못하게 될 뿐만 아니라 교과교육으로서 지리교육의 고유성을 확보하지 못하게 된다. 그러므로 지리와는 다른 방식으로 세계나 현상을 이해하는 것은 지리교육이 아닌 다른 교과교육에 맡겨야 한다.

그런데 교육이 교육답다는 것, 즉 가치 있다는 것은 피터스에 따르면 적어도 규범적 기준, 인지적 기준, 과정적 기준을 갖추어야 한다고 할 수 있다. 따라서 지리교육은 적어도 이러한 세 가지 기준을 만족할 때 교육으로서 가치가 있다고 할 수 있을 것이다.

규범적 기준은 교육이 내재적으로 이를 통해 세상과 현상을 종전과는 다른 시각으로 이해할 수 있는 무엇을 줄 때 가치가 있다는 것이다. 이때 세상을 다른 방식으로 볼 수 있는 도구가 되는 것은 지식이나 안목으로 표현할 수 있으며, 지식은 그것이 이론이라도 좋고 원리, 법칙이거나 개념일 수도 있다. 따라서 지리교육이 규범적 기준에 비추어 교육답고 가치를 가지기 위해서는 세상과 현상을 새로운 방식으로(다르게) 이해하고 인식하는 데 도움을 줄 수 있는 지식, 안목 등을 갖추고 이를 학생들에게 제공하며, 이를 통해 학생들이 세상을 기존의 방식에서 벗어나 좀더 넓게 이해할 수 있도록 해주어야 한다.

인지적 기준은 외적인 인지, 즉 사회를 통해 그것이 가치 있다는 인식이 이루어져야 한다는 것이다. 그것은 실현하려는 가치상태를 포함하는 것으로 교육을 통해 도달할 수 있는 외부적 목표가 있어야 한다. 이는 사회가 교육을 통해(교육을 도구로 삼아) 도달하고자 하는 가치세계에 얼마나 도움을 주는지에 따라 가치가 결정된다. 일반적으로 지리교육은 국토애와 같이 사회의 유지에 필요한 것을 획득하는 데 도움을 준다고 인지된다.

과정적 기준은 교육이 가르치는 과정과 그에 대한 학생의 인식을 통해 그것이 충분히 가치 있다고 생각할 수 있어야 한다는 것이다. 교육에서 과정보다도 결과를 중시하는 경우에 흔히 범하기 쉬운 오류는 바로 이점이다. 흔히 과정에 관계없이 결과만 좋다면 좋은 교육이라고 생각하는 것은 명백히 교육의 본질적 의미에 위배된다. 학생들을 비교육적인 방식으로 다루면서도 좋은 결과를 내는 것은 분명히 교육의 과정상 바람직하지 못한 것이라 할 수 있다. 이러한 교육과정의 부당성은 반드시 사회문제를 야기하며, 누적적으로 심각해지는 경향이 있다. 사회적 과정적 기준이 올바른가에 대한 충분한 검토 없이 결과에 맞추는 교육은 다시 생각해보아야 한다.

궁극적으로 보면 지리교사는 지리교육자의 일부이며, 지리교육자는 규범적 기준에 좀더 넓은 지식과 안목을 갖추어야 하고, 세상을 이해하는 데 유용한 지식과 안목을 줄 수 있어야 한다. 또한 과정적 기준을 만족시키지 못하거나 학생들에게 적당히 높은 점수를 얻는 요령만을 가르칠 것이 아니라, 학생들로 하여금 세상을 다른 시각으로 볼 수 있도록 도와줄 수 있어야 할 것이다.

2. 지리교육의 가치와 공헌

1) 지리교육에 대한 옹호

많은 지리교육자들은 지리교육 및 지리교과에 대해 옹호해왔다. 하우브리히(Haubrich, 1987)나 그렉과 라인하르트(Gregg & Leinhardt, 1994), 캐틀링(Catling, 1991) 등이 대표적인 예이다.

먼저 하우브리히(1987: 97~98)는 지리교육이 다음의 평화교육, 국제이해교육, 환경교육, 공간지향교육, 정치교육의 다섯 가지 측면에서 특별한 역할을 하는 교육적 가치를 지니므로 학교교육과정에 반드시 포함되어야 한다고 주장하였다.

첫째, 지리교육은 평화교육으로서 특별한 역할을 한다. 즉 지리교육에서 다루는 세계의 여러 사람들의 상이한 조건과 생활양식에 대한 지식은 관용과 인간애를 키우는 데 중요하며, 이는 모든 교육의 필수불가결한 내용에 속한다는 것이다. 그에 따르면 이러한 지식이 있어야만 세계 속 여러 사람들의 욕구와 이해에 대한 감정이입(empathy)이 나타날 수 있다는 것이다.

둘째, 지리교육은 평화교육에서 더 나아가 국제이해교육에 특별한 공헌을 한다. 지리교육은 주변국가에 대한 지식을 전달하고 관용과 협동에 대해 준비하도록 교육한다. 또, 세계의 인종과 지역의 다양성과 특징에 대한 원인과 그 형태, 그리고 그것의 영향에 관한 지식을 얻을 수 있다.

셋째, 지리교육은 환경을 가장 집중적으로 다룸으로써 환경교육과 가장 관계가 깊다. 그것은 지리교육이 인간과 환경의 상호관계, 인간의 자연에 대한 의존, 그리고 자연을 보호하고 보존할 필요성에 대한 지식과 통찰력을 제공하기 때문이다. 그뿐만 아니라 지리교육을 통해 개인의 행태적 성향과 행태적 변화가 학습될 수 있고, 또 이것은 환경에 대한 책임감 있는 사용으로 이끌 수 있다.

넷째, 지리는 학교교육에서 공간지향과목(space-oriented science)을 대표하므로 지리교육에서는 도시개발, 지역계획, 교통과학, 경제 및 사회지리, 농업과학뿐만 아니라 지질학, 아동학, 기후학, 생태학에 관해 모두 가르칠 수 있다는 장점을 지닌다.

다섯째, 지리교육은 정치교육에서도 일정한 역할을 한다. 여러 다양한 집단간의 사회적, 경제적, 정치적 관계가 공간에서 복합적으로 나타나기 때문에 공간을 다루는 지리는 불가피하게 정치적일 수밖에 없다는 것이다.

하우브리히가 이처럼 지리교육이 정치교육에서 일정한 역할을 한다고 주장한 점은 피클(Pickle, 1986)에게서도 분명하게 나타난다. 그는 정치교육에서 지리교육의 역할을 다음과 같이 옹호하였다.

> 많은 현대 지리학적 이론들은 산업혁명 이후 우리에게 전해져 내려온 과학의 기술중심적 모델에서 벗어나려고 노력해왔으며, 인간 자신이 세계의 창조자이자 재창조자로서 중심적인 역할을 하는 형태로 변해왔다. 그와 같은 세계는 지리적 지식이 참여민주주의의 어떤 형태에서나 중심적인 것이 되는 세계이다. 지리적 지식은 경쟁 없이 내려오는 어떤 것이 아니라, 자신의 세계를 만들고 자신의 미래를 결정하는 사회에 의해 요구되는 지식이다. 그와 같은 세계에서 아동들을 위해 더 많은 지리를 필요로 하는 것은 학교가 아니라 시민으로서 지리적으로 문명화되기를 원하는 공공적(정치적인 것을 포함하는) 영역이다(Pickles, 1986: 150~151).

다음으로 그렉과 라인하르트(1994: 314~316)는 지리에 대한 체계적 학습이 학생들로 하여금 중요한 지식을 획득하도록 해준다는 믿음을 바탕으로 지리적 문해력, 종합으로서의 지리, 지구적 상호의존이라는 개념을 중심으로 다음의 세 가지 이유 때문에 지리가 교육과정에 포함되어야 한다고 주장하였다.

첫째, 지리에서 제공하는 지리적 문해력(geographic literacy)은 학생들로 하여금 다른 정보를 알도록 도와주는 기초지식(background knowledge)을 획득하는 데 특별한 공헌을 하기 때문이다.

그렉과 라인하르트는 지리에 대한 정식 학습이 학생들이 분석적 도구로서 공간관계를 인식하고 적용하도록 훈련시킴으로써 학교 교육과정에 독특하게 공헌한다는 점에 주목한다. 그들에 따르면 지리를 잘 이해하고 있는 사람들은 핵심 용어와 문구들로 잘 조직된 전체 스키마(schema)를 만들어낼 수 있다. 특히 지리에 대한 체계적 학습은 학생들의 기억 속에 이해력과 학습을 도울 공간관계에 대한 스키마 구조(schematic structure)를 만들어내며, 이러한 스키마가 한번 활성화되면, 추론을 하는 데 필요한 정보가 언제든지 사용가능하므로 다른 정보에 대한 인지과정이 가속화된다.

특히 지리에서 제공하는 분포, 맥락, 스케일의 측면에서 지리적 현상과 과정들을 기술하고, 설명하고 예측하는데서 만들어지는 지리적 안목은 지식에 대한 다른 접근방법으로는 가능하지 않다. 지리에서 제공하는 공간관계를 인식하고 적용하는 능력은 학생들로 하여금 지리적 공간 관계(choreological relationships)의 측면에서 지식에 접근할 때 가능한 것이다.

그리고 그들은 지리적 지식의 고유성을 이해하고 교육과정에서 지리를 포함하는 것을 칸트(Kant)의 입장에서 옹호하였다. 즉, 모든 지식은 사실들의 결합체로서 보는 방식(실체적 접근), 시간적 연속성에서 보는 방식(역사적 접근), 공간적 관계에서 보는 방식(지리적,

공간적 접근)의 세 가지 상이한 방식으로 접근할 수 있기 때문에 지리적 지식은 공간적 관계에서 보는 방식을 가능하게 해준다는 것이다.

둘째, 교육과정에 지리를 포함시키려는 이유는, 지리가 학생들이 상이한 교과 영역에서부터 오는 정보들을 종합하는 방법들을 학습하는 모형이 된다는 점이다. 바로 그러한 지리의 본질 때문에, 지리는 많은 원천으로부터 정보를 한꺼번에 끌어낸다. 즉 입지, 거리, 방향, 분산, 공간적 천이의 중요성을 기술하고 설명하며, 인간 활동과 환경과의 관계를 학습함으로써 그 본질적 맥락에서 세계에 대한 정보를 담고 있는 응집된 지식 구조를 만들어 낸다.

그리고 그들은 지리적 과정에 대한 학습을 통하여 의사결정 등 고등사고능력이 잘 학습될 수 있다고 주장한다. 왜냐하면 지리적 과정은 분절적으로 학습될 수 없으며, 실제 세계에서 어떤 것과 그것에 상호작용하는 외적 요인들을 명백히 고려함으로써 학습되기 때문이다. 또 지리학도들은 정보의 다양한 조각들의 상대적 중요성을 인식하고 의사결정을 하는 것과 더불어 보다 많은 정보가 언제 요구되는지를 인식할 것을 끊임없이 고려한다. 바로 이러한 것들이 현재 교육과정에서 강조되는 고등사고기능 및 능력의 일부이다. 이러한 능력들은 종종 내용 비제한적인 것으로서 주장되기도 하지만, 오히려 지리처럼 현상을 종합적으로 고려하는 특정한 교과의 맥락 속에서 내용 제한적인 방식으로 보다 더 잘 학습될 수 있기 때문이다.

셋째, 학교교육에서 지리적 관점, 정보, 개념 그리고 기능들을 습득해야 하는 이유는 이것들이 학생들로 하여금 지구적 상호의존에 대한 이해를 높이기 때문이다. 또한 지리가 상이한 장소에서 인간의 삶에 영향을 미치는 조건들에 대한 독특한 이해를 돕는 데 공헌하고, 계통지리 학습은 학생들에게 전 세계에 걸친 인간 문화의 차이성과 유사성에 대한 판단을 형성하기 때문이다. 그리고 학생들이 상이한 장소에서의 인간의 삶이 직면하는 문제들에 대해 추론하고 토론하며 모든 인간들이 얼마나 상호의존적인지를 점점 인식함으로써 세계 여러 민족들에 대한 이해의 폭을 확장시키기 때문이다.

따라서 학생들은 지리학습을 통하여 자기 자신의 개인적 선택과 활동이 다른 사람들에게, 또 다른 사람들의 결정과 행동이 그들에게 어떻게 영향을 미치는지를 점점 이해하게 된다.

캐틀링은 독립교과로서의 지리가 아동 주위 세계의 경험을 통해 아동들의 인식, 이해, 평가, 행동 등을 위한 잠재력을 고양하는 데 공헌한다는 점에 대한 깊은 인식을 보여주었다.

그는 지리는 아동들의 지방적, 국가적, 세계적 관점과 지식을 계발한다는 의미에서 아동들의 지평을 확대하는 사회적 역할을 하며, 이러한 학교에서의 지리의 역할은 개인의 욕구에 보완적이고 몇 가지 중요한 방식으로 아동들의 이해를 증진시키는 데 중요하다고 보았다. 그에 따르면, 다음과 같은 다섯 가지 측면에서 지리는 사회적 역할을 하고, 아동들의 이해를 증진시키는 데 중요한 역할을 한다고 주장하였다.

첫째, 지리를 학습함으로써 아동들은 환경이 작동하는 방식을 이해한다. 지리를 통한 학습은 공간적 환경에서의 기능적 작동이 환경을 만들고 유지하는 것을 이해하게 한다. 또 인문적·자연적 패턴 및 과정과 장소들을 연결해주는 힘을 가지고 있다는 것을 인지하게 해주기도 한다. 그는 좀더 구체적으로 지리학습을 통해 어린이는 현상(건물, 경치, 토지이용, 기복, 경관, 산업, 농업 등)의 형태와 분포, 패턴과 그것에 관련된 과정(인간과 재화의 이동, 바람과 물의 활동, 광물 채굴 방법, 곡물, 임산물과 같은 재생가능한 자원의 재활용, 레저시설의 사용과 개발, 새로운 토지이용의 계획, 도시지역의 흡인력과 배출력, 물의 순환, 토지이용에 영향을 미치는 정치적, 경제적 결정, 마그마의 이동과 지각 등)을 이해하게 된다고 주장한다.

둘째, 지리는 환경을 관찰하고, 기록하고, 검토하고, 이해하는 것을 돕는 다양한 기능들을 사용할 기회를 제공한다. 캐틀링은 지리학습에서 사용할 수 있는 기능을 크게 나누어서 기본적 의사소통 기능, 지적 기능, 사회적 기능의 세 가지가 있다고 제시하였는데, 그중 지리학습에서 중심적인 것은 우리 주변을 기술하고, 해석하고, 분석하고, 평가하기 위한 그림, 지도, 야외스케치, 다이어그램 등 다양한 형태의 그래픽 표현(graphic representation) 기능이라고 진술하였다.

셋째, 지리학습은 학생들에게 자신의 환경에 대한 태도를 깨닫도록 하고, 환경을 돌보는 태도를 육성하며, 자연 및 인간의 행동에 대한 관심을 길러주는 데 중요한 역할을 한다. 또한 지리학습은 우리가 가까운 곳이나 먼 곳에서 마주치는 경관에 대한 지각을 고양하는 데 중요한 공헌을 한다.

넷째, 지리학습에 부수적으로 동반하는 환경에 대한 이해와 가치화는 국지적, 국가적, 세계적 수준에서 환경적 이슈에 관여하게 되는 책임감을 가지도록 해준다. 또한 지리는 환경을 관찰, 묘사하고 그에 대해 생각만 하는 학문이 아니며 장소의 잠재력과 문제에 대한 대응책을 제공해줄 능력이 있는 학문이다. 따라서 그는 아동들의 지리학습을 통해서 그들의 관점이 그들 주위의 세계 발전에 공헌하는 데 적극적으로 관여할 수 있음을 인식하게 되는 것이 무엇보다 중요하다고 주장한다.

다섯째, 지리는 우리 사회 내부나 세계의 다른 곳에서 서로 다른 문화에 대해 좀더 잘 이해하도록 하는 데 특별한 역할을 한다. 즉 학생들은 세계에 대한 자신의 개인적 관점을 가지고 학교에 오는데, 지리의 역할은 삶의 다양성과 풍요로움을 인지하면서 인간이 장소와 인간 자신에 영향을 미치는 방식에 관해 인식하는 것뿐만 아니라 다른 자료들에

대해 동감하게 하고 그들의 관점을 평가하게 한다. 또 합리적이고 질적 수준을 갖춘 판단
을 하도록 이끌어주는 양질의 국제이해를 촉진하고, 이러한 관점의 개발을 위한 기회를
아동에게 제공해준다는 것이다.

특히 캐틀링은 지리학습이 아동들의 경험 중에 그들이 보고 듣는 세계에 매혹된다는
측면에서 열정, 장소에 대한 호기심, 세계에 대한 탐험심이라는 세 가지 영역에서 매우
중요한 의미를 지닌다고 주장하였다.

2) 지리교육의 가치와 공헌

(1) 지리교육의 가치

지리를 학교에서 가르치는 것은 그것이 가치 있는 활동이기 때문이며, 지리교육이 가치
있는 활동이라는 것은 그것이 어떤 가치 있는 지식과 이해, 그리고 지적 안목을 제공하기
때문이다.

앞에서 언급한 것처럼 피터스는 교육의 개념적 기준을 규범적 기준, 인지적 기준, 과정
적 기준으로 제시했다. 규범적 기준에 따르면 교육은 그 자체로서 내재적으로 가치 있는
상태를 실현해야 하며, 인지적 기준에 따르면 교육은 실현하고자 하는 가치 있는 상태를
포함해야 한다. 따라서 교육은 내재적 가치의 구체적 내용인 지식과 이해, 그리고 지적
안목으로 표현되는 내용을 가지고 있어야 좀더 교육다울 수 있다. 그러므로 교육의 기준
에 비추어 지리교육을 내재적으로 정당화하기 위해서는 지리교육이 어떠한 지식과 이해,
그리고 지적 안목을 제공하는지를 밝혀야 한다.

그러나 지리교육이 무엇을 제공하는가를 논하려면 지리교육에 여러 가지 지식과 이해,
학문적 안목과 탐구방법의 원천을 제공하는 '지리학이 무엇인가'를 먼저 밝히는 것이 요
구된다. 지리학에 대한 가장 대표적인 정의로는 '지리학은 지역의 차이를 연구하는 학문
이다'라고 정의한 핫숀(Hartshorne)의 것이 있으며, 그 외에도 다양한 정의가 있다. 이 정의
는 방법론과 인식론의 차이, 곧 패러다임에 입각한 입장의 차이에 따라서 달리할 수 있
다.[1]

이러한 불일치에도 불구하고, 지리학의 핵심은 '장소 및 지역의 연구', '공간의 연구',

---

[1] 논리실증주의 패러다임에 의존하는 지리학자들이 감각적 세계에서 경험된 지리적 사상들에 관한 진
술의 검증을 통해 공간조직을 규명하는 것을 지리학이라고 생각한다면, 인간주의 패러다임에 입각
한 지리학자들은 의미(개인적 의미와 사회적 의미)의 세계에서 인지된 지리적 실체들을 해석함으로
써 장소의 의미를 밝히는 것을 지리학이라고 정의한다.

'환경의 연구'로 구성된다고 할 수 있다. '장소 및 지역의 연구'는 사람들이 그들이 살고 일하는 자연적 배경을 이용하는 데에서 생기는 장소(또는 지역)와 인간행동의 패턴 간의 상호작용 및 그 의미들을 탐구하는 것이며, '공간의 연구'는 지구의 자연적, 인문적 사상들의 입지뿐만 아니라 그러한 사상들을 만들어내고 영향을 주는 과정, 체계, 상호관계를 설명하고 공간조직을 규명하는 것이다. '환경의 연구'는 자연적 차원과 인문적 차원 모두를 포함하여 모든 생명이 의존하고 있는 지구의 자연, 자원과 그 유지체계에 대해 알게 하고, 인간행동의 자연자원에 대한 영향, 그리고 양자간의 상호작용에서 발생하는 사회, 경제, 정치, 문화에 걸친 광범위한 결과를 알게 한다.

이와 같이 장소의 연구, 공간의 연구, 환경의 연구는 지리학의 오랜 전통으로서 이미 패티슨(Pattison)이 4대 전통 속에서 밝힌 바 있으며, 이들은 패러다임적 차이를 잘 반영하면서도 하나의 통일된 전체인 지리학의 구성성분들이 되고 있다.

그렇다면 이와 같은 지리학을 모재로 해온 지리교육은 학교교육에서 어떠한 지식과 이해를 줄 수 있는가?

첫째, 지리교육은 삶의 기본적 어휘(basic vocabulary)로써 장소와 입지에 관한 직접적 지식을 포함하는 지리적 지식을 제공한다. 지리학습을 통하여 학생들은 세계 여러 국가들이 어디에 있는가를 알게 되고, 국가 안에서 장소들을 찾을 수 있도록 하는 사실적 지식체(factual knowledge)를 획득한다. 이러한 사실적 지식체는 학생들로 하여금 대중매체를 통해 매일매일 접하는 그들 주변의 세계에서 벌어지는 사건들(events)을 어떤 공간적 맥락을 통해 파악하게 한다. 달리 표현하면 지리가 제공하는 직접적이고 흥미로운 사실, 개념, 일반화와 같은 내용들은 장소에 대한 종합적 정보를 객관적으로 평가하는 준거가 된다. 이 과정을 통해서 학생들은 국지적, 국가적, 국제적 차원에서 지리적 문제의 공간적 맥락을 이해하게 되며 그에 대한 대책을 구상하게 되는 것이다. 따라서 학생들은 지리수업에서 분절된 정보 단편들이 공간이나 장소를 통하여 하나의 일관성 있는 전체로 조직되는 것을 배운다. 결국 지리교과는 국지적, 국가적, 국제적 사건들을 지리적 맥락 안으로 들어오도록 유도하고 지리적 이해의 발달을 지원해줄 입지와 장소에 관한 지식틀(framework of knowledge)을 제공한다.

둘째, 지리교육은 환경적, 공간적 관계가 세계적, 지역적, 국지적 스케일 등의 다양한 스케일2)에서 우리의 생활에 영향을 미치는 방식과 인간이 다양한 환경적, 공간적 관계를 형성해 나가는 방식에 대해 보다 복합적인 이해(complex understanding)를 제공한다. 이와

2) 'scale'은 축척과 규모의 두 가지로 해석되지만, 본 연구에서는 원어 그대로 스케일이라고 표현한다.

더불어 학생들이 가지고 있는 영역에 대한 본질적인 흥미, 지식, 이해는 그들이 직접 접촉하는 주변에서 좀더 먼 지역으로 확대되므로, 세계의 다른 지역의 학습은 학생들에게 당대의 문제들을 이해할 수 있는 준거 틀을 제공한다.

즉 학생들은 지리에서 자기 고장에서의 인간의 연속적 점유에 의해 발생한 문제들, 세계 인구성장의 원인과 결과, 기후변화의 속성과 영향 등에 대해 배움으로써 자신의 고장과 환경을 이해하는 데 도움을 얻을 뿐만 아니라 지형, 기후와 날씨, 물의 순환, 그리고 생태계와 같은 지구의 여러 가지 자연체계들(systems)의 중요한 특징과 그들 체계간의 상호작용에 대한 지식과 이해를 넓히게 된다. 이처럼 지리는 인간-환경 체계의 하위체계들을 이해하는 데 필요한 지식들을 형성하는 데 중요한 공헌을 했다.

더 나아가 지리는 교통과 통신의 발달로 점점 좁아지는 지구촌 사회에서 각 지역들 간의 상호의존과 지구적(global) 관점을 가질 필요를 인식시킬 뿐만 아니라 이러한 관점의 토대가 되는 인간-환경 체계의 상호관련성을 이해하게 하고, 개념이 그들 환경의 질을 향상시키고 유지하는 데 필요한 것이라는 중요성을 이해하게 한다.

따라서 건전한 지리교육은 우리들 자신, 우리와 지구와의 관계, 그리고 세계의 인간 간의 상호의존성을 이해하기 위한 관점, 정보, 개념, 기능을 제공한다.

그렇다면 이러한 지리학의 정의에 비추어 볼 때 지리는 어떤 지적 안목을 제공하는가? 지리교과가 고유한 지리적 지적 안목을 제공한다는 점은 일찍부터 인식되었는데 그것은 단순한 조작이 아니라 배경과 전망을 지닌 지적 조망이다. 듀이(Dewey)의 다음 문장을 보면 그 성격이 잘 드러난다.

> 지리와 역사는 좁은 개인적 행위나 단순한 기계적 숙달에 그치고 말 활동에 배경과 전망, 지적 조망을 부여하는 교과가 된다. 우리 자신의 활동을 시간적, 공간적 관련 속에서 파악하는 능력이 증가하면 할수록 우리의 활동은 그만큼 중요한 내용을 갖게 된다. 우리가 주민으로 살고 있는 장소를 공간 속에서 확인할 때, 그리고 우리가 시간 속에서 꾸준히 이어져 내려오는 노력의 상속자요 전달자임을 알게 될 때, 우리는 결코 형편없는 도시의 시민만은 아님을 깨닫게 된다(Dewey, 1991: 327).

그에 따르면 지리는 역사와 더불어 개인의 삶이 이루어지는 맥락, 배경, 전망을 제공해줌으로써 그 삶에 대한 개인의 직접적 이해를 풍부하게 하고 따라서 개인의 삶을 좀더 자유롭게 해준다. 물론 듀이 당대의 지리학은 인간의 거주지로서 지구에 대한 설명과 기술을 추구하였기에 현대의 지리학과는 그 모습이 다르지만, 당시의 지리학의 연구방법 및 연구성과만으로도 지리는 분명히 학생들에게 장소와 시간 속에 투영된 인간의 삶을 위한 노력들을 학습하기에 충분하였다. 또한 당시의 지리학은 현대지리학의 토대가 되고 있으므로 그의 주장은 유효하다고 볼 수 있다.

한편, 현대의 지리학은 학생들에게 자신과 다른 사람들의 환경에 대한 보다 넓은 인식이나, 또는 공간분포, 지역연합(areal association), 공간적 상호작용과 같은 지리학의 조직개념(organizing concepts)을 바탕으로 좀더 높은 수준의 판단력, 즉 인지적 안목을 제공한다. 특히 공간과 관련하여 지리는 분리된 실존적 차원의 공간적 성분에 대한 통찰력과 함께 지표 위의 구체적 현상과 패턴(pattern)과 과정(process)이 실존적 차원에서 서로 연결되는 방식에 대한 통찰력을 제공한다. 또한 이 공간적 성분들이 인간의 행위와 그 의미에 관여하는 방식과 역으로 인간들이 구체적 사건들을 총합적으로 표현하고 발전시켜나가는- 장소, 지역, 공간을 구성해나가는- 방식을 인식하게 한다.

따라서 앞에서 언급한 바와 같이 지구적 스케일에서 지리학습은 학생들에게 국지적, 지역적, 국가적, 국제적 사건들을 이해하는 전문적 관점을 제공하며, 인간사회의 인종적, 문화적, 정치적 다양성이 나타나는 지역을 통한 지리적 표현, 장소의 개성에 바탕을 둔 장소감〔(sense of place), 제4장 참조]3)과 인간과 환경의 관계를 인식할 수 있는 안목을 제공한다.

이상의 논의를 통해 볼 때 지리는 장소, 지역, 공간, 환경에 대한 지식과 이해, 그리고 지적 안목을 제공하므로 지리적 지식, 통찰력, 기능은 보통교육의 내용에 반드시 포함되지 않을 수 없다.

일찍이 페어그리브(Fairgrieve, 1933)는 이러한 지리의 가치를 다음과 같이 잘 표현하였다.

> 진정한 지리의 가치는 그것이 인간이 살아가는 것을 도와주는, 즉 인간이 세계 속에서 자신의 위치를 확인하는 것을 도와주고 진정한 자신의 입장이 무엇이며 그의 의무가 무엇인지를 알게 하는데 있다. ······ 지리는 인간으로 하여금 자신, 자신의 환경을 타인, 타인의 환경과 비교하게 하는 과학이다(Fairgrieve, 1933: 8).

한편, 시노하라(篠原昭雄, 1991: 233)는 현대사회의 인간형성에서 지리교육이 특별한 가치를 가지게 된다는 점을 다음과 같이 강조하였다.

첫째, 국제화·정보화 등 변화가 격심한 현대세계를 특히 지역적·공간적으로 인식하고 자연, 사회, 인간 간 관계에서 받아들이는 지식과 이해는 현대에 사는 인간에 있어서 불가결의 조건이며, 지리교육은 그 요청에 부응하는 내용을 갖는다. 즉, 지리교육에서는 국토와

---

3) 이는 장소에서의 지리적 사상에 대한 지식과 장소 안에 살고 있는 인간이 부여한 의미의 세계가 결합하여 생성되는 것으로, 장소에 대한 지식, 장소와의 일체감, 그 속에서 우러나오는 자발적 소속감과 애착까지 포함하는 장소에 대한 총체적인 인식과 관심이다.

세계를 공간적으로 지역이나 지역구성의 관점에서, 또 다양한 사회적 사상의 형성(생성-발전)과 변화(쇠퇴-소멸)의 양태를 지리적 조건(요인, kraft)과의 관계에서 각각 고찰, 탐구함으로써 사회적 사상이 갖는 지리적 의의에 대한 이해와 함께 국토상과 세계상을 구축하게 한다.

둘째, 변화가 심하고 가치관이 다원적인 현대에 사는 인간에 대해 그것들을 다면적으로 고찰하고 정확하게 파악하기 위한 능력을 육성하는 데 지리교육은 중요한 역할을 담당하고 있다. 지리학습에 있어서의 탐구방법은 지리적인 견해와 사고방식에 입각하고 있기 때문에, 다양하고 복잡한 관계에서 성립할 뿐만 아니라 변용이 격심한 현대의 사회적 사상을 고찰하고 판단하는 데 있어서 지리적 견해와 사고방식이 없어서는 안 된다.

셋째, 현대의 현실적인 과제에 응할 수 있는 힘을 몸에 익힌다는 점에서 지리교육은 중요하다. 현대 사회와 세계는 자원, 에너지, 인구, 식량, 도시, 산업을 비롯하여 환경, 문화 등 여러 가지 과제를 안고 있는데, 그 어느 것도 지리교육과 같은 넓은 시야로, 즉 전 지구적인 다면적인 고찰을 하지 않으면 정확한 판단과 대응을 할 수 없는 것들이다.

넷째, 지리는 더욱 구체적이고 실용적인 지식과 기능을 제공한다. 지리교육에 있어서 지도학습과 지도화, 그래프화 등을 통한 학습은 그와 같은 소양을 몸에 익히게 하는 데 크게 도움이 된다.

(2) 지리 교육의 공헌

뼁쉬멜(Pinchemel, 1982)은 지리교육의 가치를 학문으로서 지리학이 갖는 고유한 가치인 절대적 가치와 다른 학문과의 관련 속에서 갖는 상대적 가치로 구분하고 이 가치들은 학교에서 지리의 공헌을 분명히 해준다고 논한 바 있다. 이는 피터스가 주장하는 내재적, 외재적 가치와 같은 의미는 아니지만 지리교육이 갖는 가치를 이해하는 또 하나의 방식이다. 위에서의 논의가 지리교과의 가치를 밝히는 것이라면, 여기에서는 뼁쉬멜이 주장하는 상대적 가치의 관점에서 일반교육에 어떻게 공헌하는가를 살펴보도록 한다.

기본적으로 지리교과는 학생들의 심미적, 지적 발달을 돕는 데 공헌하는 교과이다. 일찍이 자연주의 교육철학자들로부터 지리교과는 아동의 자연적 심신 발달에 공헌하는 교과로 인정되었다. 즉 자연 속에서 교육을 강조하는 당시의 경향과 맞물려 자연에 대한 학습을 중시하는 지리가 아동의 심신의 수련에 자연성을 심어주기에 적절하게 보였을 것이다. 루소(Rousseau)는 그의 저서 『에밀』의 제2부, 즉 5세~12세에 이르는 아동기에는 그의 소극적 교육의 관점에 따라 다른 학문들과 함께 지리도 가르쳐서는 안 된다고 주장하였다. 그러나 그는 제3부, 즉 12세~15세에 이르는 소년기는 지식의 획득에 전념해야 할 시기로서 자연스런 매력을 주는 지식으로부터 출발하고 인간의 호기심과 같은 본능에 따라 연구할 수 있는 사물들에 주목하라고 주장했다. 이때 그는 (올바른) 관념을 형성하기 위해서는 감각에서 출발해야 하며, 바로 지리를 자연현상에 대한 감각에서 시작할 수 있는 적절한 학문으로 인식하였다. 이러한 루소의 자연주의 교육관은 페스탈로치(Pestalozzi)-짤츠만(Salzman)으로 이어졌는데, 19세기부터 독일의 초등학교에서는 페스탈로치의 영향으로 지리가 교과로서 등장한 것이나, 리터(Ritter)와 같은 지리학자가 자연주의 교육자인 짤츠만에 의해 교육된 것은 그와 같은 맥락으로 이해할 수 있을 것이다.

또한 헤르바르트 학파 교육학자인 찰스 멕머리(Charles A. McMurry)와 프랭크 멕머리(Frank A. Mcmurry)도 학생들의 심미적, 지적 발달에 지리가 가장 보편적이고 상관성이 많은 교과로 보았으며[4], 그와 같은 입장은 지리가 직접적 경험을 확대하는 데 유용하다고 보는 듀이에서도 마찬가지이다. 듀이는 다음과 같이 지리교과의 역할을 진술했다.

> 지리와 역사는 개인의 직접적 경험의 의의를 확대할 수 있는 두 개의 큰 교과이다. …… 능동적 작업 활동이 자연과 인간을 다루는 이 두 교과를 통하여 공간적으로 또 시간적으로 확장되어 간다. 외적 이유에서, 또는 순전히 일종의 기술로써 가르치지 않는 이상, 지리와 역사는 각각의 학문에서 제시되는 좀더 큰 의미의 세계로 나아가는 직접적이고 재미있는 활로를 제공해준다는 점에서 교육적 가치를 지닌다. …… 이 두 교과는 살아있는 하나로 된 전체의 두 가지 상이한 국면을 나타낸다(Dewey, 1991: 339~340).

현대적 의미에서도 지리는 분명히 공간에서의 사상들의 입지와 인간과 환경과의 관계에 관련된 개념을 통해 지적 발달과 성장에 두드러지게 기여하므로 지리는 지적성장 과정에서 하나의 중요한 수단이 된다.

이러한 입장에서 슬레터(Slater, 1976)는 지리교과에서 다루는 지식의 넓은 폭은 지리분야의 많은 지적가치를 제공하며, 학생들의 올바른 인식 형성에 필요한 충분한 지각(감각지각)발달을 촉진한다고 언급했다. 즉 지리 교재에 나타나는 광범위한 자연 및 문화현상의 분포패턴과 경관의 기원, 형태, 발달에 관한 질문에 대답하는 것이 세계를 지각하고 이해하는 능력을 발달시키며, 이것은 지각과정을 좀더 정교화함으로써 학생들로 하여금 그들 주변의 세계 속에서 자신의 위치를 깨닫도록 도울 수 있다. 또한 부차적으로 지리의 종합적인 특성은 많은 긍정적인 측면을 만들어낸다. 지리는 경관의 기원, 형태, 발달에 대해 과거의 인간 활동의 산물로서 단순한 분석 이상으로 현재의 경관에 대한 관심을 증대시키는 장점을 가지고 있다.

---

4) 물론 헤르바르트 학파가 주장하는 형식도야의 입장에서 지리가 요구된 것이라고 보면 지리교과의 논리적 정당성은 허약해질 수 있지만, 지리가 계몽주의 시대 이래로 수행해온 계몽적 성격에 주의를 기울이면 이해가 되리라 본다.

그리고 보드만(Boardman, 1986)은 지리교과가 아이디어의 개발에도 두드러진 공헌을 한다고 지적하였다. 지리학습에서 학생들이 획득하는 사실적 지식은 일반적 아이디어들을 이해하는 기초를 형성하며, 지리에서 지식의 습득이 아이디어의 발전으로 이어진다는 점이 중요하다고 주장하였다.

그에 따르면, 지리가 아이디어의 발달에 두드러진 공헌을 하는 점은 공간에서 현상의 입지와 인간과 환경 간의 관계와 관련된 개념에 있다. 일반적인 아이디어는 기본적 개념의 이해를 요구하는데, 지리에서 학습하는 강, 읍, 농장, 공장과 같은 기본적인 개념은 점점 하계망, 취락, 농업, 산업과 같은 추상적 개념으로 확대되어 감으로써 개념과 아이디어, 그리고 일반적인 아이디어로 발전해나가는 토대를 제공하게 된다. 구체적인 학교수준에 들어가면, 초등학교의 경우 학생들과 그들 환경간의 관계와 관련된 개념을 많이 포함하고 있다. 초등학교에서 지리수업을 통해 학생들은 국지적인 환경에서 발생하는 학생들 자신의 경험과 실험 속에서 학생 자신의 답을 직접 찾는 것이 요구되는 상황이 중요하게 다루어진다는 점에서 지리학습은 일반적인 아이디어를 형성하는 토대가 된다.

또한 도티(Daugherty, 1989: 5)는 지리의 중요성은 지리교과의 고유한 초점인 장소에 대한 학습에 있다고 하였으며, 지리교과가 제시하는 장소에 대한 5가지 근본적 질문과 관련시켜 지리적 관심과 교육에 대한 공헌을 설명한 바 있다.

그에 따르면 첫째, 모든 수준에서 지리는 '그곳은 어떠한 장소인가'와 같은 질문을 제기함으로써 장소의 속성에 관한 것을 찾아내는 데 관심을 가지고 있는데, 이는 일반적인 지리적 정보의 획득과 입지적 지식의 기본 틀의 설정을 도와준다. 지리는 또한 이러한 인간의 호기심의 기본적 영역과 일치하는 질문을 다루면서 그림에서부터 통계자료, 여행 문학에서부터 모든 종류의 지도, 과학적 조사에서 현재의 저널리즘에 이르는 광범위한 증거자료들이 폭넓게 활용될 기회를 제공한다.

둘째, 지리교과의 지적 추진력은 두 번째의 기본적 질문, 즉 '왜 이 장소는 그와 같은가, 다른 장소와 어떻게, 왜 다르거나 유사한가'라는 질문을 통해 잘 드러난다. 이러한 차원의 지리는 설명과 분석에 관심을 가지고 있으며, 어떤 경관의 물리적(자연적) 외양이나 지도에 나타난 분포와 이동의 패턴에도 관심을 갖게 하며, 취락, 국가경제, 환경체계의 형태에도 관심을 기울이게 하고 장소를 범주화하는 데에도 관심을 갖게 만든다.

셋째, 핵심적인 중요한 질문은 장소의 상호의존성에 관한 것으로 '이 장소는 다른 장소와 어떤 방식으로 연결되어 있는가'이다. 국지적 지역이나 지역의 성격에 대한 설명은 입지적으로 자율적인 과정의 관점으로만 구성되지는 않으며 환경적, 경제적, 그리고 인구 증감은 보통 다른 장소와의 상호작용의 결과라는 것에 대한 지각은 지리가 주로 공헌하고 있는 경제 인식의 개발에서 결정적으로 중요하다.

넷째, 지리에서 상호의존에 대한 강조는 '이러한 장소는 어떻게 변하는가? 그리고 왜 변하는가'와 같은 동적 측면에도 관심을 가지게 한다. 지리교과를 잘 가르치면 학생들은 항상 국지적, 국가적, 그리고 세계적 규모에서의 중요한 이슈들을 조사하는 데 관련된 교육과정의 영역으로 지리를 변함없이 인지하게 될 것이다. 특히 지리에서 다루는 모든 시간과 장소에서 환경적, 입지적 변화는 갈등의 결과이자 원인이므로 그러한 변화에 대한 설명은 정치교육의 중요한 측면을 구성한다.

마지막으로 지리는 모든 수준에서 다른 환경과 사회에 상상적으로 참여할 수 있는 능력을 개발하는 데 관심이 있다. 이는 다음에서 언급할 '지리가 사회화에 어떻게 공헌하는지'를 잘 보여준다. 그리고 '이 장소에서는 그것이 어떻게 느껴질 것인가'라는 질문으로 표현할 수 있는 이러한 지리적 관심은 상이한 시간적 상황에서 스스로 상상하도록 하는 역사와도 연결된다. 이처럼 다른 인간존재의 상황에 자신을 놓아 보려는 성향은 모든 도덕교육과 자유교육의 필수불가결한 근본적 관념인데, 이러한 맥락에서 지리는 다른 인문과목과 함께 중요한 공헌을 한다.

그런데 지리는 심미적·지적 발달뿐만 아니라 더 나아가 가치와 태도를 기르는 데도 공헌한다. 지리학습이 학생들에게 자신의 환경에 대한 태도를 깨닫도록 할 뿐만 아니라 자신이 속하는 환경과 영역을 돌볼 줄 아는 태도를 육성하는 것이다. 그리고 자연 및 인위적 행동에 대한 관심을 길러주는 데 중요한 역할을 하고, 우리가 가까이나 멀리에서 부딪치는 경관에 대한 지각을 고양하도록 만드는 데 중요한 공헌을 한다. 또한 이러한 인식과 더불어 부수적으로 환경에 대한 이해와 가치화는 국지적, 국가적, 세계적 수준에서 환경적 쟁점에 개입하게 되는 책임감을 수용하도록 한다. 따라서 지리는 환경을 관찰하고, 묘사하고, 그에 대해 생각만 하는 학문이 아니라, 장소의 잠재력과 문제에 대한 대응책을 제공해줄 능력이 있는 학문이며, 이를 바탕으로 장소감과 책임감을 심어줄 수 있는 과목이다.

이와 같이 지식에서부터 가치와 태도의 영역에 이르기까지 교육에서 풍부한 역할을 행하는 지리는 일찍부터 근대 민족국가의 등장으로 민족의식과 국토의식을 고양하는 과목, 그리고 근대시민국가의 시민정신의 바탕이 되는(당시에는 주로 제국의 시민으로서) 기본적 교양을 제공하는 과목으로서 그 공헌을 인정받았다. 우리나라에서도 지리교과는 특히 국토애와 향토애를 기르는 데 공헌하는 것으로 받아들여져 지속적으로 강조되었다.

한편, 지리의 역할을 사회적 맥락에서 보면, 지리는 아동들의 지방적, 국가적, 세계적 관점과 지식을 개발한다는 의미에서 아동들의 인식의 차원을 확대하는 사회적 역할, 즉 학생들의 사회화를 돕는 역할을 수행한다고 볼 수 있다. 달리 말하면 지리는 서로 다른 사회가 그 사회의 인간조직과 그 사회내부에서, 그리고 다른 사회와의 상호작용의 여러 형태들을 어떻게 발전시켰는지를 이해하게 하고 개인과 사회, 부분과 전체의 상호관계를 다루도록 한다.

피엔 등(Fien et al., 1989)은 지리가 젊은이들의 교육에 공헌하는 방식을 우리가 살고 있는 사회와 환경과의 관계를 중심으로 '사회와 환경을 위한 교육으로서의 지리', '사회와 환경 속에서 교육으로서의 지리', '사회와 환경에 대한 교육으로서의 지리'의 세 가지로 제시한 바 있다. 그들에 따르면, 지리에서 제공하는 야외답사와 학습캠프, 지역사회 중심의 학습, 환경에 대한 개인적 지각과 멘탈 매핑, 작업경험, 문제해결집단에서 다른 사람들과 건설적으로 일하기 등을 통하여 학교 밖의 지역사회 속에서의 학습경험들을 조직함으로써 학생들의 사회적·환경적 경험을 개발하는 것을 도울 수 있다.

먼저, '사회와 환경에 대한 교육으로서의 지리'는 국지적, 지역적, 국가적, 세계적 스케일에 이르는 지역 단원 속에서 환경과 사회에 대한 지식을 제공하며, 탐구기능의 개발은 교양 있고 활동적인 시민의 육성, 인간과 장소에 대해 알고자 하는 심화된 욕구, 학습에 대한 사랑, 생애교육의 실행에 필수적이다.

'사회와 환경 속에서의 교육으로서의 지리'는 학생들로 하여금 인간존재로서, 시민으로서 그들의 잠재력을 펼쳐 나갈 수 있도록 해주는 사회적, 환경적 이해와 능력을 개발하는 교육적 매체이다. 사회와 환경 속에서의 경험은 지리에서의 이해를 획득하는 데 주요한 원천이 되며, 학생들은 인간과 환경에 대한 그들의 일상적인 경험 때문에 학교에서 지리를 배우기 전에도 다양한 범위의 지리적 지식, 기능 그리고 가치를 이미 가지고 있다.

'사회와 환경을 위한 교육으로서의 지리'는 학생들로 하여금 그들의 사회와 환경을 향상시키는 데 참여하고 이를 추구하는 것을 가능하도록 해줄 것이다. 학생들이 살고 있는 사회와 환경을 위한 교육은 지리교수를 위한 지식, 사고과정, 기능, 그리고 가치와 관련된 목표들을 수반하게 된다. 지리학습은 학생들의 지평을 넓히고 세계를 둘러싸고 있는 사회와 환경 간의 상호작용 네트워크를 제대로 이해하게 해줄 것이며, 이는 다시 학생들로 하여금 일상생활과 관련한 의사결정을 하는 데 있어서 '생각은 지구적으로 그러나 행동은 지역적으로' 할 수 있도록 도와줄 것이다.

특히 피엔 등(Fien et al., 1989)은 '사회와 환경의 개선을 위한 교육'은 학생들에게 다음과 같은 학습경험을 제공할 수 있다고 하였다.

• 어떤 사회적·환경적으로 상반된 견해와 관련하여 다양한 인간과 집단들이 가지고 있

　　는 관점과 기저가치에 대하여 분석하기.
- 어떤 사회적·환경적 상황에서 작용하는 현재나 과거의 권력관계에 대하여 조사하기.
- 상이한 사회적 환경적 조건에 있는 다른 사람들에 대한 동감적 이해를 계발하기.
- 어떤 상반된 견해나 문제에 대한 자신의 견해를 명료화하고 정당화하기.
- 발생할 수 있는 적절한 행동에 대한 의사결정이나 대안적 해결책에 대한 평가에 뒤따르는 문제들에 대해 생각하기(그러한 행동은 환경개선 프로젝트, 지역사회집단에서의 작업, 구호프로젝트의 재정을 확보하는 것을 돕기 위해 모금하는 것과 같은 행동을 포함한다).
- 다른 사람에게 서비스하는 것을 통하여 배우기.

　이처럼, 지리교육의 사회화에 대한 공헌은 분명하며, 오늘날의 복잡하고 급변하는 현대 사회에서도 여전히 그러하다. 아사쿠라(朝倉隆太郎, 1984)는 현대사회에서 지리의 공헌을 넓은 시야의 육성, 자연에의 외경, 지역과제에 대한 고찰 능력, 국제이해와 국민적 자각이라는 네 가지 측면에서 현대사회의 교육에 기여한다고 주장한다.

　이상에서 논한 지리교육이 교육에 공헌하는 여러 가지 측면을 영국의 지리교육학회(The Geographical Association, 1981)는 종합적으로 표현했다. 이 학회는 지리교과가 학교 교육과정에서 다음과 같은 네 가지의 측면에서 특별한 공헌을 한다고 논하였다.

　첫째, 도해력〔(graphicacy), 제4장을 참고할 것〕이다. 지도와 그 밖의 시각적 표현을 통한 공간정보의 이해와 의사소통은 결정적으로 중요한 지리교과의 교육과정에 대한 공헌이다. 지리에서만 학생들은 체계적으로 지도를 읽고 사용하는 것을 배운다.

　둘째, 지리는 세계에 대한 지식을 획득하는 데 특별한 역할을 한다. 학교에서의 지리학습을 통해 학생 개개인은 오늘날의 복잡한 세계 속 시민으로서 성인에게 요구되는 중요한 원천인 특별한 지식, 기능, 태도를 터득하는데, 교육과정의 다른 교과보다도 지리가 현재 발생하는 사건과 경제적, 정치적, 사회적, 그리고 환경적 쟁점에 대해 교양 있는 판단을 할 수 있도록 학생들을 도와준다는 것이다. 점점 치열해지는 세계시장에서의 교역에 의해 생활수준을 유지하고 있는 나라에서는 이러한 능력이 특히 중요한데, 세계에 관한 지식을 다루는 데 지리수업에서 획득되는 기능과 지식은 매우 유용하다.

　셋째, 지리는 국제이해에 특별한 공헌을 한다. 지리는 우리 사회 안에서나 세계 그 밖의 지역에서 서로 다른 문화에 대한 보다 나은 이해를 증진시키는 데 특별한 역할을 한다. 지리교사는 학생들이 세계에 대한 자기 자신의 견해를 가지는 것에 대해 관용적이며, 학교에서 이러한 견해를 발전시킬 기회를 제공하는 것을 추구한다.

　넷째, 지리는 환경에 대한 인식(environmental awareness)을 기르는 데 특별한 공헌을 한다. 즉 지리는 학생들로 하여금 그들의 환경과 인간이 환경을 어떻게 이용하고 또 남용하는지를 이해하는 것을 도우며, 인접지역 그리고 지방에서의 전 세계에 이르는 다양한 스케일에서의 자연적 및 인적 자원의 학습을 통해 학생들을 친숙하고 구체적인 것에서 보다 멀리 떨어져 있고 일반적이고도 추상적인 것으로 나아가는 것을 배우게 된다. 이를 통해 지리는 아동들의 세계에 대한 자연적 호기심을 충족시키려 하며 그것에 기초한다.

이상의 논의를 통해 지리가 초·중등학교 교육과정에서 중요한 위치를 차지하고 있다는 주장은 교과로서 지리가 아동 주위의 세계의 경험 속에서 아동들의 인식, 이해, 감상 그리고 행동을 위한 잠재력을 고양하는 데 기여한다는 점에 근거하고 있음을 알 수 있다.

3. 교육과 공간: 지리교육과 공간학습

지리의 관심은 공간에 있으며, 지리는 지표 위의 인간과 장소 간의 상호작용과 그들의 배열을 연구하는 공간적 관점을 사용한다. 지리에서 관심을 두는 공간은 교육의 관점에서도 중요성을 가지고 있으며, 공간학습은 생애에 걸쳐서 학습해야 할 것으로 인간의 삶에 있어서 특별한 의미를 지닌다.

여기에서는 공간이 교육에서 가지는 가치 및 역할을 탐색하여 파악해보고, 평생학습으로서 지리교육의 의미를 공간학습이라는 관점에서 살펴보도록 한다.

1) 교육에 있어서 공간의 중요성

볼노프(Bollow, 1977)는 인간학적인 관점에서 공간이 교육에서 가지는 중요성에 대해 깊이 있는 성찰을 제공하였다. 그는 인간이 존재하는 방식이 공간 내에서 존재하며, 공간과 관계를 맺으면서 존재한다는 사실에 주목함으로써 공간은 교육적으로 중요한 의미를 지닌다고 주장했다. 공간에 대한 인간의 관계에 대한 그의 이러한 주장은 다음의 글에서 잘 나타난다.

> 공간은 인간이 공간 안에서 존재하는 방식에 따라서 공간과 어떤 관계를 맺을 수 있는 것으로 보이는 대상적인 것이 결코 아니다. 왜냐하면, 인간이 공간 안에서 존재하는 방식은 다시금 매우 다양해질 수 있기 때문이다. 따라서 교육학적 관점 하에서는 공간 안에서 올바르게 존재하는 방식이라든가, 또는 공간에 대해 올바르게 관계하는 방식이 문제로서 제시된다(Bollow, 1977: 141).

마페졸리(Maffesoli, 1992) 또한 대규모의 사건뿐만 아니라 다양한 역사와 상황이 강조되는 현대사회에서는 사회생활에 있어서 공간관계의 중요성에 주목할 것을 요구하였다. 이

때 관계속의 인간은 단지 개인간 관계만을 지칭하는 것이 아니라, 나를 한 영토, 한 도시에, 그리고 내가 다른 이들과 공유하는 자연환경에 연결시켜주는 공간과의 관계, 환경과의 관계 등 모든 것들도 포함하는 것이라고 주장한다. 바로 이러한 것들이 실재하는 역사이며, 공간관계 하나하나가 현대세계에 있어서는 중요하다. 그래서 그는 "공간 속에 결정(結晶) 되어지는 시간, 이렇게 하여 한 장소의 역사가 개인적인 역사로 되는 것이다"라고 표현했다.

볼노프는 이러한 입장에서 한 발 더 나아가 우리가 세계 안에서 여러 다양한 위치에 도달하는 방식에 따라 조직된다는 점에 근거하여, 현상학적인 존재적 실체, 즉 세계 안에서의 삶이 질서정연하게 이루어지려면 자신이 존재하는 공간과 일정한 관계를 맺어야 한다고 주장한다. 그에 따르면, "인간이 세계로 방향을 돌리고 세계 안에서 질서정연한 삶을 이룩하려고 한다면, 인간은 먼저 공간에 대하여 일정한 다른 관계를 맺지 않으면 안될 것이다"라고 했다. 그리고 인간은 공간 안에서 어떤 새로운 확고한 점을 얻지 않으면 안되며, 그러기 위해서 인간은 먼저 공간 안에 있는 어떤 특정한 자리에 정착하고 그곳에다 어느 정도로 뿌리를 내려서, 그곳에서 너무 쉽게 벗어나지 않을 필요가 있다고 지적한다.

그리고 그는 인간을 돕는 일이 교육의 본질적인 과제라면 인간이 새로운 안정을 획득할 수 있는 공간을 만들어내야 하는 과제를 교육이 해결할 수 있도록 도와주어야 한다는 점을 다음과 같이 강조하였다.

> 인간이 자신의 삶의 발달과정에서 어떤 특정한 공간 안에서 안정을 잃어버리게 될 때에 인간은 새로운 안정을 획득할 수 있는 공간을 만들어내지 않으면 안되는 과제에 직면하게 된다. 이 때에 인간을 돕는 일이 바로 교육의 본질적인 과제가 된다(Bollow, 1977: 144).

볼노프는 인간이 먼저 공간을 정돈하지 않으면 안 된다는 하이데거(Heideger)의 말을 인용하여 다음과 같이 인간과 공간과의 관계를 설명한다. 그에 따르면 인간은 오직 정돈된 세계 안에서만 살 수 있기 때문에, "인간은 이러한 자신의 공간을 자신의 고유한 방법으로 철저하게 형성해내지 않으면 안 된다. 그는 그에게 주어져 있는 공간을 인간적인 공간으로 변화시키지 않으면 안 된다."

볼노프에 따르면, 공간관계에 있어 가장 기본적인 성취는 정리하고 정돈하는 일이므로, 이러한 공간처리 능력은 젊은 사람들에 의해서 반드시 연습되지 않으면 안 된다. 그것은 어린아이가 자신의 좁은 공간적인 환경 안에서 발달시킨 덕목들이, 공간적인 관계를 넘어서면서부터 어떤 질서 있는 세계를 창조하고 유지하기 위한 결정적인 의미를 지니게 되기 때문이다.

또, 그에 따르면 인간의 거주 역시 특정한 공간 안에서 체류하는 것만 의미하는 것이 아니라, 동시에 그 안에서 자신의 공간과 관계하는 어떤 특정한 인간의 내적 상태도 의미하므로, 인간은 거주함을 먼저 배우지 않으면 안 된다고 주장한다.

이러한 관점에서 그는 '현대의 혼란 속에서 고향을 잃어버리게 된 인간에게 다시금 거주하는 것을 가르친다'고 하는 것이 교육의 본질적 목적임을 재확인함으로써 공간을 교육하는 것이 중요한 사실임을 드러냈다.

2) 공간학습으로서 지리교육

위에서 언급한 바와 같이 볼노프는 공간은 학습되어야 할 중요한 사항임을 보여주었고, 피아제(Piaget)는 한 인간의 정신력의 형성단계가 그의 공간구성의 단계이기도 하다는 것을 보여주었다. 이러한 논의의 연장선에서 인간존재의 성숙에 따른 자기 세계의 구축을 위해서는 공간을 평생 동안 학습해야 한다는 주장이 새쯔(Saez, 1989)에 의해 강력하게 제기되었다.

새쯔는 공간이 평생 동안 학습되어야 한다는 근거를 현대사회의 복잡성과 인간과 공간의 의존성에 두었으며, 한편으로는 정체성의 형성에 공간이 중요한 역할을 한다는 점, 마지막으로 '장소에 속하려는 인간의 욕구'에 두었다.

먼저, 그는 공간학습이 현대사회에서 평생 동안 지속되어야 하는 근거를 다음과 같이 제시하였다.

> 경험에 대한 인간의 관계처럼 공간에 대한 우리의 관계는 연속적인 관계이다. 그 둘은 (그 두 가지 관계는) 모두 평생 동안 계속되는 학습이며 평생 동안 계속되는 경험인 것이다. 이렇게 서로 밀접한 관계를 검토하는 이유는 산업화된 우리 사회의 복잡성과 이에 대한 두 가지 실재의 의존성 때문이다(Saez, 1989: 156).

다음으로 그는 인간 정체성의 상당부분이 공간에 대한 관계에서 시작된다는 것에서 공간학습이 평생 동안 지속되어야 한다는 점을 '자기화'와 관련지어 다음과 같이 논하였다.

> 우리의 정체성은 전적으로 혹은 일부 공간에 대한 우리의 관계에서 비롯된다는 것이다. 원칙적으로는 공간에 대한 우리의 관계란 타인과 문화에 대한 관계인 것이다. …… 공간과의 관계를 통하여 사람들은 자기 자신을 발견하고, 문화를 창조하고, 공간과의 관계의 의미를 이해하게 할 수 있을 것이다. 그것을 여기에서는 '자기화한 공간' …… '영토(territory)'

라고 부를 것이다. 공간에 대한 자기화(다른 곳에서 시간, 신체에 대한 자기화라고 한 것처럼), 혹은 영토화를 평생교육의 주제로 삼아야 한다(Saez, 1989: 158).

그는 또한 이와 같은 공간에 대한 자기화만 가지고는 한 공동사회의 사회적 정체성이 보장되는 것은 아니라는 점에 대해서는 인정을 하지만, 그 사회적 정체성이 장소나 영토를 바탕으로 하지 않는다면 그와 같은 정체성은 쉽게 부서지고 허물어져 버릴 것이라고 주장하였다. 왜냐하면 공간이라는 것은 문화적 범주이며, 인간은 오직 그들이 살고 있고 그들이 만들어내는 공간 속에서 존재하는 모습으로만 상상되어질 수 있기 때문이다. 더구나 모든 공간은 각각의 사회가 각각 독특한 방식으로 발전시킨, 오래되고 수없이 많고 복잡한 학습의 과정에 의존하는 것이다.

진정한 의미에서 공간의 학습은 지리에서도 가장 저급한 수준의 것으로 간주되는 인식, 즉 물체들이 '공간 속에서 어떻게 배열되어 있는가' 등에만 관심을 두는 것이 아니며, 그 이상으로 개인과 사회집단이 이 배열을 어떻게 이해하는가, 그들 사이에서 공간적인 관계가 어떻게 이루어지는가, 그리고 '특정 공간이 인간의 상상력에 미치는 영향력이 무엇인가' 하는 데에 대해 관심을 더 집중하는 것이다.

마지막으로 새쯔는 공간학습이 평생 동안 학습되어야 하는 근거를 '장소에 속하려는 욕구'라는 것이 있다는 것과 이 욕구가 자기화의 근본을 이룬다는 것에 두고 있다. 즉 각 집단 내에는 그 구성원에게 결정적인 공간 내의 위치를 정해주는 다소간의 고정적인 체제들이 있어서 행위의 양식을 부여하고 특정한 태도를 요구하게 되어 있다는 것이다. 그리고 이 장소에 속하고자하는 욕구는 또한 존재하고자하는 욕구이며, 그것에 맞닥뜨리는 장애가 무엇인가에 따라 더 강화되기도 하고 약화되기도 한다고 주장한다.

참고문헌

곽병선. 1983, 『교육과정』, 배영사.

김일기. 1979, 「국토지리교육을 통한 가치교육」, ≪지리학과 지리교육≫ 제9집, 서울대학교 사범
    대 지리교육과.

김재만. 1984, 『교육사: 교육의 역사 · 철학적 기초』, 교육과학사.

남상준. 1991, 『한국 근대학교의 지리교육에 대한 연구』, 서울대학교 대학원 박사학위 논문.

듀이. 1991, 『민주주의와 교육』 제5판(이홍우 옮김), 교육과학사.

루소. 1991, 『에밀』(민희식 옮김), 육문사.

마페졸리. 1992, 「공간의 강조」, 프랑스 도시학자 초청강연회 <인본주의 시각으로 본 도시성의
    발견> 발표논문.

볼노프. 1977, 『교육의 인간학』(오인탁 · 정혜영 옮김), 문음사.

새쯔. 1989, 「공간학습과 평생교육」, 『현대인의 삶과 참교육』(강일성 옮김), 나남.

서태열. 1993a, 「지리교육의 내용구성에 대한 연구」, 서울대학교 대학원 박사학위 논문.

_____. 1993b, 「지리교육과정 및 교수의 기본원리」, ≪지리 · 환경교육≫ 제1권 제1호, 한국지리
    환경교육학회.

시노하라 아끼오. 1991, 「일본의 사회과 지리교육의 현상과 과제」(안재학 옮김), ≪지리학≫ 제26
    권 제3호, 대한지리학회.

정범모. 1979, 『교육과 교육학』, 배영사.

피터스. 1981, 『윤리학과 교육』(이홍우 옮김), 교육과학사.

황재기. 1991, 「21세기를 준비하는 지리교육의 방향」, ≪지리학≫ 제26권 제3호(통권 45호), 대한
    지리학회.

朝倉隆太郎. 1984, "現代 地理敎育-人間形成 地理敎育-," 町田 貞.條原昭雄 編, 『社會科 地理敎
    育講座 1 地理敎育 理論』, 明治圖書.

Abler, R., J. A. Adams & P. Gould. 1971, *Spatial Organization: The Geographer's View of the World*,
    Prentice-Hall.

Bacon, P. 1964, "An Introduction to Geography in the Curriculum," in W. Hill(ed.), *Curriculum
    Guide for Geographic Education*, Normal.

_____. 1968, "General Objectives of Geography," in J. W. Morris(ed.), *Methods of Geographic
    Instruction*, Toronto.

Biddle, D. S. 1973, "Geographical Education in the 1970's," in D. S. Biddle and C. E. Deer(eds.),
    Readings in Geographical Education: Selections from Australian and New Zealand Sources, Vol.2
    (1966~1972), Whitcombe and Tombs.

Boardman, David. 1986, "Geography in the Secondary School curriculum," in David Boardman(ed.), *Handbook for Geography Teachers*, The Geographical Association.

Broek, J. O. M. et al. 1980, *The Study and Teaching of Geography*, Charles E. Merrill Publishing Co.

Catling, S. 1991, "Children and Geography," in D. Mills, *Geographical Work in Primary and Middle Schools*, The Geographical Association.

Daugherty, Richard. ed. 1989, *Geography in the National Curriculum: A Viewpoint from the Geographical Association*, The Geographical Association.

DES & WO(The Department of Education & Science and The Welsh Office). 1990, *Geography for Ages 5 to 16: Proposals of the Secretary of State for Education and Science and the Secretary of State for Wales*.

Fairgrieve, J. 1933, *Geography in School*, University of London Press.

Fien J. Bernard Cox & Wayne Fossey. 1989, "Geography: A Medium for Education," in John Fien, Rodney Gerber and Peter Wilson(eds.), *The Geography Teacher's Guide to the Classroom*, Macmillan.

Gardner, D. P. 1986, "Geography in the School Curriculum," *Annals of A.A.G.*, 79(1)

Gisburg, N. 1969, "Tasks of Geography," *Geography*, Vol.54.

Graves, N. J. 1984, *Geography in Education*, 3rd. ed., Heineman Education Books, London.

Harper, R. A. 1992, "At Issue: What is Geography'S Contribution to General Education," *Journal of Geography*, 91(3).

Hartshorne, R. 1939, *The Nature of Geography*, The Association of American Geographer.

Haubrich, Hartwig. 1987, "Some Recent Activities for Improving Geographical Education in the Federal Republic of Germany," in Hartwig Haubrich(ed.), *International Trends in Geographical Education*, IGU Commission on Geographical Education.

Helburn, N. 1968, "The Educational Objectives of High School Geography," *Journal of Geography*, Vol.67.

James, P. E. 1969, "The Significance of Geography in American Education," in O. W. Meinig(ed.), 1971, *On Geography: Selected Writings of Preston James*, Syracuse University.

Joint Committee on Geographic Education. 1984, *Guideline for Geographic Education*, NCGE & AAG.

Long, M. & B. S. Roberson. 1966, *Teaching Geography*, London.

Mason, G. A. & Vuicich, G. 1977, "Toward Geographic Literacy: Objectives for Geographic Education in the Elementary School," in G. A. Manson and M. K. Ridd(eds.), *New Perspectives on Geographic Education: Putting Theory into Practice*, Kendall/Hunt, Dubuque.

Morrill, R. L. 1974, *The Spatial Organization of Society*, 2nd ed., Duxbury Press.

Muessig, R. H. 1987, "An Analysis of Developments in Geographic Education," *The Elementary School Journal*, 87(5).

Muessig, R. H. & V.R. Rogers. 1965, "Suggested Methods for Teachers," in Jan. O. M. Broek(ed.), *Geography: Its Scope and Spirit*, Columbus.

Pattison, W. D. 1964, "The Four Tradition of Geography," *Journal of Geography*, Vol.63, No.5, NCGE.

Pickles, John. 1986, "Geographic Theory and Educating for Democracy," *Antipode*, 18: 2.

Pinchemel, P. 1982, "The Aims and Values of Gographical Education," in N. J. Graves(ed.), 1982, *New Unesco Source Book for Geography Teaching*, Longmna/Unesco Press.

Ridd, M. K. 1977, "On Geography," in G. A. Manson and M. K. Ridd(eds.), *New Perspectives on Geographic Education: Putting Theory into Practice*, Kendall/Hunt, Dubuque.

Salter, C. L. 1976, "The Case for The Non-technician Geographer in the Technician Era," *Journal of Geography*, Vol.75.

Scarfe, N. V. 1964, "Geography as an Autonomous Discipline in the School Curriculum," *Journal of Geography*, Vol, 63.

_____ . 1968, "The Objectives of Geographic Education," *Journal of Geography*, Vol.67.

Taaffe, E. J. 1974, "The Spatial View in Context," *Annals of A.A.G.*, Vol.64, No.1.

The Ad Hoc Committee Geography. 1965, "The Science of Geography," Report of the Ad Hoc Committee Geography, *Earth Sciences Division*, National Academy of Sciences-National Rexearch Council, Washington D.C.

The Geographical Association. 1981, *Geography in the School Curriculum*.

Tuason, J. A. 1987, "Reconciling the Unity and Diversity of Geography," *Journal of Geography*, 86(5).

UNESCO. 1965, *Source Book for Geography Teaching*, London.

Williams, Michael. 1987, "Theory and Practice in Secondary School Geography in England and Wales," in *International Trends in Geographical Education*, H.Haubrich(ed.), IGU Commission on Geographical Education.

Wim Veen. 1987, "Dutch Educational Politics and Geography Teaching in the 1980s," in Hartwig Haubrich(ed.), *International Trends in Geographical Education*, IGU Commission on Geographical Education.

제2부 지리에 대한 교과적 이해

3 지리교육의 목적과 목표

지리학은 다른 어떤 것보다도 가장 중요한 문제를 다루고 있다.
그것은 결코 낡은 것이 되지 않는다. 산이 그 위치를 바꾸는 일은
거의 없으며 대양의 물이 완전히 말라버리는 경우도 거의 없다.
우리는 영원한 것에 대해 쓴다

(Antone de Saint-Exupéry, *The Little Price*,
translated form France by Katherine Woods, London: Mammoth, p.52).

1. 지리교육의 목적

지리교육의 목적은 피터스(Peters)가 논한 교육의 내재적 가치와 외재적 가치에 상응해 내재적 목적과 외재적 목적으로 구분할 수 있다. 전자는 주로 지리교과 고유의 목적이고 후자는 교과 외적인 목적을 달성하기 위해 제시하는 수단으로, 마스덴(Marsden, 1976)에 따르면 전자는 지리적 지적 기능과 관심에 대한 것이고 후자는 사회적 효용성과 관련한 것이다.

일반적으로 한 교과의 목적은 교육철학과 일반교육의 목적, 국가의 정치·경제적 상황, 관련 학문의 패러다임에 의해 영향을 받게 마련이다. 따라서 지리교과의 목적 또한 내재적 측면과 외재적 측면을 모두 포함하여 혼합적으로 제시된다. 예를 들어 지리교육의 목적을 '지리적 지식과 기능을 적극적으로 발견하여 이를 체계적으로 실생활에 적용하는 시민을 기르는 것'(NAEP Geo Consensus Project: 9)이나 '폭넓은 지리적 통찰력을 지닌 민주적·애국적 인간을 양성하는 것'(임덕순, 1986: 8) 등으로 진술하기도 한다.

지리교육의 내재적 목적과 외재적 목적을 자세히 살펴보면, 전자에는 '지리적 안목의 육성'과 같은 내용이 포함되고, 후자에 해당하는 대표적인 것으로는 '시민정신의 함양'을 들 수 있다.

우선, 외재적 목적을 대표하는 '시민정신의 함양'은 주로 지리학습을 통해 기대되는 가치와 태도의 변화에 초점을 둔 것으로 사회적 효용성과 관련이 있다. 즉 지리에서 다루는 민족, 국토(국토 전체와 각 지역), 더 나아가 세계 인류의 문화유산과 생활양식에 대한 지식과 이해를 바탕으로 사회구성원이 동질감을 키우고 책임감을 느낀다는 것이다. 따라서 지리를 통해 시민적 자질 형성의 기초를 마련한다고 볼 수 있다.

이와 같은 사회적 효용성과 관련하여 지리는 지역(또는 집단)의 크기에 따라 그에 적합한 시민정신을 기르는 데 공헌했다. 향토·지역사회·국가·세계 각 수준에 필요한 시민정신인 향토애·국토애·애국심·세계시민정신 등이 그것으로, 향토지리를 통한 향토애와 국토지리를 통한 국토애를 바탕으로 애국심과 민족의식을 고취시킨다. 지리를 통해 파악하는 국토에 대한 인식의 중요성은 특히 한 국가가 세력을 팽창하거나 위기에 직면했을 때 지리와 역사를 강조하는 세계적인 경향을 보면 잘 드러난다. 제국주의 시대 지리교육의 목적이 제국에 대한 지리지식을 제공하여 시민정신을 함양하는 것이었던 점이나 우리나라 근대 개화기 지리교육이 세계와 국토에 대한 지리지식을 통하여 민족정신을 계몽하는 것을 목적으로 삼았던 점은 이러한 맥락에서 이해할 수 있다.

더불어 세계지리에서는 세계 각 지역과 국가에 대해 편견이 개입되지 않은 지리지식을 제공하여 이에 대한 공감과 이해를 바탕으로 올바른 국제사회에 대한 관점을 형성하도록 한다. 또한 세계 각 지역문제와 쟁점에 대한 이해를 토대로 지구촌 사회에 필요한 지구적 관점(global viewpoint)을 제공하고, 환경에 대한 연구를 통해 인간과 환경과의 관계에 대한 지식과 이해를 축적하여 환경보호에 대한 인식을 제고한다. 이와 같은 올바른 국제이해, 지구적 관점, 환경에 대한 관심과 보존은 바람직한 세계시민정신의 중요한 요소가 될 것이다.

이처럼 지리가 가지는 외재적 목적을 강조하는 입장을 가장 잘 대변하는 것으로 페어그리브(Fairgrieve, 1933)의 주장을 들 수 있다. 그는 지리교과의 역할에 대해 다음과 같이 확신하였다.

> 지리의 기능은 광범위한 세계무대의 상황을 정확하게 상상할 수 있는 미래의 시민이 되도록 훈련시켜 세계에서 일어나는 정치적, 사회적 문제들에 관해 건전하게 생각할 수 있도록 도와주는 것이다(이희연, 1984: 114).

한편, 지리교육의 내재적 목표와 외재적 목표 중 하나로 분류하기는 어렵지만 교육 자체의 본질적 목표로 자주 거론되는 것이 '개인의 인격형성'이다. 이는 지리교과의 학문적 목적이나 사회적 목적이라기보다는 학생의 자기계발에 도움이 되어야 한다는 인식을 바탕으로 한다. 오늘날 교육의 도구적 성격이 좀더 강화되고는 있지만, 교육은 본질상 그자체로 의미 있는 일이며 인간의 부단한 자기성찰이 중심을 이루어야 한다. 지리학의 학문적 의도나 사회적 의도를 지나치게 강조해 시노하라(篠原昭雄, 1991)가 언급한 바와 같이 '인간부재'의 지리교육이 행해지는 경우 개인의 참다운 인격을 형성하거나 올바르게 판단하는 데 큰 문제가 발생할 수 있다. 따라서 지리교육에서도 학생 개인의 의사를 존중하고 스스로 선택할 수 있는 폭을 확장시켜 개인적 요구와 삶의 방향이 관련성을 갖도록 해야 한다. 즉 정보화, 국제화 추세로 급변하는 산업사회에서 개인이 스스로 만족을 찾고 자신의 존재 의미를 확인하는 데 좀더 많은 배려를 해야 한다. 이는 인간화와 올바른 인격형성을 위한 지리교육의 방향을 제공하므로 중대한 지리교육의 목적이라 할 수 있다.

다음으로 지리교육의 내재적 목적 중 하나인 '지리적 안목의 육성'은 지리교과가 제공하는 본질적인 지식과 기능에 기초한다. 지리적 안목은 지리적 통찰력, 지리적 상상력, 지리적 사고력의 형태로 표현된다. 그리고 장소의 속성과 의미의 인식, 물리적 방향감, 거리감각, 영역감(sense of territoriality)을 바탕으로 하는 장소감(sense of place), 공간지각 및 조망능력과 입지능력 등을 토대로 하여 공간조직과 관련한 지식의 적용을 통해 나타나는 공간적 안목과 통찰력을 포함한다. 이와 관련하여 가이키(Geike, 1906)는 "지리는 현상에 대한 직접관찰과 2차적 자료의 활용을 통해 관찰력과 추리력을 길러준다"고 언급하였다.

앞에서 언급한 바와 같이 지리는 장소, 입지, 환경에 관한 실체적 지식을 확대하고 이를 다루는 과정에서 필요한 다양한 지적 기능을 계발한다. 또한 지도, 항공사진, 그래프 등을 통한 도해적 기능은 개인의 의사소통능력을 증진시킨다. 특히 지리에서는 스톨트만(Stoltman, 1990: 21)이 지적한 바와 같이 공간조직으로 표현되는 지표 현상의 공간적 배열과 그들 간의 관계가 입지, 변화, 이동하는 쟁점에 대한 의사결정에서 중대한 역할을 하기도 한다.

따라서 이와 같은 지리적 지식과 기능에 바탕을 둔 '지리적 안목'은 민주시민의 중요한 자질의 하나가 된다는 점에서 외재적 목적에도 중요한 공헌을 한다고 할 수 있다.

일찍이 크로포트킨(Kropotkin, 1885)은 초기 아동기 지리의 과제를, 첫째, 학생들이 거대한 자연현상에 흥미를 가지는 것, 둘째, 인류가 모두 형제라는 것을 깨닫게 해 이기적·개인적·계층적 편견을 치료하며 인간성에 가치를 두는 것, 셋째, 민족에 대한 편견을 버리는 것 등을 제시하였다. 이를 바탕으로 그는 지리교육의 목적을 과학적 추론능력과 자연과학에 대한 심미안을 가지고, 자신이 속한 민족과 무관하게 모든 인간은 형제라는 사실을 깨닫는 동시에 다른 민족을 존중하도록 가르치는 것으로 파악하였다.

이러한 지리적 안목과 관련하여 "지리교육의 목적은 지표의 성격, 특히 장소의 특성,

인간과 환경과의 관계 및 상호작용과 관련한 복합적 내용과 더불어 인간 활동의 공간적 입지와 조직의 중요성에 대한 이해를 촉진하는 것이다"(DES, 1986)라고 진술할 수 있을 것이다.

또한 이러한 지리교육의 목적은 교육 전체의 일반적 목적을 달성하는 데 중요한 역할을 한다는 점에도 주목해야 한다. 피엔 등(Fien et al., 1989)에 따르면, 지리의 일반적 목적은 넓은 범위에 걸쳐 교육적 목적을 성취하기 위한 매개체가 되는 것이다.

피엔 등은 교육의 목적을 수행하기 위한 지리의 역할을 <그림 3-1>과 같이 표현하였다. 그들에 따르면 일반적으로 교육의 목적은 사고와 감정을 계발하고 각각의 사회구성원이 독립된 상태로 존재감과 책임감을 느끼도록 하는 지식, 가치, 조사 기능 등을 제공하며, 이를 바탕으로 학생들이 스스로 삶의 역할을 탐색하도록 도와주는 것이다. 이러한 교육의 목적을 바탕으로 개인의 삶과 직접적인 연관을 맺으면서 지리적 질문에 대한 답을 할 수 있도록 하는 것이 지리의 역할인 것이다. 이와 관련하여 다음과 같은 예를 들 수 있다.

삶의 역할	지리적 유관적합성
사회적	가족과 관련해 집을 어떻게 찾아서 구입하고 일하며 여가를 즐길 것인가?
레크리에이션	어디에서 언제 휴가를 즐길 것인가? 그리고 자신, 지역사회, 환경의 이익을 위해 여가시간을 어떻게 이용할 것인가?
생산자	어디에서 일을 할 것인가? 그리고 산업에 대한 환경적 통제로 인한 비용과 이익은 어느 정도인가?
소비자	어디에서 쇼핑할 것인가? 대안적 교통 패턴, 그리고 사회적·환경적인 측면에서 부당한 수단을 이용하여 생산된 상품을 구입할 것인가?
시민	다른 사람들이 환경을 보존하도록 어떻게 권장할 것인가? 정치적 쟁점의 사회적·환경적 함의를 어떻게 분석할 것인가?
학습자	정보를 어떻게 획득하고 평가하며 해석할 것인가? 의사 결정을 어떻게 할 것인가?

이와 같은 질문과 쟁점에 대한 의사결정은 경험을 통해 획득되는 지리적 지식, 가치 및 기능을 바탕으로 하며, 일부는 학교에서의 지리학습을 바탕으로 형성된다. 따라서 <그림 3-1>처럼 우리가 삶에서 수행하는 역할 중 많은 부분이 지리적 질문이나 쟁점, 문제점과 관련한 의사결정을 필요로 한다는 사실을 보여준다. 이를 통해 지리교육의 목적이 일반적인 교육의 목적과 일정한 관계를 맺고 있음을 알 수 있다.

나아가 피엔 등은 삶의 경험을 통하여 획득되는 지리적 지식, 가치 및 기능을 개인지리라 하고, 학생들이 개인지리를 확장하고 정련하도록 학습경험을 제공하는 것이 학교의 지리학습 프로그램, 즉 지리교육의 목적이라고 언급하였다.

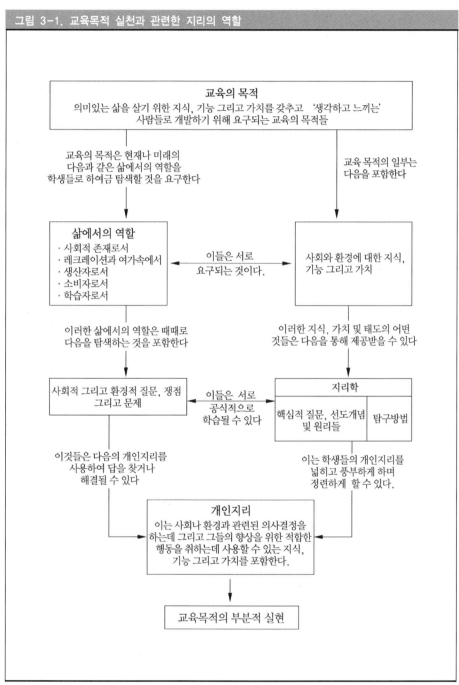

그림 3-1. 교육목적 실천과 관련한 지리의 역할

교육의 목적
의미있는 삶을 살기 위한 지식, 기능 그리고 가치를 갖추고 '생각하고 느끼는'
사람들로 개발하기 위해 요구되는 교육의 목적들

교육의 목적은 현재나 미래의
다음과 같은 삶에서의 역할을
학생들로 하여금 탐색할 것을 요구한다

교육 목적의 일부는
다음을 포함한다

삶에서의 역할
· 사회적 존재로서
· 레크레이션과 여가속에서
· 생산자로서
· 소비자로서
· 학습자로서

이들은 서로
요구되는 것이다.

사회와 환경에 대한 지식,
기능 그리고 가치

이러한 삶에서의 역할은 때때로
다음을 탐색하는 것을 포함한다

이러한 지식, 가치 및 태도의 어떤
것들은 다음을 통해 제공받을 수 있다

사회적 그리고 환경적 질문, 쟁점
그리고 문제

이들은 서로
공식적으로
학습될 수 있다

지리학

핵심적 질문, 선도개념
및 원리들   │   탐구방법

이것들은 다음의 개인지리를
사용하여 답을 찾거나
해결될 수 있다

이는 학생들의 개인지리를
넓히고 풍부하게 하며
정련하게 할 수 있다.

개인지리
이는 사회나 환경과 관련된 의사결정을
하는데 그리고 그들의 향상을 위한 적합한
행동을 취하는데 사용할 수 있는 지식,
기능 그리고 가치를 포함한다.

교육목적의 부분적 실현

출처: Fien et al.(1989), p.8.

한편, 베네츠(Bennetts, 1973)는 이러한 지리교육의 내재적 목적과 외재적 목적을 가능한 결합하여 지리교육의 목적을 일반교육과 지리적 관점으로 분류하여 함께 제시하면서, 이는 하위목표로 상세화·세분화될 수 있다고 하였다. 그는 '지리가 일반교육의 목적 및 목표에 어떻게 공헌하는가'와 '지리의 어떤 측면이 교육적으로 의미가 있는지'를 나타낼 수 있어야 한다고 주장하였다. 그가 제시한 지리교육 목표의 분류는 다음 <그림 3-2>와 같다.

2. 지리교육의 내재적 목적 및 목표

1) 지리교육의 내재적 목적

지리교과의 목적은 앞에서 언급한 '지리적 안목의 육성'을 포함하여 여러 가지로 표현할 수 있다. 그렇지만 내재적 목적의 예로 제시된 '지리적 안목'은 추상적이고 포괄적이어서 개념화하기에 어려움이 있다. 지리교육의 내재적 목적을 보다 구체적으로 파악하기 위해서는 지리의 학문적 성격에 대한 이해를 바탕으로 교육적인 의미를 추출할 필요가 있다. 이때 추출된 지리교육의 내재적 목적은 교육 전체에서 보면 교육적 목적을 달성하기 위한 교과 측면의 지리교육 목표가 된다.

지리는 전통적으로 장소 및 지역 탐구, 공간 탐구, 인간과 환경과의 관계 탐구라는 세 가지 성분으로 구성되며 이러한 성분을 균형적으로 취급하는 종합성, 총괄성을 바탕으로 학생들에게 다양한 지식과 이해, 안목, 기능과 기술, 가치와 태도 등을 기르는 다양한 학습 기회를 제공한다.

'장소 및 지역 탐구'의 과정은 국지적·지역적·국가적·세계적 등 다양한 규모의 지역에 대한 학습을 바탕으로 한다. 이를 통해 인간사회의 인종적, 문화적, 정치적 다양성에 대한 지리적 표현과 장소의 개성에 바탕을 둔 장소감, 장소와 지역 내 인간과 환경과의 관계에 대한 안목을 기를 수 있다. '공간 탐구'는 공간분포, 지역결합, 공간적 상호작용과 같은 개념을 기초로 공간적 통찰력과 안목을 제공한다. 즉 지표 위에서 나타나는 구체적 현상과 패턴, 과정이 공간에서 서로 연결되는 방식에 대한 통찰력을 보여준다. '인간과 환경과의 관계 탐구'는 각 지역 사이의 상호의존 및 지구적 관점에 대한 필요성과 인간과 환경의 상호관련성에 대한 인식을 높이고 환경의 질을 유지하며 향상시키도록 하는 바람직한 가치와 태도가 무엇인지를 인식하는 데 도움을 준다.

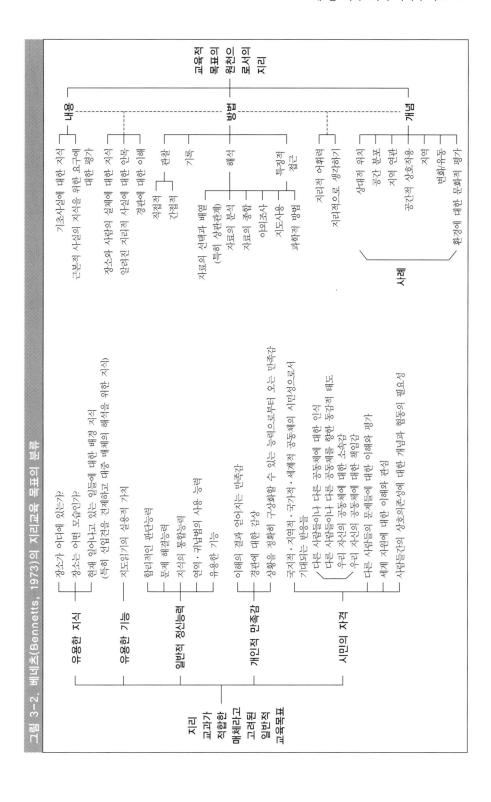

그림 3-2. 베네츠(Bennetts, 1973)의 지리교육 목표의 분류

이렇듯 지리는 삶의 기본적 어휘로 '장소와 입지에 관한 직접적 지식을 포함하는 지리적 지식', 즉 인간과 장소, 인간과 환경, 경제적 상호의존, 자연 및 사회 환경, 세계에 대한 지식을 제공하는 역할을 한다. 이러한 지식은 다른 나라의 국민, 문화에 대해 학습할 경우를 비롯해 세계정세나 현재 세계적 사건을 이해하는 데 중요한 기초가 됨으로써 지리는 오늘날과 같은 지구촌 사회에서 필요한 시민정신을 형성하는 데 기여한다.

또한 지리는 환경적 · 공간적 관계가 세계적·국가적·지역적·국지적으로 다양하게 우리의 생활에 영향을 미치는 방식과 인간이 이러한 관계를 형성하는 방식에 대해 복합적으로 이해하도록 돕는다. 세계화된 마음이나 지구적 관점, 현대 세계의 상호관련성 및 의존성에 대한 이해, 환경적 미에 대한 감상과 환경보존 태도, 국제이해와 상호 호혜적 태도를 비롯한 총체적 감수성 발달에도 지리는 중대한 영향을 미치고 있다. 특히 지리는 관련 지식을 다루면서 학생들의 문해력(literacy), 구두표현능력(oracy), 수리력(numeracy), 도해력(graphicacy) 등의 4가지 의사소통 방식의 발달을 도모하고, 그 중에서도 지도, 지구의, 항공사진, 도표 사용에 따른 도해력의 육성에 특별한 공헌을 한다. 이러한 의미에서 이를 지리도해력(geographicacy)이라 한다.

이상의 논의를 통해 지리교육의 내재적 목적을 개념화하면 다음과 같은 5가지로 제시할 수 있다.

첫째, 지리는 장소와 지역에 대한 지식과 이해, 그 안에 거주하는 인간이 부여한 의미체계, 이들이 결합하여 생성되는 일체감, 소속감, 애착과 입지감(sense of location), 영역감 등의 형태로 총체적으로 나타나는 장소감을 기르는 것을 목적으로 한다.

둘째, 패턴의 지각 및 비교 능력, 정향 능력, 시각화 능력을 포함한 통찰력과 안목을 의미하는 공간능력(spatial ability)을 형성하도록 한다.

셋째, 공간능력을 바탕으로 하여 지리적 문제, 쟁점, 질문에 대한 의사결정을 하거나 공간적 의사결정 및 문제해결능력을 함양하도록 한다.

넷째, 지도, 지구의를 비롯한 시각적 지리자료의 표현, 이를 이용한 공간정보의 수집, 획득, 조직, 분석, 해석의 과정을 통한 의사소통의 능력, 즉 지리도해력을 발달시킨다.

다섯째, 자연에 대한 경외감을 포함하여 '사회 환경과 인간이 환경을 어떻게 이용하고 오용하는가'에 이르기까지 '인간-사회-환경과의 관계'에 대한 인식을 고양하고, 이를 통해 올바른 관계와 가치를 모색하도록 한다.

이와 같이 지리가 가지고 있는 공간 능력의 형성, 장소감, 공간적 의사결정 능력, 인간-사회-환경 관계의 인식, 지리도해력과 같은 목적은 현대 시민사회에서 시민정신의 핵심인 합리적 의사결정능력이나 문제해결능력과 관련된 수많은 요소들을 포함하고 있다. 따라서 지리는 개인의 시민정신과 그에 따른 책임감을 개발하는 데 기여한다.

2) 지리교육의 목표에 대한 개념적 논의

학교에서 이루어지는 지리교육의 목적을 무엇으로 볼 것인지에 대해서는 논쟁의 여지가 많다. 캐틀링(Catling, 1986)은 장소감에 주목하고 노튼(Norton, 1989)은 지리적 상상력에 주목을 하며, 보드만(Boardman)은 지리도해력에 관심을 가지고 엘리오트(Elliot, 1970)는 공간능력에 중점을 두는 반면, 피엔 등(1989)은 개인지리를 좀더 강조한다.

지리교육 목표에서 등장하는 주요 개념으로는, 우선 교육목표의 기능적 측면과 가장 잘 부합하며 일반교육의 목적인 의사소통기능을 확장하는 것으로 지리도해력을 들 수 있다. 그리고 심미적, 지적 태도 등 다양한 인간의 관심을 나타내고 문제해결에 있어서 풍부한 견해를 제시하는 지리적 상상력도 생각해 볼 수 있다. 이는 정의적인 측면과 부합하며 교육의 미래지향적 성격을 드러낸다. 교육이 미래에 대한 비전을 제시하고 호기심을 유발하여 지적 상상력을 키워주는 것이어야 한다는 점에 주목하면, 지리교육의 목적이자 목표는 바로 장소와 인간의 삶에 대한 호기심을 바탕으로 하는 지리적 상상력을 키워주는 것이라고 할 수 있다.

지리교육의 목표 개념 중 중요한 부분에 대해 구체적으로 살펴보면 다음과 같은 것이 포함된다.

(1) 지리교육 목표로서의 장소감

장소감은 장소에서의 지리적 사상에 대한 지식과 장소 안에 거주하는 인간이 의미를 부여한 세계가 결합하여 생성되는 것이다. 이에는 장소에 대한 지식, 장소와의 일체감, 입지감, 존재를 위한 생존 공간을 만들고 지키려는 영역감, 그 속에서 우러나오는 자발적 소속감과 애착까지 포함하는 장소소속감(place attachment), 장소에 대한 호기심(place curiosity) 등이 포함되며 크게는 장소에 대한 총체적인 인식과 관심을 의미한다고 할 수 있다.

이제까지 장소감은 장소에 대한 소속감의 의미로 사용되었고, 지리교육에서는 향토애, 국토애와 같은 방식으로 표현하였다. 그러나 현대 지리교육에서 사용하는 장소감은 장소에 대한 지식, 입지감, 영역감, 소속감, 호기심 등을 두루 포함하는 넓은 의미의 개념이다.

한편, 랄프(E. Relph)는 그의 저서 *Place and Placelessness*에서 장소에 대한 인간의 경험에 대해 그 장소를 알지만 참여하지 못하는 '소외감(outsideness)'과 장소를 알고 참여까지 하는 '소속감(insideness)'으로 구분하였다. 그는 소속감을 더 세분하여 다음과 같은 네 가지 유형으로 분류하기도 하였는데(이희연 역, 1984: 60), 이는 위에서 언급한 장소 소속감과 같은 개념으로 받아들일 수 있다.

첫째, 간접적 소속감(vicarious insideness)으로, 한번도 그 장소에 가보지 않은 사람이 간접적인 자료를 통해 그 장소에 대한 느낌을 갖는 것이다. 외국 도시를 방문하기 전에 많은 자료를 통해서 그 도시에 대한 감정을 가지는 것이 이에 포함된다.

둘째, 행태적 소속감(behavior insideness)으로, 각 장소들이 지니는 뚜렷한 특성으로 인해 각 장소를 구분할 수 있음에도 불구하고 어떤 장소에도 소속감을 느끼지 않는 것이다. 그 예로 방문한 적이 있는 다른 두 도시를 행태적으로 알고 구분할 수 있으나, 어느 도시에도 특별한 소속감을 느끼지 않는 경우를 들 수 있다.

셋째, 감정이입적 소속감(empathic insideness)으로, 어떤 장소에 대한 소속감을 느끼지는 않지만 그 장소의 분위기와 특성을 어느 정도 흡수하여 그 장소에 대한 감정을 발전시키는 경우이다. 예를 들면, 많이 방문한 도시는 상당히 잘 파악할 수 있고 그 도시의 특성이나 분위기를 바탕으로 한 감정과 소속감까지 가질 수 있다.

넷째, 실존적 소속감(existential insideness)은 그가 살고 있는 장소에 대해 느끼는 감정으로, 그 사회에 대한 강한 소속감을 느끼며 경관에 대한 일종의 애향심까지 갖고 있다.

인간은 이러한 장소감을 원초적으로 파악한다. 미국의 지리교육특별위원회(The Ad Hoc Committee on Geography, 1965)는 교과로서의 지리와 과학으로서 지리학의 고유한 기능은 원초적인 '장소감', 또는 '지리학 원형(proto-geography)'에서 비롯된다고 하였다. 일상생활에서도 블라우트와 스테아(Blaut & Stea, 1972)가 지적한 것처럼 아동들이 숨바꼭질 놀이를 하며 길을 잃어버리거나 발끝이 그루터기에 걸렸을 경우에 새롭게 발견하는 것이 바로 이러한 장소감이다. 이 위원회는 지리에서의 장소감을 원초적 장소감(the primitive sense of place)으로 표현하고, 이는 사회적 관점에서 재교육·재형성되며 지표의 공간적 속성들에 관한 지식체와 관련이 있다고 주장하였다.

원초적 장소감은 다음과 같은 점에 있어서 중요성을 갖는다. 과학으로서 지리는 일찍부터 인간의 장소감과 지표를 둘러싼 대기의 공간적 속성에 관한 호기심에서 그 실체를 발견하였다. 생물권 내 지리적 격리(isolation)가 종의 형성(speciation)에 중요한 요인이며, 특정 개체군에서 나타나는 개체별 공간 점유 비율 자체가 재생산과 장래 개체 수에 영향을 미치는 생리적 효과를 유발하는 현상은 지리에도 적용된다. 즉, 지표의 공간적 속성과 공간관계는 모든 지문적, 생명의 과정에서 본질적으로 중요한데, 지리에서 다루는 장소감은 바로 이러한 인간의 생활과 인간존재와 관련하여 중요한 요소인 셈이다. 지리에서 다루는 영역감, 물리적 방향성, 거리의 복합성은 인간 내면에 깊숙이 포함되어 있어서 고도로 발달한 장소감은 이미 오래 전부터 존재한 것으로 추론할 수 있다.

이러한 원초적 장소감은 장소의 속성에 대한 호기심과 특정 장소를 통해 자신의 생명과 활동을 항상 확인하는 행위의 두 가지 행동적 형태에서 비롯된다. 이는 지구의 탐험이나 현대 국가를 포함하는 속성을 지닌 모든 행위를 유발하였다고 볼 수 있다.

한편, 스펜서와 블레이드(Spencer & Blades, 1993)는 다음의 세 가지 이유로 인해 장소가 학생들에게 중요한 의미를 지닌다고 주장하였다. 첫째, 개인의 정체성은 장소에 대한 소속감을 통하여 획득된다. 둘째, 개인적 발전과 사회적 통합은 지역에서 나타나는 여러 가지 원천을 지적이고 효과적으로 사용함으로써 획득된다. 셋째, 사회참여의식 또는 시민 참여의식은 '그 장소가 어떻게 작동하는지'에 대한 이해에 달려 있다.

장소 그 자체는 삶의 한 부분으로써 학습 환경이 된다. 캐틀링(Catling, 1986: 11)은 장소가 인간 삶의 일부분으로 피할 수 있는 없는 실재라고 언급하였다. 따라서 장소는 출생 이후 줄곧 존재감을 느끼고 발전하는 데 중요한 역할을 한다고 보았다. 그리고 그는 학생들의 장소에 대한 경험의 증대 자체가 학습환경의 기본 요소이며, 그들의 성장에 있어서 장소가 근본적이고 분명한 역할을 한다고 주장하였다.

그는 다음과 같은 7가지 경험의 측면에서 장소감이 발전한다고 설명하였다.

첫째, 필연적으로 아동은 그들과 '다른 사람들이 어디에 있고, 주변 환경에서 사상과 사건들이 어떻게 발생하는가'와 관련한 입지감을 형성한다. 아동의 의도적 행위는 즉각적, 지각적으로 친숙한 환경 내 사상들에 대한 위치감(whereness)과 마주하며, '무엇이 어디에'와 관련된 지식을 바탕으로 주변 세계를 알아가는 필수적인 준거틀이다.

둘째, 입지적 경험의 성장을 통해 아동의 공간적 영역감이 형성된다.

셋째, 매일 불가피하게 이동하는 것은 끊임없이 장소와 상호작용을 가진다는 것을 의미한다.

넷째, 아동이 경험하는 사람과 장소 간 연관(association)은 장소에 대한 지식의 발전에 중요한 건축벽돌(building block)이 된다.

다섯째, 아동은 주변 세계에 대한 호기심과 매력을 보인다. 이를 통해서 장소에 개입하여 관찰하고 주의를 기울이며 확인하는 능력이 발전한다.

여섯째, 아동의 경험과 관련된 전략에 있어서 상상력과 장소는 중요성을 가진다. 방문하였거나 다른 것을 통해 알게 된 장소, 실제장소 또는 상상적 장소, 영화나 이야기에 나오거나 모방과 개념적 구성물로 구성된 장소 등 장소에 대한 아동의 개념은 점차 발전해가며 인지평가의 중요한 부분이 된다.

마지막으로 아동은 일찍부터 장소에 대한 감정이 발전하는 과정에서 장소에 대해 중립적이지 않아 호감이나 반감을 강하게 표시하기도 한다.

(2) 지리교육 목표로서의 지리도해력(geo-graphicacy)

도해력은 지리교육에서 발친과 콜만(Balchin & Coleman, 1965)에 의해 최초로 언급되었다. 이후 발친(1972)이 영국 지리교육학회장 취임연설에서 도해력을 '언어나 숫자로 전달할 수 없는 공간적 정보와 아이디어를 기록하고 전달하는 하나의 의사소통'이라고 정의한 이후, 이는 지리교육에서 보편적으로 수용되었다.

그는 어린아이의 도해력 발달을 포함하는 교수는 초등학교 때부터 시작해야 한다고 제안하였다. 시각적 능력과 공간적 능력은 어린아이가 읽기나 쓰기를 배우기 전에 간단한 그림을 그리는 것에서 분명하게 나타나므로, 구조화되고 계열화된 교수를 통해 이러한 능력을 기르도록 해야 한다고 주장하였다.

보드만(1983)은 도해력을 문해력(literacy), 구두표현력(oracy), 수리력(numeracy) 등 의사소통의 형태 중 가장 지리적인 것으로 보았으며, 특히 지리를 통해 길러지는 도해력을 지리도해력이라고 표현하였다.

그는 위의 4가지 의사소통기능은 어느 것 하나가 더 우월하거나 열등하지 않고 특정 목적에 보다 적절하거나 덜 적절할 뿐이라고 하였다. 또한 각각은 매우 간단한 것에서부터 복잡한 것에 이르기까지 다양하고 상호보완적이어서 적절히 통합될 때에 최고 수준의 의사소통을 할 수 있다고 역설하였다.

(3) 지리교육 목표로서의 공간능력

공간능력(spatial ability)은, 심리학을 중심으로 보면, 회전(rotation)한 다음의 정향(orientation), 재정향(reorientation), 변형(transformation), 조망적 조감(pespective viewing)과 함께 부분적 정보를 형상적 전체로 통합하는 능력을 포함하는 개념이며, 여러 가지 심리 테스트를 통해 이러한 공간적 자질과 능력이 존재하는 것으로 판명되었다.

엘리오트(1970)는 공간능력을 다음과 같이 세 가지로 제시하였다. 첫째는 공간지각 또는 공간조망능력(ability to perceive spatial pattern)으로, 이 능력은 공간적 패턴을 정확하게 지각하고 다른 것과 비교하는 능력을 말한다. 둘째는 정향능력(orientation ability)인데, 이는 방향 설정과 관계된 것으로 공간패턴에서 제시되는 여러 가지 방향의 변화에도 혼란을 일으키지 않는 능력을 말한다. 셋째는 공간적 가시화능력(spatial visualization ability)으로 상상 속에서 대상을 조절하는 능력이다. 감각지각, 인식하기, 변별하기, 공간 속에서 대상의 배열을 관련시키기 등과 같은 조작을 포함하는 개념이다.

셀프와 골리지(Self & Gollege, 1994) 또한 심리학에서의 공간능력을 다음의 세 가지로 제시하였다. 첫째, 공간적 가시화능력이다. 이는 2차원 또는 3차원의 시각적 자극을 정신적으로 조작하여 회전시키고 방향을 바꾸거나 전도시키는 능력이다. 이러한 능력은 수학적 문제를 해결할 때 중요하며 공간능력에 대한 심리 테스트에서 가장 강조되는 요인이다. 둘째, 공간정향능력이다. 이는 공간인자 배열이 다른 관점에서는 어떻게 나타나는지를 상상하는 능력을 포함하며 독도법, 항해법 등의 지리적 과제에 있어서 중요하다. 셋째는 지리와 가장 관계 깊은 차원으로 공간관계능력(spatial relation ability)이다. 심리학 서적에는 잘 정의되어 있지 않지만 가드너(Gardner)가 다중지능이론에서 제시한 바를 바탕으로 존재가 인정되는 중요한 개념이다. 이는 공간분포 패턴 인지(spatial distribution and spatial recognition), 형상확인(shape identification), 윤곽회상 및 표상(layout recall and representation), 공간연계(spatial linkage), 공간결합 및 자기상관(spatial association and autocorrelation), 공간위계인지(recognition of spatial hierarchy), 지역화(regionalization), 거리조락 및 근린효과(distance decay and nearest neighbor effects), 실생활에서의 통로확인(wayfinding in realworld environment), 지름길 찾기(short cutting), 지표물 인지(landmark recognition), 방향부여(direction giving), 실세계 준거틀로의 정향(orientation to real-world frames of reference), 언어적 기술에 윤곽상상하기(imaging layouts from verbal description), 스케치지도 그리기(sketch mapping), 지도비교하기(map comparision), 지도 겹치기(map overlapping), 지도해제활동(map dissolve activities) 등이 관련된다. 일반적으로 심리학에서 개발된 공간 자질 테스트에서는 위의 항목 중 극히 일부만 다룬다.

이러한 공간적 지식의 관계적 결합 성분이 지리학 연구에 미치는 중요성은 길마틴과 패튼(Gilmartin & Patton, 1984)에 의해 강조되었으며, "살아있다고 하는 것은 공간의 사회적 재생산에 참여하는 것이며, 끊임없이 발전하는 공간성을 형성하는 동시에 그것에 의해 구체적 형상을 갖게 되는 것을 말한다"는 소자(Soja, 1985)의 주장에서도 그와 같은 공간관계능력의 실체가 뒷받침된다.

위에서 언급한 엘리오트, 셀프와 골리지의 논의를 종합하면, 공간능력은 공간지각능력, 공간정향능력, 공간가시화능력, 공간관계능력으로 구성된다는 것을 알 수 있다. 이러한 능력은 피아제를 비롯한 다른 사람들이 추측한 바와 같이 아동의 인지적 성장에 따라 발전한다. 아동의 공간적 능력은 직접 접촉하는 정적인 개념지각적 공간에 대한 지식으로부터 변형 가능한 개념적 공간에 대한 이해로 성장해간다. 초기에는 보고 잡는 것에 대한 감각지각에 의해 제한을 받지만 감각지각의 영역에서 벗어나 가역적인 정신적 조작체계를 내면화하면 공간에 대한 진정한 개념적 이해에 도달한다. 이것을 획득하기 위해서는 공간에 대해 자신의 관점에서만 사물을 보는 자기중심적 견해를 버려야 하며, 상상 속에서 '볼' 수 있는 다른 견해의 가능성을 인지해야만 한다. 이것은 관계들에 대한 정신적 이해를 발달시킨다.

(4) 지리교육 목표로서의 지리적 상상력

지리는 탐험과 모험에 초점을 둠으로써 학생들의 상상력을 키우고 아동과 성인이 직접 접촉하는 세계에서 자신이 있는 장소에 대한 의미와 장소감을 인식하는 데 도움을 주었다.

"상상력은 지식보다 중요하다"는 아인슈타인의 주장을 참고하면, 지리는 항상 일정한 영역을 가진 장소나 지역에 대한 지식과 호기심을 제공한다. 그 결과 본질적으로 그것을 넘어선 '미지의 세계', '미지의 땅'에 대한 상상을 자극함으로써 지식보다 중요한 상상력을 끊임없이 제공하는 원천이 되었다. 즉 지리는 인간이 내면의 세계를 외부로 투사할 때 제약이 되는 현실적 공간에 대해 좀더 잘 파악하도록 함과 동시에 투사되나 현실적으로 인식된 공간에 대한 불만족과 그것을 뛰어넘으려는 인간본능이 저절로 작동할 가능성을 언제나 함께 제시한다.

이러한 입장에서 크로포트킨은 일찍이 어린이들이 관습과 양식 등의 위험에 빠지지 않도록 투쟁하는 과정(잘못된 생각을 가지기 쉬운 것들에 대해 싸우는 과정)에서 인간 드라마에 대한 상상력을 갖도록 하는 데 지리의 초점을 두어야 한다고 주장하였다. 그는 이러한 인간 드라마가 아동들이 자연에 대해 학습하고자 하는 욕구를 개발하는 가장 좋은 수단이라고 여겼으며, 지리교육의 개혁을 위한 지리적 상상력과 사고는 과학적 추론을 활용하는 것이라고 역설하였다. 또한 이러한 상상력이 바로 과학적 연구에 대한 사랑을 유발할 것이라고 생각하였다. 지리적 상상력의 개념은 뚜렷하게 합의되지 못한 채 여러 논의들이 존재한다.

일찍이 피티(Peattie, 1940)는 지리적 사실을 이해할 때 공간, 특히 거리가 중요한 역할을 한다는 것을 인정하였다. 공간적으로 변화하는 지역심리학은 최소한 부분적으로는 상이한 상상능력이나 공간의식 수준을 가진 개인으로부터 비롯된다는 것을 인정하였다. 그리고 라이트(Wright, 1947)는 "미지의 세계: 지리학에서 상상력의 위치"라는 고전적 연설에서 조성적 상상(promotional imagination), 직관적 상상(intuitive imagination), 심미적 상상(aesthetic imagination) 등 상상의 세 과정에 대한 개념을 도입하면서 "지리학자가 어떤 장소나 지역을 설명할 때 심미적 상상력을 가지고 뚜렷이 구분되거나 특징적인 지역의 여러 측면을 강조하거나 선정한다"고 언급하며 지리적 상상력을 심미적 상상력과 같은 것으로 보았다.

한편, 하비(Harvey, 1973)는 사회학에서 파생된 용어들을 바탕으로 지리적 상상력을 공간의식 또는 공간인식(spatial consciousness)으로 파악하면서 그 본질에 대해 논하였다. 그에 따르면 공간의식, 즉 지리적 상상력은 개인으로 하여금 삶 속에서 공간과 장소의 역할을 인지하고 그것을 주변에서 보는 공간과 관련시키는 역할을 한다. 그리고 개인과 조직체 간의 상호작용(교호작용)이 그들을 분리하는 공간에 의해 어떻게 영향을 받는가를 인식하게 해준다. 그것은 또한 개인이 이웃이나 자신의 영역 내에 존재하는 관계를 파악하게 해준다.

이후에 그는 "지리적 상상력은 개인으로 하여금 전 생애에서 공간과 장소가 어떤 역할을 하고 주변 공간과 관련성을 갖도록 하며, 개인이나 조직 간의 상호작용이 공간에 의해 어떻게 영향을 받는가를 인식할 수 있도록 한다"고 주장하면서 지리학적 상상력의 개념을 공간인식 또는 공간의식에서 벗어나 좀더 확장시켰다. 이에 따라 하비는 지리학적 상상력을 지역기술, 지각분석, 이론 형성, 사회학적 상상력의 네 가지 개념으로 파악하였다.

노튼(1989)은 지리적 상상력이라는 개념은 본질적으로 인간 활동의 모든 측면에서 공간이 행하는 역할을 평가하는 것이라고 주장하였다. 그에 따르면 지리학적 상상력이라는 개념은 모두 개인과 그들이 한 부분을 이루는 집단의 삶이 공간 및 장소와 매우 밀접하게 연관된 것에 대한 인식을 포함하고 있다.

3. 지리교육의 목적과 상세화된 학습목표

앞에서 언급한 세 가지 지리교육의 목적을 종합하면, 지리 지식과 기능의 획득을 통하여 장소감과 공간적 통찰력에 기초한 지리적 안목을 기르고, 이를 토대로 민주시민의 정신과 자질을 확대하는 것이라고 할 수 있다. 그리고 이러한 지리교육 목적의 실현을 위해서는 여러 가지 형태를 가진 하위 차원의 목표로 상세화·구체화할 필요성이 제기된다. 이에 지리교육의 목적을 행동영역별 목표로 구체화시키거나 학급별 목표, 학년목표, 단원목표, 단위수업목표들로 상세화할 수 있는데, 이는 지리교육의 목적과 일관성을 유지하면서 제시된다. 이러한 과정을 그림으로 제시하면 <그림 3-3>과 같다.

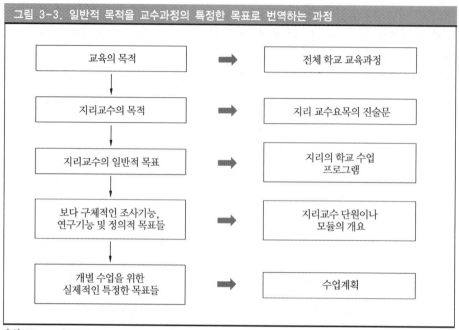

그림 3-3. 일반적 목적을 교수과정의 특정한 목표로 번역하는 과정

교육의 목적	➡	전체 학교 교육과정
지리교수의 목적	➡	지리 교수요목의 진술문
지리교수의 일반적 목표	➡	지리의 학교 수업 프로그램
보다 구체적인 조사기능, 연구기능 및 정의적 목표들	➡	지리교수 단원이나 모듈의 개요
개별 수업을 위한 실제적인 특정한 목표들	➡	수업계획

출처: Fien et al(1989), p.7.

먼저 지리교육의 목적이 행동영역별 목표로 구체화되는 예를 살펴보면 다음과 같다. 헬번(Helburn, 1968)은 블룸(Bloom)의 교육목표분류학에 따라 행동영역별로 지리교육의 목표를 상세화하였는데, 이는 일반교육의 목표에 따른 하위목표로 지리교육 목표에 포함되는 개념을 제시한 것이 특징이다. <그림 3-4>처럼 그는 지리교육 목표의 수준을 가장 일반적인 것, 일반적인 것, 다소 특수한 것, 특수한 것의 4가지 수준에서 인지적·정의적·운동기능의 3가지 영역의 목표들로 구분하여 제시하였다. 또한 인지적 영역은 지식과 기능, 정의적 영역은 가치와 태도로 하위 구분하였다. 그런데 그가 제시한 지리교육의 목표는 일반적인 교육목표의 하위요소 중 지리교과에 포함되는 개념으로 지리교육 목표로서의 구체성은 떨어진다고 볼 수 있다.

마스덴(Marsden, 1976)과 세나르티라야와 와이스(Senarthirajah & Weiss, 1971)도 이러한 방식으로 블룸의 교육목표분류학에 맞추어 각 수준에 따른 지리교육 목표를 제시하였다. 이때 지리교육 목표를 상세화하는 데 있어서 적절성의 문제가 발생하기도 한다. 남상준(1996)은 이렇듯 지리교육의 목표를 설정하는 과정에서 상세화·구체화를 추구할 때의 문제점을 지적하면서 대상아동, 학생들의 경험, 흥미 및 관심, 지적 발달 등을 고려하여 구체화 정도와 상세화 정도를 정하는 것이 바람직하다고 언급하였다.

그림 3-4. Helburn(1968)의 지리교육 목표의 분류

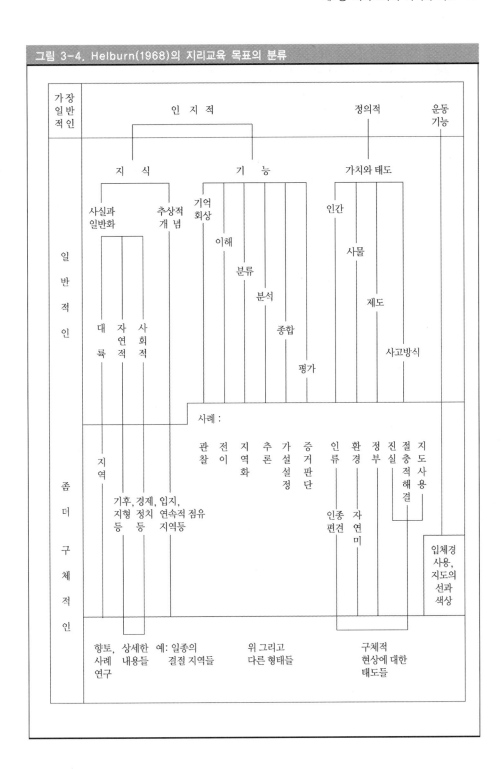

한편, 영국교육부(1986)에 따르면 지리교과는 지표의 성격, 특히 장소의 특성, 인간과 환경과의 관계 및 상호작용의 복합적 성격, 인간 활동의 공간적 입지와 조직의 중요성에 대한 이해를 촉진하는 데 관심을 두고 있다고 보고 다음과 같이 지리교과의 목적을 행동 영역별로 제시한 바 있다.

- 지식과 이해
  ① 장소감과 상대적 입지에 대해 이해한다.
  ② 자연적, 인문적 환경의 대조적 특성과 분포를 인식한다.
  ③ 환경 개발에 영향을 주는 과정에 대한 이해를 발전시킨다.
  ④ 인간이 다른 인간 혹은 환경과 상호작용하는 방식의 공간적 의미에 대한 이해를 촉진한다.
  ⑤ 우리 사회를 비롯한 세계 각 지역에서 나타나는 상이한 지역사회 및 문화에 대한 이해와 환경과의 상호작용에서 나타나는 인간활동에 대한 인식과 함께 상이한 환경에서 인간이 직면하는 기회나 장애에 대한 이해를 도모한다.

- 기능
  ① 관찰이나 지도와 사진을 비롯한 여러 자료의 수집, 제시, 분석, 해석 및 활용이 결합된 야외조사를 포함하는 실습을 통해 다양한 범위의 기능을 개발한다.

- 가치
  ① 환경에 대한 감수성을 개발한다.
  ② 환경 관리나 지표 공간의 이용에 대한 의사결정을 하는 사람들의 가치와 태도의 중요성에 대해 인식한다.
  ③ 상이한 자연 및 인문 조건 하에서 인간이 직면한 대조적인 기회와 장애를 인식하게 한다.

다음으로 지리교육의 목적을 학교급별 혹은 연령별 목표로 제시한 예를 살펴보면 영국의 교육과학부(1986)에서 제시한 것을 들 수 있다. 여기에서는 5세에서 16세에 이르는 시기의 지리교육 목적을 다음과 같이 10개의 행동 목표로 구체화시켜 제시하였다.

  ① 학생 자신의 주변을 비롯해 인간의 거주지로서의 세계에 대한 관심을 강화하고 개발한다.
  ② 지표 위의 다양한 자연적, 인문적 조건을 감지한다.
  ③ 상이한 형태의 경관과 인간활동 속에서 나타나는 중요한 지리적 패턴과 관계를 인식한다.
  ④ 인간과 환경과의 관계를 이해한다.
  ⑤ 일상사에서 지리적 입지의 중요성을 이해한다. 인간, 물질, 정보의 이동과 복합되어 나타나는 경제적, 사회적, 정치적, 자연적 관계에 의해 장소와 활동이 어떻게 결합되는가를 이해한다.
  ⑥ 다른 장소에 살 때와 비교해 그 장소에서 사는 것이 의미하는 바를 이해한다.
  ⑦ 지리적 패턴과 다양성을 만들고 변화를 야기하는 중요한 자연적·인문적 과정을 이해

한다.

⑧ 지리 탐구를 행하고 지리 정보를 해석하는 필수적인 기능과 능력을 개발한다.

⑨ 인간의 신념, 태도, 가치가 지리적 차원을 가진 관계나 쟁점에 대해 가지는 중요성을 이해한다.

⑩ 학생의 고장과 국가, 세계의 다른 장소에 대한 지식과 이해의 틀을 구성한다. 이는 학생들로 하여금 적절한 맥락 안에서 정보의 위치를 정하는 일을 가능하게 할 것이다.

또한 이러한 지리교육의 목적을 달성하기 위하여 각 학교급별 또는 연령별 지리교육의 목표를 상세하게 제시하였는데, 이를 초등 전기·초등 후기·중등학교의 목표로 구분하면 다음과 같다.

- 초등 전기의 지리교육목표

① 아동의 주변 환경에 대한 인지를 확대하고 관심을 개발한다.

② 정확한 관찰과 간단한 탐구 기능을 개발한다.

③ 국지 환경(local environment)의 특징적 사상을 확인하고 탐구한다.

④ 토지가 사용되는 다양한 방식과 건물이 건설되는 여러 의도를 구별한다.

⑤ 국지 지역(local area)에서 발생하는 변화를 인식하고 조사한다.

⑥ 특정지역 내 상이한 형태의 인간 활동과 특정한 장소를 관련시킨다.

⑦ 주변 환경 속에서 사상들의 상대적 위치와 공간적 속성을 인지하는 것을 가능하게 하는 개념을 개발한다.

⑧ 국지 환경이 인간의 생활에 미치는 다양한 방식을 이해한다.

⑨ 기후의 계절적 변화를 인식하고 기후(날씨)가 동·식물과 인간의 생활에 미치는 영향을 인식한다.

⑩ 다양한 개인과 서비스가 지역사회의 생활에 제공하는 공헌점을 이해한다.

⑪ 학생의 직접적인 경험세계 밖의 사람과 장소에 대한 관심을 발전시킨다.

⑫ 서로 다른 인간들의 활동, 관심, 영감의 유사성을 인식하면서도 문화적·인종적 다양성을 깨닫도록 한다.

⑬ 어휘를 확장시키고 세련화하며 언어 기능을 개발한다.

⑭ 산수적 개념과 수와 관련된 기능을 개발한다.

⑮ 회화, 그림, 간단한 다이어그램과 지도 등을 포함하여 다양한 형태로 의사소통하는 능력을 개발한다.

- 초등 후기의 지리교육목표

① 국지 환경의 직접적 사상을 조사한다. 날씨, 지표의 사상, 거주자의 활동 등이 이에 포함되며, 특히 공간적·환경적 관계를 포함하는 측면이 고려 대상이 된다.

② 국내·외 다양한 소지역 생활의 여러 측면과 조건을 자신의 고장의 모습과 비교하도록 학습한다. 이를 바탕으로 학생은 그들의 환경을 이용하고 개조하며 보존하는 방식을 익힌다. 그리고 환경, 문화 및 기술 조건이 현재 그 지역 거주자의 활동과 삶에 미치는 영향에 대한 지식과 이해를 획득한다.

③ 다양한 문화를 반영하는 국내·외의 여러 생활양식을 인지하고, 상이한 지역사회에 대한 긍정적 태도 ― 인종적, 문화적인 단순화와 편견에 대해 거부하는 태도 ― 를 개발

한다.
④ 인간의 의사결정이 지역변화에 영향을 미치는 방식에 대해 평가한다. 또한 학생 자신의 지역과 학습 대상 지역에서 벌어지는 변화에 대해 이해한다.
⑤ 적절한 맥락에서 아이디어를 응용하며, 인간사에 있어서 입지의 중요성을 인식하고 거리, 방향, 공간분포와 공간연계(특히 장소간 인간과 재화의 이동)와 같은 개념을 획득한다.
⑥ 학생 생활지역 주변의 대축척 지도를 포함하여 다양한 형태의 지도에 친숙해지고 지도 읽기와 해석에 관련된 간단한 기술을 활용할 수 있도록 한다.
⑦ 지구본과 지도책에 익숙해지고 대륙, 국가, 도시, 고지와 저지, 해안이나 강과 같은 사상들을 확인한다.
⑧ 다음과 같은 기능을 획득한다. 첫째, 관찰하고 탐구한 부분으로서 정보를 수집·조직·기록·검색한다. 둘째, 자신의 고장과 다른 장소에 대한 여러 가지 원천의 정보를 활용한다. 셋째, 그들의 발견사항과 아이디어를 다양한 정밀도를 가지고 글이나 회화, 모델, 다이어그램과 지도를 통하여 전달한다.
⑨ 지리학습을 통하여 언어 및 수리적 기능을 지속적으로 개발한다.
⑩ 그들이 조사한 특정 환경 또는 사회 관련 이슈를 배경으로 인간의 태도와 가치의 중요성을 인식한다.

- 중등학교 지리교육목표
① 주위 환경에 대한 이해를 확장시키고 다른 장소에 대한 관심과 지식과 이해의 폭을 넓힌다.
② 국지적·국가적·세계적 사건을 자리매김할 수 있는 전망을 획득한다.
③ 지표의 자연·인문환경의 다양성을 바탕으로 인간이 환경에 대해 반응하고 환경을 개조하는 다양한 방식을 파악한다. 또한 다양한 환경조건의 사회적·정치적·경제적 활동에 대한 영향을 배운다.
④ 인간사에 있어서 장소의 위치나 장소간 결합의 중요성을 충분히 깨닫고, 인간 활동의 공간적 조직에 대한 이해를 발전시킨다.
⑤ 지표 위의 다양성과 패턴을 만들어내고, 변화를 일으키는 과정에 대한 이해를 획득한다.
⑥ 상이한 경제적, 사회적, 정치적, 자연적 조건을 가진 장소에서 거주하는 다양한 인간이 직면한 기회와 장애를 인식한다.
⑦ 다문화·다인종 사회의 본질에 대한 이해와 문화적·인종적 편견과 불평등에 대한 감수성을 발전시킨다.
⑧ 지리적 논쟁을 일으키는 사회적·경제적·정치적·환경적 이슈에 대해 충분히 이해하고, 자신과 다른 사람의 이슈에 대한 태도를 고려하여 올바르게 판단한다.
⑨ 지리 탐구에 요구되고 다른 맥락에서도 광범위하게 활용되는 다양한 범위의 기능과 능력을 개발한다.
⑩ 개인 또는 사회의 구성원으로서 환경 내에서 효과적으로 활동한다.

참고문헌

그레이브스. 1984, 『지리교육학개론』(이희연 옮김), 교학연구사.

남상준. 1996, 「지리교육 목표설정에서의 상세화와 구체화의 추구」, ≪지리학논집≫ 제22권 제1
    호, 공주사대 지리교육과.

노튼. 1998, 「인문지리학과 지리학적 상상력」(손명철 옮김), ≪탐라지리교육연구≫ 창간호, 탐라
    지리교육연구회.

황재기 외 공저. 1977, 「지리교육과정」, 『지리과 교육』, 능력개발사.

_____. 1991, 「21세기를 준비하는 지리교육의 방향」, ≪지리학≫ 제 26권 제3호(통권 45호), 대
    한지리학회.

篠原昭雄. 1991, 「일본의 사회과 지리교육의 현상과 과제」, ≪지리학≫ 제26권 제3호(통권 5호),
    대한지리학회.

Agnew, J. A. & Duncan, J. S.(eds.). 1989, *The Power of Place*: *Bringing together Geographical and Sociological Imaginations*, Unwin Hyman, Boston.

Balchin, W. G. V. 1972, "Graphicacy," *Geography*, Vol.57.

Balchin, W. G. V. & A. M. Coleman. 1965, "Graphicacy should be the Fourth Ace in the Pack," *The Times Educational Supplement*, 5/Nov.

Bird, J. 1989, *The Changing Worlds of Geography*: *A Critical Guide to Concepts and Methods*, Clarendon Press, Boston.

Blaut, J. M. & David Stea. 1972, "Studies of Geographic Learning," *Annals of A.A.G.*, Vol.61, No.2.

Boardman, D. 1983, *Graphicacy and Geography Teaching*, Croom Helm.

Catling, S. 1991, "Children and Geography," in D. Mills, *Geographical Work in Primary and Middle Schools*, The Geographical Association.

Department of Education and Science. 1986, *Geography from 5 to 16*, Currilum Matters 7, HMSO.

Department of Education. 1986, *GCSE(General Certificate of Secondary Education) Geography*, HMSO.

Eliot, J. 1970, "Children's Spatial Visualization", in NCSS, *Focus on Geography*, 40th yearbook, Washington D.C.

Fien J. Bernard Cox & Wayne Fossey. 1989, "Geography: A medium for Education," in John Fien, Rodney Gerber and Peter Wilson(eds.), *The Geography Teacher's Guide to the Classroom*, Macmillan.

Harvey, D. 1969, *Explanation in Geography*, Edward Arnlod.

_____. 1973, *Social Justice and City*, The Johns Hopkins University Press.

Kropotkin, P. 1885, "What Geography ought to be," *The Nineteenth Century*, 18(recited in J. Agnew,

D. N. Livingstone & A. Rogers(eds.), 1996, *Human Geography: An Essential Anthology*, Blackwell Publishers).

Lowenthal, D. 1961, "Geography, Experience, and Imagination: Towards A Geographical Epistemology," *Annals of A.A.G.*, Vol.51, No.3.

Marsden, W. E. 1976, *Evaluating the Geography Curriculum*, Oliver & Boyd.

Morrill, R. L. 1987, "Theoretical Imperative," *Annals of A.A.G.*, Vol.77.

NAEP Geo Consensus Project. *Geo Assessment Governing Board*, US Department od Education.

Norton, William. 1989, "Human Geography and the Geographical Imagination," *Journal of Geography*, Vol.88, No.5.

Self, C. M. & R. G. Gollege. 1994, "Sex-related Differences in Spatial Ability," *Journal of Geography*, Vol.93. No.5.

Soja, Edward. 1985, "The Spatiality of Social Life: Towards a Transformative Retheorisation," in Derek Gregory and John Urry(eds.), *Social Relations and Spatial Structure*, Macmillan.

The Ad Hoc Committee Geography. 1965, *The Science of Geography, Report of the Ad Hoc Committee Geography*, Earth Sciences Division, National Academy of Sciences-National Rexearch Council. Washington D.C.

Wright, J. K. 1947, "Terra Incognitae: The Place of Imagination in Geography," *Annals of A.A.G.*, Vol.37.

4 지리교과와 지식의 구조

인간은 오직 그들이 살고 있는, 그리고 그들이 만들어내는 공간 속에서 존재하는
모습으로만 상상될 수 있다. 더구나 모든 공간은 각각의 사회가 각각 독특한 방식으로
발전시킨, 오래되고 수없이 많고 복잡한 학습의 과정에 의존하는 것이다
(Saez, 1989: 156~157).

건전한 지리교육은 우리들 자신, 우리와 지구와의 관계 그리고 전 세계 구성원들간의
상호의존성을 이해하는 데 필요한 관점, 정보, 개념, 기능을 제공한다
(The Joint committee of NCGE and AAG, 1984: 1).

1. 현대교육에서 지리교과의 위치

지리가 학교교육과정에서 고유한 위치를 차지하려면 교과적 존재 가치를 명확히 할
필요가 있으며, 교육철학을 달리하는 시기에도 교과의 본질적 가치를 분명하게 인식할
수 있도록 하는 것이 중요하다.

일찍부터 세계 여러 나라에서는 지리의 교과 교육적 가치를 인정해왔다. 프랑스의 경우
"교육받은 사람이라면 지식의 모든 분야를 알고 있어야 하므로, 지구상의 여러 대륙이나
다양한 지역에 대해 무지해서는 안 된다"는 신념에서 중등교육에 지리를 포함시키게 되었
다.

수세기에 걸쳐서 교육 사조를 달리하면서도 지리는 교과로서의 지위를 여전히 유지해
왔으며, 앞에서 언급한 바와 같이 많은 교육학자들도 지리의 교과적 가치를 인정해왔다.
현대교육에서 지리 교과의 위치나 지위에 대한 논의는 20세기 미국교육을 주도한 진보주
의 교육자들에서부터 언급되기 시작하였다.

대표적인 예로 진보주의 교육을 주도한 듀이(Dewey)는 교육의 목적을 사회에서 생활할
수 있는 능력, 그리고 시민성의 육성을 중심으로 인격형성에 있다고 보면서 지리가 실용
적인 측면뿐만 아니라 교육본질적인 가치를 가지고 있다고 옹호하였다.

듀이(1991: 329~330)는 지리 교과의 성립근거를 '인간과 자연의 상호의존성'에 있다고 보고, 이런 점은 역사 교과와 그 근거가 같다고 보았다. 특히 지리는 '일상행동의 공간적 관련성'을 지각하는데 유용한 교과로 인식하였으며, "지리는 자연적 사실과 사회적 사건 및 그 결과가 짝이 되어 관련을 맺는 데서 교육적 효과를 가진다"고 주장하였다.

그에 따르면 "지리를 배운다는 것은 일상 행동의 공간적 관련 즉 '자연적' 관련을 지각하는 힘을 갖게 되는 것이고, 역사를 배운다는 것은 그 일상적 행동이 '인간적' 관련을 맺고 있다는 것을 지각하는 힘을 가지게 된다는 것"을 의미한다. 이 점에서 지리교육은 일상적 생활과의 관련 학습에서 높은 교육적 가치를 지니는 것이다. 그것은 "지리가 우리가 살고 있는 자연환경, 그리고 우리가 일상생활에서 하는 특정한 행동을 설명 가능하게 해 주는 자연환경에 관하여 다른 사람들의 경험에서 발견된 사실과 원리의 집합체 바로 그것"(Dewey, 1991: 329)이기 때문이다.

그러나 듀이는 관례적으로 '교과가 가르쳐지고 있다'는 것에 의미를 두기보다는 '교과의 본질적 가치를 어떻게 잘 반영하는가'에 따라 그 존립근거가 달라질 수도 있다고 주장하였다. 그는 지리가 교육과정에서 큰 비중을 차지하는 교과라면 당연히 사회적으로, 또 지적으로 의미 있는 경험을 발전시킨다는 일반적 기능을 수행해야 한다고 지적하면서 지리 교과의 끊임없는 자기성찰이 있어야만 교과로서 존립할 수 있음을 적시하였다.

브루너(Bruner) 이래로 학교교육과정에서 지리 교과의 위치에 대한 인식론적 논의는 교과와 학문을 강조하는 교육과정이론, 소위 학문중심 교육과정에 대한 논의의 과정에서 본격화되었다. 특히 지식의 구조에 대한 논의 중에서 지식의 형식을 바탕으로 한 논의는 교과를 내재적으로 정당화함으로써 교육과정에서 각 교과의 위치를 정당화시켜주는 데 중요한 역할을 하게 되었다.

학문중심 교육과정이 나타났던 시기인 1950년대 말 미국의 기본교육위원회(Council for Basic Education, 1959)는 학생들이 일단 학습하고 나면 다른 종류의 사상들을 배울 능력이 생기는 교과를 '생성력(generative power)이 있는 교과'라고 정의하고 이들 생성력 있는 교과가 기본교육의 내용이 되어야 한다고 주장하였다. 기본교육위원회는 12개의 필수교과로 공민, 미국사, 세계사, 지리, 작문, 문학, 고전어, 현대어, 수학, 생물, 화학, 물리를 제시하였으며, 미술, 음악, 철학, 화술은 선택교과로 제시하였다.

이처럼 교육내용으로는 교과 또는 학문이 되어야 한다는 학문중심 교육과정관을 가장 잘 드러내었던 문건에서도 지리는 독립된 교과로서 인정을 받았고, 학문중심 교육과정에 대한 논의 속에서 지리는 나름대로의 교과적 위치를 차지하고 있었다.

학문중심 교육과정론자들이 제기한 지리의 교과로서의 문제점에 대한 문제제기와 반론은 허스트(Hirst, 1965)에 의해 시작되었다. 그는 각 교과를 내재적으로 정당화하기 위해 선험적인 방식으로 '지식의 형식(forms of knowledge)'을 밝혔다. 그는 '지식의 형식'이 되기 위한 기준으로 내적으로는 고유한 개념과 고유한 진위검증방식을 가지고 있어야 하고, 그것은 외부적으로는 다른 지식으로 환원되지 않는 환원불가능성을 지니고 있어야 한다고 주장하였다.

이러한 기준을 근거로 그는 처음에는 수학, 자연과학, 인문과학, 역사학, 종교학, 문학과 예술, 철학으로 분류하였으나, 이후에 그는 피터스(Peters)와 함께 형식(form)이란 용어 대신 '지식 및 경험의 양식(modes of knowledge and experience)'을 사용하여 형식논리학과 수학, 자연과학, 자기 자신과 다른 사람의 감정에 대한 이해, 도덕적 판단, 심미적 경험, 종교적 주장, 철학적 이해로 제시하였다. 물론 이는 초기의 주장에서 나타난 분류를 보다 유연하게 한 것이다.

이러한 논의 속에서 허스트는 지리 교과에 대해 어떻게 보았을까? 그는 지리학은 의학, 공학과 마찬가지로 그 자체가 고유한 개념과 진위검증방식, 그리고 진술형태를 가지고 있지 않으며 다양한 형식이 통합된 것이므로 '지식의 형식'이 아니라 '지식의 분야(fields of knowledge)'라고 주장한다. 그에 따르면, 지리 그 자체가 학문 또는 어떤 학문의 아류학문도 아닌 조직체이면서, 한 가지 이상의 학문 중 어디엔가 특징적으로 뿌리를 두는 지식, 곧 특정한 대상 또는 현상 또는 실제적(유용성의) 추구를 배경으로 함께 묶어서 형성된 것이라고 정의한 지식의 분야에 속하게 되는 것이다.

따라서 '지식의 형식'에 해당하는 학문이 교과가 되어야 한다는 그의 논의를 연장하면 7개의 지식의 형식을 제외한 다른 학문들은 지리를 포함하여 교과에서 제외하여야 한다는 것을 의미한다.

그렇지만 그가 주장하듯이 교과를 '지식의 형식'으로 한정지어 정당화하고 동일시하는 데 대한 반론도 만만치 않았다. 그도 인정하였듯이 그가 지식의 분야라고 부른 지식의 조직들이 특수한 이론적 또는 실제적(실용적) 관심에 따라 끊임없이 재구성될 수 없다고 할 이유는 없다. 또한 그의 주장이 교양교육에 대한 이론이라는 점으로 볼 때 초·중등학교에서의 교과 선정기준으로 사용하는 데는 무리가 있으며, 교과나 지식에 대해서도 제한적, 폐쇄적 관점에서 벗어나 개방적 관점을 받아들여야 할 필요가 있다.

그리고 '지식의 형식'과 '지식의 분야'가 교과에 대해 의미하는 바에 대한 해석도 여러 가지로 전개되어 오히려 초·중등학교에서의 교과는 '지식의 형식'으로만 구성될 필요가 없으며, '지식의 분야'도 충분히 교육적 의미를 지닌다는 반론이 제기되었다. 이러한 논의의 연장에서 브라우넬(Brownel)과 킹(King)은 교과가 반드시 지식의 형식이 되어야 한다는 허스트가 제기한 논쟁에서 벗어나 보다 유연한 입장에서 교과를 바라보아야 한다고 주장하였으며, 지리학이 지식의 종류라는 점을 인정하였다. 브렌트(Brent, 1989)는 교과와 '지식의 형식'을 직접적으로 결부시켜서 보는 관점에서 벗어나 새로운 교과나 지식분야들은 '지식의 형식'들로부터 무수히 다양하게 산출될 수 있다고 주장하였다.

다른 한편으로 현재의 교과가 '지식의 형식'에 의해 결정되기보다는 분명히 어떤 필연적인 선택의 결과, 즉 문화적 결과물이라는 점을 다시 음미해볼 필요가 있다. 이러한 점은 허스트 자신도 다음과 같이 진술하면서 인정하였다.

> 기존의 학교 교과는 수많은 역사적 요인들의 산물에 의해, 즉 주로 지식의 성장과 학교에 대한 사회적 요인(요구)들의 변화에 따라 각 교과간의 경계선을 가지고 있다. 그러나 비록 제한적이기는 하지만, 이러한 역사적 틀 안에서 어떤 논리적인 요인들이 중요한 역할을 수행하고 있기 때문에 교과의 구조가 전적으로 우연적인 산물은 아닌 것이다(Hirst, 1974: 133).

한편 지리교육학자인 그레이브스(Graves)와 시몬스(Simons, 1972)는 허스트의 논의에 대해 지리가 지식의 형식에 속하기보다 지식의 분야가 되는 것을 오히려 긍정적으로 생각했다. 그것은 교육적인 의미에서 보아 지리학자들은 이미 지식의 형식을 필수적인 것으로 받아들이고 있으며, 지리 교과를 통해 훨씬 많은 지식의 형식에 입문할 수 있기 때문이다. 그레이브스(1984)는 허스트의 '지식의 형식'을 빌릴 경우 지리 교과는 최소한 수학, 인문과학, 자연과학이라는 3가지 형식 이상에 중첩되는 분야이므로 최소한 3가지 지식의 형식에 동시에 입문할 수 있다고 주장하였다.

그런데 피닉스(Phenix, 1964)도 허스트처럼 형식과 내용으로서 학문을 분류하여 제시하였으며, 이러한 분류를 교과에 대한 논의에서 참고할 수 있음을 보여 주었다. 그는 학문의 논리적 구조가 비슷한 것끼리 묶어 상징적 의미(symbolics: 비언어적 상징형식), 경험적 의미(empirics), 심미적 의미(esthetics), 실존적 의미(synnoetics), 윤리적 의미(ethics), 총괄적 의미(synoptics)의 6가지 의미의 영역[1]을 확인하였다. 이홍우(1990)에 따르면 그가 사용한 '의미'는 반성적 사고, 논리적 원칙, 선택적 정련, 표현의 네 가지 특징으로 규정되는 것으로 넓은 의미에서의 '이성의 소산 전체'를 의미하며, 각각 뜻하는 바는 다음과 같다. 상징적 의미는 언어나 수학처럼 사람이 의미를 다른 사람에게 표현하고 다른 사람에 의하여 표현된 의미를 이해하는 도구로서 임의로 만들어낸 기호체계로 구성되어 있으며, 경험적 의미는 사회과학과 자연과학처럼 자연현상이 사회현상에 관한 사실과 그 사실을 기초로 한

---

1) 6가지 의미의 번역은 이홍우(1990)의 것을 따랐다.

일반적 법칙, 그리고 그 법칙에 의한 현상의 설명을 다룬다. 심미적 의미는 음악이나 문학처럼 사람들의 주관적인 느낌을 창의적으로 표현한 것이며, 실존적 의미는 철학이나 심리학처럼 대인간의 관련에서 파생되는 실존적 자각을 내용으로 한다. 윤리적 의미는 윤리학처럼 도덕적 당위와 그에 따른 행위준칙을 다루며, 총괄적 의미는 역사나 종교처럼 다른 모든 영역의 의미를 포괄하는 영역이다.

이러한 학문의 분류에서 그는 지리학을 인간의 거주지로서의 지구에 대한 사실에 관심을 두는 기술적 학문(descriptive discipline)으로 파악함과 동시에 사회과학 속에 포함시켰기 때문에 경험적 의미에 속한다고 주장하였다. 또한 그는 지리가 특정한 문화의 기술이라는 점에서 인류학과 닮았으며, 특정한 사건들의 재해석과 관련하여 총괄적인 학문인 역사학과 닮았다고 주장하였다. 더 나아가 그는 때로는 지리가 넓은 통합적 시야를 가지고 있고 다른 학문에서 나온 많은 지식을 활용할지라도, 지리의 통합의 의미는 심미적, 실존적, 윤리적 영역에서 오는 것이 아니라 경험적 영역에서 오는 것이므로 역사보다 덜 총괄적이어서 경험학문으로 보는 것이 더 적절하다고 주장하였다.

그렇지만 이와 같은 그의 주장에서 지리학이 경험적이라는 데는 일부 동의할 수 있지만, 지리학이 총괄적이지 못하다고 하는 주장은 지리학에 대한 이해 부족의 결과라고 볼 수 있다. 그것은 그가 당시의 지리학을 인간의 거주지로서 지구에 대한 사실적 연구라고 규정하였지만, 지리학은 일찍부터 인간과 환경과의 관계에 대해서도 깊은 관심을 가져왔을 뿐만 아니라 당시의 지리학에서 지역 및 경관에 대한 관심과 공간관계 및 구조에 대한 관심이 오히려 지리학의 주류를 이루고 있었기 때문이다.

또한 지리학을 역사학과 더불어 종합학문으로 받아들이는 일반적 견해와 달리 굳이 경험과학만으로 국한한 것은 지리학이 경험적 주관에 의한 기술에만 의존한다고 보았거나 당시의 인문·사회과학들이 논리실증주의, 즉 경험과학적 입장에 바탕을 두고 있다는 사실에서 유추하여 지리학의 연구방법도 모두 그러하리라고 가정한 결과이다.

피닉스가 본 것과는 달리, 지리학은 분명히 4대 전통을 이루어온 인간-환경 관계에 대한 연구를 통하여 환경에 대한 윤리적, 심미적 관심을 지속적으로 보여주었으며,[2] 지리학에서 하나의 사조를 이루는 인간주의 지리학은 역사학과 마찬가지로 윤리적, 실존적 차원을 가지고 있다.

현대 지리학은 전통적 경험에 기초한 기술적 지역연구, 논리실증주의에 기초하는 공간

---

2) T. O'Riordan, *Environmentalism*, 2nd ed, Pion Limited, 1981과 David Pepper(이명우 외 3인 옮김), 『현대환경론』, 한길사, 1989에 이러한 내용들이 잘 정리되어 있다.

조직론, 그리고 실존주의, 현상학, 관념론, 해석학의 관점을 수용하는 인간주의지리학에
이르기까지 그 설명과 이해의 폭이 매우 넓다. 따라서 지리학은 충분히 총괄적이며, 장소,
지역, 공간을 매개로 하는 인간과 환경과의 관계를 총체적으로 다루어나가는 종합적 성격
을 지닌 학문으로 보아야 마땅하다.

　그런데 이러한 지식분류중심의 학문중심교육과정의 논의에서 유의해야 할 점은 이것이
지식이나 학문을 분류하고 일반적 논리를 밝히는 데는 공헌하지만 어떤 학문이든지 그것
을 불과 몇 페이지로 요약하는 것은 피닉스 스스로가 지적했듯이 부질없는 일이 되기
쉽고 때로는 혼란을 일으킬 수 있다는 것이다. 또한 이것은 피상적일 수밖에 없으므로
각 교과나 학문의 지식의 구조를 잘 알고 있는 사람에게 맡겨져야 한다. 이렇게 해야만
분류학에서 벗어나 진정한 의미의 교과의 구조를 파악하는 것이 가능할 것이다.

　교과로서 지리는 독특한 개념과 탐구방법을 가진 지식체계, 즉 슈와브(Schwab, 1964)가
말하는 실질적(실체적) 구조와 구문적 구조[3]를 가지고 있으며, 자연과학, 인문과학, 사회과
학을 연결하는 가교적 학문으로서 종합적 성격을 계속 유지해왔다. 이와 같은 교과로서
지리의 성격을 분명히 하기 위해서는 지리에서의 실체적 개념구조와 그것을 다루는 고유
한 문제해결방식을 분명하게 제시하려는 노력들이 계속되어야 한다.

　이와 같은 지식논쟁과 결부하여 지리 교과의 기술적 성격에만 주의를 기울였지만, 이제
우리는 교과로서 지리에 대해 적극적으로 옹호한 브렌트(Brent, 1989)의 최근 주장에 주목
할 필요가 있다. 그는 지리학, 물리학, 생물학과 같은 것은 기술적인(descriptive) 교과이므
로 오히려 더 명백하고 사실들과 더 긴밀하게 관련되어 있으며, 무엇인가를 덧붙여주고
또한 의미가 있기 때문에 그것들이야말로 교육과정에 포함되어야 할 것이라고 주장한다.
그리고 그는 지리학이 환원 가능한 지식들로 구성되어 있다는 허스트의 주장에 대해 다음
과 같이 반박함으로서 기존 교과에 대한 재인식의 필요성을 제기하고 있다.

　　지리학을 분석해보면 바위와 토양 등의 분류와 검토는 경험적인 형식으로, 기압이나 기
　온 등과 같은 자료의 수량화는 수학적인 형식으로, 종류가 다른 인간사회와 각각의 생태적
　인 환경 사이의 관계에 관한 연구는 역사적·사회학적인 형식으로 환원된다. …… 그렇다
　면 지리학이나 의학, 공학과 같은 과목은 위에서 말한 것과 같은 지식의 형식으로 환원되
　므로 그 과목들은 말하자면 환원 가능성의 준거를 충족시키지 못한다. 그러나 그 과목들이
　그 형식에서 환원되어 나온 지식의 형식을 구성하는 명제나 상호 관련된 이념체계를 계속
　해서 더 분석해 들어가면 그런 형식들은 어느 하나가 다른 하나의 형식으로 더 이상 환원
　되지 않으며 지식의 형식 전체를 포괄하는 하나의 형식이란 존재하지 않음을 알게 될 것이
　다. 그들 형식은 논리적으로 자율적인 방식으로 경험을 범주화한 것이며, 환원불가능성이란

---

3) 이홍우는 전자를 개념, 후자를 탐구방법으로 해석한다(이홍우, 1977: 139).

준거를 만족시키는 것이다(Brent, 1989: 125.).

지리교과는 분명히 기술적인 측면을 가지고 있다. 그렇지만 모든 지리내용이 기술적인 것은 아닐뿐더러 기술적이라는 이유만으로 교육과정에 공헌하지 않으리라고 속단하는 것은 잘못된 인식이다. 앞에서 언급한 것처럼 지리는 내적으로도 가치 있는 지식, 이해, 안목을 제공하며, 더 나아가 심미적, 지적 발달에 도움을 주는 경험을 제공하고 사회화에 기여함으로서 교과의 의미를 충분히 갖추고 있다.

2. 지리교과와 지식의 구조

지리의 교과적 지위에 대한 인식론적 논의를 가져온 학문중심 교육과정은 각 학문에 기반을 둔 교과를 정당화하기 위해서 각 교과 내지 학문의 구조를 밝힐 것을 요구하였다. 따라서 교과 내지 학문이 가지고 있는 지식의 구조를 명확히 하는 것이 바로 교과로서 정체성을 갖는 것이며 또 정립하는 것이 되었다.

프링(Pring, 1976)은 학교에서 가르칠 내용으로서 학문은 나름대로의 학문의 구조를 가지고 있는데, 중심적 조직 개념이 존재하고 강조되는 절차나 원리가 있으며, 탐구방법이 성공적이기 위한 준거가 제시되고 고유한 문제 및 흥미의 종류가 존재할 때 하나의 학문의 구조로 인정할 수 있다고 주장하였다.

그에 따르면, 학문의 구조를 이루는 개념은 학문적 탐구에서는 의미의 정밀성을 높이기 위해 종종 보다 좁게 그리고 정통적인 방식보다 기술적으로 정의되지만, 학문의 구조를 이루는 개념은 논리적으로 상호관련이 되고 연역적인 형태로 나타난다. 그리고 하나의 학문에서 그와 같은 개념들이 부족하더라도 학문의 구조는 그 학문들의 절차상 원리에 의해 더욱 쉽게 밝혀지기도 한다. 또한 학문을 가르치는 최선의 방법으로 절차보다 체험이 더 중요할 수도 있으므로 탐구방법은 학문의 성격에 따라 상이하게 나타난다. 그리고 학문의 실행자들이 공유하는 관심 및 흥미와 그들이 주로 다루는 문제의 종류에 의해 학문의 구조가 이해될 수 있다.

따라서 지리에서도 중심적 조직개념, 절차나 원리, 탐구방법, 문제 및 흥미의 종류를 확인할 필요가 있다. 즉 교과로서 지리가 내적으로 가지고 있는 지리의 핵심개념, 지리탐구의 방법, 절차 및 원리, 지리적 관심과 흥미를 밝힘으로서 교과적인 지리의 구조를 파악할 필요가 있다.

여기에서는 먼저 지식의 구조에 대한 논의가 지리교육에 미친 영향을 지니는지를 브루너의 논의를 중심으로 살펴보고, 다음으로 지리의 지식의 구조를 파악하도록 한다.

1) 지식의 구조에 대한 논의와 지리교육

주지하는 바와 같이 영미권에서 나타난 학문중심 교육과정이론은 학문 그리고 지식의 구조, 형태 등에 대해 논의함으로써 교과와 교육의 내용에 대한 새로운 인식들을 가져온 것은 틀림이 없다. 미국의 경우, 듀이에 의한 진보주의 교육관에 입각하여 교육에서 경험을 강조하는 입장에서 학문 그리고 지식의 구조를 강조하는 입장으로 일대 변혁을 가져왔다. 이러한 논의에 따라 지리도 그 교과적 특성을 분명히 하려는 노력들을 경주하게 되었으며, 새로운 지리교육이 모색되었다. 즉 학문중심 교육과정이론은 지리 교과 그 자체를 분석하게 하였으며, 이를 통해 지리가 교과로서 정립되는 것을 추구하도록 하였다.

지식의 구조에 대한 논의를 가져온 학문중심의 교육과정이론은 진보주의 교육관에 근거한 경험중심의 교육과정이론과는 다른 주장들을 전개하였는데, 중심적인 주장은 교육의 내용이 사회생활의 필요를 충족시키기 위한 것이 아니라 교과 내지 학문이어야 한다는 것이다.

이러한 생각을 가장 잘 드러내는 것이 브루너(1960)의 『교육의 과정』인데, 그의 입장은 다음의 글에서 잘 나타난다.

> 교과의 교육과정은 그 교과에 구조를 제공할 기저원리에 대한(획득할 수 있는) 가장 근본적인 이해에 바탕을 두어 결정되어야 한다. 한 분야의 지식의 폭넓은 근본 구조 속에서 맥락을 분명히 하지 않고 특수한 사실이나 기능을 가르치는 것은 몇 가지 깊은 의미에서 비경제적이다. …… 한 분야의 지식의 기본구조를 반영하는 방식으로 교육과정을 설계하는 데에는 그 분야에 대한 가장 근본적인 이해를 필요로 한다(Bruner, 1960: 31~32).

경험중심 교육과정이론에 따르면 교육은 미성숙한 학생들에게 사회적 경험을 얻게 함으로써 사회에 대해 준비하도록 하고 성숙한 사회인으로 끌어주는 것이다. 그러나 이홍우(1991)는 학교에서 가르치고자 하는 경험은 아무것이나 될 수 없으며, 최소한 옳고 그름을 가려낼 수 있는 것으로 검증된 것이라야 한다는 학문중심 교육과정이론에 근거하여 이를 반박하였다. 즉 학교에서의 경험은 사실의 진위검증 내지 진리검증과 무관한 것이 아니며, 결국 학교에서 다루고자 하는 경험은 올바른 지식을 얻는 것과 다를 바 없다. 학교교육의 내용은 아무 경험이나 가르치는 것이 아니라 경험의 옳고 그름을 따지는 지적 탐구, 즉 지식을 다루는 방식을 가르치는 것이다. 이는 지식의 체계인 학문을 다룸으로써 가장 잘 다루어질 수 있으며, 이 때문에 학교에서 가르칠 내용은 다름 아닌 학문이라고 볼 수 있다.

결국 학문중심 교육과정이론에 따르면 교육의 내용은 경험이 아니라 지식이며 검증된 경험이 바로 지식이다. 그리고 지식이라고 말할 때는 결과를 말할 때가 있지만, 경험은 결국 학교에서 다루는 지식의 내용·성격, 즉 경험적 지식을 말한다. 학교에서의 교육내용으로서 경험은 단순한 것이 되어서는 안 되며, 진리규명이 가능한 것과 이의 경험을 통하여 진리파악이 가능한 것이라야 한다는 것이다.

학문중심 교육과정이론은 경험중심 교육과정에서 강조하는 교육의 목적에 따라 '아동을 성숙한 사회인'으로 만들 것이 아니라 '합리적인 탐구자'가 되도록 하는 것을 우선시하고, 학교에서 가르칠 내용은 '사회인이 되는 데 유용한 경험'이 아니라 '지식중심의 지적 경험'이며, 수업에서는 아동중심의 경험이 아니라 발견과 탐구가 강조되었다.

브루너는 교육의 내용으로서 지식 그리고 학문을 가르쳐야 한다고 주장하면서 그 학문에서 가르칠 것은 그 모학문의 구조라고 하였다. 즉 학교에서 가르칠 내용은 학문의 성격을 가장 잘 드러낼 수 있는 것을 가르쳐야 하며, 그것은 바로 그 학문의 지식의 구조라는 것이다. 그리고 그는 "어떤 교과도 그 기본적 원리가 지적으로 적절한 방식으로 어떠한 아동에게나 가르쳐질 수 있다"고 함으로써, 이러한 지식의 구조는 학자들이 하는 동일한 방식으로 학생들이 탐구가 가능하고 또 가르쳐질 수 있다고 주장하였다.

브루너에 따르면 지식의 구조(structure of knowledge)란 그 학문을 가장 학문답게 보여주는 것이며, 바로 핵심개념(key concepts) 또는 핵심 아이디어(key ideas)가 그것을 가장 잘 대변하고 있다고 보았다. 핵심개념 또는 핵심 아이디어는 기본개념(Basic concepts) 또는 기본 아이디어(Basic ideas)로도 명명되었는데, 이는 일반적인 주요개념의 의미와 달리 그 학문을 가장 잘 보여주는 개념을 지칭한다.

이와 같은 지식의 구조에 대한 논의는 교수하는 차원에서 함의하는 바가 크고, 많은 변화를 초래하였다. 즉 지식의 구조를 이루는 기본개념을 교수하기 위해서는 발견(discovery)과 탐구(enquiry)가 요구되었으며, 이들 개념을 교수하는데 있어서도 전이력(transferability)을 고려하게 되었다. 개념 중에서도 기본개념은 그 학문의 구조를 가장 잘 드러내기 때문에 그 학문의 다른 지식으로의 전이력이 매우 높아서 이것을 배우면 다른 상황, 개념, 이론에의 적용이 가능하다는 것이다. 그리고 지식을 다루는 방식에서도 개념에서 이론, 원리, 법칙으로 나아가면서 다루는 것이 가능하게 되었다.

이에 따라 지식의 구조에 대한 논의를 바탕으로 교수-학습은 전달전수중심의 지식교육이나 전수위주의 경험중심 교육에서 발견과 탐구를 중심으로 하는 지식교육으로 변화하게 되었다.

지리에서도 이러한 이론에 따라 개발된 교육과정인 HSGP(High School Geography Project)에서는 전달·전수중심의 지리교육에서 발견·탐구중심의 지식교육이 주가 되는 지리교육으로 변화하게 되었을 뿐만 아니라, 지역중심의 지리교육에서 지리개념중심의 지리교육으로 변화하게 되었다.

2) 지리교과의 '지식의 구조'

(1) 지리적 관심

지리교과는 지표의 성격 특히 장소의 특성들, 인간과 환경과의 관계 및 상호작용의 복합적 성격, 그리고 인간사에 있어서 인간 활동의 공간적 입지와 조직의 중요성에 대한 이해를 촉진하는데 관심을 두고 있다.

현대지리에서는 특히 공간에 많은 관심을 두고 있으며, 지리는 지표 위의 인간과 장소 간의 상호작용과 그들의 배열을 연구하는 공간적 관점을 사용한다. 이러한 공간적 관점을 이해하고 사용함으로써, 학생들은 "그것은 무엇이고, 어디에 있으며, 왜 거기에 있는가, 그것의 위치의 중요성은 무엇인가"에 대한 해답을 찾는다.

또한 이를 통해 지리에서 이해하기를 원하는 것은 브렉(Broek, 1965)이 언급한 것처럼, 공간적 배열의 패턴과 그와 같은 것을 야기하는 과정이다. 근본적으로 지리가 관심을 갖는 것은 현상 그 자체라기보다 현상의 공간적 배열이며, 지리는 인간과 그들의 행위가 통합된 전체로서의 '장소'와 그러한 '장소'간의 관련성에 관심을 둔다.

그리고 지리학자는 '이러한 현상과 과정들이 다른 장소에서 어떻게 작동하는가'에 대한 원리를 바탕으로 한 장소에서 발견되는 현상과 과정들의 성격과 영향에 대해 예측하는 것이 가능하며, 지리에서는 이러한 공통적인 요인들과 고유한 요인들 간의 상호작용이 강력한 관심분야이다.

이러한 측면에서 보면 지리의 장소에 대한 관심은 매우 뿌리 깊은 것이다. 도티(Daugherty, 1989)는 장소의 측면에서 지리의 관심을 다음과 같이 상세하게 제시하였다.

먼저 지리교육은 장소에 관한 감각을 개발하는 데 일차적으로 관심을 둔다. 이때 '장소'라는 용어는 '자연'환경뿐만 아니라 '인문'환경을 포함하기 위해 사용하며, 지리 교과의 중심적 초점은 장소의 특성에 있다. 그리고 이는 인간과 환경의 상호작용이라는 개념으로부터 나온다. 그리고 장소의 중심적, 구성적 개념은 매우 국지적인 것에서 세계적인 것에 이르는 일련의 스케일을 포함하여 다룸으로써 이해되어야 한다. 그리고 다루는 '장소'가 무엇이든지 학생들은 증거를 모으고 설명을 구성하고 연결 관계를 추적하고 변화의 과정을 검토하며 상상하고 다른 입장이 되어보려고 노력함으로써 장소에 대한 감각을 키우는데 지리는 관심을 가지고 있다.

둘째, 지리는 장소를 통한 설명을 추구한다. 경관특징이나 산업입지패턴, 공간망, 지역차이에 관한 지리적 설명의 구성은 과학과 인문학으로부터 나오는 통찰력과 지식을 끌어내는 것을 포함하여 여러 학문과 연계하게 된다. 지리적 설명의 다학문적 성격은 지리교과가 관련 있는 교육과정의 각각의 부분들을 함께 묶어주는 독특한 위치를 점한다는 것을 확신하게 한다. 특히 과학과 인문학 사이의 가교로서의 지리교과의 역할은 높은 평가를 받고 있다.

셋째, 지리에서 장소의 연구는 모든 수준에서 전 범위에 걸친 의사소통기능들을 포함하여 주제와 지역을 탐구하기 위해 연구기능들을 사용하는 데 관심을 둔다. 지리학습은 이러한 기능들의 개발을 위해 고도의 자극적 맥락을 제공할 뿐만 아니라 일반교육과정의 질을 대단히 높일 수 있다.

넷째, 지리학습이 일어나는 스케일의 범위에서는 지리교과의 본질상 모든 연령수준에서 직접 관찰에 관심을 두며, 이것이 중요한 역할을 한다. 학생들의 인접한 이웃지역이나 대조적인 지역에서의 야외조사는 측정, 지도독해, 조사방법을 포함하여 일련의 관련된 기술들 속에서 확신과 능력을 기르는 값진 기회를 제공하고, 다양한 사람들을 만날 수 있으며 또 그들로부터 배울 수 있는 상황을 제공하게 된다.

한편, 최근 지리에서 다시 떠오르는 관심이자 주제는 인간이 환경을 조직하고 이용하는 방식이다. 지리는 '특정한 상황에서 인간들이 환경적 상황에 의해 어떻게 제약받을 수 있는가'에 대해 심사숙고하며, 또한 인간이 환경적 제약을 통제하기 위해 추구해온 방식이나 인간행동의 사회적·환경적 영향에 대해서 관심을 가지고 있다.

또한 장소의 성격과 인간의 지구이용의 패턴을 학습하는 데 있어 지리학자들은 관련되는 원인과 과정, 어떤 패턴이나 이벤트의 사회적·환경적 결과에 대하여 설명하는 것과 사회와 환경의 질을 향상시키기 위해 이성적인 의사결정을 하는 데 중요성을 둔다. 이를 통해 지리는 특별히 인간-환경관계의 대조적인 패턴, 인간들의 대조적인 지구이용의 패턴, 그리고 이러한 상이함을 만들어내는 상이한 환경적, 사회적, 경제적, 정치적 과정에 대해 관심을 가지는데, 그러한 대조, 패턴, 과정은 세계의 장소들에 고유한 성격을 주고, 지리학자나 여행가에 대한 매혹을 똑같이 제공해준다.

한편, 그렉과 라인하르트(Gregg & Leinhardt, 1994: 318)는 이러한 논의를 발전시켜 지리는 거의 동등한 중요성을 지닌 네 가지 관심에 의해 특징지을 수 있는 광범위한 학문이라고 언급하였다. 지리의 첫째 관심은 현상의 지표면 위에서의 분포와 장소의 고유한 성격을 형성하는 과정이다. 둘째, 지리의 관심은 현상 및 과정들이 그와 함께 상호작용하는 외적 요인들에 의해 '어떻게 매개되는가'를 이해하려고 명백하게 노력함으로써 발생하는 바로 그 맥락에서 현상과 과정을 검토하는 것이다. 셋째, 지리는 현상과 과정들이 인간에 의한 의사결정의 원인과 결과가 되는 방식에 대한 관심을 가지고 있다. 넷째, 지리의 관심은 지도라는 언어를 통해 정보와 아이디어를 전달하는 것이다.

결국 피엔 등(Fien et al., 1989: 3~4)에 따르면, 이러한 부분에 관심을 가지고 있는 지리는 다음과 같은 것이라고 정의를 내릴 수 있다.

- 인간의 지구이용 패턴과 장소에 대해 기술하는 것
- 환경적 의사결정의 결과로 나타나는 입지, 분포 그리고 영향의 패턴과 그것을 유발하는 자연적·사회적 과정
- 환경이 인간의 의사결정에 영향을 미치는 방식
- 인간이 자연환경과 인문환경을 바꾸어나가는 방식
- 개인과 집단의 지각, 가치 그리고 행동이 환경적 의사결정에 '어떻게 영향을 미치는가'에 대한 관심
- 환경관리에 대한 의사결정에 대한 불일치가 '어떻게 해결될 수 있는가'에 대한 관심
- 환경이 사회적 불평등을 바로 잡기 위하여, 그리고 모두를 위한 미래의 사회적 환경적 복지를 확보하기 위해 '어떻게 관리되어야 하는가'에 대한 관심

그리고 이러한 관심에 기초한 지리학습은 유익한 교육적 결과를 가져오게 된다. 미국의 지리교육공동위원회(Joint Committee on Geographic Education of NCGE) 와 미국지리학회(AAG, 1984: 9)는 지리의 5가지 근본주제를 통하여 획득한 특유한 관점과 기능은 지구와 인간에 관한 지식을 명료하게 할 수 있고, 사회과학, 역사학, 인문학을 보다 풍요롭게 할 수 있으며, 자연과학에 공간적 차원을 제공한다고 주장하였다. 이를 통한 지리학습은 다음과 같은 교육적인 의미를 지닌다.

지리학습은:
- 일반화의 여러 다른 수준들을 구별해주는 하나의 방식으로서 스케일의 개념을 도입하고 발전시키며, 정량적 그리고 정성적 자료들을 분석하고 일반화를 위한 의미 있는 단위(지역)를 제공하고 장소에 대한 가설들을 발전시킨다.
- 문제 확인과 문제 해결을 위한 지지증거를 모으는 것이 요구된다.
- 다양한 가치와 환경체계의 맥락 안에서 지표 위의 미래의 인간취락의 대안을 제시한다.
- 지도를 사용하여 다양한 스케일에서 지표상의 단순한 자연·인문적 패턴과 복합적 자연·인문적 패턴 양자의 확인, 정의, 해석을 보여준다.
- 복잡한 현상을 기록하고 조직하기 위하여 필드워크에서의 관찰력을 발전시킨다.
- 가장 중요한 것으로 지표의 여러 지역들 가운데 복합적 상호관계의 이해를 위한 자연·인문적 맥락을 제공한다.

(2) 지리의 핵심개념

최근 지리의 지식의 구조와 관련하여 지리의 핵심 개념 또는 핵심 아이디어에 대한 이해에 집중하려는 노력들이 이루어졌다. 이는 개별학문이 교과의 핵심을 구성하고 모든 학습이 관련되는 어떤 핵심개념을 가지고 있다는 언명에 근거를 두고 있다.

핵심개념과 같은 의미로 사용되는 기본개념이나 조직개념이라는 개념은 모두 학문이나 교과의 지식의 구조를 보여주기 위하여 등장한 개념이다(지리교육에서의 기본개념에 대한 논의는 제11장에서 언급되었으므로 이를 참고할 수 있다). 그리고 여기에서는 개념의 고유성을 강조하는 기본개념과 개념들의 팽창과 확대의 결과로 나타나는 복합성을 강조하는 조직개념을 통해 지리적 지식의 구조를 어떻게 파악할 수 있는지에 초점을 두도록 한다.

홀(Hall, 1982)은 지리학자가 조직개념을 확인하려는 시도는 ① 실체적 개념구조의 확인에 절대적으로 집중하려는 노력, ② 핵심적 질문과 이 질문에 답하기 위해 파생된 기본개념을 확인하려는 노력, ③ 프링(Pring)이 제시한 네 가지 중에서 하나 이상의 기준을 이용하려는 노력으로 나타난다고 언급하였다. 여기에서는 이러한 홀이 지적한 세 가지 접근방식 중 지리적 지식의 성격을 파악하기 쉬운 두 번째의 방식에 따라 지리의 핵심질문과 그에 대한 핵심개념(기본개념)을 중심으로 지리적 지식의 구조를 파악해보도록 한다.

홀이 언급한 두 번째 접근방법은 지리학자들이 참여하는 주요 문제를 가지고 틀을 짜는 것으로 그와 같은 문제를 해결하기 위해 개념을 이용하고 있다고 지적하였다. 이처럼 지리의 지식의 구조를 이루는 개념에 대한 접근방법은 지리적 문제를 해결하기 위한 개념, 지리적 질문에 대한 해답을 찾는데 필요한 개념들을 찾는 것이다. 콕스(Cox, 1975)의 경우는 문제제기 질문으로서 지리의 초점질문과 그에 따른 개념들을 <표 4-1>과 같이 간단하게 확인하였다.

그런데 지리가 어떤 것인지에 대한, 즉 지리의 지식구조를 개념의 연결로 구성되는 개념 틀을 통하여 보여주는 예는 홀(1982), 그렉과 라인하르트의 주장 등 몇 가지가 있다.

표 4-1. 지리학에서의 초점질문과 개념

초점질문	개념
현상이 어디에 입지하는가?	입지, 분포, 패턴
왜 거기에?	결합, 상호작용, 과정
어떤 결과를?	체계, 이동, 삶의 질, 복지
의사결정에서 어떤 대안이 고려되어야 하는가?	계획, 가치, (감각)지각

출처: Cox(1975).

홀은 지리의 주된 역할은 경관, 장소, 지역, 그리고 공간으로 개념화될 수 있는 세계
속에서의 대상들과 사건(사상)들에 대한 영향의 결과를 기술하고 설명하는 것이라고 보고,
그와 같은 자연적, 정신적 대상과 사건들의 발생, 발달, 진화를 이해하기 위해 적절한 특정
형태의 환경적 과정을 언급할 필요가 있다고 주장하였다. 그는 이러한 주장을 통하여 장
소(place), 경관(landscape), 지역(region), 공간(space), 환경(environment)이 지리의 핵심개념임
을 확인하였으며, 이러한 개념간의 관계와 이들이 만들어내는 지리의 지식의 구조를 다음
<그림 4-1>과 같이 표현하였다.

토마스(Thomas, 1964) 역시 지리의 기본개념을 가지고 지리의 개념적 구조를 밝혔다.
그는 <그림 4-2>와 같이 지리적 사실, 공간적 분포, 지역결합을 기본 골격으로 하는
전체 개념체계를 제시하였다. 그는 '지리적 사실'이라는 개념을 출발점으로 삼고 있으며,
이를 공간적 분포로 확대해나갔다. 그에 따르면 공간적 분포는 지역결합과 공간적 상호작
용의 개념으로 발전해갈 수 있으며, 지역 개념은 공간분포, 지역결합 또는 공간적 상호작
용에 의해 종합될 수 있다. 또 그는 스케일 개념은 기초적 수준에서 체계 속으로 들어와

그림 4-1. 지리의 핵심개념과 개념들간의 관계

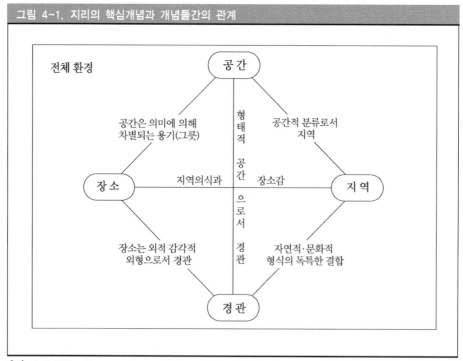

출처: Hall(1982), p.32.

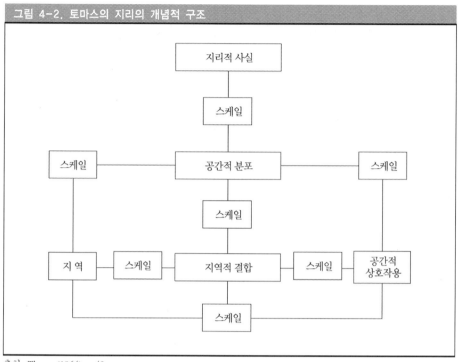

그림 4-2. 토마스의 지리의 개념적 구조

출처: Thomas(1964), p.45.

체계 전체를 통해 계속 작용해 나간다고 보면서 특정한 지리적 사실, 지역적 결합, 공간적 상호작용과 지역을 또 다른 기본 개념으로 보는 지리의 개념적 구조를 제시하였다.

그리고 그렉과 라인하르트는 다른 학문과 구별되는 지리에 대한 정의를 내리기 위해 지리학자들이 수행하는 행동의 측면뿐만 아니라 원리(principles)와 개념(concepts)의 측면에서 핵심적인 지식의 구조를 검토할 필요가 있다는 점에 주목하였다. 이들이 지리적 고유성을 드러내는 지리에 대한 정의에서 강조한 개념은 분포, 맥락, 지도 등이었다. 이들이 지리의 지식의 구조에서 중요한 역할을 한다고 생각했던 지리개념으로서 분포에 대한 것을 살펴보면 다음과 같다.

"지리의 존립근거는 지구환경과 거기에 거주하는 인간이 장소에 따라 다르다는 사실이다"에 주목하면 지리에서 분포는 대단히 중요한 역할을 한다. 장소의 특정한 조건은 지표 위에서의 인구의 분포에 적극적으로 영향을 미치기 때문에 지리는 지표 위에 불균등하게 분포하는 현상과 과정을 연구한다.

따라서 지리는 그와 같은 요인들의 분포를 연구함으로써 나타나는 지표의 다양성에 초점을 두고 있으며, 지표의 한 부분과 다른 부분을 구분하는 것을 가능하게 한다. 어떻게 살고, 사고하며, 판단하고 그리고 추론하는지에 대한 상이한 아이디어를 지닌 사람들이 살고 있는 상이한 종류의 사회 등 지표 위에서의 이러한 지리적 요인들의 분포를 이해하는 것은 지구와 인간을 이해하는 선행조건인데, 그것은 이러한 분포가 특정한 장소에서의 삶에 영향을 주는 상이한 조건들을 만들기 때문이다. 지리적 요인의 정수는 그것이 지표면에서의 차별화를 야기하는 방식으로 지표 위에 불규칙적으로 분포한다는 것이다. 지리의 근본적인 개념 중 하나는 그와 같은 차별화를 통해 입지가 현상과 과정의 이해를 위한 두드러진 특징이 되도록 만드는 데 있다.

그리고 그렉과 라인하르트는 지리에서는 장소를 고유한 지리적 특성의 측면에서뿐만 아니라 많은 장소들에 있어서 공통적인 특성의 측면 양자 모두에서, 복합적인 상황들이 발생하는 맥락 속에서 그것들을 다루게 된다는 점을 강조하였는데, 바로 이러한 점에서 맥락은 지리에서 중요한 의미를 지닌다.

지리학자들에 의해 연구되는 대부분의 현상과 과정들은 또한 자연과학자와 사회과학자들에 의해 연구되지만, 그와 같은 현상과 과정들이 지리에서 연구되어지는 맥락은 매우 다르다. 지리학의 연구에 대한 접근은 현상과 과정이 지표면에서 그것들이 발생하는 맥락에서 어떻게 상호작용 하는가에 초점을 둔다.

지리에서 강조하는 것처럼 자연적 맥락에서 현상과 과정을 연구하는 것은 학생들 속에서 상호작용의 복합성에 대한 판단을 길러주며, 세계에 대한 공감적 이해에 도움을 준다. 달리 말하면 지리는 인간의 의사결정을 복잡하게 하는 데 공헌하는 입지, 거리, 방향, 확산, 그리고 천이(상이한 문화와 상이한 기술수준을 지닌 인간집단의 연속적 점유의 결과로 나타나는 시간에 따른 경관에 대한 변화)라는 공간적 요인들을 강조한다.

따라서 지리의 목적 중 한 가지는 다른 과학들이 분리해 놓은 것을 다시 되돌려 모으는 것인데, 지리는 현상과 과정에 대한 설명을 구축하면서 많은 다른 학문들로부터 증거들을 끌어내어 이용한다. 지리는 현상과 과정들이 발생하는 실제적 맥락에서 그것들을 연구하고, 지리적 이해는 그 특정한 것에 대한 지식에 기초하기 때문에, 지리학자들은 어떤 현상을 만들어내는 과정의 측면에서 현상을 설명하고 이해하기 위하여 그래픽 기능, 과학적 이론, 그리고 공간적 개념들을 함께 엮어나간다.

이처럼 지리에서 계속 강조하는 끊임없이 변화하는 지리적 맥락은 지리를 복잡하게 만들고 현상과 과정을 보다 복잡하게 만들며, 그들을 기술하고, 설명하고, 예측하는 일에 하나의 중요한 차원을 첨가해준다. 지리학자들이 맥락에 주의를 기울인 결과로 나타나는 다른 근본적인 개념, 현상과 과정은 특정한 사회가 지닌 관점과 해석에 따라 연구되고 해석된다. 이것은 지리학자들이 맥락에 주의를 기울인 결과로 나타나는 "하나의 개념은

현상과 과정들의 상이한 스케일(예, 국지적, 지역적, 세계적)에서 발생한다"는 믿음에 근거한
것이다.

한편 공간과 관련되는 일련의 개념을 통하여 공간과학으로서 지리의 지식의 구조를
파악할 수도 있다. 캐틀링(Catling)은 지리의 중심적 아이디어들은 '공간입지', '공간분포',
'공간관계'라는 세 가지의 두드러진, 그러나 근본적으로 상호 연관되는 개념로 축소할
수 있다고 주장하였으며, 비들(Biddle, 1978)은 공간관련 개념이 지리에서 사용한 연구방법
으로서 분석기술들과 어떻게 관련되는지를 <그림 4-3>과 같이 제시하였다.

그런데 지리의 지식의 구조를 가장 잘 드러내는 개념이 지리적 지식의 구조로서 어떻게
연결되는지를 가장 잘 보여주는 것은 지리교육공동위원회(Joint Committee, 1984)가 제시한
'5대 근본주제'이며, 그것은 입지, 장소, 장소 내의 관련성, 이동, 지역의 5가지이다. 그
간략한 설명은 <표 4-2>와 같다. 5대 근본주제의 배열순서는 입지에서 시작하여 작은
규모의 지역인 장소를 다루고 그것을 바탕으로 보다 넓은 지역을 연구하는 지리학자들의
연구과정을 간명하게 잘 보여주고 있으며, 각각의 분명히 구별되는 주제들은 실질적인
지리학적 연구의 단계를 보여주는 데 매우 유용하다. 이러한 5대 근본주제는 그 성격상
1960년대부터 지리학자와 지리교육학자들이 줄곧 찾아왔던 하나의 지리학의 기본개념이
면서도 매우 포괄적인 의미로 사용되어 그 자체가 하나의 주제가 되고 있다.

표 4-2. 5대 근본주제

입지	지구표면상에서 인간과 장소가 가지는 위치이며, 여기에는 상대적 위치와 절대적 위치가 있다.
장소	자연 및 인문적 특성이 결합된 공간을 뜻하며, 지구상의 모든 장소는 각각의 의미를 가지며 다른 장소와 구별되는 독특한 특성을 갖는다. 인간은 자신의 경험과 관점에 비추어 그 특성을 지각한다.
장소 내의 관계들	이는 인간과 환경과의 관계로 표현되며, 인간은 그들이 가지고 있는 문화적 가치와 경제적, 정치적 상황 그리고 기술적 능력을 반영하는 방식으로 끊임없이 자연환경을 변경하거나 자연관계들 환경에 적응한다. 지리학은 그와 같은 인간-환경 관계가 어떻게 발전하고 인간과 환경에 대한 그 결과가 무엇인지에 초점을 둔다.
이동	인간의 상호작용으로 생기는 행위들을 말한다. 주로 교통과 통신에 의한 인간, 물질, 아이디어의 이동은 장소간의 상호의존관계를 만든다.
지역	지역은 지리학연구의 기본단위이며, 여러 가지 기준으로 구분될 수 있다. 지역은 세계에 대한 우리들의 지식을 구축할 수 있는 유용한 단위이면서 지표 위의 사상의 이해에 필요한 맥락을 제공하고, 개별 장소와 전 지구를 매개해 지구를 장소의 통합체계로 인식하는 것을 돕는다.

그림 4-3. 공간개념과 분석기술

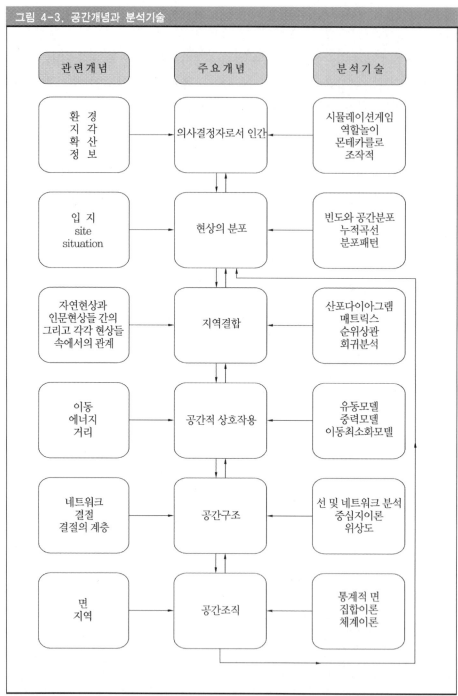

| 관련개념 | 주요개념 | 분석기술 |

환 경 지 각 확 산 정 보	의사결정자로서 인간	시뮬레이션게임 역할놀이 몬테카를로 조작적
입 지 site situation	현상의 분포	빈도와 공간분포 누적곡선 분포패턴
자연현상과 인문현상들 간의 그리고 각각 현상들 속에서의 관계	지역결합	산포다이아그램 매트릭스 순위상관 회귀분석
이동 에너지 거리	공간적 상호작용	유동모델 중력모델 이동최소화모델
네트워크 결절 결절의 계층	공간구조	선 및 네트워크 분석 중심지이론 위상도
면 지역	공간조직	통계적 면 집합이론 체계이론

출처: Biddle(1978), p.139.

(3) 지리탐구

지리탐구의 과정을 보면 지리의 근본적인 아이디어를 파악할 수 있으며, 이를 통해 지리의 지식의 구조를 알 수 있게 된다. 따라서 지리 탐구방법에 따른 지리 교과의 구조를 파악하려는 노력들이 많은 연구자들에 의해 이루어졌다.

크랩트리(Crabtree, 1967, <그림 4-4> 참조)는 지리학자들의 활동, 그리고 그들의 연구방법과 그들이 만들어낸 지리적 일반화와의 관계를 밝히기 위해서는 지리적 방법의 모델을 만드는 것이 필요하다는 인식 하에 지리적 사고의 중심적 개념, 즉 '지역', '지역결합', '지역차'와 같은 개념들을 결합하여 개념들과 지리학자들이 형성시키는 일반화와의 관계를 보여주는 탐구모형을 제시하였다.

이 모델에서 지리적 탐구는 5단계로 되어 있다. 먼저 1단계는 연구할(학습할) 지역에 대한 정의에서 시작된다. 여기에서 '지역'은 하나의 추상물로서, ① 경계 안에서의 사상들의 동질성을 극대화하고, ② 그 지역과 그 주변 내지 경계를 하고 있는 지역과의 대비를 극대화하는 기준에 근거하여 연구를 위해 하나의 엄밀한 지역을 정의하는 데서 나오는 결과로 파악된다.

2단계는 지역 내에서 분포하는 특정한 자연적, 문화적 사상들을 검토한다. 이 과정은 자료를 수집하며 사상들을 위치시키고, 문화적(인위적인) 형식의 경우에는 각각의 역할을 결정하는 과정을 포함한다.

3단계는 존재하는 사상들에 관한 정보를 획득하는 것을 넘어서 지역 내에서 지역결합의 패턴, 즉 과거 또는 현재의 사상 간의(기능적, 상응적, 인과적) 관계 패턴에 대한 이해를 찾는다. 이때 공간현상이나 사상이 '어떻게 분포하는가'와 그러한 분포들이 지역 내에서 다른 사상의 분포와 '어떻게 관련되는가'에 대한 설명을 추구한다.

4단계에서는 지역의 고유한 성격에 대한 이해를 추구한다. 그리고 5단계에서는 지역들 간의 유사성에 관련한 일반화를 추구하는데, 전체적 지역 복합체 속에서 획득되는 유사성 때문에 지리적 일반화는 가능한데, 이러한 일반화는 핵심적인 지리적 지식을 제공한다.

또한 크랩트리(1967)는 이러한 지리적 탐구활동과 관련되는 인지적 과정을 정리하여 제시하였는데 그 내용은 <표 4-3>과 같다.

그림 4-4. 크랩트리의 지리적 탐구 모형

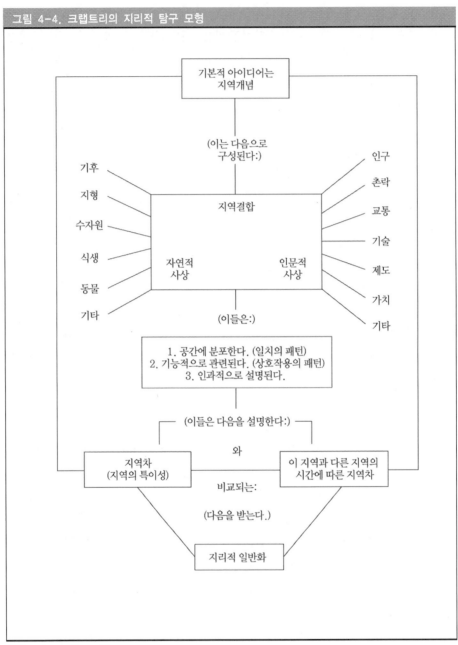

출처: Crabtree(1967), p.92.

표 4-3. 크랩트리의 지리적 탐구활동과 인지적 과정

지리적 탐구활동	포함된 인지적 과정
1. 지역이 정의된다.	자료수집: 지역 내에서 지리적 사상들과 그들의 분포와 관련된 특정 정보의 획득. 지역 내 특정한 지리적 사상에 관한 지식의 획득. 경관에서의 특정한 문화적 사상의 기능에 대한 지식의 획득.
2. 지역 내에서 형태나 구조들이 기능적으로 분석된다. 문화적 사상들이 정의된다. 그들의 기능들이 분석된다. 그들의 관계가 검토된다. 지역 내에서 결합의 패턴에 관한 가설이 형성된다.	자료분석: 정보를 조직하고, 지역에 영향을 주는 특성과 과정에 관련되는 가설을 검증하는 수단으로서 사상들의 분포패턴에 의해 분석하기. 기능적으로 차이가 있는 지역의 경계설정에 지역 결합개념의 적용 지역 내부의 사상들의 분포에서 일치되는 패턴의 결정. 시간에 따른 변화의 결과로서 지역 내의 인과적 관계의 결정.
3. 지역 내부의 상호작용 패턴과 공간배열이 지도화되고, 분석된다(상응하는 관계가 검증된다).	
4. 이 지역과 다른 지역간의 기능적 관계 체계가 검토된다.	
5. 과거와 현재의 지역에서 시간적 순서가 검토된다.(인과적 관계가 검증된다.)	
6. 비교되는 지역들이 분석되고, 일반화가 형성된다.	지역해석과 이론구성: 지리적 원리를 구조화하고, 증명하고, 평가한다. 지리적 원리나 일반화에 대한 진술을 구조화하기. 원리나 일반화를 증명할 때 사실들의 내적일관성과 정밀성의 기준을 응용하기.

주: 1, 2는 지식과 이해(comprehension), 3, 4는 적용과 분석, 5, 6은 종합과 평가.
출처: Crabtree(1967), p.94.

　　그런데, 영국의 교육과학부(DES, 1972)는 환경 문제의 해결을 위한 방법론적 모델을 제시하기 위하여 실세계의 학습에서 시작하고 또 끝나는 학교지리 구조를 제공한 바 있는데, 이 또한 지리탐구의 과정을 쉽게 이해할 수 있도록 도와준다. 이 모형에서는 고장, 영국, 세계지역에서의 지역체계의 학습과 분석적, 논리적 사고도 함께 강조하였는데, 그 구조는 <그림 4-5>와 같다.

그리고 그레코(Greco, 1966)는 <그림 4-6>처럼 지리적 탐구과정을 지리의 근본적 아이디어들과 결합하여 함께 제시하고 있는데, 이는 지역 패러다임에 근거하여 지리 탐구의 과정과 지리적 지식의 구조를 매우 상세하게 보여주고 있다.

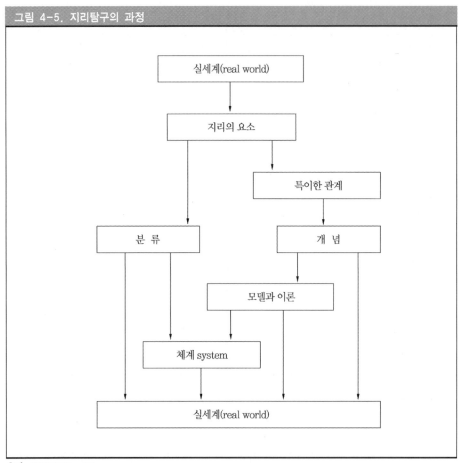

그림 4-5. 지리탐구의 과정

출처: DES(1972), p.99.

그림 4-6. 그레코의 지리의 근본 아이디어

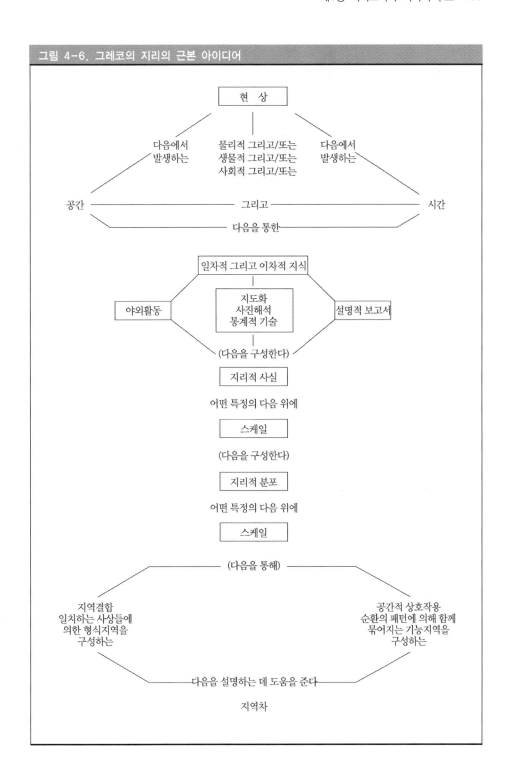

한편, 이러한 지리탐구의 과정을 지리수업에 활용할 때 학생들로 하여금 '어떻게 지리적 질문을 던지는가'를 상기시킴으로서 지리 탐구를 보다 의미 있고 효율적으로 행하게 할 수 있게 된다. 이처럼 탐구의 절차, 과정 그리고 핵심질문과 그에 대한 답으로써 핵심 개념을 결합하여 지리적 지식의 구조를 지리수업에 적용할 수 있도록 제시한 예는 많다. 예를 들면, '지리 16-19' 프로젝트는 3단계의 지리탐구의 절차에 따라 핵심질문과 그에 따른 선도적 개념을 <표 4-4>와 같이 제시하였다.

호주의 지리교사협의회(AGTA, 1988: 7) 역시 지리 탐구의 과정을 <표 4-5>와 같이 3단계로 제시한 바 있다. 그것은 '왜' 그리고 '어디에'라는 질문을 하는 단계(관찰기술, 기록 및 기술을 포함하여 지각, 정의 및 분류하는 과정) → '어떻게', '왜'라는 질문을 하는 단계 (적용, 분석, 종합의 기술을 이용하여 설명과 예측하는 과정) → '무엇을 해야 하나'의 질문에 답하는 단계(가치전략과 문제해결기능을 이용하여 평가와 의사를 결정하는 과정)의 3단계이다.

표 4-4. 지리16-19 핵심질문과 선도적 개념

핵심 질문	정의와 기술 무엇이 어디에?		설명과 예측 어떻게 그리고 왜? ; 무엇을 할 것인가?			평가와 처방 어떻게 해야 하나?
다음의 이해로 이끈다.	• 학습될 현상은 무엇인가? • 그들의 모양과 특성은 무엇인가?	• 현상은 공간의 어디에 입지하는가? • 어떤 분포패턴이 만들어 졌는가?	• 현상은 어떻게 공간에서 구조화되고 조직되어 있나? • 현상은 체계들 속에서 어떻게 관련되나?	• 공간적 입지, 분포, 패턴, 구조, 체계를 발생시키고 변화시키기 위해 어떤 과정이 작용하는가?	• 미래에는 어떤 방식으로 공간이 조직될 것이며, 인간과 환경에 어떤 영향을 줄 것인가? • 향후추세와 발전경향은 어떠할 것인가?	• 대안적 해결책의 효과는 어떠할 것인가? • 공간은 어떻게 조직되어야 하는가? • 어떤 방식으로 환경이 관리되고 이용되어야 하는가?
선도적 개념과 아이디어들	(자연적 · 문화적 현상과 환경)	— 입지 — 분포 — 패턴 — 공간적 관련	— 공간조직 — 체계 — 지역 — 공간적 관련	— 공간적 상호작용 — 인간-환경 상호 작용 — 자연적 과정 — 환경지각 — 의사결정 — 행태	— 환경의 질 — 삶의 질 — 복지 — 갈등과 조화 — 공간적 정의 — 관리와 계획	— 의사결정 — 환경의 질 — 삶의 질 — 복지 — 갈등과 조화 — 공간적 정의 — 관리와 계획

출처: Naish(1985), p.109.

표 4-5. 지리학의 탐구과정, 핵심질문, 개념

탐구과정	핵심질문(key questions)	선도개념(guiding concepts)
지각, 정의 및 분류 (관찰기술, 기록 및 기술을 이용한)	왜 그리고 어디에? 1. 질문, 이슈, 문제들은 무엇이고, 그것들의 스케일, 외양, 특징은 무엇인가? 2. 조사가 진행 중인 요소들은 어디에 입지하는가? 그리고 그것들이 어떤 패턴과 분포를 반영하는가? 또는 그것들은 그러한 패턴 및 분포의 일부인가? 3. 그것들은 다양한 사회적 배경을 가진 사람들에게 어떻게 지각되는가?	1. 입지 2. 분포 3. 패턴 4. 경관 5. 지역 6. 공간관련 7. 문화와 사회 8. 지각
설명과 예측 (적용, 분석, 종합의 기술을 이용한)	어떻게? 왜? 1. 이슈, 문제 그리고 패턴은 어떻게 구조화되는가? 2. 입지, 패턴, 체계를 야기하고, 변화시키기 위해 어떤 자연적 그리고 사회적 과정이 작용하는가? 무슨 영향을? 1. 이러한 과정의 영향은 무엇인가? 2. 이러한 영향은 어떻게 측정되는가?	1. 인간-환경 관계 2. 자연적 과정 3. 사회-경제적 과정 4. 체계 5. 에너지 6. 재화, 인간, 아이디어의 흐름 7. 시간에 따른 변화 8. 권력
평가와 의사결정 (가치전략과 문제해결 기능을 이용한)	무엇을 해야 하나 ? 1. 입지, 패턴 그리고 체계의 적절성을 평가하기 위해 어떤 기준이 사용될 수 있는가? 2. 패턴, 구조, 그리고 체계의 변화에 대한 의사결정에서 어떤 대안이 고려되어야 하나? 3. 누가 결정하나? 누구를 위하여? 4. 결정의 결과로서 누가 이익을 보고, 누가 손해 보는가?	1. 사회적 정의 2. 삶의 질 3. 환경의 질 4. 경제적 이익 5. 갈등과 조화 6. 계획 7. 의사결정

출처: Australian Geography Teachers' Assocaition(1988), p.7.

　그리고 영국의 '지리 16-19' 프로젝트팀(Rawling, 1986: 66)은 이것보다 훨씬 세분화된 단계를 가진 모형을 제시하였다. 즉 <그림 4-7>처럼, 사실탐구와 가치탐구의 두 가지 방향으로 지리탐구를 진행하도록 하면서, '무엇이'(관찰과 지각) → '무엇이' 그리고 '어디에'(정의와 기술) → '어떻게'와 '왜'(분석과 설명) → '어떻게 될 수 있는가', '무엇이 될 수 있는가', '어떤 영향이'(예측과 평가) → '어떤 결정', '어떤 영향이'(의사결정) → '나는 무엇을 생각하고 있는가', '왜'(개인의 평가와 판단) → '다음에는 무엇이', '나는 무엇을 해야 하나'(개인의 대응)의 7단계의 탐구과정을 제시하였다.

그림 4-7. 지리 탐구의 경로

사실 탐구 보다 객관적 자료	경로와 핵심질문	가치탐구 보다 주관적 자료
인간과 환경에 대한 질문, 논제 혹은 문제들을 인식	관찰과 지각 '무엇이'	질문, 논제 혹은 문제에 관해 개인이나 집단은 서로 다른 가치를 가지고 있음을 인식
· 질문, 논제, 혹은 문제를 요약하고 정의함 · 적절하다고 고려되는 가설의 진술 · 수집해야 할 자료와 증거의 결정 · 자료와 증거의 수집과 기술	정의와 기술 '무엇이' '어디에'	· 고수하고 있는 가치나 서로 다른 개인과 집단들이 갖고 있는 이해관계와 참여도에 관한 목록 작성 · 가치를 범주별로 분류 · 각 범주와 관련되는 행동의 평가
· 자료의 조직과 분석 · 대답에 관한 설명을 하기위한 준비 · 가설의 수용, 기각, 또는 수정을 시도함 · 상이한 증거와 자료가 요구됨	분석과 설명 '어떻게' '왜'	· 가치들이 증거에 비추어 어느 정도 입증될 수 있는가에 대한 평가, 즉 사실에 비추어 가치들이 어느 정도 지지 받을 수 있는가? · 왜곡, 편견, 부적절한 자료를 인식하려고 시도함 · 가치갈등 원천의 확인
· 탐구결과의 평가 · 예측, 일반화, 가능하면 이론수립을 시도함 · 대안적 행동과정을 제안 그리고 가능한 결과의 예측	예측과 평가 '어떻게 될' '무엇이 될' '어떤 영향이'	· 가장 강력한 가치와 관련된 입장확인 · 이러한 입장에서 미래의 대안을 고려하고 선호되는 결정을 인지함 · 원인/결과를 평가하고 예측할 수 있는 인간/집단을 확인
· 사실과 가치상황을 기초로 가능한 결정을 인식함 · 발생가능한 환경적·공간적 결과를 확인함	의사결정 '어떤 결정' '어떤 영향이'	· 사실적 기초와 가치분석 결과를 토대로 가능한 결정을 인식함 · 발생가능한 다른 관점을 가진 사람들의 반응과 반발을 확인

> 개인의 평가와 판단
> '무엇을 생각해야 하나?' '왜'
> · 어떤 가치가 자신에게 중요한가를 결정하고 어떤 결정과
>   행동경로를 개인적이 수용할 수 있는지를 결정함
> · 그것들이 상황에 미치는 영향을 평가함
> · 이와 같은 행동경로를 어떻게 정당화
>   할 수 있는지를 고려함

> 개인의 대응
> '다음에는 무엇이?' '무엇을 해야 하나?'

출처: Rawling(1986), p.66.

그리고 피엔 등(1986)도 지리의 탐구과정, 핵심질문, 선도개념을 함께 제시하였다. 그들은 지리의 교육적 가치는 지리를 끌어가는 핵심질문에 근거하고 있다고 보았는데, 그들이 제시한 지리의 핵심질문은 다음의 네 가지이고, 그들 간의 관계는 <표 4-6>과 같이 표현된다.

표 4-6. 지리의 탐구과정, 핵심질문, 그리고 선도개념

탐구과정	핵심질문	선도개념
관찰, 기록 그리고 기술을 이용한 지각, 정의 그리고 분류	무엇 그리고 어디에? 1. 무엇이 연구할 질문, 쟁점, 혹은 문제들인가? 그것들의 스케일, 외양 그리고 성격은 무엇인가? 2. 조사 중인 다양한 인자들은 어디에 입지하고 있는가? 그것들은 어떤 패턴의 일부를 반영하고 있는가? 3. 그것들은 다양한 사회적 배경을 가진 인간들에 의해 어떻게 지각되는가?	1. 입지 2. 분포 3. 패턴 4. 경관 5. 지역 6. 공간연계 7. 문화와 사회 8. 지각
적용, 분석 그리고 종합의 기능을 이용한 설명과 예측	어떻게? 왜? 1. 쟁점, 문제, 패턴은 어떻게 구조화되어 있는가? 그것들은 자연체계 또는 사회 체계 속에서 어떻게 관련되는가? 2. 왜 자연적·사회적 과정이 입지, 패턴, 시스템을 만들어내고 변화시키는가? 어떤 영향? 1. 이러한 과정들이 인간과 환경에 미치는 효과는 무엇인가? 2. 이러한 효과들은 어떻게 평가되는가?	1. 인간-환경 관계 2. 자연영역 3. 사회/환경영역 4. 체계 5. 에너지 6. 재화, 인간, 아이디어의 흐름 7. 시간에 따른 변화 8. 권력
가치분석과 문제해결 기능을 이용한 평가와 의사결정	어떻게 되어야 하나? 1. 입지, 패턴, 체계의 적합성을 평가하는 데 어떤 기준이 사용될 수 있는가? 2. 패턴, 구조 그리고 체계를 변화시키기 위한 의사결정에서 어떤 대안들이 고려되어야 하는가? 3. 누가 결정을 하고, 누구를 위하여 결정하나? 4. 의사결정의 결과로 누가 무엇을 얻고 누가 무엇을 잃는가?	1. 사회정의 2. 삶의 질 3. 환경의 질 4. 경제적 이익 5. 갈등/조화 6. 계획 7. 의사결정

출처: Fien et al.(1989), p.4.

그리고 피엔 등에 따르면, 대부분의 지리조사는 다음의 4단계를 거친다.

1. 공간적 또는 환경적 패턴, 활동, 질문, 쟁점 또는 문제점에 대한 관찰, 기록, 기술
2. 조사 중인 문제들을 만들어내는 원인과 과정을 설명하기
3. 가능성이 있는 모든 사회적·환경적 결과와 영향을 탐구하고 평가하기
4. 모든 가능한 대안들에 대한 주의 깊은 분석을 한 후에 인간의 삶과 환경의 질을 보존하거나 향상시키는 가장 최선의 길에 대하여 의사결정하기

(4) 지리적 사고, 추론과 지리적 상상력

① 지리적 사고

지리적 사고는 어떤 지리적 사실이나 현상으로부터 발생해서 어떤 지리적 결론을 내리게 되기까지 그 사이에서 일어나는 상상과정이라고 정의할 수 있다(임덕순, 1979: 197). 임덕순(1979)은 공간적 상호작용에 관한 사고, 지역적 연관에 관한 사고, 자연과 인간 관계적 사고, 4차원적 사고의 네 가지를 지리적 사고로 들었으며, 최석진 등(1989)은 분포사고와 관계사고 두 가지로 들고 있다.

일반적으로 지리는 관계적 사고와 분포적 사고로 특징이 지워지지만, 지리적 사고의 구성요소를 상세화하거나 지리적 사고의 여러 가지 형식에 대해 검토하는 것이 필요하다. 삥쉬멜(Pinchimel, 1982)은 이러한 요구에 부응하여 지리적 사고를 다음과 같이 6가지로 제시하였다.

- 환경구성요소들의 다양성과 복합성을 고려하여 자신의 환경을 인식한다. 이는 환경을 단순히 보는 것이 아니라 그것을 지각하는 것이다.
- 자신이 본 것을 입지, 관계, 네트워크의 관점에서 이해한다. 즉, 변화하는 세계에 대한 감각적 인상에 종속되는 것이 아니라 자신의 지식, 모형, 비유와 이전의 준거점을 바탕으로 세계를 이해하는 것이다.
- 도시, 촌락, 산간 지역의 구분 없이 자신의 위치를 알고 정향시키는 과정에 대한 경험을 바탕으로 공간을 조직한다. 이를 통해 경관을 이해하고 형성시키는 힘을 평가할 수 있다.
- 다른 곳과 구별되는 특성을 가진 곳에 대한 설명을 찾을 수 있다. 또한 이러한 설명이 어디에서 비롯되는지를 대략적으로 파악한다.
- 공간적 현상은 주어진 수많은 무형의 우연적 사건의 결과가 아니라 입지, 형태, 공간적 상호작용에 의해 반복되는 것이므로 예측 가능한 사회적, 경제적, 문화적 과정의 결과라는 것을 아는 것이다.
- 통제되었거나 자발적이거나 간에 모든 입지와 조직 혹은 공간은 사회적, 경제적, 문화적, 생태학적인 어떤 것이든 그것들이 가치의 발현임을 아는 것이다.

이러한 지리적 사고는 인간사회에서 책임감 있는 시민의식을 길러주며, 이처럼 지리적

사고를 포함하는 지리교육을 받아야만 자발적이고도 책임감 있는 시민이 되는 것이다.

　② 지리적 추론

　그렉과 라인하르트는 지리학이라는 학문 내에서의 추론과 다른 학문 속에서의 지리를 통한 추론으로 두 가지 측면을 고려하면서, 5가지 인자로 구성된 지리적 추론을 제시하였다. 제시한 구성요소에 따라 지리적 추론의 의미, 과정, 구성요소에 대하여 다음과 같이 설명하였다.

　지리에서 추론하는 것은 새로운 지식을 생산하는 데 사용되며, 지리를 가지고 추론하는 것은 다른 학문의 공간적 측면에 관한 지식을 생산하는 데 이용된다. 지리적 지식이 역사학, 경제학, 정치과학, 지질학 또는 인류학과 같은 다른 학문에서의 지식을 조직하거나 추론하는 도구가 될 때 우리는 지리를 가지고 추론하는 것이다. 지리는 공간지식을 생성하고 추론하기 위한 자기 자신의 방법과 규칙을 가지고 있다.

　지리에서 추론은 복잡하고, 유연하며, 상호작용적인 과정이다. 그것은 언어적으로나 비언어적으로 공간적 관점으로부터의 추론을 수반하여 5가지 핵심인자, 즉 경관, 지도, 가설, 과정, 모형을 결합한다. 지리현상과 과정에 대한 기초지식은 다른 학문에서 지리를 가지고 추론하는 것을 강력하게 돕는데, 그것은 모든 원인과 결과의 조합(set)이 본질적으로 지리적이고 또한 현상의 공간적 차원은 종종 경제적, 역사적 그리고 다른 과정들에 대한 제약요인으로 작용하기 때문이다.

　따라서 그렉과 라인하르트에 따르면, 지리에서의 추론은 다섯 가지 핵심인자인 경관, 지도, 가설, 과정, 모델을 하나의 주장이나 사례를 창조하기 위해 함께 짜 넣는 과정이다. 지리에서 하나의 문제에 대해 추론하는 목적은 그것을 지지할 하나의 주장을 구성함으로써 가능한 올바른 답을 생산하는 것이다.

　지리적 추론의 5가지 인자 중 어느 것도 지리탐구의 출발점이 될 수 있다. 그렇지만 지리에서 추론은 궁극적으로 모든 인자들이 추론 과정으로 서로 엮이게 되는 것을 요구한다. 따라서 지리에서 추론은 복합적 과정으로서 5가지 인자 속에 포함된 정보는 복합성을 더해주는 상이한 형태의 것이다. 어떤 지리적 정보는 언어적이며, 쉽게 언어로 표현되지만 반면 어떤 것은 공간적이고 시각적으로는 비언어적으로 보다 쉽게 이해된다. 정보를 처리하는 처리언어(언어가설, 과정, 모델 속에서의)는 분석적, 연속적, 직선적 사고를 요구하며, 이미지(경관, 지도)는 총체적, 유비적, 공간적 사고를 요구하게 되는데, 언어와 이미지 간의 명시적 관계를 만드는 것은 지리에서 추론의 일부이다.

　그런데, 그들은 5가지 인자가 혼자서는 어느 것도 지리에서의 추론의 전체적 의미를

갖지 못한다고 주장하였으며, 지리적 현상과 과정 속에 본질적인 역동성을 잡아내기 위해
서는 5가지 핵심인자들이 필연적으로 추론과정의 일부가 되어야 한다고 주장한다(Gregg
& Leinhardt, 1994: 329).

지리적 추론의 5가지 인자 중 먼저 경관을 살펴보기로 한다.

경관은 인간이 환경에 대해 경험하는 것이며, 명시적으로든 묵시적으로든 경관은 지리
학습 상황을 만드는 장소를 제공한다. 경관은 편지, 일기처럼 지리를 위한 주요한 정보의
원천이고, 인공물은 역사를 위한 주요한 원천이다. 지리적 추론에서 경관이 하는 역할은
다음의 두 가지이다. 첫째, 경관은 지리학자들의 주의를 끄는 특정한 현상을 포함하고
있으며, 이때 지리학자는 경관 속의 다른 종류의 사상들과 그것을 구분함으로써 그것을
확인하고 입지시킨다. 둘째, 경관의 보다 큰 맥락은 그것이 동일한 것이든 다른 종류의
것이든 현상과 다른 현상과의 관계를 밝혀낸다. 따라서 경관은 현상의 존재와 구조에 대
한 정보를 제공한다. 그러나 경관은 지리적 추론의 다른 인자 가설, 과정, 모델에 대한
정보는 제공하지 않는다.

지리적 추론의 두 번째 구성인자는 지도이다. 지도는 인간의 경관에 대한 지식과 경험
을 입력하는데 사용되는 기호체계이다. 지도는 경관현상을 기록하며, 그 속에 존재하는
추상적 공간관계를 명확히 할 때 사용된다. 지도는 주어진 순간에 그것들을 구성하는 경
관과 현상을 표상하지만, 그것들은 지도에서 추론의 다른 핵심인자들을 표상하지는 않는
다. 하나의 단순한 지도는 두 가지 현상간의 연계 가능성을 보여줄 수 있지만, 지도는
그러한 연계를 설명하는 가설, 과정, 모델을 쉽게 보여줄 수 없다는 단점을 가질 뿐만
아니라 본질적으로 그것이 표상하는 실제를 왜곡한다.

지리적 추론의 세 번째 구성인자는 가설이다. 가설은 경관현상의 공간분포를 설명하거
나 예측한다. 단순히 현상의 존재를 기술하거나 기록하고, 그것이 경관 속에서 어떻게
관련되는 지를 지적하는 것은 지리적 추론이라기보다 단순한 여행담에 불과하다. 지리에
서 추론하는 것은 어떻게 특정한 현상 사이에 존재하게 되었는지, 왜 특정한 장소에서
발생했는지, 그와 같은 현상이 다른 어느 곳에서 발견될 수 있는지, 왜 그 입지는 중요한
지에 대한 가설적 설명을 제공한다.

지리적 추론의 네 번째 구성인자는 과정이다. 과정은 특정한 장소에서의 현상과 현상의
패턴이 어떻게 만들어지는지를 보여준다. 과정은 변화를 일으키는 힘에 대한 기술과 함께
현상의 구조나 패턴에서 변화의 본질과 비율을 말한다. 여러 가지 종류의 과정들이 있지
만 지리에서 가장 중요한 것은 판구조의 활동, 발명의 전파, 현대기술의 확산과 같은 공간
과정이며, 지리적 추론은 이러한 과정에 대한 지식 종종 현상의 기능적 측면을 이해하는

것과 연결되어 있다.

지리적 추론의 다섯 번째의 구성인자는 모형(model)이다. 모형은 하나의 경관에서 작동하는 과정들이 어떻게 다른 경관들로 일반화될 수 있는 지를 보여주며, 모델은 지리학자들에게 과정의 변환에 대한 개략적 예측을 가능하게 한다. 이상적인 조건 하에서 경관에서 발견할 수 있는 것을 명시하는 규범적 모형이나 실제적 경관을 기술하는 경험적 모형 모두 지리학자에게는 유용한 도구이다.

③ 지리적 상상력

지리적 상상력은 앞의 제3장에서 언급한 바와 같이 인간(노력)활동의 모든 측면에서 공간이 행하는 역할을 평가하는 것을 포함하는 것으로, 하비(Harvey)에 따르면 공간의식 내지 공간인식으로 파악될 수 있다(제3장 참조). 이러한 지리적 상상력은 기본적으로 밀스(Mills)가 말하는 사회학적 상상력을 바탕으로 깔고 있다. 밀스에 따르면, 사회학적 상상력은 우리가 사는 세계를 보는 특정한 방식인데, 사회학적 상상력을 가지게 되면 적절하고 거시적이면서도 사회적인 맥락에서 개인의 삶과 개인사를 평가할 수 있다. 즉 사회적 상상력은 사회적 과정의 측면에서의 인간의 행위와 활동을 추상적으로 설명하는 것과 관련된다. 이에 비해 지리적 상상력은 구체적이며 기술적인 것으로 그것은 장소의 본질을 결정하고 장소들과 장소들의 관계들을 분류하는 것뿐만 아니라 인간-장소-사회와의 관계에 대한 설명과 관련된다. 따라서 사회학적 상상력을 가진 사람이 개인과 사회 사이에 있는 뗄 수 없는 연결고리들을 인식할 수 있듯이, 지리학적 상상력을 가진 사람은 개인과 사회와 공간간의 상호연관성을 인식할 수 있을 것이다.

참고문헌

그레이브스. 1984, 『지리교육학개론』(이희연 옮김), 교학연구사.

김인. 1983, 「지리학에서의 패러다임 이해와 쟁점」, ≪지리학논총≫, 제10호, 서울대 사회과학대 지리학과.

데이비드 페퍼. 1989, 『현대환경론』(이명우 외 옮김), 한길사.

브렌트. 1989, 『교육과정철학』(윤팔중 옮김), 성원사.

이기석. 1982, 「계량혁명과 공간조직론」, ≪현상과 인식≫, 제4권

이홍우. 1983, 『지식의 구조와 교과』, 교육과학사.

이홍후. 1990, 『교육과정탐구』, 박영사.

서태열. 1993, 『지리교육의 내용구성에 대한 연구』, 서울대 박사학위논문.

_____. 1993, 「지리교육과정 및 교수의 기본원리」, ≪지리·환경교육≫ 제1권 제1호, 한국지리환경교육학회.

최병두. 1988, 「인문지리학 방법론의 새로운 지평」, ≪지리학≫ 제38호, 대한지리학회.

최석진 외. 1989, 『사회과 사고력 신장 프로그램 개발을 위한 방안탐색』, 한국교육개발원.

피터스. 1981, 『윤리학과 교육』(이홍우 옮김), 교육과학사.

Asmussen, Dennis & Buggey, JoAnne. 1977, "Teaching Geography through Inquiry," in Gary A. Manson and M. K. Ridd(eds.), *New Perspectives on Geographic Education*, Kendall/Hunt Publishing Co.

Australian Geography Teachers' Assocaition. 1988, Geography in Secondary Education, AGTA INC.

Barlett, V. Leo. 1983, "Questions and Viewpoints: The Art of Interpretation in Teaching Geogaraphy," *Newzealand Journal of Geography*, No.74(1983, April).

_____. 1984, "Look into My Mind: Qualitative Inquiry in Teaching Geography," in J. Fien, R. Gerber & P. Wilson(eds.), *The Geography Teacher's Guide to the Classroom*, The MacMillan Co. of Australia PTY LTD.

Biddle, D. S. 1978, "Developing Conceptual Understanding in Geography," *Philippine Geographical Journal*, Vol.22, No.3.

_____. 1980, "Paradigms and Geography Curriculum in England and Wales 1882~1972," *Geographical Education*, Vol.3, No.4.

Broek, J. O. M. 1965, *Geography: Its Scope and Spirit*, Charles E. Merrill, Books.

Bruner, J. S. 1960, *The Process of Education*, Random House, New York.

Cox, G. B. 1975, *Substantive Disciplinary Structuration Geography*, Unpublished Ph.D. Thesis, Univ. of Queensland.

Cox, B. 1984, "Making Inquiries Work in the Geography Classroom," in J. Fien, R. Gerber, & P.

Wilson(eds.), *The Geography Teacher's Guide to the Classroom*, The MacMillan Co. of Australia PTY LTD.

Council for Basic Education. 1959, *The Case for Basic Education*, Atlantic-Little Brown.

Crabtree, C. A. 1967, "Supporting Reflective Thinking in The Classroom," in J. Fair and F. R. Shaftel(eds.), 1967, *Effective Thinking in the Social Studies*, 37th Yearbook of NCSS, National Council for the Social Studies, Washing, D.C.: U.S.A.

Department of Education. 1986, GCSE(General Certificate of Secondary Education) Geography, HMSO.

DES. 1972, New Thinking in School Geography, HMSO.

Fien J. Bernard Cox & Wayne Fossey. 1989, "Geography: A medium for Education," in John Fien, Rodney Gerber & Peter Wilson(eds.), *The Geography Teacher's Guide to the Classroom*, Macmillan.

Ford, L. R. 1984, "A Core of Geography: What Geographers do Best," *Journal of Geography*, 83(3).

Gershmehl, P. J. & Andrews. S. K. 1986, "Teaching the language of Map," *Journal of Geography*, 85(6).

Golledge, R. G. & Stimson, R. J. 1987, *Analytical Behavioral Geography*, Croom Helm, London.

Graves, N. J. & T. Moore. 1972, "The Nature of Georaphical Knowledge," in N. J. Graves(ed.), *New Movements in the Study and Teaching of Geography*, Temple Smith, London.

Gregg, fcj., Sister Madeleine & Gea Leinhardt. 1994, "Mapping out Geography: An Example of Epistemology and Education," *Review of Education Research*, Vol.64, No.2.

Hall, R. 1982, "Key Concepts: A Reappraisal," *Geographical Education*, Vol.4, No.2.

Harvey, David. 1969, *Explanation in Geography*, Edward Arnold.

Hirst, P. H. 1965, "Liberal Education and The Nature of Knowledge," in R. D. Archambault(ed.), 1972, *Philosophical Analysis and Education*, Routledge & Kegan Paul, London.

James, P. E. 1962, "Geography," in B. Berelson(ed.), *The Social Studies and the Social Sciences*, Harcourt, Brace, & World, New York.

Kropotkin, P. 1885, "What Geography ought to be," The Nineteenth Century, 18.(recited in J. Agnew, D. N. Livingstone and A. Rogers(eds.), 1996, *Human Geography: An Essential Anthology*, Blackwell Publishers.

Lukerman, F. 1964, *Geography among the Sciences*, Minneapolis/ Kalamata, Mimeograph.

Marsh, C. J. 1978, "Using Inquiry Approaches in Teachig Geography," *Journal of Geography*, Vol.77, No.1.

Naish, Michael. 1985, "Geography 16-19," in D. Boardman(ed.), *New Directions in Geographic Education*, The Falmer Press.

Norton, William. 1989, "Human Geography and the Geographical Imagination," *Journal of Geography*, Vol.88, No.5.

O'Riordan, T. 1981, *Environmentalism*, 2nd ed, Pion Limited.

Phenix, P. H. 1964, *The Realms of Meaning*, McGraw-Hill Book.

Pigozzi, B. W. 1990, *A View on Geography and Elementary Education*, Elementary Subject Center Series No.18, East Lansing, MI: Michigan State University, Institute for Research on Teaching.

Pring, R. 1976, *Knowledge and Schooling*, Open Books.

Romey, B.& Elberty, B. 1980, "A Person-centered Approach to Geography," *Journal of Geography in Higher Education*, Vol.4, No.1.

Schwab, J. J. 1964, "Problems, Topics, and Issues," in S. Elam(ed.), *Education and the Structure of Knowledge*, Rand McNally, Chicago.

Senesh, L. 1966, "Organizing A Curriculum around Social Science Concepts," in I. Morrissett(ed.), *Concepts and Structure in the New Social Science Curricula*, West Lafayette, Social Science Education Consortium, Indiana.

Stoddart, D. R. 1986, *On Geography and its History*, Oxford: Basil Blackwell).

The Joint committee on Geographic Education of NCGE and AAG. 1984, *Guideline for Geographic Education*.

Thomas, E. N. 1964, "Some Comments abouts a Structure of Geography with Particular Reference to Geographic Facts, Spatial Distribution, and Areal Association," in C. F. Kohn(ed.), *Selected Classroom Experiences: High School Geography Project*, National Council for Geographic Education.

Tuason, J. A. 1987, "Reconciling the Unity and Diversity of Geography," *Journal of Geography*, 86(5).

Wood, D.(ed.) 1982, *Rethinking Geographical Inquiry*, Geographical Monograph Series No.11, Atkinson College, Department of Geography, Ontario.

Wright, J. K. 1947, "Terra Incognitae: The Place of Imagination in Geography," *Annals of A.A.G.*, Vol.37.

5 지리교육의 심리적 기초

인간은 오직 그들이 살고 있는, 그리고 그들이 만들어내는
공간 속에서 존재하는 모습으로만 상상할 수 있다.
'장소에 속하려는 욕구'라는 것이 있다는 것과 이 욕구가
자기화의 근본을 이룬다(Saez, 1989: 156, 168).

1. 피아제(Piaget)의 인지발달론과 지리교육

지리교과의 교수-학습에서 학생의 정신적 발달과정을 비롯한 심리적 측면은 학습의 내
적과정을 이해하는 데 중요한 역할을 한다. 학생의 정신적·인지적 발달을 파악하여 성인
의 사고와는 어떻게 다르며 어떠한 사고능력을 가지고 있는가를 파악하는 것이 교수의
교수설계 과정에서 요구된다. 학생의 사고 및 사고력에 대한 이해의 틀을 구조화하면 그
들의 정신적 조작에 대한 본질적인 이해가 가능하기 때문이다.

아동의 정신적 구조에 대한 이해는 피아제(Piaget)의 아동발달에 대한 심리적·과학적
연구가 많은 시사점을 제공한다. 피아제의 인지발달이론은 개인의 발달수준에 따른 행동
의 외형적 변화에 초점을 둔다는 점에서 전통적인 행동주의 관점과는 대조를 이루며, 개
체발생적(genetic), 성숙적(maturational), 위계적(hierarchical)인 특징을 지닌다.

그는 아동이 경험을 조직하고 앎의 패턴을 형성하면서 정신적 세계를 만들어나가는 과
정을 설명하기 위하여 인지과정에서 나타나는 동화(assimilation), 수용(accommodation), 외적
혼란(external disturbance), 균형(equilibrium)의 개념을 사용하였으며, 그 결과 나타나는 정신
적 구조, 즉 인지구조를 스키마(혹은 쉐마, schema)라고 불렀다.

이를 좀더 상세히 살펴보면, 아동이 새로운 현상을 접하면 외적혼란이 일어나며 이전에
가지고 있던 지적구조(스키마)를 바탕으로 새로운 현상에 대한 동화를 시도한다. 동화는
이전의 인지구조에 적응시키며 수용하는 것이다. 이처럼 수용이 되면 외적 혼란은 사라지

고, 인지구조가 안정적·일관적이고 명확한 체계를 갖추며 경험들도 서로 관련성 있게 배열됨으로써 균형상태에 도달하게 된다. 이러한 과정에서 구조를 통하여 경험의 조직화가 일어나는데 이를 내면화(internalization)라고 하며, 사고는 이와 같이 내면화된 행동이라고 하였다. 덧붙여 이러한 일련의 정신적 행동의 수행능력을 조작(operation)이라고 표현하였다.

피아제는 아동의 인지발달단계를 감각운동기, 전조작기(전개념기와 직관기), 구체적 조작기, 형식적 조작기로 구분하였다.

감각운동기(0세~2세)는 감각을 통한 행동과 감각지각의 움직임을 통해서 발달한다. 이 시기의 주요발달 특성 중 하나는 모든 사물을 보았던 그 자리에 계속 존재하는 영구적 대상으로 인지하는 것이다. 그리고 피아제가 인지적 조작의 중요한 증거로 사용한 개념인 가역성(reversibility), 즉 처음의 상태로 되돌릴 수 있다는 생각이 이 시기에 시작되기는 하지만 아주 미미한 상태이며, 모든 것이 사고의 표현이 아닌 감각적 행동으로 나타난다.

전조작기(2~7세)는 내면화된 정신활동인 조작이 일어나기 전 단계이며, 전개념기(2~4세)와 직관기(4~7세)의 두 시기로 구분된다. 전개념기에는 자기중심적으로만 지각하며, 언어를 사용하여 비가시적인 대상을 생각하고 표현할 수는 있지만 귀납적이거나 연역적인 사고를 할 수 없다.

직관기에는 직관 혹은 느낌으로 사고를 한다. 이 시기에는 한 가지 이상의 증거를 바탕으로 생각하지 못하며, 형태의 변형을 완전히 이해하지 못해 피아제가 구체적 조작의 증거로 보았던 보존(conservation)과 가역성의 개념이 부족하다.

구체적 조작기(7~11.5세)는 피아제가 제시한 인지적 조작, 즉 정신적 행동의 수행이 가능해지는 시기이다. 그러나 이는 논리적 사고에 필요한 기본적 개념인 분류 등에 한정된다. 즉 대상의 유사성과 차이점을 가지고 대상을 분류하고 이들을 그 하위 계층으로 세분할 수 있지만 분류의 기준이 많은 것은 아니다.

형식적 조작기(11.5세 이상)는 귀납적·연역적인 사고, 가설 연역적 사고와 명제적 사고가 모두 가능한 시기이다. 이 시기에는 자기중심적인 사고에서 완전히 벗어나 다양한 관점에서 사고를 한다. 논의를 위한 가정을 하거나 가설을 세우고 정의를 내리며 일반화를 하는 등 다양한 지적 조작능력을 갖추게 된다.

이와 같은 각 단계별 인지발달의 특징을 한종하(1978)는 <표 5-1>과 같이 정리하였다. 구체적 조작기가 시작되는 초등학교 때부터 논리적 지각이 어느 정도 가능하고, 가설 연역적 사고나 명제적 사고와 같은 형식적 사고는 형식적 조작기, 즉 초등학교 고학년이나 중학교 저학년에서 시작한다. 여기에서 구체적 조작기와 형식적 조작기에 도달해서야 지

표 5-1. 인지발달 단계별 특성

	전조작기 (2~7세)	구체적 조작기 (7~11.5세)	형식적 조작기 (11.5~16세)
물체 인식	자기중심적 시각	논리적 시각	논리적, 기호, 추상적 표현
일반화	직관적, 환상적, 자기중심적	특수상황에 연결	특수-특수, 일반-특수, 일반-일반 사이의 왕래
결론의 정당화	환상적, 공상적	현장 관찰을 바탕으로 함	자기 관찰과 타인 관찰 결과 고려
사고 내용	자기중심	자·타의 의견 일치·불일치 인식	사고의 논리 분석
개념 도출	객관적 지각이 좌우	논리적 지각	논리적 지각과 추상화
분류	한 변인 중심의 일차원적 분류	모든 변인을 동시에 고려, 이차원적 분류	모든 변인의 고려, 다각적 분류
인과관계	환상적, 자기중심적	구체적 사례의 관찰	논리적 추상화, 귀납과 연역
가설-연역적 사고, 명제적 사고	불가능	불가능	가능

출처: 한종하(1978), 100~115쪽.

적 기능을 발휘하는 것이 가능하다는 사실은 어떤 교과에서든 내용을 구성할 때 유의해야 할 사항이다. 그러한 차이는 학습의 내용과 방법상 차이를 가져오기 때문이다.

한편 피아제는 인지 성장에 중요한 영향을 미치는 것으로 자연적인 성숙과 함께 환경적인 요인을 들고 있다. 이는 학습에 가장 적합한 방식으로 환경을 구성할 필요성을 나타낸다고 볼 수 있다. 브루너(Bruner)는 이러한 피아제의 이론을 토대로 세 가지 표현 또는 표상 방식[1]을 제시한 바 있다. 그에 따르면 인지발달단계에 관계없이 핵심개념을 가르칠 수 있으며, 그것은 동일한 표현방식 대신 각각의 시기에 적합한 표현방식을 통해서 가능하다. 즉, 행동을 통한 행동적 표현방식(enactive), 감각시각적 조직과 요약된 이미지의 사용을 통한 영상적 표현방식(iconic), 단어·상징·언어 등의 표현을 통한 상징적 표현방식(symbolic)이 그것이다. 부연하면 어떤 학습은 그림그리기 등과 같이 행동적 수준에서 유용하게 보존되는데, 자전거를 타거나 테니스를 치는 능력, 벤다이어그램의 사용, 카툰, 필름 등은 언어보다 분명하고 설득력이 있다. 또한 학습의 종류에 따라 영화, 슬라이드필름 등 영상적 표현에 의해 보다 분명해지거나 언어 등 상징적 표현을 통해 이루어지는 것이 있다. 그러므로 지리에서 볼 때 전조작기에서는 주로 아동이 행동, 즉 놀이를 할 수 있는 방식으로 학습내용이 제시되어야 하고, 초등학교에 해당하는 구체적 조작기에서는 주로 영상적 표현방식, 즉 지리적 경관을 간략하게 그린 시각적 표현물(illustration) 등으로 제시

---

1) Mode of Representation, 정확한 의미는 마음속으로 그려보는 표상을 뜻한다.

하는 것이 유용하며, 형식적 조작기에는 추상적 언어 표현이 필요하다.

이제 피아제의 인지발달단계에 따라 지리적 인지발달의 특징이 어떻게 나타나는지에 대해 살펴보도록 한다. 그레이브스(Graves, 1980)는 다음과 같이 지리 관련 인지발달의 특징을 설명하였다.

먼저 감각운동기에는 시각, 촉각 등의 감각지각을 통해서 환경을 파악하고 행동을 반복한다. 전개념기는 개념의 언어적 사용은 가능하지만 의미나 본질적 속성은 정확하게 파악하지 못하는 시기이며, 환경에 대한 경험을 분류하는 것 또한 무리이다.

직관기는 기본적인 사고는 본질적으로 자기중심적이지만 주변 환경에 대한 경험을 토대로 단순한 기술적 개념을 가지는 시기이다. 나무를 정확하게 기술하며 관목과 풀이 다르다는 것을 이해한다. 그렇지만 부분과 전체와의 관계를 이해하지는 못한다. 어떤 장소에 대한 경험을 중심으로 장소를 인식하지만 그 장소가 더 넓은 범위의 공간에 속하는 일부분이라는 사실은 깨닫지 못하며, 넓은 장소가 넓은 면적을 가진 면이라는 사실을 이해하지 못한다.

이 시기의 아동은 더 크거나 더 작다는 비교적인 단어를 사용하는 데 어려움을 겪으므로 영국이 프랑스보다 작지만 같은 인구를 가지고 있다는 사실은 이 단계의 아동에게 별다른 의미를 주지 못한다.

구체적 조작기는 내면화와 지적조작이 일어나 머리 속에서 사물에 대한 조작을 시작하는 시기이다. 이 시기에 아동이 할 수 있는 지리 관련 지적 조작에는 다음과 같은 것이 있다.

첫째, 위계구조를 파악할 수 있다. 개념과 개념의 포섭관계를 인지해 육지는 여러 개의 대륙으로 되어 있으며, 이들 대륙은 많은 나라들을 포함하고, 이들 나라는 주, 군, 부 등으로 구성되어 있다는 것을 이해한다.

둘째, 연속이나 크기의 순서를 안다. 여러 자료들을 크기, 길이, 면적, 부피에 따라서 배열할 수 있는데, 국가나 인구의 크기나 특정 상품의 생산량을 비교할 수 있다.

셋째, 보충성이나 대체의 개념이 나타난다. 도시와 농촌을 구분하거나 어떤 기준에 의해 두 개의 집단으로 나눌 수 있다.

넷째, 대칭적 관계를 이해한다. 아동들은 A지점과 B지점 간의 거리는 B지점과 A지점 간의 거리와 같다는 것을 인식한다. 어떤 지점에서 정동 쪽으로 5km를 갔다가 다시 정서 쪽으로 5km를 가면 제자리로 돌아온다는 것을 이해할 때 필요한 지적조작이 바로 가역성의 개념이다.

다섯째, 분류항목이 증가하며 둘 이상의 기준에 따라 사물을 분류할 수 있다. 즉 둘

이상의 준거적용능력을 갖게 된다. 영어를 사용하며 1,000만 이상의 인구를 가진 아시아 국가의 이름을 댈 수 있다.

그렇지만 구체적 조작기의 아동은 다음과 같은 이유로 인해 사고능력에 제한을 받게 된다. 첫째, 언어적인 제한성 때문에 어떤 주장을 만족스럽게 표현하지 못한다. '캐나다는 미국보다 크고, 캐나다는 소련보다 작다'라는 전제를 주고 '어느 나라가 가장 크냐'는 질문을 할 경우 제대로 대답을 할 수 없다. 즉 삼단논법에 해당하는 명제를 중심으로 한 논리적 사고를 할 수 없다. 그렇지만 명제보다는 구체적 지적활동을 제시하면 훨씬 쉽게 표현할 수 있다.

둘째, 자신의 경험과 모순되는 것처럼 보이는 전제는 거부하는 경향이 있다. 지구상에 공기가 없다고 전제했을 때 비가 여전히 내릴 것인가라는 질문에 올바르게 답을 할 수 없다. 즉 아동들은 가설적 상황이나 가정을 통해 사고를 할 수 없다.

셋째, 일반적 법칙의 의미를 이해하지 못한다. 아동들은 구체화하는 사고에 고착되어 있기 때문에 일반적인 이론이나 법칙을 이용하여 어떤 현상을 설명할 수 없다. 한 지역이 다른 지역보다 강수량이 적은 이유를 설명할 때 구체적인 현상만을 제시한다. 즉 이 시기의 아동은 구체적인 것에서 일반적인 것으로, 일반적인 것에서 일반적인 것으로, 일반적인 것에서 구체적인 것으로 사고하는 귀납적 사고와 연역적 사고가 자유롭게 이루어지지 않는다.

넷째, 언어를 통해 정의를 내리지 못한다. 구체적 조작기의 아동은 이미 직관이나 구체적 행동을 통해 그 개념을 체득하고 있지만 이를 명제적인 진술로 끌어내지 못한다. 또한 개념이 가지고 있는 외연과 내포도 정확하게 기술하지 못한다. 지리적 개념인 사행천, 사빈, 단애를 구체적 사례로만 지적할 수 있으며, 이를 언어적인 형태로 정확하게 정의를 내리기는 힘들다.

형식적 조작기에는 제공된 증거로부터 규칙성이나 가능한 법칙을 추론하는 귀납적 사고와 연역적 사고가 자유롭게 이루어지고 가설연역적인 사고를 하는 능력이 발달한다. 또한 개념의 필요성과 개념에 대한 정의의 중요성을 인식하고 직접적으로 경험할 수 없는 사상과 무한대에 대한 이론적 사상을 받아들이며 관계들간의 관계들을 이해할 수 있게 된다. 예를 들어 포화상태의 수증기량과 불포화상태의 수증기량의 비율이 다르고, 그 자체가 기온의 영향을 받는다는 상대습도의 개념을 이해할 수 있다. 그리고 공장입지에 대한 의사결정에서 운송비, 노동비, 판매비, 수요의 크기 등에 따라 다양하게 입지설정이 가능하다는 것을 이해할 수 있을 뿐 아니라 최소비용과 최대수요 각각을 고려한 입지를 결정하기 위해 다양한 가설을 세울 수 있다. 좀더 구체적으로는 댐 상류의 하도와 하계망이나 집수면적의 크기, 저수지 물의 공급량과 증발률이 해당 지역의 기후에 미치는 영향을 모두 고려하는 등 여러 가지 요인을 동시에 고려하여 댐의 최적 입지를 선정할 수 있다.

2. 피아제의 공간표상 발달론

피아제는 삼산실험(three mountains experiment)을 통하여 아동이 공간을 표상하는 방식을 파악하였다. 그는 이 과학적 실험을 바탕으로 아동의 공간지각과 표상이 세 가지 단계를 밟으면서 발달한다는 것을 제시하였다. 그는 아동의 공간인지 발달은 형상적 단계(topological stage) → 투영적 단계(projective stage) → 유클리디언 혹은 입체적 단계(euclidian stage)에 따라 이루어진다고 설명하였다. 형상적 단계는 장소들이 연결되는 것을 단순히 기술하며, 투영적 단계에서는 좀더 추상적인 용어로 장소들이 다른 장소들과 관련을 맺고 있음을 이해한다. 이 단계에서는 비교적 정확하게 장소간의 관계를 제시할 능력을 가진다. 마지막 단계에서는 정확하고 완전하게 장소들을 관련지을 수 있다. 아동의 공간적 이해는 장소의 공간적 관계에 대한 감각지각적 수준(perceptional level)과 개념적 수준(conceptual level)의 두 가지 개념화(conception)의 수준을 따른다. 전자는 환경과의 직접적 접촉을 통한 이해이며, 후자는 학교기간 동안 환경에 대한 감각지각을 개념, 언어, 지도, 그림 등으로 표현하는 것이다.

아동의 환경에 대한 이해는 자기중심적이다. 아동의 추상적 공간에 대한 인식의 발달은 감각지각적 이해(perceptual understanding)에서 초기 공간 개념화로의 발전을 알려준다. 이러한 발달을 통해 공간 개념화의 두 가지 측면, 곧 입지(location)와 형태(form)를 파악한다. 입지는 대상이 내면화된 준거체제, 즉 초기의 자기중심적(egocentric), 후기의 타자중심적(domicentric), 최종적으로 환경적 특성이나 추상적 좌표(grid) 체계에 기초한 체제에 따라서 존재하는 것을 의미한다.

그렇지만 실제 아동에 따라서 차이가 나타나기도 한다. 즉, 아동의 공간구조에 대한 이해도는 명확히 단계로 구분되지는 않는 경우도 있다. 공간관계를 충분히 이해하지 못하는 경우 입지와 형태에 대한 완전한 이해가 유클리디언 단계에 이르러서야 나타나기도 한다. 따라서 공간상황을 정신적으로 제시할 능력은 공간 환경과 관련된 경험을 통한 이해력의 발전에 의해 좌우된다고 할 수 있다.

표 5-2. 피아제의 공간표상발달 단계	
형상적 단계	형태 이해가 입지에 대한 이해보다 앞서 발달한다. → 자기중심적(egocentric)
투영적 단계	윤곽(configuration)과 입지에 대한 인식발달 → 타자중심적 (domicentric) 자신의 공간세계에 대한 개념화 속에 제시된 특징 중의 한가지로만 자신을 바라보기 시작한다.
유클리디언 단계	공간적 종합력이 성숙하며 위치와 형태를 정확히 기술할 수 있다. 이러한 능력을 바탕으로 공간입지·공간분포·공간관계를 이해하고, 지도나 사진, 그림, 그래프, 언어진술 속에서 이를 활용하게 된다. 이 시기에 이르면 비로소 입지와 형태에 대해 충분히 이해할 수 있다.

출처: Catling(1978), p.76.

결국 이를 정리해보면 형상적 단계에서는 입지를 점으로 파악하고 분포(distribution)는 정확하게 이해하지 못하며, 자신과 그 대상간 연결을 위주로 관계(relation)를 이해한다. 유클리디언 단계에서는 추상적 준거틀을 이용하여 입지를 정리하고 조리 있게 형상들의 분포를 인식하며, 현상들간의 관련성을 합리적으로 설명한다.

한편 캐틀링(Catling, 1978)은 피아제의 연구를 바탕으로 공간적 개념화의 발달단계별 특성을 밝혔다(<표 5-2> 참고). 우선 감각운동기의 아동은 '행동 공간(space of action)' 내부에서만 움직이며, 자기중심적인 공간인식이 나타난다.

캐틀링은 전조작기인 2~7세에 위상적인 이해가 시작된다고 보았다. 이 시기의 아동은 근접성, 격리, 순서의 개념이 발달하는데, 다른 사람의 관점에서 공간을 인식하기는 힘들며 여전히 자기중심적인 관점을 지닌다. 개별적이고 연계가 없는 가정, 지표물, 친숙한 장소를 바탕으로 점진적으로 고정된 준거틀을 가지게 된다.

전조작기의 말기인 약 7세경에 아동은 공간관계를 다루는 능력이 발달하여 투영적 단계에 이른다. 상대적 입지와 배열을 인식하고 대상에 대해 어느 정도 질서를 부여하며 지도화할 수 있다. 그러나 자신과 관계를 갖는 지역을 우선시하고, 타인의 관점으로 대상을 배열하기는 어려움을 느끼므로 여전히 자기중심적이다.

구체적 조작기에 속하는 약 9세 이후에는 기하학적 이해가 발달하고 종합적 체계를 적용해서 공간관계를 이해하며 공간적 개념화가 발달하게 된다. 대상의 위치를 파악하고, 크기·비율·거리의 측면에서 대상을 관련시키거나 전체 틀에서 대상을 입지시킬 수 있다.

이 과정을 그림으로 보면 다음 <그림 5-1>과 같다.

그림 5-1. 캐틀링(Catling)의 공간인지발달단계

단계	지도 스타일	해설
위상적	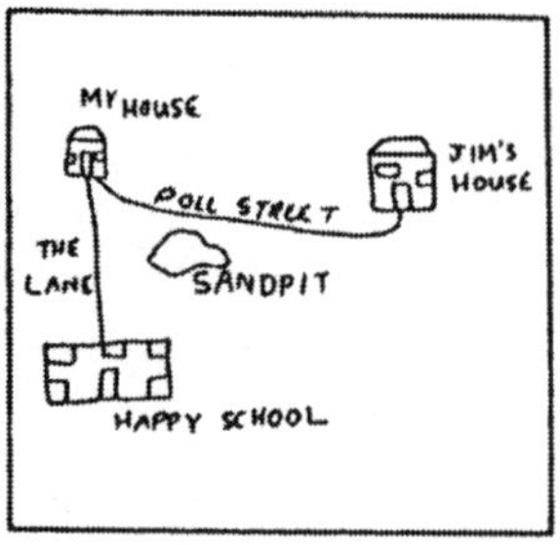	매우 자기 중심적: 집과 연결된 알려진 장소 전적으로 영상적: 방향거리, 정향 축척없음: 좌표체계 없는'지도'
투영적 I	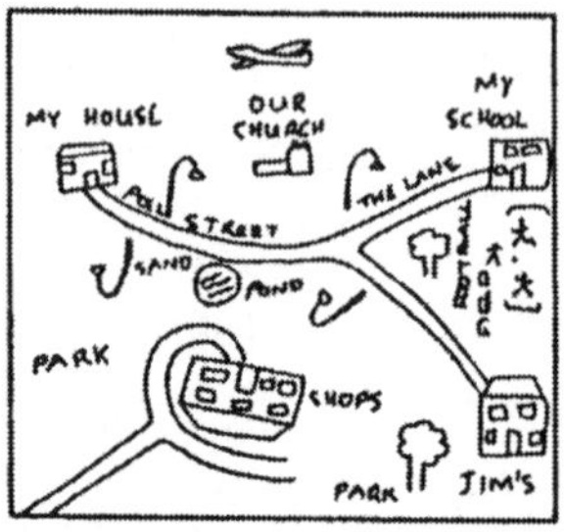	여전히 본질적으로 자기중심적 부분적으로 좌표체계, 알려진 장소와 연결방향이 정확해지나, 축척과 거리는 부정확 도로는 평면형태이지만 건물은 영상적: 조망적 관점의 미발달
투영적 II	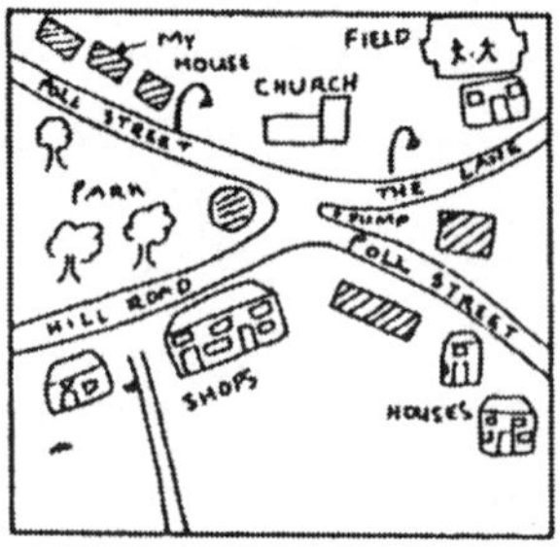	나아진 좌표체계 통로의 연속성: 약간의 평면적 형태의 건물 방향, 정향, 거리와 축척이 형성된 보다 나아진 조망능력
유클리디언	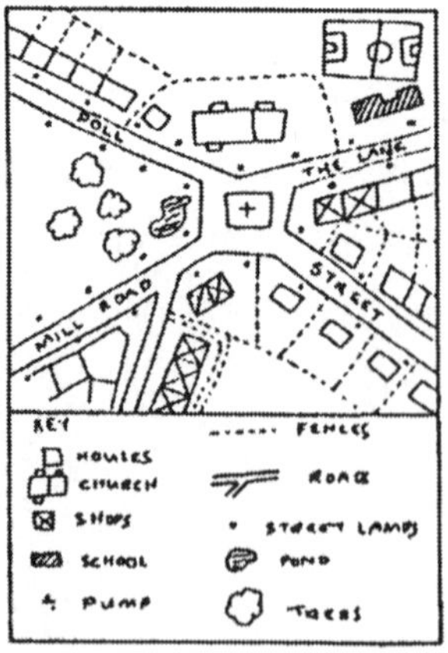	추상적으로 좌표화되고 위계적으로 통합된 지도 정확하고 세밀함: 방향, 정향, 거리 형태, 크기, 스케일이 대체로 정확함 평면형태의 지도 영상적 심볼이 없어 단서가 필요함

3. 공간인지 준거체계(systems of reference) 발달이론

하트와 무어(Hart & Moore, 1973)는 공간 내에서 지표물 등 공간인식 요소의 입지를 선정하고 위치를 파악하는 기준을 만드는 틀을 준거체계 혹은 준거틀(reference system)이라 하고, 이러한 공간표상을 위한 준거체계는 다음과 같은 세 단계를 거치면서 발달한다고 밝혔다(<그림 5-2> 참조).

첫 번째 단계는 미분화된 자기중심적 준거체계(egocentric reference system)이다. 이는 피아제의 전조작기에 해당하는 단계로, 자신을 중심으로 공간을 파악하는 틀이 형성되어 자신의 존재를 생각하지 않고는 공간을 파악하지 못한다.

두 번째 단계는 고정된 준거체계(fixed reference system)이다. 피아제의 구체적 조작기에 해당하는 단계로 자신으로부터 연결되는 고정된 지표물을 중심으로 공간을 파악한다. 자신과 경험에 의하여 연결된 지표물이 다른 장소나 공간을 파악하는 중요한 준거가 되며, 자신과 이 지표물로 연결된 통로가 공간인지를 확장하는 중요한 근거가 되는 것이다.

세 번째 단계는 통합된 좌표체계(integrated coordinate system)이다. 이는 피아제의 형식적 조작기에 해당하는 단계로, 공간을 자신과 완전히 분리하여 객관적으로 인식하며, 이러한 객관적 공간인지의 틀이 좌표체계이다. 이 단계에서는 좌표체계를 통하여 공간상의 모든 지표물의 위치를 파악함으로써 통합적으로 공간을 인식하며, 크기, 비율, 거리를 정확하게 인지하고 종합적으로 공간환경을 개념화하는 종합적 준거체계의 단계로 발전하게 된다.

한편 다운스와 스테아(Downs & Stea)는 피아제의 형상적 단계가 유아기에 해당하고 투영적 단계가 초등학교 초기에 해당하며 유클리디언 단계가 초등학교 말기에 해당한다고 밝혔다. 그들에 따르면 2세 이후, 즉 전조작기의 전개념기에 해당하는 아동은 공간에 대한 내적인 표현을 개발시키기 시작하여 다른 대상과 관련하여 대상의 입지를 이해할 수 있게 된다. 곧 환경에 대해 직관적으로 이해하던 상태에서 벗어나 초기 공간개념으로 이행한다. 이것은 공간에 대한 지각을 정신적으로 표현하고 그것을 관찰할 수 없을 때 공간적 이미지를 회상할 수 있는 능력을 개발시키는 것을 의미한다.

전조작기의 직관기에 해당하는 시기에는 형상적으로 파악되는 공간의 이해를 개발한다고 보았다. 이 시기 아동(5~7세)은 그들의 공간환경을 서로 연결된 것으로 생각하며 초기에는 자기중심적 준거틀을 가지고 있고, 이어 고정된 준거틀을 사용하기 시작한다고 보았다. 그리고 피아제의 구체적 조작기에 해당하는 7세 이상의 아동은 투영적이라고 보았다. 이는 아동이 자신과는 다른 관점으로 공간환경을 개념화하기 위해 자신을 정신적으로 투영할 수 있음을 의미한다. 예를 들면 빌딩과 같은 3차원적 대상을 상상하기 시작한다.

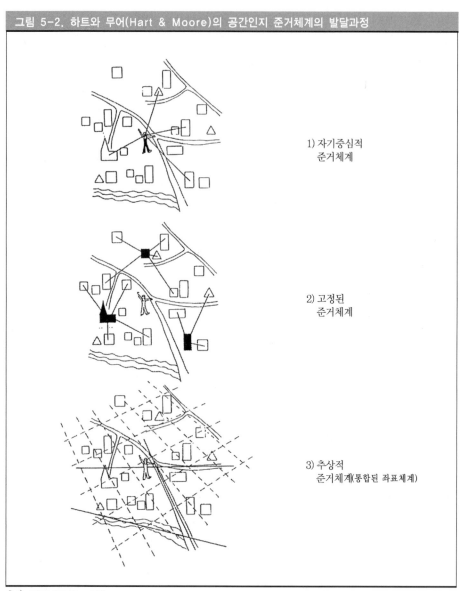

그림 5-2. 하트와 무어(Hart & Moore)의 공간인지 준거체계의 발달과정

1) 자기중심적
준거체계

2) 고정된
준거체계

3) 추상적
준거체계(통합된 좌표체계)

출처: Biddle(1978), p.139.

　　형식적 조작기에 해당하는 11세 이후(때로는 9~10세)에는 유클리디언 단계에 돌입한다
고 보았다. 이 시기에는 대상들의 관계를 수평적, 수직적 선과 t자형, 사각형, 삼각형, 원
등의 형태로 구조화한다. 또한 좌표체계적 준거틀을 사용하여 공간관계를 충분히 이해하
고 평면이나 지도와 같은 공간적 표현물 위에서 정확하게 대상의 위치를 선정할 수 있으

표 5-3. 공간인지발달단계별 특성(종합)	
형상적 단계 (전조작기, 2~7세)	공간을 서로 연결된 것으로 생각. 형태의 이해가 입지에 대한 이해에 앞섬. 자신의 입장에서 공간환경을 개념화－자기중심적 준거틀, 고정된 준거틀
투영적 단계 (구체적 조작기, 7~11세)	자신을 정신적으로 투영. 입지인식의 발달로 3차원 대상 인식. 다른 관점에서 공간환경 개념화－부분적으로 좌표화된 준거틀
유클리디언 단계 (형식적 조작기, 11세 이후)	수직, 수평관계 파악. 사각형, 원, 삼각형 형태의 구조화된 표현. 위치, 형태의 정확한 기술－형태와 입지에 대한 정확한 인식. 종합적 공간환경 개념화－크기, 비율, 거리를 정확하게 연결, 좌표화된 준거틀

며, 크기, 비율, 거리를 정확하게 보이게 하는 공간적 표현과 연결시킨다. 이때 직접 경험하지 않은 지역의 지도를 바탕으로 공간 평가를 할 수 있게 되는 단계, 즉 이론적 공간을 다룰 수 있는 단계에 도달하게 된다.

이들의 연구결과와 피아제의 공간표상발달이론을 바탕으로 공간인지발달과정의 단계별 특징을 정리하면 <표 5-3>과 같다.

4. 공간포섭관계(nested hierarchical spatial relationship) 인식

피아제나 브루너의 인지발달이론의 핵심은 탈맥락화(decontextualizedness) 또는 탈중심화(decentration)이다. 이는 곧 구체적 맥락에서의 해방 또는 구체적 대상으로부터의 해방, 자기중심적 인식으로부터의 해방이라고 볼 수 있다. 따라서 이것은 지리 환경에 대한 인식의 발달과도 밀접하게 관련되어 있다. 피아제는 이러한 사실에 주목하여 사고과정에 있어서 점차 구체적 대상에서 벗어나 추상적으로 이동하듯이 환경에 대한 인식도 자신이 위치한 고정적 공간에서 추상적 공간으로 점점 확대된다고 보았다.

아동의 장소에 대한 개념이나 공간인지에 대한 연구는 주로 피아제의 영향을 받았다. 그의 인간발달에 대한 이론은 학생들이 겪게 되는 인지단계와 관련하여 상세한 내용을 제공하며 그들이 장소와 공간적 관계를 배우는 방법과 그 준비를 갖추는 시기를 보여준다.

피아제는 아동의 공간인지발달단계는 논리적 외부지향화 과정(logical decentration)에 따라 발전한다고 보았다. 이를 바탕으로 아동은 그의 영역(읍(town), 고장(country))을 좀더 큰 단위에 종속시킬 수 있는데, 국토(조국)에 대한 아이디어와 그것에 대한 감정을 표시하는 것은 처음부터 발생하지 않는 것은 물론이고 아동발달과정에서 일찍 일어나는 것도 아니라고 주장하였다.

이러한 공간인지발달에 대한 연구에서 공간적 포섭관계에 대한 이해, 즉 가정, 고장,

지방에 대한 아동의 개념적 발달에 대한 심리적·과학적 연구는 피아제와 와일(Piaget & Weil, 1951)에 의해 처음으로 이루어졌다. 이들은 5세에서 11세에 이르는 스위스 어린이들을 대상으로 그들의 고향과 국가에 대해 질문하였다. 제네바 시, 국가(스위스)간의 관계에 대한 학생들의 이해 정도를 분석한 결과 그들은 다음과 같이 잠정적으로 연령에 따른 단계를 설정할 수 있었다.

1단계(5~7세): 무의식적 자아중심성(unconscious ego centricity)을 보여주는 단계이다. 몇몇 시 혹은 지방에 관한 언어적 개념만이 획득되고 특정한 이유 없이 이들 장소에 대한 선호를 표현한다. 5~6세 아동은 '제네바는 스위스 안에 있다'는 언어적 개념은 학습되었으나 공간적 개념으로 발달하지는 않았고, 6~7세 아동의 경우도 그와 유사하지만 제네바와 스위스가 나란히 연결되었고 비교 가능한 크기의 영역으로 생각하고 있었다.

2단계(8~10세): 개인적 기준에 의해 자신의 지방에 대한 선호를 표현한다. 그리고 제네바가 스위스 안에 포함된다는 영역적 관계를 나타낸다. 그러나 영역적 포섭관계는 하나의 범주에 체계적이고 논리적으로 집어넣지 못해 고장, 지방, 국가에 관한 정보는 가지지만 일관성 있는 영역적 구조로 종합하지는 못한다. 즉 탈중심화와 영역의 통합이 진행 중인 셈이다.

3단계(10~11세): 사회적 기준을 고려하여 추상적으로 자신의 지방에 대한 선호를 표현하고, 고장, 국가 개념이 실재성을 가진다. 피아제는 고장 소속감(homeland attachment)의 발달은 영역의 인지적 상관관계와 사회중심성(socio-centricity)에서 나오는 본질적, 감정적, 정의적 요소에서 비롯된다는 결론을 내렸다. 인지적·정의적 요소가 동시에 발전하면 고장의 인식으로 귀결된다고 본 것이다. 이 단계에서는 정치적 영역이 국가적 수준으로 탈중심화가 일어나는 것이 특징이다.

이는 7세까지의 학생들은 익숙한 지리적 맥락 속에서 직접적으로 감각지각적이고 구체적인 방식으로 과제가 제시되지 않는 한 장소들의 포섭적 위계관계의 의미를 파악하는데 어려움을 겪는다는 것을 보여준다.

야호다(Jahoda, 1963)는 피아제와 와일이 행한 아동의 시와 국가 간의 관계에 대한 이해를 지지하고 보다 확대하였다. 그는 글래스고에 거주하는 6~11세의 아동 144명을 대상으로 글래스고, 스코틀랜드, 영국 간의 공간관계에 대한 질문을 하여 아동이 환경에 대해 지적으로 파악할 때 직접적인 이웃에서 시작하여 인지발달이 진행됨에 따라 점차적으로 외부로 확대됨을 관찰하였다. 장소 개념과 그들 장소간의 관계에 대한 개념의 점진적 성장에 대해 분석하고 상호 대조적인 가정환경을 지닌 학생의 발달과정에 대한 잠정적 아이디어를 제시하면서 그는 다음과 같은 4단계를 설정하였다.

1단계: '하나의 통일된 총체'로서 글래스고에 대한 개념이 없다. 즉, 이 지리적 단계(geographical stage)의 아동은 그가 사는 고장인 글래스고가 가까이에 있으나 잘 모르는 것으로 인식한다. 그렇지만 운동장 근처, 공원 근처, 스코틀랜드는 인식하였다. 즉, 글래스고와 스코틀랜드가 똑같은 크기를 가지고 있거나 글래스고 밖에 스코틀랜드가 있는 것으로 생각하고, 어떤 아동은 관련이 적은 것과 연결시키려 한다.

2단계: 글래스고를 하나의 통일된 총체로서 인식하나 스코틀랜드의 한 부분이라는 인식은 하지 못한다. 이 단계에서는 "글래스고는 우리가 있는 곳이다"라고 생각하며 자신이 글래스고라고 불리는 영역적 단위에 소속되어 있음을 인식하였다. 그러나 좀더 큰 영역의 스코틀랜드나 영국은 분명히 구별되지 않았다. 글래스고는 도시로서 개념화하고 아동의 현재 지리적 위치로 인지하여 우리가 사는 곳으로 인식한다.

3단계: 글래스고, 스코틀랜드, 영국의 관계에 대해 논리적으로 표현하지는 못했다. 대부분의 아동이 글래스고가 스코틀랜드 안에 있다고는 하나 스코틀랜드가 영국 안에 있는 것은 모르거나 영국이 국가총합(national entity)이란 사실을 인식하지는 못한다. 또한 스코틀랜드를 읍이나 지방의 이름으로 인식하였다. 이 시기에 이루어지는 어떠한 실제적 이해가 스코틀랜드라는 말의 언어화를 뒷받침하는지 명확히 드러난 바는 없지만, 글래스고가 스코틀랜드 안에 있다는 것은 앵무새적 반응이라고 본다. 즉, 스코틀랜드는 아동들이 종종 들었던 말이지만 그들에게는 어떤 의미도 없다.

4단계: 글래스고-스코틀랜드-영국 간의 포섭관계를 정확하게 표현한다. 정상인이 잘 정의된 영역단위로서 영국을 이해하는 것과 같다. 글래스고는 스코틀랜드의 중저위 지방에 있고, 하나의 지방이며 영국의 북쪽에 있다는 것을 정확하게 인식한다.

그런데, 야호다에게서 깊은 영향을 받은 카니(Carnie, 1973)는 피아제나 야호다의 연구에서 나타난 바와 같이 장소간의 관계를 이해할 때 학생들이 갖는 유사한 난점들을 밝혔다. 즉, 예외적인 몇 명을 제외하면 대부분 7~8세의 어린이들은 향토, 지방, 국가라는 장소와 그들간의 공간적 관계에 대한 이해를 획득하기 어렵다는 것이다.

한편, 댁스(Daggs, 1986)는 구두 테스트, 그래픽 테스트, 대규모 자연지물 모형 테스트라는 3가지 종류의 테스트를 통하여 미국의 1학년(6~7세), 2학년(7~8세), 3학년(8~9세) 학생들에 있어서 지리적 위계관계에 대한 개념의 출현과정을 고찰하였다. 언어 테스트에서는 학생들이 장소단위 간 관계에 대한 친숙 정도와 이해에 대하여 평가하고, 그래픽 테스트에서는 학생들에게 펜실베이니아와 그에 속한 한 읍을 원으로 표현한 다음 펜실베이니아를 색으로 칠하게 하였으며, 대규모 공원 모형에서는 동일한 장소 속에서 상이한 위계에 속하는 동일한 장소가 존재할 수 있는가를 질문하였다. 그 결과 1학년과 2학년은 언어

테스트에서 상당한 차이를 보였으며, 그래픽 테스트에서는 1학년, 2학년, 3학년 간의 차
이가 뚜렷하게 나타났다.

하우드와 맥쉐인(Harwood & Mcshane, 1996)의 연구에서도 상기한 피아제와 와일(1951),
야호다(1962, 63), 카니(1973), 댁스(1986)의 연구와 유사한 결론이 나타난다. 즉, 7~8세의
연령집단에 속하는 학생 대부분은 카니가 연구한 7~8세의 학생들과 동일한 수준이나
그것보다 약간 나은 수준에 있음을 보여준다는 것이다.

기존의 연구 결과를 종합하면 7세까지는 여전히 장소의 포섭관계를 이해하는 데 상당
한 어려움이 발견되며, 8세 이후에야 비로소 장소의 포섭관계에 대해 이해하기 시작한다
는 공통점이 발견된다.

한편 서태열(1996)은 5가지 상이한 스케일의 장소, 즉 국가(한국), 지방(중부지방), 시(서
울), 구(노원구 또는 성북구), 동(하계동 또는 공릉동 또는 창동)을 선택하여 장소간의 포섭관계
에 대한 그래픽 테스트를 실시한 결과 위계적 관계에 대한 학생들의 인식을 이해 수준에
따라 다음과 같이 8개로 분류하였다(<그림 5-3> 참고).

1수준: 장소들간의 관계를 전혀 의식하지 못한다.
2수준: 5가지 장소들간의 관계를 병렬적으로 인식한다.
3수준a (위계적 Ⅰ-1): 두 가지 스케일의 장소들간 위계관계를 파악한다.
      동을 구의 일부로는 파악하나 시, 지방, 국가의 일부인 것을 인식하지는 못한다.
3수준b (위계적 Ⅰ-1b): 두 가지 스케일의 장소들간 위계관계를 파악한다.
      시 혹은 지방 혹은 국가의 일부로서 파악하나, 시, 지방, 국가의 위계관계를 정확
      하게 파악하지 못한다. 구를 시나 국가의 일부로 파악하나, 시, 지방, 국가의 위계
      관계를 파악하지 못한다.
4수준 (위계적 Ⅰ-2): 두 가지 스케일의 장소들간 위계관계를 파악한다.
      동, 구, 시, 지방이 한국에 속하는 것을 파악하나, 동, 구, 시, 지방 간의 위계관계
      를 파악하지 못한다.
5수준 (위계적 Ⅱ-1): 세 가지 스케일의 장소들간 위계관계를 파악한다. 동을 구의 일부로,
      구를 시의 일부로 인식한다.
6수준 (위계적 Ⅱ-2): 세 가지 스케일의 장소들간 위계관계를 파악한다. 동을 구, 시, 지방
      의 일부로 파악하고 이들이 한국의 일부임을 파악하나, 구, 시, 지방 간의 위계관
      계를 파악하지 못한다.
7수준 (위계적 Ⅲ): 네 가지 스케일의 장소들간의 위계관계를 파악한다. 동이 구의 일부이
      고, 구는 시 혹은 지방의 일부이며, 시 혹은 지방은 한국의 일부임을 인식한다. 그
      러나 시와 지방 간의 포섭관계를 제대로 파악하지 못한다.
8수준 (위계적 Ⅳ): 다섯 가지 스케일의 장소들간의 위계적 포섭관계를 정확하게 파악한다.
      동이 구의 일부이고, 구는 시의 일부이며, 시는 지방의 일부이며, 지방은 한국의
      일부임을 정확히 인식한다.

여기에서는 5가지 스케일의 장소들간에 공간관계가 나타나는 수준을 8개로 구분하였

으나, 조사결과에 나타나지 않은 3수준b (위계적 Ⅰ-1b)와 같은 형태가 관찰되기도 한다. 예를 들어 두 가지 스케일의 장소 사이에서 위계관계를 파악하고 그것을 시, 지방, 국가의 일부로 인식하지만, 시, 지방, 국가 간 위계관계를 정확하게 알지 못하거나 구를 시나 국가의 일부로 파악함에도 불구하고 시, 지방, 국가의 위계관계는 인지하지 못하는 경우가 발생할 수 있다. 이 경우는 3수준과 4수준 사이에 해당되므로 새로운 수준을 설정할 수 있을 것이다.

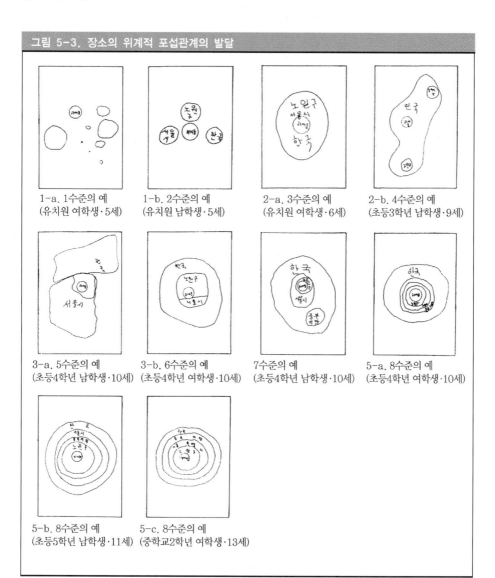

그림 5-3. 장소의 위계적 포섭관계의 발달

1-a. 1수준의 예
(유치원 여학생·5세)

1-b. 2수준의 예
(유치원 남학생·5세)

2-a. 3수준의 예
(유치원 여학생·6세)

2-b. 4수준의 예
(초등3학년 남학생·9세)

3-a. 5수준의 예
(초등4학년 남학생·10세)

3-b. 6수준의 예
(초등4학년 여학생·10세)

7수준의 예
(초등4학년 남학생·10세)

5-a. 8수준의 예
(초등4학년 여학생·10세)

5-b. 8수준의 예
(초등5학년 남학생·11세)

5-c. 8수준의 예
(중학교2학년 여학생·13세)

이상과 같이 장소의 위계적 포섭관계에 대한 한국 학생들의 이해는 연령에 따라 뚜렷하게 구분되어 4가지 단계로 발달하는 것을 알 수 있다. I단계는 5~7세에 해당하며 예외적인 몇 명의 학생을 제외한 대부분의 학생이 장소들의 관계를 전혀 인지하지 못하거나, 병렬적으로 장소 및 공간관계를 파악하여 포섭관계를 거의 인지하지 못하고 있었다. II단계는 8~9세에 해당하며, 8세 이후에도 여전히 장소의 위계적 포섭관계를 전혀 인식하지 못하는 예외적인 학생이 드물게 있지만 본격적으로 장소 및 공간의 위계관계를 인식하기 시작하며, 두 가지 또는 세 가지 상이한 스케일의 장소들의 포섭관계에 대한 인식의 수준이 다양하다. 이때 동일한 연령에서도 학생들 간의 차이가 심하게 나타나고 있다. 특히 10세에 해당하는 III단계는 점이적인 단계로서 4가지 스케일의 장소들간 위계관계만을 인지하는 학생들과 5가지 스케일의 장소들간 관계를 완전하게 인식하는 학생들이 거의 같은 비율로 존재하는 단계이다. IV단계는 11~14세에 해당되며, 이 단계는 일부 학생들을 제외하고는 대부분의 학생들이 5가지의 상이한 수준의 장소 및 공간의 위계관계를 정확히 파악하는 단계이다.

이러한 연구결과는 그밖에 몇 가지 중요한 시사점을 가지고 있다. 장소의 위계적 포섭관계에 대한 이해나 인식에 있어서 유치원(5~6세)과 초등학교 1학년(7세) 간의 차이가 거의 나타나지 않고 있다. 물론 예외적인 유치원생들은 초등학교 1학년보다 훨씬 높은 수준의 인식을 나타내는 경우가 있었다. 그러나 장소의 포섭관계에 대한 인식이 분명해지면서 급속한 변화를 보이기 시작하는 것은 초등학교 2학년(8세)부터라고 할 수 있다.

특히 초등학교 4학년(10세)은 중요한 전환점이 되는 시기로 이 시기를 지나면 장소의 포섭관계를 이해하지 못하는 학생이 완전히 없어지면서 대부분의 학생들이 상이한 스케일의 장소가 네 개 이상이어도 이들간 위계관계를 파악할 수 있게 된다. 그 결과 초등학교 4학년에 이르면 공간적 탈맥락화(spatial decontextualization)의 수준이 국가에 이르러 공간의 영역적 크기에 대한 정확한 인식이 가능하게 됨으로써 국가 수준의 지역을 다룰 때에도 사실성이 있는 학습이 된다. 이후 초등학교 5학년(11세)에서 중학교 2학년(14세) 사이에는 4개 또는 5개의 상이한 스케일의 장소들간 포섭관계를 이해하는 수준의 차이가 거의 없다고 할 수 있다.

이러한 발달과정은 원반이나 원을 이용하여 두 가지 혹은 세 가지 상이한 스케일의 장소들만의 포섭관계에 대한 이해를 연구한 피아제와 와일(1951: 563)이나 야호다(1963)의 연구와 평면적으로 동일하게 비교하기 어려운 점이 있지만, 이들의 연구에서 제시된 단계와 유사한 점과 공통점을 모두 가지고 있다(<표 5-4> 참조).

피아제와 와일이나 야호다의 연구에서는 공간적 탈맥락화가 일어나는 것에 초점을 두

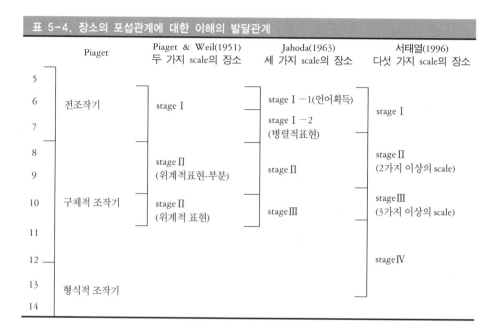

표 5-4. 장소의 포섭관계에 대한 이해의 발달관계

	Piaget	Piaget & Weil(1951) 두 가지 scale의 장소	Jahoda(1963) 세 가지 scale의 장소	서태열(1996) 다섯 가지 scale의 장소
5				
6	전조작기	stage I	stage I-1(언어획득)	stage I
7			stage I-2 (병렬적표현)	
8		stage II (위계적표현-부분)	stage II	stage II (2가지 이상의 scale)
9				
10	구체적 조작기	stage II (위계적 표현)	stage III	stage III (3가지 이상의 scale)
11				
12				stage IV
13	형식적 조작기			
14				

었으며 국가적 수준에까지 탈맥락화가 일어나는 연령에 관심을 두었다. 야호다는 피아제
와 와일의 연구결과를 좀더 세분하여 언어적 개념이 획득되는 I-1단계(5~6세), 장소들
간의 위계적 관계 대신 상이한 스케일의 포섭적 관계에 있는 장소들을 병렬적 관계로
파악하는 I-2 단계(6~7세), 탈맥락화가 국가수준에 이르나 그 하위의 도시와 지방의
위계관계가 파악되지 않는 II단계(8~10세), 국가에 이르기까지 위계관계를 완전히 파악
하는 III단계(10~11세)를 제시하였다.

5. 공간인지발달론의 종합

공간인지발달이론은 학생들의 공간지각 능력, 방향설정 능력, 위치 및 좌표설정 능력
등을 포함하는 공간패턴의 인지와 공간인지 조작에 대한 이론이다. 이 이론의 기본적 가
정은 직접 접촉하는 정적인 개념지각적 공간에 대한 지식에서 변형 가능한 개념적 공간에
대한 이해로 성장해간다는 것이다. 즉 아동은 처음에는 그가 보고 잡는 것에 대한 감각지
각에 의해 제한을 받지만 점차 감각지각의 영역에서 벗어나 가역적인 정신적 조작체계를
내면화하면서 공간에 대한 진정한 개념적 이해에 도달한다는 것이다. 캐틀링은 공간인지

능력을 인지적 지도화 능력으로 표현하면서(1991: 14~15), 이러한 능력의 발달단계가 출생 이후 초기 몇 달에 이르는 감각운동기 공간행위 단계(sensor-motor spatial action stage), 환경의 공간적 성격의 이해를 발달시키거나 자신의 행위와 밀접하게 연결된 견해를 가지며 행동공간 내에서 사상을 인식하는 자기중심적 공간지각 단계(ego-centric spatial perception stage), 사상들간의 관계가 그 자신이 없어도 존재함을 인식하여 자기중심적 사고에서 부분적으로 벗어나는 객관적 공간인식 단계(objective spatial cognition stage), 몇 개의 계층으로 통합된 추상적 준거체계가 발달하고 모든 부분들은 하나의 전체의 부분들이라는 인식을 가지는 추상적 공간추론 단계(abstract spatial reasoning stage)로 진행된다고 설명하였다.

우리가 살고 있는 세계와의 성공적인 타협에 있어서 근본적인 놀이와 작업은 우리들 주변의 세계를 아는 능력이다. 이러한 능력을 인지적 지도화 능력이라고 하며, 캐틀링(1991)은 아동의 인지적 지도화 능력을 단계별로 <표 5-5>와 같이 요약하였다.

한편 총체적인 지리적 의식의 발달과정에 대한 연구들을 보면 일찍이 홀쯔(Holz)는 학생들의 지리학습과 관련한 지적 발달이 단계적으로 감각지각적 시기 → 암기와 상상력의 시기 → 반성적 사고기의 과정을 거친다고 제시한 바 있으며(Holz, 1913: 7~8), 스캎(Scarfe, 1950)은 '지리적 관찰의 단계→지리적 설명 및 사실 파악의 단계→지리적 관계를 맺는 단계→귀납 또는 일반화와 종합을 잘할 수 있는 단계'(Scarfe, 김경성 역, 1959: 28~54)로 진행한다고 제시하였다. 스캎은 1953년에는 '관찰의 시기 → 기술의 시기 → 인과관계의 시기 → 총합·응용의 시기'로 보다 세련화하여 제시하였다. 그리고 삥쉬멜(Pinchimel)은 스위스의 심리학자 마미(E. Marmy)가 과학적 사고발달과정을 '미분화된 총체적 접근을 하는 시기 → 형식적으로 지리적 접근을 하는 시기 → 순수과학적 접근을 하는 시기'로

표 5-5. 인지적 지도화 능력의 발달단계

초기단계	감각운동기 공간행위단계(sensor-motor spatial action) 출생에서 초기 몇 달까지의 시기. 유아의 환경 내 탐험적 이동
둘째 단계	자기중심적 공간지각단계(egocentric spatial perception) 공간적 성격에 대한 환경 이해를 발달시키나, 자신의 행위와 밀접히 연결된 견해를 가짐. 행동공간 내에서의 사상 인식.
셋째 단계	객관적 공간인식단계(objective spatial cognition) 사상들 간의 관계가 그 자신이 없이도 존재하는 것을 인식하여 자기중심적 사고에서 부분적으로 벗어남.
넷째 단계	추상적 공간추론단계(abstract spatial reasoning) 추상적 좌표준거체계 발달(계층으로 통합된) 모든 부분들은 하나의 전체의 부분들이라는 인식을 가짐. 정신적 작용에도 불구하고 사상들은 그들의 정체성을 가진다.

출처: Catling, S. "Children and Geography," in D. Mills(1991), *Geographical Work in Primary and Middle Schools*, The Geographical Association, 1991, pp.9~18 중 pp.14~15.

구분한 것을 인용하여(Pinchimel, 1965: 189~190), 이 발달단계를 지리교육 내용을 조직할 때 고려해야 한다고 주장한 바 있다. 아동이 '개인적이고 직접적인 경험과 거리가 있는 지역의 공간적 문제를 해결하는 능력을 어떻게 형성하는가'에 대한 라이스(Rhys, 1972)의 연구에 따르면, 11세 이하(정신적 수준 12세 이하)에서는 사실지향적이기보다는 오히려 감각지각에 주로 의존하며, 12~12.6세 사이(정신적 수준으로는 13세~13.6세)에는 사실지향적이고 단일자료의 증거를 사용한다. 12.6~13.6세 사이(정신적 수준 14세~14.6세 사이)에서는 다중거결합, 원인결과를 관련지을 수 있으며, 14.6세 이상(정신적 15.6세 이상)에서야 비로소 가설연역적 추론과 종합적 판단이 가능하다.

이와 같은 인지발달이론, 공간인지발달이론, 지리의식발달이론이 지리내용의 구성에 미치는 영향을 피아제의 인지발달 단계별로 종합적으로 정리하면 다음과 같으며, 여러 연구자들의 연구 결과를 종합하면 <표 5-6>, <표 5-7>과 같다.

전조작기, 즉 유아원과 유치원의 단계에서는 다양한 환경적 자극이 필요하므로 다양한 환경의 주변지역을 방문하고 그 속에서의 활동이 중요하다. 구체적 조작기, 즉 초등학교 저학년과 중학년에서는 실생활과 관련된 사례학습, 야외작업, 게임, 토론, 구두 및 문장 표현 등을 포함하는 지리 내용이 구성되어야 한다. 특히 구체적 생활사태를 중시해야 한다. 또한 이때 영역(공간)의 탈중심화가 국가수준에 미치지 못하므로 대체로 가정, 학교, 고장, 향토를 중심으로 지리적 공간이 선택되어야 하며, 지도의 내용들은 완전한 좌표체계의 인식보다 좌표체계와 유사한 위치 선정방법들로 구성되어야 한다. 따라서 진정한 의미의 지도 사용능력은 형식적 조작기, 즉 초등학교 고학년 이후에 이루어져야 한다.

형식적 조작기, 즉 초등학교 고학년에서 중학교에 이르는 시기는 아동의 공간인지와 일반인지가 완전히 성숙하므로 종합적이면서 문제해결과 관련된 지리 내용이 제시되어야 한다. 또한 국가수준 이상으로 영역의 탈중심화가 일어나므로 국가수준에 이어서 세계수준의 지역들을 다루어 나갈 수 있다. 따라서 초등학교 고학년과 중학교에서는 국가지리나 세계지리가 잘 학습될 수 있다고 볼 수 있다. 그러나 이 시기의 초기는 아직 구체적 조작에서 완전히 벗어나지 못할 수 있으므로 국가지리나 세계지리는 어느 정도 구체적인 것을 중심으로 내용이 구성되어야 한다.

각 단계별 발달특징은 지리 교육의 내용구성에 대한 시사점을 가지고 있다. 예를 들면, 전조작기는 스스로 활동을 만들어 가는 것이 중요하므로 다양하고도 자극을 주는 환경을 제공하는 것이 필요하며, 형식적 조작기는 고등사고 기능이 가능하므로 보다 추상적인 작업이 준비되어야 한다. 구체적 조작기는 아직 사고기능이 미성숙한 상태이므로 세심한 배려가 요구된다. 즉 구체적 조작기는 결론의 도출과정에서 주로 현장관찰에 의존하고

표 5-6. 공간인지발달의 단계

연령	(5 · 10 · 15 · 20)	설명	구분
Piaget(1962)	감각운동(기) / 전개념·직관 / 전조작(기) / 구체적 조작(기) / 형식조작(기)	공간적 이해는 Piaget가 제시한 인지발달 단계와 관련된다.	공간인지의 조직수준
Bruner(1967)	enactive 행동적표현 / iconic 영상적표현 / Symbolic 상징적표현		표현양식 (Mode)
Hart&Moore(1973)	전표현적 행동공간 / 경로형태 표현 / Survey 형태표현	아동이 자신의 심상도에서 만들어 낸 지도의 형태 특징	표현형태 형태적 표현
Piaget(1956) 1948	형상적(Topological) / 투영적(projective) / 유클리드	사물이 공간에 위치하고 관련되는 방식의 이해관계	공간적 표현
Hart&Moore(1973) *Moore(1973) (도시환경의 인지)	자기중심적(미분화된 자기중심적 준거체계) / 고정적(고정 준거체계) / Co-ordinated(작용과 계층적 통합화된 준거체계)	아동의 공간적 이해가 연결되는 '기지'의 지점으로 작용하도록 사용하는 아동의 준거형태	표상 준거체계
Catling(1979)	자기중심적 공간이해단계 / 객관적 공간이해 단계 / 추상적 공간이해 단계		

(인지발달론 / 표현발달론)

표 5-7. 공간적 탈중심화와 지리적 인식 발달 단계

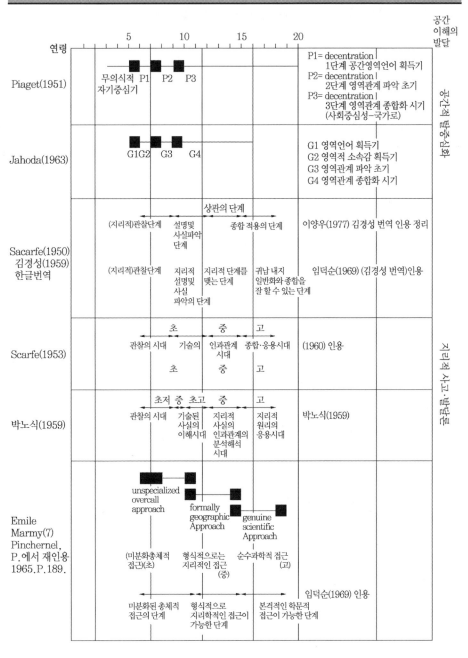

연령	5	10	15	20	공간 이해의 발달
Piaget(1951)	무의식적 자기중심기 P1 P2 P3			P1= decentration│ 1단계 공간영역언어 획득기 P2= decentration│ 2단계 영역관계 파악 초기 P3= decentration│ 3단계 영역관계 종합화 시기 (사회중심성-국가로)	공간적 탈중심화
Jahoda(1963)	G1G2 G3 G4			G1 영역언어 획득기 G2 영역적 소속감 획득기 G3 영역관계 파악 초기 G4 영역관계 종합화 시기	
Sacarfe(1950) 김경성(1959) 한글번역	(지리적)관찰단계 설명및 사실파악 단계	상관의 단계 종합 적용의 단계		이양우(1977) 김경성 번역 인용 정리	
	(지리적)관찰단계 지리적 설명및 사실 파악의 단계	지리적 단계를 맺는 단계 귀납 내지 일반화와 종합을 잘 할 수 있는 단계		임덕순(1969) (김경성 번역)인용	
Scarfe(1953)	초 관찰의 시대 기술의 초	중 인과관계 시대 중	고 종합·응용시대 고		(1960) 인용	지리적 사고·발달론
박노식(1959)	초저 중 초고 관찰의 시대 기술된 사실의 이해시대 지리적 사실의 인과관계의 분석해석 시대	중	고 지리적 원리의 응용시대		박노식(1959)	
Emile Marmy(7) Pinchernel, P.에서 재인용 1965.P.189.	unspecialized overcall approach formally geographic Approach genuine scientific Approach				
	(미분화총체적 접근(초) 형식적으로는 지리적인 접근 (중) 순수과학적 접근 (고)				
	미분화된 총체적 접근의 단계 형식적으로 지리학적인 접근이 가능한 단계 본격적인 학문적 접근이 가능한 단계			임덕순(1969) 인용	

구체적 자료와 현장감이 요구되며 미분화된 상태의 사고를 고려하여 환경에 대한 총체적 접근이 중요하다. 따라서 이 시기에는 통합적 교과가 필요하다고 볼 수 있는데, 사회과학, 자연과학, 인문학 간의 연계가 잘 이루어지고, 풍부한 구체적 사례를 가지고 있는 지리 교과가 강조되어야 한다. 이는 다른 교과에 비해 지리 교과가 야외조사나 관찰, 지도, 지구본 등의 지리적 매체의 구체적 조작이 학습수단에 있어서 효과적으로 활용될 수 있기 때문이다. 따라서 이 시기의 지리에서는 실생활의 예에 기본을 두는 사례연구, 직접적 학습을 다루는 야외작업(fields work), 조작이 필요하고 구체적인 형식으로 학생들을 관련짓는 게임과 시뮬레이션, 명제적 사고를 위한 사전의 내면화와 함께 구두작업, 소그룹 토론, 문장작업 또한 강조해야 한다.

그러므로 지리에서는 유아 및 유치원의 전조작기에서는 주로 아동들이 행동, 즉 놀이를 할 수 있는 방식으로 학습내용을 제시해야 하고, 초등학교의 구체적 조작기에서는 주로 영상적 표현방식, 즉 지리적 경관을 간략하게 그린 시각적 표현물(illustration) 등으로 제시하는 것이 유용하며, 형식적 조작기에는 추상적 언어 표현이 필요하다.

참고문헌

이홍우. 1985, 『인지학습이론』, 교육출판사.
한종하. 1978, 「자연계열의 내용선정과 조직원리」, 이영덕 외 편저, 『교육과정』, 현대교육총서.

Boardman, David. 1985, "Spatial Concept Development and Primary School Map Work," in *New Directions in Geographical Education*, D. Boardman(ed.), The Falmer Press.

Bruner, J. S. 1966, *Toward a Theory of Instruction*, Harvard University Press.

Carnie, J. 1973, "The development of National Concepts in Junior School Children," in J. Bale, N. J. Graves and R. Walford(eds.), *Perspectives in Geographical Education*, Oliver and Boyd.

Catling, S. 1978, "The Child's Spatial Conception and Geographic Education," *Journal of Geography*, Vol.77, No.1.

_____. 1986, "Children and Geography," in Mills, D.(ed.), *Geographical Work in Primary and Middle Schools*, The Geographical Association.

Daggs, D. 1986, "Pyramid of Places: Children's Understanding of Geographic Hierarchy," M. S. Thesis, The Pennsylvania State University, cited in Downs et al.(1988).

Downs, R. M., Liben, L. S. and Daggs D. B. 1988, "On Education and Geographers: The Role of

Cognitive Developmental Theory in Geographic Education," *Annals of A. A. G.*, Vol. 78, No.4.

Goodey, B. 1973, *Perception of the Environment: An Introduction to the Literature*, Occasional Paper No.17, Birmingham University of Birmingham Centre for Urban and Regional Studies, cited in Wiegand(1992).

Graves, N. J. 1984, *Geography in Education*, 3rd. ed., Heineman Educational Books, London.

Hall, D. 1976, *Geography and The Geography Teacher*, George Allen & Unwin LTD.

Harwood, D. and J. Mcshane. 1996, "Young Children's Understanding of Nested Hierarchies of Place Relationships," *International Research in Geographical and Environmental Education*, Vol.5, No.1.

Hart, Roger. 1979, *Children's Experience of Place*, Halstead Press, New York.

Hart, Roger A. and Gary T. Moore. "The Development of Spatial Cognition: A Review," in Roger M. Downs and David Stea(eds.), *Image and Environment*, Aldine, Chicago.

Jahoda, G. 1963, "The Development of Children's Ideas about Country and Nationality," *British Journal of Educational Psychology*, Vol.33.

Kaplan, S and R. Kaplan(eds.). 1978, *Humanscape: Environments for People*, Duxbury Press.

Linch, K. 1960, *The Image of City*, The MIT Press.

Lunnon, A. J. 1969, "The Understanding of Certain Geographical Concepts by Primary School Children," unpublished M. Ed. Thesis, University of Birmingham. in N. J. Graves(1984).

Matthews, M. 1992, *Making sense of Place*, Harvester Wheatsheaf, Oxford.

Milburn, D. 1972, "Children's Vocabulary," in Graves, N. J.(ed.), *New Movements in the Study and Teaching of Geography*, Temple Smith, London.

Mischel, T.(ed.). 1971, *Cognitive Development and Epistemology*, Academic Press, New York and London.

Overton, W. F.(ed.). 1983, *The Relationship between Social and Cognitive Development*, Lawrence Erlbaum Associates Publishers, London.

Piaget, J. 1924, *Judgement and Reasoning in the Child*, Routledge and Kegan Paul, London.

_____. 1974, *The Child and Reality*, Viking Compass Edition, New York.

Piaget, J. and Inhelder, B. *The Child's conception of space*, Norton Library, New York.

Piaget, J. and A. Weil. 1951, "The Development in Children of the Idea of the Homeland and of Relationships with Other Countries," *International Social Science Bulletin*, Vol.53.

Rice, F. 1984, *The Adolescent: Development, Relationships and Culture*, Allyn & Bacon, Boston.

Siegel, D. G and White, S. 1975, "The Development of Spatial Representation of Large Scale Environments" in Reese, H. W.(ed.) Advances in Child Development and Behavior, Vol.10, Academic Press, New York.

Spencer, C. and M. Blades. 1993, "Children's Understanding of Places: The World at Hand," *Geography*, 78(4).

Stoltman, J. P. 1976, "Children's Conception of Territory: The United States," in J. P.

Stoltman(ed.), *Spatial Stages Development in Children and Teacher Classroom Style in Geography*, Western Michigan University , Department of Geography.

Towler, J. and Price, D. 1976, "The Development of Nationality and Spatial Relationship Concepts in Children," in J. P. Stoltman(ed.), *Spatial Stages Development in Children and Teacher Classroom Style in Geography*, Western Michigan University , Department of Geography.

Tuan, Yi Fu. 1977, *Space and Place: The Perspective of Experience, Minneapolis*, University of Minnesota Press.

6 근대 지리교육의 형성과정

유년기 어린이를 위한 지리교육의 과제는 거대한 자연현상에 대해
흥미를 가지며 그것에 대해 알고자 하는 욕망을 일깨워주는 것이다.
한 발짝 더 나아가 지리는 그 이상의 것을 가르쳐야 한다.
어릴 때부터 우리의 국적이 무엇이든 우리 모두가 형제라는 것을……

(Kropotkin, 1885: 940~56)

1. 한국의 근대 지리교육의 형성과정

1) 개화기의 지리교육

(1) 개화기 초기의 지리서적

해외실정에 대한 계몽을 목적으로 세계지지를 저술한 예는 이수광의 『지봉유설』에 나오는 「제국부(諸國部)」까지 소급해 갈 수 있다. 근대 초기인 1880년대에는 『지구전요』를 비롯하여 『만국정표』, 『여재활요』 등 다수의 단행본이 출판되었다.

남상준(1992, 139~140)은 그 중에서도 한국 근대 초기에 해외실정에 대한 계몽의 기능을 가장 크게 발휘한 세계지리적 저술은 최한기의 『지구전요(地球典要)』(1857), 유길준의 『서유견문(西遊見聞)』(1895), 위원의 『해국도지(海國圖誌)』(1842), 헐버트의 『亽민필지』(1891년경), 네 가지라고 주장했다. 그리고 그는 ≪한성순보(漢城旬報)≫, ≪한성주보≫, ≪대한매일신보≫ 등 대중매체들도 세계지리적 지식에 대한 국민계몽에 기폭제 역할을 했고, 그 중에서도 『해국도지』, 『서유견문』, ≪한성순보≫의 역할이 가장 컸다고 평가했다(남상준, 1992: 39~40).

최한기의 『지구전요』는 13권으로 구성되어 있다. 이는 중국의 전통적 지리서 『대청일통지(大淸一統志)』, 『해유록(海遊錄)』과 마테오리치(Matteo Ricci)가 한역한 서학지리서인 『직방외기(職方外紀)』, 『곤여도설(坤輿圖說)』, 『천문략(天文略)』, 그리고 청대의 중국인이 저술한 『해국도지(海國圖誌)』, 『영환지략』 등을 참조해 세계 83개국을 다룬 세계지지이다. 『해국도

지』는 1844년(헌종 10년)에 권대긍이 사절로 북경에 다녀오면서 얻어와 국내에 도입된 서적이다. 중국인 위원(魏源)이 편저한 것인데, 중국이 아편전쟁(1839~1842)에 패하는 쓰라린 경험을 한 후 외국에 대한 지식을 바탕으로 서양을 침입할 방안을 강구한 책이다. 이 책은 지도와 지지로 나누어 세계 각국의 지리와 역사를 중심으로 동서양의 종교, 역법, 군사에 이르기까지 다방면에 걸친 내용을 다루고 있어, 이광린(1969)은 훌륭한 지리서임과 동시에 국방문제를 다루고 있는 경세서(經世書)라고 평가했다.

『서유견문(西遊見聞)』은 유길준이 일본, 미국, 유럽, 동남아 지역을 여행하면서 수집한 자료와 유학경험을 바탕으로 1889년에 완성, 1895년에 출판한 것으로 개화사상을 집대성한 저술이다. 가장 핵심적 내용인 개화에 대한 논의에서 '개화(開化)'의 단계를 '야만의 단계 →반개화의 단계 →문명의 단계'로 설명하고 있는 것으로 보아, 그 내용이나 체제는 일본 유학당시 그에게 영향을 준 후쿠자와 유기치(福澤諭吉)의 『서양사정(西洋事情)』의 영향을 받았다고 할 수 있다. 그런데 후쿠자와의 『서양사정』은 1866년에 영국 쟝블의 『궁리서(窮理書)』(1865)와 『박물서(博物書)』, 미국의 콴켄버스의 『궁리서(窮理書)』(1866), 미국 스위프트의 『궁리초보(窮理初步)』(1867), 미국 코넬의 『지리서』(1866), 미국 미첼의 『지리서』(1866), 영국 본의 『지리서』(1862) 등의 서양의 지리서를 참고해 편집한 책이다(김재윤, 1988; 남상준, 1992). 남상준(1992)은 총 20편으로 구성된 내용 중 지리적 지식과 직접적으로 관련된 부분의 목차는 다음과 같다고 언급하였는데, 지리적 지식은 개화의 중요한 도구로 인식되었다.

제1편 지구세계의 개론, 육대주(六大洲)의 구역(區域), 방국(邦國)의 구별(區別), 세계의 산
제2편 세계의 바다, 세계의 강과 하천, 세계의 호수, 세계의 인종, 세계의 물산
제16편 의복음식 및 궁실의 제도, 농작 및 목축의 경황, 유락(遊樂)흐는 경상(景像)
제19편 미합중국의 제대도회(諸大都會), 영국(英吉利)의 제대도회(諸大都會)
제20편 불란서의 제대도회, 日耳曼의 諸大都會, 화란의 제대도회, 포르투칼(葡萄牙)의 제
　　　대도회, 서반아의 제대도회, 벨기에(白耳義)의 제대도회

(남상준, 1992: 43)

한편, 그밖에도 1880년대에 세계지리를 소개할 목적으로 씌어진 단행본으로는 『만국정표(萬國政表)』와 『여재촬요(輿載撮要)』 등이 있다. 『만국정표』는 1886년에 박문국 편찬으로 출간되었으며 지도, 각 나라의 정치와 종교, 대륙별 토지, 인구, 통상, 공업, 화폐 등을 다루었다. 『여재촬요』는 오홍묵이 1886년 이후에 쓴 것으로 추정되며, 한국과 세계의 지지를 모두 다루고 있다. 이 책은 6대주의 51개국과 한국의 지지가 기재되어 있는데 처음에는 10권 10책으로 출판되었고, 최종적으로는 학부에서 1책으로 축약해 본 지리교과용

도서로 출판한 것으로 상당히 보급되었을 것으로 추측된다. 특히『여재촬요』는 정치적 면이 강조되었는데, 권혁재(1976)는 그것이 영국에서 간행된『정치연감』을 인용한 때문이라고 했다.

개화기에 도입된 이러한 서구적 지리학에 대해 권혁재(1976)는 다음과 같이 평했다.

> 당시 지리학은 현대 지리학의 제 요소를 부분적으로 반영하지만, 그 저자들은 '비전문적 지리학자'였고 그들은 지리학을 하나의 과학으로 파악한 것이 아니라 국외나 국내의 문물을 쉽게 소개하는 것에 초점을 두었으며, 몽매하던 당시의 사회에서는 그 정도의 지리학으로 충족되었다. 그렇지만 오늘날 일반인들이 지리학을 지명이나 산물을 나열하는 학문으로 파악하는 점은 개화기 지리학의 유산이 계속 유지된 측면이라고 생각할 수 있다(권혁재, 1976).

■ 참고_『여재촬요』의 목차

범례
각국정교약설(各國政敎略說)
총론
세계지지: 아세아 5국, 구라파 19국, 아비리가 7국, 북아미리가 9국, 남아미리가 10국, 대양주
 1국
조선지지: 건도(建都), 경도(京都), 한성부, 경기도, 충청도, 전라도, 경상도, 강원도, 황해도, 평
 안도, 함경도

---

(2) 개화기 신문과 지리교육

개화기에 발행된 근대 신문은 애국계몽과 민중의 개화에 많은 노력을 기울였다. 그 중에서도 ≪한성순보≫와 이를 계승한 ≪한성주보≫가 주도적 역할을 했다. 한국 최초의 근대 신문으로 1883년에 발행된 ≪한성순보≫와 이를 계승한 1886년에 발간된 ≪한성주보≫는 국한문 혼용으로 발간되었다. 민중 계화에 도움이 되는 지리에 관한 기사를 많이 실었으며, 개화기 언론매체를 통한 지리교육을 이끌어갔다. 장보웅(1970)은 이 두 신문은 국민들에게 과학적인 지리지식을 보급하려고 노력했으며, 신문을 통한 지리지식의 보급은 근대 교육기관에 의한 지리교육이 등장하기 전에 선행된 계몽운동적인 지리교육이라는 점에서 매우 의의있는 일이었다고 평가했다.

≪한성순보≫의 경우, 제1호에서 제14호까지 민중을 계발·개화하기 위해 지리학에 관한 글들을 실었는데, 대표적인 것은 다음과 같다(장보웅, 1970: 42).

제1호 지구도설(地球圖說)-지구전도(13～14면), 지구론(14～15면), 논주양(論洲洋)(15～
     17면)
제2호 논지구운동(論地球運轉)(15～17면), 구라파주(歐羅巴洲)(17～20면)
제3호 아미리가주(亞米利加洲)(14～15면)
제4호 아비리가주(亞非利駕洲)(13～15면)
제5호 아서아니아주(阿西亞尼亞洲)(22～24면)
제6호 영국지략(英國地略)(18～23면)
제10호 지구환일도선(地球圜日圖鮮)(18～23면)
제11호 아국강역기(俄國疆域記)(24면)
제12호 지구환일(地球圜日)(18면), 성세서도설(成歲序圖說)(18～20면), 미국지략(美國誌
     略)(21～24면)
제14호 아세아주총론(亞細亞洲總論)(11～12면), 미국지략속고(美國誌略續稿)(23～24면)

좀더 구체적으로 보면, ≪한성순보≫의 제1호에는 기존의 중국 중심의 세계관과 천동
설중심의 우주관을 깨치기 위해 "지구론(地球論)"이라는 계몽적인 글을 실었다. 그 내용은
다음과 같다.

　　세상에서들 '하늘은 둥글고 땅은 모졌다〔천원지방(天圓地方)의 사상을 말함〕'고 하는데,
이는 다만 천지의 도를 말한 것이지, 천지의 모양을 말한 것은 아니다. 그러나 이전의 동방
선유(先儒)들은 아무도 이를 천명하지 못했다. …… 서양인 利氏(마테오 리치)가 처음으로
'지구는 둥글다'는 말을 증명하자, 온 세상이 그 새로운 이론에 놀랐다. 또 학사대부(學士大
夫)들은 중외(中外)의 편견에 젖어 있었으므로 때때로 들고 일어나 이를 비난하였다. 그러
나 이치가 있는 것은 다만 분명히 따져 밝히는 것이 옳지, 중국과 외국을 따져서 구별할게
아니다(남상준, 1992: 45).

이처럼 개화기 신문에 나타난 지리는 자연지리적 내용과 세계 각 지역에 대한 세계지리
적 내용이 강조되고 있음을 알 수 있다. 자연지리적 내용과 세계지리적 내용을 통해 개화
기 지리는 자연관과 세계관의 변화를 도모하고 있었다.

(3) 개화기의 근대 학교와 지리교육

개화기에는 민족의식의 고취와 서양식 근대 교육의 도입을 위해 근대 학교들이 세워졌
다. 초기 근대 학교로는 우리나라 최초의 근대 학교인 원산학사(1883)를 비롯해 육영공원
(1885), 배재학당(1886), 이화학당(1886) 등이 있다. 이들 근대 학교에서는 애국계몽과 세계
에 대한 지식 보급을 목적으로 지리가 중요한 교과 중 하나였다.

원산학사에서는 산수, 격치, 농업 등의 실용적 학문들을 가르치고, 이를 확장해 지리,
외국어, 법률 등을 가르쳤다. 육영공원에서도 독서, 습자, 산학 등과 함께 기초과목으로서
지리를 가르쳤고, 산수〔大算法〕, 각국 언어, 역사 등과 함께 상급과정에서도 지리를 가르쳤

다. 이를 통해 볼 때 육영공원에서 지리 과목은 중요한 한 부분을 차지하고 있었다.

육영공원은 1886년 구한국정부에서 세운 특수학교다. 육영공원의 교과 내용을 보면 학습차제(學習次第)라 해서 ① 독서, ② 습자(習字), ③ 학해자법(學解字法), ④ 산학, ⑤ 사소습산법(寫所習算法), ⑥ 지리, ⑦ 학문법(學文法)이 있었다. 이러한 초학(初學)을 졸업한 후에는 소학제후(所學諸侯)라는 ① 대산법(大算法), ② 각국 언어, ③ 제반학법(諸般學法), ④ 격치국만물〔格致國萬物: 의학, 농리(農理), 지리, 천문, 기기(機器)〕, ⑤ 각국역사, ⑥ 정치 및 금수초목 등이 있었다(장보웅, 1970; 이선근, 1961). 당시 육영공원에서 사용한 지리교과용 도서는 순한글본인 『ᄉᆞ민필지』였다. 이 책은 헐버트(Hulbert)가 편찬한 책으로 근대 학교에서 사용된 우리나라 최초의 지리교과용 도서이다.

선교계 학교들 또한 지리교육과 지리적 지식의 보급에 앞장섰다. 특히 미국 북감리교 선교부에서 세운 선교계 학교인 배재학당(培材學堂, H. G. 아펜젤러가 1886년에 세움)은 한국에서 외국인이 최초로 설립한 근대적 사학이었다. 성경, 영어독본, 한문, 영어문법, 수학, 지리, 만국역사, 기하, 화학, 물리, 창가, 도화, 체조, 위생, 생리 등의 학과목을 교수하였으며(장보웅, 1970), 지리교육을 매우 중요시했다. 배재학당에 설치된 보통과와 만국지지과에서는 주로 한문, 영어, 만국지지를 가르쳤다. 배재학당에서 사용한 지리교과서 중 하나가 헐버트의 『ᄉᆞ민필지』였다.

장보웅(1970)과 남상준(1992)에 따르면, 배재학당이 지리교육에 깊이 관련되었고 근대 지리지식의 보급에 기여한 바가 크다는 것은 교육과정에 지리가 포함된 사실뿐만 아니라, 주시경이 만국지지 특별과를 졸업 후 지리와 역사를 가르쳤다는 사실과 서재필이 직접 지리를 강연하는 등 주요 인사들이 지리와 관련된 활동들을 했다는 점만 보아도 알 수 있다.

(4) 개화기 지리교육의 역할

개화기 지리관련 문헌들의 내용을 보면, 자연지리 관련 내용과 세계지리 관련 내용들이 크게 강조되는 특징이 있다. 개화기 지리교과서는 집필자에 따라 내용이 매우 다양했으나, 현재보다 훨씬 높은 비중과 많은 양의 자연지리적 영역(지형, 기후뿐만 아니라 천문학적, 지구과학적 영역을 망라한)의 내용을 포함하고 있었다는 점에서 공통적이었다.

남상준(1992)은 음양술수(陰陽術數), 역학(易學)의 수준에 머물러 있던 조선인의 자연관이 획기적으로 변화하게 된 데에는 개화기의 근대 교육, 그 중에서도 지리교육의 역할이 절대적이었다고 한다. 이러한 개화기 지리교육의 역할을 크게 다음과 같이 두 가지로 요약했다.

첫째, 지리교육은 당시까지 '규제 원리(regulating principle)로서의 자연관'에서 벗어나 '해방의 원리(liberating principle)로서의 자연관'을 갖게 하는 데 크게 기여했다(남상준, 1992: 37). 즉 서양 근대 학문의 연구 성과에 입각한 자연지리적 내용들은 인간을 자연의 일부로 여기던 당시까지의 자연관을 깨뜨림으로써 인간이 자연인식의 주체로 독립하는 데 크게 기여했다.

둘째, 지리교육은 당시 조선인의 사고를 지배해온 중국 중심의 화이관(華夷觀)적 세계관과 중화사상(中華思想)을 타파했다. 이와 더불어 근대적 국가주의에 기초한 애국심과 민족 주체성을 각성시켜 근대적 세계관과 국가관을 형성하는 데 기여했다.

이미 조선 후기에도 지구설, 지동설, 그리고 근대적 세계지도의 도입, 사회진화론에 근거하여 지리적 사고는 보편화되었으며 이러한 지리적 사고가 화이관적 세계관과 국가관, 그리고 소중화 문화의식을 혁파하고 초기형태의 근대적 세계관과 국가관으로 전환하는 데 기여해왔다. 그러나 개화기에 이르면 실학자들의 민족적 자아의식이 더욱 강화되어 국가주의의 주장으로 이어지게 됨으로써 근대적 세계관과 국가관이 등장하여 조선인의 사고를 지배하던 중국중심의 화이관적 세계관과 그 파생물인 소중화사상은 붕괴되었다.

쇄국정책으로 외국 문물에 어둡던 개화기 초기에 조선에서 세계지리가 강조된 사실과 마찬가지로 일본과 중국에서도 개화기 및 근대화 초기에는 세계지리가 강조되었다. 이는 세계지리를 통해 자국 중심적 세계 인식의 틀에서 벗어나 외국 사정에 대한 올바른 지식을 획득해 올바른 세계관을 정립하려는 것이다.

(5) 개화기 지리교과용 도서의 체제와 목적

개화기 근대 학교에서 지리교육을 실시하기 위해 사용한 지리도서들은 국민들을 계몽·개화시키는 데 크게 공헌했다. 1889년과 1891년 사이에 출현한 최초의 지리교과서인 『ᄉᆞ민필지』로부터 1910년까지 짧은 시간에 수많은 지리교과용 도서가 관과 민에서 편찬되었다. 개화기에 지리교과용 도서의 편찬방법과 내용은 각양각색이었다. 일제의 간섭하에 있었던 학부(學部)체제에서 인가제도로 인해 이들 서적들의 사용이 불허되거나 내용이 간략해지고 조잡해졌다.

장보웅(1970)은 한국지지 교과용 도서의 내용은 뚜렷하게 세 단계를 거쳐 변했다고 지적한다. 즉 『여지승람(輿地勝覽)』류(類)를 모방해 학부에서 편찬한 『조선지지(朝鮮地誌)』, 다음은 『여지승람』류와 일본 서적을 참고해 편집한 현채(玄采)의 『대한지지(大韓地誌)』, 마지막으로 일본의 근대적 지지 기술방법과 일본인이 저술한 한국지지서를 참고해 한국의 실정에 맞게 편집한 장지연(張志淵)의 『대한신지지(大韓新地誌)』등 세 단계의 변천과정이

<해설>: 〈민필지

『〈민필지』는 헐버트가 육영공원에서 사용하기 위해 지리과용 교과서로 편집한 책이다. 학교에서 사용된 최초의 지리교과용 도서이며, 모든 사람에게 빨리 읽히고 알리기 위하여 국문으로 썼다. 헐버트가 이 책을 집필하게 된 동기는 세계정세 변화에 따른 국제이해의 필요성 및 지리수업에서 육영공원 학생들이 보여준 세계지리에 대한 호기심과 경탄에 부응한 것이라고 할 수 있다(이기석, 1969: 66~67).

초판본이 언제 출판되었는지 확실하게 알 수 없지만 헐버트가 육영공원의 교사로 근무하던 (1886.7~1891.12) 1889~1891년 사이로 추정된다(장보웅, 1970: 43). 이후 1895년에 순한문체의『〈민필지』가 출판되는데, 초판본『〈민필지』를 대본으로 의정부 편사국(編史局) 주사인 김택상(金澤桑)이 편찬하고 이명익(李明翔)과 백남규(白南奎)의 공동역으로 학부에서 나왔다. 1905년에 개정판이, 1906년에는 국한문 혼용본이, 1909년에는 재판에 수정 없이 제3판이 출판되었다. 한편 남상준(1992)은 학부의 한역본(1895년)이 출판된 동기나 목적은 친일파의 주도권 장악에 대한 대응의 하나로 당시의 절박한 상황과 관련된다고 파악하였다.

구한국정부에서 1886년에 세운 특수학교가 육영공원인데, 이미 1884년에 정부가 세 사람의 교사를 미국공사에게 청하였고 1886년 설립되던 해에 길모어(Gilmore), 벙커(Bunker), 헐버트(Herbert)의 3명의 교사가 내한했으며, 이중의 한 명의 교사가 바로 헐버트로서 1886년부터 근무하여 1891년에 사임하였다. 헐버트는『〈민필지』의 저술자, 선교사, 교육자로 출판, 역사학, 언어학 연구로 많이 알려졌다. 이러한 점으로 보아『〈민필지』는 순수한 자작이라기보다 당시 미국에서 사용된 어느 지리교과서를 한국을 중심의 내용으로 이해하기 쉽게 편찬해 우리말로 옮긴 것이라 생각된다(장보웅, 1970: 43).

『〈민필지』의 내용을 보면 1895년 이후 많은 종류의 지리교과서가 발간되는데 내용과 체계에 직접, 혹은 간접적으로 영향을 미쳤다. 또한 일제의 식민지배가 확고해지던 1909년에 3판이 나오면서 국민들의 사상과정에 너무 자극적이라는 이유로 일제 총독부로부터 출판·판매 금지가 될 때까지 관·공립학교를 제외한, 배재학당을 비롯한 사립학교와 종교계 학교에서 계속 교재로 쓰이면서 다방면에서 한국 지리교육에 큰 영향을 미쳤다(남상준, 1992: 143).

『〈민필지』는 당시의 서양지리학 발전을 수용해 상당히 체계적인 지리학적 내용으로 구성되어 있다. 하지만 남상준(1992)은 기독교적 사고방식을 그대로 담고 있는 점이 지구 형성연대에 관한 부분과 만물 창조설 등 여러 곳에서 나타나며, 또한 계몽을 위해서라지만 유럽과 북미에 대한 지나친 찬양과 서양식 계수법을 채택하는 등의 서양위주의 시각과 내용서술 방식을 견지하고 있는 문제점을 지적하고 있다.

『〈민필지』는 제1장 지구, 제2장 유럽주, 제3장 아시아주, 제4장 아메리카주, 제5장 아프리카주 등의 순서로 대륙별 각국의 지지를 기술하고 있다. 각국의 지지는 위치, 지형, 기후, 산업, 인구(주민), 국체(國體), 도성(都城), 통상, 교육, 종교, 뭇는말 등의 순서로 기술하고 있다.

다루어진 내용은 영역(폭원, 수리적 위치, 경계), 지형(산, 강, 평원), 기후, 소산(초목, 동물, 가축, 곡식, 지하자원), 국체와 행정 및 사법, 인구·민족·언어, 수도 및 도시, 산업, 무역(수입, 수출), 국세(國稅), 재정, 군사(육·해군), 교육제도, 종교, 대외정책, 도로의 사정 및 교통 등 광범위한 것이었으나, 기존의 세계지지서와 달리 그 내용이 당시로서는 매우 정확하며 서술 방법이 조직적인 점이 주목된다. 그리고 필지의 전반적 내용의 특징은 남상준(1992)에 따르면 국제이해 교육을 목적으로 출판된 세계지지 교과서답게 각국의 차이점과 지역적 특색, 문제점을 중심으로 기술하고 있다는 점이다.

■ 『ᄉ민필지』 서문

텬하형셰가 녜와 지금이 크게 ᄀᆞᆺ지 아니ᄒᆞ아 젼에는 각국이 각각 본디방을 직히고 본국 풍쇽만 ᄊᆞ
ᄅᆞ더니 지금은 그러치 아니ᄒᆞ여 텬하만국이 언약을 서로 밋고 사름과 믈건과 풍쇽이 서로 통ᄒᆞ기를
맛치 ᄒᆞᆫ 집안과 ᄀᆞᆺᄒᆞ니 이는 지금 텬하형셰의 곳치지 못ᄒᆞᆯ일이라 이 곳치지 못ᄒᆞᆯ 일이 잇슨 즉 각국
이 젼과 ᄀᆞᆺ치 본국 글ᄉᆞᄌᆞ와 ᄉᆞ젹만 공부홈으로는 텬하 각국 풍긔를 엇지 알며 아지 못ᄒᆞ면서 서로
교졉ᄒᆞᄂᆞᆫ ᄉᆞ이에 맛당치 못홈과 인졍을 통홈에 거리씸이 잇슬거시오 거리씸이 잇스면 졍의가 서로
도탑지 못ᄒᆞᆯ지니 그런즉 불가불 이젼에 공부ᄒᆞ던 학업 외에 ᄯᅩ 각국 일홈과 디방과 폭원과 산쳔과
소산과 국졍과 국셰와 국지와 군ᄉᆞ와 풍쇽과 학업과 도학의 엇더홈을 알아야 ᄒᆞᆯ거시니 이런고로 태
셔 각국은 남녀를 무론ᄒᆞ고 칠팔셰되면 몬져 텬하 각국디도와 풍쇽을 ᄀᆞᄅᆞ친 후에 다른 공부를 시
작ᄒᆞ니 텬하의 산쳔슈륙과 각국 풍쇽 졍치를 모ᄅᆞᄂᆞᆫ 사름이 벼로 업ᄂᆞᆫ 지라 죠션도 불가불 이와 ᄀᆞᆺ
치 ᄒᆞᆫ 연후에야 외국교졉에 거리씸이 업슬거시오 ᄯᅩ 싱각건대 중국글ᄉᆞᄌᆞ로는 모든 사름이 ᄲᆞᆯ니 알
며 널니 볼수가 업고 죠션언문은 본국글ᄉᆞᆫ더러 션비와 빅셩과 남녀가 널니 보고 알기쉬우오니 슬프
다 죠션언문이 중국글ᄉᆞᄌᆞ에 비ᄒᆞ야 크게 요긴ᄒᆞᆫ 것마는 사름들이 긴ᄒᆞᆫ줄노 아지 아니ᄒᆞ고 도로 업
수히 넉이니 엇지 앗갑지 아니리오 이러므로 외국용우ᄒᆞᆫ 인믈이 죠션말과 언문ᄉᆞ법에 익지 못ᄒᆞᆫ 거
ᄉᆞ로 붓그러움을 니져 ᄇᆞ리고 특별히 언문으로써 텬하 각국디도와 이 문목견라 풍긔를 대강 긔록ᄒᆞᆯ
ᄉᆞ 몬져 ᄯᅡ덩이와 ᄑᆞᆼ우박뢰의 엇더홈과 ᄎᆞ례로 각국을 말슴ᄒᆞ니 ᄌᆞ셰히 보시면 각국 일을 대총은
알기시오 ᄯᅩ 외국교졉에 젹이 긴홈이 될듯ᄒᆞ니 말슴의 잘못됨과 언문의 셔투른 거슨 용셔ᄒᆞ시고 이
야기만 ᄌᆞ셰히 보시기를 그윽히 ᄇᆞ라ᄋᆞᆸᄂᆞ이다.

죠션육영공원 교ᄉᆞ 헐벗

■ 『ᄉ민필지』의 목차

■ 참고_애국계몽적 지리교과용 도서의 체제

① 현채의 『대한지지』

제1편 총론

제1과 위치, 폭원(幅員), 해안; 제2과 지세, 지질; 제3과 기후, 물산; 제4과 인정, 풍속; 제5과 연역; 제6과 정체, 구획

제2편 경기도

제1과 위치경계, 지세, 연혁; 제2과 산맥, 하류(河流); 제3과 해만, 도서; 제4과 도회(都會), 승지(勝地)

제3편 충청북도; 제4편 충청남도; 제5편 전라북도; 제6편 전라남도; 제7편 경상북도; 제8편 경상남도; 제9편 황해도; 제10편 평안남도; 제11편 평안북도; 제12편 강원도; 제13편 함경남도; 제14편 함경북도

② 장지연의 『대한신지지(건·곤)』

제1편 지문지리: 명의(名義), 위치, 경계, 광양, 연혁, 해안선, 지세, 산경, 수지(水誌), 조류, 기후, 생산물

제2편 인문지리: 인종, 족제, 언어及문자, 풍속及성질, 가옥, 의복 及 음식, 종교, 호구, 황실 및 정체, 재정, 병제, 교육, 화폐, 산업(농업, 공업, 상업, 수산업, 목축업, 산림업, 광업), 철도 항로 우편 전신 전화

제3편 각도

제1장 경기도: 위치경계(位置境界), 지세, 산령(山嶺), 하류(河流), 해만 및 도서, 도회승지; 제2장 충청북도; 제3장 충청남도; 제4장 전라북도; 제5장 전라남도; 제6장 경상북도; 제7장 경상남도; 제8장 강원도; 제9장 황해도; 제10장 평안남도; 제11장 평안북도; 제12장 함경남도; 제13장 함경북도 부북간도(附北墾島)

부록

제1장 각 군 연혁 급(及) 거리 방면 결호 경계표

제2장 도리표(道里表)

있었다는 것이다.

그런데 장보웅(1970)은 오늘날의 세계지리에 해당되는 만국지지(萬國地誌)용 교과서는 헐버트의 『〈민필지』와 외국 서적(주로 일본서적)을 토대로 번역 내지 편집한 것들이라고 평가했다. 그 중에서도 김홍경(金鴻卿)의 『중등만국신지지(中等萬國新地誌)』와 유옥겸(兪鈺兼)의 『중등외국지리(中等外國地理)』는 외국 지명 표기를 원음에 가깝게 국문으로 표시해 당시에는 매우 우수한 외국 지지용 도서였다고 평가했다.

남상준(1992)은 이들 한국 근대의 지리교과서들이 진술하고 있는 지리교육의 목적을 크게 세 가지로 파악했다. 첫째는 계몽주의적 입장의 국제이해 교육형, 둘째는 민족지지학적 시각에 기초한 애국심 양성형, 셋째, 가치중립적인 지리학적 내용자체에 대한 지식 획득형이 그것이다. 국제이해 교육형은 헐버트의 『〈민필지』의 서문에서 잘 드러나며, 민족지지학적 애국심 양성형의 지리교육 목적은 장지연의 『대한신지지』의 「서(序)」에 잘 나타난다. 또한 인지적 영역에 중점을 둔 경우는 김홍경의 『신정중등만국신지지(건, 곤)』의 「서언(緖言)」에서 잘 드러난다.

2) 갑오경장 이후의 지리교육

1894년 갑오경장 이후 1910년 경술합방까지의 지리교육 과정 중 갑오경장에서 을사조약에 이르는 전반기에는 비교적 지리교육의 내용이 충실했다. 하지만 후반기, 즉 을사조약 후 통감부설치 이후부터의 지리교육은 형식만 갖추고 소홀하게 진행되었다. 즉, 일본의 한민족의 민족정신을 말살하려는 노골적 간섭으로 인해 사범학교와 소학교 지리교육과정이 두 번씩이나 개악되었으며, 소학교에서는 지리수업을 국어독본 시간에 지리적 내용을 다루는 것으로 대치했다(장보웅, 1970: 57~58).

남상준(1992)은 갑오경장 이후의 지리교육은 국가 교육개혁으로 인한 제도화가 진행되면서 근대 교육으로 정착되었다고 보았다. 그러나 을사조약 체결 이후에는 제도교육의 체제 안에서 지리교육과 일제의 식민지배가 강화되는 데 대한 저항적인 지리교육으로 양분되었다고 논했다. 즉, 그는 1894년 갑오경장이후부터 을사조약체결 이전까지의 지리교육은 '지리교육의 제도화'로, 을사조약체결 이후 일제강점 이전까지는 식민지배가 강화되면서 이에 항거하는 '저항적 지리교육'으로 이 시대의 지리교육을 개념화하였다.

갑오경장 이후의 지리교육은 제도적 틀 속에서 이루어졌는데 법령을 통해 교육과정이 정해진 것이다. 개화기 초기의 근대 학교에서는 교과과정, 교과의 교과과정, 담당교사, 교과서가 제대로 갖추어져 있지 않았으므로 교육체제 자체가 체계화되어 있지 않았다. 반면 갑오경장 이후에는 교과목의 편제, 시간배당, 교과내용 등이 포함된 교육과정이 제정됨으로써 제도적 틀 속에서 교육이 진행되기 시작했는데, 지리교육에도 바로 이러한 제도화가 시작된 것이다. 즉 남상준(1992)에 따르면 1895년 갑오경장 이후 각종 관제와 영(令)·규칙으로 제정·공포된 학교교육 관계 법령에 따라 교과목의 편제와 시간배당, 그리고 교과목의 교육내용 및 교수·지도상의 유의점 등 현재와 유사한 형태의 교육과정이 제정·시행되기 시작하였으며, 그 일부로서 지리교육 과정도 제정되었던 것이다.

남상준은 한국 근대의 초등학교 지리교육 과정 중에서 가장 상세하게 제정된 것은 '소학교규칙대강(小學校校則大綱, 학부령 제2호, 1895.8.12)' 제8조와 제9조의 규정이며, 중등학교의 경우 '고등학교령시행규칙(학부령 제21호, 1906.8.27)' 제5조의 6항과 '고등여학교령시행규칙(학부령 제9호, 1908.4.7)' 제5조 6항의 규정인데, 당시의 제도화 및 법제화는 일본의 것을 거의 모방한 것이었다고 평가하였다. 즉 이 규정들에 나타난 한국 근대 지리교육 과정들을 각각 이보다 다소 앞서 제정·시행되었던 일본의 '소학교규칙대강[문부성령 제11호, 1891(명치24년) 11월 17일]' 제6조와 '중학교령시행규칙[문부성령 제11호, 1901년(명치 34년) 3월5일]' 제6조와 비교하면 매우 비슷한 것들이었다.

그에 따르면 당시 지리교육은 본국지리(한국지리)와 외국지리(세계지리)가 중심이었으며, 초등학교(소학교) 지리교육의 목적은 생활의 이해와 애국심 함양이 중심이었다. 그리고 지리교육의 원리로서 '실제 지역의 관찰'과 '기지의 사실로부터 귀납과 비교', 그리고 '역사 내용과의 통합 혹은 관련 지도'를 중시하고 지리교육 교구·교재로서 '지구의, 지도, 사진'을 강조하고 있다.

그리고 지리는 소학교, 중학교 등의 학교들과 사범학교, 성균관, 외국어학교 등 특별한 목적 하에 설립된 학교들에서도 지리가 대부분 필수과목으로 편제되었다. 따라서 최초로 제정·시행된 근대적 지리교육 과정에 따라, 관·공립학교를 중심으로 지리교육이 전개되었으며, 남상준(1992)은 이를 제도교육으로서 지리교육이 정착했다고 평가했다.

한편, 일제가 을사조약 이후 1906년 2월 1일 통감부를 설치해 대한국 식민지정책을 본격화하면서, 지리교육도 이에 따라 재편되었다. 남상준(1992)에 따르면, 을사보호조약 이후 지리교육은 일제에 의한 일본 중심의 세계지리가 강조되는 식민지화 교육정책의 일환으로 전개되는 식민지화 지리교육과, 이에 항거해 사학과 애국계몽적 학회의 기관지를 중심으로 하는, 이른바 저항적 민족주의 교육의 일환으로서 전개된 애국계몽적 지리교육으로 극명하게 대비되어 전개되었다.

을사보호조약 이후 일본의 식민지 통치를 위한 준비작업의 하나로 교육에 간섭하면서 지리교육 과정은 명목만 유지되고 실제로 지리수업은 없어졌다. 즉, 1906년 이후 일제는 여러 가지 법령을 제정하고 공포했는데, 이들 모두가 식민지화를 위한 교육이 중심이었다. 이렇게 하여 개화기부터 지리교육의 중심이며, 애국정신을 함양하는 데 핵심인 한국지리 내용이 배제되고, 일본을 중심으로 한 세계지리 중심의 지리교육이 나타나게 되었다. 실제 수업에서도 한국지리(본국지리), 한국역사(본국역사)보다는 세계지리(외국지리), 세계사(외국역사)에 더 많은 시간이 할애되었다.

따라서 1905년 이후 지리교육은 관·공립학교를 중심으로 확대되었지만, 이는 일제의 식민지화 교육의 일환으로 전개되었던 것이다. 1909년에 학교관련 법령이 개정되었지만 여전히 초등학교에서는 교육과정에 지리과목을 편성하고서도 수업이 이루어지지 않았으며, 고등학교에서는 외국지리가 주를 이루었다.

그런데 일제의 식민지 교육정책에 따른 식민지화 교육이 강화되면서 이에 항거해 민족계 및 기독교계 사학을 중심으로, 이른바 저항적 민족주의 교육의 일환으로 애국계몽적 지리교육이 나타나게 되었다. 이는 일제의 학교령이 규정한 것보다 많은 시간을 한국 지리와 역사에 배당하거나 자주적으로 교과서를 저술해 사용하는 등으로 전개되었다.

그리고 저항적 지리교육을 위한 학회의 활동도 활발했다. 1906년 이후 학회의 기관지에는 계몽과 계화의 연속선에서 여전히 지리 관련 글들이 많이 실리고 있었다. 남상준에 따르면 이 논문들은 그 자체로서 사회교육적 의미를 충분히 가지고 있었으며, 동시에 대부분이 지리교과서 원고의 초안으로서도 중요한 의미를 가지고 있었다. 1906년 이후 학회의 기관지에 게재되었던 지리교육 관련 논문들의 예를 들면 다음과 같다(강윤호, 1973).

- 장윤원, 「대기의 수열(受熱)과 기후의 변동」, 《공수학보》, 제2호, 1906.4.
- 원영의, 「지리문답」, 《소년한반도》, 제1호~6호, 1906.11~1907.4.
- 박정동, 「지문론」, 《소년한반도》, 제1호~6호, 1906.11~1907.4.
- 김하정, 「대한신지리학」, 《기호흥학회회보》, 제3호, 1908.10.
- 홍정유, 「지문문답」, 《기호흥학회회보》, 제12호, 1909.7
- 홍주일(역), 「지문학-지구의 운동」, 《대학홍학보》, 제3~4호, 1909.5~6.
- 이연상, 「지리학의 원론」, 《교남교육회잡지》, 제3~4호, 1909.5~6.
- 강하성, 「오주강역기략(五洲彊域記略)」, 《교남교육회잡지》, 제4~9호, 1909.7~1910.1.

이러한 학회지들에는 상당 분량의 지리관련 글들이 실렸다. 그 이전에는 《대조선독립협회회보》가 대표적인 것이며, 《태극학보》, 《서우학회월보》, 《서북학회월보》, 《대한유학생회학보》, 《대한자강회월보》, 《대한협회회보》, 《기호흥학회월보》, 《대한홍학보》에 85편의 글이 실려 있다. 특히 박정동은 《기호흥학회월보》에 수차례에 걸쳐 지리관련 글을 실었으며, 이 글들은 이후에 지리서적으로 저술되어 출판되었다.

학회지에 실린 글의 내용을 구체적으로 살펴보면, 지리적 지식은 실생활에 필요한 지식이고 국민교육과 일상생활에 도움이 되며, 지리교육은 연구할 가치가 있는 교과라는 것을 지적하고 있다.

지리학은 지구 及 지구의 표면상태와 또 지구상 인류 생활의 상태를 명료히 ᄒ고 토지와 인류의 관계를 설명ᄒᄂ 학과라 즉 지구가 천체에 대한 관계와 지구 표면상에 산재ᄒ 자연물 급 기 편상과 지구상에 生殖ᄒᄂ 생물(동식물)과 인류생활의 상태를 명시ᄒ고 또 此間에 존재ᄒ 인과의 관계를 설명ᄒ야 인적 교과와 물적 교과의 양 지식을 결합ᄒᄂ 교과라 본시 보통학교에셔ᄂ 아동의 생활ᄒᄂ 본 지방과 및 본국과 중요ᄒ 관계가 有ᄒ 隣國의 지리적 현상을 교수ᄒᄂ 거시니 此等 사실은 昔日 교통이 미개ᄒ야 鎖國 自居ᄒᄂ 시대에ᄂ 직접 생활상에 필요를 불감ᄒᄆᄋ로 斯學의 역사가 久遠홈을 불구ᄒ고 유? 의 정도를 不免ᄒ다가 근세에 지ᄒ야 비로서 此를 교과에 편입ᄒ여스니 此ᄂ 근시 각종의 교통기관이 大開ᄒ야 원격의 地를 比隣과 如히 교통홈에 至ᄒ여스미 此等 지리적 지식이 실제생활상에 필요를 生홈이라 특히 인류생활의 상태ᄂ 일일이 자연적 상태의 영향을 被치 아님이 無ᄒ니 인류생활을 이해코져 ᄒ면 此等 相好의 관계를 공구치 아니치 못ᄒ거시오 또 자기의 생활ᄒᄂ 지방 及 自國의 정치 경제상의 상태와 자국이 외국에 대ᄒ 지위 등은 此를 타지방 타국토의 비교대칭으로 인ᄒ야 明覺홈을 득ᄒᄂ니 然則 지리교수ᄂ 국민 교육과 처세생활상에 중요ᄒ 가치만 有홀 뿐아니라 理科 研究上에 또 缺치 못홀 교과니라[장응진, 1907(융희원년), 《태극학보》 제14호: 30~31; (장보웅, 1970: 47)].

저항적 사학 교육이 일제 식민지화 교육에 항거해 전개되자 일제는 각종 법령을 통해 이를 억압했다. 이에 따라 사학과 학회 중심의 저항적, 애국적, 계몽적 지리교육도 탄압받게 되었다. 남상준은 지리교육에 가장 위협을 가한 것은 통감부의 교과서정책이라고 보았다. 사립학교령, 학회령 등의 법령이 사립학교와 학회가 주체가 된 저항적 지리교육을 제도적으로 크게 위축시킨 것이 사실이지만, 무엇보다도 애국계몽 기간의 저항적 민족주의에 기초한 지리교육을 크게 탄압한 것은 '교과용도서검정규정'이라고 지적했다.

일제강점 직전에 일제는 1910년『교과용도서일람』은 교과서를 5종으로 분류하고 있으며, 이 분류에 나타난 지리교과서는 다음과 같았다(장보웅, 1970; 남상준, 1992).

첫째, 학부편찬 교과용 도서인데 지리교과서는 없다.

둘째, 학부검정 교과용 도서인데, 사립학교에서는 이 학부검정 도서를 교과서로 사용하려고 할 때, 학부대신의 인가가 필요하지 않았다. 사립초등과 고등학교용 교과용 도서로서 33종이 있었으며, 여기에는 지문교과서인 민대응의『신찬지문학』을 비롯하여 박정동의『초등본국지리』, 안종화의『초등만국지리대요(전)』,『초등대한지리』의 지리교과서 등 4종의 지리관련 도서가 포함되어 있었다.

셋째, 학부인가 교과용 도서인데, 이는 특정한 사립학교가 학부에 사용인가를 청원한 것 중 인가한 것이며, 만약 다른 특정한 사립학교가 이를 사용하려고 할 경우에는 다시 학부대신의 인가를 받아야 했다. 사립학교 초등과 고등학교용 교과용도서 41교과에 343종이 있었으며, 이 중에는 지리교과서가 14종, 지도가 12종, 지문교과서가 2종 포함되어 있었다. 지리교과용 도서로는 안종화의『초등대한지리』, 대동서관의『대한지지교과서』, 김홍경의『중등만국신지』, 정운복의『최신세계지리』, 국민교육회의『초등지리교과서』, 학부의『소학만국지지』, 주영환·노재연의『중등만국지지』, 황윤덕의『만국지리(상·하)』, 진희성의『신찬만국지지』, 유옥겸의『중등외국지리』, 송헌석의『신정중등만국지지』, 일본 문부성의『소학지리』등이 있으며, 지문교과서로는 윤태영의『중등지문학』이 있었다.

넷째, 학부 불인가 교과용 도서로서 사립학교에서 학부에 사용을 청원한 것 중 불인가한 도서이며, 학교에서 사용을 금했다. 이에 해당되는 70종의 교과서 중 9종의 지리교과서가 포함되어 있었다. 지리교과서로는 정인호의『신찬초등대한지지』와『최신고등대한지지』, 현채의『대한지지』, 장지연의『대한신지지(건, 곤)』, 김건중의『신편대한지리』, 박문서관 편집부의『문답대한신지지』, 헐버트의『사민필지』, 정다산의『대한강역고』가 있다.

다섯째, 검정 무효 및 불인가 교과용 도서인데, 이들도 사용이 금지되었다. 검정 무효도서 6종 중에는 장지연의『대한신지지』가, 불허가 도서 7종 중에는 정인호의『최신고등대한지지』와『최신초등대한지지』가 포함되었다.

이상에서처럼 우리나라의 지리교육은 근대 개화기의 애국 계몽운동의 일환으로 서양의 지리지식의 보급과 국토에 대한 정확한 인식을 길러주기 위해 근대교육 체제 속으로 들어오면서 제도교육으로서 형성되었다. 일제시대에는 제도교육과 비제도교육의 형태로 식민지화 교육에 저항하는 저항적 민족교육의 한 부분으로서 성장해나갔다.

2. 서양의 근대 지리교육의 형성과정

1) 근대 교육 형성 이전의 지리교육

중세의 암흑기에 제도적 교육을 주도한 것은 대학들이었다. 대학에서는 자유 7과, 즉 문법, 논리학, 수사학, 산수, 기하, 천문, 음악을 중심으로 교육이 이루어졌다. 그렇지만 그밖에 지식이나 교과에 대한 관심은 매우 산발적으로 표출되었으며, 지리학에 대한 학문적 관심과 별도로 교육적 관심은 크게 두드러지지 않았다.

문예부흥기 르네상스 시대와 뒤를 이어 나타난 인문주의 시대에는 인문주의자들이 지리에 대한 관심을 가졌다. 에라스무스(Erasmus)는 1516년『그리스도교 왕자의 교육 (*Institutio Principis Christiani*)』을 써서 교육적 관심을 나타내었는데, 역사학을 이해하기 위해서 지리학적 식견이 유용하며 필수불가결하다고 보았다. 토머스 엘리엇(Thomas Elyot)도 그의 저서『통치자(*the Governer*)』(1531)에서 이와 유사한 견해를 나타냈다(이희연 옮김, 1984: 63).

2) 근대 교육의 창시자 코메니우스와 지리

(1) 코메니우스에서 나타나는 지리적 관심

① 코메니우스의 교육과정과 지리교과
근대 교육의 창시자인 코메니우스(Johann Amos Comenius, 1592~1670)는 교육과 관련해 교수법, 학교조직, 교육제도의 모든 면을 다루는 방대한 저술을 했다. 그의 교육사상을 집대성한 가장 대표적 저술은『대교수학』이며, 그의 교육사상을 실천하여 펼쳐놓은 가장 대표적인 저술이『세계도해』라는 교과서이다. 이들 교육사상과 관련한 대표적 저술에서 코메니우스는 일정한 비중으로 지리적 내용들을 다루었다.

그리고 그는 언어학습을 위한 교과서를 연령단계에 맞춰 앞뜰(vestibulum), 정문(janua), 궁전(palatium), 보고(thesaurus)라는 4종류로 제시했다(Comenius, 1992). 보고의 단계를 위한 『라틴어 보고(*Thesaurus Latinitatis*)』라는 교과서에서는 지리학을 비롯해 물리학, 윤리학, 의학, 정치학, 신학, 역사, 웅변학, 그리고 시 분야에서 고대 저자들이 다루고 있는 주제들과 다양한 담화들을 포함시키고 있어 일찍이 지리의 중요성을 인식하고 있었다.

또한 그의 지리적 관심은 지도에까지 이른다. 코메니우스가 지도에 관심을 기울인 것은 지도를 통한 지식의 조망이 유용한 것이었기 때문이다(Comenius, 1987: 303). 그가 제작한 고향인 체코 남부의 모라비아(Moravia) 지방지도(Sebor, 1972: 90; Bowen, 1981: 34)는 어느 정도 기호의 선택에서 정확성을 보이며, 자료나 글자들로 복잡하지 않는 그림지도였다고 한다. 이 지도와 관련하여 세보(Sebor)는 다음과 같이 평했다.

> 코메니우스는 뛰어난 지도학자이다. 그는 심벌의 선택에서 정확했으며, 그의 지도는 자료나 글자들로 복잡하지 않았다. 그의 지도들은 해독가능한 것이었으며 그의 범례는 지도 내용과 잘 맞는 것이었다. 그는 학생들의 흥미를 자극하고, 근대 지리학이 강조하고 있는 '지도 없이는 지구에 대한 연구는 없다'는 것을 잘 제시하고 있다(Sebor, 1972: 90~91).

코메니우스가 살던 시대인 16세기에는 세계에 대한 교회적 가르침을 목적으로 한 다이어그램식으로 된 'Mappa mundi', 즉 T-O지도와 항해를 위해 좀더 수리적으로 제작된 정밀한 지도, 이 두 가지가 모두 사용되었다(Bowen, 1981: 34). 코메니우스가 신부였던 관계로 그는 당대에 발달한 과학적 수치지도와는 달리 'Mappa mundi' 쪽에 더욱 비중을 두었던 것으로 보인다.

그런데 근대 교육의 창시자인 코메니우스는 지리학을 어떤 지식으로 보았으며, 그에게 지리교과는 어떤 의미를 가지고 있었을까? 코메니우스에게 지리학은 탐구할 가치를 지닌 범지학의 한 부분을 이루는 지식이었기 때문에 교육과정에도 당연히 포함되는 것이었다. 그는 지식의 대상이 되는 다양한 사물들은 하느님에 의해 창조되었으며 모든 지식의 분야들은 하느님의 지혜를 반영한다는 사실을 믿고 있었다(이숙종, 1996: 222). 그의 범지학 사상에 따라 인간이 탐구하며 배워야 할 지식의 대상들을 구체적으로 제시했다. 즉 그는 실제로 인간이 인지할 수 있는 지식의 분야를 『대교수학』에서 "형이상학, 자연학, 광학, 천문학, 지리학, 연대학, 역사, 산술, 기하학, 통계학, 기계학, 변증법, 문법, 수사학, 시, 음악, 가정경제, 정치학, 도덕 혹은 윤리, 종교와 신앙"의 20가지로 제시하였는데(Comenius, 1987: 278~282), 지리학은 그 중의 하나로 포함되었던 것이다.

코메니우스의 교육사상에 비추어 보면, 그가 20가지 지식의 분야 속에 지리학을 포함시키고, 그의 범지학적 교육과정 속에 지리를 교과로 삽입한 이유는 다음과 같은 세 가지 점에서 생각해볼 수 있다.

첫째는 유용성 측면이다. 지리는 "진실로 유용한 교과만을 가르쳐야 한다"(Comenius, 1987: 154)는 코메니우스의 교과관에 적합했다는 점이다. 대학수준에서 지리에 대한 그의 언급을 보면(Comenius, 1987: 303), 그는 지리적 지식은 특히 지도를 통해 전체 지식을 종합적으로 생생하게 조망하는 데 매우 유리해 다른 학문에 비해 유용한 것으로 간주했다. 특히 그는 지도를 통한 지리적 지식이 매우 유용하다고 생각했는데, 그의 이러한 생각은 다음의 표현에서 잘 나타난다.

> 언어학자, 철학자, 신학자, 의학자들이 지리학자들과 같은 방법으로 작업을 한다면 큰 도움이 될 것이다. 즉 지리학자들은 여러 지방, 여러 왕국, 세계의 여러 구분을 지도로 나타내어, 대양과 땅의 큰 넓이를 작은 축척으로 그려내기 때문에 지리학을 공부하는 학생들이 한 눈에 다 볼 수 있게 만든다(Comenius, 1987: 303).

코메니우스는 포괄적이고 백과사전적인 범지학적 교육과정(pansophic curriculum)을 제시하면서, 그가 백과사전적 관심과 신학적 관심을 동시에 가졌음에도 불구하고 이러한 관점에서 지식의 유용성에 따라 3학(trivium) 4과(quadrium)의 중세 7과 외에 물리, 지리, 역사, 도덕, 종교를 포함시켰다(강선보, 2002: 7).

또한 그는 "가르치는 모든 것은 일상생활에 실제로 적용되는 것이어야 하며, 일정한 용도가 있는 것이어야 한다. 다시 말해, 학생들은 그들이 학습하는 것이 어떤 유토피아 사상에서 얻어온 것이거나, 플라톤적 이데아에서 빌려온 것이 아니라, 우리를 둘러싸고 있는 사실이라는 것을 알아야 한다. 그것을 적절하게 알게 되면 인생에 큰 도움이 된다는 것을 이해해야 한다. 그렇게 되면, 그의 정력과 정확성이 증가할 것이다"(Comenius, 1987: 201)라고 언급했다. 여기에서 지리는 바로 일상생활과 밀접한 관련을 가지고 있으며, 우리를 둘러싸고 있는 사실을 다룬다는 점이 인식되었다고 볼 수 있다.

코메니우스는 지리적 표본이 매우 유용하고도 유익한 교육적 자료가 됨을 인식하고 있었는데, 그는 이를 다음과 같이 표현하고 있다.

> 사물자체를 구할 수 없다면 표본을 사용해도 좋다. 교수목적을 위해서 모사품이나 모형을 만들 수도 있다. 이것은 식물학자, 기하학자, 동물학자, 지리학자들이 채택하는 원리이다. 그들은 사물의 묘사를 위해서 그림을 사용한다. 예를 들면 인간의 신체를 다음과 같은 시각적 시범으로 잘 설명될 것이다. …… 모든 지식분야를 위해서 이와 같이 구성물들(즉 원본을 구할 수 없는 사물의 상)을 만들어서 학교에 비치해야 한다. 이런 모형을 얻기 위해서는 비용과 노력이 필요한 것이 사실이다. 그러나 노력에 대한 보상은 대단히 클 것이다

(Comenius, 1987: 198).

둘째는 코메니우스는 학교에서 가르칠 지식은 학습자에게 유용한 것만을 기준으로 하지 않고 그것이 성공적인 삶을 영위하는 데 필요한 것이어야 한다고 주장하면서 인간생활에서 실재성을 강조했다. 또한 코메니우스는 지식의 일반성에 주목해 이러한 것을 일반적 지식이라고 했으며, 모든 이성적 인간의 이해범주에 속한다고 보았다(강선보, 2002: 6). 따라서 지리적 지식이 코메니우스의 교육과정에 포함된 것은 모든 사람들이 건전한 판단을 할 수 있도록 도와주는 지식에 속했기 때문이다.

특히 코메니우스는 모든 학문 중에서 무엇보다 인간 생활의 실재적이며 건전한 영향을 줄 수 있는 자연과학의 연구를 강조하였다. 왜냐하면 자연과학은 모든 사물의 내적 구조와 철저한 지적 가치가 될 수 있으며, 모든 형태의 지식 기반이 될 수 있기 때문이다. 따라서 그는 학교의 교과과정에 물리학, 천문학, 지리학, 기하학, 산술, 수학과 같은 학문을 포함시켜야 할 것을 제언했다(이숙종, 1996: 223).

셋째, 지리는 코메니우스의 범지학적 교육과정에 적합한 조건을 갖추었다. 코메니우스의 교육과정의 목표는 '모든 것을 알고, 모든 것을 행하며, 모든 것을 말하는 것'이므로, 모든 교과를 가르쳐야 한다고 보았다(강선보, 2002: 7). 또한 그에 따르면 우리가 가르쳐야 할 것은 ① 부분이나 조각적인 것이 아니라 완전하고 전체적인 것, ② 피상적이고 현혹적인 것이 아니라 기초가 탄탄하고 진실된 것, ③ 가혹하고 강제적인 것이 아니라 부드럽고 평온해서 오래도록 지속되는 것이어야 한다(Murphy, 1995: 121; 강선보, 2002: 8). 따라서 코메니우스에 따르면 지리적 지식은 이러한 조건들을 만족시키는 것으로 판단되었다.

한편, 코메니우스는 그의 『대교수학』에서 그의 교육적 이상에 따라 각 발달시기에 적합한 교육과정을 제시했다. 그의 교육과정에서는 아동기로부터 성인기에 이르기까지의 기간을 일정한 연령범위, 즉 6년 단위로 유아기의 어머니 무릎학교, 아동기(7~12세)의 모국어학교, 청년기의 라틴어학교(13~18), 그리고 대학(19~24세)에서 가르칠 지리지식에 대해 언급하였다. 각 학교별로 그가 언급한 내용을 보면 다음과 같다.

어머니 무릎학교: 지리학의 초보는 우리가 자라나는 고장의 상황에 따라 산, 계곡, 평원, 강, 촌락, 도시 등의 본질을 아는 것이다(Comenius, 1991: 279).
모국어학교: 우주론의 가장 중요한 사실, 즉 하늘의 궁창, 그 중심에 걸려 있는 지구의 구형, 대양의 모양, 강의 흐름, 지구의 주요구분, 구라파의 주요 왕국, 그러나 무엇보다도 먼저 그들 자신의 조국의 도시, 산, 강, 기타 알아두어야 할 것을 학습해야 한다(Comenius, 1991: 289).
라틴어학교: 지리학자, 즉 지구의 형태를 잘 알고, 대양과 섬들과, 강들과 여러 왕국의 지식을 아는 사람이다(Comenius, 1991: 294).

대학: 우리는 대학에서 다양한 분야의 (지식을 다룬) 저자들의 저서가 읽혀져야 한다고
말했다. 그런데 이것은 크게 도움이 되는 것이지만 힘든 일이므로 학자들, 즉 언어
학자, 철학자, 신학자, 의학자들이 지리학자들과 같은 작업을 한다면 큰 도움이 될
것이다. 즉 지리학자들은 지리학을 공부하는 학생들에게 여러 지방, 여러 왕국, 세
계의 여러 구분을 지도로 나타내어, 대양과 땅의 큰 넓이를 작은 축척으로 그려내
기 때문에 한눈에 다 들어오게 만든다. 화가들도 역시 시골과 도시, 집, 사람들을
그 본래의 크기가 어떠할지라도 정확하고 생생하게 그려낸다(Comenius, 1991:
303).

위의 내용으로 보아 코메니우스가 생각한 지리학은 대체로 지구의 회전, 지구표면을
경도와 위도 중심으로 설명해 지구의 속성과 형상을 다루는 톨레미(Ptolemy)의 수학적,
지도학적, 지리학적 전통에 따른 'geographia' 내지 'cosmographia'의 내용을 담고 있음은
물론이고, 자연적 속성과 지역에 대한 정보를 다루는 스트라보(Strabo)의 지역기술적 지리
학 전통을 적절히 혼합한 것이라고 볼 수 있다. 특히 그가 지역을 산, 계곡, 평원, 강,
대양, 섬과 같은 요소별로 기술하는 것은 자연적 속성에 따라 자세히 기술하는 스트라보
의 지리학적 전통을 계승하고 있다고 할 수 있다.

그런데, 위의 모국어학교에서 코메니우스가 지리학이라는 용어 대신 우주론, 즉
'cosmography'라는 용어를 사용하고 있는 것은 당시에는 'geography'와 'cosmography'가
혼용되었다는 것을 보여준다. 즉, 이는 당시의 신학자들이 그들의 신학적 관심에 따라
톨레미의 지리학이라는 용어를 번역하면서 'geographia' 또는 'cosmographia'로 혼용해
사용했기 때문이다. 신부이자 신학자인 코메니우스 역시 당시 신학자들의 이러한 관례에
따른 것이라 판단된다.

② 코메니우스의 『세계도해』와 지리

코메니우스의 교육사상이 가장 철저하게 구현된 교과서는 『세계도해(Orbis Sensualium
Pictus)』이다. 원제목은 '감각세계의 그림'이며 세계 최초의 그림으로 된 교과서이다. 코메
니우스는 이 책이 '어린이'를 대상으로 쓴 것이라고 밝히고 있으며, 서문에 아리스토텔레
스의 공리(公理)인 '감각에 존재하지 않는 것은 어떤 것도 지성에서 지각될 수 없다(감각기
관을 통하지 않고서는 어떠한 것도 이해하지 못한다)'는 원리를 지식의 출발점으로 제시했다.
그는 우선 감각기관을 활용해 지식에 이르게 하는 방법을 이 책에 적용하려 했다
(Comenius, 1999: 191).

그가 그림이 들어간 교과서를 집필한 것은 단순히 그림이 이해하기 쉽기 때문이 아니
라, 그렇게 하는 것이 인간의 자연본성에 합당하다고 여겼기 때문이다(박의수 외, 210: 240).
즉 그는 모든 교육은 아동의 경험에서 출발하고 사물에 대한 직관적 파악, 또는 적어도

그림을 통해서 파악하는 것으로부터 출발해 사물에 대해 직접 말할 수 있도록 가르쳐야 한다고 생각했다. 그리고 독특한 교재구성과 교수법은 자연의 진행과정과도 긴밀하게 일치하기 때문에 예술을 포함한 모든 학문에 적용될 수 있다. 이 책이 제시하고 있는 교수법의 목적은 코메니우스 교육사상의 궁극적 내용인 범지학 사상의 체계와도 일치하고 있다(Comenius, 1999: 190).

세계 최초의 시청각 교재인 『세계도해』는 1658년 출간 당시부터 '그림이 있는 교과서'라 불리면서 전 유럽의 베스트셀러로 엄청난 반향을 불러일으켰다. 초판이 발행되고 100년 뒤 독일의 대문호 괴테가 자신의 어린 시절을 회상할 때 이 책을 종종 언급했을 정도로 영향력이 컸던 책이다(Comenius, 1999: 187). 이후 교육적으로 훌륭한 교과서의 모범이 되었다.

『세계도해』는 150개의 주제를 중심으로 구성되어 각 주제에 대한 내용과 그 내용을 담은 그림이 함께 들어있다. 150개의 주제는 언뜻 무질서해 보인다. 하지만 사실은 자연과 인간과 신에 대한 모든 것을 망라한 통일되고 보편적인 지식체계를 정리하려는 코메니우스의 범지학 사상과 완벽하게 일치하는 것이다(Comenius, 1999: 190). 이를 통해 코메니우스의 범지학적 계획은 백과사전적 단편에서 통일적 인식체계에 이르는 길을 제공하는 것이다.

따라서 『세계도해』에는 코메니우스의 범지학적 사상체계와 일치해 그가 『대교수학』에서 중요성을 인정한 모든 분야의 지식이 포함되었다고 볼 수 있다. 즉 『세계도해』에 나오는 150개 주제들은 코메니우스가 모든 지식분야이자 교육에서 다루어야 할 지식으로서 『대교수학』에서 제시한 20가지의 지식 모두에서 온 것이라고 볼 수 있다. 이에 따르면 『대교수학』에서 제시한 20개의 지식은 각각 7개 내지 8개정도의 주제를 포함하고 있다고 생각할 수 있으며, 지리학의 주제도 7~8개 정도로 포함되어 있다고 볼 수 있다.

『세계도해』의 150개의 주제 중에서 지리와 관련이 있어 보이는 주제들은 '3.하늘, 5.공기, 6.물, 8.대지, 9.대지의 작물, 11.돌, 12.수목, 13.과일나무, 15.야채, 16.곡식, 17.관목, 45.농경, 46.목축, 50.고기잡이, 63. 목수, 67.광산, 82.여행하는 사람, 85.운송, 86.나루터, 103.천구, 107.지구(a), 107.지구(b), 108.유럽, 122.도시, 123.도시의 내부, 126.장사, 137.왕국과 속주, 143. 도시포위'에 걸쳐 약 27개 정도로 많다. 이 중에서 코메니우스가 『대교수학』에서 실제로 언급한 지리학의 본질, 즉 '산, 계곡, 평원, 강, 촌락, 성, 도시들의 본질을 아는 것'과 직접 관련된 내용을 담은 주제들을 보면, '물, 대지, 지구, 유럽, 도시, 도시의 내부, 왕국과 속주'의 7개 주제가 그것이다.

이러한 지리관련 주제들의 내용들을 담고 있는 페이지들은 다른 주제와 마찬가지로

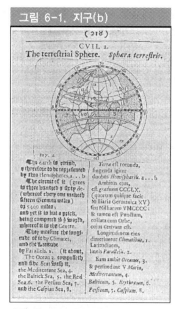

그림 6-1. 지구(b)

출처: Bowen(1981) p.78
* 이는 영어와 라틴어의 2개의 언어로 된
1659년 영어판이다.

기술된 내용과 함께 그림지도와 다이어그램이 함께
제시되어 언어적 자료와 시각적 자료를 결합하여 학
습의 효과를 높이고자 의도하였다.

그의 교과서에 진술된 지리 내용을 좀더 구체적으
로 살펴보자.

주제 '107.지구'를 보면(Comenius, 1999: 128~129),
150개 주제 중에서 유일하게 (a), (b)로 나누어 진술해
그 중요성을 보여주는 주제이다(그림 6-1 참조). 지구가
둥글기 때문에 동반구와 서반구의 2개의 반구로 나누
어 기술한다고 분명히 밝히고 있다. 이 주제에서는 경
선과 위선에 대해 언급하고 동반구에서는 아시아, 아
프리카, 유럽 대륙을 담고, 서반구에서는 아메리카 대
륙을 담고 있다. 이러한 형태는 근대 지리학의 형성
이후의 지리교과서에서도 지구를 다루는 전형적인 내
용틀이 되었다. 그리고 이 주제에서 지구를 열대, 온
대, 한대로 나누고 있어 그리스시대의 지리학을 계승

하고 있다. 대륙의 구분은 1대륙(유럽, 아시아, 아프리카), 2대륙(아메리카), 3대륙(남쪽의 대륙)
으로 구분했는데, 오스트레일리아 대륙에 대한 내용이 전혀 없는 것은 당시 지구에 관한
지식의 한계를 보여준다. 특히 지구와 관련해 진술한 내용들을 보면 '하늘은 그 한가운데
위치한 지구의 주변을 감싸고 돌아가고 있다'는 아리스토텔레스의 코스몰로지(cosmology:
우주론)를 계속 확신시키는 내용을 담
고 있다(Bowen, 1981: 77).

코메니우스는 이러한 지구에 대한
지식에서 나아가 유럽에 대한 지리적
지식을 아동들에게 전달하려고 시도했
는데 바로 '108.유럽'이 그것이다. 이
는 마치 전형적인 지명 암기를 위한 내
용처럼 보인다. 하지만 지도를 자세히
보면 당시 유럽 28개 국가들을 지도에
표기해 국가명과 위치 그리고 국가의
경계를 분명하게 보여주어, 유럽 지역

그림 6-2. 유럽

출처: 코메니우스(1999), p.130.

과 국가들에 대한 공간인식을 고취하기 위한 것으로 볼 수 있다. 특히 그의 고국인 보헤미아를 유럽의 정중앙에 위치시켜 묘사함으로써 자기중심적 공간인식을 확연히 보여준다(그림 6-2 참조).

'123.도시의 내부' 주제를 보면 당시의 유럽의 도시, 즉 성곽도시의 구조를 정확하게 묘사하고 있다. 도시의 중심, 성벽주변, 그 밖의 주변으로 나누어 도시 내부의 시설물의 공간배치에 따라 기술함으로써 감각 지각에 유리하도록 내용구성을 시도했다는 것을 알 수 있다. 이 내용들은 도시 내 생활을 한눈에 유추하게 해주며, 도시와 하천과의 관계까지 포함하여 기술하고 있다. 도시 내부 공간구조를 시각적으로 이해시키려는 의도가 엿보인다. 이 항목뿐만 아니라 '도시'주제에서도 이와 유사하게 도시와 근교의 공간배열을 잘 파악할 수 있게 해준다. 전체적으로 이 주제에 대한 기술 내용은 오늘날의 초등학교 수준에서 이해 가능할 정도로 도시에 대한 간명한 기술이 돋보인다. 기술된 내용은 다음과 같으며, 사용된 그림은 <그림 6-3>과 같다.

〈그림 6-3〉 도시 내부

도시의 안쪽에는 돌을 깔아놓은 넓은 길, 시장과 골목길이 있습니다. 공공건물에는 다음과 같은 것이 있습니다. 도시의 중심에 교회, 학교, 시청, 거래소, 성벽과 문 옆에는 병기고, 곡식창고, 숙박소와 선술집, 극장, 병원, 깊숙한 곳에 하수도와 감옥이 있습니다. 주요한 탑에는 시계와 감시하는 오두막이 있고 길에는 우물이 있습니다. 큰 강이나 작은 강이 도시 사이를 흘러 오물을 씻어내는 데 도움이 됩니다. 성탑은 도시의 가장 높은 장소에 우뚝 솟아 있습니다(Comenius, 1999: 145).

출처: 코메니우스(1999), p.123.

그리고 '6.물'에서는 해안, 만, 곶, 섬, 반도, 해협과 같이 물에 의해 형성된 지형들을 나열하고 있다. '8.대지'에서는 대지에서 차이를 드러내는 지형들을 나열하고 있다. 특히 지형형성의 원인으로 물의 역할을 크게 강조했는데, 이를 다음과 같이 기술하고 있다.

물은 물의 근원에서 생겨나 계곡으로 흘러내려 시내로 천천히 흘러가고 연못 속에도 있으며 강으로 흘러들어 소용돌이치거나 늪을 만들기도 합니다. 강에는 강가가 있습니다. 바다는 해안, 만, 곶, 섬, 반도, 지협, 해협 등을 만듭니다. 그리고 암초도 있습니다(Comenius, 1999: 27).

대지에는 높은 산, 깊은 계곡, 약간 높은 언덕, 쑥 들어간 동굴, 평평한 밭, 어두운 숲이 있습니다(Comenius, 1999: 29).

이러한 지리 내용을 담은 『세계도해』는 코메니우스 자신이 어린이를 대상으로 쓴 것으로 밝히고 있다. 하지만 당시에는 7세 정도가 되면 순식간에 성인 사회 속에 들어가 일과 놀이를 공유했기 때문에, 어린이의 세계와 어른의 세계 사이에 차이나 이행이라는 관념이 없었다. 따라서 『세계도해』에 나타난 지리 내용은 코메니우스 자신이 생각하는 성인의 지리세계와도 거의 일치하는 것이라고 볼 수도 있다.

(2) 코메니우스의 지리학적 지식의 배경

과학혁명이 17세기에 힘을 마련하면서, 당시 지리는 처음부터 다소 비정상적인 입장을 차지하고 있었다. 당대의 지도적인 사상가들로부터 큰 관심을 끌지 못했던 것이다. 지리 교과를 가르쳤던 사람들은 지리학의 전통적 주제가 새로운 과학이론과 어떻게 관련될 수 있는지에 대한 질문에 직면해, 베이컨(Bacon)식의 학교에서도 데카르트(Descartes)식의 학교 어디에서도 뚜렷한 해결책을 제시하지 못했다. 즉, 사용가능한 분명한 프로그램을 발견할 수가 없었다(Bowen, 1981: 67).

그럼에도 불구하고 코메니우스가 교육프로그램에 지리학을 도입한 이유는 무엇이며, 어떻게 이 저명한 교육학자가 지리적 지식을 획득할 수 있었을까?

첫째, 사상적 측면에서 보면, 코메니우스의 지리적 관심은 백과전서주의의 영향에서 나온 것이며, 르네상스의 고전 복귀라는 인문주의 영향에서 나온 것이라고 볼 수 있다. 먼저, 코메니우스는 사상적으로 베이컨과 백과전서파인 알스테드(Alsted, 1588~1638)의 영향을 가장 많이 받았다(Mahony, 1988: 16; 이숙종, 1996: 104, 114~119). 지식체계에서는 베이컨보다 오히려 백과전서파인 알스테드 사상의 영향으로 지리학을 비롯한 다양한 학문과 지식에 관심을 갖게 되었다. 특히 그는 모든 지식을 가르치려는 범지학 사상을 가지고 있었으므로 다양한 지식에 대한 개방성을 가지고 있었다고 볼 수 있다.

그리고 코메니우스가 가진 언어교수에 대한 깊은 관심에서 시작된 고전에 대한 관심은 고대 그리스의 지리학 관련 문헌을 많이 접하게 만들어 지리학과 좀더 친숙해지는 계기가 되었다. 코메니우스는 인간의 재발견에 강조점을 두는 에라스무스에서 시작되는 인문주의의 연장선에서 고전에 대한 깊은 관심을 가지고 있었다. 특히 그는 앞에서 언급한 바와 같이 라틴어교육에서 고대의 그리스의 여러 가지 문헌과 함께 지리적 저작들을 자료로 활용했다.

둘째, 지리학의 학문적 상황을 통해 코메니우스 시대의 지리학을 복원하면, 당시 지리학자들의 영향을 받았다는 것을 추측해 볼 수 있다. 코메니우스는 중세 지리학과 근대 지리학의 중간에 위치하는 17세기 중엽의 '지리학적 전환기'에 해당하는 인물로서, 당시 대표적인 지리학자로는 독일의 클루베리우스(Philip Cluverious, 1580~1622), 케커만 (Bartholomew Keckerman), 바레니우스(Bernhard Varenius, 1622~1650) 등이 있다.

코메니우스는 바레니우스와는 어떤 만남이나 지적인 공동작업의 역사적 증거는 하나도 없다. 그들 모두가 네덜란드의 동일한 학술회에 속해 있었고, 당시 네덜란드는 북서유럽 의 중심이고 지도학의 중심이었음에도 불구하고 코메니우스의 저작에는 일반지리학과 특수지리학으로 나눈 바레니우스 개념의 흔적을 전혀 찾아볼 수 없다. 그것은 그들간의 나이의 차이 등으로 인해 접하지 못했을 가능성이 크다(Sebor, 1972: 89~90). 코메니우스는 60대이고 바레니우스는 겨우 중년의 나이였다는 것이다. 또한 그들의 다양한 기원과 학문적 성향도 중요한 역할을 했을 것이다. 바레니우스는 지리학을 위해 지리학을 연구한 데 비하여, 코메니우스의 관심은 좀더 넓었고 모든 지식을 교육에 종속시켰다(Sebor, 1972: 90).

코메니우스와 바레니우스의 교류가 없었던 점으로 보아 코메니우스가 당대의 인정받는 새로운 지리학자들과는 멀리 떨어져 있었을 가능성이 있다. 예를 들면 당시에 네덜란드에 살았던 17세기 지구과학자 가운데 저명한 과학자로 키르헤(A. Kircher, M. Subterraneus)가 있지만 이들과의 교류의 흔적도 없다. 특히 키르헤는 프라하의 카를대학의 지리학과 교수였던 케츄라(M. Cechura)의 스승이었지만 프라하에 거주했던 코메니우스는 키르헤나 케츄라를 만난 적이 없는데, 그것은 아마도 그것은 종교상의 차이가 그 한 이유일 것이다 (Sebor, 1972: 90).

다른 한편으로 코메니우스가 신학자이자 신부로써 라틴어를 구사하며 당대 지식층을 끌어가는 계층에 속했으며, 1613년에는 하이델베르크 대학에서 신학수업을 받았다는 점을 고려해보면, 클루베리우스와 케커만과는 그들의 라틴어로 집필된 지리서적을 통해 지리학에 접했을 가능성이 크다. 즉 지리상의 발견기부터 신부들은 그들의 지리적 지식을 신학적 관심에서 담아냈다고 간주하는 *Cosmography*류의 지리적 저서에 익숙했다. 또한 신부였던 뮌스터(Münster)의 *Cosmography*가 무려 100년 동안 44판이나 거듭되어 출판되고 6개 언어로 번역될 정도 영향력이 있던 시대였으며, 실제로 유럽 외 지역에서도 정말 영향력이 있는 책이었기 때문에(Glacken, 1967: 363) 이에 대해 충분히 알고 있었을 것이다. 당시에 'cosmography'라는 용어의 사용은 뮌스터의 경우처럼 종교적 강조를 나타내기 위한 것이거나 또는 아피엔(Apian)의 경우처럼 천문학을 포함하고 있었기 때문에 사용된 용어이다. 하지만 종종 'geography'와 함께 사용되었다(Bowen, 1981: 34). 또한 뮌스터는

1540년에 새로운 판의 *Ptolemy*를 출판하였을 뿐만 아니라, 그는 1544년 발견의 항해 이후 출판한 *Cosmograpia Universialis*는 이후에도 여러 가지 판으로 출판되었다. 또한 1세기 이상 하나의 표준적 텍스트로 남았다(Bowen, 1981: 34).

그리고 코메니우스는 당대 활발한 활동을 했던 클루베리우스나 케커만 같은 지리학자들의 저작들을 접할 기회가 많았을 것이며, 이를 통해 지리학적 지식을 흡수하였을 것이다. 체코에 인접한 독일에서는 당시 지리학자 클루베리우스의 지리학 저서가 식자층에 회자될 정도로 유명했기 때문에 더욱 그러하다. 그가 라틴어로 쓴 『일반지리에 대한 입문(*Introductio in Unversam Geographiam*)』은 그가 죽은 뒤 2년 후에 네덜란드의 엘제뵈어(Elzevier)에 의해 출판되었다. 이 책은 분명히 뮌스터의 *Cosmography*의 전통 속에서 출판되었지만, 당시대를 통해 표준적인 저서로 남았다. 이후 100년 동안 여러 나라에서 30판 이상의 라틴어로 출판되었으며, 1631년에는 프랑스어로, 1657년에 영어로, 1678년 독일어로 출판되었기 때문에 코메니우스가 참고했을 가능성이 높다.

특히 케커만은 라틴어로 된 『모든 수학의 간략한 체계: 기하학, 광학, 천문학 그리고 지리학』(1617년에 출판)을 출판해 지리학에 대한 학문적인 접근을 시도하였는데 코메니우스는 이를 참고하였을 가능성이 높다. 그런데 여기에서 케커만이 함께 취급하고 있는 네 개의 학문의 나열된 순서는 코메니우스가 『대교수학』에서 지식의 분야를 제시하는 순서와 거의 일치하는 유사점을 보이므로 그의 책들을 참고했을 가능성이 있다. 그밖에도 케커만은 라틴어로 『신학의 구조』(1602), 『논리학의 체계』(1603), 『윤리학의 구조』(1607), 『일반 그리고 특수 수사학의 체계』(1608)뿐만 아니라 1617년에는 개설서인 『지리학의 체계』를 두 권의 책으로 재출판하는 등 여러 가지의 교과서를 저술했으므로(Bowen, 1981: 71), 범지학의 성립과 학문의 체계화에 관심이 많았던 코메니우스가 접하기 쉬웠을 것으로 생각된다.

이상에서 보면, 코메니우스는 바레니우스와 비교해볼 때 전문적 지리학자는 아니었지만 그의 지리적 성취는 인과성에 강조를 두고, 모든 교육을 위한 배경으로 필요한 지구에 관한 지식을 전파한 것이다(Sebor, 1972: 92).

3) 계몽주의와 지리교육

(1) 로크의 지리교육적 관심

로크(J, Locke, 1632~1704)는 기억중심의 체벌주의에 반항해 단련주의의 색채가 짙은 새로운 교육을 주창했다. 1693년 영국에서 그가 쓴 『교육사상(*Some Thoughts Concerning*

Education)』은 교육에 대한 탁월한 의견을 풍부하게 논술해 그가 쓴 다른 저술서와 함께 루소와 페스탈로치에 영향을 주었다(김재만, 1984: 87). 특히 그는 계몽시대에 선천성 (nature)과 후천성(nuture)에 대한 논쟁을 끌어내면서 후대에 교육사상적 측면에서 강한 영향을 주었다. 후대의 교육사상에 영향을 준 그의 아이디어는 유용성의 원칙, 실질적 지식에 대한 선호, 실제적 능력에 대한 옹호, 당대의 언어교육방법에 대한 비판이었다.

그는 신사들을 교육하기 위한 교육과정을 제안했는데 지식의 획득보다 심성과 성격의 단련을 강조하였다. 이에 따라 당시 언어를 중시하는 스콜라적 교육을 반대하고, 체육과 훈육을 역설했다. 따라서 라틴어 중심의 교과를 배격하고 영어, 미술, 산수, 기하, 지리, 역사, 과학 등 실용적인 것을 중시했다(김재만, 1984: 88).

그가 제시한 교육과정은 라틴어의 읽기, 쓰기, 문법 그리고 영어작문, 과학을 중심으로 그밖에 산수, 지리, 연대기, 역사, 기하도 함께 배우도록 했다. 특히 그는 이 5가지 과목 중에서도 지리가 첫번째의 것이 되어야 한다고 주장하면서 지리가 다루는 내용을 다음과 같이 설명했다.

> 지구의 형상, 세계의 4부분(대륙)의 상황과 경계를 학습하는 것과 특이한 왕국과 국가들을 학습하는 것은 유일하게 눈과 기억을 사용하는 것이다. 어린아이는 즐거움을 가지고 그 것을 배우고 간직할 것이다. 그리고 이것이 확실하므로, 나는 지금 그의 어머니가 지리에서 이러한 방식으로 잘 교수를 받은 아동과 함께 살고 있으며, 그는 세계의 4부분의 한계(극) 를 알고, 질문받았을 때 지구본위에 어떠한 나라도 영국의 지도위에 어떠한 지방도 기꺼이 가리킬 수 있을 것이다. 그는 세계의 대하천, 곳, 해협와 만을 알고 있으며, 그가 6세가 되 기 전에 어떤 장소의 위도와 경도도 알아낼 수 있을 것이다(F. W. Garforth, 1964: 216~217).

로크가 지리적 지식의 교육적 유용성에 대해 인정한 것만은 틀림이 없다. 하지만 당시의 지리적 지식의 수준은 지구의 위치와 지명에 대한 지식과 국가 및 왕국을 중심으로 하는 지역에 대한 지리적 지식이 중심이 되고 있어, 중세의 스트라보(strabo)적 지역중심의 지리적 지식에 대한 인식을 보여준다.

(2) 계몽주의 학교와 지리교육

계몽시대의 교육은 중등학교 교육에서 신사상에 대한 반응이 나타나 고전적 전통을 유지하는 가운데 실용적 교과들이 받아 들여졌다. 독일에서는 헤겔 등의 영향으로 감각적 사실주의(sense realism)가 크게 발전했다. 바제도((J. B. Basedow, 1723~1790)의 학교에서도 자연주의와 사실주의에 근거를 둔 실용적 교과가 중시되었다.

프랑스 중등학교에서는 예수회의 영향으로 여전히 고전적 형식을 벗어나지 못했고, 영국도 라틴어학교가 지배적이었다. 그러나 영국의 경우 비국교들에 의해 설립된 아카데미 (academy)라는 새로운 학교에서는 새로운 과목들이 교수되기 시작했다. 여기에서는 고전 이외에도 영어, 현대외국어, 수학, 자연과학, 역사, 지리, 정치, 철학 등이 교수되었다(김재만, 1984: 93). 초등교육은 본질적으로 독서학교이며 교재는 주로 종교적인 것이었다.

계몽기에는 대학을 대신한 연구단체인 아카데미가 각 궁정을 중심으로 설립되었는데, 새로운 대학으로는 할레대학(1694), 괴팅겐대학(1737)이 설립되고 이후 베를린대학이 생겨났다.

계몽정신을 가장 잘 나타내는 학교로는 18세기의 독일 귀족을 위한 교육기관이었던 리터아카데미(Ritterakademie)를 들 수 있다. 여기에서의 교육은 종래의 고전어학교의 인문주의 교육을 폐지하고 수학, 자연과학, 프랑스어 등에 의한 사실주의 교육을 행하였으며, 이외에도 백과사전식으로 지식교육을 했는데 역사, 무술, 체육, 지리 등을 교수하고 궁중의 관습과 동작 등을 가르쳤다.

4) 자연주의 교육사조와 지리교육

(1) 자연주의 교육사조, 교육사상가 그리고 지리

자연주의 교육사조가 발달한 시기를 지리학의 발달과정에서 보면, 지리학이 점점 중세의 미몽에서 깨어나 고대의 지리학을 복원하고 새로운 변화를 모색하는 시기에서 시작하여, 바레니우스에 의해 지리학의 체계가 잡히고 근대 지리학으로 진입하는 시기에 해당한다.

자연주의 교육사상은 18세기 가장 유력한 교육운동이라고 할 수 있다(손인수·김동구, 1988: 91). 그 사상은 교육의 목적, 내용, 방법을 모두 자연 원리에서 찾았으며 자연에 따르는 교육이 인간을 가장 자유롭게, 행복하게, 그리고 덕스럽게 만든다고 보았다. 즉 자연주의의 교육목적 및 목표는 사회적 제약에서 벗어나 자기 목적적 삶을 살아가는 자연인을 육성한다는 것이다. 그리고 인간에 의해 인위적으로 형성된 지식체계를 거부하고 아동의 천성에서 나오는 흥미와 생활의 필요에 의해 자연스럽게 일어나는 활동을 중심으로 교육내용을 구성하며, 감각적 실학주의의 영향을 받아 모든 것이 자연의 법칙에 따르는 실물교육과 직관교육의 방법을 사용한다(박의수 외, 1997: 222).

자연주의 교육사상가들에게 자연이란 항상 진리와 경험의 원천인데, 이들은 과학적 방법으로 자연을 분석할 수 있고, 그 결과 자연스럽게 인간과 우주를 지배하고 있는 자연의 법칙을 찾아낼 수 있다고 믿는 계몽주의의 영향을 받았다. 이러한 측면에서 계몽주의 철학과 교육적 자연주의자들은 구체제 질서에 대하여 혁명적 의문을 제기하게 된다(박의수 외, 1997: 296). 그 결과로 서구의 사회사상사적 측면에서도 루소 등에 의해 대표되는 낭만적 자연주의는 서구 근대 교육의 새로운 주류를 형성하면서 현대 교육에 많은 영향을 미쳤다(주영흠, 2003: 15).

그런데 자연주의 교육사상의 모체는 17세기의 감각적 사실주의인데, 외부의 자연에 순종하는 주관적 자연주의 교육을 주장하는 코메니우스나 라트케(Ratke)에서 시작되었다(손인수·김동구, 1988: 91). 이후 자연주의 교육사상은 자연에서 심성교육을 주장하는 루소로 발전했다. 초자연적 신의 존재를 믿었지만 교육방법에서 루소의 아이디어를 활용한 페스탈로치(Pestalozzi)에 의해 크게 발달하였으며, 다음에는 다윈의 진화론을 지식사회에 적용해 고도의 도덕적 체계를 강조한 스펜서(Spencer) 등에까지 이른다(박의수 외: 1997, 290).

따라서 자연주의 교육사상가의 가장 대표적 인물은 코메니우스, 루소, 페스탈로치를 들 수 있는데, 이들의 교육사상을 간단히 살펴보면 다음과 같다.

먼저, 근대 교육의 창시자라고 불리는 코메니우스(Johann Amos Comenius, 1592~1670)는 앞에서 살펴본 바와 같이 체코의 교육자로서 자연중심적 교육을 제시했던 대표적 자연주의 교육사상가이며 동시에 17세기 실학적 사실주의 교육사상가이다. 그는 종래의 철학과는 다른 자신의 새로운 철학 즉 범지학(Pansophia)을 통하여 기존의 교육을 개혁할 수 있다고 보고, 새로운 교육과정, 교수법, 교수자료들을 창안하고 개발하여 후대의 교육사상가들에 지대한 영향을 미쳤다(강선보, 2002: 1). 그의 교육사상은 자연주의 교육사상, 사실주의, 범교육사상으로 크게 세 가지의 측면에서 파악할 수 있다. 코메니우스는 인간과 자연 사이에는 동일한 성장과정과 병행의 관계성이 있다는 병행이론을 발전시켰으며(이숙종, 1996), 인간의 모든 활동을 자연의 전형적 구조와 원리에 근거하여 해석하여 모든 교육방법의 원리를 자연현상으로부터 도출하거나 유추하는 등 자연주의 교육의 원리와 방법을 제시하였다.

그리고 그는 감각적 혹은 자연주의적 사실주의의 창시자로 알려졌다. 그는 베이컨의 영향으로 자연 사물들의 직접적인 관찰에 의한 감각적 지각의 중요성을 인식하고 외부세계와 인간의 내면세계의 유기적 관계에 의한 새로운 인식론을 정립하였고, 감각의 인상을 통하여 얻어지는 지식과 함께 사물들의 감각적 표착이나 경험의 중요성을 강조하였다(이숙종, 1996: 127~129).

또한 코메니우스는 '모든 사람에게', '모든 것을', '모든 방법으로' 가르쳐야 한다는 주장 아래, 모든 사람들을 교육을 받아야 할 대상으로 삼고(강선보, 2002), 그들에게 지식의 원천이 되는 모든 사물을 가르치며, 모든 것을 가장 효과적으로 가르칠 방법을 주요 내용

으로 하는 범교육사상을 제시하였다. 그가 내세운 범지학[1]이라는 철학에 근거하는 범교
육사상은 인간의 변화와 개선을 위한 인간중심적 교육과 이것을 위해 자연의 모든 사물을
필수불가결한 교육의 자료로서 제공되어야 하는 자연중심적 교육과 그리고 모든 사람에
게 모든 것을 전달하는 가장 보편적이며 자연스러운 방법을 활용하여야 하는 우주적 교육
방법론을 제시하고 있다.

코메니우스의 범교육사상과 범지학은 사상적으로 보면 Alsted의 영향을 받아 백과전서
파와 연결되어 있는데, 단편적으로 나열되고 분절된 지식보다 상호 유기적으로 연결되고
체계화되고 종합적인 지식체계를 구축하고자 하였다(오춘희, 1988). 그의 노력은 지식의
통일성을 확보하는 종합적 지식체계를 이룩하려는 근대지리학과 사상적으로 상당한 유사
성을 가지고 있다.

한편 루소는 『사회계약론』과 『에밀』에서 사회는 악하고 자연은 선하므로 인간은 선천
적으로 부여된 자연적 성정을 자유롭게 발전시켜야 한다고 주장했다. 즉 루소에 의하면
교육의 과제는 자연의 길을 방해하거나 파괴하는 모든 것으로부터 돌아서게 하고, 이러한
모든 것들을 멀리하도록 하는 일이므로(오인탁, 1998: 219), 그는 '자연을 관찰하라. 그리고
자연이 제시하는 길을 따르라'고 주장한다. 그리고 그는 아동의 지적, 정서적, 신체적 발
달단계의 특징에 따라 합당한 교육 즉 아동에 적합한 교육을 해야 한다고 주장하고, 관습
과 인습의 틀에 갇힌 교육을 비판했다.

루소의 교육사상은 자연주의, 합리주의, 자유주의에 그 기반을 두고 있는데(손인수·김동
구, 1988; 차석기, 1991: 393~395), 그의 교육방법은 아동 본위의 주관적 자연주의, 자연전
개의 법칙의 적용, 실물을 통한 교육 등으로 정리된다. 이를 토대로 루소는 현대의 아동중
심의 자유교육을 만들어 생활교육 사상에 영향을 주었다. 그의 저작인 『에밀』에서 "과학
은 배우는 것이 아니고 발견하고 직접 하는 것이다"는 주장을 해 페스탈로치의 직관주의,
그리고 작업주의, 즉 노작교육의 사상에도 영향을 미쳤다(차석기, 1991, 398~399).

루소의 자연주의 교육사상은 그의 교육 소설인 『에밀』에 가장 분명하게 드러난다. 그
는 이 책을 통해 모든 인식들은 학습자 자신과 밀접하게, 다시 말하면 체험적으로 관련되
어 있어야 하고, 학습자에 의해 공감되어야 하며, 그리하여 인식의 내용을 확대하고 심화
하려는 욕구를 불러일으켜야 한다는 자연주의 교육원리를 제시했다(오인탁, 1998: 222). 따
라서 그는 자신의 감각을 통해, 자신의 경험을 통해 그리고 자발적 활동을 통해 스스로

---

1) 코메니우스는 실제를 전체로 파악할 수 있도록 설명하는 것을 목적으로 하여, 학문을 감각적인 것을
다루는 자연학, 지적인 것을 다루는 형이상학, 영적인 것을 다루는 형이초학으로 나누고 이 세 가지
의 영역을 하나의 전체로서 연구하는 것을 범지학이라고 하였다(오춘희, 1997: 37).

도야하는 것을 강조했다.

그리고 스위스의 교육학자인 페스탈로치(1746~1827)는 『탐구: 인류의 발달에 있어서 자연 과정에 대한 나의 탐구』에 잘 나타나 있는 바와 같이 합자연의 교육을 강조함으로써 자연주의 교육사조의 대미를 장식하게 된다. 페스탈로치의 실물학습은 감각적 경험을 활용한 대표적 자연주의 학습방법이었고(박의수 외, 1973: 297), 그는 교육방법으로서 합자연의 교육원리를 실천했다.

페스탈로치는 자연을 감각과 정신으로만 보지도 않았으며 또한 양자(감각과 정신)의 산술적 합산이 아닌 정신과 감각의 이중적 구성물로 간주한다. 이에 따라 그는 도덕 또는 정신을 거부하면서 인간을 감성으로만 향하게 하는 것이나, 감성을 배척함으로써 인간으로 하여금 도덕과 정신만을 향하게 하는 것도 배척했다. 감각과 정신을 함께 내포하는 순박한 인간본성을 발전시키는 것이 자연에 일치하는 교육, 즉 합자연 교육이라고 보았으며, 교육방법은 자연의 필연적 법칙을 따라야 한다고 생각했다.

이러한 페스탈로치의 교육사상 및 자연주의 교육사상에서 특히 강조된 것은 직관이었다(김재만, 1983). 그의 직관은 단순히 외계를 모사한다는 코메니우스의 직관론과 달리 수용력과 함께 자발적 구성력을 함께 포함하고 있는 것이었다.

이상에서 살펴본 바와 같이 대표적 자연주의 교육사상가들은 자연에 일치하는 교육을 추구해, 교육과정에 대한 자연법칙의 발견, 형성, 응용을 촉구하고 인간발달이 자연적 법칙에 일치하는 교육을 추구했다. 또한 모든 인위적인 것에 반대해 자연으로 돌아갈 것을 주장하였다(손인수·김동구, 1988: 91~92).

코메니우스에서 보는 바와 같은 자연에 따르는 교육방법은 코메니우스 이래 루소, 페스탈로치 등에 계승되면서 인간주의적 교육관을 형성해(박의수 외, 1993: 211), 어린이의 본성을 이해하고 교수법에서 아동의 발달단계에 맞춘 아동 중심의 교육을 강조했다.

특히 이들이 제시한 교육 사상과 과정은 귀족중심 교육에서 벗어나 모든 국민을 대상으로 하는 근대 교육의 형성에 결정적 영향을 미쳤다. 이러한 그들의 교육 사상과 과정에서 이미 지리는 교과로서 자리매김하고 있었으며 근대 교육에서도 확고한 지위를 유지했다. 그런데 이들 자연주의 교육사상가들은 그들이 살았던 시기의 시간적 차이가 컸음에도 불구하고, <표 6-1>과 같이 그들이 제시한 교육과정 속에서 일정한 근거를 가지고 지리가 포함된 것뿐만 아니라 여러 부분에서 지리에 대해 지속적으로 언급하고 있는 점은 지리교육사에서 갖는 의미가 크다.

표 6-1. 코메니우스, 루소, 페스탈로치의 교육 프로그램과 지리

사상가 / 교육적 시기	코메니우스	루소	페스탈로치
유아기	(0~6세) 형이상학, 자연학, 광학, 천문학, 지리학, 연대학, 역사, 산술, 기하학, 통계학, 기계학, 변증법, 문법, 수사학, 시, 음악, 가정경제, 정치학, 도덕 혹은 윤리, 종교와 신앙	(0~2세) 신체발육중심 건강교육	신앙공동체적 생활, 미술, 음악, 수, 형, 어, 조형, 지리, 체육
아동기	(7~12세) 모국어, 모국어 문법, 산술, 기하, 음악, 교리문답, 도덕, 경제학과 정치학, 역사, 지리, 기계공학	감각교육, 실제 생활교육, 문장, 지리, 역사, 어학을 가르치지 말 것.	종교, 독어, 불어, 라틴어, 그리스어, 쓰기, 문법, 역사, 지리, 산수, 기하, 미술, 음악
소년기	(13~18세) 문법학, 변증법, 수사학, 산술학, 기하학, 음악, 천문학, 자연과학, 지리학, 연대학, 역사학, 윤리학	지리, 우주학, 물리학, 박물학, 『로빈슨 크루소』읽기, 천문, 기하, 문리학, 생활에 유용한 지식교육	(8~15세) 종교, 독어, 불어, 라틴어, 그리스어, 쓰기, 문법, 역사, 지리, 산수, 기하, 미술, 음악

출처: Comenius, J. A.(1991); Rousseau, J. J.(1991); Pestalozzi, H.(2000).

(2) 루소에 나타나는 지리적 관심

① 루소의 『에밀』에 나타난 지리적 관심

루소는 그의 교육소설 『에밀』에서 이성의 시기인 12세에서 15세까지의 소년기에는 이성적 활동이 시작되고 지적 호기심으로 학문에 관심을 갖게 되므로, 에밀의 학습에서 이 시기부터 지리학을 가르칠 것을 권유한다.[2]

그러나 지리학, 물리학과 같은 자연과학을 책과 측정도구를 통해서가 아니라 관찰과 경험, 발견과 실험을 통해 공부할 것을 주장한다(오인탁, 1998: 231). 즉 루소는 감각을 통한 인간의 직접경험을 강조함으로써 인간의 이성과 행위를 연결시키고 통합시키려고 노력하였으며, 이는 루소가 경험과 과학적 방법이 지식의 주된 원천이 된다는 사실주의(혹은 실재주의) 교육의 주장을 그대로 받아들인 것이다(주영흠, 2003: 49~50).

루소는 그의 교육철학에 따라 지리교육의 방법에서 실험과 실물 중심의 지리교육, 노작 중심의 지리교육, 직접관찰에 의한 향토지리, 호기심과 자발성에 바탕한 지리교육, 현장답사와 경험중심의 지리학습을 제시했다.

먼저 루소는 실험과 실물 중심의 지리교육을 강조했는데, 루소는 아리스토텔레스처럼

---

2) 루소의 사상이 지리학에 어떤 영향을 미쳤는지에 대해서는 보웬(Bowen, 1981: 198~199)의 것을 일부 참조할 수 있다.

지구가 바로 지리학자의 실험실이라고 지적하고 실물이 아닌 대용물을 쓰는 지리수업을 강력하게 비판하였다. 이처럼 루소가 실물 대신에 대용물의 사용을 반대하는 것은, "실물을 보일 수 없을 경우 외에는 절대로 실물 대신 상징물을 보여줘서 안 되는 이유는 상징물이 아이의 주의력을 빼앗아가, 그것이 나타내고 있는 사물을 잊어버리게 하기 때문"이다 (Rousseau, 1991: 215). 이는 루소의 감각과 실물을 중시하는 사실주의의 입장을 잘 보여주며, 자연주의 교육사상가들이 보편적으로 가지고 있는 생각, 즉 언어보다 행동중심의 수업을 강조하는, 언어보다 감각을 강조하는 감각적 사실주의 사고와 상통한다.

그리고 루소는 한 걸음 더 나아가, 다른 과목들의 학습과 마찬가지로 지리학습에서도 자신의 감각을 통하여, 자신의 경험을 통하여, 자발적 활동 즉 행동하는 것을 통하여 학습하는 것을 강조한다. 이러한 루소의 생각은 다음과 같은 문장에서 잘 나타난다.

> 지도가 머리 속에 들어 있느냐 아니냐는 아무래도 좋은 것으로, 지도가 나타내고 있는 것을 충분히 이해하고 있으면, 그리고 지도를 만드는 데에 필요한 기술에 관해 명확한 관념을 가지고 있으면, 그것으로 좋은 것이다. 당신 제자의 학식과 내 제자의 무지 사이에는 이런 차이가 있다는 점을 알아주기 바란다. 당신의 학생은 지도를 배우지만 나의 학생은 지도를 만든다. 여기서 또 그의 방이 새로운 것으로 장식되게 된다.
> 나의 교육 정신은 아이에게 많은 것을 가르치는 것이 아니라 정확하고 명료한 관념 외에는 아무것도 그의 머리 속에 넣어 주지 않는 것임을 언제나 잊지 말아주기 바란다(Rousseau, 1991: 216).

> 자신의 지도, 매우 간단한 지도를 만들게 하라. 처음에는 오직 두 개의 장소만이 포함되도록 한다. 다른 것들은 그들간의 거리와 위치를 헤아릴 수 있을 때, 때때로 첨가될 것이다 (Rousseau, 1991: 216; Mahony, 1988: 18~19).

또한 이는 '만드는 활동' 중심의 지리교육, 즉 '노작중심의 지리교육'으로 명명할 수 있는 것으로, 이후에 페스탈로치의 지리교육의 가장 전형적인 방법이 된다.[3] 루소는 직접 경험을 통해 감각을 익히고 경험한 것을 통해 지도를 만듦으로써 정확하고 명료한 관념을 만들 수 있다고 본 것이다. 이에 따라 루소 이후 자연주의 교육사상가나 자연주의의 영향을 받은 사상가들에게 노작은 정신적, 도덕적 발달을 가능케 하는 인간 형성의 본질적 방법으로 인식된다(김수동, 1997: 77).

루소는 또한 학습에서 이러한 감각과 경험을 중요시하는 '노작중심의 지리교육'뿐만 아니라 분석과 종합을 동시에 사용하는 지리교육을 주장했는데, 동시에 상반되는 지점에

---

3) 자연주의 교육사상에서 가장 중요한 개념 중의 하나가 노작교육이다. 현대교육의 기초라고 볼 수 있는 노작교육은 루소의 사상에서도 핵심적 개념으로 작용하고 있다. 노작교육은 노동(행위)을 통해서 창조의 희열을 느끼게 하고 노동(행위)의 즐거움을 깨닫게 하는 것이다(김수동, 1997: 77).

서 시작해 양자가 서로의 증명으로 이용될 수 있도록 할 것을 강조했다.

> 나는 (분석과 종합이라는) 양쪽 끝에서 지리에 접근해보고 싶다. 그가 살고 있는 장소에
> 대한 학습에서 시작해 지구의 각 부분을 검토하면서 지구의 공전에 대한 학습과 결합시켜
> 보자. 반면에 아이가 지구의 표면에 대해 공부했다가 하늘로 공부를 확대했다면, 다시 지구
> 의 지역들로 되돌아와 그에게 처음에 시작한 자신의 가정을 알게 하는 것이다(Rousseau,
> 1991: 216).

그리고 루소는 지리학을 역사학과 더불어 직접적인 개인의 경험을 확대시키는 주요한
학문적 원천으로 생각했을 뿐만 아니라(김수동, 1997: 129), 지리는 지엽적인 지리학에서
확대시켜야 하며, 지리적 사실을 직접적으로 관찰함으로써 배워야 한다고 주장했다. 특히
그는 관찰과 실행을 중요시하면서 살고 있는 도시와 시골의 중간적 장소에서 이웃하는
강, 태양의 관찰과 길을 찾아가는 방법을 바로 그러한 방법의 예로서 제시한다.

> 그의 지리는 그가 살고 있는 마을에서 시작할 것이며, 다음에 그의 아버지의 시골집, 그
> 리고 그들 사이의 장소들, 그 근처의 하천, 그리고 태양에 대해 그리고 어떻게 자신의 길을
> 찾는지에 대해 다룰 것이다. 이것이 만남의 장소이다(Rousseau, 1991: 216; Mahony, 1988:
> 18~19).

또한 이를 통해 볼 때, 루소가 특수한 것에서 일반적인 것으로 나아가며 외부지향적인
동심원적 발달을 통한 귀납적 교육에 대한 베이컨의 입장을 재진술한 것이라고 평가할
수 있다. 이에 따라 루소는 지리의 학습에서 직접적 경험을 하기 쉬운 향토지리 내지 고장
의 지리가 갖는 중요성을 강조하고 있다. 이를 통해 그는 감각의 중요성을 지적하기 위한
것이다. 이렇게 해서 루소는 후대의 학교에서 선호하게 된 향토지역의 학습이라는 모델을
제시했으며, 바로 아동중심 지리를 실천했던 것이다(Bowen, 1981: 198). 이 학습에서 사용
된 접근은 직접관찰접근(look-and-see approach)이라고 표현할 수 있는데(Mahony, 1988: 18~
19), 직접관찰접근은 이후에 페스탈로치에게 그대로 계승되었다.

그런데 루소의 교육방법 및 지리교육방법의 핵심적 문제는 백과사전적 지식의 주입이
아니라, 지적 호기심의 배양과 자발성이다(오인탁, 1998: 231). 그는 충분히 학습할 준비가
되어있지 않았을 때는 학습을 강요하지 말 것을 주장했다. 오히려 학습할 지식의 유용성
을 충분히 인식하게 만드는 학습을 강조했다. 다음은 그 예로서 학습의 자발성을 끌어내
는 지리수업을 실시하고, 지리학습에서 시작해 천문학의 학습으로 자연스럽게 연계되도
록 하고 있다.

> 우리는 몽모랑 시 북쪽에 있는 숲의 위치를 관측하고 있었다. 그때 그가 나를 가로막으

며 '그것이 무슨 쓸모가 있습니까?'하고 질문했다. 이런 공부가 우리에게 아무런 도움이 되지 못한다면 …… 공부는 하지 않기로 하자. 그날은 더 이상 지리공부에 대한 것은 중단하기로 했다. 다음날 아침, 산책하고 오자고 그에게 말을 꺼냈다. 우리는 길을 잃는다. 우리가 있는 지점을 알려고 해도, 아무런 단서가 없다.

> 쟝자끄: 정오라, 참 어제 바로 이 시각에 우리는 몽모랑 시에서 숲의 위치를 관측했었지? 만약 어제처럼 숲에서 몽모랑 시의 위치를 관측할 수 있다면…….
> 에밀: 그렇군요. 하지만 어제는 우리에게 숲이 보였어요. 여기에서는 마을이 보이지 않잖아요.
> 쟝자끄: 그러니까 곤란하지, 여기서 마을이 보이지 않아도, 마을의 위치를 알 수만 있다면 좋은데…….
> 에밀: 참, 그렇군요!
> 쟝자끄: 그래, 우리는 어제 이런 이야기를 했었지. 숲은……
> 에밀: 몽모랑시의 북쪽에 있다구요.
> 쟝자끄: 그렇다면 몽모랑 시는 …… .
> 에밀: 숲의 남쪽에 있게 되지요.
> 쟝자끄: 정오에 북쪽을 알아낼 수 있는 방법을 우리가 알고 있나?
> 에밀: 예, 알고 있어요. 그림자가 가리키는 방향으로 알 수 있어요.
> 쟝자끄: 그럼, 남쪽은?
> 에밀: 남쪽은 어떻게 알지요?
> 쟝자끄: 남쪽은 북쪽의 반대이지?
> 에밀: 맞아요! 그러니까, 그림자의 반대 방향을 보면 돼요. 아아, 이 쪽이 남쪽이다. 확실히 남쪽이다! 몽모랑 시는 이쪽 방향에 있다. 이쪽으로 가보아요.
> 쟝자끄: 그게 좋겠구나. 이 나무 숲속의 오솔길로 가보자.
> 에밀: (손뼉을 탁 치면서 기쁜 듯이) 앗, 몽모랑 시가 보인다!

(Rousseau, 1991: 231~232)

이 지리수업의 과정에서 보면, 루소가 보여주는 지리수업은 적어도 다음의 네 가지 정도의 특징을 가지고 있다. 첫째는 지리적 지식의 필요성 내지 유용성을 느끼는 상황을 만든 후 수업을 한다는 점이다. 둘째는 몽모랑 시의 위치에 대한 지리공부를 현장답사와 경험중심의 학습을 통해 이루어지도록 하고 있다. 셋째는 답을 주기보다 소크라테스의 산파식 교수법을 통해 학생이 스스로 답을 찾아내도록 하고 있다. 넷째는 지식들이 서로 연결되어 있어서 서로 자연스럽게 연계해 학습할 필요가 있다는 점을 보여주고 있다.

② 루소의 자연주의 교육사상의 영향과 학교지리

루소의 교육사상을 실천하는 학교들은 범애학교(Philanthropium)라는 이름으로 세워졌다. 범애학파의 범애주의(philanthropism)는 인류애를 실현하는 교육, 공리공론보다는 실리에 중점을 두고 평화롭고 행복한 생활을 하는 시민육성에 목적을 두었다. 범애학파는 계몽주의 사상을 배경으로 루소에서 나타나는 것과 같은 시대적 정신을 실현하려 했다(차석기, 1991: 399).

특히 범애학파가 지리학사 및 지리교육사적 면에서 갖는 중요한 점은 범애주의 교육자 인 짤즈만(Salzmann, 1744~1811)과 구스무스(GutsMuths, 1759~1837)가 함께 고타(Gotha) 지방의 쉬넨펜탈에 세운 범애학교에서 위대한 지리학자 리터(Carl Ritter, 1779~1859)가 길러졌다는 것이다.

범애학교에서는 루소의 『에밀』에서 제시한 자연주의적 방법과 원리를 응용해 종래 학 습법을 지양하고 교수의 직관화, 유희화, 작업화가 시도되었다(김재만, 1983: 157). 교육의 내용은 다소 백과사전적이어서 근대어, 자연과학, 체육을 중심으로 불어, 독어, 라틴어, 수학, 지리, 물리, 박물학, 음악, 체조, 무도, 회화 등이 주요 교과였다.

이를 통해보면, 코메니우스 이후의 자연주의 사상가인 루소나 그들의 영향은 받은 범애 학파서도 여전히 지리는 중요한 교과로 인정되었다. 이런 교과로서의 인정은 그들이 강조 한 유용성, 직관, 감각 교육의 적합성과 같은 조건을 만족시켰다는 것을 의미한다.

범애학파의 대표적인 인물인 바제도(Basedow)에게서도 이와 같은 경향이 잘 나타난다. 그는 일반적으로 교수에서 실용을 강조했다. 교수는 되도록 실물로 했으며 기억보다는 직관과 이해에 주안점을 두었다. 따라서 자연에 관한 관찰 및 실험에 의한 교수가 중시되 었으며 지리의 교수에서도 직관을 사용했으며, 역사를 지도하는 데도 그림을 많이 사용할 것을 주장했다(한기언, 1983: 355).

바제도는 교육의 시기를 유아기, 소년기, 청년기의 세 시기로 나누어 코메니우스와 유 사하게 교육과정을 제시했다(한기언, 1983: 356). 지리는 주로 산천지명, 도시 등을 다루는 것으로 유아기와 소년기에 중요한 역할을 하는 교과로서 등장한다. 바제도의 교과 선정기 준도 코메니우스처럼 유용성이 중요한 기준이 되었고 실학주의에 따라 직관과 감각, 실물 교육이 가능한 교과들이 중요한 기준이 되었다. 이렇게 본다면 지리는 이와 같은 기준을 만족시키는 교과였다.

(3) 페스탈로치에 나타난 지리적 관심

지리는 페스탈로치가 고아를 위해 1798년 슈탄스(Stanz)에 세운 학교에서부터 페스탈로 치의 교육 프로그램의 일부였으며, 그것은 개인 실험과 관찰을 중심으로 하는 야외에서 하는 살아 있는 지리였다(Mahony, 1988: 26). 이후 1799년에 페스탈로치는 부르크도르프 (Burgdorf)에 서민을 위한 초등학교를 시작했고 1800년에는 시민을 위한 국민학교로 창설 했다. 민중학교로 세운 이 부르크도르프의 학교에서도 지리가 포함되어 있었다. 페스탈로 치는 이 학교에서 8~15세의 중학교 학생 남녀 60여 명을 가르쳤다. 이때 가르친 과목은 성서의 역사, 스위스의 지리, 산수, 쓰기, 라틴어의 초보 등이다(김정환, 1983: 123).

그리고 페스탈로치의 교육사상이 절정에서 꽃을 피운 이페르덴(Iferten 혹은 Yverdun) 학교에서도 지리수업을 했다. 이페르덴의 수업과목은 종교, 독어, 불어, 라틴어, 그리스어, 쓰기, 문법, 역사, 지리, 산수, 기하, 미술, 음악의 13개 과목이었으며, 그밖에 기악, 검술, 무용 등의 특별활동 과목이 있었다.

특히 페스탈로치는 유아교육에도 지리를 포함시켰다. 유아교육의 내용(김정환, 1995: 155)은 인간교육의 기초가 되는 모든 교육의 기본을 담아 지·덕·체를 강조하는 전인교육을 하되 정서교육을 최우위에 두었다. 정서교육은 기독교의 핵심적 덕목인 믿음, 소망, 사랑의 개념을 체험할 수 있는 신앙공동체적 생활, 정서의 순화를 위한 미술, 음악 등이 주가 되었다. 페스탈로치는 지성교육의 내용으로 추상적 능력을 키우는 수, 분석적 사고력을 키우는 형, 명석한 표현력을 키우는 언어교육이 주가 되도록 했다. 이와 더불어 창작의 기쁨을 맛보는 조형, 생활환경에 관심을 환기시키는 지리 등의 교육도 병행했다.

페스탈로치의 유아교육에 대한 사상을 담고 있는 『유아교육서한』은 모두 34통의 편지로 구성되어 있는데, <제24신> 서한은 미술, 조형 기하, 지리교육론을 담고 있다. 이 서한에서 그는 지리를 '자신의 생활환경을 지도로 담아보는 것'으로 파악하고 있으며(김정환, 1995: 152), 다른 세 가지 분야와 함께 이 모두가 다 고유하고 독특한 교육의 몫을 제각기 차지한다고 진술하고 있다.

또한 페스탈로치는 야외답사활동에 직접 참가했을 뿐만 아니라, 두 가지의 상이한 형태의 야외답사 실습을 잘 파악하고 있었다. 첫째는 루소가 보여주었던 아동들을 위한 직접 관찰접근이고, 두 번째는 좀더 성숙한 아동들을 위한 야외에서 사실 증명이다(Mahony, 1988: 27). 그가 지리수업을 진행했던 과정은 매우 상세하게 기록으로 남아 있는데, 당시뷸레민(Vullemin)이라는 학생은 이페르덴(Yverdun)에서 페르탈로치에게 배운 유년기 지리를 다음과 같이 회고했다.

처음에는 지리의 기초를 공부하기 위해 우리를 밖으로 데리고 나갔다. 우리들은 뷰론 강이 흐르는 이페르덴 부근의 인적이 드문 골짜기를 걸어가는 것으로부터 시작했다. 우리는 골짜기를 전면적으로(전체로도) 그리고 부분적으로 관찰했다. 그래서 그것에 대한 바르고 완전한 직관을 가지게 되었다. 다음으로 우리에게 각자는 골짜기 한쪽에 층계를 이루어 매장되어 있는 반토(흙)를 파라고 했다(다음으로 우리 각자는 골짜기의 한쪽에 층을 이루고 있는 진흙층을 파고, 채취용의 종이에 싸서 그 흙을 채취했다). 거기서 우리들은 이 목적을 위해 가져온 큰 종이에 흙 한 뭉치를 쌌다. 성으로 돌아오니 큰 책상 옆에 서게 하고 그 흙을 나누어 주었다. 그리고 각자는 그 흙을 받는 즉시 우리가 방금 보았던 그 골짜기를 모조하라고 했다(학교로 돌아와 바로 거기에서 가져온 흙을 관찰하고 이를 가지고서 그 골짜기를 모사한 모형도를 만들도록 했다). 다음날은 한층 더 높은 산으로 소풍을 가서 새로운 답사를 하고, 그것에 의해서 점차 우리들의 연구를 확대해갔다. 우리들은 이렇게 계속해 마침내 이펠텐 분지를 연구해내고 그래서 그것을 완전히 조감할 수 있는 몽데라의 고지에서 관련적으로 개관하고 그리고 또 그것의 모형을 만들었다. 그러고 나서 비로소 지도를 배우고, 처음으로 지도에 대한 바른 이해를 할 수 있었다(김재만, 1983: 177~178; Mahony, 1988: 27).[4]

이 페스탈로치의 지리수업에서는 관찰 → 직관 → 자료수집 → 지형모사 → 관찰 확대 → 조감 → 지도학습으로 이어지는 각 단계별로 경험을 매우 치밀하게 계획했던 것을 보여준다. 학생의 감각을 이용한 관찰, 직관 그리고 직접적인 경험이 무엇보다도 우선시되고 있으며, 이러한 체험을 바탕으로 경험을 점차 확대해 보다 넓은 시야를 갖게 한 다음 실물의 학습에서 대체물의 학습으로 나아가도록 하고 있다.

이를 통해 볼 때, 당시에 자연주의 교육가들에 의해 체험중심의, 경험중심의, 학생중심의 지리교수방법이 제시되고, 올바른 관념을 형성시키기 위해 관찰, 직관, 감각을 두루 활용하는 지리수업방법이 이론적으로 제시, 실천되었다는 점은 높게 평가할 수 있다. 이는 당시에 영국에서 이른바 'cape and bay(곶과 만)'의 지리라고 해 곶이나 만의 이름을 운문을 통해 외우게 하거나, 프랑스에서 문답식 학습기법이 주로 사용되었던 것(Graves, 1984: 67~68)에 비하면, 큰 대조를 이루는 수업방식이다. 또한 20세기까지도 지리교수방법의 전형이 '곶과 만'의 방법이라고 하여 지명을 암기하는 것이었다는 점과 조금 발달한 것이 음악을 이용한 지명과 산물의 암기였다는 점을 놓고 볼 때, 페스탈로치의 지리교육은 방법과 실천의 측면에서 매우 앞선 것이라고 할 수 있다.

이상에서 페스탈로치의 지리교육의 중심적 내용은 다음의 네 가지로 정리할 수 있다. 첫째, 친근성의 원리에 따른 지리교수의 심리화이다. 그는 간단한 것에서 복잡한 것으로 교육내용을 다루어나갈 것을 주장하였으며 지평확대의 근거를 자연적 관계에서 찾았다. 김정환(1983: 221~231)은 페스탈로치 교육의 대요를 8가지로 정리하면서 이러한 원리를 지적한 바 있다. 페스탈로치는 교육이 아이들에게 가장 가까운 생활권에서 비롯해 점차로 확대되어가야 한다고 생각했다. 특히 이 생활권을 '안방'이라는 확고한 중심점을 기축으로 동심원적으로 확대시켜간다고 생각했다. 그에 따르면 동심원의 첫째 층은 안정된 정서 도야를 맡는 가정이며, 둘째 층은 자신의 능력, 형편, 처지에 알맞은 직업선택과 사회참여의 길을 훈련받는 학교이며, 셋째 층은 동포감과 상호협동의 정신 및 시민적인 의무감을 도야하는 사회라고 생각했다. 그가 주장한 친근성의 원리는 지평확대, 동심원적 확대로 발전했으며, 이는 이미 코메니우스가 제시한 교수의 원리에서 제시한 바 있다.

둘째, 이와 관련되어 페스탈로치는 향토지리를 강조하였던 것이다. 페스탈로치의 목적

---

4) 이 글은 김재만이 일본의 페스탈로치 전집〔長田新(옮김), 1959, 『ペソタロツチ 傳』, 第四卷, 平凡社』에서 인용한 것이다.

은 정신의 모든 능력과 기능의 조화로운 계발이었다. 교수의 실제적 측면에서 그는 지도, 지도첩, 그림, 프로파일과 모델의 사용을 권장할 뿐만 아니라, 특히 생생한 일차적 인상을 제공하기 위하여 자신의 고장에 대해 알아보는 것, 그리고 개별 아동의 독립적인 다양한 활동을 자극할 것을 권장했다(Linke, 1981: 104).

셋째는 '도야 및 생활중심의 지리교수'이다. 페스탈로치는 기초가 되는 과목을 철저하게 학습해야 한다고 생각했다. 그는 이러한 기초과목으로 논리적인 사고력을 훈련시키는 수학, 공간적인 감각을 도야시키는 도형학, 민족의 전통과 사상이 담긴 국어를 강조하면서 운명공동체에 대한 각성을 대단히 중요하게 생각했다(김정환, 1983: 229). 그에 따르면 지리는 자연의 심성을 배우고 이 기초 위에서 국가애를 기르는 데 매우 중요한 교과이다.

넷째, '직관과 감각의 지리교수'를 강조했다. 자연관찰과 답사중심의 지리교수는 중요한 방법이었다. 그는 실물의 교육이 언어보다 선행하며, 보는 것, 듣는 것, 행하는 것이 판단과 추리보다는 중요하다고 생각했다. 스스로 사물을 찾고 발견하도록 발전시켜야 한다는 주장은 바로 활동주의, 직관주의, 자연주의, 개발주의의 방법이다(차석기, 1991: 423). 특히 그가 교육적 실천을 한 부르크도르프, 이페르덴에서 이를 강조해 먼저 사물을 직관하게 하고 개념을 형성시켜 점차 진리로 이끌었다.

(4) 자연주의 교육사상가들의 지리학자에 대한 영향

① 자연주의 교육사상의 영향을 받은 범애학파와 리터

범애학교는 계몽주의자들의 영향도 있었지만, 무엇보다도 자연주의 교육사상가이자 계몽주의자인 루소의 교육이념인 인류애를 실현하는 것을 목적으로 한 학교였다는 점에서 의미가 크다. 리터는 저명한 범애주의자인 짤즈만이 쉬넨펜탈(Schnepfenthal)에 세운 학교에서 6세에서 16세까지 교육을 받았다(Ritter, 1863: 14; Linke, 1981: 99; Beck, 1979: 20). 이 학교는 짤즈만이 범애학파의 창시자인 바제도가 1774년에 데사우(Dessau)에 창립한 범애학교에 참여했던 경험을 살려, 루소와 페스탈로치의 자연주의적 교육방법을 근거로 자신의 교육이론을 실현하기 위해 세운 학교다. 리터가 이 학교에서 공부하였던 시기는 이후의 그의 삶과 과학적 저작에 실질적인 영향을 주었다(Livingstone, 1992: 140).

짤즈만은 루소의 자연주의 교육관에서 보았던 실물교육과 직관교육을 통해 아동의 이해와 사고를 증진시키려고 했다(박의수 외, 1993: 228). 그는 교수의 출발은 실물의 관찰에 두었으며, 사물과 언어의 학습을 병행시키는 것이 올바른 방법이라고 생각했다. 이에 따라 그는 자연적 실물과 현장에 접근시켜 정확한 관찰을 통해 하려고 하는 자신의 욕구를 스스로 개발할 수 있는 여행이나 야외학습을 권장했다(차석기, 1991: 404~405). 그 자신도 학생들과 더불어 여행하면서 자연물, 하천, 산악, 삼림, 촌락, 경작상황, 생활양식 등을 가르치기도 했다(손인수 · 김동구, 1983: 105).

이러한 짤즈만의 교수방법은 근대 이후 확립된 지리학 연구방법 및 지리교수방법의 하나인 현장답사교육의 전형이라고 볼 수 있다. 그가 학생들로 하여금 관찰하게 하고 가르쳤던 위의 항목들은 하나같이 오늘날에도 중요한 지리적 연구주제나 답사주제라는 점을 알 수 있다. 관찰중심의 지리교수의 방법이 틀을 잡고 있음을 알 수 있다. 이 교수방법은 리터가 훗날 유럽을 두루 여행하는 데 깊은 영향을 미쳤다고 볼 수 있으며, 이를 통한 관찰과 추론에 의해 리터는 *Erdkunde*를 저술할 수 있었을 것으로 생각된다. 그런데 코메니우스에서 시작하는 감각을 중시하는 교수법과 한 단계 더 진보한 루소의 관찰과 경험중심의 지리교수법이 짤즈만에 있어서도 정착을 하고 있는 것을 알 수 있다.

또한 리터에게 직접 지리 과목을 가르친 사람은 지리학자이기도 한 범애주의 교육자인 구스무스였다. 그는 새로운 교수법에 따라 지리를 가르쳤으며 산책이나 긴 여행 중에 자연현상의 관찰을 강조했다(Hartshorne, 1939: 51; Martin & James, 1993: 126). 구스무스는 지역사회 외에도 프랑크푸르트 마인 그리고 먼 장소에까지도 잦은 답사를 실시하여 학생들에게 지리답사의 훌륭한 기회를 제공하였으며, 학교에서의 일상 교육은 학생들의 능력의 개발에서 조화로운 균형을 추구하도록 하였다(Linke, 1981: 99). 그리고 그는 교사와 학생 간의 긴밀한 접촉 속에서 진행되는 자극을 제공하는 개념중심의 학습을 강조했다. 결국, 리터가 지리학과 지리의 교수에 흥미를 갖게 된 것은 그가 학교 다닐 때 배운 루소와 페스탈로치의 원리에서 자극을 받은 것으로 '야외에서 자연에 대한 직접적인 접촉은 교과서를 통한 간접적인 학습보다 훨씬 더 효과적인 관찰과 학습을 유도한다'는 원리였다(Graves, 1984: 30)고 할 수 있다.

지리는 당시에 리터가 좋아하는 과목의 하나였으며, 이후에 역사학, 신학과 더불어 주된 관심사가 되었다. 구스무스는 리터가 가진 지리에 대한 관심과 지도학적 재능을 믿은 최초의 사람이었다. 그는 "리터는 곧 모든 학생들 중에서 최고의 지도를 만들었으며, 언젠가 지리교수가 될 수 있을 강한 진보를 보였다. 그에게 그 교과(지리)를 가르치는 것이 기쁨이었다"고 리터의 어머니에게 편지를 썼다(Beck, 1979: 21). 그리고 이후의 편지에서도 지리가 여전히 리터가 좋아하는 작업이라는 것을 보고하고 있는데, "이 순간에 내가 말할 수 있는 한, 그는 미래에 이 영역에서 큰 성취를 할 수 있을 것이다"(Beck, 1979: 21)라고 리터의 지리에서의 성공가능성을 일찍이 예측했다.

이처럼 쉬넨펜탈(Schnepfenthal)의 범애학교는 리터에게 깊은 영향을 준 것은 분명하다.

벡(Beck, 1979: 20)은 쉬넨펜탈이 없이, 그리고 짤즈만의 세심한 구성작업이 없이는 리터의 지리적 작업은 생각조차 할 수 없는 것이라고 주장하였다. 즉 암기작업과 당시 지리 개설서에 나타나는 단순한 자료들을 쌓아놓는 것에 대한 비판, (그의 후기작업에서 가장 중요한 것 중에 하나인) 비과학적 그리고 죽은 지리학에 대한 지속적이고도 열정적인 비판, 자연에서 신을 드러내려고 했던 노력, 이 모든 것들이 시작된 것이 이 시기로 추적해볼 수 있다. 따라서 그가 가졌던 이러한 개념들의 창고는 쉬넨펜탈에서 형성되었으며, 나중에는 이러한 것들이 궁극적으로 지리학으로 전이되고 실천되었던 것이다. 그러므로 리터에게 쉬넨펜탈은 소우주였다. 전체 세계를 우주적 통합성으로 파악하는 방법 전부는 어린 시절에서부터 성인이 되기까지 그가 이 소우주에서 경험한 혼합된 통일성과 다양성에서 나왔다고 볼 수 있다(Ritter, 1863: 15). 결국 리터는 루소, 페스탈로치, 짤즈만, 구스무스가 없이는 그러한 교육적 경험을 가질 수 없었으며(Martin & James, 1993: 126~127), 이들 덕분에 지리학자로서 그리고 지리교사로서 훌륭한 훈련을 받을 수 있었던 것이다.

② 페스탈로치의 리터에 대한 영향

리터는 당시의 많은 저명한 학자들과 친밀한 관계를 가질 수 있었다. 이들 학자 중에 리터에게 가장 많은 영향을 주었던 학자들로는 해부학자인 좀머링(Sommering), 지리학자인 에벨(Ebel), 그리고 교육개혁의 선구자인 페스탈로치가 있다(Hartshonre, 1939: 51).

리터는 스위스 여행 중 페스탈로치의 학교를 방문하면서 그의 깊은 영향을 받기 시작했다. 리터는 1807년 9월 19일에서 26일 사이에는 페스탈로치의 이페르텐 학교에 머물렀고, 여기에서 프랑크푸르트에서 온 미그(Mieg), 엥겔만(Engelmann) 등의 친구들, 그리고 페스탈로치와 니데르(Niedere), 토블러(Tobler)를 비롯한 페스탈로치의 조력자들을 직접 만날 수 있었다(Beck, 1979: 33). 이때 리터는 페스탈로치가 세상에 내보인 교육 방법과 과정에 대해 토론하면서 그 방법을 이해하게 되는 매우 가치 있는 시간을 가졌다(Ritter, 1863: 20). 이후에도 리터는 수차례 페스탈로치를 방문함으로써, 사상적 측면에서 뿐만 아니라 지리교수법에서도 강력한 영향을 받게 된다. 당시 리터의 관심은 지리학에만 전적으로 제한된 것은 아니었으며, 교육적 질문도 계속 그의 주의를 끌었다.

사회 및 종교와 관련된 사상적 측면에서 페스탈로치는 방법의 자연성을 강조했으며, 인류의 발전에서 자연 과정에 대해서 탐구했다. 그렇기 때문에 리터에게 사회개혁가 짤즈만보다 훨씬 강력한 영향력을 끼친 사람이었다(Beck, 1979: 35~36). 리터에게 범애주의자들이 즐거운 방식으로만 삶의 심각함에 대해 접근하는 것같이 보였던 것에 비해, 페스탈로치는 인간내면의 세계질서에 대한 감각으로 철학, 그리고 기독교적 '사랑'과 '믿음' 위에 교육을 올려놓고 있다고 생각했다.

벡(Beck)은 페스탈로치가 리터에게 다음의 두 가지 측면에서 결정적인 영향을 미쳤다고 주장한다(Beck, 1979: 36). 첫째, 페스탈로치가 옹호하는 철학, 즉 내면의 철학에서 추구했던 세계의 질서를 이해함으로써 새로운 지리학의 기초로서, 지리학 문제의 새로운 정향을 드러내는 것이었다. 즉, 리터는 페스탈로치의 방식대로 자연의 방법에 따라 지표를 탐구해 자연과 인간간의 총체적 관계를 밝히려고 했으며, 우주에서의 질서 또는 그 배후에 있는 목적을 인지할 수 있는 단 하나의 존재인 인간의 생활을 통해 신의 신성한 궁극적 목적을 발견하려 했다(Hartshorne, 1939: 65).

둘째, 짤즈만의 쉬넨펜탈에서 기대할 수 없었던 것으로 모든 합리주의적 한계에서 벗어난 페스탈로치의 순수한 기독교정신을 수용하는 것이었다. 이를 통해 리터는 그 스스로 우주와 함께 일치하는 것을 느낀 후, 자연의 구조와 상응하는 내부의 존재를 발견하고, 자연의 내적구조에 따른 지리적 지식의 체계화와 종합화하는 것을 시도했다. 특히 그는 후속적인 위대한 작업들을 통해 자연의 기본적 의도와 조화를 파악하려 함은 물론 이를 목적론적 자연관으로 발전시켜나갔다. 물론 리터의 목적론적 우주관은 그가 헤르더(Herder)를 통해 칸트(Kant)에게서 얻었다고 볼 수 있다. 인간사회 현상과 여러 자연현상 사이의 통일성을 밝히는 지리학 방법론을 추구한 훔볼트(Humboldt)의 영향이라고 볼 수도 있다(Hartshorne, 1939: 65). 그렇지만 리터의 지리학 연구 목적이나 방법에서 페스탈로치의 영향이 매우 큰 것만은 분명하다.

특히 리터는 그의 지리학 방법론에서 페스탈로치의 영향을 받았다고 주장했다(옥성일, 1997). 리터는 페스탈로치에게서 특수한 것을 관찰, 비교해 전체에 이르는 경험적 방법을 배웠고, 지표면의 다양한 현상을 완전히 묘사하는 데 필요한 유형(type)이라는 아이디어를 배움으로써 직접적인 영향을 받았다고 할 수 있다.

이에 대해 리터는 스스로 '자연의 본성에 근거해 자연적으로 그리고 자유롭게 발달해나가는' 페스탈로치의 방법을 이해하게 되었다. 그 결과 그는 그것을 자연이 너무나 오랫동안 무시되어온 지리에 적용시켰다(Mahony, 1988: 33)고 주장했다. 리터는 페스탈로치의 직접적인 영향을 받은 후 다음과 같이 회고했다.

> 그의 방법을 지리연구에 도입하기로 한 페스탈로치와 약속을 지킬 것을 굳게 결심하고서 이페르텐을 떠났다. 나는 이미 혼돈을 줄이고 질서를 찾았다. 정신과 마음 모두를 충족시킬 수 있는 그와 같은 지구에 대한 지식의 단서를 과거처럼 꽉 쥐고 있었다. …… 페스탈로치는 우리 초등학교의 한 학생보다 지리를 모른다. 그러나 내가 이 과학에 대한 중요한 지식을 얻은 것은 바로 그로부터이다. 왜냐하면 내가 처음으로 자연적 방법의 아이디어를 인식하게 된 것은 그에게 귀를 기울였을 때였던 것이다. 나에게 그 길을 열어준 사람은

바로 페스탈로치이며, 나는 내 작업이 가지고 있는 어떤 가치도 전적으로 그의 탓으로 돌릴 수 있다면 즐거울 따름이다(Mahony, 1988: 33).

지리교육적 측면에서 보면, 리터는 평소에 짤즈만류의 새로운 교육방법을 실천하고 싶은 욕망을 가지고 있었다. 그런 그가 페스탈로치와의 접촉을 통해 지리교육에 대한 두 가지 중요한 아이디어를 확고하게 갖게 되었다(Unwin, 1992: 78). 하나는 교육은 인간의 본성이 의존하고 있는 자연의 법칙에 따라야 한다는 것이며, 다른 하나는 관찰이 학습과정에서 중심적으로 중요하다는 것이다. 리터는 이 두 가지를 자신의 지리적 저작 속에 반영하려 했다. 그의 실제적 가르침 속에서도 이에 대한 표현을 발견할 수 있다. 특히 그는 페스탈로치와 교류를 통해 지도, 지도첩, 그림 그리고 학생들의 향토에 대한 상세한 학습에 기초한 학교지리의 새로운 형태를 도입하는 데 관심을 보였다. 앞에서 언급한 바와 같이, 페스탈로치의 목적은 정신의 모든 능력과 기능의 조화로운 계발이었다. 교수의 실제적 측면에서 그는 지도, 지도첩, 그림, 프로필과 모델 사용을 권장할 뿐만 아니라 특히 생생한 일차적 인상을 제공하기 위해 자신의 고장에 대해 알아보는 것, 그리고 개별 아동의 다양한 독립적 활동을 자극할 것을 권장했다.

이러한 리터의 페스탈로치식의 지리교육에 대한 관심은 그의 제자인 기요(A. Guyot)에 연결되었으며, 기요는 미국에 건너가 페스탈로치식의 지리교육을 실천함으로써 미국 지리교육의 일대변혁을 가져왔다(옥성일, 1997: 50).

리터가 지리교수 및 지리학의 새로운 방법을 추구하려는 노력의 결실이 방대한 저작으로 나오게 되는데, 그는 *Erdkunde*: *General Comparative Geography*의 제1권(아프리카 편)을 페스탈로치에게 헌정했다(Mahony, 1988: 32). 리터의 지리학적 활동에서 그의 목표는 페스탈로치가 만든 교수원리의 관점에서 훔볼트의 자연과학에 대한 접근법과 그 자신의 역사 및 지역지리 개념을 결합시키는 것이었다(Linke, 1981: 104).

이상의 논의를 정리해보면, 리터는 자연주의 교육사상가 페스탈로치의 직접적 영향과 루소에게서 감화를 받은 범애학파의 짤즈만의 영향을 크게 받았다. 그리고 루소와 페스탈로치는 사상적 근원으로 볼 때 모두 자연주의의 창시자인 코메니우스의 영향을 받았던 인물들이라는 점에서, 리터는 자연주의 교육사상과 깊은 관련을 가지고 있었다. 이렇게 리터에게 영향을 미친 자연주의 교육사상가들을 교육사상사적 계보를 통해 정리해보면 <그림 6-4>와 같다.

③ 독일의 근대 학교 교육과정에 미친 페스탈로치의 영향
근대지리학의 아버지인 훔볼트의 형인 빌헬름 훔볼트(Humbolt, 1767~1835)는 독일의

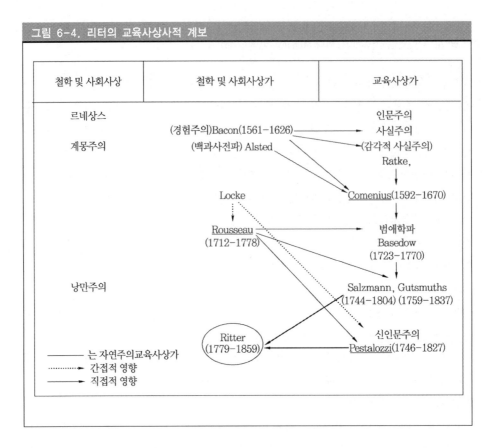

그림 6-4. 리터의 교육사상사적 계보

교육학자이자 신인문주의자, 교육행정가로서 헤르바르트와 함께 교육개혁에서 신인문주의 교육사상을 현실교육에 도입하려 했다. 그는 '한 계급뿐만 아니라 국민전체를 대상으로 하는 학교에서는 보편적인 인간교육을 목표로 하지 않으면 안 된다'고 주장했다(김재만, 1983: 201).

당시 독일은 페스탈로치의 사상에 따른 교육개혁안 제시하고 김나지움 교육과정의 개편에 착수했다. 그의 협력자인 주베른(Suvern)이 훔볼트의 사상에 따라 1816년 지도요령을 공표했다. 이 지도요령에 따르면 교과는 2군으로 나누되 전 과목이 필수로 되어있었으며, 언어군에는 라틴어, 그리스어, 히브리어, 독일어가 들어 있고, 과학군에는 수학, 이과, 물리, 지리, 역사, 종교, 체육, 미술이 들어 있다. 이 교육과정안은 1838년의 슐츠(Schulze)가 제시한의 교육과정안의 근간이 되었으며, 현재까지도 독일의 교육과정에 영향을 미치고 있다. 즉 이 교육과정에 따르면 지리는 역사와 더불어 독립과목의 지위를 가지고 있으며 과학분야의 과목으로서 위상을 가지고 있고, 오늘날까지도 이러한 근대 학교의 지리교과의 지위는 그대로 유지되고 있다.

■ **칸트와 지리교육**

칸트(I. Kant, 1724~1804)는 루소의 『에밀』을 읽고 감명을 받아 교육에 대해 좀더 많은 관심을 기울이기 시작했다. 그는 『에밀』을 읽고난 소감으로 "나는 지적 진보만이 사람을 고귀하게 만든다고 믿고 무지한 민중을 경멸했다. 그러나 루소는 나의 이 편견을 시정해주었다. 나의 어리석은 허영심은 소실되었다. 나는 처음으로 인간을 존중할 것을 배웠다"라고 말했다. 쾨니히스부르크대학 철학과 교수였던 그는 1776년경 교육학 강의를 했다. 강의내용은 그의 제자인 링크(Tecder Rink)가 정리해 1803년에 『칸트의 교육학(Immanuel Kant uber Padagogink)』라는 책명으로 발간했다.

칸트는 40년 동안 자연지리학에 대해 강의했다. 그것도 독일에서 최초로 지리학 교수 자리가 마련되어 베를린대학에서 칼 리터가 본격적인 지리학 강의를 하기 훨씬 전의 일이었다. 그는 논리학, 형이상학, 도덕철학, 인류학, 이론물리학 등을 강의했으며 경험학문으로서 지리학과 인류학이 그의 교수활동에서 상당 부분을 차지했다. 1770년에 교수가 되면서 강의시간이 주당 25~30시간에서 약 10시간으로 줄었고, 이때 거의 대부분을 철학적 주제에 대한 강의를 주로 했지만 그의 교수생활이 끝날 때까지 지리학에 대한 강의를 계속했다.

칸트가 지리학에 대한 강의를 한 것은 그의 철학적인 관심의 연속선에 있었는데, 그는 이성과 경험을 통한 지식의 획득이 모두 가능하다고 믿었다. 전자에 의한 지식을 선험적(a priori) 지식으로, 후자에 의한 지식을 후험적 지식(a posteriori)으로 구분했다. 그리고 그는 경험학문을 대상을 중심으로 연구하는 계통학문, 시간을 통해 종합하는 학문, 공간을 통해 종합하는 학문, 이렇게 세 가지로 나누었는데, 지리학은 바로 공간을 통해 경험을 종합하는 대표적인 학문으로 간주되었다.

이러한 관점에서 칸트는 지리학을 중요하게 생각하여 무려 40여 년간 강의했으며, 그가 강의한 것은 그의 제자인 Rink가 교육학의 출간에 앞서 『칸트의 자연지리학』이라는 책명으로 출간했다.

참고문헌

강선보. 2002, 「코메니우스의 교육과정론」, ≪교육철학≫, 제27권.

강윤호. 1973, 『개화기의 교과용 도서』, 교육출판사.

권용우·안영진. 2001, 『지리학사』, 한울.

권정화. 1990, 「최남선의 초기저술에서 나타난 지리적 관심: 개화기 육당의 문화운동과 명치지문
     학의 영향」, ≪응용지리≫ 제13호, 성신여자대학교 한국지리연구소.

권혁재. 1976, 「지리학-현대지리학사」, 『한국문화사대계』 제2권, 학술·사상·종교사(상), 고려대학
     교 민족문화연구소.

김수동. 1997, 『루소의 자연주의 교육사상』, 문음사.

김원희. 1983, 『한국의 개화교육 사상』, 학문사.

김재만. 1983, 『교육사조사』, 교육과학사.

김재윤. 1988, 「복택유길의 교육사상 연구」, 건국대학교 대학원 박사학위 청구논문.

김정환. 1983, 『페스탈로치의 생애와 사상』, 박영사.

_____ . 1987, 『교육철학』, 박영사.

_____ . 1995, 『페스탈로치의 교육철학』, 고려대학교 출판부.

김정환 외 역. 1991, 『페스탈로치의 실천/게르트루트는 어떻게 그의 자녀를 가르치는가』, J. H. 페
     스탈로치, 젊은날.

남상준. 1986, 「일제의 대한 식민지 교육정책과 지리교육: 한국지리를 중심으로」, ≪지리교육론집≫,
     제17집, 서울대학교 사범대학 지리교육과.

_____ . 1988, 「개화기 근대 교육제도와 지리교육」, 『지리교육론집』, 제19집, 서울대학교 사범대
     학 지리교육과.

_____ . 1992, 「韓國 近代學校의 地理敎育에 관한 연구」, 서울대학교 대학원 박사학위 청구논문.

_____ . 「한국근대 지리교육의 교육사조적 이해」, ≪지리·환경교육≫ 제1권 제1호, 한국 지리·환
     경교육학회.

노정식. 1969, 「지봉유설에 나타난 지리학적 내용에 관한 연구」, ≪대구교대 논문집≫ 제4집.

_____ . 1971, 「한국의 세계지지적 저술에 관한 연구: 특히 이조시대를 중심으로」, ≪대구교대 논
     문집≫(인문·사회과학 편) 제6집.

류택일. 1980, 「개화기교과용도서총록」, ≪한국학논집≫ 제1-5집, 계명대 한국학 연구소.

박의수 외 3인. 1997, 『교육의 역사와 철학』, 동문사.

손인수. 1980, 『한국 개화교육 연구』, 일지사.

손인수·김동구. 1983, 『교육사·교육철학』, 문음사.

안인희. 1990, 『에밀-루소의 교육론』, 양서원.

안인희(편). 1991, 『교육고전의 이해』, 이화여자대학 출판부.

오인탁. 1998, 「루소」, 연세대학교 교육철학연구회(편), 『위대한 교육사상가들 II』, 교육과학사.

오춘희. 1998,. 「코메니우스」, 연세대학교 교육철학연구회(편), 『위대한 교육사상가들 II』, 교육과학사.

옥성일. 1997, 「낭만주의적 자연관과 지리적 환경론의 정립: 리터와 기요의 지리학 연구를 중심으로」, ≪지리교육론집≫ 37.

이광린. 1969, 『한국개화사연구』, 일조각.

이기석. 1969, 「ᄉ민필지에 관한 一考察」, ≪사대학보≫ 제11권 제1호, 서울대학교 사범대학.

이선근. 1961, 『한국사』(최근세편), 을유문화사.

이숙종. 1996, 『코메니우스의 교육사상』, 교육과학사.

이찬. 1968, 「한국지리학사」, 『한국문화사대계 III』, 고대민족문화연구소.

이희연. 1991, 『지리학사』, 법문사.

장보웅. 1970, 「개화기의 지리교육」, ≪지리학≫ 제5호, 대한지리학회.

_____. 1971, 「일본 통치 시대의 지리교육」, ≪군산교대논문집≫ 제4집.

정재철. 1985, 『일제의 대한국 식민지 교육정책사』, 일지사.

주영흠. 1990, 「낭만적 자연주의 교육이념에 관한 연구」, 고려대학교 박사학위논문.

_____. 2003, 『자연주의 교육사상』, 학지사.

차석기. 1991, 『교육사 교육철학』, 집문당.

하정숙. 1987, 『Rousseau의 교육사상 연구』, 학민사.

한기언. 1983, 『교육사』, 법문사.

한미섭. 1992, 「개화기 학술지의 지리 관련 내용에 대한 연구: 1896-1910년」, 서울대학교 대학원 석사학위논문.

황재기. 1979, 「지리과 교육과정의 변천(구한말~일제말)」, ≪사대논총≫ 제20집, 서울대학교 사범대학.

코메니우스. 1991, 『대교수학』(정확실 옮김), 교육과학사.

코메니우스. 1992, 『분석교수학』(이숙종 옮김), 대한교과서주식회사.

코메니우스. 1999, 『세계최초의 그림교과서』(이숙종 감수), 씨앗을뿌리는 사람.

그레이브스. 1884, 『지리교육학개론』(이희연 옮김), 교학연구사.

페스탈로치. 2000, 『숨은이의 저녁노을』(김정환 옮김), 박영사.

루소. 1991, 『에밀』(민희식 옮김), 육문사.

Beck, Hanno. 1979, *Carl Ritter Genius of Geography: On his Life and Work*, Dietrich Reimer Verlag, Berlin.

Bowen, Margarita. 1981, *Empiricism and Geographical Thought*, Cambridge University Press.

Dunbar, Gary S. 1983, *The History of Geography*, Undena Publication, Malibu.

F. W. Garforth(ed.). 1964, *John Locke: Some thoughts concerning education*, Barron's Education Series.

Ritter, Carl. 1863, *Geographical Studies*(translated by, William Leonard Gage), Van Antwerp, Bragg & Co, Cincinnati and New York.

Glacken, Clarence J. 1967, *Traces on the Rhodian Shore*, University of CaliforniaPress, Berkeley and Los Angeles.

Hartshorne, Richard. 1939, *The Nature of Geography*, The A.A.G.

Linke, Max. 1981, "Carl Ritter(1779-1859)," in T. W. Freeman(ed.), *Geographers Biobibliographical Studies*, Vol.5, Mansell Publishing Limited, London.

Livingstone, David N. 1992, *The Geographical Tradition*, Blackwell Pusblishers.

Mahony, Kieran O. 1988, *Geography and Education: Through the Souls of Our Feet*, Educare Press, Seattle.

Marsden, W. E.(ed.). 1980, *Historical Perspectives on Geographical Education*, International Geographical Union Commission on Geographical Education.

Martin, Geoffrey J. & Preston E. James. 1993, *All Possible World*, 3rd ed., John Wiley and Sons, Inc.

Muessig, Raymond H. 1987, "An Analysis of Developments in Geographic Education," *The Elementary School Journal* 87(3), The University of Chicago.

Murphy, Daniel. 1995, *Comenius: A Critical Reassessment of His Life and Work*, Irish Academic Press, Dublin.

Sauer, Carl. 1951, "Carl Ritter," in E. R. A. Seligman(ed.), *Encyclopedia of the Social Science*, Vol.13, Macmillan, London.

Sebor, Milos M. 1972, "Comenian Pansophia: Geographic Comments," in *Vratislave Busek*(translated by Kaca Polackova), Comenius, Chechoslovak Society of Arts and Sciences in America Inc.

Silber, Kate. 1976, *Pestalozzi: The Man and His Work*, Routledge and Kegan Paul.

Stoddart, D. R. 1986, *On Geography and Its History*, Basil Blackwell.

Unwin, Tim. 1992, *The Place of Geography*, Longman Scientific and Technical, New York.

제3부 지리 교수와 학습

7 지리학습

지리의 관심은 공간에 있으며, 지리는 지표 위의 인간과 장소 간의
상호작용과 그들의 배열을 연구하는 공간적 관점을 사용한다.
공간적 관점을 이해하고 사용함으로써, 학생들은 다음에 대한 해답을 찾는다.
그것은 무엇이고 어디에 있으며, 왜 그 곳에 있는가?
그것의 위치가 지니는 중요성은 무엇인가?
(NAEP, Geography Assessment Framework(GEO Consensus Project),
GEO Assessment Governing Board, 1994: 10)

1. 학습의 의미

학습은 비고츠키(Vygotsky)의 경우 학습자가 환경 속에서 다른 사람들과 협동해서 상호작용을 할 때만 조작될 수 있는 다양한 내적 발달과정을 내면화시키는 것이라고 보고, 피아제는 조작과 내면화, 동화와 조절의 과정을 통하여 인지적 구조인 스키마(scheme)가 새롭게 형성됨으로써 나타나는 현상으로 파악하였다. 그리고 반듀라(Bandura)는 개인, 환경, 행동의 역동적인 상호작용에 의해 학습이 일어나며, 학습은 관찰되는 모델의 행동결과를 바탕으로 관찰자의 정신과정에 저장되는 것이라고 보았다.

구성주의에 따르면, 학습은 학습자 개개인이 지닌 사회적, 문화적 배경을 바탕으로 하여 스스로 지식을 구성하고 의미를 부여하는 과정이다. 지식의 학습은 개인의 인지적 행위와 사회참여라는 두 조건의 상호작용에 의해 형성되므로, 상호공동적 요소의 추출과 의견의 일치와 같은 기능들과 인지적 갈등, 사회적 상호작용이 요구되는 협동학습이 강조된다. 그리고 구성주의적 관점에서는 학습자들 스스로 자신의 지식수준과 관심, 흥미를 고려하여 학습목표를 선정하고 그에 따라 문제를 설정하고 해결하는 과정이 학습에 있어서 중요하다. 구성주의자인 위틀리(Wheatly)는 학생들이 능동적으로 '좋은' 학습을 할 수 있는 출발점은 자기 자신의 문제 상황을 발견하는 것이라고 보고, 진정한 동기를 유발하는 방법으로 과제, 집단, 공유 활동 등으로 구성된 문제중심의 교수학습을 제안한 바 있다.

이상과 같이 학습의 의미는 여러 가지 관점에서 파악될 수 있지만, 일반적으로 기존의 지식과 의미에 새로운 지식과 의미가 관련될 때 일어나는 역동적인 과정으로 이해할 수

있다. 가네(Gagne)는 행위에 따라 학습을 유형화하고 분류하여 그 내용을 구체적으로 제시한 바 있다. 즉, 그는 학습의 유형을 신호학습, 자극반응학습, 언어연합, 연쇄, 변별학습, 개념학습, 규칙학습, 문제해결의 8가지로 제시하고, 이러한 학습들이 이루어지기 위한 조건들도 함께 제시하였다. 그리고 그는 신호학습에서 언어연합에 이르는 네 가지를 기본적인 학습유형이라고 보았으며, 이를 바탕으로 변별학습, 개념학습, 규칙학습, 문제해결로 발전해간다고 보았다.

신호학습은 이른바 조건반응의 형태로, 고전적인 조건형성이라고 하는 학습의 원형이다. 이는 학습자 자신이 이용 가능한 반응을 새로운 자극이나 신호에 연합시키는 형태이다. 자극반응학습은 학습자의 반응이 연속되며 강화를 유도하기 때문에 조작적 조건형성으로 부르기도 한다. 언어연합은 단어 또는 단어들의 쌍으로 된 자극에 대하여 언어적 반응을 하는 것으로, 연합은 하나의 단어와 다른 단어 사이의 학습된 결합을 의미한다. 연쇄는 개별적인 연합이 계열적으로 연결되는 것이다.

변별학습은 자극에 대하여 판별하는 것으로 사물을 구별하는 데 필요한 형태, 크기, 색상, 감촉 등의 특징에 대하여 변별적으로 반응하는 것이고, 개념학습은 변별학습을 넘어서 일련의 자극에 대하여 하나의 분류로서 반응을 하는 것이다. 규칙은 절차와 기본적인 속성은 동일하게 여러 가지 방식으로 개념들을 연결시키는 것이며, 규칙학습은 여러 가지 아이디어를 구별할 수 있는 상태의 정의된 개념인 동시에 학습자가 관계들의 분류를 적용함으로써 특정한 상황에 반응하는 것이다. 문제해결은 학습자가 이전에 경험하지 않았던 문제상황에 대해 자신의 지식과 기능을 사용하는 내적인 정보처리과정으로, 자신의 두뇌를 사용하는 인지전략을 바탕으로 한다. 이는 새로운 상황이나 사고를 요하는 상황을 해결하기 위해 학습자 자신이 어떤 규칙이나 개념을 사용할 줄 아는 것이다. 따라서 지리학습이란 과목 내의 개념, 원리, 이론, 기능을 배우는 것이다.

지리교과의 특성상 지리학습 상황에서 종종 언급되는 문제는 '감각지각'의 문제이다. 지리에서는 학생들에게 야외에서 직접 관찰을 시키거나 지도, 그림, 도표, 기록물 등에 대한 조사를 통하여 간접적으로 경관이나 현상을 관찰하도록 하는 경우가 많다. 이때 지리학습과 관련하여 학생이 사실상 무엇을 관찰하는지를 알고, 관찰한 바를 교사들이 보는 것과 비교하여 유사하거나 다른 부분에 대해 파악하는 것이 중요한 문제인 것이다. 이에 따라 학생 개인이 관찰한 것과 경험한 것, 개인이 획득한 개념, 개인이 알고 있는 이론에 의해 지각된 것 간에 차이가 나타나는 것이며, 이를 통해 새로운 것을 개념화하는데 어려움을 겪게 되는 것이다. 따라서 학생들이 지리학습에서 미시적 유형이나 거시적 유형을 학습할 때 세심한 훈련이 요구된다.

2. 지리학습과 지리개념

1) 개념과 지리개념

개념이 무엇을 뜻하는 지에 대해 밝히는 것은 어려운 일이다. 프링(Pring, 1976)은 개념을 '사람의 경험 속에서 통일성을 주는 어떤 원리'라고 정의한 바 있으며, 그레이브스(Graves, 1980)는 '어떤 경험들의 본질적인 속성에 초점을 둠으로써 단순화한 방법으로 실재를 구조화할 수 있는 분류적 고안물'로 개념의 정의를 내렸다. 그러나 분류와 변별은 개념과 함수관계에 있는 것이지 개념의 본질을 정의하는 것은 아니다.

개념은 관찰자에게 부과되는 유의성에 달려 있으므로 경험을 통해 형성되기도 한다. 이러한 측면에서 개념의 형성과정은 지각(감각지각, perception)과 개념화(conception)와 관련이 있다. 전자는 오감의 감각과 이전의 경험에 비추어 보는 해석을 포함하는 여과과정이라고 볼 수 있으며, 이전의 경험과 관련하여 변별하는 것이다. 그러나 의식적으로 그렇게 하는 것이 아니라 무의식적인 것이다. 후자는 추상과 일반화의 과정을 통해 감각지각적 경험을 의식적으로 변별하는 것이다. 이러한 과정에서 가설(hypothesis)과 대조(contrast)는 감각지각을 개념적 범주로 변형시키는 데 필요하며, 바로 이러한 관점에서 개념은 경험을 통하여 체화된다. 예를 들어 이동의 개념은 여행에 의해 체화된다. 개념의 형성에서 가설과 대조의 과정이 중심적인 것에 비해 변별 혹은 차별화(differentiation)와 통합(integration)은 보조적 과정이다.

웨스트(West, 1971)에 따르면 개념화 과정은 범주화되는 과정이므로 개념은 속성들을 분류한 결과이고 이름이 주어진 것이다. 따라서 개념은 다른 사람들과의 의사소통, 기억을 위한 체계 속에 집어넣는 것이 가능하므로 개념의 이름을 학습하고 타인과의 의사소통에서 정확하게 응용할 수 있는 것은 학습과정의 통합적 부분인 셈이다. 그러므로 분석, 분류, 변별, 종합, 명칭의 학습은 보통 지리개념의 학습에 포함되는 것이다.

이러한 개념형성의 과정에 작동하는 지적 과정인 개념화 과정을 살펴보면, 여러 가지 지리적 개념이 가지는 지위를 구분할 수 있다. 이러한 입장에서 애블러, 아담스 그리고 굴드(Abler, Adams & Gould, 1971)는 지리영역에서의 개념과 개념적 구성물(construct)을 구분하였다. 그들에 따르면 개념은 경험적 내용 그 자체를 가지고 있지 않지만, 수없이 많은 경험으로부터 일반화되고 언어적, 수리적 상징으로 표현되는 추상적 아이디어이다. 최소 요구치(threshold)와 같은 개념이나 아이디어가 이에 포함된다. 이에 비해 개념적 구성물(construct)은 예비적인 질서가 부여된 경험에 관한 특정한 아이디어이다. 이와 같은 것에 해당하는 것으로는 '모레인', '드럼린' 등이 있는데, 이는 개념이라기보다는 용어에 가까운 것으로 경험적 내용을 가지고는 있으나 분류상의 또는 질서부여적인 예비적 형태의 용어이다. 진정한 의미의 개념은 개념적 구성물간의 관계를 수립하는 것으로 개념화의 과정을 포함하고 있는 빙하퇴적과 같은 것이 이에 해당한다고 할 수 있다. 그렇지만 개념적 구성물은 의식적 변별이므로 감각지각과는 다르다.

그리고 개념에 대한 올바른 이해와 학습을 위해서는 개념이 여러 가지 기준에 의해 다양한 형태로 분류될 수 있다는 점에도 주목할 필요가 있다.

가네(Gagne)는 개념을 '관찰에 의한 개념(concepts by observation)'과 '정의에 의한 개념(concept by definition)'으로 구분하였다. 전자는 구체적인 사례를 관찰하고 대조함으로써 개념을 학습하는 데 비해 후자는 구체적인 개념과는 관계가 적은 개념이다. 내쉬(Naish, 1983)에 의하면 항구와 다른 형태의 도시적 촌락과 관찰에 의해 구분할 수 있으므로 항구는 '관찰에 의한 개념'이며, 배후지 개념은 지도상에 경계를 표시했을 때는 관찰할 수 있지만 전체를 직접 관찰하지는 못한 상태에서 그 속성을 정의함으로써 이해할 수 있는 '정의에 의한 개념'이다.

내쉬(Naish, 1982)는 이외에 하나의 계층으로 조직하는 개념 분류의 방법을 제시하였다. 가장 일반적인 개념인 조직개념(organizing concept) 또는 핵심 아이디어(key ideas)가 피라미드의 최정상에 있고, 상대적으로 특수한 개념들이 계층의 저변에 자리를 잡고 있는 구조를 제시한 것이다. 즉, 가장 일반적이고 중심이 되는 개념이 피라미드의 최상위에 존재하고 좀더 구체적인 것을 그 아래로 놓아 계층을 조직하는 방법인데 <그림 7-1>과 같이 나타낼 수 있다.

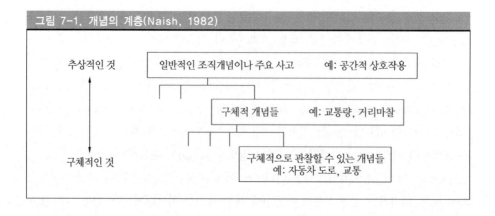

그림 7-1. 개념의 계층(Naish, 1982)

　　그리고 그는 개념들이 가지는 구체성과 추상성의 수준에 따라 세밀하게 분류하여 개념을 이해할 수 있다고 하였는데, 이를 참고하면 높은 수준의 개념을 이해하기 위해서는 구체적이고 관찰 가능한 개념을 먼저 학습하는 것이 바람직하다는 것을 알 수 있다. 이를 그림으로 나타내면 <그림 7-2>와 같다.

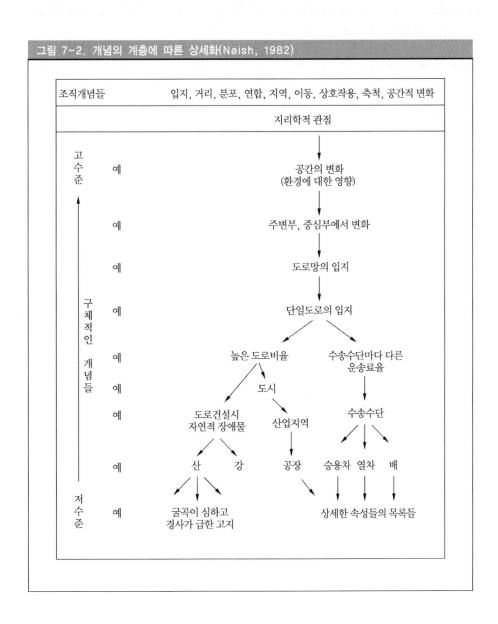

그림 7-2. 개념의 계층에 따른 상세화(Naish, 1982)

한편, 개념의 교수 및 학습에 있어서는 난이도를 고려하여 개념을 활용하는 것이 요구된다. 따라서 이러한 교육적 판단을 내리기 위해서는 준거가 있어야 하는데, <표 7-1>과 같은 기준을 적용하면 학생들에게 교수하거나 학습시킬 개념을 설정하기에 용이하다.

표 7-1. 개념의 난이도

난이도의 준거	난이도의 스케일		
	쉬움	보다 어려움	매우 어려움
학생의 경험과의 거리	직접 경험	대리경험	과거의 직접경험이나 대리 경험과 관련되지 않음
관찰된 대상 으로부터의 거리	지시대상은 감각을 통해 지각된 현상	실제 존재하지 않는 이상적 형태	다른 현상의 관찰에서 추론되어야만 하는 현상
	물리적 대상	조작적으로 명세화되고 정의된 관계	성향, 배치, 과정
개념의 스코프	협소한 스코프	넓은 스코프	매우 광범위한 스코프
	몇 개의 개념이 포섭됨 / 몇 개의 개념을 관련시킴		많은 개념이 포섭됨 / 많은 개념이 관련됨
정의하는 속성에 대한 존재의 확실성	항상 존재함		
개념의 개방성	폐쇄적 신뢰성 높음	완전히 폐쇄적이지는 않음 다소 신뢰성이 떨어짐	개방적 모호하고 신뢰할 수 없음
개념의 속성이 관련되는 방식	결합적인 몇 개의 속성이 공존함	분리적인 하나 또는 다른 속성이 존재함	합리적인 특정한 관계(비율, 산물, 언어적) 비교적인 / 하나의 속성이 다른 속성에 영향을 미침, 모든 속성들이 상호 작용함

출처: West, E.(1971), p.11; Naish(1982).

그런데 개념에 대한 논의에서 '핵심개념' 또는 '아이디어'라는 단어의 사용은 개념의 다른 범주가 존재함을 암시한다. 홀(Hall, 1976)은 개념을 일반화의 정도에 따라 가장 일반화된 아이디어들을 '방향유도개념(orientation concept)'으로 구분하고, 이를 이해하는 데 핵심적인 역할을 하는 핵심개념과 함께 조작적 개념(operational concepts)이 하나의 체계를 이루는 계층적 구조로 파악하였다. 조작적 개념은 주제를 구조적으로 파악하기 위해 수행하는 정밀한 과제와 함께 잘 드러나고, 핵심개념을 이해하는 데 요구되는 정의에 의해 조작된다. 그는 설명을 찾는 행위를 참고하여 설명을 필요로 하는 대상을 상위개념에 놓으면 이러한 개념간의 관계를 잘 이해할 수 있다고 보았는데, 이러한 관계를 <표 7-2>와 같이 정리하여 제시한 바 있다.

Orientation Concepts	핵심개념	조작적개념	보조개념
지구 대기대순환의 주요 순환 요소로서 중위도 기압; 대기권 내에서의 동적 체계로서 기능	(a) 공간/시간 기단 i)기동화; 수증기 … ii)인공기후… (b) 시간/공간 전선생성 i)유형: 온난, 한랭	체감률 상대적, 절대적 습도 이슬점 기압, 밀도 안정성 불안정성	증기압 … 초냉각 포화 …

표 7-2. 핵심개념과 하위개념

출처: Hall, D.(1976), p.230.

한편, 지리적 개념을 실제 학습에 적용하는 데 있어서 몇 가지 문제점이 나타나기도 한다. 첫째, 실제 학생의 학습에서 쉽게 경험하거나 인식할 수 없는 지리적 개념이 있다. '드럼린'은 이를 시각화할 수 있는 학생은 합리적이고 분석적으로 활동하며 빙하퇴적과 빙하침식의 하위단위로 놓는 등 개념적으로 사용할 수 있다. 그러나 이는 감각지각적 원천이 영상적(iconic)수준이라는 한계를 가진다. 즉, 교과서의 다이어그램 등을 비롯한 2차적 자료에 기초하기 때문에 실제 야외현장에서는 드럼린을 인식하지 못하는 경우도 있다는 것이다. 모든 개념적 용어에 1차적인 감각지각적 경험을 개입시키는 것은 불가능하다. 많은 개념들은 개인의 감각적 검사에 개방되어 있지 않으며, 또한 실재의 표상이 1차적 감각지각에 대한 고정된 사고에 불과한 것도 아니다.

둘째, 지리개념과 관련한 환원주의의 문제가 있다. 석탄산지의 마을 분포를 조절하는 광물자원의 '생산지점', 항구에서 산업가공의 성장을 촉진하는 상업적 교류의 유통에서 '적환점', 심지어 '도시의 장(urban field)'이라는 표현과 같이 보다 결정론적인 아이디어와 일반화는 그것들이 현재의 지리의 현상과 거리가 먼 경우가 나타난다. 그리고 '지리적 관성'과 같이 고전물리학의 주요저서에서 비롯한 수많은 추상적 개념들은 지리학으로 전환되는 과정에서 만들어진 개념들로 구조와 과정을 설명하는 것으로 보이지만, 관성이라는 개념이 달리 정의됨에 따라 이 개념을 지속적으로 재정의해야 하는 문제가 발생한다.

그렇지만 지식은 정신이 사건을 조직, 해석하고 관련시키며 참여하는 내적인 힘에 근거하므로 정신세계에 있어서 외부세계를 아는 데 필요한 개념을 비롯하여 아이디어, 이론들이 주도적인 역할을 하는 것만은 분명하다.

개념에 대한 강조는 학교에서의 지리가 개별적이고 불연속적인 상태를 벗어나 현상들을 함께 묶어주는 일반화된 진술을 추구하려는 새로운 노력이다. '사실'은 영구적이지 않고 급속히 변화하는 반면, '개념'은 상황을 훨씬 쉽게 다루고 질서를 부여하며, 질서

없이 혼란스러운 것들을 관련시키도록 해준다.

　이상의 논의를 정리하면, 개념은 다음과 같은 특징을 지닌다. 첫째, 개념화하는 능력은 새로운 경험을 과거학습에 관련시킴으로써 환경을 알도록 하는 것을 돕는다. 둘째, 개념은 우리가 그것에 이름을 붙이고 그것에 관해 언어화하여 구체적인 것 뿐만 아니라 추상적 영역에서 작업할 수 있기 때문에 복합체인 환경을 분해하는 것을 돕는다. 셋째, 개념은 언어와 결합하여 원리를 제시하도록 돕는다. 넷째, 원리는 설명을 제시하고 예측하는 것을 돕는다. 따라서 이러한 개념의 특성은 인간의 사고에 있어서 개념이 큰 가치를 지니고 있음을 보여준다.

2) 지리개념과 학습

　최근 아동의 사고에 대한 지식의 발달로 학교에서의 지리는 중요한 변화를 나타냈다. 이중 눈여겨 볼 것은 학습목표에 있어서 세계의 각 부분들에 대한 설명적 기술에서 벗어나 지리학습의 중요한 개념과 원리의 이해로 이동한 것이다. 따라서 지리의 개념구조에 대한 분석은 학교학습을 핵심개념뿐만 아니라 그와 연관된 덜 근본적인 개념들의 이해에 기본을 두려는 시도를 이끌었다. 동시에 지리학습의 바탕을 이루는 원리를 조사하기 위해 '연구' 기능을 학생들이 사용하도록 권하였기 때문에 기능의 실행에 많은 강조점을 두었다고 볼 수 있다. 그러므로 지리 수업의 준비를 위해서는 개념의 본질에 대해 알 필요가 있는 것은 당연하며 학생들의 사고, 개념학습과 지각의 발달을 탐구해야 할 필요성 역시 제기된다.

　지리학습은 기본적으로 지도를 읽는 능력과 지도상에 공간적 자료를 나타낼 수 있는 능력을 배양하는 것으로, 공간적 유형과 그 관계를 지각하는 능력은 지리학자들에게 상당히 유용한 것이다. 지리학습을 통해 학생이 획득하는 사실적 지식은 일반적 아이디어를 이해하는 데 기초를 형성한다. 지리에서 지식의 습득이 아이디어의 발전으로 이어진다는 점이 중요하다. 지리가 아이디어의 개발에 두드러지게 공헌하는 것은 공간에서의 현상의 입지와 인간과 환경 간의 관계와 관련된 개념규칙 때문이다. 일반적 아이디어는 기본적 개념의 이해를 요구하는데, 강, 읍, 농장, 공장과 같은 기본적 개념에 대한 학습은 점점 하계망, 취락, 농업, 산업과 같은 추상적 개념으로 확대되어 간다.

　만약 개념적 이해가 효과적 학습과 문제해결에 필요하다면 지리교과 교수의 목적은 학습영역에 그와 같은 근본적인 개념들의 이해를 획득하도록 아동을 돕는 것이다.

　그렇지만, 개념 및 개념의 학습과 관련하여 몇 가지 점에 유의할 필요가 있다.

첫째, 개념이란 어떤 경험의 본질적 속성에 초점을 두고 단순화한 방법을 통해 실제를 정신적으로 구조화하는 분류적인 고안이므로, 학생들이 이해할 수 있는 개념들은 분명히 그들이 도달한 연령과 성숙도에 달려있다는 것이다. 학습은 연대적 나이와 발달단계의 나이, 학생들이 매일 경험하는 폭에 의해 영향을 받는다.

이러한 입장에서 피아제는 전조작단계에서 스스로 만드는 활동을 통한 정신적 발달이 중요하기 때문에 외부지역의 방문과 함께 교실에서도 다양하고 자극을 주는 환경이 제공되어야 한다고 주장한다. 그리고 피아제가 말하는 구체적·조작적 사고를 하는 단계의 학생들이 본질적으로 대상과 대상들의 관계를 이해하려면 직접 접촉하거나 물리적으로 다루는 대상을 관찰할 필요가 있다. 따라서 구체적 추론의 단계에 있는 학생들에게 제시되는 개념은 가능한 그들의 개인적 경험과 밀접하게 관련되어야만 한다. 예를 들면, 이 단계에서는 접근성 개념을 주변 주거지역에 서비스를 제공하는 지역 쇼핑중심의 학습을 통해 소개할 수 있다. 이와 유사하게 분포패턴의 개념은 학교주변 지역의 주택, 가게, 사무실, 공장, 도로, 공원의 학습을 통해 우선적으로 보여줄 수 있을 것이다.

동일한 입장에서 내쉬(1982)는 구체적 조작기, 즉 약 7~12세에는 세계에 대한 이해를 형성하는 구체적 실생활의 사례에서 작업을 하는 위치에 놓을 필요가 있다고 주장한다. 즉, 이 시기에는 추상적인 능력을 계발하고 건전하고 다양한 구체적 경험들을 제공하는 지리수업의 경험의 질을 검토해야 하므로, 실생활의 예에 기본을 두는 사례연구, 직접적 학습을 다루는 야외조사작업, 조작하고 구체적인 형식으로 학생들을 관련시키는 게임과 시뮬레이션, 소그룹 토론, 명제적 사고를 위해 이후에 내면화하는 언명을 강조할 필요가 있다는 것이다.

또한 비고츠키(1962)의 연구는 교수 및 학습에 대해 상당한 함의를 가지고 있다. 그는 언어와 사고의 관계를 검토하는 데 관심을 가지면서 개념형성으로의 상승은 ① 애매한 통합단계 ② 묶음간 피상적 유사성에 기초를 둔 '원시적' 또는 '유사'개념을 획득하는 복합체 속에서의 사고 단계 ③ 그룹 형성을 위한 묶음의 속성 중에서 하나를 다루는 잠재적 개념단계의 3가지 기본 국면으로 이루어진다고 주장하였다. 이러한 3단계는 피아제의 발달이론과 거의 일치하는데, 개념 그 자체에 포함된 것에 대한 실재적 이해가 없이 종종 개념에 부착된 언어적 라벨을 이용함으로써 유사개념이 형성될 위험성을 잘 지적하고 있다.

브루너(Bruner) 또한 학습과 사고에서 개념의 중요성을 인식하는 데 영향력을 빌휘하면서 단계에 따른 개념학습에 대한 논의에서 한 걸음 더 나아가 단계에 따른 개념적 구조를 이해시키는 것이 가능하다고 주장하였다. 그는 학습자가 교과의 개념적 구조를 이해하는 것에 가치를 두었고, 이 구조는 매우 기본적이어서 어떤 수준의 이해가 특정 단계에서 획득될 수 있다고 주장하였다. "어떤 교과에서도 특정 발달단계의 아동을 지적으로 적절한 형태에서 효과적으로 가르칠 수 있다"는 그의 주장은 어린 학생들에게는 교과의 구체적이고 낮은 수준의 개념들이 우선적으로 고려되고 점차적으로 어렵고 추상적인 단계로 진행해야 한다는 것을 의미한다.

그러나 지리학습이 인지발달단계를 따라 학생들을 가속화시킬 수 있는가 하는 의문은 매우 중요하다. 훈련을 통한 가속화가 가능한지 여부에 대해 많은 주의가 기울여졌으나 그 증거는 분명하지는 않다.

둘째, 개념을 획득하는 것은 그것을 언어로 표현하는 것과 별개이다. 일반적으로 아무리 단순하게 표현되었다고 하더라도 그 개념이 복잡성을 가진 것일수록 아동이 잘 이해하지 못하는 경향이 있다. 따라서 지리개념의 학습에서 어떤 개념들은 같은 위계의 개념들에 대한 수평적 학습이 병행되어야 하며, 어떤 개념들은 계열적으로 학습되어야 한다. 즉, 새로운 개념을 획득하기 위해서는 그 개념에 우선하는 하위개념에 대해 선행학습을 해야만 이해할 수 있는 경우가 있는데, 예를 들면 하천분지의 개념은 합류와 하계망의 개념이 없이는 이해할 수 없다.

셋째, 아동은 정신적·신체적 성장과정에서 많은 개념을 획득하지만, 이들 개념의 대부분을 분별하지 못하는 경우가 많으며, 특히 지리개념과 관련해서도 등하교길의 경험이나 우연한 기회를 통해 우연하게 획득하기도 한다. 아동이 학습하는 특수한 개념들은 그가 살고 있는 환경의 영향을 크게 받는다. 미국이나 서부유럽의 도시에 살고 있는 아동은 도시와 도시의 여러 현상을 기술하는데 쓰이는 많은 공통적인 개념들을 쉽게 획득하게 될 것이다.

넷째, 정확한 지각은 효과적 개념학습에서 상당히 중요하다. 감각지각은 무의식적 반응이지만, 학생들에게 제공되는 자극의 성격을 고려할 필요가 있다는 점에서 지각의 문제는 중요하다. 내쉬(1982)는 그동안의 지각에 대한 연구가 ① 초기 훈련은 공간적 개념화로 설정되고, 지도학습에서 중요한 역할을 하는 개념지각기능을 향상시키는 것이 필요하며, 학생들을 공간적 관계에 관한 대화에 참여시키는 것의 중요성이 강조될 필요성이 있다. ② 효과적 사진해석을 위해 기능을 교수하는 것의 중요성이 강조되어야 한다. ③ 학생들의 지도집 이용에 대한 조사는 지도의 독해에서 훈련이 매우 유익하다는 점을 지적하였다.

지리학에서 사용하는 개념이 연령에 따라 어떻게 획득되는가에 대한 확실한 증거를 찾아보기는 매우 힘들지만 몇 가지의 연구는 어느 정도 성과를 보여주었다.

바스(Vass, 1960)는 8~15세까지 아동들은 자연지리의 기초개념에 대한 이해가 지속적

으로 성장하고 있었음을 보여 주었으나, 어떤 연령층에서 자연지리를 배우기 시작해야
되는 지에 대해서는 아무런 시사점도 주지 못했다. 루논(Lunnon, 1969)은 '초등학교 아동들
이 지리적 개념을 이해하는 속도와 나이, 정신연령, 부모의 사회경제적 지위와의 관계를
연구하였다. 그는 하천, 산, 사빈, 농업, 무역, 사막, 계절, 토양, 구름, 지도의 10가지 개념
에 대한 이해를 검증하는 언어검사와 그림검사를 5~12세 아동 140명을 대상으로 실시
하였다. 연구결과 10개의 개념에 대한 이해력은 점진적으로 성장하고, 5~8세 사이의 이
해력은 매우 빠른 속도로 성장하며 정신연령보다는 신체적 나이가 이 속도와 관련이 깊다
는 것을 밝혔다. 그리고 부모의 사회경제적 지위가 높을수록 언어적 개념을 다루는 데
상당한 이점을 가지는 것으로 파악되었다.

한편, 라이스(Rhys, 1966,1972)는 아동의 개인적인 직접경험에서 멀리 떨어진 지역 내에
서 공간적 사건에 대한 문제를 해결하는 능력이 어떻게 형식적 조작의 세트들만 가지고
충분히 개발되는 지를 보여준다(<표 7-3> 참조). 이 실험에서 아동들은 15세까지 진정한
의미의 형식적 조작을 성취하지는 못했는데, 그들을 너무 추상적인 자연세계의 작업으로
참여시키려는 시도가 지리학습의 초기에는 별로 의미가 없음을 보여주었다.

표 7-3. 공간적으로 먼 지역의 지리적 속성에 관한 문제에 대한 학생의 반응

반응수준	나이	정신적 수준	주요 특징
I	11세 이하	12세 이하	사실지향이 아님
II	12세~12.6세	13세~13.6세	사실지향적인 단일증거자료사용
III	12.6세~13.6세	14세~14.6세	몇 종류의 증거 결합 원인과 결과를 관련시킴
IV	14.6세 이상	15.6세 이상	가설적·연역적 추론에 바탕한 종합적 판단

출처: Naish(1982), p.31.

한편, 강창숙(2002)은 비고츠키의 문화적 관점, 근접발달영역 이론에 토대를 두고, 동료
와의 상호작용을 통한 상보적 교수-학습의 관점에서 학습자의 인지구조 변화와 근접발달
영역의 측정함으로써 학습자의 지리개념 발달 특성을 밝히고자 하였다. 그에 따르면, 개
념 구체적인 사실들에서 하위요소 개념, 기본요소 개념의 위계적인 순서로 상향 발달하며,
학습자가 인지구조로 내면화하는 데 가장 어려운 개념은 기본요소개념인 것으로 나타났
다. 그리고 학습자의 개념발달은 수도권을 서울에 대한 일상적인 개념으로 표상하는 수준
에서 다양한 범주의 지리적 개념으로 표상하는 수준으로 이루어지고, 표상한 개념의 양적

증가를 바탕으로 질적 변화가 이루어진다.

　　다른 한편으로 최근의 개념학습에서 중요한 논의 중의 하나인 오개념(misconception)에 주목할 필요가 있다. 학습 중에는 잘못 믿고 있거나 착오를 하거나 잘못 생각함에 따라 항상 오개념이 발생할 가능성이 높으며, 실제 학습에서 상당히 많은 오개념이 여러 가지 형태로 나타난다. 오개념은 학습을 통해 익히는 올바른 개념에 대비된 것으로, 학생들이 자신의 경험이나 이미 형성된 선입관과 인지구조때문에 교수-학습 후에도 잘못 형성된 개념을 뜻한다. 특히 지식의 학습에서 가장 중요하게 여기는 개념학습에서도 오개념이 형성되어 상당히 견고하고 지속적인 것으로 굳어지면서 편견이나 오해로 이어지는 경우도 많다. 김진국(1999)에 따르면 이러한 오개념은 주로 교사가 만드는 경우가 가장 많으며, 학습자 자신이나 가장 많이 접하는 정보원인 교과서에 의해서도 형성된다. 그러나 다른 한편으로 오개념은 지리과나 사회과에서는 복잡한 현상들을 다루며 다양한 정의를 내릴 수 있기 때문에 학습과정에서 필연적으로 나타날 수밖에 없다. 즉, 다양한 사고를 만들어 내거나 하나의 지적촉매제의 역할을 할 수도 있다는 것이다.

3. 지리학습과 언어

　　언어는 학생의 사고발달에서 중요한 역할을 하므로, 지리교사는 학생들의 말하기, 듣기, 쓰기, 읽기 기능 발전에 도움이 되는 지리적 방법을 탐구할 필요가 있다. 또한 언어는 모든 수업에서 지리를 학습하기 위한 매개물이므로 수업의 계획과 준비에서 많은 고려가 필요하며, 지리교사의 언어사용법에 대한 이해가 지리 교과를 학습하는 데 영향을 준다. 그리고 그것은 지리교사들이 사용하는 모든 교수법과 교수요소는 언어와 언어에 대한 이해와 관련된 중요한 시사점을 가지고 있기 때문이다. 그리고 지리에서 개념의 획득과 발달은 중요한 문제인데, 이것은 언어의 발달과 학습자의 세계에 대한 경험이 밀접하게 관련이 되어 있기 때문이다.

　　이러한 언어의 발달에 대해 비고츠키는 사회적 언어가 먼저 발달하고 이어서 자기중심적 언어가 발달한다고 본 반면, 피아제는 자기중심적 언어가 먼저 발달하고 점차 사회적 언어가 발달하는 것으로 상반된 견해를 보인다. 즉, 비고츠키에 따르면 언어는 처음에는 다른 사람들과의 약속과 상호작용을 위해 사용됨으로써 사회적 언어(social speech)로 사용되다가, 자기중심적 언어(egocentric speech)와 의사소통을 위한 언어로 분화적으로 발달해 나가는데, 자기중심적 언어는 자신의 사고를 구성해간다는 점에서 내적언어(inner speech)

로 파악하였다. 비고츠키가 사용한 내적 언어라는 개념은 의미에 대한 감각의 우세, 교착화, 단어에의 감각, 두드러진 축약현상과 같은 특징을 지니는데, 그는 자신을 위한 언어로서 내적 언어는 언어발달의 마지막 단계로 발달하여 자기조절 및 자기통제의 기능을 갖게된다고 보았다. 그런데, 피아제는 내적언어를 외부언어와 구분하여 자기의 감정을 드러내기 위해 사용하는 자기중심적 언어로 간주하였으며, 이러한 내적 언어가 이후에 사회적언어로 발달해간다고 보았다. 이러한 두 사람의 차이점을 정리하면 <그림 7-3>과 같다.

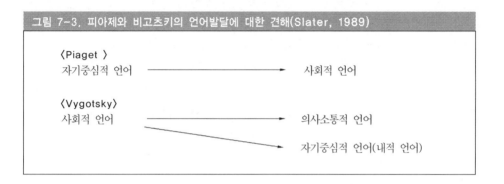

그림 7-3. 피아제와 비고츠키의 언어발달에 대한 견해(Slater, 1989)

이러한 언어발달에 대한 상반된 입장에도 불구하고 일반적으로 유아기에는 언어적 표현능력이 없지만 상당히 많은 개념들을 배우며, 아동 자신에게 아무런 의미를 주지 못하는 말이나 공적으로 그 의미가 인정되지 않는 의미를 지닌 말을 사용하기도 한다. 그렇지만 아동이 언어를 자유롭게 구사할 수 있게 되면, 언어는 개념발달에 큰 역할을 하게 되고 추상화의 정도가 더 큰 개념일수록 언어의 역할은 더욱 중요해진다.

따라서 지리교사는 수업에서 사용되는 언어의 형식과 기능을 안내하는 자신의 역할의 중요성과 학습에 대한 영향을 알고 있어야 한다. 교사에 의한 지리적 언어의 사용의 대부분은 건설적인 언어의 사용을 통해 인지적 기능훈련을 행할 수 있는 기회를 결정한다. 이에 따라 학생들의 사고력의 개발을 장려하거나 좌절시키기도 한다. 지리학습을 제대로 진행하기 위해서는 지리학 전문용어와 개념들을 정확하게 사용하여야 하며, 지리학적 문제를 해결할 때에도 그러한 개념들을 정확히 사용해야 한다.

최근 교실수업에서 사용되는 언어에 대한 관심과 논의가 높아지는 가운데 버트(Butt)는 교실에서 학생들이 사용하는 언어를 정보처리언어(transactional language), 시적 언어(poetic language), 표현적 언어(expressive language)의 세 가지로 분류하여 제시한 바 있다. 정보처리 언어는 화자와 청자 사이의 질문과 대답 형식으로 나타나는데, 주로 학생들 자신의 가치,

태도, 신념과는 거리가 먼 정보를 처리할 때 사용하는 언어이다. 이는 지나치게 격식을 따른 것이어서 풍부한 사고의 폭을 제공하지 못한다. 시적 언어는 학생들이 자신의 감정이나 견해를 은유나 비유의 형식으로 드러내는 것으로 나름대로 독창적인 개인의 사고를 드러낼 수는 있지만 대화의 맥락에서 벗어나기 쉽고 심리적 표현 위주의 주관적인 것으로 흐르기 쉽다. 표현적 언어는 정보를 기억·탐색하고 정리·분류하며 추론하고 일반화하는 등 다양한 사고작용 및 기능을 활용할 수 있는 탐구와 관련된 언어들이다. 이처럼 다양한 형태의 언어가 교실수업에서 사용되고 있으며, '어떠한 형태의 언어가 사용되는가'에 따라 사고와 학습이 자극을 받을 수도 있다. 언어는 사고과정과 방식에 직접적인 영향을 주게 되므로 교실수업에서 언어에 대해 정밀한 분석과 관심이 요구된다.

한편, 구어(spoken language)의 중요성은 최근 많은 주의를 끌고 있다. 우리는 보통 언어로 개념에 이름을 붙이고 규칙과 문제를 표현하기 때문에 문어뿐만 아니라 구어도 강력한 학습수단이다. 아동이 소규모 집단의 토론에 건설적으로 참여하는 과정에서 언어는 그들의 사고를 돕고, 매우 창조적인 방식으로 아이디어를 만들어낼 수 있을 것이다. 나아가 대화의 기회는 게임, 시뮬레이션 그리고 여러 가지 문제해결활동에서 일어나게 되고, 집단활동으로부터 나온 사회적 상호작용 또한 가치 있는 것이다.

교실수업에서 언어를 사용하는 가장 중요한 이유는 교사가 말로 설명하고 학생들이 읽어서 지식을 습득하고 정보를 전달하기 때문이다. 예를 들면 다음과 같은 식의 언어를 통한 의사소통에서 잘 나타난다.

> 교사: 좋아. 인도의 농업문제에 대해 내가 이야기하고 있는 것은 무엇이냐? 우리는 자연
>   적 문제에 대해 이야기했고, 너는 인문적 문제에 관해 읽었다. 그러면, 자연적 문
>   제에 관한 예를 하나 말해주겠니?
> 철수: 가뭄
> 교사: 맞아. 그것은 몬순에 기대할 수 없지.(Stephenson, Bryan: 1984)

그리고 이러한 대화에서 그림이나 지도와 같은 예를 자주 사용하는 것도 좋은 방법이다. 그러한 제시는 학생들로 하여금 그들 자신의 경험을 분류화, 차별화하는 것을 가능하게 하고, 정보로 기호화하게 한다. 이 과정은 언어의 의해 영향을 받고, 초기단계의 개념형성에 영향을 미친다.

전문가가 사용하는 단어는 높은 수준의 추론을 가능하게 하지만, 학생들이 지식을 그들의 것으로 만들기 위해 그들 자신의 단어로 정보를 다루도록 격려하는 것은 매우 중요하다. 언어는 학습하는 것과 연결되어 있다. 언어의 중요한 역할은 사람의 생각을 표현할 수 있다는 것이다. 즉, 새로운 생각을 했을 때 다시 말을 만들어 표현해야 한다. 이와

같이 말을 만드는 것은 학생 상호간, 교사와 학생 사이에 일어날 수 있다.

한편, 버트는 학습활동이 언어형태를 사용하고 이해하는 것과 밀접하게 연관된다는 것을 보여주었고, 슬레터(Slater)는 지리수업에서의 언어 사용을 학습활동의 한 부분으로서의 기능과 학습한 것을 의사소통하는 기능의 두 가지로 적절하게 설명하면서 말하기, 읽기, 쓰기의 중요성을 강조하였다. 특히 지리수업은 교실과 야외 모두에서 광범위한 경험을 제공하므로 학생들의 언어기능을 발달시킬 수 있는 좋은 기회를 제공한다.

교실에서 일어나는 언어의 상호작용은 말하기의 배경과 목적을 확립하는 구조세우기 과정, 반응을 도출하는 질문과정, 질문에 대한 반응과정, 과거에 배운 지식을 평가하고 수정하는 과정과 같은 4가지의 기본적인 절차를 거쳐 진행된다. 그리고 적어도 말하기, 쓰기, 읽기에서의 언어적 사용을 통해 지리적 사고와 학습을 촉진할 수 있다.

지리수업에서 지리에 대해 말할 기회를 제공함으로써 언어기능이 향상되고 교과목에 대한 이해의 폭도 확장시킬 수 있다. 수업시간에 교사가 "새로운 정보를 기존의 정보 및 경험과 관련시켜 보세요"라고 말함으로써 학생들이 참여하는 것을 배울 때 적극적인 말하기를 학습하게 되는 셈이다. 슬레터는 학생들이 말을 하면서 그들의 생각을 분명히 하고, 이해하지 못했던 것을 깨달으며 나아가 그들이 알고 있는 것을 새롭게 조직할 수 있다고 지적하였다. 그렇지만 전통적인 설명식 수업에서는 학생들의 말할 기회를 제한함으로써 그들의 학습과 개념발달을 저해할 수 있다.

로버츠(Roberts)는 읽기를 통해 언어의 사용능력과 학습 능력 향상을 도모할 수 있다고 주장하였는데, 읽을 때 학생이 지닌 어려움을 이해함으로써 읽기기능이 발전한다고 하였다. 다양한 읽기자료를 준비하여 학생들이 집중적으로 읽고, 그들이 읽은 것의 의미를 파악할 수 있는 활동을 통하여 읽기기능이 발달한다는 것이다. 체계적인 읽기연습을 통해 중요한 학습요령이 생기기도 하고 중요한 지리적 정보를 구성하는 요소를 파악할 수 있으며 지리학적 전문용어와 친숙해지는 효과를 가져올 수도 있을 것이다.

글쓰기는 학생의 언어기능 발전을 위한 전략으로 가치가 있다. 버트에 따르면, 언어기능을 발전시키기 위해서는 다음과 같은 전제조건을 분명히 할 필요가 있다.

첫째, 좋은 청자 중심의 쓰기가 이루어지려면 신뢰와 분명한 목적이 있어야 한다.

둘째, 학생들의 정신에 대한 평가자로서의 교사라는 사고를 버려야 한다.

셋째. 청자 중심의 글쓰기는 작업 주제 속에서 통합되어 있지만 너무 지나치면 안 된다.

넷째, 학생들의 참여를 위하여 토론과 탐구를 위한 청자중심활동을 증가시킨다.

그런데 쓰기는 관찰한 사실을 기억하고 재생산하는 수단이므로 간결성과 완성도가 강조된다. 이처럼 학생들에게 그들 자신의 언어로 고찰한 사실에 대해 숙고하고 요약해서 재배열하도록 하면 학습능력의 극대화를 가져올 수 있다. 관찰한 사실을 다양하게 쓰게 하는 등 창의력 있는 학습이 이루어지기 위해서는 이해력을 향상시키고 부분적인 정보를 통합시킬 수 있는 능력을 길러주어야 한다. 지리에서 창의력과 표현력이 있는 작문이 반드시 필요한 것은 아니지만 지식을 정확하게 전달하기 위해서는 어느 정도 필요하다.

참고문헌

강창숙. 2002, 「지리개념 발달과 상보적 교수-학습에 대한 연구」, 한국교원대 박사학위논문.

김진국. 1998, 「지리교육에서의 오개념 연구」, 한국교원대학교 석사학위논문.

이병철. 2003, 「지리과 수업에서 개념도의 활용과 개념학습에 대한 평가」, ≪한국지리환경교육학회지≫ 제11권 제3호.

이희원. 2004, 「지리수업에서의 언어적 상호작용에 관한 사례 연구」, 고려대학교 석사학위논문.

전성연 편. 2001, 『교수-학습의 이론적 탐색』, 원미사.

Boardman, David. 1986, "Geography in the Secondary School curriculum," *Handbook for Geography Teachers*, David Boardman(ed.), The Geographical Association.

Butt, G. 1996, "'Audience-centered' Teaching and Children's writing in Geography," in Williams, M.(ed.), *Understanding Geographical and Environmental Education*, Cassell, London.

Cox, B. 1984, "Making Inquiries Work in the Geography Classroom," in J. Fien, R. Gerber, and P. Wilson(eds.), *The Geography Teacher's Guide to the Classroom*, The MacMillan Co. of Australia PTY LTD.

Gerber, Rod, Boulton-Lewis & Christine Bruce. "Children's Understanding of Graphic Representation of Quantitative Data," in H. Haubrich(ed.), *Europe and the World in Geography Education*, Hochschulverband fur Geographie und ihre Didaktik e.V.

Graves, N. J. 1984, *Geography in Education* 3rd. ed., Heineman Educational Books, London.

Hall, D. 1976, *Geography and The Geography Teacher*, George Allen & Unwin LTD.

_____ . 1984, "Knowledge in the Geography Classroom," in J. Fien, Gerber, R. and Wilson, P.(ed.), *The Geography Teachers' Guide to the Classroom*, MacMillan.

Hall, R. 1982, "Key Concepts: A Reappraisal," *Geographical Education*, Vol.4, No.2.

Henley, Richard. 1989, "The Ideology of Geographical Language," in Francis Slater (ed.), *Language and Learning in the Teaching of Geography*, Routledge.

Lambert, David & David Balderstone. 2000, *Learning to Teach Geography in the Secondary School*,

Routledge/Falmer, London and New York.

Leat, David. 1997, "Cognitive Acceleration in Geographical Education," D. Tilbury and M. Williams(eds.) *Teaching and Leaning Geography*, Routledge.

Milburn, D. 1972, "Children's Vocabulary," in Graves, N. J.(ed.), *New Movements in the Study and Teaching of Geography*, Temple Smith, London.

Naish, M.C. 1982, "Mental Development and The Learning of Geography," in Graves, N.J.(1982), *New Unesco Source Book for Geography Teaching*, Longman/The Unesco Press.

Rys, W. 1972, "The Development of Logical Thinking," in Graves, N. J.(ed.), *New Movements in the Study and Teaching of Geography*, Temple Smith, London.

Pring, R. 1976, *Knowledge and Schooling*, Open Books.

Slater, Francis. 1989, "Language and Learning," in Francis Slater(ed.), *Language and Learning in the Teaching of Geography*, Routledge.

Slater, F(ed.). 1989, *Language and Learning in the Teaching of Geography*, Routledge.

Slater, F. & B. J. Spice. 1980, "Language and Learning in a Geographical Context," *Geographical Education*, Vol.3., No.4.

Spencer, C. & M. Blades. 1993, "Children's Understanding of Places: The World at Hand," *Geography*, 78(4).

Stephenson, Bryan. 1984, "Language in the Geography Classroom," in J. Fien, Gerber, R. and P. Wilson(ed.), *The Geography Teacher's Guide to the Classroom*, The MacMillan Co. of Australia PTY LTD.

Vygotsky. L. S. 1962, *Thought and Language*, MIT Press, Cambridge; USA.

West, E. 1971, "Concepts, Generalization and Theories," in Ball, J.M. et al.(eds.), *The Social Sciences and Geographic Education*, Wiley; New York.

8 지리교수의 스타일과 교수방법

가르치는 것은 연극을 하는 것만큼이나 계획된 퍼포먼스이자 프레젠테이션이다. 교수는
바로 그 계획된 퍼포먼스의 고유한 이야기(에피소드) 안에서 개인들을 위해 종종
발생하는 학습이 있는 수행 프레젠테이션이자 계획이다.

(Slater, 1988: 42)

1. 지리교수 스타일

지리에서 교수스타일에 대한 연구는 스톨트만(Stoltman, 1976)의 지리교수 스타일의 국제 비교연구에서 본격적으로 다루어지기 시작하였다. 지리교수 스타일에 대한 관심이 결정적으로 변화한 것은 브루너(Bruner) 이래로 등장한 학문중심 교육과정에서 개념과 원리의 이해가 강조되면서 단순한 사실 암기중심의 주입식 교수방법(expeditionary method)에서 벗어나면서부터이다. 이러한 변화는 지리교육에서는 HSGP를 통해 도입되었으며, 이때부터 지리학습에서 그룹작업, 문제해결학습, 게임학습, 역할놀이학습과 시뮬레이션 등과 같은 격식에 얽매인 교수방법에서 벗어나게 되었다. 즉 보다 적극적인 탐구학습방법이 도입된 것이다.

그런데 교과의 특성(본질)과 교육과정의 성격 ― 목적, 내용, 작용과 평가 ― 에 따라서 교수 스타일은 변화해야 한다. 영국의 지리 14~18 프로젝트팀은 지리교수의 스타일을 <그림 8-1>처럼 세 가지 형태로 제시하였다(Tolley & Reynolds, 1977: 27). 첫 번째 스타일은 전달-수용 모형이다. 이처럼 교사가 설명식 수업을 전개하고 학생들은 수용만 할 경우, 학교지리는 세계무대, 지역, 지도와 그래픽 기능들에 대한 사실적 지식에만 관심을 갖기 쉬우며 교육과정의 계획과 관리는 이미 결정된 프로그램과 교수요목을 통하여 실시된다.

두 번째 스타일은 행동-형성 모형으로서 교사는 계열화되고 조직화된 경험을 제공하며 학생들은 교수-학습 과정에서 첫 번째 모형보다 더 많은 참여를 요구받게 된다.

세 번째 스타일은 상호작용모형으로서 문화적 맥락에서의 재해석과 관련된다. 즉 지리

학자들에 의해 검토된 문제들의 다학문적 성격, 공간적 의사결정과 관련된 가치의 중요성을 인정하며, 지리교수에서의 초점은 보다 깊어져 의사결정, 그리고 더 나아가 보다 미묘한 지리적 패턴의 인식에 있다. 이때 학교지리의 목적은 지리의 개념들과 기능들을 다른 영역의 경험, 실제적 문제, 가치의 명료화에 관련시키는 과정과 결합되며, 지리학습은 학생들의 감수성(sensibilities)을 넓히는 데에 강조점이 있다. 평가는 개인별 학습, 개방적 질문(open-ended questions), 과제실행 등과 같이 다양한 방식으로 이루어진다.

이 프로젝트팀은 또한 학생들의 학습경험은 채택되는 교수스타일에 의해 상당히 달라질 수 있으므로, 교과의 특성과 교육과정의 성격－목적, 내용, 작용과 평가－에 따라서 교수 스타일을 달리할 필요가 있음을 지적하였다. 따라서 지리교사는 지리수업에서 어떤 목적 하에서 어떤 내용을 가지고 학생들과 어떤 스타일로 만날 것인지 항상 염두에 두고 있어야 한다.

이와 같은 의미에서 롤링(Rawling,1986: 65)은 지리 교사는 교수-학습 상황에서 다루어질 주제(topic)의 성격 또는 학생들의 특성에 따라 그들의 교수전략을 달리해야 할 뿐만 아니라 새로운 기술의 도입과 함께 가장 적절한 교수스타일을 찾으려고 노력해야 한다고 주장하였다.

그림 8-1. 지리교수의 스타일

스타일 1 전달-수용 모델	스타일 2 행동 형성 모형	스타일 3 상호작용 모형
시각자료 등을 사용하여 설명하는 교사	목표를 추구하여 계열화되고 구조화된 학습경험의 제공자로서의 교사	중재자로서의 교사 : 탐구의 준거와 기술을 확대함으로써 지리를 해석함 탐구의 수단과 기술에 대한 감수성을 개발함으로써 지리 학습 처리
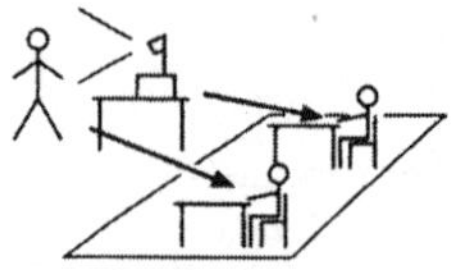	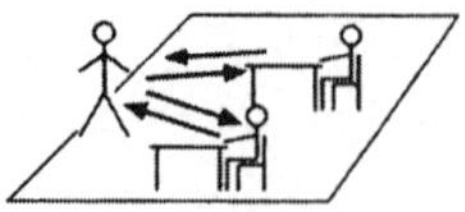	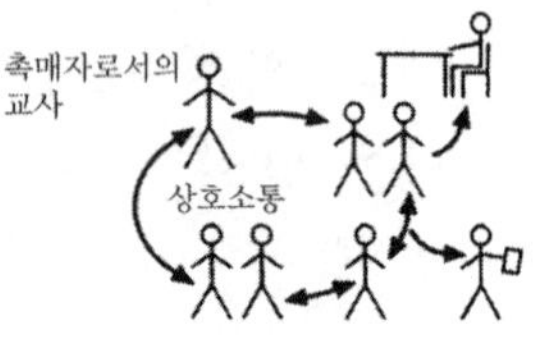
사실과 실제 기능들을 축적함으로써 지리학습 함	개념들을 인식하고 적용함으로써 지리를 학습함 보편적 문제해결 활동, 학습스타일과 발달단계가 예상됨	학급, 그룹의 리듬, 자율적 학습, 개별적 학습 스타일

출처: Tolley & Reynolds(1977) p.27; Robert(1996) p. 239

한편 반스(Barnes et al., 1987)는 여러 가지의 사례연구를 바탕으로 교수와 학습의 세 가지 스타일을 제시하였다. 그것은 폐쇄적 유형(closed), 정형화된 유형(framed), 협상적 유형(negotiated)으로, 이러한 스타일을 결정하는 주요한 요소는 학생들의 학습하는 교과의 내용과 교사가 교수활동에서 유지하는 통제의 정도이다. 따라서 폐쇄적 유형과 협상적 유형을 극단으로 하는 스펙트럼은 한쪽은 교과의 지식뿐만 아니라 모든 면에서 교사에 의한 강한 통제가 있는 것이고, 다른 한쪽은 지식의 구성에 학습자들의 적극적인 참여를 극대화하는 것이다.

2. 지리교수 방법

지리수업에서는 교수의 스타일에 대한 이해 외에도 보다 구체적인 교수방법에 대한 이해와 실천이 필요하다. 수업모형은 교사행동의 유형에 따라 강의법, 토의법, 암송법 등으로, 전달매체에 따라 컴퓨터수업 등으로, 학습 집단의 크기에 따라 개별수업, 집단수업 등으로 나누어질 수 있으며, 지리교육에서도 이와 같은 다양한 형태의 수업방법들이 도입되어 사용되어 왔다.

교수-학습은 하나의 연속체를 이루게 되는데, 이때 학생의 자율성이라는 측면에 주목하게 되면 수업방법은 암기학습, 문제해결학습, 발견학습, 창조적 활동의 네 가지 형태로 <그림 8-2>와 같이 구분할 수도 있다.

그림 8-2. 교수-학습 스펙트럼

암기학습	문제해결 가설검증	개방적 발견	창조적 활동
학생의 자율성 증대 →			
주입과 해설 (exposition& narration)	탐구를 위한 구조 와 조사방법의 제공	구조에 관한 그리 고 협의에 유용한 충고의 제공	격려와 지지를 보 냄. 그러나 방향은 제시하지 않음

출처: Rawling(1986) p.60

한편, 지리교육에서 수업방법이 수업내용과 더불어 가장 큰 전환기를 맞이한 것은 1960년대 이후의 일이다. 그것은 이전의 수업방법이 주로 암기나 '설명식 방법(expository method)'에 의존하였다면, 이때부터 학문의 탐구방식을 적극적으로 도입하는 탐구식 수업 방법이 사용되었기 때문이다. 따라서 지리수업 방법은 해설식(또는 설명식) 방법과 탐구식 방법으로 크게 구분할 수 있다.

맨슨과 리드(Manson & Ridd, 1977)의 『지리교육의 새로운 관점: 이론에서 실천으로』에 는 네 가지 형태의 지리교수방법이 제시되어 있다. 즉 탐구교수방법, 주입식교수방법 (expository method), 가치전략을 통한 교수방법, 야외조사 및 문서를 통한 교수방법이 그것이다. 주입식 방법은 출발점(springboard) 방법(원리나 일반화와 같은 엄밀한 아이디어를 중심으로 하는 기술)과 선행조직자(advance organizer) 방법이 소개되어 있다. 가치탐구전략은 가치 명료화전략(value clarification strategy), 가치조사전략(value survey strategy), 가치분석전략 (value analysis strategy)의 세 가지가 설명되어 있다. 피엔, 거버, 윌슨(Fien, Gerber & Wilson, 1984)의 『지리수업을 위한 교사지침』에서도 이와 유사하게 탐구식 교수방법, 주입식 교수 방법, 문헌중심의 교수방법, 야외작업중심 교수방법 등이 정리되어 있다.

1) 설명식 수업

설명식 수업방법은 학생들로 하여금 기존의 인지적 토대를 확대하거나 지식이 부족한 것을 새로이 추가하기 위해 교수하는 내용을 수용하도록 하는 방법으로 수용학습(reception learning)이라고도 한다. 지리수업에서 탐구수업방법이 강조되고 있음에도 불구하고 여전히 이 방법이 주로 사용되고 있으며, 이에 대한 보다 체계적 이해가 필요하다. 오수벨 (Ausubel)의 유의미학습 이론에 따르면 설명식 수업은 암기학습과 구별된다. 즉 학습자가 반드시 이해하지 못하더라도 되풀이하도록 하는 암기학습과는 달리, 이 방법은 새로운 또는 익숙하지 않은 아이디어들을 기존의 지식이나 인지적 구조와 관련시키도록 한다는 점에서 의미 있는 학습이 되는 것이다. 이때 중요한 점은 학습될 전체내용이 최종적인 형태로 학습자에게 제시하는 것이며, 학습자의 역할은 수용하고 내면화하며 학습하는 것들을 회상하여 적용하는 것이다.

대표적인 설명식 방법으로는 선행조직자(advance organizer)를 이용하는 방법이 있다. 슈 타인브링크(Steinbrink, 1970)는 국민학교 5~6학년에서 이 방법이 지리학습에서 의미 있는 학습결과를 가져왔음을 보여주었다. 이와 같은 선행조직자를 이용한 일반적인 교수-학습 의 절차는 <표 8-1>과 같다.

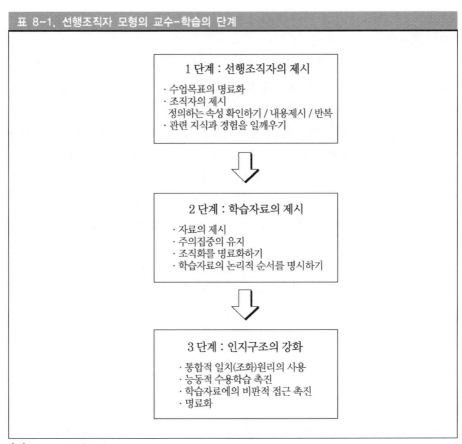

표 8-1. 선행조직자 모형의 교수-학습의 단계

1 단계 : 선행조직자의 제시
· 수업목표의 명료화
· 조직자의 제시
 정의하는 속성 확인하기 / 내용제시 / 반복
· 관련 지식과 경험을 일깨우기

2 단계 : 학습자료의 제시
· 자료의 제시
· 주의집중의 유지
· 조직화를 명료화하기
· 학습자료의 논리적 순서를 명시하기

3 단계 : 인지구조의 강화
· 통합적 일치(조화)원리의 사용
· 능동적 수용학습 촉진
· 학습자료에의 비판적 접근 촉진
· 명료화

출처: Joice & Weil(1986) p.80.

이때 선행조직자는 학습할 자료들을 제시하기에 앞서 학습자들에게 주어질 일련의 아이디어 또는 개념들이다. 예를 들면 '산업도시'에 대한 학습에서 가장 중심적 역할을 하는 개념들은 교통, 원료, 소비재와 생산재를 생각할 수 있으며 이들 일련의 개념들이 산업도시의 학습에서 선행조직자로서 제시될 수 있을 것이다. 선행조직자의 사용에서 그 효과는 선행조직자와 그 하위개념의 선정 및 이들을 적절한 형태로 제시할 구조에 의해 좌우된다.

2) 탐구식 수업

탐구식 수업은 학생들에게 동기를 부여하고 학생들을 수업에 참여시킨다는 특징이 있다. 무엇보다도 가장 큰 장점은 지리를 학습하는데 탐구(조사)지향적, 과정지향적 접근을 하게 한다는 것이며, 탐구전략의 매력적인 측면의 하나는 그것이 실행의 다양성을 만들어 준다는 것이다.

탐구는 원래 학문지향적인 것이었다. 학문의 과정인 탐구를 중시하고, 결과로서의 지식 보다는 과정을 통한 지식의 획득에 강조점을 두었다. 지리과에서 탐구수업을 통해 지리학 자들의 세계관과 일치하는 지식을 획득함과 동시에 중요한 지리적 아이디어를 발견하고 사용하는 그들의 능력에 보다 익숙해 질 수 있다. 이러한 탐구과정을 통해 지리학자의 지식과 기능들을 습득할수록, 탐구하는데 능숙해질수록, 지리적 개념과 원리는 보다 잘 이해될 것이다. 따라서 탐구는 학문의 구조중심 접근을 통해 지리적 개념과 원리를 중시 하며, 질문에 답하거나 문제의 해결책을 찾는 것이다. 이를 통해 학생들은 보다 전문적인 능력을 갖추게 된다. 이러한 과정을 토마스 쿤(kuhn)은 다음과 같이 표현하였다.

> 과학자 세계의 변형의 기초적인 모형은 시각형태의 변화에 관한 설명이 시사해주는 바 와 똑같다. 과학자의 세계에서 혁명이전에는 오리였던 것이 이후에는 토끼가 된다. 처음에 는 위쪽에서부터 상자의 외형을 보던 사람이 나중에는 밑으로부터 그 내면을 보게 된다. 이러한 전환은 흔히 보다 점진적이며 대체로 항상 한쪽 방향으로 가기는 하지만 과학적인 교육의 공통된 부산물이다. 등고선 지도를 놓고 학생은 종이 위의 선을 보고, 지도제작자는 지세를 읽는다. 포말상자의 사진을 놓고 학생은 얽히고 끊어진 선을 보고, 물리학자는 자기 에게 익숙한 아원자상태의 기록을 본다. 그러한 시각의 변화가 몇 번 있은 후에야 학생은 과학자가 보는 것을 보고 과학자처럼 반응을 하면서 과학자의 세계에 안주하게 된다(조향 역, 1987: 143~144).

그런데, 수업에서 지리적 개념과 원리를 다루는 방식은 다를 수 있으며 교과서에서도 다르게 표현되어야 하는데, 이 점에서 탐구에 대한 많은 오해가 발생하며 의견의 차이가 발생한다.

이홍우(1986)에 따르면, 오늘날 교육방법 상의 원리로서 중요시되고 있는 '발견학습'이 나 '탐구학습'은 수업의 외부적인 특징을 가리키는 것이 아니라, '지식의 구조'를 가르치 는 방법상의 원리를 말하며, 지식의 구조를 가르치는 것에 주안점을 두지 않는 '발견'이나 '탐구'는 무엇을 위한 것인지 불분명하다. 결론을 미리 제시하는 것은 그 자체가 탐구학습 의 '아이디어'와 어긋난다. 물론 그가 지적한 것처럼 탐구는 수업에서 따라야 할 공식과 같은 절차로 오해되므로, 탐구학습이나 발견학습은 '공식'이 아니라 '아이디어'로 이해되 어야 한다. 그러나 그가 탐구나 발견학습의 핵심아이디어를 '이해'라고 파악한 점은 다시 검토해 볼 필요가 있다. 과학적 탐구가 의미하는 것은 바로 설명의 과정이므로 과학적 원리는 이해가 아니라 설명이 먼저인 것이다.

한편, 브루너(Bruner)는 발견학습이라는 개념을 제시하면서, 탐구라는 용어는 사용하지

않았지만 탐구식 방법이 어떻게 전개되는지를 아주 상세하게 보여준 바 있다. 브루너는
학습과 사고에서 개념의 중요성을 인식하는 데 영향력을 발휘해왔다. 그에 따르면 교육의
목적은 학문의 구조를 발견하도록 이끌어주는 것이며, 적극적인 탐구과정과 기능, 개념과
원리의 이해를 통한 학습의 응용이 강조되었다. 그는 학습자가 교과의 개념적 구조를 이
해하는 것의 가치를 강조하였고, 이 구조는 매우 기본적이어서 어떤 수준의 이해가 어떤
단계에서 획득될 수 있다고 주장하였다. 그리고 "어떤 교과도 어떤 발달 단계의 아동에게
지적이며 적절하게 효과적으로 가르쳐질 수 있다"고 주장하면서, 그 교수방법으로서 발견
학습을 제시하였다. 그가 실시한 수업방법을 구체적으로 보면 다음과 같다.

발견학습의 방법은 수학이나 물리학과 같이 고도로 체계화된 교과에 국한될 것이 아니다. 이것
은 하버드대학교의 인지문제연구소에서 실시한 사회생활과의 실험연구에서 이미 밝혀진 바
다. 이 연구에서는 6학년 학생들에게 미국 동남부 지역의 인문지리 단원을 전통적인 방법으로 가르
치고 난 뒤에 미국 북중부 지역의 지도를 보여주었다. 이 지도에는 지형적인 조건과 자연자원이 표
시되어 있을 뿐 지명은 표시되어 있지 않았다. 학생들은 이 지도에서 주요도시가 어디 있는가를 알
아내게 되어 있었다. 학생들은 서로 토의한 결과 도시가 갖추어야 할 지리적 조건에 관한 여러 가지
그럴듯한 인문지리 이론을 쉽게 만들어 내었다. 말하자면 시카고가 오대호 연안에 서게 된 경위를
설명하는 수상교통이론이라든지, 역시 시카고가 메사비 산맥 근처에서 서게 된 경위를 설명하는 지
하자원 이론이라든지, 아이오와의 비옥한 평야에 큰 도시가 서게 된 경위를 설명하는 식품공급이론
따위가 그것이다. 지적인 정밀도의 수준에 있어서나 흥미의 수준에 있어서나 할 것 없이, 이 학생들
은 북중부의 지리를 전통적인 방법으로 배운 통제집단의 학생들보다 월등하였다. 그러나 가장 놀라
운 점은 이 학생들의 태도가 엄청나게 달라졌다는 것이다. 이 학생들은 이때까지 간단하게 생각해
온 것처럼 도시란 아무데나 그냥 서는 것이 아니라는 것, 도시가 어디에 서는가 하는 것도 한 번 생
각해 볼만한 문제라는 것, 그리고 그 해답은 생각을 통해 발견될 수 있다는 것을 처음으로 깨달았던
것이다. 이 문제를 추구하는 동안에 재미와 기쁨도 있었거니와 결과적으로 그 해답의 발견은 적어도
도시라는 현상을 이때까지 아무 생각 없이 받아들여 오던 도시의 학생들에게 충분한 가치가 있는 것
이었다[J. S. 브루너(이홍우 옮김), 1985: 81~85].

그런데 게게(Gage)에 따르면 발견적 접근이 문제의 해결에 이르기까지, 수크만(Suchman)
이 최종적인 '아하'라는 돌파구까지만 도달하는데 초점을 두는 반면, 탐구교수접근은 절
차적 인자들의 집합 이상이다. 따라서 탐구와 발견을 구분하여 다루기도 한다. 대체로
탐구와 발견에 대한 접근방식은 아스무센(Asmussen), 데니스와 버기(Dennis & Buggey), 조
앤(JoAnne, 1977)에 따르면 다음과 같이 네 가지로 구분된다.

첫 번째는 라이안과 엘리스(Ryan & Ellis)의 접근방법인데, 이들의 탐구교수에서는 자료
중심의 활동(data-oriented activities)에 관련되는 것이다. 그들에게는 탐구조작의 시퀀스가

가장 중요하며, 자료의 생산과 처리 그리고 참고준거를 만드는 학생들의 활동을 강조한다. 교사의 임무는 처음부터 연구지향적인 질문과 다양한 창조적인 자료의 제공을 통하여 학생들에게 동기를 부여하는 것이다. 탐구교수는 교사중심, 교사유도, 그리고 교사독립적인 상황에 따라 달라질 수 있다고 본다. 이들은 탐구교수를 자료탐색/자료조작의 과정으로 보는 것이며, 교수 스타일이나 교실환경에 대한 관심은 적은 편이다.

두 번째는 마시알라스(Massialas), 스프라그와 허스트(Sprague & Hurst)식의 접근방법이다. 이들에게 있어 생산적인 탐구의 발달을 위해서는 근본적으로 교실환경이 가장 중요하다. 그들은 의견에 기초한 학생활동과 보다 깊은 탐색과 신념의 실체화를 요구하는 학생활동을 구별하였다. 그들은 교사와 학생 간에 의견이나 코멘트의 교환에 의존하는 교수테크닉을 진정한 탐구라고 보지 않는다. 학생들 자신의 위치를 분명히 하고 그러한 입장의 논리적 귀결을 탐구하기 위한 증거들을 사용함으로써 자신들의 가치를 명료화하는 탐구의 과정을 겪음으로서 진정한 탐구를 하게 된다. 결국 탐구에 대한 반성적 접근은 오직 참가자가 기꺼이 그들의 신념과 가치체계를 드러내는 교실환경에서만 일어난다는 것이다.

세 번째는 모린과 모린(Morine & Morine)의 접근방법이 있다. 그들은 3개의 기본적인 탐구접근으로 구성된 정교한 개념 틀을 제시하였는데, 귀납(induction), 연역(deduction), 조작적변환(transduction)이 그것이다. 교사의 역할은 주어진 학생 및 교과의 수준에 가장 적절한 접근방법을 선정하는 것이다.

네 번째는 베이어(Beyer, 1971)식의 접근방법이다. 그는 탐구에서 다른 방식 즉 탐구의 과정 속에는 수많은 단계가 있음을 인식하였으며, 그는 이를 5단계로 제시하였다.

a. 학습의 목적 또는 이유의 확인(교사이든 학생이든)
b. 대안적 해결책 또는 제시된 해답이 가설화된다.
c. 제시된 가설과 관련된 증거자료들을 모으고 배열하고 분석을 통하여 검증된다.
d. 가설이 채택되거나 기각된다. 결론이 개발된다.
e. 결론이 새로운 자료에 응용되고, 일반화가 나타난다.

(1) 지리적 설명의 논리와 지리탐구

논리실증주의의 설명을 최초로 체계화한 학자는 헴펠(Hempel)인데, 그의 과학적 설명의 논의는 다음과 같다. 그는 특정 사건의 설명이 특정한 시간과 장소에 있어 일어나는 것으로 간주되어 온 데 반해, 일반적 규칙성에 대한 설명은 그 사건을 또 다른 포괄적인 규칙성, 즉 보다 일반적 법칙 속으로 포함된다고 보았다. 곧 어떤 사건의 설명이 보다 일반적인 규칙을 찾음으로써 이루어진다고 보는 것이다.

그에 따르면 설명은 두 가지 구성요소, 즉 피설명항과 설명항으로 이루어진다. 전자에 의하면 우리는 현상이 설명되어지도록 기술하는 어떤 문장을 이해한다. 그러나 후자에 의해서는 현상의 설명을 위해 제시된 그러한 문장들의 등급을 이해하게 되고, 이는 여러 개의 하위등급으로 쪼개어진다.

좀더 구체적으로 이를 전개하면, 특정한 전제조건을 진술하는 특정 진술 C1, C2, C3 ,……Cr이 있고, 일반적 법칙을 나타내는 L1, L2, L3,……Lk가 있다고 볼 수 있다. 이때 제시된 설명이 올바르게 되려면, 그것의 구성요소는 타당성의 특정조건(논리적 조건과 경험적 조건으로 구분되는)을 만족시켜야 한다. 그가 제시한 타당성의 조건은 논리적 조건 3항과 경험적 조건 1항으로 되어 있다. 즉 ① 설명항은 피설명항을 논리적으로 함축해야 한다. ② 설명항은 피설명항을 연역해내기 위해서 필연적인 일반법칙을 포함하고 있어야 한다. ③ 설명항은 경험적 내용을 가져야 한다. ④ 설명항은 단순히 잘 확증된 것이 아니라 참이어야 한다.

이러한 설명 모델은 일반적으로 법칙-연역적 설명모델이라고 한다. 이때 정상적인 과학의 절차인 가설설정, 모델설립, 검증, 이론화, 법칙화의 과정을 고려하면, L은 이론이나 가설로 대치할 수 있다.

그런데, 하비(Harvey, 1969)는 설명을 어떤 가치체계를 가지고 야기되는 질문에 대한 의사결정, 혹은 선택을 하게 되거나, 설명의 가치를 판단할 때 그러한 가치체계를 끝까지 고수하려는 사람들에 의해 일어나는 행위라고 규정한다. 그는 브레스와이트(Braithwaite), 헴펠(Hempel), 나겔(Nagel)과 같은 논리실증주의자가 제시하는 설명의 형식적 분석은 보다 복잡한 방법론적 문제에 대해 깊은 통찰력을 제공하고 있으며, 이러한 형식적 절차를 구체적 지리적 문제에 적용할 때 설명보다 포괄적 해석에 의존하지 않을 수 없다고 하였다.

하비는 가능한 한 포괄적으로 설명을 사용하려 하였으며, 방법론적 진술에 대한 부분적 의존과 경험적 연구에 대한 부분주의를 통해 몇 가지 설명의 형태를 확인하였다. 그것은 ① 자료의 수집, 순서화, 분류를 통하여 이론이 명시적으로 사용되지는 않지만 포함되는 인지적 기술, ② 공간속에서의 형상과 형태를 검토하는 형태학적 분석, ③ 지리적 분포 등을 인과법칙에 의해 설명하는 원인-결과 분석, ④ 원인적 설명의 시간적 간극을 채우는 시간적 설명, ⑤ 현상을 특정 조직 내에서의 특정한 역할을 통해 분석하는 기능적·행태적 분석, ⑥ 조직 내에서의 특정한 현상의 기능을 검토하는데 상호 연결된 부분과 과정으로 구성된 체계로서 조직의 구조를 파악하는 체계분석이 그것들이다.

한편, 애블러(Abler), 아담스와 굴드(Adams & Gould, 1972)는 과학적 설명의 형태를 연역적-결정론적 설명, 연역적-확률론적 설명, 발생론적 설명, 기능적 설명으로 구분하여 제시하였는데, 이들이 말하는 연역적-결정론적 설명은 헴펠의 법칙, 연역적 설명과 같은 맥락을 가지고 있으며, 연역적-확률론적 설명은 통계적-귀납적 설명과 유사하다.

이상에서 살펴본 것처럼 과학적 탐구를 통한 논리실증주의 설명은 가설연역적이고 연역법칙적(deductive-nomothetic) 방법론에 근거한 것이다. 이 방법론에 입각하여 법칙을 정립하고 이에 따라서 현상을 설명하게 되는 것이다. 이에 따라 흔히 사용되는 과학적인 방법론 또는 과학적 접근방법은 네 단계 즉 관찰 → 이론개발 → 이론을 경험적으로 검증 → 결과에 비추어 이론을 수정하는 단계로 발전하게 된다. 이러한 과정을 따라가는 것이 탐구이며 이러한 탐구행위는 바로 설명을 위한 것이다. 사회과학에서 이는 사회에 대한 과학적 조사가 가능하고 이를 따를 것이라는 실증주의의 법칙추구적인 궤도와 동일한 믿음을 가지고 있다. 이는 또, 경험적 관점과 논리적 분석방법의 결합이며, 개념과 명제의 의미를 찾고 통일된 과학적 방법론을 구축하는 것이다.

이에 따른 지리에서의 설명의 논리를 그림으로 제시하면 <그림 8-3>과 같다.

(2) 탐구식 수업의 형태

탐구식 수업방법은 매우 다양한 형태로 발전하여 왔다. 타바(Taba)의 귀납적 교수법, 브루너(Bruner)의 개념학습 및 발견학습, 마시알라스(Massialas) 등의 사회탐구 및 가치탐구 학습모형이 여기에 속하며, 교사의 개입정도와 탐구목적에 따라 발견학습, 문제해결 및 의사결정 학습, 개념학습 등으로 구분되기도 한다. 이들은 구체적 절차를 약간씩 달리하지만 학습상황에서 학생들의 탐구행위를 강조한다는 점에서 탐구수업방법이라고 포괄적으로 명명할 수 있다.

타바의 귀납적 교수모형이 제시하는 '개념형성(열거하고 목록화하기, 집단화하기, 분류표시하기, 명명하기, 범주화하기) → 자료의 해석(중대한 관계 찾기, 관계의 탐색하기, 추론하기) → 원리의 적용(결과예측하기, 친숙하지 못한 현상 설명하기, 가설세우기, 예측과 가설을 설명하거나 지지하기, 예측한 것을 입증하기)'의 절차와 같은 형태에서부터, 사회과학의 논리에 따라 몇 가지 탐구경로를 인정하는 사회탐구 및 가치탐구에 이르기까지 여러 가지 형태의 탐구가 가능할 것이다. 그리고 자연과학과 자연과학적 방법을 그대로 수용하는 논리 실증주의적 사회과학에서의 탐구는 계량적 검증을 중심으로 하는 양적 탐구를 의미하며, 인문학에서의 탐구는 인간의 주관적 해석을 중시하는 질적 탐구를 의미하므로 탐구의 의미도 달리 사용될 수 있다. 전자가 경험적이고 전통적인 과학적 방법 지향의 탐구라고 한다면, 후자는 개인의 정신적·지적과정 지향적이며 기술적 자료에 의존하면서도 의미의 해석을 강조하는 탐구이다.

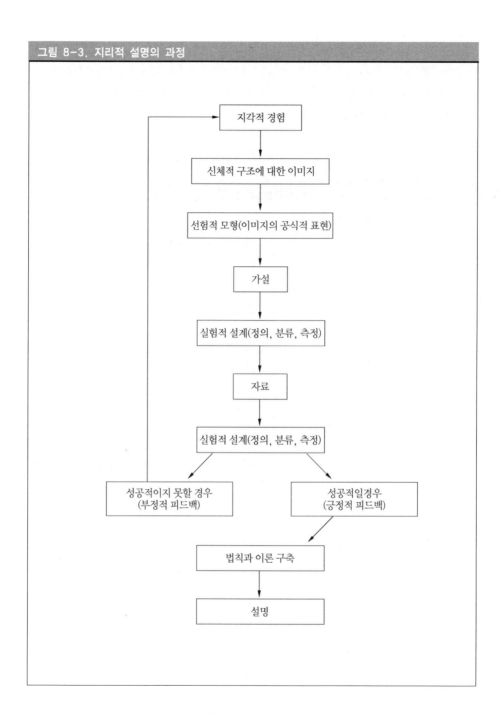

그림 8-3. 지리적 설명의 과정

이처럼 탐구를 행하는 방식은 여러 가지일 수 있으며, 학습방법으로서 탐구는 하나의 문제에 대한 해결책이나 질문에 대한 해답을 발견하는 과정을 포함하게 된다. 학습방법으로서 탐구는 탐구의 특성, 학생의 경험의 종류, 학생의 자율성의 정도에 따라 발견학습, 문제해결학습, 창조적 학습 등의 형태로 나누어 볼 수 있으며, 그 차이점을 비교해보면 <표 8-2>와 같다.

표 8-2. 탐구식 교수-학습의 형태

탐구학습 형태	탐구의 특성			학습경험	학생의 자율성
실험실 탐구 (laboratory practical)	이미 결정된 / 개방성 / 개방된	고 / 교사통제 / 저	저 / 학생자율성 / 고	주제, 재료, 조사들이 보통 실험지침에 의해 처방되고 교사에 의해 안내된다.	실험실 탐구 방법은 하나의 미리 정해진 해답을 찾기 위한 기정해진 활동의 수행을 포함함.
문제해결 (problem-solving)				컨텍스트는 주로 존재하는 문제의 특성에 따라 하나 또는 그 이상의 특정한 문제해결책이 있을 수 있다. 교사의 개입의 정도는 다양하다.	학생의 문제 해결은 문제를 해결하는데 다양한 접근을 채택할 수 있다. 학생들은 문제와 관련한 이들 접근방법들의 상대적 효율성을 고려해야만 한다.
발견 (discovery)				이 형태의 탐구는 특정한 문제의 해결로 방향 지워진 것은 아니다. 발견된 것은 일반적으로 인지된 활동의 결과이며 학생들은 매우 다양한 결과를 얻을 수 있다.	학생들은 미리 결정되어 있지 않은 목적들에 대해 자유롭게 매우 다양한 접근을 시도할 수 있다. 이러한 결론들은 상적으로 어떤 검증을 필요로 한다.
창조적 활동 (creative activity)				이것은 상상력, 정적인 대안, 인지적 전환, 때로는 수평적 사고와 수동적 기민성을 포함한다.	학생들은 매우 적은 제한요인 하에서 조작한다.

출처: Cox(1984) p.89.

그런데 지리 교수-학습에서는 이와 같은 탐구 일반에 대한 이해와 더불어 지리학의 탐구과정에 대한 이해와 그 과정의 활용이 요구된다. 지리 교사는 실제 수업을 통하여 지리적 탐구의 도구인 지도, 지구의, 모델, 표 등을 사용하는 방법과 지리적 기능들을 함께 길러주어야 하며(Hill, 1970: 305~335), 어떻게 지리적으로 문제를 탐구하고 해결할 것인가를 숙달하도록 해주어야 한다. 크랩트리(Crabtree)는 지리적 탐구의 과정을 ① 탐구할 지역을 정의한다. ② 지역 내에서의 사상들의 형태나 구조들을 기능적으로 분석한다. ③ 그들

간의 관계가 검토되며, 지역 내에서의 결합의 패턴에 관한 가설을 형성한다. ④ 지역내부
의 상호작용의 패턴과 공간배열이 지도화되고 분석된다. ⑤ 지역과 다른 지역간의 기능적
관계의 체계를 검토한다. ⑥ 현재와 과거의 지역에서의 시간적 순서를 검토한다(인과적
관계가 검증된다). ⑦ 비교되는 지역들이 분석되고 일반화를 형성한다(Crabtee, 1967: 94)는
일련의 과정으로 제시하였다. 이는 공간조직이나 인간-자연 관계 등에 대한 탐구의 양상
을 모두 포괄하지는 못했지만 지리에서의 지역적 탐구에 보다 중점을 두어 활용할 수
있을 것이다. 이와 달리 미국의 국가교육평가위원회(NAEP)는 지리 탐구의 과정을 매우
포괄적으로 다음과 같이 제시한 바 있다. ① 장소나 지역의 위치를 찾고, 그들의 자연
및 문화적 특징을 설명한다. ② 인간이 그들이 자연 및 문화적 환경에 대응하거나 그들을
변형시키면서 발전해온 관계들을 탐색한다(비교하고 대조하는 것을 포함). ③ 다양한 세계의
지역들과 그들의 자연 및 인문적 사상과 패턴을 보다 깊이 있게 이해한다(NAEP, 1988:
23~24)는 과정으로 제시하였다.

그렇지만 이와 같은 지리탐구의 과정을 지리수업에 활용할 때 학생들로 하여금 어떻게
지리적 질문을 던지는가를 상기시킴으로서 지리 탐구를 보다 의미 있고 효율적으로 행하
게 할 수 있다. 호주의 지리교사협의회는 지리 탐구의 과정을 '왜' 그리고 '어디에'라는
질문을 하는 단계(관찰기술, 기록 및 기술을 포함하여 지각, 정의 및 분류하는 과정) → '어떻게',
'왜'라는 질문을 하는 단계(적용, 분석, 종합의 기술을 이용하여 설명과 예측하는 과정) → '무엇
을 해야 하나'의 질문에 답하는 단계(가치전략과 문제해결기능을 이용하여 평가와 의사결정
하는 과정)의 3단계로 제시하였다(AGTA, 1988: 7). 그리고 영국의 <지리 16-19> 프로젝트
팀은 제4장에서 언급한 바와 같이 이것보다 보다 세분화된 단계를 가진 모형을 제시하였
다. 즉 사실탐구와 가치탐구의 두 가지 방향으로 지리탐구를 진행하도록 하면서, '무엇이'
(관찰과 지각) → '무엇이' 그리고 '어디에'(정의와 기술) → '어떻게'와 '왜'(분석과 설명) →
'어떻게 될 수 있는 가', '무엇이 될 수 있는가', '어떤 영향이'(예측과 평가) → '어떤 결정',
'어떤 영향이'(의사결정) → '나는 무엇을 생각하고 있는가', '왜'(개인의 평가와 판단) →
'다음에는 무엇이', '나는 무엇을 해야 하나'(개인의 대응)의 7단계의 탐구과정을 제시하였
다(Rawling, 1986: 66). 그러나 여기에서 제시된 것은 우리나라의 고등학교 고학년 수준에
해당하는 것이므로, 그 적용에 있어서는 이 모형에 대한 사전검토를 충분히 할 필요가
있다.

그리고 지리수업에서는 이와 같은 탐구를 촉진하기 위해서는 다음의 방식들을 적극적
으로 고려할 수 있다(Cox, 1984: 93). 즉 학생 개인의 관찰과 기록을 할 수 있는 기회를
제공하도록 야외현장학습(fieldwork), 각종 통계수치나 그 최고치 또는 최저치의 인용(예:

우리나라의 극서지와 극한지를 찾고 그리고 그 원인을 찾도록 하는 방법), 사실을 기술하기 위한 도해적 이야기 설명, 자연지리와 관련한 실험(예: 물과 암석의 비열과 대륙도), 시사성이 강한 지리적 문제해결이 기대되는 실질적인 국내 및 세계의 문제 또는 쟁점의 제시(예: 어디에 신공항이 입지할 것인가), 분명하게 인식될 수 있는 가치적 갈등의 제시(예: 전통적인 에스키모 인이 하계 이동시 노인들을 두고 떠나는 상황)와 같은 방식들은 지리탐구를 촉진하게 될 것이 다.

(3) 탐구식 수업의 간단한 사례들

교사의 역할은 사실적 정보의 원천이라기보다 개념적 학습을 위한 적절한 경험의 제공 자로 보인다. 탐구식 수업의 전형이 탐구의 전 과정을 실행하는 데 비해, 간단한 탐구식 수업은 일반적으로 귀납적 교수법 접근에 의해 잘 나타난다. 즉, 전형과 비전형에 기초하 여 교사는 분류하고, 변별하고, 이름붙이기, 비교하기를 위한 예를 제공하는 등의 다양한 활동으로 전개할 수 있다.

① 개념획득하기

개념은 정보를 조직하고 문제에 접근하는데 사용되는 유용한 도구이다. 이 모델은 학생 들로 하여금 보다 효과적으로 개념을 학습하고 획득할 수 있도록 가르치기 위해 고안되었 다.

학생들에게 도시에 대하여 어떻게 생각할 것인가를 가르치고 동시에 이 도시들의 특성 을 어떻게 범주화할 것인가에 대한 과정도 가르치고 있다. 즉 일정한 기준을 가지고 분류 하여 유목화 하는 것은 개념화의 중요한 단계이다. 이는 다른 목적으로 범주화됨으로써 개념학습의 중요한 과정이 되고, 개념탐구의 한 부분을 이룬다.

중 학교 2학년 교실에서 미국의 중요한 도시들의 특징에 대한 수업이 진행되고 있었다. 학생 들은 이 도시들의 규모, 소수민족의 인구비율, 산업형태와 입지, 자연자원에의 접근성에 대 하여 여러 가지 자료를 수집하고 있었다. 학생들은 분단을 구성하여 지금까지 수집한 각종 정보 자료를 정리하고 요약하였고, 여러 가지 자료집을 교실에서 제시하였다.
지리교사인 김교사는 학생들을 향하여
"자! 지금부터 우리는 지난번에 조사한 자료를 가지고 우리들이 조사한 도시들에 대한 연구를 좀 더 자세히 해보기로 하자. 그러면 이제부터 내가 여러분들에게 몇 가지 개념들을 제시해 볼 테 니 그것들을 서로 비교하고 대조시켜 나가도록 해라. 지금부터 나는 우리들이 만든 각종 자료집을 가리키면서 각 자료집에 대하여 '예' 또는 '아니오'라는 명칭만을 붙여주겠다. 그러면 여러분은 내가 제시한 자료의 '예' 또는 '아니오'를 보고 각 도시들의 인구 또는 다른 여러 특성들에 대하여 내가 어떤 생각을 하고 있는가를 찾아내는 것이다. 나는 먼저 '예'가 되는 도시를 먼저 말한 다음 '아니오'가 되는 도시를 말하겠다. 이렇게 하여 여러 도시들에게 '예' 또는 '아니오'의 표시를 붙이는 일을 계속해 나갈 테니, 여러분은 내가 '예'라고 표시한 도시가 어떤 공통점을 가지고 있는 가를 생각해보라. 그런 다음 '예'인 도시와 어떤 관련성이 있는 가를 생각해서 적어라. 그런 다음 자기가 생각한 것이 맞았는지 또는 틀렸는지를 확인해나가라. 그러면 지금부터 우리가 살고 있는 도시부터 시작하겠다"라고 말했다.

"먼저 휴스턴(Houston)은 '예'이다."

그러자 학생들은 휴스턴의 규모, 산업, 위치, 소수민족 구성 등에 대한 정보자료를 살폈다. 그러자 다시 김교사는 메릴랜드(Maryland)주의 볼티모어(Baltimore)를 가리키면서 말했다.

"볼티모어는 '아니오', 그러나 캘리포니아(California)의 새너재이(San Jose)는 또 하나의 '예'이다"라고 말했다.

그러자 학생들은 새너재이에 관한 정보자료를 잠시 살펴보더니 2~3명의 학생이 손을 들고는 "아! 저는 그것이 무엇인가를 알겠어요."라고 말했다. 그러자 김교사는 "네 생각을 말하기 전에 잠깐 기다려"라고 말하고는 "자! 이제부터 네 생각이 맞았는가를 알아보기 위하여 다음 도시를 살펴보자"라며 다른 '예'인 도시로 시애틀(Seattle), 디트로이트(Detroit)는 '아니오', 마이애미(Miami)는 '예' 등 이렇게 각 도시들에 '예' 또는 '아니오'를 붙여 나가면서 모든 학생들이 지금 자기가 어떤 개념을 이야기하고 있는가를 알아서 손을 들 때까지 계속했다.

그런 다음에 그들의 의견을 서로 교환한 후 김교사는 "영수야, 너는 무어라고 생각하니?"하고 묻자, 영수는 "'예'의 도시들은 모두 따뜻한 기후를 갖고 있습니다. 다시 말해서 선생님이 '예'라고 말씀하신 도시들은 별로 춥지 않아요"라고 말하자 다른 아이가 "솔트레이크(Salt Lake)시는 꽤 추운데요!"하고 반대 의견을 제시했다. 그러자 또 다른 아니는 "맞아요, 하지만 시카고(Chicago)는, 디트로이트, 볼티모어처럼 춥지는 않습니다"라고 맞섰다. "'예'라고 한 모든 도시들은 아마 빠르게 성장한 도시인 것 같아요. 이 도시들은 지난 10년간 10%이상 인구가 증가했거든요."

이렇게 이 문제에 대하여 논란이 잠시 계속되었다. "'예'라고 한 모든 도시들은 각종 산업이 번창하고 있네요"라고 다른 아이가 덧붙여 말했다. "그건 맞아요. 하지만 여기에 제시된 도시들 모두 그런 것은 아니에요"라고 다른 학생이 응수했다. 이와 같은 여러 제안들이 나오자 모든 학생들은 마지막에 가서, 지금까지 말한 '예'인 도시들은 매우 빠른 속도로 성장하고 비교적 따뜻한 기후를 가진 것으로 결론을 내렸다. 그러자 김교사는 "맞았다! 내 의견도 같다"라고 말하고 "바로 그것이 내가 생각했던 것이야. 자, 그러면 지금부터 다른 문제를 가지고 다시 한번 해볼까? 이번에는 메릴랜드주에 있는 볼티모어부터 시작하자. 볼티모어는 '예'이다[Joyce & Weil(김종석 외 옮김), 1989: 43~44].

② 탐구의 과정의 한 부분으로서 '정의 내리기'

여러 가지 탐구모형들은 사회탐구모형에서처럼 정의를 내리는 단계가 포함되는 경우가 많다. 이러한 정의를 내리는 단계는 탐구의 하나의 과정으로서 논리적 중요성을 가지고 있으며, 하나의 수업장면으로서 활용될 수 있다. 다음은 환경이라는 단어가 어떻게 정의되는지를 가지고 진행된 탐구의 한 과정이다.

교사: 여러분들은 지금 현재 해결해야 할 어떤 문젯거리를 갖고 있는 것 같다. 누가 이 문제를 논리적 방법으로 이해할 수 있나? 내가 이것을 해석해 나가니까 지금 막 영희가 환경이란 매우 포괄적인 개념이라고 말하려하고 있다. 사람들은 기후, 풍토, 토지, 지하자원, 건물 등 사람들이 생산해낸 것과 함께 살고 있는데, 이것이 환경이 되는 것이다. 그리고 여러분들에게 형제, 자매가 있다면 이 사람들 역시 환경의 일부가 된다.

혜영: 그게 정말이예요?

교사: 그래, 그건 분명히 일종의 정의다. 그러나 정수는 이와 같은 측면을 넘어서 그가 지금까지 생각해온 환경은 주로 기후, 풍토와 토지라고만 생각했었다고 말한다.

정수: 저는 환경이란 것이 기후, 풍토와 토지가 아니라고 생각해요. 제가 말하는 것은 선생님 지금 말씀하신 환경과 같은 형태의 환경에 영향을 미치지 않을 것이라는 말예요. 혜영이가 아까 말한 것은 물리적 환경에 영향을 미치지 않으리라는 것이지요.

교사: 그래, 그럴 수가 있지. 나는 지금 그 문제로 너와 다투고 싶지는 않다. 너는 지금 혜영이가 어떤 생각을 하고 있다고 생각하니? 가족환경이 바꾸려면 가족 내에 어떤 일이 발생한다고 생각하니?

혜영: 잘 모르겠어요. 아마 어떤 일이건 생기겠지요.

교사: 어떤 일?

혜영: 어떤 일이든 생길 겁니다. 그러나 저는 환경이라는 것이 우리들 주변에 있는 모든 것이라고 생각했어요. 그러나 저는 물리적 환경은 생각하지 않고 있었어요. 전 잘 모르겠어요.

교사: 자, 그럼 여기서 우리 어떤 종류의 의미를 결정해보자. 나는 우리가 이 일을 할 때까지 아와 같은 어려운 일을 한꺼번에 전부 해낼 수 있는 운이 있을 거라고 생각지는 않고 있다.

상철: 저는 식민지 정착민에 대하여 생각해보겠어요.

교사: 좋아

상철: 제가 생각하기엔 환경변화란 분명히 하나의 물리적 환경의 변화를 의미하는데 여기서 물리적 환경이란 토지, 기후풍토, 그리고 식민지에 살고 있는 사람들이나 다른 이러한 것들을 의미하고 있어요. 그런데 전 두 번째 것들이 생각나요.

교사: 그 두 번째 것들이란 무엇이지?

상철: 그저 단순히 토지, 기후, 풍토, 사람들, 아이디어 기타 모든 것 이외의 다른 것들 말이예요.

교사: 자, 그것은 또 다른 새로운 측면이다. 한 사회가 갖고 있는 아이디어들은 그 환경의 일부를 이루고 있다[Massialas & Cox, 1966: 130~131; Joyce & Weil(김종석 외 옮김), 1989: 378~379)].

---

(4) 가치 탐구 전략

교수하는 행위는 가치지향적인 활동이다. 교사들이 하는 모든 활동 예로서 특정한 책을 권하는 것, 토의할 주제를 선정하는 것, 교수자료를 선택하는 것, 이 모든 것에는 가치가 명시적으로든 묵시적으로든 개입되어 있다. 또한 교육내용에서 인지적 영역 중심으로 파악하는 것은 교육에 대한 불완전한 이해를 가져다주며, 지식위주의 교육이 가지고 있는 교육적 한계에 대한 인식은 있어왔다. 따라서 정의적 영역을 고려하거나 인지적 영역과 통합적으로 다루어주어야 한다.

새로운 인식이 요구되어지는 것은 '올바른 가치의 주입'이 아니라 '가치에 대한 올바른 견해와 이의 실행'에 있는 것이다. 예로서 정직을 주입할 것이 아니라 정직하다는 것은 어떻게 사회 속에서 나타나며, 그와 같이 다양한 방식으로 나타나는 정직을 어떻게 이해할 것이며, 왜 그렇게 나타나는 지를 정확하게 인식할 기회를 제공하는 것이 필요해졌다. 규범적 행위와 관련된 가치 덕목의 이해, 지적 그리고 정의적 판단, 행위에 대한 신념 및 태도 등 다양한 측면에 관한 학습이 요구되고 있다.

현대사회에서의 다양성은 개인이 다양한 가치를 추구하는데서 나타나므로, 무엇보다도 다른 가치의 존재를 인정하는 것이 필요하며, 모든 가치를 분석, 종합, 판단의 대상으로 여김으로써 주체적이고도 독자적인 가치판단은 물론 합리적인 사회적 판단을 내릴 수 있을 것이다. 사회문제를 올바르게 인식하고 해결하기 위해서는 가치에 대한 판단이 요구되어 진다. 실제로 우리가 내리는 의사결정의 대부분은 특정 가치 지향적인 행위라는 인식이 보다 분명해 지고 있다. 따라서 현명하고도 합리적인 의사결정과 이를 바탕으로 하는 문제해결을 위해서는 올바른 가치에 대한 판단이 그 어느 때보다 많이 요구되고 있다. 이는 현대사회에서 어떤 객관적이거나 고정 불변한 가치나 최고의 선으로 표현되는 절대적 가치보다 상황에 따른 그리고 주관적인 것에 의해 좌우되는 개별가치가 인정되고 있는 것에 기인한다. 그러므로 현대인의 생활은 끊임없이 개인의 의사결정을 요구하고 있기 때문에 어떠한 가치를 추구해야 하는가보다는 어떤 과정을 통해 가치를 선택해야 하는가에 중점을 둘 필요가 있다.

그리고 타인의 가치에 대한 인정과 현대인의 행위가 다양한 가치에서 나온다는 인식은 탐구에서 사회탐구 내지 사실탐구를 가치탐구와 결합할 것을 요구하는데, 뱅크스(Banks)는 합리적인 의사결정을 내리는 전제조건으로서 사실탐구와 가치탐구를 제시하였으며 사회과학적 지식의 습득과 함께 가치분석, 명료화과정을 통해 자신이 취할 행동을 분명히 할 것을 주장하였다.

다양한 가치와 신념들을 다룸으로써 가치를 분석, 종합, 판단하게 되는 가치탐구의 구체적인 수업전략으로는 가치주입, 가치명료화(value clarification)전략, 가치조사(value survey)전략, 가치분석(value analysis)전략, 도덕성발달모형과 도덕적 추론(moral reasoning), 행동학습(action learning) 등이 있다.

예를 들면 가치분석(Value Analysis) 전략의 경우, 일반적인 수업단계는 아래와 같이 전개되며 구체적인 사례수업의 과정은 <표 8-3>과 같다(Martorella, 1977).

1단계: 문제가 되는 주제의 선택
2단계: 적합한 자료의 제공
3단계: 적절한 분위기의 조성
4단계: 주제에 관한 긍정적 진술과 부정적 진술에 대한 개별적 항목 열거와 순위 매김
5단계: 긍정적 진술과 부정적 진술에 대한 등급의 분류, 순위 매김, 토론
6단계: 매우 부정적인 진술에 대한 가능한 해결책의 모색
7단계: 알려진 정보원에 대한 의문제기
8단계: 관찰과 권고안의 제시

(5) 역할놀이 및 시뮬레이션과 탐구식 수업

한편, 지리 탐구학습을 촉진하기 위해 구조화된 하나의 수업방법 내지 기술로서 개발된 것으로 게임과 시뮬레이션을 활용할 수 있다. 시뮬레이션의 형태는 간단한 것에서 복잡하게 구조화된 것에 이르기까지 다양한데, 역할놀이(role play), 게임, 하드웨어 시뮬레이션(레고타입 블록), 수리적 시뮬레이션의 4가지(Walford, 1986: 79)로 구분할 수 있다. 그런데 이들은 모두 상상을 통해 학생들로 하여금 다른 사람의 입장이 되어 생각을 하고 결정을 내린 것에 대해 숙고해보도록 하는 공통점을 가지고 있다. 시뮬레이션의 본질은 대리경험을 통해 또는 경험에 대한 연속적 숙고를 통해 학습을 제공하는 것이다. 즉 게임이나 역할놀이에 참여하는 학생들은 그들 자신의 경험과 아이디어들에 대해 숙고할 뿐만 아니라 그들의 동료와의 토론에 기초하여 아이디어를 파악하게 되고, 그와 같은 행동들이 다른 나라의 인간, 문화, 직업을 보다 효과적으로 이해하도록 한다. 또한 내용에 관계없이 교실에서 보다 많이 이야기하고, 토론하고, 협상에 참여함으로써 수업에 대한 동기를 유발하는 효과가 있다. 그렇지만 이러한 기법이 지나친 동기유발과 과다한 경쟁 등의 단점을 가지고 있다는 점(Walford, 1986: 79)에 항상 유의해야 한다.

(6) 야외현장학습, 지도학습과 탐구식 수업

야외현장학습(fieldwork)은 지리학의 연구 활동의 중요한 국면의 하나로서 지리학습에 있어 직접적 경험을 제공한다. 또, 지리의 개념 및 아이디어에 대한 이해를 용이하게 하고 강화하는 기회를 제공한다. 거시적으로는 지리학에서 추구하는 자연적, 문화적 사상들의 패턴과 지역결합의 실제모습을 인식하게 해주고, 관찰하고 기록하는 동안 지리의 기본기능들을 익히도록 해준다.

이러한 야외현장학습은 야외현장견학(field trip)과 야외현장조사(field investigation)의 두 가지로 나누어 생각할 수 있다(Thomas et al., 1977: 165~170). 전자는 설명식 수업의 형태에 가까운 것으로, 교실에서의 지리적 화제, 주제의 학습 → 현장에서의 관찰(교사주도),

표 8-3. 가치분석전략 수업전개 사례

1) 주제: 야생지역은 어떻게 관리되고 이용되어야 하는가?
2) 자료: 지방신문에서 요세미티(Yosemite) 국립공원에서의 자동차 이용을 금지한다는 기사
   미국의 야생지를 보여주는 지도제시(야생지의 개념, 위치, 개수)
   야생지역이라는 쟁점에 대한 문헌조사
   학생개인의 자료수집
3) 분위기: 요세미티에 대한 정책을 넘어서, 급속히 사라져가는 야생지가 어떻게 관리되어야 하는가와 같은
   국가적 쟁점을 논의함.
4) 야생지에 대한 긍정적 진술과 부정적 진술의 항목의 구성, 중요도에 따른 순위를 매김

〈야생지역의 보존에 대한 진술〉

긍정적 진술:
 1. 노력하는 사람에게 실제로 특별한 자연경험을 준다.
 2. 미래세대를 위해 개방공간(open space)를 보장한다.
 3. 야생생태계를 보존하고 보호한다.
 4. 중요한 천연자원인 물의 깨끗함을 유지한다.
 5. 상이한 종류의 옥외활동을 위한 장소를 제공한다.
 6. 자연상태를 해치지 않도록 그 지역을 유지한다.
 7. 생태적 균형이 깨지지 않도록 돕는다.
 8. 과학자들이 자연을 연구하기 위해 일종의 실험실을 갖도록 해준다.
 9. 대중들의 국립공원 그리고 국립삼림보호지역에 대한 신뢰를 유지한다.
 10. 저렴한 비용으로 즐길 수 있는 레크리에이션 지역을 제공한다.
 11. 친 야생적 레크리에이션 장비의 판매를 돕는다.

부정적 진술:
 1. 대다수의 사람들에게서 아름다운 경치를 차단한다.
 2. 능력이 없는 사람들이 특별한 자연지역을 보는 것을 어렵게 하거나 불가능하게 한다.
 3. 개발을 방해한다. (예: 전기 생산을 위한 댐건설)
 4. 천연자원의 개발을 억제한다.
 5. 환경관리를 요구하는 문명의 영향을 받지 않도록 막는다.
 6. 보다 중요한 일에 사용될 수 있는 토지를 먼저 차지한다.
 7. 자연에 대한 비현실적 관점에 기초한다. ― 인간은 자연의 침입자다.
 8. 보존주의자 압력집단의 요구에 굴복한다.
 9. 레크리에이션 관리직업의 숫자를 줄인다.
 10. 반야생적 레크리에이션 장비의 판매를 줄인다.

---

5) 토론에 의해 의견이 수렴되어 진술항목들이 작성된 다음 그 항목들의 상대적 중요성의 평가를 한다. 부정적
   진술과 긍정적 진술에서 가장 높은 점수를 받은 항목들을 찾아본다.
6) 부정적 진술 중 가장 높은 점수를 획득한 항목들에 대한 가능한 해결책들을 만들어 본다. (예: 레크리에이션
   지역을 다양화한다. 환경교육을 확대한다. 다른 자원의 원천을 찾아본다. 등)

출처: Martorella(1977) p.147~152.

그리고 정보의 기록(야외현장에서의 해석을 포함함) → 교실에서의 해설과 설명이라는 수업 전개 과정을 거친다. 후자는 탐구식 수업방법에 가까운 것으로 교실수업이나 현장의 직접 관찰에 의한 문제제기 → 가설의 형성 → 자료의 수집, 문제의 확인 → 자료의 분석 → 가설검증의 과정을 거친다.

지리수업에서는 지리 탐구의 필수적 도구인 지도의 이해 및 활용의 기회를 제공해야 한다. 지도는 학생들에게 모든 사물을 측면과 공중에서 조망하게 해주며, 대상들의 근접, 분리 등에 의한 공간적 관련성, 거리와 축척에 의한 비율 등을 측정하게 한다(Gerber & Wilson, 1984: 146). 또한 지도는 현상들을 선택적으로 그리는 일반화, 상징적인 기호(그림 기호와 추상기호)를 통한 추상화, 지표특징, 패턴이 유사하게 표현되는 실제세계와의 동질 유사성, 상징화와 관련한 다양한 지도언어를 제시한다. 따라서 지리교사는 지도학습에 있어 지도의 언어와 기호를 통한 숙달에 따라서 독도의 과정이 달라지는 독특한 속성들을 가지며, 이러한 독도능력은 학생들의 공간인지 능력, 공간개념화의 과정에 깊은 영향을 미친다는 사실을 명심해야 한다. 그리고 지도는 사진, 인공위성이미지, 그래프와 더불어 중요한 의사소통의 수단으로 도해력(graphicacy) 학습에서 중심적 역할을 하므로, 지리 교사는 지도학습을 통하여 매우 다양하고도 유익한 학습기능들 — 간단한 방향 찾기부터 분포, 스케일, 거리, 입지시키기, 상대적 입지, 지도언어, 투영법, 표현기호 등 — 을 지리 수업에서 제공해야 한다.

참고문헌

이성호. 1990, 『교수방법의 탐구』, 양서원.
이홍우. 1985, 『교육의 과정』, 배영사 교육신서 5, 배영사.
전성연 편. 2001, 『교수-학습의 이론적 탐색』, 원미사.
토마스 쿤. 1987, 『과학혁명의 구조』(조향 옮김), 이화여자대학교 출판부.
조이스와 와일. 『교수·학습의 이론과 실제』(김종석 외 옮김), 성원사.

Asmussen, Dennis & Buggey, JoAnne. 1977, "Teaching Geography throughInquiry," in Gary A. Manson & M. K. Ridd(eds.), *New Perspectives on Geographic Education*, Kendall/Hunt Publishing.

Balderstone, David. 2000, "Teaching Styles and Strategies," in Ashley Kent(ed.), *Reflective Practice in Geography Teaching*.

Beyer, B. K. 1971, *Inquiry in the Social Studies Classroom: A Strategy for Teaching,* Columbus, Ohio: Charles E. Merrill Publishing.

Cox, Benard. 1989, "Making Inquiry Learning Work in the Geography Classroom," in John Fien et al. (eds.), *The Geography Teacher's Guide to the Classroom*, Macmillan.

Fien, John. 1992, "What kind of research for what kind of teaching? Towards research in geographical education as a critical social science", A David Hill(ed.), International Perspectives on Geographical Education, Center for Geography Education, Department of Geography, University of Colorado.

Jones, F. G. 1989, "Expository teaching for meaningful leaning," John Fien et al. (eds.), *The Geography Teacher's Guide to the Classroom*, Macmillan.

Kohn, Clyde F. 1982, "Real Problem-Solving," in N. J. Graves(ed.), *New Unesco Source Book for Geography Teaching*, Longman/The Unesco Press.

Kurfman, D.(ed.). 1978, Developing Decision-majong Skills, National Council for the Socil Studies.

Marsh, C. J. 1978, "Using Inquiry Approaches in Teachig Geography," Journal of Geography, Vol.77, No.1.

Okunrotifia, P. Olatunde. 1982, "Gathering Information," in N. J. Graves(ed.), *New Unesco Source Book for Geography Teaching*, Longman/The Unesco Press.

Roberts, Margaret. 1996, "Teaching Styles and Strategies," in Ashley Kent et al.(eds.), *Geography in Education: Viewpoints on Teaching and Learning*, Cambridge University Press.

Shulman, Lee S. 1986, "Paradigms and research programs in the study of teaching: A contemporary perspective," in M. C. Wittrock(ed.), *Handbook of Research on Teaching*, 3rd ed., Macmillan.

Stoltman, J., 1976, *International Research in Geographic Education: Spatial Stages Development in Children and Teacher Classroom Style in Geography*, Kalamazoo, Western Michigan University.

Stoltman, J. & J. E. Steinbrink. 1977, "Teaching geography through exposition," Gary A. Manson and Merrill K. Ridd(eds.), *New Perspectives on Geography Education: Putting Theory into Practice*, Kendall/Hunt Company.

Walford, R. 1968, "Decision Making," in J. Bale, N. Graves and R. Walford (eds.),   1973, *Perspectives in Geographical Education*, Oliver & Boyd.

Wilson, Peter. 1989, "Teaching for Thinking in Geography Classroom," John Fien et al.(eds.), *The Geography Teacher's Guide to the Classroom*, Macmillan.

9 지리수업의 계획

학생들의 개인지리를 확장하고 정련하는 학습경험을 제공하는 것이 바로
학교의 지리학습 프로그램의 목적이다(Fien et al, 1989: 7).

지리수업에서 교수-학습의 질과 수업의 계획 간에는 밀접한 관계가 있으며,
수업계획의 질은 학생들의 지리 학습에 관한 지식뿐 아니라 학생들이 지리를
어떻게 배우는가에 대한 지식에 달려있다(Lambert and Balderstone, 2000: 172).

1. 지리수업에 대한 다면적 이해

종래에는 지리수업을 '교수에 따른 학습'이나 '전달과 전수'라는 종적이고 일방적인
과정으로 보는 관점이 지배적이었다. 그러나 최근에는 구성주의적 학습자관의 영향을 받
아 인지적 주체로서 학습자가 교사와 대등한 입장에서 지식을 구성하는 입장으로 전환되
고 있다. 전자의 경우 권위적인 교사가 일방적으로 내용을 전달하면 학생은 그것을 수용
하는 것이 수업의 주된 상황으로, 교사와 학생 간의 상호작용은 거의 없고 교수-학습과정
자체가 하나의 블랙박스로 처리되어 과정 및 수업 자체에 대한 반성적 성찰이 거의 불가
능하다.

이에 따라 지리수업을 교사의 교수와 학생의 학습이 동시에 진행되면서 상호 영향을
주고받는 쌍방적인 과정으로 이해할 필요가 있으며, 수업 자체를 교사와 학생의 상호작용
으로 파악할 필요가 있다. 그뿐만 아니라 교사의 교수 및 지도만으로 구성되는 수업이
아니라 교수-학습 전반에 걸쳐 여러 요소가 개입되는 다면적 상황으로 이해해야 할 것이다.

제1장에서 언급한 것처럼 가르친다는 것의 원론적 의미에 대한 검토와 담론(discourse)으
로서 교육행위를 바라보는 관점에서 보면 수업상황 자체는 텍스트적인 것이다. 즉, 교사
가 하나의 텍스트를 학생에게 제공함으로써 학생은 이를 해석하고 재해석하게 되며, <그
림 9-1>처럼 교사가 학생에게 제공하는 교수활동과 교수-학습 자료 자체가 바로 텍스트
인 셈이다.

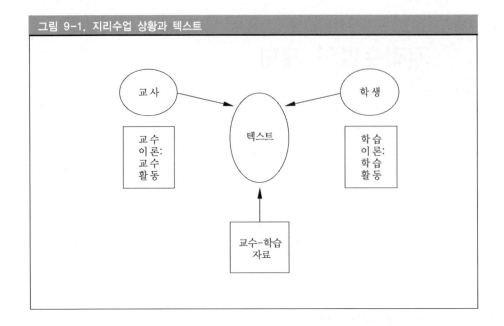

그림 9-1. 지리수업 상황과 텍스트

이와 같은 텍스트적 상황 하에서 지리수업을 계획하기 위해서는 적어도 다음과 같은 질문들을 가지게 된다.

- 어떤 방식으로 가르칠 것인가? (교수이론 및 방법)
- 어떤 방식으로 배우게 할 것인가? (학습이론 및 방법)
- 무엇을 배우게 할 것인가? (교수-학습 내용의 분석)
- 어떤 자료를 이용하여 가르치고, 배우게 할 것인가? (교재개발)
- 수업의 전 과정을 어떻게 보아야 하는가? (수업평가)

따라서 지리수업을 계획한다는 것은 적어도 교수이론 및 방법, 학습이론 및 방법, 교수-학습 내용의 분석, 교수-학습 자료의 개발, 수업평가와 같은 5가지 이상의 요소들을 동시에 고려하는 것이다.

2. 지리교수계획과 지식

지리교수를 계획하는 데 필연적인 과정은 교과교육적 관점에서 학문적 내용을 교육적 내용으로 변환하는 것이다. 이러한 변환과정을 교수학적 변환이라고 하는데, 강완(1991)에

따르면 이는 지식의 변형과정으로서 지식의 개인화와 배경화, 탈개인화와 탈배경화의 과
정을 거치게 되며 항상 올바르게 일어나는 것은 아니다. 슈발야르(Chevallard, 1985)는 '형
식화된 지식의 풍부한 의미를 살려내는 상황의 구성'이라는 첫 번째 단계와 '풍부하게
살아난 의미를 효과적으로 저장할 수 있는 표현모색의 상황'을 제공하는 두 번째 단계로
구성된다고 제시했다(이경희, 1996).

이러한 교수학적 변환과정에 대한 인식을 바탕으로, 지리교수를 계획할 때는 지리 교수
의 핵심적 내용인 지식에 대한 고려가 필요하다. 지리학적 지식과 지리교육적 지식은 상
당한 공통점을 가지고 있음에도 불구하고 교육적 여과과정, 지리교육을 행하는 환경이나
문화라는 여과과정에 의해 걸러진다는 점에서 차이가 있다. 예를 들어 교사가 지리교육
행위를 하기 위해 필요한 지리교육적 지식을 생각해 보면, 실제로 지리교사에게는 지리학
적 지식뿐만 아니라 다른 종류의 지식이 필요하고 지리학의 학문적 지식은 교사가 갖추어
야 하는 지식의 한 종류에 불과하다.

교사가 교실수업에서 사용하는 교수학적 지식은 반드시 학문적 지식과 일치하지는 않
으며, 교육적 목적과 교실수업을 위해 지식을 변형하는 주체로서의 교사와 변형된 지식을
대하는 객체로서 학생, 그리고 지식이 갖는 삼자적 관계를 이해하는 데 도움을 준다.

슐만(Shulman, 1987)이 주장한 바에 따르면 지리교육적 지식은 한 가지가 아니다. 지리
교사에게는 내용지식(content knowledge), 교수내용지식(pedagogical knowledge), 교육과정지
식(curricular knowledge)의 세 가지 지식이 필요하다. 우선, 내용지식은 지리 교과의 기본개
념, 원리, 방법론적 지식을 뜻하고, 교수내용지식이란 가르치기 위한 내용지식으로 학생들
이 지리 교과를 이해하도록 제시하고 조직하는 데 유용한 아이디어, 유추, 은유, 직유,
예증 등의 방식과 함께 이를 이용한 지식을 말한다. 교육과정지식은 일정한 단계에서
지리 교과를 가르치기 위해 고안된 일련의 프로그램과 그에 관련된 교육과정자료를 이용
할 수 있는 지식이다.

한편, 지리교수의 실천행위에 영향을 미치는 요인들을 살펴보면 가장 높은 차원에서
교육적 목표와 목적, 교사의 신념, 교수내용지식의 세 가지로 설명할 수 있다. 특히 교사가
가지고 있는 다양한 지리교육에 대한 신념은 교수내용과 방법 면에서 결정적인 영향을
미치는 것으로 볼 수 있으며, 이는 교수내용지식과도 밀접한 관련을 가지고 있다. 이와
같은 교육목적, 교사의 신념, 교수내용지식 간의 관계는 <그림 9-2>와 같이 표현할 수
있다.

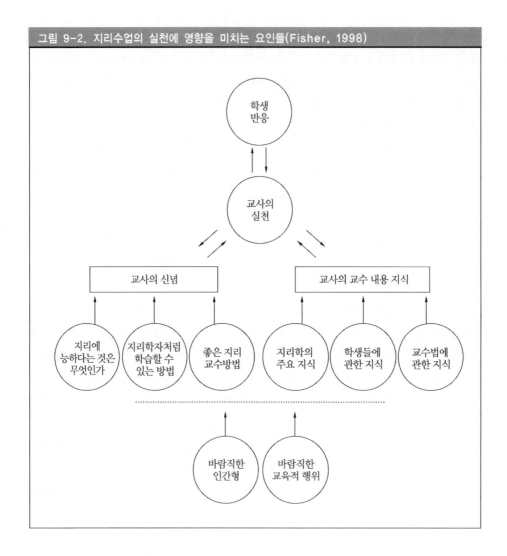

그림 9-2. 지리수업의 실천에 영향을 미치는 요인들(Fisher, 1998)

3. 지리수업설계의 모형

1) 슬레터(Slater)의 지리수업설계의 10단계

슬레터는 지리수업을 계획하는 데 있어서 질문의 역할 및 중요성에 주목했으며, 교수-학습의 과정은 가능한 일반적 '대답'과 일반화에 도달하는 것을 통하여 일반적 개념을 풍부하게 하도록 이끌어주어야 한다고 주장했다.

그녀는 지리수업의 계획에서 질문의 역할을 강조하면서 질문을 확인하는 것이 무엇보다 중요하다고 파악하였는데, 특히 선도적 질문을 확인하는 것을 우선시하였다. 이를 위해 그녀는 학습활동의 조직과 계획에서 기초 작업의 역할을 하는 질문과 그 질문의 하위질문들의 세트를 확인하는 것을 실제로 활용하고자 하였다. 그리고 이러한 활동들은 현재 가치 있는 지리로 받아들이는 사실과 아이디어, 쟁점들을 포함하게 되므로 학습자의 흥미를 유발하기 위해 삽화를 배열하고 활동을 계열화하는 것은 어떠한 질문과 자료들을 활용하고 어떠한 일반화를 사용할 것인지에 대해 광범위하게 핵심적으로 결정을 한 후에 고려해야 한다고 주장한다.

특히 그녀는 콜링우드(Collingwood)에 의해 발전한 하나의 철학적 주장, 즉 질문과 대답 간의 직접적 연계를 유지할 필요성에 근거하여 수업 또는 학습계획을 배열하거나 계획하기 위해서는 수많은 특정 질문들을 확인하는 것이 필요하다고 언급한다. 그것은 질문이 하나의 활동 또는 일련의 활동 속에서 개념과 내용의 순서화 및 선정을 위한 지침을 제공하는 데 필요하다는 인식에서 나온 것이다. 즉 "논리학자들이 사고에 있어서 주장하는 행위를 나타내기 위해 어떠한 용어를 사용하든(그러한 행위 속에서 지식이라고 여겨지는 것은 아는 행위와 알려진 것을 동시에 의미한다) 지식체는 '명제', '진술', '판단'으로 구성되어 있을 뿐만 아니라 그들이 대답하도록 유도하는 질문들을 동시에 포함하는 것으로 구성되어 있다"는 콜링우드의 주장을 통해 그녀는 학습활동의 계획에서 질문의 확인을 옹호하는 접근방식을 채택하고 있다.

또한 그녀는 이러한 질문들이 위계적으로 분화하기 때문에 정확한 질문의 필요성을 강조한다. 만약 내 차가 갑자기 정지하였다면, 그 정지한 원인을 찾는 데 한 시간을 보낼 것이다. 이때 '내 차가 왜 가지 않는가'라는 질문을 하였다고 가정하자. 한 시간 동안 1번 플러그를 끄집어내어 엔진에 올려놓고, 스타트 스위치를 켜서 점화하는 것을 보고, 나의 관찰에 따라 1번 플러그 때문이라는 답을 했다고 하면, 이는 '왜 내 차가 가지 않는가?'라는 질문에 대한 해답이 아니라 '1번 플러그가 점화되지 않았기 때문에 내 차가 가지 않았는가?'라는 질문에 대한 해답이다. '내 차가 왜 가지 않는가?'라는 질문은 오히려 이러한 작은 질문들을 한꺼번에 묶은 질문들에 대한 일종의 요약인 셈이다. 이 예를 통해 그녀는 질문과 대답은 질문의 층위가 일치할 때 직접적인 연계성을 가진다는 점을 지적하였다.

이에 따라 그녀는 콜링우드적인 탐색활동의 후속작업들이 수업계획에서 의미가 있다고 주장하였다. 즉, 수업계획 속에 핵심질문과 그 하위질문을 포함시켜 질문들을 확인하는 과정에서 교사는 학생들이 단계적으로 문제나 일반적인 아이디어의 이해에 도달하도록 하는 활동을 만들 수 있다는 것이다. 그녀는 해답이 질문과 직접적으로 상호관련되지 않으면 진정한 이해는 있을 수 없다는 콜링우드적인 입장을 받아들이면서, 결국 이해를 획득하는 것은 어떠한 학습활동에 있어서 일반적으로 받아들일 수 있는 전체적 목적이라고 주장한다. 그리고 일반화된 해답들이 하나 또는 대량으로 학습자에게 제시되었을 때 지식과 이해가 불완전해질 수 있다는 점에서 질문과 해답 간의 긴밀한 연계를 유지해야 하는 필연성을 제기하였다고 볼 수 있다.

한편 그녀는 올바른 지리수업의 설계를 위해서는 교수-학습 과정에 대해서도 관점을 달리해야 한다고 주장한다. 그녀에 따르면 교수와 학습의 과정은 가능한 일반적 '대답'과 일반화에 도달하는 것을 통하여 일반적 개념을 풍부하게 하도록 이끌어주어야 한다. 즉, 일반적 아이디어를 비판적으로 검토하고 이에 도전할 뿐만 아니라, 이들을 연속적인 사고 속에서 그리고 의사결정과정에서도 사용할 필요성이 있다는 것이 또한 강조되어야 한다는 것이다. 따라서 지리수업의 계획과 같은 계획 활동에서 중요한 부분은 아이디어들을 연결하고, 보다 일반화된 아이디어 혹은 이해와 관련되는 개념들과 아이디어에 초점을 두는 과정을 도와주는 조직절차와 전략이다. 그것은 질문을 확인하고 자료들과 전략들을 통해 연결망을 만듦으로써 관계들간의 사고를 자극할 수업계획에 방향을 제시할 수 있는 일반화나 의사결정에 도달할 수 있기 때문이다. 특히 그녀는 지리를 통한 학습과정에서 일반화와 폭넓은 이해를 개발하는 것의 중요성에 주의를 기울인 헬번(Helburn, 1968)의 입장을 받아들이면서 종래의 지리 교수-학습 관점에서 벗어나 일반화와 가치, 태도, 기능의 발달을 가져오는 수업관을 선호하였다. 헬번은 미국의 HSGP를 개발하면서 전통적인 암기학습과 HSGP에서 실시하고자 하는 교수-학습을 <그림 9-3>과 같이 비교하여 제시하였다.

이러한 논의를 통하여 슬레터(1982: 25)는 지리수업계획의 10단계를 다음과 같이 제시하였다.

1. 질문에 대해 브레인스토밍을 한다.
2. 최선의 질문에 대한 목록을 추려낸다.
   이 질문은 중요한가?
   이 질문은 지리적인가?
   이 질문들은 학습자들에게 동기를 부여하는가?
3. 하위질문(개별 핵심질문에 적합한 하나의 탐구 시퀀스)의 세트를 정의한다.
4. 계획하려고 고려 중인 개념, 일반화, 주된 이해들의 목록을 작성한다.
5. 적절한 학생활동과 교수전략을 브레인스토밍한다 - 활동을 시작할 수 있도록 하는 아이디어들을 특별히 고려한다.
6. 자료의 원천과 재료들을 고려한다 - '무엇이 기존에 있는가'와 '무엇이 개발될 수 있는가'를 고려한다.
   어떤 데이터베이스가 적절한가?
   정보가 어떤 순서로 어떻게 설명되고 제시되는가?

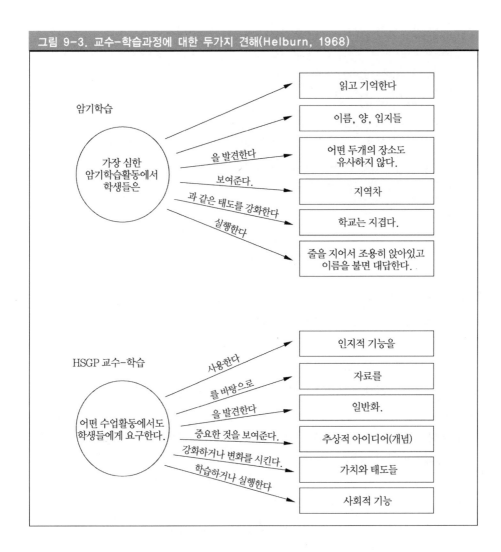

그림 9-3. 교수-학습과정에 대한 두가지 견해(Helburn, 1968)

암기학습

가장 심한 암기학습활동에서 학생들은

- 읽고 기억한다
- 이름, 양, 입지들
- 을 발견한다 → 어떤 두개의 장소도 유사하지 않다.
- 보여준다. → 지역차
- 과 같은 태도를 강화한다 → 학교는 지겹다.
- 실행한다 → 줄을 지어서 조용히 앉아있고 이름을 불면 대답한다.

HSGP 교수-학습

어떤 수업활동에서도 학생들에게 요구한다.

- 사용한다 → 인지적 기능을
- 를 바탕으로 → 자료를
- 을 발견한다 → 일반화.
- 중요한 것을 보여준다. → 추상적 아이디어(개념)
- 강화하거나 변화를 시킨다. → 가치와 태도들
- 학습하거나 실행한다 → 사회적 기능

7. 가장 적절한 학생활동과 교수전략을 선택한다.
   학생들의 과제를 특정한 목표들과 같게 한다는 점에 유의하라.
   학생들의 과제가 일반화에 도달하는 하나의 수단임에 유의하라. 과제들간의 균형과 범위가 있는가?
8. 과제의 형식과 조직을 결정하라. 즉, 어떤 자료와 어떤 자료처리 방법이 사용될 것이며, 어떤 순서에 따를 것인가?
9. 적어도 일반적인 용어나 개발된 일반적 아이디어에 비추어 질문들로부터 나오는 목표들을 고려하라.
10. 평정과 평가 절차를 개발한다. 이것들을 핵심아이디어와 활동들과 결합한다.
    형식, 비형식, 구어, 문어에 이르는 다양한 범위를 고려하고 있는가?
    어떤 일치성과 우연성이 활동들 속에서 그리고 활동들 간에 존재하는가?

위의 절차를 좀더 간략하게 하면 다음과 같이 제시할 수 있다.

1. 문제에 대한 브레인스토밍
2. 최선의 질문을 위한 목록 작성
3. 하위질문들의 제시
4. 계획하려고 고려하는 개념, 일반화, 중심적 이해사항
5. 적절한 학생활동과 교수전략의 브레인스토밍
6. 다양한 재원과 자료의 검토
7. 가장 적절한 학생활동과 교수전략 선정
8. 학습 과제의 형태와 조직 결정
9. 학습 목표의 재검토
10. 평가

2) 윌리암스(Williams)의 지리교수설계의 단계

윌리암스(Williams, 1997)는 지리 교수의 설계에 대한 체계적 접근의 필요성을 주장하였다. 그에 따르면 지리수업 시스템은 학습자로부터 시작하는데, 이는 특정한 지리 단원이나 토픽에 대한 학습을 시작할 때 그 단원이나 토픽과 관련한 흥미, 관심, 열정이 가장 중요하기 때문이다. 따라서 단원이나 토픽의 교수를 설계할 때, 학생들의 흥미, 경험, 관심, 열정 등을 고려해야 할뿐만 아니라 교사 자신의 관심, 경험, 흥미, 열정을 먼저 점검해야 하며, 이러한 것이 바탕이 되었을 때 의도하는 학습결과를 얻기가 좀더 용이하다고 할 수 있다. 교수설계에서 교사, 학습자, 학습결과 간의 이러한 관계를 그림으로 나타내면 <그림 9-4>와 같다.

이처럼 윌리암스(1997)는 학생의 요구확인을 시작으로 하여 준비, 교수, 후속조치 등으로 실행되는 지리교수설계에 대한 분석적인 접근방법을 제시하였다. 그는 '① 교수설계는 논리적인 순서에 따른 합리적 과정이어야 한다. ② 교수설계는 학습자를 중심으로 학습자의 요구에서 시작해야 한다. ③ 교수설계는 학습결과의 성취에 공헌하는 모든 요인들을 고려한다는 점에서 종합적이다. ④ 수업을 하는 것은 전체 교수 과정의 일부이다. ⑤ 학생의 평정(assessment)은 평가(evaluotion)와 구분되어야 한다'는 일련의 원칙에 따라서 교수설계의 연속적인 14단계를 제시하였다. 그가 제시한 14단계는 다음과 같다.

1) 학생의 요구확인
2) 확인된 요구의 분석
3) 학생요구의 우선권 부여
4) 토픽 목적의 진술

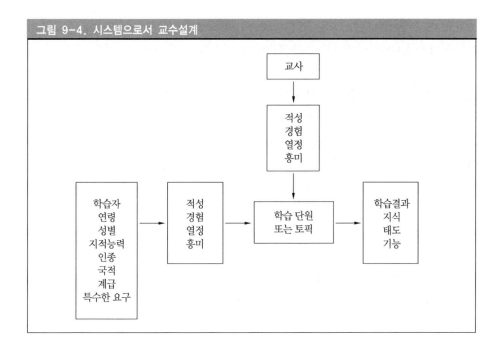

그림 9-4. 시스템으로서 교수설계

5) 교수목표의 진술
6) 지리내용의 상세화
7) 지리내용의 배열
8) 자료의 검토
9) 교수-학습 전략의 계획
10) 학생평정의 계획
11) 교수-학습 전략의 실행과 학생평정
12) 전 교수설계에 대한 모니터링
13) 형성평가
14) 총괄평가

이들 단계에서 중요한 부분을 살펴보면 다음과 같다.

먼저, 학습자 요구는 학습자의 심리적 특성, 성숙도에 따른 인지변화 등이 포함된다. 학습자들은 서로 상이한 심리적 특성을 나타내는데, 보상과 처벌과 같은 교사의 자극에 민감하게 반응하는 유형, 학습의 중심에 있는 능동적 학습자로서 자신의 이해양식으로 정보를 해석하는 유형, 집단의 구성원으로서 개인의 학습과 전체로서 집단의 학습을 강조하는 유형, 호기심이 많은 유형 등 다양하게 나타난다.

성숙도에 따른 학습자의 인지적 특성은 피아제가 제시한 것처럼 유아기에서 성인에 이르기까지 감각운동기, 전조작기, 구체적 조작기, 형식적 조작기로 발달해가는 동안 각

시기에 따라 상이한 인지구조와 인지적 조작능력을 보이므로 각 단계에 있는 학습자의 특성은 다르게 나타난다. 지리학습의 측면에서 보면 학습자들은 공간능력과 도해력에 있어서 상이한 차이를 보인다.

교수설계에서 어떤 목적을 설정하는지는 매우 중요하다. 일반적으로 국가교육과정에서 제시된 목적과 목표는 교수설계에 중요한 영향을 미칠 수 있다. 블룸(Bloom) 등이 제시한 교육목표분류학에 따르면, 지식, 기능, 가치 및 태도 등 인지적, 정의적, 심리체동적 영역에서 어떤 것을 목표로 설정하는 지에 따라 교수설계는 달라질 수 있는 것이다. 또한 교육과정에서 제시된 내용은 교수설계에서 가장 중요한 영향을 미칠 수 있다. 지리수업에서 다루는 내용인 주제, 장소, 지역을 어떻게 배열할 것인지를 고려해야 한다.

교수와 학습의 전략은 학습의 실행에서 학습효과에 영향을 미치므로 지리교사는 어떤 학습 결과를 얻기 위해서 다른 교수방법과 전략을 사용할 수 있다. 동기화, 과제의 개념화, 열정 등과 결합된 교수방법과 전략이 효과에 영향을 미치는 것은 분명하다. 특히 지리교사는 다양한 교수-학습 전략을 효과적으로 사용할 수 있어야 하는데, 시청각 자료, 발견학습, 야외답사, ICT 등과 결합된 구체적인 학습전략을 사용하는 것이 효과적이라는 것을 자주 발견한다.

수행을 전제로 하는 교수설계에서 설계의 각 단계들이 어떻게 발전해 나가는지를 모니터링하는 것은 의미 있는 일이다. 모니터링은 학습단원이나 토픽을 개발하면서 학생의 작업, 교사의 작업, 자료의 이용방법 등 다양한 측면을 기록하고 분석하는 기술적인 활동인데 비하여, 평가는 계획과 수행의 다양한 단계들이 가지고 있는 가치에 초점을 두어 모니터링 과정보다 연장된 의미를 가진다. 윌리암스는 형성평가와 총괄평가가 이 과정에서 필요하다고 본다. 특히 이러한 모니터링과 평가는 교사의 자기향상을 위해서 중요한 과정이며, 새로운 학습단원과 토픽을 계획하고 실행하는 데 변화를 이끌어낼 수 있다.

참고문헌

강 완. 1991, 「수학적 지식의 교수학적 변환」, ≪수학교육≫ 30(3), 한국수학교육학회.

김민정. 2002, 「지리수업에서의 교수학적 변환에 근거한 극단적인 교수현상 연구」, 한국교원대 석사학위논문.

민 윤. 1999, 「사회과에서의 교수내용지식의 가능성과 한계」, ≪사회과교육≫ 32.

_____. 2000, 「사회과 역사수업에 나타난 내용의 변환과 교수내용지식」, ≪사회과교육≫ 33.

이경한. 2004, 『사회과 지리수업과 평가』, 교육과학사.

이경화. 1993, 「교수학적 변환론의 이해」, ≪대한수학교육학회 논문집≫ 6(1).

정인성·나일주. 1989, 『최신교수설계이론』, 교육과학사.

장의선. 2004, 「지리교과 교수요소간 유기적 정합성: 내용특성과 학습스타일, 스캐폴딩을 중심으로」, 한국교원대 박사학위논문.

류재명. 1992, 「지리수업활동 조직화에 관한 연구」, 서울대학교 박사학위논문.

Robert M. Gagne. 『교수-학습이론』(전성연·김수동 공역), 학지사.

Boardman, David. 1986, "Planning with Objectives," in David Boardman(ed.), *Handbook for Geography Teachers*, The Geographical Association.

Slater, Francis. 1982, *Learning through Geography*, Heineman Educational Books.

_____. 1986, "Steps in Planning," in David Boardman(ed.), *Handbook for Geography Teachers*, The Geographical Association.

Shulman, L. S. 1986, "Those Who Understand: Knowledge Growth in Teaching," Educational Researcher.

Williams, Michael. 1997, "Instructional Design," in D. Tilbury and M Williams(eds.), *Teaching and Learning Geography*, Routledge, London and New York.

10 지리 교수-학습 자료의 개발과 활용

교수할 내용을 담는 교수요목을 결정하는 것은 교사가 고안한 준거에 기초할 수 있다. 이것은 환영받을 만한 교사의 책임감이며 자유이다. 수업자료는 이러한 선택을 실제적으로 만드는 열쇠이다(Bailey and Fox, 1996, Geography Teacher's Handbook, The Geographical Association, p.235).

학교지리의 가장 중요한 부분은 우리의 세계 속에서 무엇이 보여질 수 있는가에 대한 것이고, 지리교사는 어떤 사실성을 교실 수업에 주기 위하여 시각적 매체에 많이 의존할 수밖에 없다(Robinson, 1987, "Discussing photographs", in Boardman, D.(ed.), Handbook for Geography Teachers, Sheffield, The Geographical Association, p.103).

1. 지리 교수-학습 자료의 의미와 활용

전통적이고 일상적인 수업은 주로 언어적 전달을 중심으로 이루어지지만, 학생들의 사고를 자극하고 학습의 동기를 유발하기 위해서 다양한 교수-학습 자료는 필수적이다. 최근에는 이러한 교수-학습 자료가 수업에 차지하는 중요성 때문에 서로 다른 능력을 가진 학생들에게 서로 다른 교수-학습 자료를 제공하는 것이 학습의 효과를 높이는 것으로 인식되고 있다. 그리고 교수-학습 자료가 가지는 여러 가지 특성들을 파악함으로써 교수-학습 방법을 발전시켜나갈 수 있다고 본다. 따라서 지리교사들은 교실에서 사용하게 되는 자료의 주제성, 연관성, 정확성 등에 관심을 가져야 한다.

교수-학습 자료에 대한 관심은 일찍이 코메니우스에 의한 시청각교육운동을 출발점으로 한다. 제6장에서 언급한 바와 같이 코메니우스는 최초의 시청각 교재인 『세계도회』를 개발하였는데 감각이 언어에 앞선다는 관점, 즉 감각적 경험이 교수-학습에서 중요하다는 점을 인식하였던 것이다. 이러한 생각은 루소나 페스탈로치에 계승되어 교수-학습 자료에 의한 실물교육이 강조되고 교수-학습 자료의 중요성이 강조되었으며, 이후로 일반적으로 교수-학습을 위한 교수매체에 대한 관심은 주로 시청각 교재에 대한 관심으로 나타났다.

교수-학습 자료로서 시청각 자료에 대한 관심이 지속적으로 늘어나는 가운데, 다양한 시청각 교재들이 서로 다른 다양한 학습의 경험들과 결합이 된다는 사실이 주목을 받았다.

예컨대 대일(E. Dale)은 여러 가지 학습경험의 위계들이 여러 가지 시청각 교재 또는 교수 매체들과 어떻게 결합되는지를 '경험의 원추'라는 것으로 설명을 하였는데, 그 내용은 <그림 10-1>에 잘 나타나 있다. 이 경험의 원추는 구체적이고 행동적인 경험에서 점점 추상성이 높은 상징적 경험으로 올라가면서 어떤 교수-학습의 자료나 교수매체들과 어떻게 결합되는지를 보여준다.

이러한 다양한 경험과 교수매체들은 기술의 발달에 따라 계속 변화할 가능성이 높으며, 교과교육의 영역에 들어오면 교과의 특성에 따라 이용되거나 활용되는 방식이 달라지게 된다.

그림 10-1. 대일의 경험의 원추

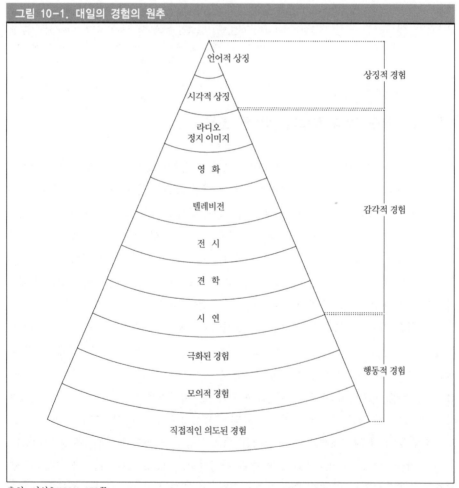

출처: 이성호(1993) 173쪽.

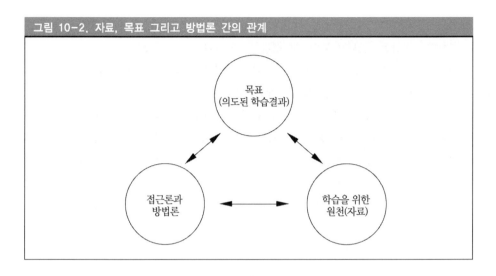

그림 10-2. 자료, 목표 그리고 방법론 간의 관계

또한 교수-학습의 매체는 학습경험과의 관련성, 매체의 성격이나 활용방식 뿐만 아니라 실제 교과의 교실수업에서 어떤 수업목표가 추구되며, 교수-학습 자료와 관련한 수업에 대해 어떤 접근법을 사용하느냐에 따라 달라질 수 있다. 즉 교수-학습 자료의 확인은 의도된 학습결과의 형식에서 목표의 확인과 밀접하게 관련되며, 그와 같은 결과를 성취하기 위한 방법론의 선택과도 밀접하게 관련된다. 이러한 점을 그림으로 나타내면 <그림 10-2>와 같다.

교수-학습에서 사용하는 자료의 특성과 질은 중요한데, 그것은 교수법의 질과 함께 수업의 질을 좌우하기 때문이다. 특히 자료의 질, 다양성, 활용방법은 학습동기에 영향을 주는 것은 물론이거니와 학생들의 흥미와 관심에 커다란 영향을 준다.

따라서 지리 교수-학습 자료는 여러 가지 면에서 평가되어야 한다. 람버트(Lambert)와 볼더스톤(Balderstone, 2000)에 따르면, 지리 교수-학습 자료들은 내용, 디자인, 학습자의 요구, 언어, 기회의 균등성, 학생의 참여도 등의 측면에서 평가할 수 있다. 우선 내용의 측면에서 보면 '교수-학습 자료가 담고 있는 내용이 적합한가, 정확한가, 최신의 것인가'라는 면에서 평가할 수 있다. 그리고 자료가 담고 있는 지리적 내용이 '학생들의 지적발달에 공헌하는가'하는 측면도 살펴보아야 하는데, 자료를 통해 획득하게 되는 지식, 개념, 기능이 어떤 것인지를 확인하는 것도 중요하다.

디자인의 측면을 보면, 표현성이나 자료의 선명성이 문제가 된다. 그리고 '내용, 표현 또는 접근방법이 참신하고 창조적인가'하는 점도 교수-학습 자료에 대한 평가의 기준이 될 수 있다. 그리고 학습자들의 요구의 측면에서 보면 '교수-학습 자료로서 이미지, 텍스

트, 활동들이 상이한 학습욕구를 지닌 학생들에게 접근이 가능한가, 특정한 능력을 지닌
학생들에게 적합한가'하는 측면에서 평가할 수 있다.

따라서 교수-학습 자료가 수업에서 활용되기 위해서는 적어도 몇 가지 조건을 충족시켜
야 한다. 즉 학습의 기본은 정보를 획득해서 정보간의 관계를 추리하고 정보를 종합하는
것이다. 그러므로 교수-학습 자료는 풍부한 정보를 제공하기 위해서는 정보성을, 내용과
학습자에 적합한 내용을 지원하기 위해서는 적합한 맥락성을 가지고 있어야 하며, 수업에
서 어떠한 역할을 하고 효과를 거두기 위해서는 효율성과 기능성을 가지고 있어야만 한다.

위에서 언급한 여러 가지 측면들을 고려하면서 교수-학습 자료를 계획하고 준비하고
활용하는 단계는 람버트와 볼더스톤(Lambert & Balderstone, 2000: 114)에 따르면 ① 자료개
발을 위한 의사결정 단계, ② 실질적 함의 단계, ③ 세부사항의 계획단계, ④ 쟁점 제시
단계, ⑤ 자료 활용 단계, ⑥ 평가단계의 6단계를 거친다고 설명되어진다.

1단계는 개발을 결정하는 단계로 무엇을 획득하려고 하는지, 누구를 위한 자료를 개발
하려고 하는지, 사용할 목적에 맞는 자료가 이미 사용가능한지를 결정하는 단계이다. 2단
계는 실질적으로 검토하는 단계로 아이디어가 학습체계나 교육과정과 유관적합하게 관련
되는가, 아이디어가 학생들의 학습욕구에 어떻게 관련되는가, 높은 질을 지닌 자료를 개
발하기 위하여 어떤 실질적인 기능을 발달시키려 하는가, 자료들을 충분한 양만큼 재생산
할 수 있는가, 자료를 활용함으로써 이익을 보는 다른 교사나 집단이 있는가와 같은 것을
검토하는 단계이다.

3단계에서는 개발하려는 자료의 주제는 무엇인가, 학생들에게 발전시키거나 향상시킬
기능이나 개념은 무엇인가, 학생들이 사용하기를 바라는 발생적 기능(수리력이나 문해력)은
무엇인가, 학급 내의 상이한 능력들을 어떻게 처리할 것인가 등을 계획하는 단계이다.
4단계는 개발하는 자료에 어떤 주제성을 줄 것인지, 어떤 사이즈나 스타일을 이용할 것인
지를 결정하고, 어떤 영상적 자료를 포함하고, 학생들이 접근하기를 원하는 정보를 어떤
방식으로 제시할 것인지, 상이한 학습욕구를 지닌 학생들간의 차이를 어떻게 고려할 것인
지를 결정하는 제시단계이다.

5단계는 자료를 만들었을 때 고려해야 할 시간 스케일을 결정하고 수업계획의 어디에
어떻게 집어넣을 것인지, 다른 사람들과 본인이 접근하도록 저장을 하고, 학생들에게 어
떻게 소개할 것인지를 결정하면서 자료를 활용하는 단계이다. 6단계는 학습목표를 달성하
는 데 자료가 얼마나 도움을 주었는지, 상이한 능력을 가진 학생들도 사용 가능한지, 그것
을 사용한 학생들이 즐거워했는지, 결과는 학습체계와 적합하게 관련되었는지 등을 통해
자료를 평가하는 단계이다.

2. 지리 교수-학습 자료의 형태와 종류

지리 교수-학습을 돕기 위해 사용하는 것을 모두 '지리 교수-학습 자료'라고 할 수 있는데, 이에는 가장 많이 사용하는 교과서와 학습장, 신문, 잡지와 같은 텍스트로 된 것에서부터 사진· 삽화자료와 같은 이미지, 비디오, TV프로그램, 슬라이드, 음악 등과 같은 음향 및 영상자료, 모형, 인공물 등 광대한 영역에 걸쳐 다양한 것들이 포함된다. 이러한 자료들은 부분적으로 이용될 수도 있고, 전체가 모두 이용될 수도 있다.

그리고 이러한 지리 교수-학습 자료들의 원천이 되는 것은 너무나 다양하다. 활동 카드, 기록물, 음성 테이프, 안내물, 정기간행물, 만화(카툰), 센서스 자료, 차트, 컴퓨터 프로그램 패키지, 일기장, 기록문서, 전시물, 게임, 사람, 스크랩북, 보고서, 표본, 관광안내문 등 수없이 많다.

일반적으로 지리수업에서 사용되는 교수-학습 자료로는 교과서, 지도, 인공위성 영상, 사진과 슬라이드 등이 가장 많이 이용되며, 최근에는 ICT 관련 자료들의 활용도가 점점 높아지고 있다. 여기에서는 지리 교수-학습 자료로서 교과서, 지도, 인공위성 영상, 사진과 슬라이드에 대해 간단하게 살펴보도록 한다.

1) 교과서

일반적으로 교과서는 사전적 의미로 교수하는 측면에서 보면 '교수를 위한 사용안내서' 혹은 학습의 측면에서 보면 '학습을 위한 표준 지침서'라는 뜻을 가지고 있다.

교사에게 교수-학습 자료로서 가장 중요한 것은 교과서로 인식되며, 교육과정의 개방정도에 따라서 교사의 교과서에 대한 의존도는 다르게 나타난다. 최근 ICT 관련 자료들의 개발과 함께 각종 매체들이 등장하였지만, 교과서가 여전히 가장 가치가 높은 교수-학습 자료임에는 틀림없다.

오히려 최근 교과서는 다양한 접근방식의 사용으로 더욱 더 다양화되어가는 경향이 있다. 즉, 가르칠 내용과 관련되는 많은 지식을 담고 있는 교과서, 개별학습자와 교사의 요구에 따라서 정보와 자료들을 선별적으로 정선한 교과서, 지식 그 자체보다도 다양한 개별화학습이 가능한 학습지 형태의 교과서, 대주제(big ideas)를 중심으로 여러 가지 주제들을 따로따로 다룰 수 있도록 만들어진 모듈식의 교과서 등 교과서의 형태와 내용 전개 방식은 날로 다양해지고 있다.

따라서 이러한 지리교과서의 다양한 형태들을 구분하여 파악할 필요가 있는데, 오우

표 10-1. 지리교과서의 형태

개방형	정형화형	폐쇄형
− 제한된 구조를 가진다. − 덜 형식적이다. − 다양한 접근을 장려한다. − 교사나 학생들에게 보다 많은 유연성을 제공한다. − 사용하는데 좀 더 시간낭비적인 것으로 보일 수도 있다.	− 보다 구조화되어 있다. − 보다 형식적이다. − 하나의 세트로 디자인 되거나 레이아웃을 가진다. − 보다 덜 유연하다. − 교사나 학생에게 보다 많은 안내를 제공한다. − 사용하기에 쉽다.	

출처: Waugh(2000), p.94.

(Waugh, 2000)는 지리교과서의 형태를 개방형과 폐쇄형의 양극단으로 설정하고 그 가운데에 정형화형(framed)으로 <표 10-1>처럼 구분하였다. 그리고 그는 개방형을 학습지형 교과서 내지 활동형 교과서로 보고, 폐쇄형을 자료집형 교과서라고 부르는 것이 적합하다고 주장하고 두 가지 형태의 지리교과서에 대하여 다음과 같이 설명하였다.

먼저 개방형의 학습지형 교과서는 '모든 학생들이 유사한 능력과 동기를 가지고 있으며 과제를 수행하는 데 필요한 시간과 자료도 가지고 있다'고 가정을 하고 과제를 설정하여 다양한 탐구활동 및 활동들을 행하도록 구성된다. 교사가 자신들의 학생들의 능력, 흥미, 그리고 요구를 잘 알기 때문에 그렇게 질문하고 조사하고 탐구하는 활동들은 개별 교사들에 의해 고안되어야 한다고 본다.

그리고 폐쇄형의 자료집형 교과서는 교사들로 하여금 그들이 최상이라고 생각하는 방식으로 사용할 수 있도록 정확하고, 최신의 그리고 넓은 범위의 자료들을 교사들에게 제공한다.

오우(2000: 96~97)는 지리교과서는 다음과 같은 역할을 해야 한다고 주장했다.

첫째, 지리교과서는 관련되는 핵심내용, 즉 교육과정을 위해 이미 만들어진 교수-학습 체계를 제공하여야 한다. 즉 기본적 내용과 기술의 전부 혹은 대부분을 포함해야 되며, 동시에 교사들로 하여금 학생들의 요구, 흥미, 능력을 만족시키기 위한 자신의 스타일이나 접근방법, 전략을 허용하고 장려하는 것이어야 한다. 교과서는 교사가 살을 붙일 수 있도록 만들어진 '뼈대' 여야만 하며, 이것은 교사 자신의 아이디어와 최신의 사례와 자료들을 사용할 수 있도록 되어야 한다.

둘째, 지리교과서는 교사와 학생들에게 하나의 토픽에 대한 대안적 접근을 위한 교수 아이디어를 제공할 수 있는 실질적인 것이어야 한다. 교과서는 교사들로 하여금 수업을 준비하는 시간을 절약하게 해주어야 하고 새로운 그리고 최신의 자료를 찾는 것을 도와주고 적절한 교수형식으로 새로운 자료들을 변환시켜주어야 한다.

셋째, 교과서는 사실적으로 정확하고 유관적합하며, 최신의 것이어야 하고, 이에 따라 교사와 학생들이 정보의 신뢰성과 질에 대해서 완전히 확신할 수 있어야 한다.

넷째, 교과서는 디자인이나 내용 면에서 모두 흥미로운 것이어야 하고 최신의 출판기술을 활용하는 것이어야 한다.

다섯째, 교과서는 최대한 많은 학생들이 접근 가능한 것이어야 한다.

여섯째, 교과서는 단기적으로는 학생들에게 가능한 높은 수준까지 성취하는 것을 도와주고, 장기적으로는 미래의 삶이나 생활양식과 관련성을 가진 것으로, 연속적으로 높은 수준에서 추구할만한 흥미 있고 즐거운 교과의 한 부분이라고 인식되어야 한다.

일곱째, 교과서가 시리즈의 일부를 형성할 때는 지리적 지식이나 어휘, 그리고 기능면에서 점진적 발달을 위한 계열성을 보여주어야 한다.

여덟째, 교과서는 교실수업에 참여하지 않는 사람을 위해서가 아니라 교사, 예비교사, 학생을 위한 근본적인 자료를 제공하여야 한다.

아홉째, 교과서는 지리적 인식을 증대시키고 교육적 표준을 향상시켜야 한다.

마지막으로, 교과서는 최근의 IT의 발달에 따라 CD-ROM과 같은 다른 관련된 매체들과도 연계될 필요가 있다.

2) 지도

지도와 도표는 장소와 그곳에서 살아가고 있는 사람들에 대한 정보를 저장하고 교환하는데 매우 유용한 방법이다. 앞에서 설명한 바와 같이 지도는 지리 교수-학습을 위한 중요한 자료임과 동시에 지리 교과에서 길러줄 수 있는 고유한 능력인 지리도해력의 신장에 가장 중요한 도구가 된다.

그리고 지리학에 있어서도 지리학자들이 세계의 패턴과 변화과정을 기술하고 공간조직에 대한 연구와 상이한 과정으로 발달해온 지역에 대한 지식을 다루는데 있어서도 중요한 도구로 사용한다.

그렉과 라인하르트(Gregg & Leinhardt, 1994: 320)에 따르면 지도는 최소한 네 가지 방식으로 개념화될 수 있는 공간정보의 복합적 표상이다.

첫째, 그래픽 자료구조로서의 지도이다. 지도의 본질은 대상, 개념, 그리고 하나의 영역에서 그들간 관계에 대한 상징적 스케일을 지닌 공간적 표현이고, 표현되는 정보의 구조적 인자들을 간직하는 표기체제를 사용함으로써 정보를 표상하는 스케일을 지닌 시각적 표현이다. 따라서 지도는 그래픽 자료 구조의 특정한 형태와 정보를 조직하는 하나의 체계로서 이해되어야 한다.

둘째, 불완전한 표상으로서의 지도이다. 지도는 3차원 공간에 대한 불완전한 2차원적 표상이며, 3차원에서 2차원으로의 모든 변형은 필연적으로 지도의 네 가지 속성, 즉 형태, 면적, 방향, 거리 중의 한 가지에 대한 왜곡이 일어나게 된다.

셋째, 부분적 표상으로서의 지도이다. 지도는 세계에 대해 본질적으로 선택해 다룰 수밖에 없는 성격을 지닌다. 따라서 지도는 '지도 위에 무엇이 놓여있는가'와 관련된 내용뿐만 아니라 그 내용이 어떻게 표상되는지의 구조를 결정하는 특정한 목적을 위해 만들어진 것이다.

넷째, 문화 산물로서의 지도이다. 지도는 문화적 도구이며 문화와 지식의 거울인데, 지도를 작성하는 것과 관련된 관례들은 시간과 문화에 제한적이기 때문이다. 지도는 세계를 창조적으로 현실화는 것이기 때문에 그것을 만든 사람이 가지고 있는 본질적인 편견을 포함하고 있으며, '하나의 문화를 그 환경과 나머지 세계와 어떻게 관련시키는가'와 같은 세계관을 반영하는 중요한 측면을 가지고 있다.

그렉과 라인하르트(1994: 320)는 이러한 지도는 여러 종류의 문제를 해결하는 도구로서의 기능을 가지고 있다고 주장하였다. 예를 들면 지도는 공간을 조직하는 데 도움을 주는 지표물과 그 자체가 경로가 되는 통로들에 대한 정보를 제공하므로, 위치에 관한 정보를 경로에 대한 정보로 적용하거나 정보를 찾는 데 이용하는 하나의 의사결정과정에서 중요하게 이용되는 도구이다.

다음으로 시각적 상징체계로서의 지도는 언어적으로 의사소통하였을 때 불명확한 것들을 명백하게 함으로써 공간적 관계를 밝히므로, 건축과 디자인에 있어서 본질적 문제인 상황과 위치관련 문제를 해결하는데 가치 있는 보조물이 된다. 그리고 지도가 공간관계를 밝히기 때문에 특정한 공간패턴에 대한 인식이 핵심이 되는 관계적 문제에 이용할 수 있다. 예를 들면 콜레라 사망자와 양수장과의 관계를 해결하는 데 이용된다. 또한 지도가 문서기록물로 작용함으로써 지도 위의 정보를 발견하는 과정을 포함하여 지역이나 주제와 관련된 다양한 문제들을 탐구하는 실마리를 제공한다.

한편, 지리교육적인 관점에서 보면 지도는 지리적으로 중요한 의사소통체계의 하나이다. 의사소통체계로서 지도는 지도언어를 가지고 있으며, 이를 통해 전달되는 메시지를 이해하기 위해서는 지도에서 사용되는 언어적 약속을 구조적으로 학습해야 한다. 이러한 의사소통의 과정을 그림으로 표현하면 <그림 10-3>과 같다.

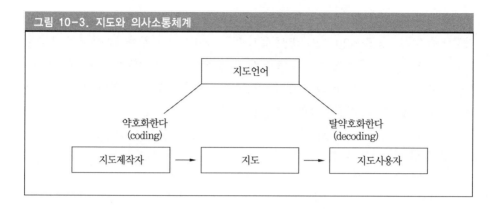

그림 10-3. 지도와 의사소통체계

　거버와 윌슨(Gerber & Wilson, 1989: 202)은 중등학교에서 지도를 학습하는 데 있어서 반드시 학습해야 할 4가지 요소를 조망적 관점, 배열, 배율, 그리고 지도언어로 제시한 바 있다. 조망적 관점은 지도로 표현하고자 하는 장소나 지역을 수직으로 내려다보면서 지도가 그려진다는 사실에 기초하는 것인데, 이러한 관점은 학생들에게 일견 친숙해 보이지만 개념적 소개와 함께 연습이 요구된다. 지도에 포함되어 있는 중요한 정보 중의 하나는 절대적 위치와 다른 장소와의 관계를 통해 나타나는 상대적 위치 등과 같이 장소와 지역의 위치와 방향, 정향과 관련되는 공간배열이다. 그리고 지도는 지구상에 있는 물체의 크기를 축소한 것이므로 실제의 크기나 거리가 비율에 따라 조정되고 이에 따라 특정한 항목들이 선택적으로 포함되는데, 이 때 축척, 거리, 선택을 포함하는 비율이 중요한 학습요소가 된다. 그리고 지도는 기호와 상징을 통해 정보를 나타내므로 지도언어는 중요한 학습요소이며, 숙련된 지도이용자는 단지 상징만을 읽는 것이 아니라 그들이 가진 지리적 지식을 바탕으로 공간패턴을 해석하고 이해한다. 지도기호와 정보가 점, 선, 면의 세 가지 형태로 분류된다는 사실에 주목하면 지도언어의 학습이 좀더 용이해진다.
　이에 따라서 학생들은 지도를 제작하고 사용하며 해석하는 것을 배워야 하는데, 교수-학습 자료이자 학습할 내용이 되는 지도를 통해서 학생들이 배워야 할 것을 네 가지 영역으로 구분하면 다음과 같다.

- 지도의 제작: 지도 위에 정보를 기호화하는 것
- 지도의 읽기: 지도언어의 요소들을 해독하는 것
- 지도의 해석: 사전에 가지고 있는 지리적 지식을 지도상에 관찰된 특징과 패턴과 관련시키는 것
- 지도의 사용: 지도상의 특징을 관찰하게 되는 경관적 특징과 관련시키는 것

한편 교수-학습 자료로서 지도의 종류에는 실질적인 육지측량을 통해 얻을 수 있는 다양한 축척의 지형도가 있다. 또 기상, 기후, 인구 등과 같은 특정한 주제와 관련된 내용들을 주로 담고 있는 주제도, 여러 형태의 지도들을 담고 있는 지리부도 혹은 지도책(atlas)이 있으며, 최근에는 CD-ROM 형태나 인터넷에서 사용할 수 있는 멀티미디어 지도가 개발되어 학생들의 지리정보 활용능력을 높여 주고 있다.

3) 항공 및 인공위성 영상

항공사진이나 인공위성 영상은 지도와 함께 지리수업에서 효율적으로 활용될 수 있는 중요한 자료이다. 이러한 영상들은 주로 원격탐사에 의해 만들어지는데 비행기와 인공위성에 의한 촬영 및 스캐너 작업에 의해 사진과 영상의 형태로 표현된다. 이러한 자료들은 우리의 눈이 볼 수 있는 것 이상의 정보를 보여주므로 먼 거리의 장소와 지역에 대한 정보를 획득하는 데 유용한 수단이 된다.

지리수업에서 활용할 수 있는 인공위성 영상은 기후관측용 인공위성과 육지관측용 인공위성에서 촬영한 영상이다. 다양한 색상을 가지고 있는 인공위성 영상들은 학생들의 흥미를 유발할 수 있으며, 개방적으로 영상에 나타난 지역을 스케치하고 발견사항들을 기록하고 적어나가게 하면, 장소나 지역의 변화 양상을 파악하는 등 여러 가지 지리학습을 하는 데 유익하다.

항공사진 또한 입체감과 사실감을 주고 다양한 색을 가지고 있어서 학생들에게 장소나 지역에 대한 학습을 자극할 수 있는 좋은 도구이다. 특히 항공사진은 지도의 경관을 학생들이 시각화하기 위해 지도와 병행하여 사용하면 효과가 크며, 항공사진에 나타나는 지형의 모습이나 경관요소들을 가시화시켜 나가면 학생들의 탐구활동은 더욱 강화될 수 있을 것이다.

4) 사진과 슬라이드

사진은 일상생활에서 학문적 연구에 이르기까지 보편적으로 활용되어 이용 범위가 매우 넓은 매체이다. 일반적으로 사진과 같은 이미지를 활용하는 것의 교육적인 가치는 앞에서 대일의 경험의 추에서 살펴본 바와 같이 시각적인 정보를 제공하여 인간의 지각을 돕는다는 점에 있다. 즉 사진과 슬라이드는 학생들에게 실체적 경험을 제공하고 어휘력을 개발하는 것을 도울 뿐만 아니라 학생들의 실제 세계에 기초들 두고 가치 및 태도와 관계

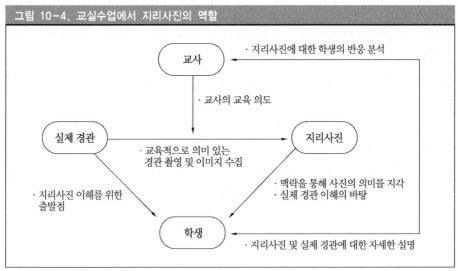

그림 10-4. 교실수업에서 지리사진의 역할

출처: 안종욱(2002), 14쪽.

있는 광범위한 학습계획을 고무시킨다.

지리에서 사용되는 사진은 지리학 연구나 교육에서 지리적으로 의미 있는 사상을 담고 있어야 하며, 장소와 지역과 관련된 정보를 풍부하게 담고 있어 지리적인 설명에 유용한 것들이다. 그리고 학술적인 연구를 위한 사진과는 달리 지리교육을 위한 지리 사진은 지리교육의 목적, 목표, 내용에 부합하는 것이어야 하며 일정한 형식과 내용을 갖추고 있으면 좋다.

이러한 지리수업에서의 사진의 역할은 교사와 학생, 지리적 사진과 지리수업의 대상이 되는 경관과의 관계를 통해 잘 나타나게 된다. 이러한 관계를 안종욱(2002)은 <그림 10-4>와 같이 제시하였다. 맥락정보를 부가하게 되면 현실상황을 제대로 인지하는 것을 돕게 되는 것처럼 지리사진은 맥락정보로서 지리수업시간에 중요한 역할을 할 수 있다는 것이다. 그리고 학생들은 자기가 살고 있는 환경을 계속해서 '보고' 있으며, 이러한 학생들의 인지구조는 수업시간에 제시되는 지리사진을 효과적으로 이해할 수 있는 출발점이 될 수 있다.

사진자료의 이용은 다양한 학습기법을 사용하도록 해준다. 예를 들면 학생들은 사진 내용에 대한 해석이나 분석 기법을 발전시킴으로써 좀더 깊이 있는 탐구방법을 사용할 기회를 가질 수 있는데, 사진의 선별작업을 이용한 스토리보드와 다큐멘터리를 만드는 활동을 하게 되면 대중매체를 활용하는 탐구학습을 증진시킬 수 있는 독창적인 교수-학습

전략을 제공할 수도 있다.

만약 간단한 자연경관사진을 이용하더라도 학생들은 사진의 상이한 부분을 조사하고 경관의 구성요소를 확인하는 활동을 할 수 있으며, 여기에서 더 나아가 토지이용, 기복, 배수, 식생뿐만 아니라 자연과 인간의 상호작용과 그 관계까지도 사진을 통해 확인이 가능할 수 있을 것이다.

그리고 학생들은 야외 관찰 기록을 위해 사진을 촬영할 수도 있고, 포스터 전시는 분석적 내용과 적절한 사진을 곁들여 학생들의 연구결과물로 제시할 수도 있고, 이러한 전시는 입지특성을 확인하는 스케치 지도와 패턴을 보여주는 지도학적 기법의 사용으로까지 나아가게 해줄 수 있다. 이처럼 사진은 학생들에게 창의적이고도 생산적으로 활용될 수 있는 중요한 학습도구이기도 하다.

3. 지리 교수-학습 자료와 ICT

새로운 기술의 발전은 지리교수법과 방법론뿐만 아니라 교수내용에까지 영향을 미친다. 특히 정보기술, 즉 IT(information technology)는 지리정보체계(GIS)와 정보기술의 활용능력 면에서 많은 변화를 가져오고 있으며, 지리 교수-학습에도 많은 도움을 주고 있다. 따라서 지리교사는 IT와 관련된 지리 교과의 교수-학습을 향상시킬 수 있는 방법을 이해할 필요가 있다.

그리고 최근에는 IT가 하나의 의사소통의 도구 역할을 하게 됨에 따라 ICT(information and communication technology)라는 개념에 주목을 하게 되었다. 데이터베이스와 시뮬레이션 프로그램 등 ICT의 활용은 정보화에 대처하는 가장 효과적인 수단이 되고 있으며, 이러한 ICT 활용은 학습자가 자료와 정보를 선택하고, 검색하고, 조직하고, 분석하고, 종합하고, 해석하도록 함으로써 학습자의 정보처리능력, 탐구능력, 사회참여능력을 신장시킬 수 있게 해준다. 현실적으로 인터넷을 통하여 세계 각지의 산업, 문화, 환경 등과 관련되는 최신의 정보와 자료를 획득한다거나 전자우편을 통하여 다른 나라 학생들과 토론을 하거나 협동학습을 함으로써 사고의 폭을 확대하고 타인에 대한 이해를 높이는 것이 그 예이다.

이에 따라 교육에 있어서 ICT는 ① 개인적인 요구나 각 학생의 요구에 맞는 유연하고도 편안한 학습 환경을 제공하고 ② 학생들에게 풍부한 자료에 대한 즉각적인 접근을 가능하도록 해주며 ③ 시각적인 것을 통해 어려운 아이디어가 더욱 잘 이해하도록 해주며

④ 분석과 발산적 사고를 장려하여 다양한 사고력을 키울 수 있다는 점에는 그 장점들이 인정되고 있다.

지리적 관점에서 보면 ICT는 특히 다음과 같은 것을 제공함으로써 지리수업을 돕는다.

- 개인 혹은 학급이 모든 자료를 수집, 유지 및 이용하는 것
- 환경에 대해 모니터링하기
- 타당한 정보의 탐구와 추출
- 적절한 지도, 다이어그램, 그래프를 만들고 편집하고 조작하고 이용하기
- 여러 가지 지리적 사고들을 통합하고 개발하고 표현하기
- 문제를 예견하고 해결하기
- 결론을 내리는 것을 돕는 것

이와 같이 ICT 환경은 개인과 집단의 행동양식과 이를 이해하기 위해 필요로 하는 지식의 변화를 초래하여 교수-학습 환경에서 새로운 변화를 가져오고 있다. 실제로 ICT는 인간행위와 사회현상에 대한 새로운 지식의 지평을 확장하고 있으며, 시간과 공간적인 제약을 극복하는 토론과 참여의 장을 확대하고 있다.

임천택(2001)은 ICT와 관련하여 갖추어야 할 능력들로 ICT 활용과 관련된 문식성(literacy) 또는 문해력을 컴퓨터 문식성, 정보 문식성, 미디어 문식성으로 나누었다. 몬택 토라디(Montag-Torardi, 1985)는 컴퓨터 시스템관련 문식성, 컴퓨터 용용관련 문식성, 컴퓨터 프로그래밍 관련 문식성, 컴퓨터 태도와 같이 네 가지로 분류하기도 하였다. 즉 컴퓨터 문식성을 컴퓨터 응용에 필요한 장비와 프로그램에 관한 지식을 갖추고 적절하게 사용할 수 있는 컴퓨터 시스템 관련 문식성, 의미 있고 효과적인 작업을 위해 실제적으로 컴퓨터를 응용하고 이를 평가하고 선택하고 수행하는 능력을 포함하는 컴퓨터 응용 관련 문식성, 프로그램 언어를 사용하여 컴퓨터를 다루고 지시할 수 있는 능력을 포함하는 컴퓨터 프로그래밍 관련 문식성, 적절한 방식으로 컴퓨터를 사용하는 것과 관련되는 개인의 감정을 통제할 수 있는 컴퓨터 태도의 네 가지로 구성된다고 보았다.

그리고 라플린과 하투니언(Laughlin & Hartoonian, 1989)은 ICT 관련 컴퓨터 문식성의 수준을 다음과 같은 세 가지의 수준으로 구분하기도 하였다. 첫째, 기초적인 지식을 갖춘 1단계이다. 이 단계에서는 컴퓨터의 기초용어들을 이해하고 기본적인 응용 프로그램의 사용능력을 갖추며, 기본적인 하드웨어 성분에 대해 초보적으로 이해한다. 둘째, 교수적 응용을 하는 2단계이다. 이 단계에서는 기초지식 위에 개별학생들의 요구를 반영하고 교수목표를 소프트웨어를 선정하는 데 결합시킬 수 있는 능력을 갖추고 있으며, 효과적인 교수법 및 교수디자인의 관점에서 수업 관련 소프트웨어를 평가할 수 있는 능력을 갖춘

단계이다. 셋째, 교수디자인의 개발이 가능한 3단계이다. 수업관련 소프트웨어를 설계하고 효과적인 교수원칙을 결합시키는 능력을 갖춘 단계이다.

한편, 로버츠, 프리엘, 라덴베르그(Robert, Friel & Ladenberg, 1988)에 따르면 지리과와 사회과에서 컴퓨터의 활용은 사회과교육의 세 가지 중요한 목적에 직접적인 도움이 된다 (남경희 외 옮김, 379~380). 첫째, 컴퓨터 프로그램은 아동들이 사회과 내용을 습득하고 숙달하게 한다. 아동은 게임과 시뮬레이션에 참여함으로써 사회과 정보를 이용해야만 하기 때문이다. 둘째, 사고기능, 문제해결기능, 지도읽기기능, 도표기능과 같은 사회과의 기능들이 컴퓨터를 통해 강화된다. 셋째, 사회과 목적, 민주적 가치와 신념의 개발이 컴퓨터 소프트웨어 패키지 사용을 통하여 길러진다. 실제로 아동들은 함께 컴퓨터 작업을 함으로써 사회적으로 적절한 방식에서 다른 사람들과 상호작용하는 것을 배운다. 또한 컴퓨터를 통하여 정보화 시대에서 요구하는 정보윤리를 강화할 수 있는데, 이는 정보화 시대에 요구되는 시민적 자질의 하나이다. 또한 컴퓨터는 즉각적인 피드백을 제공하는 것 외에도 다른 학생들이 다른 활동을 하는 동안 개인이나 소집단으로 활동에 참여하도록 함으로써 새로운 형태의 사회참여능력을 키울 수 있다.

그런데, ICT는 실제수업에서 다양하게 활용될 수 있는데, 실제로 사용되는 ICT 활용학습의 형태와 그 사례들을 제시하면 다음과 같다.

[웹 활용 학습]
- 인터넷 홈쇼핑의 기능을 알고 활용해 보기
- 키워드를 이용한 검색을 통해 고장에 관한 자료를 자치 단체의 홈페이지와 에듀넷의 지역 학습 정보 데이터베이스에서 찾아보기
- 고장 자치 단체의 홈페이지를 검색하여 고장의 그림 지도를 찾아보기
- 에듀넷에 제공된 그림 지도를 보면서 지도에 관한 공부하기
- 자치 단체의 홈페이지에서 대민 업무 관련 내용을 검색하여 문서 작성기로 정리해 보기
- 주어진 주제에 대하여 관련된 인터넷 사이트(예: 박물관 사이트, 백과사전 사이트 등)를 검색하여 정보를 찾아 정리하고 멀티미디어가 포함된 프레젠테이션 자료로 만들기

[컴퓨터 매개 커뮤니케이션 활용 학습]
- 인터넷 사이트에서 자신이 원하는 자료를 요청하고 이를 메일로 받아 보기
- 인터넷의 지도 사이트에서 제공하는 지도 자료를 가지고 자신의 집 약도를 그려서 친구들에게 메일로 보내기
- 다른 지방의 친구와 각 지역의 특성에 대한 정보를 메일을 교환하여 자기 지역과 타 지역간의 차이점을 발표해 보기

[응용 프로그램 활용 학습]
- 조사한 자료를 문서 작성기를 이용하여 표로 만들어 보기
- 조사한 자료를 스프레드시트를 이용하여 표로 만들고 결과를 예측해 보기

- 사회적 현상에 대한 통계 자료를 웹에서 검색하여 찾아보고 이를 스프레드시트를 활용하여 자신의 목적에 맞는 표로 만들어 보고 이를 적절한 그래프로 표현해 보기
- 자신의 고장을 소개하는 간단한 홈페이지를 만들어 보기

[ICT 활용 평가]

수행평가의 이론적인 조사와 평가 유형 및 사회과 교수학습방법을 검토하고 각 모형에 적절한 수행평가 방법을 연구하여 보고서를 중심으로 기본 보고서 양식을 만들고 이를 활용한 평가 시스템을 설계하였다(이진경·고병오, 2001). 이 평가 시스템은 크게 교사 모듈과 학습자 모듈로 구성되었고, 교사 모듈에서는 보고서 양식을 작성하여 학생들에게 제공 및 제출된 보고서를 평가한다. 학습자 모듈에서는 보고서를 작성하여 교사에게 제출하고 자신이 작성한 보고서를 수업시간에 발표하는 데 활용할 수 있게 하였다. 따라서 교사는 이미 작성된 보고서를 활용하거나 스스로 보고서 양식을 작성하여 제시할 수 있으며 제출된 보고서를 평가한다. 아동은 평가 결과를 확인할 수 있을 뿐만 아니라 기존의 발표 형식에서 벗어나 ICT를 활용해 발표를 할 수 있다.

[웹 게시판을 활용한 체험학습]

사회과에서 체험학습을 위한 계획을 웹 게시판을 활용하는 방법으로 구안할 수 있다. 구기남(2002)은 지리교과에서 적용할 수 있는 체험학습의 유형으로 실질 현장학습(교내, 교외), 가상현장조사(cyber field work), 가상현장견학(virtual field trip)을 들었다. 중학교 지리 관련 단원은 지형도 판독, 우리나라·세계 여러 지역의 생활 등 학습하는 내용의 대부분은 현장 학습을 요하는 분야들이다. 체험 계획을 게시판을 활용하여 학생들과 상호작용 속에서 만들고 실제적인 계획을 할 수 있었으며, 그 과정과 결과를 평가하기에도 용이하였다.

[사이버 토의 및 토론학습]

웹의 게시판과 인스턴트 메시지 등을 활용한 토의 및 토론학습이 이루어지고 있다. 게시판이나 인스턴트 메시지 등은 토론에 참여하는 토론자들이 실명 혹은 비실명의 아이디를 갖고 참여할 수 있으며, 토론자들의 토론 결과를 DB화하여 언제든지 검색하여 볼 수 있다. 실시간 토론과 비실시간 토론이 가능하여 사회과 토론학습에 활용될 수 있다(정문성, 2001).

[ICT를 활용한 과제학습]

NetPBL이란, 학생들이 인터넷을 활용하여 다양한 정보를 수집, 활용하여 많은 사람들과 정보를 나누고 논의하는 가운데 특정 과제를 직접 수행하는 학습 방법이다. 학습자가 학습의 전 과정에 주도성을 가지고 주제, 제재, 문제, 쟁점 등에 관한 탐구 활동을 통해 그 결과를 만들어 가는 것으로, 구성주의를 근간으로 한 웹 기반(WBI) 주제중심학습(PBL)의 한 모형이 NetPBL이다.

김지향(2002)은 NetPBL(인터넷활용 프로젝트중심학습)을 통한 자기 주도적 문제해결력 신장이란 주제 연구를 수행하여 자기 주도적 문제해결력이 신장되고, 교과간 통합 교육활동이 이루어졌으며, 컴퓨터 활용 능력 및 정보자료 제작에 대한 자신감으로 ICT 활용 능력이 신장되는 결과를 얻었다.

이와 같은 방식으로 ICT는 수업에 직접적으로 활용되고 있는 실정이지만, ICT활용 교육과정을 지리수업에 적용할 때 다음과 같은 사항을 점검하여야 한다(Hassell, 2002).

[수업목표의 측면]
수업의 성취목표에서 기회 내지 상황목표, 내용목표, 행동목표의 세 가지를 모두 고려한다.
- 어떤 사회과 수업 상황(맥락)인가?
- 어떤 내용목표를 가지고 있는가? 지리와 IT에서 어떤 지식, 기능 그리고 개념을 획득하게 되는가?
- ICT 활용 맥락은 어떤 형태인가: 의사소통하기, 자료처리하기, 모델링 등.

[수업내용의 측면]
- ICT가 투입되었을 때 수업내용은 어떻게 달라지는가?
- ICT를 활용한 교과내용의 의미전달 방식에는 어떤 것이 있는가?
- ICT에 의해 교과내용은 어떻게 재구성되어야 하는가?

[수업방법의 측면]
- 어떤 자료와 매체를 필요로 하는가. 소프트웨어, CD-ROM, IT장비.
- 수업을 어디에서 할 것인가: 교실, 도서관 혹은 사이버공간.
- ICT 활용수업을 실현하는 학습방법에는 어떤 것이 있는가. 문제중심학습(Problem-based Learning), 사례중심학습(Cased-based Learning), 상황학습(Situated Learning), 협력학습(Collaborative Learning), 프로젝트 학습(Project Learning), 개별화 학습(Individual Learning), 맞춤학습(Customized Learning) 등.
- 어떤 것이 가장 적합한 학습스타일인가: 자유조사, 지시형 혹은 개방형, 구조화된 질문.
- 어떤 학습조직을 이용할 것인가: 개별화 학습, 소집단, 전체학급.
- 수업에서 ICT 활용 정도는 어떤 것인가: 전체수업활용형, 병행형, 부분활용형(ICT 주도형, 전통수업주도형), 과제형.
- 어떤 ICT 지원 자료가 필요한가?

[평가의 측면]
- 학생들의 ICT 경험은 어떤 것인가?
- 의도한 수업결과는 무엇인가?
- ICT를 활용한 수업이 학생과 교사에 의해 어떻게 평가될 수 있는가?
- ICT를 활용한 평가의 형태는 어떤 것이 있는가?

4. 지리 교수-학습 자료로서 교과서 개발

1) 활동중심 교과서의 개발

(1) 바람직한 교과서 상
열린교육, 교육과정차별화, 구성주의의 세 가지 관점에서 바라본 바람직한 교과서의 모습은 다음과 같다.
먼저, 열린교육의 관점에서 보면 첫째 교수-학습 방법, 교수-학습 자료, 학습 활동, 학습

집단 조직방식에서 열림을 지향하는 교과서여야 한다. 둘째, 열린교육을 지향하는 학생들의 학습 활동이 다양화되어야 하는데, 자료의 다양화를 지향하는 교과서여야 한다. 셋째, 감정이입, 타자이해나 객관적 분석이 가능한 대리경험 자료를 폭넓게 사용하는 교과서여야 한다. 넷째, 학습의 개별화뿐만 아니라 소규모 집단별 협동학습이 이루어지는 것과 학습 집단 조직의 다양화가 가능하도록 교과서의 내용이 구성되어야 한다. 다섯째, 학습자 중심의 자기주도적 학습이 가능한 교과서여야 한다.

다음으로 교육과정 차별화에 따르면, 첫째, 교과서는 학생들의 학습 경험을 차별화하기 위한 다양한 교수-학습전략을 제시하여야 한다. 둘째, 교과서는 학생들의 학습을 지원하는 데 사용가능한 다양한 교수-학습 자료가 되어야 한다. 셋째, 교과서는 학생들의 학습을 위해 상이한 결과를 제공하는 다양한 과제와 활동들을 포함하여야 한다. 넷째, 교과서는 학생의 자기평가와 교사에 의한 평가를 균형적으로 고려함으로써 평가와 학습이 상호 연계될 수 있도록 구성하여야 한다. 다섯째, 학습 목표와 학습 내용을 구성하고 있는 핵심 개념, 핵심 아이디어와 잘 연계된 학습 활동을 개발하여야 한다. 여섯째, 학습 내용 중에서 모든 학생들이 필수적으로 알아야 할 개별단원의 필수 내용 내지 공통학습 요소를 결정하고, 이를 바탕으로 기본학습 내용과 보충학습 활동, 심화학습 활동을 제공하여야 한다.

다음으로 구성주의의 관점에서 보면, 첫째 학습자 각자의 주체적이고 다양한 해석이나 접근, 안목 등을 제시해보도록 하고, 그것의 강점과 허점을 비판적으로 따져볼 수 있는 기회를 제공하는 교과서여야 한다. 둘째, 교과서는 있는 그대로 내면화하기를 요구하는 최종 산물의 형태를 제시하기보다는 그러한 깨달음에 이를 수 있는 과정을 처방하고 안내하는 역할을 하여야 한다. 셋째, 교과서는 학습자 자신의 진지하고 절실한 문제의식을 불러일으킬 수 있는 내용, 자신의 주체적인 관심이나 구조와 관련을 맺을 수 있는 내용을 담고 있어야 한다. 넷째, 지식의 구성이나 습득은 항상 어느 구체적인 '상황' 혹은 '맥락' 안에서 이루어진다고 보기 때문에, 교과서의 내용은 학습자의 자율성과 학습에 대한 주인 의식이 강조될 수 있도록 '상황적', '맥락적'이어야 한다.

이상의 열린교육, 교육과정차별화, 구성주의를 중심으로 하는 바람직한 교과서 상은 적어도 다음과 같은 것이어야 한다. 첫째, 바람직한 교과서의 내용은 학생중심의 활동을 상황적, 맥락적으로 제시하여야 한다. 둘째, 바람직한 교과서의 내용은 모든 학생들이 필수적으로 알아야 할 핵심개념과 핵심 아이디어, 즉 해당 교과의 지식의 구조를 반영하여야 한다. 셋째, 바람직한 교과서는 개별화 학습에서 협동 학습에 이르는 다양한 교수-학습 방법들을 지원할 수 있도록 구성되어야 한다. 넷째, 바람직한 교과서는 학생들의 학습을 지원할 다양한 형태의 자료들을 포함하여야 한다. 다섯째, 바람직한 교과서는 지식 그 자체보다는 과정을 안내하고 처방하는 것을 포함하여야 한다. 여섯째, 바람직한 교과서는 교사의 교수, 학생의 학습, 평가가 서로 유기적으로 연계될 수 있도록 구성되어야 한다.

(2) 교과서 내용구성의 방식

교과서는 하나의 교수-학습 자료이자 하나의 참고보조 자료이므로 교과서, 교사용지도서에 대한 맹목적인 태도는 버려야 한다. 이는 교사 개인의 관련지식이나 수업전략이 부족하여 교과서가 그 부족을 보충, 보상하고 있다는 것을 반영한다. 교사는 자신의 교육관에 맞게 교육과정을 재구성할 줄 아는 교육과정의 재해석자이며 재구성자여야 하지만, 많은 교사들이 너무나 맹목적으로 교과서를 믿고 그대로 사용하고 있다.

기존의 전통적인 교과서에서는 제시되는 질문이 학생들의 탐구과정을 거치지 않고 바로 답을 주는 경우가 많거나, 자료를 토대로 답을 찾아나가는 과정보다는 자료에 대한 답이 즉시 제시되어 있어 학생들의 탐구력과 흥미를 유발시키지 못하는 단점이 있었다. 교과서는 학생들의 주의를 쉽게 끌 수 있는 문체와 아울러 학생들의 탐구활동을 장려하는 방향으로 구성되어야 한다.

이용숙 등(1998)은 내용의 제시방식을 발견식 대 설명식, 발견식 대 제안식, 귀납식 대 연역식, 발견식 대 설교식, 예시-원리의 순서 대 원리-예시의 순서로 유형화하여 제시하였다. 이들은 이에 따라 교과서 본문 내용의 제시방식은 제시할 내용과 제시의 방식에 의해 결정된다고 보았다.

메릴과 보트웰(Merrill & Boutwell, 1973)은 개념을 정의하고 원리를 제시하는 일반설명형, 개념의 예와 원리가 적용되는 실례만 들어 해설하는 보기설명형, 개념이나 원리를 학생 스스로 도출하는 일반질문형, 개념이 예와 원리가 적용되는 사태를 학생 자신이 답하고 질문하는 형태의 네 가지를 제시한 바 있다.

김순택(1982: 101~104)은 이를 변형시켜 보기를 먼저 제시하고 원리를 나중에 제시하되 교과서에 충분한 설명과 답이 곁들여지는 귀납계열의 설명형, 자료를 귀납적으로 계열화하되 학생들에게 답을 탐구하도록 유도하는 귀납계열의 탐구형, 원리를 제시하면서 보기를 들어 설명해나가는 연역계열의 설명형, 원리를 먼저 제시하고 거기에 해당하는 사례를 찾는 연역계열의 발견형으로 제시한 바 있다.

그러나 이와 같은 유형의 분류들은 귀납-연역, 발견-설명이라는 두 가지 차원을 결합한 것들이라고 볼 수 있으며, 결국은 교과서 내용구성의 논리적 측면에만 초점을 맞추고 있다는 감을 준다. 이는 발견이나 귀납, 연역은 모두 교수방법상의 탐구라는 하나의 유형 속에 포함시킬 수 있기 때문이다. 결국 위에서 제시된 여러 가지 유형들은 결국 탐구형과

표 10-2. 교과서 내용 구성의 4형태	
지식전달형	탐구형
순서형	맥락형

지식전달형 두 가지의 대비적 형태로 압축된다고 하겠다.

그런데 학생의 탐구를 자극시키지 못하는 지식전달형의 교과서는 주류를 이루는 본문 내용이 간혹 논리적이지 못하고 문체가 딱딱하므로, 학생들에게서 교과서에 대한 흥미와 독서하려는 욕구를 앗아간다는 비판을 종종 받는다.

그러나 지식전달형의 교과서일지라도 단순히 진술하는 데 그치지 않고 어떤 맥락을 제공할 때는 학생들의 지적 호기심을 자극할 수도 있다. 또한 탐구형도 어떤 맥락이나 상황을 충분히 만들지 못하고 논리적 순서에 따라서 만들어지는 경우가 허다하다. 즉 맥락이나 상황을 통해 지식을 보다 유연하게 만들 것인지, 주어진 절차만을 강조할 것인지에 따라 교과서의 유형이 달라질 수 있다.

교과서 내용 구성의 초점은 학생의 현재수준을 기준으로 학생들이 경험을 확장하고 재편할 수 있도록 학생들의 활동을 촉진하는 경험요소들을 효과적으로 배치하는데 있다. 프랑스와 영국과 같은 나라에서 교과서에서 하나의 주제를 여러 방식으로 심도 있게 다루어주거나(모듈형식), 다양한 사례, 예화, 다양한 관련 자료를 제시하고 다양한 탐구과제 및 학습과제를 제시하는 것도 바로 그 이유 때문이다. 또한 학생들에게 도전의식을 심어주려면 교과서의 내용은 본문수준, 학생의 능력, 효과적인 교수법이 조화를 이루어야 한다.

이러한 입장에서 교과서 내용구성의 방식은 지식전달-탐구의 두 가지 차원과, 내용전개에서 순서에 따를 것인지 의미를 가진 맥락을 중심으로 할 것인지에 따라 순서-맥락의 두 가지 차원이 있다. 그 결과 교과서 내용구성의 방식은 두 개의 대비적 차원의 대비적 스펙트럼에 의해 겹쳐져 만들어진 네 가지 차원으로 파악할 수 있을 것이다.

(3) 교과서 내용구성에서 활동중심 접근

위에서 살펴본 교과서 내용구성의 형태와 앞에서 논한 바람직한 교과서의 상을 함께 고려해보면 자기주도적 학습이 일어나고 학생의 지식생성능력을 키워주기 위한 바람직한 교과서 내용구성의 방향은 탐구형과 맥락형의 구성이라는 것을 알 수 있다. 그러나 탐구형이면서 맥락형인 것만으로 교과서를 구성하는 것은 매우 이상적이지만, 그 실체가 부정

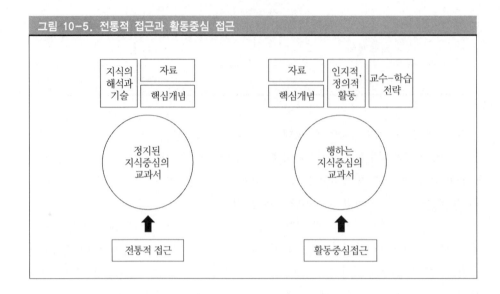

그림 10-5. 전통적 접근과 활동중심 접근

형이어야 한다는 점에서 보면 교과서와 같은 정형의 교수-학습 자료에는 적합하지 않을 것이다. 이는 학교현장에서 전면적 실행이 어렵고, 실제 수업상황에서 학습내용 초점의 파악이 매우 어려울 것이기 때문이다.

따라서 지식의 구조를 기술하는 방식과 탐구형-맥락형이 일부에서 실현되도록 교과서를 구성하는 것이 가장 현실적이며 실천 가능한 대안이라고 볼 수 있다. 이때 탐구형-맥락형은 매우 다양하고도 유연한 형태를 지닐 수 있는 것이므로 다만 '활동'이라고 명명한다. 그러므로 여기에서는 지식구조의 기술형과 활동이 동시에 포함되는 내용구성방식을 활동중심접근이라고 정의한다.

따라서 활동중심 접근은 여러 가지 형태의 탐구와 의미를 부여하는 다양한 맥락이 결합된 활동과 지식의 구조를 동시에 반영하는 방식이다. 이는 지식전달형과 탐구형-맥락형 활동제공형의 결합이라고 볼 수도 있다. 이는 결국 학습의 중심적 내용을 기술하는 것과 이를 이용한 활동을 병렬적으로 제시하는 것이며, 활동을 통해 다양한 인지적, 정의적 영역의 학습을 촉진하고 교사의 입장에서는 다양한 교수-학습전략을 사용하는 것이 가능하도록 하는 것이다. 이러한 내용구성접근은 결국 '행하는 지식' 중심의 교과서를 지향하는 것으로 전통적 접근과 비교하여 제시하면 <그림 10-5>와 같다.

이러한 활동중심 접근방법은 다양한 인지전략과 교수전략을 사용하며, 교수-학습과 평가를 통합하고, 학생의 흥미, 관심, 요구, 능력에 따라 학습경험을 차별화하도록 하고, 교육적으로 건전하고 의미 있는 자료와 맥락을 제공하는 것을 목표로 하여야 한다.

이러한 활동중심접근에서 활용되는 활동들은 사실적 지식을 중심을 다루는 사실확인형 활동, 지적기능 등 다양한 사고기능, 그래픽 기능 등을 사용하게 하는 기능중심 활동, 탐구의 과정들이 반영된 탐구형 활동, 역할놀이, 시뮬레이션, 토론 등을 포함하는 맥락형 활동 등으로 나누어 생각해볼 수 있을 것이다. 또한 활동의 위치에 따라 주제의 도입부에 위치하는 도입활동, 내용의 정리를 위한 정리활동 등으로 나누어 생각해 볼 수도 있을 것이다.

2) 수준별 교과서의 개발

(1) 수준별 교육과정에 대한 논의

교육개혁위원회가 제시한 1995년의 제1차 교육개혁안과 1996년의 제2차 교육개혁안을 통하여 초·중등학교 교육과정에서 수준별 교육과정의 도입이 공식화되었다. 이 당시 도입의 이유는 '학생의 능력, 적성, 필요, 흥미에 대한 개인차를 최대로 고려한 수업을 통해 학생 개개인의 성장 잠재력과 교육의 효율성을 극대화할 수 있도록 하기 위한'것이었다. 그 후속으로 이러한 수준별 교육과정의 의미, 실천방안 등을 담은 『수준별 교육과정안』이 제시되었으며, 제7차 교육과정에서는 수준별 교육과정이 실제로 교육과정 문서 속에서 명시되고 있다.

수준별 교육과정에 대한 최초의 포괄적 연구인 한국교육개발원 교육과정개정위원회의 『수준별 교육과정안』(허경철 외 10인, 1996: 135)에 따르면, 수준별 교육과정은 얼마동안 무엇을 배웠는지를 중시하는 학력중심 교육과정이 아니라, 학습자 스스로 자신의 지적·정의적 잠재력을 동원해서 스스로를 이끌어가는 학습능력을 중시하는 학력중심 교육과정으로 정의된다.

교육개혁과 제7차 교육과정에서 제시된 수준별 교육과정의 시행의 근거가 되었던 이 안에서는, 국민공통기본교육기간(제1~10학년)에서 시행될 단계형 수준별 교육과정과 심화보충형 수준별 교육과정, 11~12학년(고등학교 1~2학년)에서 시행될 과목선택형 수준별 교육과정을 포함하여 세 가지 형태의 수준별 교육과정이 제시되고 있다.

단계형 수준별 교육과정은 교과의 내용이 비교적 위계적으로 되어 있으며 교수-학습의 과정에서 학습집단 구성원들간의 능력의 개인차가 심하게 작용하는 교과, 즉 영어, 수학 교과에 적용한다고 밝히고 있다. 심화보충형 수준별 교육과정은 교과의 내용이 다양한 종류의 과목이나 영역으로 구성되어 있으며 교수-학습의 과정에서 집단구성원간 능력의 개인차가 그리 심각하게 작용하지 않는 교과, 즉 사회, 과학, 국어, 초등 영어에 주로 적용하여 학년별로 편성·운영된다. 그리고 과목 내용의 다양성과 난이도의 수준을 고려하여 내용의 종류 및 난이도의 수준이 다양한 과목들을 설치하고 학생들로 하여금 자신의 필요나 수준에 맞는 과목을 선택하게 하는 과목선택형 수준별 교육과정이 고등학교 2~3학년에서 운영되도록 하고 있다.

특히 지리가 속한 사회과는 국민공통 의무교육기간 동안에 이수해야할 공통교과로서 교과의 내용이 다양한 종류의 과목이나 영역으로 구성되어 있으며, 교수-학습의 과정에서 집단 구성원간의 능력의 개인차가 상대적으로 작용하지 않는다고 보고, 과학, 국어, 초등 영어와 더불어 심화보충형 수준별 교육과정이 학년별로 편성·운영되도록 하고 있다. 따라서 사회과에서의 수준별 교육과정에 대한 논의는 주로 이러한 심화보충형 교육과정과 관련된다고 하겠다.

사회과 수준별 교육과정 논의와 관련하여 『수준별 교육과정안』에서 밝히고 있는 심화보충형 수준별 교육과정에 대한 논의의 핵심적인 내용들을 추출하면 다음과 같다.

첫째, 심화보충형 교육과정은 학습능력에 대응하여 개별화 학습이 가능하도록 하는 차별적인 교육과정으로서의 성격을 지닌다. 이때, 일정한 단계 또는 학년에서 심화과정과 보충과정의 차이는 동일한 학습내용 범주 하에서 요구되는 학습능력의 수준을 차별화한 것으로 나타난다. 즉 보충과정은 기본과정의 내용을 동일하게 또는 단순화한 상태에서 학습자에게 요구하는 학습능력 수준을 낮춘 과정이고(예를 들면, 단순히 이해하거나 암기하는 과정), 역으로 심화과정은 기본과정의 내용을 동일하게 또는 복잡·확대한 상태에서 학습자에게 요구하는 학습능력 수준을 높인 과정이 된다(예를 들면, 외삽적 추론이나 분석, 적용, 종합하는 과정).

둘째, 심화보충형 교육과정은 기본적으로 학습의 속도와 관련된 학습능력에 대응하는 교육과정 유형에 속한다. 개념적으로 학습능력이 뛰어나다는 것은 이해의 속도가 빠르다는 측면과 이해(학습)의 깊이가 깊다(난이도가 높은 내용을 상대적으로 쉽게 이해하는 것으로 환원됨)는 측면을 지닌다.

셋째, 심화보충형은 학습능력으로서의 학습의 깊이에 대응하여 개별화 학습이 가능하도록 하는 차별적인 교육과정으로서의 성격을 지니게 된다.

넷째, 심화과정 및 보충과정의 의미는 기본적으로 기본과정의 선수학습을 전제로 한다. 선수학습과 관련된 과정을 기본과정으로 하여 이를 학습한 이후에 따라 나오는 과정이 심화과정과 보충과정이다. 즉, 심화과정과 보충과정은 심화 또는 보충이 시작되기 전의 선행학습을 전제하므로, 심화 또는 보충학습은 시간적으로 공통된 학습 활동이 수행된 다음에 추가적인 학습활동의 일환으로 전개되는 과정을 따르게 된다.

그림 10-6. 기본과정과 심화 · 보충 과정과의 관계

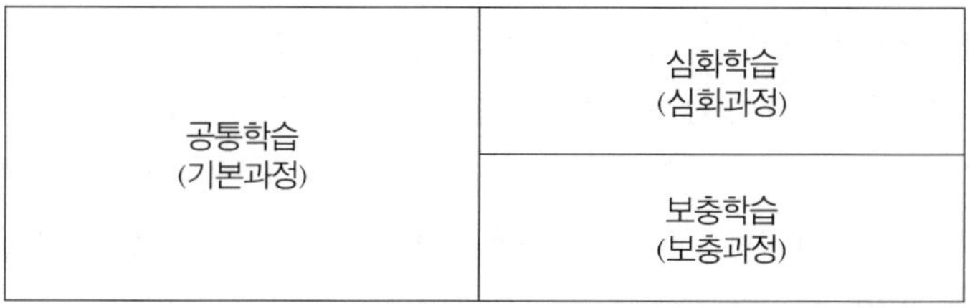

| 공통학습
(기본과정) | 심화학습
(심화과정) |
| | 보충학습
(보충과정) |

따라서 심화보충형 교육과정의 편성은 기본과정을 공통으로 하면서 심화과정과 보충과정을 병렬적인 하위과정으로 편성하는 방식을 취하게 된다(그림 10-6). 이때, 일정한 기간 (시간) 동안 기본과정을 공통적으로 학습한 연후에 심화 과정과 보충 과정을 독립적으로 학습하는 학습전개 방식을 취할 수도 있지만, 동일한 학습내용에 대한 차별적인 학습능력을 가능하도록 하기위해 사회과 수준별 교육과정은 내용중심의 기본과정과 능력중심의 하위과정(심화보충형)으로 편성된다는 것이다.

다섯째, 이러한 심화보충형 수준별 교육과정의 실현을 위해서는 기본과정의 학습, 즉 공통학습은 현행과 같이 통일된 일체식 수업이 중심이 되고, 심화 및 보충학습은 학습자의 능력과 요구에 의해 선택적인 활동 중심(사고, 탐구, 의사결정 등)의 자기주도형 그룹 단위 학습이 이루어지게 된다고 교수-학습 방법을 밝히고 있다.

여섯째, 사회과 수준별 교육과정은 내용만 기술하고 있는 지금까지의 교육과정과 근본적인 차이가 드러나도록 교과내용과 학습능력이 결합된 형식으로 편성한다. 즉 사회과 수준별 교육과정 편성의 기본원리는 교과내용의 차별화와 학습능력의 차별화가 결합된 형식의 편성이다.

일곱째, 수준별 교육과정의 취지와 존립근거를 교과내용과 학습능력 사이의 상승적인 상호작용에 두고, 현 시점에서 논리적으로는 수준별 교육과정의 적용을 통해 학습능력이 현행에 비해 추가적으로 발달할 것임을 전제한다. 이때, 수준별 교육과정을 적용함으로 인해 추가적인 상승작용이 매 학년마다 5% 정도씩 이루어진다고 가정한다면, 최고 수준의 난이도를 현행의 교육과정의 것보다 높게 설정할 수 있다는 것이다.

이상의 사회과에서 시행하는 심화보충형 수준별 교육과정에 대한 논의를 보면, 교과내용의 난이도, 학습능력의 차별화, 학습의 깊이에 대응하는 차별화, 학습의 속도에 대응하는 차별화, 학습능력의 차이에 따른 개별화학습, 교과내용의 차별화와 학습능력의 차별화의 결합, 기본과정의 선수학습 및 공통학습, 선택적 활동중심, 교과내용과 학습능력 사이의 상승적 상호작용 등이 중심적 내용이 되고 있음을 알 수 있다.

이러한 내용을 바탕으로 정리해보면 사회과 수준별 교육과정, 즉 사회과 심화보충형 교육과정은 사회과 기본과정의 공통학습에서 나타나는 학습의 깊이, 속도에 따른 학습능력의 차이에 대응하기 위한 것으로, 최고 수준의 난이도를 고려하여 선택적 활동 중심의 보충·심화 과정을 제시함으로써 교과내용과 학습능력의 상승적 상호작용을 일으키도록 하는 교육과정이라고 볼 수 있다.

일반적으로 수준별 교육과정은 학생의 학습능력의 차이만을 고려하는 것이 아니라, 학생의 능력, 적성, 필요, 흥미에 대한 개인차를 최대로 고려한 수업을 통해 학생 개개인의 성장 잠재력과 교육의 효율성을 높이는 교육과정 차별화(curriculum differentiation)의 의미를 가지고 있다. 즉 학생 개개인의 개인차를 고려하는 교육과정 차별화가 수준별 교육과정의 본래 의도이자 출발점이었으며, 이러한 점은 교육개혁위원회가 밝힌 수준별 교육과정의 도입 이유에도 잘 나타나고 있다.

따라서 지리가 속한 사회과 수준별 교육과정이 본래의 의도대로 학생 개개인의 잠재력과 교육의 효율성을 높이기 위해서는 학생의 학습능력의 차이만을 고려할 것이 아니라, 학생의 능력, 적성, 필요, 흥미에 대한 개인차를 최대로 고려하는 교육과정 차별화의 본래의 의미를 살릴 것이 요구되고 있다.

또한 운영에 있어서도 학생들이 학습능력의 차이에 치중한 능력별 집단편성보다는 학생들의 능력, 흥미, 경험에 맞는 학습과정(학습목표, 학습내용, 수업전략 및 내용구성, 학습자료, 학습경험 및 활동, 학습평가)을 제공함으로써 자연스럽게 교육과정이 차별화되도록 하는 것이 진정한 의미의 수준별 교육과정을 실현하는 방법이라는 것을 확인하였다.

한편, 영국의 경우 교육과정 차별화는 종전에는 학생들을 학습단위로 조직하는 수단으로서 분리하고 등급을 매기기 위해 사용된 도구로 여겨지거나 상이한 단원을 가르치기 위해 가정적으로 동질의 집단으로 학생들을 분배하도록 하는 것으로 여겨졌지만, 현재에는 어떤 학습 집단에서나 학생들이 학습하는 방식, 학습의 속도, 그들이 획득하는 성취수준 뿐만 아니라 그들이 경험하는 학습의 난점과 문제점의 종류에 있어서 두드러진 차이가 나타난다는 점을 인식하면서 하나의 교수 대상 집단 내에서의 차이를 인정하는 좋은 교수행위를 위한 도구로 여겨지고 있다(Battersby, 1997: 76).

그러므로 학습기회와 학생들의 학습욕구를 맞추기 위해 모든 수업에서 차별화된 교수와 학습전략에 대한 요구로 인하여 교육과정 차별화가 이루어지고 있다고 할 수 있으며, 교육과정 차별화는 혼합된 능력집단을 포함해서 다양한 범위의 조직구조 하에서 성취될 수 있는 개별 학생을 위한 최적의 학습조건을 개발하는 데 초점을 두는 과정을 의미한다.

현재의 우리의 수준별 교육과정은 효율성과 수월성의 추구라는 측면에서 이루어지고 있지만, 외국의 경우 수준별 교육과정의 원래 의미인 교육과정 차별화는 이와 같은 효율성을 위한 학생들의 집단화를 넘어서 학생들의 교육기회의 균등성의 문제에 대한 대안적 방법으로서 논의되고 있다. 즉 모든 학생들을 위한 교육의 목적은 동일하지만, 개별 아동들이 그 목표를 향해 나아갈 때 발행하는 요구, 흥미 등의 개인차를 고려하는 것이 교육과정 차별화이다.

따라서 우리의 경우도 수준별 교육과정은 개별적 차이와 학생 개개인의 학습의 가치부여와 가치에 대한 이해에 기초를 둠으로써, 다양한 수준의 교수와 학습이 발생하도록 하여 학생들의 능력, 특성의 차이를 수용하고 다양한 요구를 만족시키는 교육과정 차별화로 인식될 필요가 있다. 이 때문에 교육과정계획의 측면에서 보면, 차별화는 반드시 개별학생을 위한 개별화 프로그램을 만들어낼 필요는 없으며, 차별화는 모든 학생들에게 적절한 교육기회를 제공하고 학습기회와 개인의 개별적 학습욕구와 결합시키는 데 관심이 두어지게 된다.

배터스비(Battersby, 1997: 70~71)는 학생들의 학습욕구가 변화하기 때문에 개별 학생들이 그들 자신의 학습에 대한 증대된 책임감을 갖게 되거나 격려를 받게 된다고 했다. 그래서 그들의 성공과 성취를 측정하고, 그들 자신의 학습욕구를 확인하고 그들을 만족시키는 데 도움을 주어야 한다고 주장한다. 그에 따르면 성공적인 교육과정 차별화를 위해서 필수적으로 포함될 요소는 다음과 같으며, 이러한 요소들은 사회과 수준별 교육과정의 운영에서 반드시 고려할 필요가 있다.

- 학생들의 지식, 이해 그리고 기능의 측면에서 명료화된 학습목표와 학습결과
- 학생들의 학습경험을 차별화하기 위한 다양한 교수-학습전략
- 학생들의 학습을 지원하는데 사용가능한 다양한 교수-학습 자료
- 학생들의 학습을 위한 상이한 결과를 제공하는 다양한 과제와 활동
- 학습의 속도와 깊이의 면에서 다양한 학습기회
- 학생들의 학습에 대한 평가를 위한 상이한 전략들
- 학생들의 학습결과에 대한 효과적인 피드백과 다음의 학습을 위한 대상목표의 설정

(2) 수준별 교육과정에 따른 교과서 개발의 방향

지리를 포함하는 사회과의 수준별 교육과정 운영에서 능력반이나 동질적 능력집단의 편성을 지양하며, 교수방법과 학습활동의 다양성, 학생들의 책임감과 개성에 바탕을 둔 선택을 통하여 자연적으로 교육과정이 차별화되는 심화보충형 수준별 교육과정이 실행되

기 위해서 교수·학습 자료로서 교과서는 다음과 같은 내용과 절차를 통해 구성할 수 있다.

첫째, 각 단원에 있어서 학습목표와 이러한 목표에 달성하기 위한 학습내용을 분명히 하고 이를 상세화해야 한다.

둘째, 학습내용 중에서 모든 학생들이 필수적으로 알아야 할 개별단원의 필수내용 내지 공통학습 요소를 결정하는 것이 필요하다. 이를 바탕으로 기본학습내용과 보충학습활동, 심화학습활동을 결정할 수 있을 것이며, 불필요한 학습량을 축소할 수 있을 것이다.

셋째, 이와 같은 학습목표와 핵심적 학습내용을 확인한 다음, 학습목표와 학습내용을 이루는 핵심개념과 핵심 아이디어와 잘 연계된 학습활동을 개발하여야 한다. 특히 심화보충형 교육과정을 위해서는 기본학습활동이 기본과정 학습내용의 핵심개념과 핵심 아이디어와 직접 연계되어야 하며, 보충학습활동은 이 기본 내용을 확인하는 의미를 지니도록 하며, 심화학습활동은 기본과정의 핵심개념과 핵심 아이디어를 보다 확장할 수 있는 활동이 되도록 하여야 한다.

넷째, 심화보충형 수준별 교육과정의 핵심은 개인차를 고려하는 차별화와 학생중심의 자기주도적 학습이므로 수준별 교육과정을 위한 교과서에서의 내용제시방식은 기존의 교사가 가르칠 학습 내용의 내용제시보다는 이를 가능한 축소하고 학생들의 학습활동이 중심이 되는 방식을 취해야 한다.

다섯째, 학생들의 다양하고도 복합적인 개인차를 자연스럽게 고려할 수 있는 학습기회가 늘어나도록 하기 위해 학생들의 학습활동은 선택 가능한 것이 되도록 한다. 이때 교과서에서는 나타나지 않지만 학생들의 선택에 있어서 학생 스스로의 자기진단의 기회를 이용하도록 도와주도록 하고 교사에 의한 진단도 동시에 활용하여 학생 스스로의 판단능력을 높인다. 즉 학생의 자기평가와 교사에 의한 평가를 균형적으로 고려함으로써 평가와 학습이 상호 연계될 수 있도록 해준다. 또한 이러한 자기진단과 교사진단을 참고로 하여 보충과정이나 심화과정을 스스로 결정할 수 있도록 해줄 수 있을 것이다.

그리고 학생들의 개인차를 반영하기 위하여 학생들의 학습활동 선택의 폭을 넓혀 줄 수 있도록 한다. 물론 아직까지 우리의 현실에서는 이와 같은 개별화 학습이 일선 교사들에게 그다지 익숙하지 않다는 단점이 있을 수 있다. 보충활동의 경우는 지리를 포함하는 사회과에 있어서 개인의 능력차이가 그다지 크게 나타나지 않으므로 선택의 폭이 좁을 수 있겠지만, 기본활동과 심화활동은 다양한 선택의 가능성이 있으면 더욱 좋을 것이다.

학습활동을 보다 차별화하고 개별화하는 경우, 선택의 경로 몇 가지를 제시하고 개별학생들이 교사와의 상담이나 개인적 흥미, 관심에 따라 그 경로들을 선택한 후, 같은 경로를 선택한 학생들이 하나의 집단을 이루어 그 학습활동을 집단으로 행하는 방식 등 여러 가지 운영방안을 생각할 수도 있으나, 우리나라의 교과서 체제나 현 실정에 잘 맞지 않을 수도 있다.

여섯째, 능력별 집단 편성을 지양하기 위하여 다양한 학습활동을 통해 차별화를 시도함에 있어서 학생들의 학습능력(학습속도, 지식수준 등)의 다양한 차이도 자연스럽게 반영할 수 있도록 한다. 이때 학생들의 학습능력의 차이에 따라 학습활동을 상, 중, 하와 같이 등급화한 다음 교과서에서 이를 골고루 반영할 수 있는 학습활동을 함께 제공하는 것도 한 가지 방법이 될 것이다.

일곱째, 다양한 학습능력을 가진 학생들의 학습욕구들을 충족시킬 수 있는 자료와 학습활동을 풍부하게 제시할 수 있어야 한다. 이는 추상화된 내용의 학습보다 학생들의 구체적 학습활동이 가능하도록 하며, 학생들의 다양한 지적 기능을 활용할 수 있는 기회를 제공할 수 있는 자료와 증거들이 제시되어야 한다.

여덟째, 단원구성의 체제나 학습방법은 모두 유연한 것이어야 하며, 학습내용에 따라 차별화되거나 다양화하게 제시되는 것이 바람직하다.

이렇게 개발된 교과서를 사용하여 학습을 위한 단원을 설계하였을 때, 기대되는 절차와 내용은 <그림 10-7>과 같이 정리할 수 있다.

(3) 심화보충형 수준별 교육과정을 위한 교과서 구성의 예시: 중학교 사회의 경우

앞에서 제시한 사회과 심화보충형 수준별 교육과정의 교과서 구성 방안에 따르더라도 사회과 교과서에서의 내용제시방식은 수없이 다양해질 수 있다. 심화보충형의 내용을 서술형으로 제시할 것인지, 활동중심 과제로 할 것인지에 따라서 달라질 수 있으며, 심화보충형의 내용을 제시할 위치에 따라서도 달라질 수 있다. 또, 사회과의 경우 각 영역별 기본내용을 다룬 후 통합적 내용을 중심으로 심화보충형의 내용을 다룰 것인지에 따라서 매우 다양한 방식으로 전개된다.

그러나 여기에서는 활동 중심으로 교과서를 구성하되, 기본과정, 보충과정, 심화과정 모두에 선택의 기회를 넓게 제공하는 제7차 사회과 교육과정의 중학교 소단원 내용을 사례로 예시해보고자 한다.

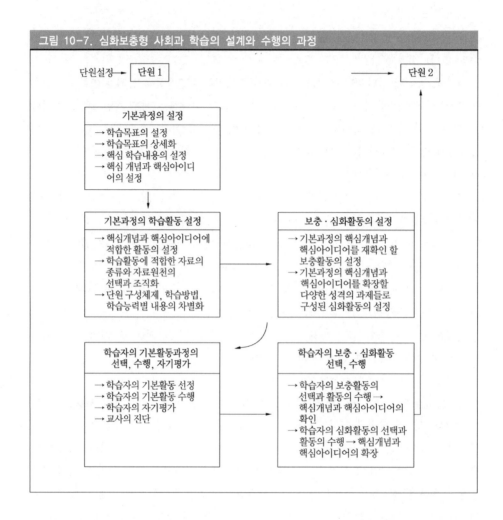

그림 10-7. 심화보충형 사회과 학습의 설계와 수행의 과정

■ 사례

1. (사례) 소단원 설정
  1) 충청지방의 도시 성장
  2) 충청 해안 지역의 지리적 특성과 지역변화

> 학년: 제7학년(중학교 1학년 사회)
> 대단원(단원): (2) 중부지방의 생활
> 중단원(주제): 라) 발전하는 충청지방
> 학습목표:
> ① 주요 도시의 성장과 그 요인을 파악하고, 도시 주변 지역의 토지이용 변화를 조사한다.
> ② 관광자원의 개발 노력을 알고, 이를 보존하는 태도를 가진다.
> ③ 간척사업이 활발한 지역의 지리적 특성을 살펴보고, 지역 변화와 환경에 미치는 영향을 파악한다.

2. 소단원 학습목표의 설정: 간척사업이 활발한 지역의 지리적 특성을 살펴보고, 지역 변화와 환경에 미치는 영향을 파악한다.

3. 소단원 학습목표의 상세화:
   < 충청 해안 지역의 지리적 특성과 지역변화>
   ▪ 충청도 해안지역에 나타나는 다양한 지형 및 그 특성을 조사한다.
   ▪ 간석지의 지리적 특성을 알아보고, 간척의 조건들을 조사한다.
   ▪ 간척의 결과 나타나는 인문환경, 자연환경의 변화를 조사한다.

4. 소단원 핵심 학습내용 요소의 설정: 핵심개념과 핵심 아이디어의 확인
   핵심개념: 지형형성 작용
   해안지형(염생습지, 간석지, 석호, 해빈과 암석해안, 해식애, 사구)과 식생
   인간에 의한 지형변화
   토지이용
   핵심 아이디어: 충청도의 해안지역에는 지형형성 작용에 의해 독특한 해안지형이 나타난다.
   해안지역은 내륙지역과 다른 독특한 자연환경이 나타난다.
   인간은 다양한 인간의 욕구(경제적 욕구, 레저와 레크리에이션 욕구 등)을 만족시키기 위해 다양한 방식으로 해안지역을 이용한다.
   심화 아이디어: 인간의 토지 이용에 대한 다양한 욕구들이 지역 내에서 갈등을 만들어낸다.
   인간이 해안지역의 지형을 이용하거나 변형시킴으로서 인문환경과 자연환경의 변화를 가져온다.

5. 기본활동의 설정(선택 가능한 활동 포함)

   기본활동 1: 충청도 해안지역에서 발견되는 해안지형과 식생 찾기
           (예: 대호방조제 주변의 염생습지, 간석지, 식생)
           (주요자료: 대호방조제 주변의 스케치나 사진)
        2: 충청도 서해안의 대규모 간척사업지역을 지도에서 찾고, 규모, 이용방법 비교하기
           (예: 농경지, 공단, 저수지)
           (주요자료: 서해안 간척사업지도)
        3: 충청도 해안지역의 토지이용 조사하기
           (예: 레저 및 레크리에이션 지역, 규사채굴 지역, 연안 양식장 등)
           (주요자료: 충청도 해안에서 나타나는 다양한 형태의 토지이용을 보여주는 사진들)
   선택활동 1: 간척에 의한 천수만 어촌의 변화를 조사하고 미래를 예측 보고서 쓰기
           (주요자료: 천수만 일부 어촌의 연령구조, 산업구조의 간척 전·후의 통계자료)
        2: 해안지역에 나타나는 주요 시설물 및 인공 지형물 조사하기
           (주요자료: 돌제와 선착장, 방조제, 위락시설 등)

6. 심화 및 보충활동의 제시

   (심화활동: 선택형)
        1: 역할놀이를 통해 해안지역의 간석지 개발을 둘러싼 다양한 입장을 이해하기
           역할놀이 카드
           지역주민 A(농부), 지역주민 B(어부), 지역주민 C(관광음식점 주인)
           지방행정 담당자 A(개발담당), 지방행정 담당자 B(환경담당)
           중앙정부 당국 A(개발담당), 중앙정부 당국 B(환경담당)
        2: 간석지에 대한 생태보고서를 작성한 다음, 간석지 이용방안에 대해 의사결정하기
           (주요자료: 간석지 생태계 신문기사 A, B, 간석지 이용방안 신문기사 A, B, C)
   (보충활동: 선택형)
        1. 해안지형의 종류와 조수와의 관계를 이해하기

(주요자료: 해안지형 형성의 모식도, 조수의 수위 개념도)
2. 해안지역 촌락 조사하기, 약도 그리기, 촌락주변 토지이용도 그리기
[주요자료: 해안 촌락의 당면문제와 관련된 사진(예: 환경오염), 촌락주변 지형도]

7. 주요개념 및 중심 내용의 정리

참고문헌

김경자. 1997, "수준별 개별학습을 실현하는 교육과정,"『교육과정연구』, Vol.15, No.1, 한국교육
학회.

교육부. 1997, 『사회과 교육과정』.

안종욱. 2002, 「사진지리의 효율적 활용을 위한 웹 사진관 구성에 관한 연구」, 고려대학교 석사학
위 논문.

이용숙. 1996,「학교 단위에서의 수준별 교육과정 운영 방안」, ≪교육과정연구≫, vol.14, No.1.

이진경·고병오. 2001, "사회과 교수 학습방법에 따른 수행평가 처리 시스템 설계", ≪한국정보교
육학회≫, 제6권, 제2호.

정문성. 2001, "웹기반 사회과 수업의 의의-토의수업을 중심으로",『제7차 교육과정에 따른 교과
별 교수·학습 이론과 실제』, 한국교원대 부설 교과교육공동연구소.

조인진. 1998, 「수준별 교육과정에 대한 반성적 고찰」, ≪교육과정연구≫, Vol.16, No.1.

주용숙 외 3인. 1998,『수준별 교육과정에 적합한 교과서 내용구성 방안 세미나(사회편)』, 덕성여
대 부설 열린교육연구소.

최용규. 1998, 「사회과 수준별 교육과정의 이해」, 『제7차 사회과 교육과정에 따른 교과서 개발 방
향』, 한국교원대학교 사회과학교육연구소·한국교원대학교1종 도서편찬회.

한국교원대학교 사회과 교육과정 개정위원회. 1997, 제7차 사회과 교육과정 개발 공청회 자료집.

허경철 외 10인. 1996,『수준별 교육과정안』, 한국교육개발원 교육과정개정위원회.

Battersby, Jeff. 1997, "Differentiation in teaching and learning geography, in Daniela Tilbury and
Michael Williams(eds.), 1997, *Teaching and Learning Geography*, Routledge.

Lidstone, John. 1989, "Individualising Learning in Geograpphy," J. Fien et al.(eds.), *The Geography
Teacher's Guide to the Classroom*, South Melboune: Macmillan Education Australia.

Oakes, J. et al. 1992, "Curriculum differentiation: Opportunities, Outcomes, and Meanings," in
Philip W. Jackson(ed.), *Handbook of Research on Curriculum*, Macmillan.

Waters, A. 1995, "Differentiation and classroom practice," Teaching Geography, Vol.20, No.2.

Lambert, David & David Balderstone. 2000, *Learning to Teach Geography in the Secondary School*,
London and New York: Routledge/Falmer.

제4부 지리교육과정

11 지리교육의 내용

지리코스는 지적인 측면에서나 개인적 측면에서나 즐거움을 주어야 한다는 것이
강조되어야 한다. 따라서 지리코스는 학생들의 사실, 개념, 원리에 대한
이해와 인식과 관련된 것이어야 하고, 다양한 기술의 개발
그리고 명백히 탐구할 가치가 있는 질문, 쟁점과 관련된 가치와 태도를
분명히 할 수 있는 기회를 제공해야만 한다.

(Michael Naish, "Geography 16-19," in *New Directions in Geographic Education*,
D. Boardman(ed.), The Falmer Press, 1985: 105)

1. 지리교육 내용의 여과틀

교과교육에서 교육의 내용은 어떤 교육과정관을 가지는가에 따라 달라질 수 있다. 학
문중심 교육과정은 학교에서 다루어야 할 교육내용이 무엇으로 구성되어야 할 것인가에
대해 생활중심 교육과정이론과는 다른 견해를 나타낸다. 생활중심 교육과정이론에서는
교과내용이 사회생활을 영위하는 데 필요한 제반지식과 능력들로 구성되어야 한다고 언
급하는 데 반해, 학문중심 교육과정은 교과의 성격이 기본적으로 학문으로 규정되어야
하며 그 내용도 학문적인 것이어야 한다는 견해이다.

이러한 입장은 영국에서 자유교육 전통에 따르는 학자들이 주창한 것으로, 이들에 의하
면 교육의 가장 기본적인 과제는 인류가 오랜 기간에 걸쳐 축적한 지적 유산을 전수하는
일이다. 따라서 교과내용은 그러한 지적 유산의 집적체인 학문으로 구성되어야 한다는
것인데, 이는 대표적인 자유교육이론가인 오크쇼트(Oakeshott, 1972)의 견해에 잘 나타나고
있다. 그에 의하면 학교에서 다루는 교육내용, 즉 교과는 인간이 세계를 이해하기 위해
발전시킨 지적유산의 다양한 목소리들로 구성되어야 한다. 인간을 둘러싼 세계는 '사물'
이 아니라 '의미'로 이루어져 있고 이러한 의미는 세계에 대해 우리가 이해한 결과를 바탕
으로 한다(이돈희 외 2인, 1997: 55).

그런데 이 논의에서 주목해야 할 점은 오크쇼트의 견해에서 나타난 것처럼, 바로 '지적

유산으로서 지식'과 더불어 단순히 인간을 둘러싸고 있는 '지적 유산으로서 학문'이 아니라 의미로서 지적유산이며 이해로서 지식이 강조되고 있다는 점이다.

따라서 학문중심 교육과정은 내용의 배경이 지식이라는 것이지 교육내용을 학문적 영역과 동일시한다는 것은 아니며, 교과의 내용요소를 지식과 관련지을 뿐이다. 즉, 교과의 내용요소를 각각의 학문적 영역과 관련지어 구분하는 일과 그것을 하나의 교과의 형태로 조직하는 것이 반드시 같은 일은 아니다. 그리고 더 넓게는 교과의 분류문제와 학문의 분류문제가 반드시 일치한다고 볼 수는 없으며, 기존의 교과 분류 방식을 신성불가침한 것으로 볼 필요도 없다는 점에 주의해야 한다(이돈희 외 2인, 1997: 57~58).

이러한 관점에서 본다면, 지리교육과정에서 말하는 교육내용, 즉 지리교육의 내용은 지리학 내용의 전부가 아니며 지리학이 제공하는 의미와 이해인 것이다. 이는 지리학의 내용임과 동시에 지리교육적으로 여과된 것이 지리교육의 내용임을 나타낸다. 지리교육과정의 내용은 지리학적 입장에서 바라볼 것이 아니라 지리교육적인 것으로 파악하려는 인식이 필요한 것이다.

실제로 지리교육 현실에서 일어나는 지리현상을 현상학적으로 분석해 보면, 지리교육에 대한 여러 가지 모색단계에서는 당시 사회가 가지고 있는 지리학 전체를 인식하고 있지는 않는다는 것을 알 수 있다. 즉, 지리학과 관련된 환경에 의해 일부만이 인식되며 이를 교사가 받아들인다. 이렇게 인식된 지리(학문적인 것이라고 굳이 표현하지 않아도 된다)가 다시 교육 일반적인 인식이라는 여과틀과 지리교육을 실천하는 문화에 의해 걸러지면 이것이 실제적인 실행단계에서 나타나는 지리교육의 내용이 된다.

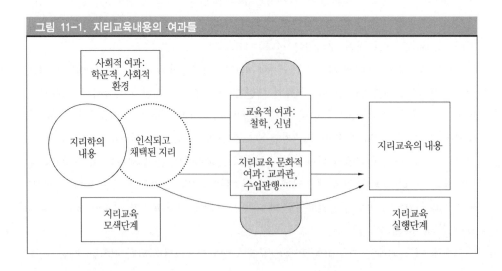

그림 11-1. 지리교육내용의 여과틀

2. 지리교육과정에서 지리교육의 내용

교육과정 모형들이 내용을 보는 입장을 달리한다는 것은 주지의 사실이다. 즉, 경험을 교육과정의 내용으로 보는 경험중심 교육과정, 교과를 내용으로 보는 교과중심 교육과정, 학문을 내용으로 보는 학문중심 교육과정 등이 그 예이다. 그렇지만 단일학문을 배경으로 하는 교과교육과정(subject curriculum)으로서의 지리교육과정에서 교과는 곧 학문이며 이를 학생의 입장에서 보면 경험이라고 볼 수도 있다. 이러한 입장은 학문의 구조를 강조하는 학문중심 교육과정의 관점에서 보다 분명하게 인식되며, 이홍우는 교육내용을 나타내는 것으로서 지식의 구조는 교과의 의미와 경험의 의미를 포괄적으로 가지고 있다고 주장한다. 그뿐만 아니라 교육과정이론에서 강조하는 부분이 변화함에도 불구하고 실제 교육과정의 운영에 있어서는 교과안에서 교과내용의 학문적 성격과 학생들의 경험을 통합적으로 다룬 것은 분명하다. 이러한 교과의 통합적 성격은 교육과정의 실제에서 교과와 교과가 아닌 것이 독립적으로 존재하고 양자가 대립적이라고 하기는 어렵다는 것을 보여준다. 따라서 교육과정에 대한 논의는 교과와 경험의 대립, 경험과 학문의 대립이 아니라 교과에 대한 관점을 중심으로 전개되어야 한다고 볼 수 있다. 또한 진보주의 사상도 교과 대신 경험이 아니라 교과를 아동의 생활경험과 관련지어 생각하고 개인 또는 사회생활에 유용한 지식, 기술, 기능 등을 가르쳐야 한다는 주장으로 이해할 수 있다.

그렇다면 교과를 구성하고 있는 내용은 무엇인가? 파커(Parker)와 루빈(Rubin)은 교육내용을 내용(content)과 과정(process)으로 구분하였는데, 그들은 사실, 원리, 법칙, 개념은 내용의 한 종류이지만 이들의 활용과정이나 학습방법은 또 다른 종류의 내용이라고 주장하였다. 그들에 따르면 지식만이 아니라 그것을 획득하는 과정(지적 과정 및 태도)까지 내용이라고 할 수 있다. 즉, 단순한 사실적 지식과 지식의 탐구과정을 구분하여 인식하는 것이 당연하고, 이는 학문중심 교육과정에 이르러 사고과정(논리적 조작과정(기능))이 내용에 본격적으로 포함되고 그러한 통합적 모습이 바로 학문이라고 주장하는 것과 관련이 있다.

결국 교과의 내용은 학생들에게 학습시키고자 하는 어떤 것(지식, 이해, 태도 등)으로 볼 수 있고, 교과의 영역을 공부하는 것은 그 교과에서 누적된 유용한 지식을 습득하고 그 교과 혹은 학문영역에서 새로운 지식을 발견할 때 필요한 기능과 태도를 비롯해 도야된 습관을 습득하는 것이다. 그러므로 교과의 내용은 지식, 기능, 태도 및 가치로 구성된다고 할 수 있다.

한편 지식, 기능, 태도와 가치로 구성된 교과의 내용은 블룸(Bloom)의 교육과정 목표 분류학을 바탕으로 더욱 상세화될 수 있다. 이 교육목표 분류를 참고하면, 지식과 기능은 주로 1.00의 지식과 2.00의 이해에서 6.00의 평가에 이르는 지적기능으로 분류되는 인지적 영역에, 가치와 태도는 주로 정의적 영역에 부합된다. 인지적 영역은 결과로서의 지식과 지적 과정으로서의 지적기능으로 구분되며, 정의적 영역은 운동기능과 결합하여 넓은 의미의 기능으로 파악되기도 한다.

그러나 지식, 기능, 가치와 태도를 일반목표 분류학에 따라 사실적 지식, 이해, 적용 등의 하위요소로 분류한 것을 교과의 내용으로 무조건 받아들이는 것은 탈교과적이고 일반적인 논의가 되기 쉽다. 즉, 교과의 보편적 행동유형으로 체계화하는 데에는 공헌하

표 11-1. 블룸 등의 교육목표분류학(Taxonomy of Educational Objectives)

인지적 영역(Cognitive Domain)	
	1.00 지식(knowledge)
	1.10 특수사상에 관한 지식(Knowledge of Specifics)
	1.11 용어에 관한 지식(...of Terminology)
	1.12 특수사실에 관한 지식(...of Specific Facts)
	1.20 특수사상을 다루는 방법과 수단에 관한 지식(Knowledge of Ways and Means of Dealing with Specifics)
	1.21 관습에 관한 지식(...of Convention)
	1.22 경향과 순서에 관한 지식(...of Trends and Sequences)
	1.23 분류와 유목에 관한 지식(...of Classifications and Categories)
	1.24 준거(기준)에 관한 지식(...of Criteria)
	1.25 방법론에 관한 지식(...of Methodology)
	1.30 보편적 추상적 사상들에 관한 지식(Knowledge of Universals and Abstractions in a Field)
	1.31 원리와 통칙(일반화)에 관한 지식(...of Principles and Generalizatios)
	1.32 이론과 구조에 관한 지식(...of Theories and Structures)
	2.00 이해(Comprehension)
	2.10 번역(Translation)
	2.20 해석(Interpretation)
	2.30 추론(Extrapolation)
	3.00 적용(Application)
	4.00 분석(Analysis)
	4.10 요소의 분석(...of Elements)
	4.20 관계의 분석(...of Relationships)
	4.30 조직원리의 분석(...of Organizing Principles)
	5.00 종합(Synthesis)
	5.10 특유의 의사전달방법의 구안(Production of a Unique Communication)
	5.20 계획및 일련의 조작절차의 구안(Production of a Plan or Proposed Set of Operations)
	5.30 추상적 관계들의 도출(Derivation of a set of Abstract Relations)
	6.00 평가(Evaluation)
	6.10 내적 준거에 의한 판단(Judgements in Terms of Internal Evidence)
	6.20 외적 준거에 의한 판단(Judgements in Terms of External Evidence)

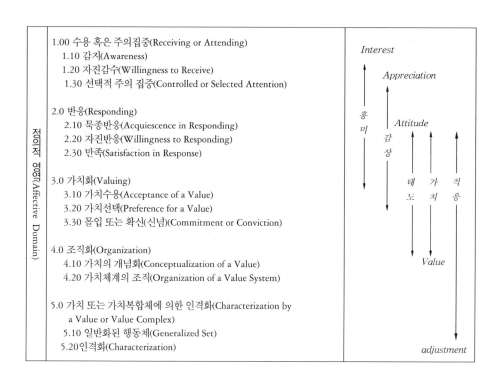

지만, 개별 교과의 입장에서 교과 사이의 이질성은 전혀 고려하지 않게 된다. 따라서 지적
활동을 달리하는 각 교과의 성격과 교과 교육의 본질을 왜곡할 위험이 있으며 개별 교과
내에서의 지식의 통합성 또한 상실하게 된다. 그러므로 지리 내용의 구성요소를 지식·기
능·가치·태도로 본다고 하더라도, 교육목표 분류학의 요소를 참고로 하여 각 교과에서
고유한 기능, 기술과 결합하고 재분석하여, 교과의 교육활동을 가장 잘 보여줄 수 있는
형태로 통합적으로 제시되어야 한다. 예를 들면 기능의 경우 의사소통기능, 탐구기능, 실
제적 기능 등으로 재통합하여 제시할 수 있을 것이다.

그리고 교육과정 이론가들 중에는 지식과 아이디어를 사실, 개념, 원리 등의 수준을
고려하여 위계적으로 제시하고, 이를 교과의 내용으로 보는 경우도 있다. 그러나 이는
지식과 그 지식의 탐구방식(방법과 기능)이 교과의 내용이 되어야 한다는 입장에서 보면
교과의 내용을 설명하기에는 여전히 부족하다.

그러므로 교과 속에서 통합된 모습을 갖춘 지리 교과의 내용은 사실, 개념, 원리, 이론,
법칙으로 이루어지는 지식들, 지적기능, 의사소통기능, 실제적 기능 등과 같은 기능을 비
롯하여 가치와 태도로 재진술할 수 있다.

3. 지리교육 내용으로서의 '지식'

1) 지식의 일반적 성격에 대한 교육적 질문

교육과정 구성에 있어서 오랜 논의의 주제는 '지식의 성격을 어떻게 볼 것인가'에 관한 것이었다. '지식은 각 개인에게 고유한 의미를 지니는 것인가', 아니면 '누구에게라도 그 의미가 동일한 보편적인 것인가'라는 문제, 또는 각 개인이 지식을 형성하는 과정이 개별 적이어서 '각자가 독특한 방식으로 저마다의 지식을 형성하는가', 아니면 '지식의 형성과 정에 공통점이 있는가' 등 지식의 개체적 성격과 보편적 성격을 묻는 문제는 교육과정 실체에 있어서 많은 차이를 가져온다.

쉐플러(Scheffler, 1965: 5)는 지식과 관련하여 이론적으로 밝혀야 할 문제를 다음의 다섯 가지로 기술하였다. 첫째는 인식론적인 것으로 '지식이란 무엇인가'에 관한 문제이고 둘째는 평가적인 것으로서 '어떤 지식이 가장 믿을 수 있는 지식이며 어떤 지식이 가장 중요한(가치 있는) 지식인가'라는 문제이다. 세 번째 문제는 발생론적인 것으로서 '지식은 어떻게 생성되는가'이며, 네 번째 문제는 방법론적으로 '지식에 대한 탐구는 어떠한 방식 으로 수행되어야 하는가'이다. 마지막으로 교수학적인 것으로서 '지식은 어떻게 가장 효 율적으로 가르칠 수 있는가'하는 문제이다.

지리교육과정에서 내용의 핵심적 요소로 파악하고 즐겨 사용하는 것이 지식이지만, 지리교육이나 지리교육과정에서 '지리적 지식이란 무엇인가', '어떤 지리적 지식이 가장 믿 을만 하며 가장 중요한(가치 있는) 지리적 지식은 무엇인가', '지리적 지식은 어떻게 생성되 는가', '지리적 지식에 대한 탐구는 어떠한 방식으로 수행되어야 하는가', '지리적 지식을 어떻게 가장 효율적으로 가르칠까' 등의 질문을 던지는 것은 필수적이며 회피할 수 없는 본질적인 것이다.

지리교육이 지리적 지식의 교육에만 초점을 두었음에도 불구하고 이제까지는 주로 마 지막 질문에만 관심이 집중되었다. 지리교육의 발전을 위해서는 적어도 '학교교육에서 가르치는 지리적 지식이란 무엇인가', '어떤 지리적 지식이 가장 신뢰성 있는 지식이며, 어떤 지리적 지식이 가장 가치 있는가', '전문 지리학자의 지리적 지식은 어떻게 생성되는 가, 그리고 학생들의 지리적 지식은 어떻게 생성되는가', '학교에서 지리적 지식은 어떻게 탐구되어야 하는가'와 같은 '지식에 대한 지식'과 관련한 논의가 요구된다.

'학교에서 무엇을 가르칠 것인가'라는 교육과정적 논의에서 직접적으로 문제가 되는 것은 기본적이면서도 가장 가치 있는 지식을 선택하는 일이다. 이렇듯 지리교육과정 구성이란 특정한 내용 지식을 선택하고 다른 것을 배제하는 과정이기에 본질적으로 지식의 유형에 따른 가치판단의 문제가 교과교육에서 본질적인 문제로 제기된다.

2) 지식의 유형과 지리적 지식

(1) 명제적 지리지식과 방법적 지리지식

'학교에서 무엇을 가르칠 것인가'와 관련하여 지식에 대한 대표적인 주장으로는 학교가 아닌 다른 곳에서는 습득할 수 없는 일반적인 학문적 지식을 가르치자는 입장과 실제 생활과 직업에서 필요한 방법적·절차적 지식에 해당하는 실용적 지식을 가르치자는 입장이 있다.

전통적으로 사람들은 지식을 주로 '명제적 지식', 즉 사물에 대해 무엇인가를 아는 것(know that)을 명제로 표현한 지식으로 파악하였다. 그러나 영국의 철학자 라일(Ryle)은 '안다'라는 말이 언어적으로 쓰이는 방식을 분석하여 명제적 지식과 함께 '방법적 지식(know how)'이라는 용어를 고안하고 지식이라는 말을 명제에만 한정하지 않고 능력과 기능에도 적용하였다.

라일(1949)이 정의한 바에 따르면 명제적 지식(혹은 선언적 지식, declarative knowledge)은 '어떤 것에 대한 지식'으로 "콜럼버스는 1492년에 항해를 하였다"와 같은 진위진술로 표현할 수 있다. 이 지식은 수세기 혹은 수십년 동안 축적된 학문적 노력의 분명한 결과이며, 학문적 연구는 그냥 나타나는 것이 아니라 누적된 지혜와 이해의 결과이다.

이러한 지혜와 결과는 또한 그 학문에서 고유한 어떤 사고의 양식에서 비롯되는 것도 사실이다. 따라서 명제적 지식과 함께 동일한 중요성을 지니고 있는 것으로 라일이 지적한 것처럼 '어떻게'에 대한 지식인 방법적 지식(혹은 절차적 지식, procedural knowledge)을 들 수 있다. 절차적 지식은 추론의 과정에 대한 지식이다.

실제로 선언적(명제적) 지식이 학교에서 일어나는 학습에 중요한 것이지만, 절차적 지식도 중요하다. 무엇을 안다는 것은 그 즉시 '어떻게'를 아는 것으로 연결된다. 콜럼버스가 항해한 때가 중요한 것과 마찬가지로 콜럼버스가 행한 세 번의 항해가 갖는 중요성을 비롯해 다른 정보와 함께 아는 것을 처리하는 것이 중요하다. 그리하여 라일은 명제를 아는 것을 지식으로 간주한다면 방법을 아는 것도 지식으로 보아야 한다고 주장하고 방법, 능력, 기능과 같은 것을 방법적 지식이라는 개념으로 범주화하였다(허경철 외 2인, 2001). 이는 과거의 철학자들과 다르게 방법적 지식을 지식의 한 종류로 인정하였다는 점에서 새로운 발상이라고 할 수 있다.

지구가 둥글다는 것을 아는 것은 명제를 아는 것이고 지구가 둥글다는 점을 이용하여 먼 바다를 항해할 줄 아는 것은 방법을 아는 것이다. 이런 점에서 명제적 지리지식과 방법적 지리지식은 구분이 되지만, 방법적 지리지식의 상당부분은 명제적 지식으로 기술될 수도 있다. 즉, 방법적 지식의 상당 부분은 명제적 지리지식의 습득을 통해서 얻을 수 있음을 의미한다. 예를 들면 '백화점의 좋은 입지를 선정할 줄 안다'는 방법적 지식을 습득하기 위하여 우리는 공장의 입지와 관련된 여러 종류의 개념, 규칙, 절차, 처방, 원리의 내용을 명제로 표시할 수 있다. 이때 명제적 지리 지식은 백화점을 입지시키는 것과 관련된 방법적 지리지식의 구성요소가 될 수도 있다. 이러한 방법적 지식은 '절차적 지식', '실용적 지식', '수행적 지식', '실천적 지식' 등 여러 이름으로 표현된다.

그렇지만 명제적 지식이 방법적 지식의 구성요소가 되기는 하나 방법적 지식의 모든 부분이 명제적 지식으로 환원될 수 있는 것은 아니다. 방법적 지식의 가장 두드러진 특징은 그 지식이 행위 속에 있으며 그 내용을 모두 언어로 표현할 수 없다는 점에 있다. 일상생활 속에서 사용되는 이러한 방법적 지리지식은 언어로 표현할 수는 없지만 행동적 지리지식으로 점점 드러나고 있으며, 현실사회에서는 이러한 행동적 지리지식이 더욱 요구되고 있다.

그런데, '학교에서 무엇을 가르칠 것인가'에 관한 교육과정적 논의에서 직접적으로 문제가 되는 것은 과연 '어떤 지식이 가장 기본적이고 가치 있는가'하는 점이다. 교육과정 구성이란 특정 내용지식을 선택하고 다른 것을 배제하는 과정이기에 본질적으로 '지식의 유형'에 따른 가치판단의 문제가 제기된다.

이상의 논의를 보면, 지리교육에서 가르치고자 하는 지식에는 명제적 지리지식만 있는 것이 아니라 지리적 실행 및 절차와 관련된 수행적 지식으로 방법적 지리지식도 있다. 이러한 방법적 지식에 대한 교수 없이는 학교에서 가르치는 지리교육에서의 지식은 그와 같은 지식이 형성되기까지 누적된 학문적 지혜를 이용할 수도 없고, 실생활에서도 이용할 수 없는 죽은 지식이 되기 쉽다.

실제로 모든 학습코스는 그 학문의 고유한 방식에서 사고의 양식에 의해 특징지을 수 있다. 개별 용어나 개념의 의미는 그와 관련하여 행동이 일어나는 맥락에 따라 달라지고, 개별학문은 그 학문 내에서 일어나는 사고과정에 따라 각각 그것을 정의하고 있다. 학교에서 배우는 모든 학문들은 지리적·수학적·과학적·역사적 사고방식 등 각각의 사고방식들을 모두 가지고 있다. 그러므로 지리교육에서는 지리적 사고방식을 방법적 지식으로 가르쳐야만 학문으로서 지리를 가르치는 의미를 살릴 수 있을 것이다.

(2) 명시적 지리지식과 암묵적 지리지식

'학교에서 무엇을 가르칠 것인가'라는 질문에 대한 답은 궁극적으로 교육과정 개발자가 지식을 무엇으로 보는 지에 대한 관점에 달려 있다. 지식을 명제적 지식과 방법적 지식으로 대비하여 보는 관점 외에도 객관적·절대적 지식관과 상대적·주관적 지식관으로 구분하기도 한다(이귀윤, 1996, 양은주 외 2인, 2001). 후자와 같이 지식을 보는 입장을 가진 대표적 인물은 폴라니(Polanyi)이다.

학교교육과정의 지식관에 대한 문제에 답하는 폴라니의 입장은 '암묵적 지식 혹은 인격적 지식(personal knowledge)[1]'의 개념을 통해 제시된다. 그에 따르면 암묵적 지식이란 '개인의 신체 내부에 있는 체험구조'를 말하며, 이러한 체험구조는 말로 표현하거나 전달할 수 없는 언어의 경계를 뛰어넘어 존재한다고 본다. 이를 연장하면, 지식은 어느 정도의 명시적 부분과 묵시적 부분으로 이루어져 있다고 볼 수도 있다. 즉, 지식의 명시적 부분이란 명제로서 언어화할 수 있는 부분을 의미하고 묵시적 부분이란 명제로서 언어화할 수 없는 부분을 의미하는 것이다.

특히 폴라니의 암묵적 지식을 강조하는 지식관은 절대적, 객관적 지식을 거부하는 특징을 가지고 있다. 그는 지식의 암묵적 측면과 지식의 전달이 체험을 통해서만 가능하다는 점을 강조하여 절대적, 객관적 지식관을 거부하고, 인식 주체의 지적인 열정과 능동적인 해석적 노력을 강조하여 암묵적, 인격적 지식 개념을 대안으로 제시하고 있다.

이러한 점에서, 그는 기존의 이론적인 지식과 실행에 관련한 기술로 구획하는 방식, 즉 지식이란 이론적인 것이고 그것을 실제로 응용하는 것이 기술이라고 보는 관점에 반대함으로써 현대적인 인식론자들과 입장을 같이 한다. 그에게 지식이란 이 세계에서의 실천적 과정 안에서 기능하는 도구이며, 참된 지식의 상태란 우리가 그것을 도구로서 사용하는 방식에 달려있다고 본다.

또한 그의 입장을 연장하여 보면, 무엇을 할 수 있는 능력으로 나타나는 지식은 우리 자신이 확장된 일부로 체화되고, 새로운 상황을 만날 때 그 사용을 통하여 계속적으로 재구성된다고 보는 점에서 구성주의와도 상통한다. 여기서 그가 독특하게 강조하는 지식의 측면은 그 자체가 습득이 목적이 되어 고정된 기술로 자동화되는 상태가 아니라 사용함으로써 계속적으로 확장하고 변형되는 점이다.

이와 같은 암묵적 지식이 가진 개인적 체득성, 확장성, 실천성이라는 성격을 염두에

---

[1] 폴라니는 이를 personal knowledge로 표현하였으며, 노나카 이쿠지로는 tacit knowledge라는 용어를 사용하였다. 암묵적 지식은 '묵시적 지식', '인격적 지식', '개인적 지식', '유기체적 지식'이나(허경철 외 2인, 2001: 240), 당사자적 지식, 개인적 체득지 등으로 번역되기도 한다.

두면, 피엔(Fien, 1983: 44~55)이 제기한 인간주의적 지리교육 및 개인지리(personal geography)에 주목할 필요가 있다. 피엔이 지리교육의 목적을 개인지리의 세련화, 확장, 질적 향상에 둔 것은 바로 이러한 암묵적, 개인적 지식의 확장성과 구체성에 초점을 둔 것이며 지리교육 내용으로서 지식에 대한 개념의 지평을 넓히고자 한 것이다. 결국 개인 지리는 폴라니의 암묵적, 개인적 지식과 맞닿아 있으며, 이러한 개인지리에서 다루는 지식이 바로 암묵적, 개인적 지리지식(personal geographical knowledge)이다.

피엔은 개인지리의 세련화, 확장, 질적 향상과 지리교육의 목적을 실현하기 위하여, 지식과 기능의 습득에서 나아가 구조화된 새로운 상황에 참여하고, 과거경험에 대해 규칙적이고 구조화된 반성을 할 수 있도록 학습경험을 설계해야 한다고 주장하였다.

또한 피엔은 개인지리(사적지리)에서 발견되는 지식의 형태와 학술적 지리(공적지리)에서 발견되는 지식의 형태 간에는 인식론적으로 중대한 차이가 있다고 지적한다.[2] 후자는 주로 계통적이고 학문적인 성격이 강하다. 개인지리가 세계에 대한 개인적, 문화적 견해로 구성되어 직접적이고 개인적인 환경적 의미에 의해 윤색되는 데 비해, 학술지리는 방법적으로는 파생되어져 나와 대체적으로 객관적이거나 일반화된 세계에 대한 견해를 제공한다. 지리적 지식은 양자 형태 모두 한쪽이 없이는 다른 한쪽이 충분히 이해될 수 없으므로 지리교수에서 각각 중요한 위치를 가지고 있다.

그리고 그는 오늘날 지리교육이 실패한 원인 중의 하나는 형식지리 및 지리적 지식에 기울인 과도한 관심에서 찾을 수 있으며, 그것은 학생들의 개인지리를 구성하는 일상적인 지리경험이 갖는 학문의 경험적 기초를 무시하는 결과를 초래한다고 비판하였다. 즉, 학생들의 의미부여 활동과 그들이 매일매일 개입하는 실제 지리적 생활을 고려하지 못함으로써 학생들의 삶과 가장 관계 깊은 지식을 무시하였으며, 지리를 이미 '만들어진', 그리고 '획득되어야 할' 지식체로만 보아왔다는 것이다.

(3) 탐구과정으로서 지식

지식은 제기된 문제에 대한 해답으로, 이를 탐구하는 지적활동에 의해 얻을 수 있다. 즉, 탐구자인 인간에 의해 제기된 문제에 대한 답을 얻기 위해 가설을 세우고 자료를 수집하거나 연역적인 추론을 해서 현상을 해석하는 등 다양한 지적 활동을 한다.

콜링우드(Collingwood)는 답이 질문과 직접적으로 상호 관련되지 않으면 완전하게 이해할 수 없다고 주장하며, 질문과 해답 간의 긴밀한 연계를 유지해야 한다는 필연성을 논했

---

2) 권정화는 이를 공적지리와 사적지리의 관계로 표현하였다(권정화, 「지역지리 교육의 내용구성과 학습이론의 조응」, ≪대한지리학회지≫ 제32권 제4호, 1997, 518쪽).

다. 즉, 그는 대답과 질문 간의 직접적 연계성에 대한 논의를 통해 지식의 한 가지 형태는 답으로서 존재하고 다른 한 가지 형태는 질문으로서 존재하는 데 주목하였다.

슈와브(Schwab, 1978)의 지식형성과정에 의하면 하나하나의 지식들은 서로 다른 종류의 질문에 대한 대답이며, 그 대답을 유도한 질문의 의미를 충분히 이해하지 못하는 한 그 대답 역시 충분히 이해했다고 볼 수는 없다(허경철 외 2인, 2001: 243). 또한 특정 문제에 대한 대답은 고정된 하나만 있는 것이 아니라 여러 가지가 존재하며, 그러한 여러 가지 대답의 상대적 완전성과 불완전성을 이해하지 못하는 한 특정 문제에 대한 특정 대답을 제대로 이해했다고 볼 수는 없다. 왜냐하면 특정 문제에 대한 대답은 수집된 자료와 현상에 대한 해석의 결과에 불과하므로 결코 그 문제에 대한 완전한 대답은 아니기 때문이다.

다시 말해 무엇이 지리적 질문이고 지리적 문제인지를 분명히 알아야 답으로 존재하는 지리적 지식의 의미를 이해할 수 있다. 그런데 이러한 지리적 질문에 대한 답으로서 지리적 지식은 사실 완전한 것이 아니며, 문제에 대한 해석이나 관점에 따라 상이한 답이 나올 수도 있다. 이러한 가능성이 열려 있어야만 지리적 질문이 흥미롭고 학생들의 지리수업은 재미있을 것이다. 그리고 특정 문제에 대한 대답으로서 특정한 지식을 온전히 이해하는 것은 힘들다는 것도 고려해야 한다.

따라서 무엇이 지리적 문제인지를 아는 것은 새로운 지리적 답을 찾아내는 데 도움을 줄 것이다. 이러한 지리적 질문에 어떻게 답을 해야 하며, 지리적 질문에 대한 답은 어떤 모습이어야 하는 지에 대해 분명히 알아야 진정한 지리적 이해가 가능하고, 이는 우리가 가진 지리적 지식의 지평을 넓히는 데 공헌을 하게 된다.

슈와브에 의하면 특정 지식을 제대로 이해하기 위해서는 그 지식이 생성되는 과정인 지식의 탐구구조를 이해하는 것이 필수적이다. 그러나 이러한 구조를 이해하는 것이 어렵기 때문에 그 동안 많은 사람들은 탐구의 결과로서 이루어진 학문의 결과, 즉 지식을 그 자체로서 자명하고 결정적인 것으로 생각함으로써 그것에 의문을 던지지 않고 수용하는 것이 습관화되었다.

실제로 사람들은 지리적 탐구구조와 지리적 질문던지기를 이해해야 하는 것이 필수적인데도 지리적 탐구구조를 이해하여 지리적 지식에 대해 이해하려 하지 않고 지리적 지식을 확정된 불변의 것으로 받아들이려고만 한다.

지리 교과를 교과답게 가르친다는 것은 종래와 같이 책에 적혀있는 지리지식을 가르치는 것이 아니라 지리적 지식 이면에 들어있는 지리탐구의 과정과 지리적 질문던지기, 즉 지리지식의 구조를 학생이 파악하도록 가르쳐야 한다. 이때 지식의 구조를 이루는 기본개념이나 핵심적 아이디어가 지리교육의 내용으로서 지리탐구과정에 의미 있게 연결된다는 점에 주목해야 한다.

3) 구성주의에 따른 교육과정의 '내용' 및 '지식'의 재개념화

교육과정 구성에 있어서 지식의 성격에 대한 논의는 매우 생산적인 질문을 만들어낸다. 특히 지식의 개체적 성격과 보편적 성격을 묻는 문제는 교육과정의 실체를 파악하는 데 많은 시사점을 준다(전제아, 2001). 예를 들면, '지식은 각 개인에게 고유한 의미를 지니는 것인가, 아니면 누구에게라도 그 의미가 동일한 보편적인 것인가'라는 문제, 또는 '지식을 형성하는 과정이 개별적이어서 각 개인의 독특한 방식으로 저마다 지식을 형성하는가, 아니면 지식의 형성과정에 공통점이 있는가' 등의 문제는 교육과정에서 교수-학습과정에 이르기까지 중요한 영향을 미칠 수 있다.

최근 새로운 지식관을 제기하는 구성주의에 따르면 지식, 교육과정, 교육과정의 내용 모두 다르게 파악된다. 구성주의는 지식을 고정불변의 것이 아니라 인식 주체인 인간이 스스로 구성하는 것으로 본다는 점에서 '학교에서 무엇을 가르쳐야 하는가'에 대한 질문에 매우 상이한 입장을 보여준다.

구성주의는 크게 나누어 비판적 구성주의와 사회적 구성주의로[3] 구분할 수 있고 이 두 가지에 따라 그 입장의 차이가 나타난다.

비판적 구성주의(혹은 급진적 구성주의라고도 번역된다)에 따르면, '학교에서 가르칠 교육 내용이 무엇인가'라는 질문 자체가 논의의 대상이 된다. 즉, 교육 내용은 무정형이며, 다만 소재로서의 지위만 가진다. 왜냐하면, 인식주체의 인식작용과 독립된 인식대상을 상정하는 것은 급진적 구성주의의 비객관성의 원리에 위배되기 때문이다. 글레이져스펠트(Glasersfeld)와 같은 비판적 구성주의자에 따르면 인식의 내용은 외부 실재를 객관적으로 수용하여 표상하는 것이 아니라, 인식주체의 관점에 의해 구성되는 것일 뿐이다.

이화진(1999)은 구성주의가 교육과정에 가지는 여러 가지 함의를 의미 있게 분석한 바 있다. 그에 따르면, 비판적 구성주의에서는 교육과정으로서의 교육내용은 학습자가 자신의 경험세계를 창조할 수 있도록 다양한 구성 및 해석을 도와줄 수 있는 지식, 경험, 문제

---

3) 구성주의를 인지적 구성주의, 비판적 구성주의, 사회적 구성주의 세 가지로 구분하지만, 인지적 구성주의는 나머지 두 가지 구성주의의 출발점으로 볼 수 있다는 점에서 비판적 구성주의와 사회적 구성주의 두 가지로 나눌 수 있다. 구성주의의 세 가지 관점의 비교는 다음을 참조할 수 있다.
서태열, 「구성주의와 학습자중심 사회과 교수-학습」, ≪사회과교육≫ 제31호.
한국사회과교육연구회, 1998, 53∼80. 송언근, 「사회과교육의 구성주의적 접근-지리적 영역을 중심으로」, 대구교대, ≪대구교대 초등교육연구논총≫ 제12집, 1998, 195∼222쪽.

사태 등을 제공하는 모든 환경과 관련된 것이다. 그리고 학습자가 관심을 기울이고 문제 의식을 갖는 내용이라면 무엇이든 의미 있는 교육내용이 될 수 있지만, 학습자의 주체적 인 관심이나 인지구조와 관련을 맺지 못하는 내용은 아무리 가치 있는 것일지라도 의미를 가질 수 없다고 주장한다.

사회적 구성주의의 관점에서 보면, 학교에서 가르칠 교육내용이란 '사회적 합의'에 도 달한 지식체가 될 수 있다. 사회적 구성주의 교수-학습과정이 구성원들과의 대화와 협의 를 통해 좀더 특수적이고 맥락적으로 지식을 구성한다는 점에서 학습내용은 급진적 구성 주의와 마찬가지로 학습과정 또는 활동과 분리되지 않는다. 이때 학생들에게 주어지는 교육내용은 그 자체가 학습결과로 환원되어야 하는 절대적 가치를 지니기보다는 학습구 성원들의 협력적 지식구성을 도울 수 있는 '소재'로 활용될 뿐이다. 전통적인 교육내용은 집단구성원간의 대화와 토론과정을 통해 재해석되고 재구조화되는 등 얼마든지 변용 가 능한 자료가 된다.

이처럼 두 가지 형태의 구성주의적 관점에서 보면 교육내용으로서의 그 '무엇'은 더 이상 학습자의 의지와 관계없이 외부에서 결정되어 부과되고, 따라서 의심 없이 그대로 수용해야 할 대상인 전통적 지식이 아니다. 그 대신에 학습자의 인식구성을 자극하고 도 와줄 수 있는 다양한 학습자료, 학습소재의 의미로 파악할 수 있다. 이러한 연장선에서 이화진(1999)은 교육과정의 개념 역시 '주어지는 교육과정'에서 학습자 스스로가 '만들어 가는 교육과정'으로 재개념화하였다.

결국 구성주의적 관점에 따르면 궁극적으로 학습내용이나 학습결과를 결정하는 주체는 학습자 자신이 되어야 한다. 따라서 구성주의적 교육과정은 학생과 교사의 상호작용을 통한 살아있는 경험을 바탕으로 하고, 매우 광범위하고 일반적인 관점을 제외하면 미리 정해질 수 없고 불확정적이며 언제나 개방적인 특성을 지닌다.

그러므로 구성주의에서 바라보는 교육과정의 내용은 미리 결정된 지식이라기보다는 교사와 학생의 상호작용 및 의사결정과정을 통해 구성되는 생성적 지식의 특성을 갖게 되는 것이며, 교육내용은 절대적인 고정불변의 것이 아니라 끊임없이 변화하는 '소재'인 것이다.

4) 지식기반사회와 교육과정 내용으로서의 '지식'

(1) 지식기반사회에서의 지식의 특성

21세기 지식기반사회에서 지식이 가장 기본적인 키워드가 되고 새로운 지식의 생성이 사회의 가장 중요한 가치가 됨으로써 학교교육도 전달, 전수가 아니라 습득이나 적용을 넘어 지식을 생성, 산출, 창출하는 능력의 향상에 더욱 많은 관심을 기울이고 있다. 이러한 지식기반사회에서 지식은 허경철 등(2000)에 따르면 다음과 같은 특성을 지니고 있다.

첫째, 지식기반사회에서 지식은 상대적인 것으로 끊임없이 변화한다. 지식기반사회는 사회맥락적 관계를 급속하게 변화시키기 때문에 지식과 의미를 규정하는 사회적 좌표의 위치이동도 불가피하게 빠르게 전개될 수밖에 없다. 지식기반사회는 획일적 기준에 의해 움직이는 사회가 아니라 지식과 의미의 차이, 즉 끊임없는 생성과 변화를 긍정하는 세계이다. 보드리야르(Baudrillard)는 현세계의 특징을 기호와 의미가 끊임없이 무한 증식되고 이에 따라 지식의 생성과 유통속도가 빨라지는 시대라고 규정하고 있으며, 료타르(Lyotard)는 현세계에서 전통적 지식의 권위가 부정되고 소서사인 작은 이야기들로 구성되는 다양성과 다원성, 불일치성의 세계와 관련된 지식이 강조된다고 말하였다. 즉, 지식의 독점적 권위성이 무너지고 상대적인 권위를 인정하여 지식의 다양성, 다원성, 비정형성이 인정받는 시대가 전개되고 있는 것이다. 현대의 지식기반사회는 획일적 기준에 의해 움직이는 사회가 아니라, 지식과 의미의 차이, 즉 끊임없는 생성과 변화를 긍정하는 세계이다. 지식기반사회에서는 절대적 지식이란 없으며, 그 권위 또한 부동의 것이 아니다. 다양성에 의해 다양한 의미가 끊임없이 생성, 변화하며 이에 따라 지식도 끊임없이 변하여 상대적인 것이 된다.

둘째, 지식기반사회에서의 지식은 실용적인 것이다. 지식은 삶에 구체적으로 유용하게 쓰여야 하고, 삶 속에 있으며 삶과 함께 살아 움직여야 한다. 지식은 머리 속에 있는 추상적인 것이 아니라 구체적인 행동으로 실천해야 한다. 료타르는 지식은 행할 줄 앎(savoir-faire), 생활할 줄 앎(savior-vivre), 경청할 줄 앎(savior-écouter)과 같은 개념을 포함한다고 하였다(Lyotard, 1992: 52). 결국 지식기반사회에서의 지식은 실용적인 것으로 행할 줄 알고 생활할 수 있으며 말할 수 있는 것이어야 한다.

셋째, 지식기반사회에서는 지식의 경제성이 두드러지게 나타난다. 지식은 비소모성과 고부가가치를 창조한다는 점에서 가장 효율적이고 매력적인 생산요소이다. 지식기반사회에서 지식의 경제적 가치를 고려하면 그 핵심은 교환가치라 할 수 있고 이를 극대화하는 것이 지식의 고부가가치화이다. 결국 지식은 팔리기 위해 생산되며 또한 새로운 생산에서 더 높은 가치를 부여받기 위해 소비된다.

넷째, 지식기반사회에서의 지식은 통합적이다. 지식기반사회에서는 지식의 생성이 자유롭고도 빨리 일어나며 이에 따라 지식은 일정한 학문체계 안에서 고립될 수만은 없으며 지식은 다른 지식과 연결되어 자유롭게 이동한다. 지식의 경계선이 부정되고 자유로운 이동이 일어나며 이는 다시 새로운 지식 생성의 원천이 된다. 이러한 생성을 위해서 지식의 통합은 필수적이다.

다섯째, 지식기반사회에서는 지식이 전문성을 가져야 한다. 지식기반사회에서 새로운 가치를 창출하며 사회적 가치를 주도하는 지식은 대부분 첨단적 위치에 있는 전문적 지식이다. 궁극적으로 지식기반사회에서는 전문성을 통해 누가 먼저 높은 질의 지식으로 고도화시키느냐에 따라 경쟁력의 비교우위가 결정된다.

여섯째, 지식기반사회에서는 지식의 인문적 관점을 요구한다. 지식기반사회에서는 모든 사회권력이 수평화되며 오히려 장기적 관점에서 우리 생활에 영향을 주는 인문적 지식이 강하게 요구되고 있다. 즉, 인간 존재의 이유와 인간관계에 대한 질문에서부터 지식기반사회의 탈가치화와 무책임한 다양성에 대처하기 위한 윤리 및 도덕과 인간관이 요구되고 있는 것이다.

이와 같이 지식기반사회에서 요구하는 지식은 통합적이고 결합성이 강하며 유연한 연성지식(flexible knowledge)이라는 것을 알 수 있다. 연성지식은 새로운 지식을 긍정하고 개방적인 성격을 가지기 때문에 비판 및 성찰적 사고, 창의력, 적응력 및 문제해결력 등과 같은 유연하고 고차원적인 정신능력과 깊은 관련을 맺고 있으며, 라일이 말하는 방법적, 절차적 지식이나 폴라니가 말하는 암묵적, 묵시적 지식과도 깊은 연관을 맺고 있다.

(2) 지식기반사회에서 요구하는 교육 내용으로서 지식

앞의 제1장 1절에서 언급한 바와 같이 지식기반사회에서 학교교육이 중요시 여기는 지식은 스펜더에 따르면 창조력, 수행력, 비판능력, 해결능력이며, 독일의 교육연구부에 따르면 일반지식이다. 이러한 지식은 종래의 전통적인 지식과는 달리 보다 구체화되고 실제적인 지식들이다.

이러한 맥락에서, 김성재(1999)는 전통적인 지식사회에서 요구하는 지식을 주제적 또는 교과적 지식이라고 보고, 지식기반사회에서 요구하는 지식을 연계망적 지식 또는 문제해결적 지식이라고 구분하였다. 즉 그에 따르면, 전통적인 의미의 지식은 세계를 일목요연하게 인식, 표현, 예측할 수 있다고 생각하는 '결정론적 세계관'에 의한 '주제적 또는 교과적 지식'(subject knowledge)이었다면, 지식기반사회에서는 전통적인 교과적 지식과는 달리 폭발하는 정보와 지식의 신속성, 다양성, 복잡성, 중첩성 등을 조직하고 관리하는 '연계망적 지식(networking knowledge, cross-linked knowledge) 혹은 능력이 중요하다.

그러나, 지식기반사회가 대두되었다고 해서 종래 학교 교육에서 주로 가르쳐왔던 전통적 지식들이 모두 지식기반사회가 요구하는 지식으로 대체되는 것은 아니다. 문제는 '지

식기반사회가 요구하는 지식을 학교 교육에서 어떻게 반영할 것인가' 그리고 '학교교육의
내용을 어떻게 재조직할 것인가'하는 것이다.

5) 지식기반사회에서 지리교육적 지식

지식의 성격과 유형, 지식기반사회에서 요구하는 지식에 대한 논의를 바탕으로 하면,
지리교육과정 내 지리교육의 내용에 포함되는 지식은 재개념화되고, 그 개념 또한 확장되
어져야 한다. 지리교육 내용에 대한 관점은 지리학적 순수성에만 매달리지 말고 교육내용
적 다양성에 초점을 맞추어야 한다. 그리고 지리교육은 단순히 지리적 지식을 전달하는
것이 아니라 학생들로 하여금 그들의 삶 속에서 하나의 과학으로서 지리학을 활용하는
능력을 증대시킴으로써 지리교육의 교육적 의미를 복원할 필요가 있다.

지리교육과정에서 교육내용으로서의 지식은 <그림 11-2>와 같이 확장하여 표현할 수
있다.그리고 이러한 교육내용으로서 지식에 관한 논의와 관련하여 지리교육과정에 대한
논의의 방향을 제시하면 다음과 같다.

첫째, 지리교육과정의 내용으로서 명제적 지식과 방법적 지식을 동시에 고려해야 한다.
이때 지리교육의 내용들은 현실 사회에서 생생한 지식으로 작용할 수 있을 것이다.

그림 11-2. 지리 교육에서 다루는 '지식'의 큐브

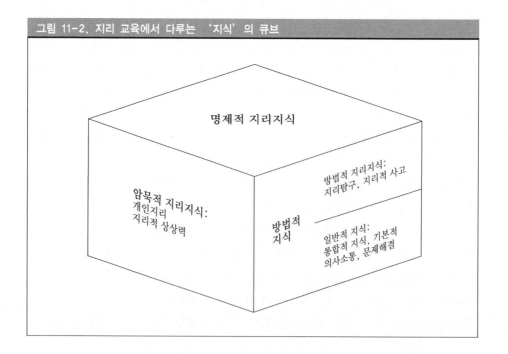

둘째, 지리교육과정의 내용으로서 명시적 지식과 더불어 암묵적 지식의 역할을 향상시키도록 해야 한다. 이때 지리적 지식들은 생성적 지식이 될 수 있을 것이다.

셋째, 지리교육과정의 내용으로서 지식은 지식기반사회에서 요구하는 통합적 지식으로 재구성되어야 한다.

넷째, 지리교육과정에서 중심적 내용요소는 주제나 용어가 아니라 방법적 지식과 암묵적 지식이 반영된 활동적 지식체의 구성요소들로 이루어져야 한다. 이때 명시적 지리적 지식과 지리적 사고와 탐구가 의미 있게 연계될 것이다.

다섯째, 지리교육과정에서 지리적 지식은 연계망적 지식과 문제해결 지식으로 강화되어야 한다.

4. 지리교육 내용으로서의 개념

1) 개념의 교육적 중요성

오늘날의 지식은 그 자체를 개념화하는 방법에 대한 문제와 관계되고, 개념을 바탕으로 사실들이 묶이며 더 높은 수준의 원리, 이론, 법칙으로 나아갈 수 있다. 또한 개념은 넓은 의미로 개념과 개념에 대한 아이디어를 모두 포함하여 사용된다고 볼 수 있으므로 지식의 영역을 포괄하는 중심적 인자라고 하겠다. 이는 이홍우가 교육 내용을 기술적 개념과 원리, 가치적 원리와 규범의 두 가지로 요약한 것에서 잘 나타난다.

지리교육 내용의 하나인 지식으로서 개념의 중요성은 지리학이나 지리교육에서도 마찬가지이다. 즉, 지리학에서 1960년대 계량혁명과 논리실증주의 지리학이 대두한 이후 과학적 지식의 탐구가 강조되면서 과학적 지식을 구성하는 기본적 요소인 개념적 구성과 개념적 접근이 중요시되었다. 그와 같은 시기에 브루너가 주도했던 학문중심 교육과정에서도 각 학문분야의 최전선에서 연구하는 학자들의 탐구방법과 연구내용을 학교교육에 도입하기 위해 각 학문분야의 개념을 강조하였다. 그러므로 이러한 지리학과 교육학에서의 개념에 대한 강조는 지리교육에 있어서도 개념의 강조로 연결되었다.

이러한 흐름은 주로 당시 대부분의 인문·사회과학에서 과학적 연구방법의 도입을 중요시하는 논리실증주의와 관계가 있으며, 과학철학자인 브로드벡(Broedbeck)과 헴펠(Hempel)의 다음 두 문장을 보면 그 이유를 분명하게 파악할 수 있다.

"과학적 방법은 발견을 위한 일련의 규칙들이 아니라 개념을 형성하고 가설을 확인하며 이론을 구성하는 어떤 방식이다. 적절한 개념을 형성시키기 위한 원리는 '진술 가능한' 것이다."

"과학적 체계화는 경험적인 세계가 지닌 서로 다른 측면들을 결합하는 여러 가지 개념들이 규칙과 이론적 원리들에 의해 정립되어 이루어진다. 이는 경험적인 세계의 여러 측면들이 과학적 개념을 통해서 분명하게 식별될 수 있기 때문이다. 그래서 과학을 그물에 비유하면, 법칙과 이론적 원리들은 이 체계적인 상호관계의 망 속의 실들이고, 과학적 개념들은 매듭이다. 이 실들이 하나의 개념-매듭에 집중하면 할수록, 즉 하나의 개념-매듭으로부터 법칙의 실이 더 많이 나오면 나올수록, 그 개념-매듭이 그 체계 내에서 해내는 역할과 개념-매듭의 체계적 의미는 더욱 더 강화될 것이다(Brodbeck, 1968).

즉, 그것은 바로 개념이 법칙 이해를 위해 매우 중요한 요소이고, 개념을 통해 사실에 의미를 부여하고 이론, 법칙, 원리로 나아가는 것이 가능하기 때문이다. 이러한 이유로 인해 개념은 교수-학습이론에서도 중요한 의미를 지닌다. 특히 가네(Gagné)가 제시한 8가지 학습유형과 그 위계에서 보면 개념학습과 규칙학습은 문제해결학습을 위한 기초로서 개념의 학습이 먼저 선행되어야 함을 알 수 있고, 오수벨(Ausubel)과 로빈슨(Robinson)이 개념을 공통적 특성을 바탕으로 함께 묶이는 특정영역의 현상이라고 정의하며 개념학습을 원리학습과 똑같이 단순한 사실의 암기보다 의미 있는 학습의 전제조건으로 생각한 것을 보아도 그러하다. 이와 같은 입장에서 베이어(Beyer)는 개념이 학습에서 적어도 세 가지 중요한 기능, 즉 새로운 경험과 자료에서 주어질 수 있는 여러 가지 질문을 만들어내고, 어떤 특정 개념을 알게 될 때 새롭게 접하는 자료를 조사하기 위한 질문에 그 개념의 속성을 사용할 수 있게 하며, 경험의 진상을 밝혀내기 위한 도구로서 활용될 뿐만 아니라 의미의 형성을 촉진하여 새로이 발견된 정보를 관계 짓는(지식의 범주) 고리와 같은 역할을 한다고 하였다. 또한 그는 개념이 과거와 현재를 비롯해 미래의 경험에 대해서도 색인목록(catalogue)과 같이 활용되어 이미 알고 있던 다양한 개념뿐만 아니라 일반화, 기능, 태도를 비롯해 많은 구체적 사실을 소장하는 기능을 한다고 주장한다. 따라서 지리개념은 지리적 지식을 생성하고 그것을 조직하는 것을 도와주며, 지리적 일반화를 도출하는 데 유용하므로 지리 교육 내용의 핵심적 구성요소로 볼 수 있다.

한편, 개념은 학습상황이나 탐구과정에서 그것을 획득할 때 요구되는 기능적 요소와 결합하지 않을 수 없다. 개념 그 자체를 결과로 주입하는 것보다 획득하는 과정을 더 중요하게 보고 기능 또한 단순한 운동 기능이 아니라 지적 기능의 측면과 결합되고 묵시적으로는 행위의 내면화와 관련을 맺기 위해서는, 개념과 기능이 마치 형식과 과정이 결합되듯이 통합되어야만 양자 모두 의미를 지니게 되는 것이다.

2) 지리교육 내용으로서 개념

(1) 기본개념과 조직개념

지리 교육내용으로서의 지리 개념에 대한 연구에서 중심을 이룬 것은 지리의 기본개념과 조직개념에 대한 논의라고 할 수 있다. 기본개념은 브루너 이래 학문 또는 교과의 지식구조를 가장 잘 보여주는 핵심적(기본적) 개념을 의미하는 것으로 핵심개념과 동일한 의미로 사용되었다. 이 점에서 기본개념은 흔히 일상적으로 사용하는 주요개념(major concepts)과 그 용도에서 많은 차이를 가지고 있다. 기본개념은 적어도 브루너가 주장하는 지식의 구조 혹은 학문의 구조, 즉 특정 학문을 가장 학문답게 만드는 개념들인 데 비해, 주요개념은 일반적인 중요성에 바탕을 둔 개념일 뿐이다. 특히 기본개념은 특정한 교과의 가장 기본적 구조 또는 교과 내용의 핵심을 보여주는 얼마 되지 않는 개념이며 기본 아이디어, 즉 핵심적 아이디어 또는 더 넓게는 원리로 표현하기도 한다. 조직개념은 교과에 속하는 상호관련된 개념의 복합체로 정의되며, 프링(Pring)에 따르면 학문구조의 한 부분을 이룬다. 이들 두 개념은 모두 학문구조를 파악하려는 노력에서 논의되는 것들이다.

그러나 기본개념에 대한 논의가 학문이나 교과의 지식을 축소하여 더 이상 환원이 되지 않는 기본이 되는 것만을 파악하려는 '지식축소주의' 경향을 바탕으로 개념의 교과적 고유성을 강조하려는 입장을 가지고 있는 반면, 조직개념에 대한 논의는 교과에 속하는 개념들의 포섭 또는 위계 관계를 보여주기 위해 개념들의 팽창과 확대의 결과를 수용하는 복합적 개념에 주목하는 지식확대주의 경향을 가지고 있어, 양자는 상이한 지식관에 바탕을 두고 있다. 특히 조직개념은 영연방 국가들의 교육학자, 지리교육학자들에 의해 주로 언급되었다.

지리교육에서 기본개념에 대한 연구는 1960년대 학문중심 교육과정의 대두 이래로 국내·외에서 매우 활발하게 이루어지고 있다. 국내에서는 이찬에 의해, 국외에서는 와만(Warman), 나이스츈(Nystuen)에 의해 본격화되었다. 국외에서는 국내에 기본개념이 소개되기에 앞서 미국을 중심으로 많은 논의가 있었고, 그중에서도 특히 패티슨의 4대 전통은 널리 알려진 것 중 대표적이다. 그렇지만 초기의 지리 개념 혹은 기본개념에 대한 논의에서는 지리학 지식의 팽창에 따른 개념수준의 구분이 없이 패러다임 수준의 전통, 기본개념, 주요개념(major concepts) 등을 서로 혼동하여 사용하였다. 또한 1960년대는 지리학이 계량혁명을 겪고 논리실증주의 지리학을 도입하던 시기이므로, 각자의 방법론적 차이에 대한 고려 없이 어떤 학자들은 지역, 인간과 자연과의 관계 등과 같은 전통적인 지리학에서 나온 개념과 함께 당시의 신지리학(논리실증주의에 입각한 공간분석지리학)에서 부각되던 공간적 상호작용과 같은 개념을 동시에 포함하는가 하면, 나이스촨(1963)처럼 공간조직론에 입각한 지리 개념만을 제시하기도 하였다.

그동안 국내·외 학자들이 제시한 지리의 기본개념을 정리하면 <표 11-2>, <표 11-3>과 같다. 국내의 연구를 보면, 이찬의 선구적 연구에서 제시한 8가지 개념 — 즉 인간-자연 관계, 지역, 공간관계, 변천, 자연지리, 축척, 분포, 지도화 — 이 토대가 되었고, 이후의 연구는 이를 가감하였을 뿐 그 틀은 그대로 따르고 있다. 이 점은 임덕순(1979)의 연구에서 1979년까지 국내학자들에 의해 사용된 기본개념 중 사용빈도수가 가장 높았던 개념이 지도화, 축척, 분포, 지역, 인간-자연 관계, 공간관계의 6가지였다는 점에서도 잘 나타난다. 그것은 여기에서 제시된 기본개념들이 연구자 자신의 지리학에 대한 관점을 제시함으로써 추출한 것이라기보다 주로 기존의 연구에서 개념들을 빌려왔기 때문이다. 즉, 연구자들이 지리학의 탐구과정과 지리학의 개념구조의 토대에 대한 충분한 검토를 하지 않았던 것이다. 한편 이기석(1981)은 종래의 것과는 달리, 공간지리학의 입장에서 기본개념들을 제시하였다.

표 11-2. 지리 기본개념의 연구(국내)

연구학자 \ 개념	지리적현장	연구방법(지도화)	지리적사실	축척	분포	지역	지역적차이	인간자연관계	공간관계	지구	변화	거주지	자원	인간	공간적상호관계	공간	문화	정치	입지	지역적결합	지구사회	경관	내적응집력	자연지리
이 찬(1969)	○		○	○	○	○		○	○	○	○													
김연옥(1970)					○	○		○	○															
조광준(1970)	○				○	○		○	○	○														
강신호(1972)	○			○	○	○		○		지학적(변천)자연						○						○	○	
임덕순(1973)	○	○		○	○		○																	
오경남(1974)	○				분포와 전파	○		○	○	지학(변천)											○			
이 찬(1977)	○							○	○		○													○
임덕순(1979)	○	○		○	○	○					○				○					○				
이기석(1981)				○	공간분포	○					○											○	○	

표 11-3. 지리 기본개념의 연구(국외)

연구학자 \ 개념	지리적현상	연구방법(지도화)	지리적사실	축척	분포	지역	지역적차이	인간자연관계	공간관계	지구	변화	거주지	자원	인간	공간적상호관계	공간	문화	정치	입지	지역적결합	지구사회	경관	내적응집력	자연지리
HSGP지침서 (1962)		○				○		○	○															
Nystuen(1963)	거리연결, 방향, 패턴, 상대적 위치, site, 접근성																							
Warman(1963)	○					○	○		○	○	○	○	○	○										
Pattison(1964)						○		○	○						○									
Lukerman (1964)	국지화 출현 확률			○	복합체 시기와 시대 (age & era)					지구의 통일성 ○					○				상대적 ○			문화적 ○		
Haggett et al (1965)	교통망, 결절점, 계층면(surface) 확산														상호작용 ○									
Ackerman etal ad hoc (1965)	범위, 밀도, 천이																							
Greco-Senesh (1966)	○	○	○	○	○	○	○																	
Broek(1966)			○			○				○	○						○	○						
Cohen-Partheim (1968)						○	○		○						○				○					
Broek & Webb (1968)			○		공간분포	○			○						○				○					○
Mc Caskill (1973)	관련 결합(association), 거리장애, 이동, 에너지		○	○	○				○						상호작용 ○		○						
Cregg(1977)	도시공간패턴, 도시내부구조, 문화확산, 환경시각													○			○						
Cox(1982)				공간적Scale	공간분포	○	지역관련과 지역차이의 결합 공간변화								○									
Hall(1982)		환경	장소	○											○					○				

국외의 연구를 보면 초기의 연구들에서 지역, 지구와 같은 것이 개념으로서 중요시되는 것으로 보아 지리학의 개념들이 미분화된 상태였다. 따라서 지역연구 전통, 지구과학적 전통, 인간-환경 관계 전통과 같은 패러다임 수준의 개념들과 그에 속하는 하위개념들이 수준의 구별 없이 제시되었다. 그러나 최근 들어 점점 개념이 상세화되고 특히 공간조직 지리학이 발전하면서 상대적 입지, 거리, 방향, 공간분포, 공간변화 등 공간 개념이 점차 분화하며 이를 강조하는 것이 두드러진다. 특히 베리(Berry) 등 저명 지리학자들의 논문에서 개념들이 주제를 표현할 때 사용되는 정도와 논문의 내용 속에서 상세화되는 정도를 지표로 하여 내용분석을 실행한 콕스(Cox)의 연구를 보더라도 공간관계 개념들이 주가 됨을 알 수 있다(표 11-3 참고).

그런데 이와 같이 기본개념을 중심으로 지리 내용에 접근해도 몇 가지 쟁점들은 여전히 남아있는데 이들 쟁점은 다음과 같다.

첫째, 추출된 개념의 수준을 일치시키는 문제이다. 만약 개념들의 수준이 일치하지 않을 경우, 추출된 개념들의 상호 관계와 개념 추출의 근거를 논리적으로 밝힐 필요가 있다. 그것은 어떤 경우에는 추출된 기본개념들이 너무 넓은 범위의 의미를 가지는 개념(예: 문화), 지리학의 많은 하위개념들을 포함하는 개념들(예: 공간구조, 공간관계, 인간-자연관계), 그리고 지나치게 구체적인 개념들(예: 거리장애, 지리적 사실 등)이 함께 제시됨으로써 개념 간의 수준에 있어서 일관성을 상실하는 경우가 종종 발생하기 때문이다. 이는 기본개념에 대한 개념적 통일이 이루어지지 않았거나, 다른 한편으로 지리학의 상이한 접근방법에 기초한 개념들을 아무런 분석 없이 혼용한 결과라고 볼 수 있다. 다른 한편으로는 이와 같은 기본개념들의 수준 차이가 발생할 수 있는 것은 무엇보다도 기본개념의 본질과 관계 있다고 볼 수 있다. 즉, 그 교과의 구조를 보여주기에 핵심적이어야 한다는 점은 연구자의 입장에 따른 기본개념들간의 수준 차이를 허용할 수 있기 때문이다.

둘째, 기본개념의 추출이 논리적 근거를 갖추어야 한다는 점이다. 지리교육의 기본개념을 추출하는 것은 지리학의 구조를 밝히는 것이 최종 목적이지만, 대부분 기본개념에 대한 연구는 개념의 추출과정에 대한 근거를 충분히 제시하지 못하고 직관 또는 개인적 경험에 바탕을 두고 있다. 이에 따라 기본개념을 제시하는 것이 매우 단면적으로 전개되고 때로는 지리학의 연구과정과는 탈맥락적인 것으로 보이기도 한다. 이처럼 단면적으로 핵심개념(기본개념)을 추출하는 것은 지리개념간 관계를 분명하게 보여주지 못할 뿐만 아니라 추출된 개념들도 지리학의 구조를 대표한다는 일반적인 동의를 끌어내기는 대단히 어렵다.

이러한 단점을 극복하기 위해 지리학의 탐구과정 속에서 핵심적인 역할을 하는 개념들을 밝히는 방법들이 제시되었다. 토마스(Thomas)가 HSGP에서 지리적 사실, 공간적 분포, 지역적 결합, 공간적 상호작용, 지역, 스케일의 6가지 개념을 중심으로 제시한 모형을 비롯하여, 그레코(Greco)의 모형, 크랩트리(Crabtree)의 모형이 대표적인 것이다. 예를 들어 제4장의 <그림 4-6>의 그레코의 모형을 보면 현상의 분포를 통해 지역차를 규명한다는 지리학의 목적을 달성하기 위해서 지리탐구과정에서 핵심적 역할을 하는 개념들이 핵심개념으로 간주된다. 이 모형은 새로운 지리학의 접근방법으로 등장한 공간패턴과 공간조직의 연구와 관련한 개념들을 일부 수용하였지만, 이와 같은 일반적 속성을 강조하는 개념과 특수성을 강조하는 지역차라는 지리학의 목적은 논리적으로는 상반되는 수단과 목적을 가지고 있음을 보여준다.

이처럼 지리학의 탐구절차와 결합하여 지리교육의 기본개념을 추출하여 설득력 있는 근거를 제시한 최근의 대표적 사례는 미국의 『지리교육 지침서』에 제시된 5대 근본주제이다. 여기에서 제시된 입지, 장소, 장소 내 관계, 이동, 지역이라는 5대 주제들은 일종의 기본개념으로서, 지리학 연구의 절차에서 핵심적 역할을 하는 개념들이다. 즉, 지리학 연구의 기초는 바로 입지에 대한 연구(어디에 지리적 사상이 위치하는가에 대한 연구)이고, 이는 어떤 장소에 대한 연구로 이어진다. 장소에 대한 연구는 장소 내부의 자연 및 인문적 관계에 주목함으로써 좀더 깊이 있는 연구를 가능하게 하고, 더 나아가 장소들 간의 상호작용적 관계는 이동으로 나타난다. 그리고 결과로서 지역이 형성되므로 이때 지역의 연구는 앞의 연구절차를 토대로 해야 함을 보여주고 있다. 이처럼 지리학에서 탐구의 논리적 절차를 바탕으로 추출된 개념들은 의미가 있는 기본개념이 되며, 어떤 논리적 근거를 스스로 가지게 된다.

셋째, 기본개념의 추출이 지리교육내용의 구성에서 가지는 의미에 대한 충분한 검토가 필요하다. 지리교육에서 기본개념중심에 대한 접근이 기본개념 그 자체에만 매몰되면 기본개념이 교육과정 및 교수에 방향성을 제시하지 못하는 경우가 종종 발생한다. 따라서 교과의 기본개념을 추출하는 것은 그 교과의 구조를 보여주는 데에도 물론 의의를 갖고 있지만, 학문중심 교육과정에서 기본개념에 대한 논의는 그 개념들을 통해 교과의 내용을 구성하는 것이 최종 목적이라는 점을 상기할 필요가 있다. 기본개념은 그 교과를 대표하는 핵심적인 것이므로 개념 그 자체의 학습도 중요하지만, 개념이 사용되는 이론, 원리와 같은 맥락에 의해 규정되고 학습되어야 한다. 즉, 기본개념도 사실적 지식처럼 탈맥락적으로 받아들이면 암기 대상이 될 위험이 있다는 점을 깨달아야 할 것이다.

학문중심 교육과정에서 말하는 기본개념이란 적어도 개념 그 자체를 의미하는 것이 아니라 묵시적으로는 핵심적인 기본개념과 그것이 사용되는 맥락을 동시에 내포하고 있음에 유의해야 한다. 이 때문에 기본개념은 개념에 대한 개념이나 개념에 대한 아이디어, 핵심 아이디어(기본아이디어), 또는 원리로 파악할 수 있다. 부연하면, 핵심개념이란 개념에 대한 아이디어, 즉 개념의 맥락(context)을 포함한다. 따라서 학문중심 또는 개념중심 교육과정을 구성하는 것은 기본개념을 통하여 교과의 핵심아이디어를 추출하고 이를 학습에서 제시하는 데까지 관심을 두어야 하는 것이다.

국내 지리교육에서의 기본개념에 대한 연구는 대부분 기본개념 자체의 추출에 한정됨으로써 기본개념의 획득과정을 중심으로 내용이 구성되거나 원리나 아이디어로 번역해 제시된 것이 거의 없다. 만약 기본개념에 대한 접근이 나선형 교육과정을 염두에 두고 있다면 일차적으로 기본개념의 추출이 중요하며, 일단 교과의 구조를 대표할 기본개념들이 추출되고 난 다음에는 여러 가지 관점, 주제, 화제의 스코프4)와 시퀀스5)를 결정하는 것보다 이들 기본개념들을 학년 수준별로 번역하는 일이 더 중요하다. 이때 내용을 수준별로 번역하는 일은 단순한 화제(topic)의 계열을 정하는 것(sequencing) 이상의 작업, 즉 구체적 학습에 보다 근접하는 형태로 그 개념 및 관련 아이디어들에 대한 논리적인 종적 계열화 작업6)을 필요로 한다. 이는 매우 추상적이고도 어려운 작업이다. 그것은 국외에서도 개념중심, 원리중심 내용구성방법에서 소개된 영국과 미국의 일부사례를 제외하고는 그 예가 매우 적으며, 국내의 연구에서도 조광준(1970)과 유귀수(1978)의 연구를 제외하고는 기본개념의 번역에 관심을 둔 연구가 거의 없다는 사실이 이 점을 역설적으로 말해준다.

한편, 학문의 구조에서 조직개념에 대한 논의는 개념의 교과적 고유성보다 교과 또는 학문에서 사용하는 개념의 복합성과 포섭관계에 초점을 두므로, 교과에서 중심적인 조직개념들을 확인하려는 목적은 새로운 지식을 개발하거나 연구의 방향을 설정하는 것과 지식의 전달을 돕는 것이다. 그런데 국내에서는 조직개념에 대한 언급이 거의 없는 것이 현실이며 지리교육에서는 더욱 그러하다. 국외의 경우를 보면, 프링은 학문의 구조를 네 가지 기준, 즉 중심적인 조직개념의 존재, 강조되는 절차의 원리, 탐구방법에 있어서 성공의 준거, 문제와 홍미의 종류에 의해 파악할 수 있다고 하면서 조직개념을 언급하였으며,

---

4) 스코프(scope)는 일반적으로 범위를 뜻하며, 본 연구에서는 교육과정에서 내용선정의 준거에 의해 특정한 학년이나 학교급에서 다루어질 내용의 범위를 나타내기위해 사용되며, 원어 그대로 사용한다.
5) 시퀀스(sequence)는 일반적으로 순서, 계열로 번역되며, 교육과정에서는 어떤 원리에 의해 결정되어진 내용들의 계열을 의미한다. 본 연구에서는 스코프와 마찬가지로 원어 그대로 사용하기로 한다.
6) 베네츠(Bennetts)는 이를 progression(점진적 계속성)이라고 표현하였다.(T. Bennetts, "Progression in the Geography Curriculum," R. Walford(ed.), *Signposts for Geography Teaching*, Longman: london, 1981, p.166).

그레이브스(Graves)도 지리요목(syllabus)의 구성에서 조직개념들이 주제들을 유도하여 내용을 구성할 수 있다는 사실에 주목하였다. 홀(Hall)에 따르면, 조직개념은 기본개념과 같은 수준에서 개념들의 포섭관계를 보다 잘 보여주고 복합성을 지녔다는 점에서 개념들 중에서 궁극적으로 가장 높은 수준의 것이 되며, 패러다임, 전통, 접근방법이 그 대표적 예이다. 특히 패러다임은 세계에 대한 특정한 이미지 및 지각적 경험과 관련한 특정 해석을 포함함으로써, 그 아래에 수많은 개념과 절차를 포섭하고 연구에 방향을 제공하기 때문에, 복합성이 높은 개념이 지리내용의 주를 이루는 상급학교(중, 고등학교)에서 지리교과의 구조를 이해하도록 지리 내용을 구성하는 데 적절하게 활용할 수 있다.

한편 기본개념에 대한 접근이 교과 혹은 학문을 대표할 수 있는 고유한 개념, 곧 모든 학생들에게 학년에 관계없이 그 교과에서 가르쳐야 할 공통적인 핵심개념을 제시하려는 노력이라고 한다면, 조직개념에 대한 접근은 학년별로 수준이 다른 개념들을 위계적으로 직접 제시하려는 의도를 가지고 있다. 따라서 기본개념을 통한 지리 개념에 대한 접근이 전 학년 동안 다루어질 공통적인 핵심개념들을 다루는 데는 적합하지만, 지리 개념들의 수준, 개념들간의 관계, 개념들간의 위계와 같은 지리 개념들의 총체적 모습을 보여주기에는 부적합하다고 할 수 있다. 반면 학문적 연구성과에서 제시되는 복합적 개념들을 다루는 데는 (특히 상급학교일수록) 조직개념을 통한 접근이 보다 적절하다고 할 수 있다.

(2) 지리 개념의 분류와 위계

앞에서 지리내용으로서의 개념을 다루는 데 있어서, 기본개념이 전 학년에 걸쳐 가르칠 공통적 요인에 주목하고, 조직개념은 복합적 지리개념들간의 수준 차이와, 위계에 주목한다고 정리하였다. 그렇지만 지리내용으로서 지리개념들의 총체적 모습을 파악하려면, 지리개념들을 수준에 따라 분류하고 위계적으로 제시하는 것이 필요하다. 몇 가지의 공통적 개념을 파악하거나 상급학년을 위한 복합개념을 제시하는 것만으로는 지리 개념의 모습을 파악하기 힘들기 때문에, 이를 위해서는 공통적이거나 토대를 이루는 개념들과 상위의 복합적 개념들을 적절히 분류하고 위계화하여 총체적 구조를 제시하는 것이 바람직할 것이다.

이와 같은 지리 개념의 분류와 위계화를 위해서는 우선 지리 개념의 분류기준이 되는 수준들을 정리하여야 하며, 기존 연구들에 대한 분석을 통해 분류수준을 설정해야 한다. 이 점에서 주목할 만한 것으로는 그레이브스, 마스덴(Marsden), 홀 등의 연구가 있다. 그레이브스는 지리 개념을 관찰에 의한 개념[7], 정의에 의한 개념으로 구분하고 공간조직, 공간구조 개념과 같이 교과에 속하는 상호 관련된 개념의 복합체를 조직개념이라고 하였다.

마스덴은 개념들의 복잡한 성격을 분명히 하기 위해 두 개의 차원을 이용하였는데, 추상적인 것-구상적인 것(abstract - concrete) 과 기술적인 것-일상적인 것(technical - vernacular)의 차원으로 구분하고, 이들을 조합하여 추상적-기술적(abstract - technical, 이하 AT)개념, 추상적-일상적(abstract - vernacular, 이하 AV) 개념, 구체적-기술적(concrete - technical, 이하 CT) 개념, 구체적-일상적(concrete - vernacular, 이하 CV) 개념의 4가지 종류로 분류하였다. 이때 AT개념은 좀더 원리에 가까운 개념이라고 할 수 있으며 수자원과 같이 단원명칭으로도 사용할 수 있다. AV개념은 학술적으로 보면, 지리교과에서의 핵심개념 혹은 기본개념에 해당한다. CT개념은 위의 AT, AV개념의 이해를 위한 전제조건으로 언어적 정의의 수준에 의해 획득되는 조작적 개념들이다. CV개념은 매우 구체적 개념으로 AT, AV, CT 개념의 재료들이 된다. 홀도 개념의 사용에서 또 다른 범주가 있음을 인식하고 지리 교과에서 사용하는 개념들 중에서 가장 일반화된 것을 오리엔테이션 개념(orientation concept) 이라고 하였는데, 그가 지구 대기대순환 요소로서 중위도기압을 예로 든 것으로 보아 이는 일종의 조직개념이다.

한편 내쉬(Naish)도 구체적인 것에서 추상적인 것으로 나아가는 방향에 따라 지리개념을 특수한 관찰 가능한 개념(예: 고속도로) → 보다 특수한 개념(예: 교통 flow) → 일반적 조직개념 또는 핵심아이디어(예: 공간적 상호작용)으로 제시하였으며, 이는 지리 학습의 선행관계를 나타낸다고 주장했다. 기꾸치(菊地利夫)는 개념의 위계적 분류에 기초하여 지리개념의 위계를 가장 종합적으로 제시하였다. 그는 지리적 사고와 관점을 연결해주는 개념들의 관계를 기초개념 → 본질개념 → 시점(視點)개념으로 제시하였다. 그에 따르면, 장소와 축척이 지리연구의 기초를 이루는 개념이며, 이 토대 위에 본질개념은 기능적 본질개념(예: 입지작용[8], 결합작용, 상호작용)과 형태적 본질개념(예: 분포, 지역, 지역계)으로 분류되며, 최상위에는 시점개념이 있다. 시점개념은 그가 패러다임이라고 명백하게 밝히지는 않았지만, 지리학이나 지리교육의 중심적 개념이며, 시대에 따라서 연구의 방향을 설정하고 본질개념을 끌어간다고 기술한 점으로 보아 패러다임 수준의 개념을 설명하고 있다. 이것은 개념들의 속성을 중시하면서 핵심개념, 즉 실체적 기본개념에서 시작하여 조직개념 수준의 패러다임에 이르기까지 지리개념들의 관계를 위계적으로 제시한 것이다. 이는 지리 내용

---

7) 아담스(Adams) 등은 이를 개념과 구별하였는데, 모레인, 드럼린처럼 경험적 관찰에 의한 예비적 형태, 즉 분류상의 질서를 부여하는 용어를 개념적 구성물(construct)이라 하였다(J. Adams, R. Abler, & P. Gould, *Spatial Organization: The Geographer's View of the World*, Prentice-Hall., 1971, pp.23～24)

8) 여기서 말하는 입지작용이란 입지하기(location)와 재입지하기(allocation)를 동시에 의미한다.

으로서 지리 개념의 구조를 위계적이고 총체적으로 보여주는 데 적절한 지리 개념의 분류라고 평가할 수 있다.

홀은 조직개념과 실체적 기본개념(substantive basic concept)을 인정하였다. 그렇지만 그는 많은 사람들이 동의할 수 있도록 논리적으로 엄밀하게 기본개념들을 찾아내는 것이 매우 어렵다고 보았으며, 이에 대한 대안으로서 지리학자들이 참여하는 주요문제들을 제시하고 이에 대한 해답을 찾는 것을 유도해주는 개념, 즉 선도개념(guiding concepts)을 고려할 수 있다고 제안하였다. 또한 그는 지리학자들은 경관, 장소, 지역, 공간으로 개념화될 수 있는 지표상의 지리적 사상을 기술하고 설명하는 작업을 하며, 이와 동시에 지리학자가 물리적·정신적 대상의 진화 및 발전과정을 이해하려면, 환경적 과정을 알아야 한다고 주장하였다. 그는 이와 같은 지리학자들이 행하는 일련의 연구행위에서 핵심적 역할을 하는 경관, 장소, 지역, 공간, 환경과 같은 개념이 바로 실체적 기본개념이라고 주장하였으며, 이들이 지리 교과의 구조를 보여주는 데 가장 유용할 것이라고 역설하였다.

한편 위에서 여러 학자들이 논의한 지리 개념의 분류수준들을 정리하여 비교하면 그 결과는 <표 11-4>와 같으며, 이는 개념의 분류수준을 결정하는 데 도움을 줄 것이다.

표 11-4. 개념의 분류수준 비교

		菊地利夫	Hall		Marsden	Naish
기본개념	조직개념	시점개념	패러다임 (전통, 접근방법)			조직개념
		본질개념	선도개념	실체적 기본개념	AT 개념	
		기초개념			AV 개념 (핵심아이디어)	
					CT 개념	특수개념
					CV 개념	관찰 가능한 특수개념

그런데 앞에서 지리 개념의 총체적 구조를 제시하기 위해서는 공통적 요소에 주목하는 기본개념적 접근과 개념수준의 차이에 주목하는 조직개념적 접근의 양자를 절충하는 것이 필요하다. 따라서 기본개념적 접근을 통해서 초, 중, 고 전 학년에서 제시하는 것을 바탕으로 하위 단위의 학교에서 제시해야 할 개념들부터 추출하고, 조직개념적 접근을 통해서는 상급학교에서 좀더 높은 수준의 복합성이 높은 개념들을 파악하도록 해야 한다. 이를 염두에 두고 위의 <표 11-4>를 참고로 지리 개념의 위계구조를 제시하기 위한 분류수준을 조절해 보면, 우선 지리적 개념을 이해할 수 있는 토대를 제공하며 기본개념과 같이 전 학년에 걸쳐서 항상 제시되는 기초개념, 기초개념보다 상위의 것으로 추상화의 정도가 좀더 높으면서도 지리적 탐구과정에 어느 정도 고유성을 가지며 개입되는 본질개념, 그리고 기초개념과 본질개념들이 복합된 최상위의 조직개념으로 결정할 수 있다. 이 때 조직개념은 기능을 중시하는 기능적 조직개념과 결과적 형태를 중시하는 형태적 조직개념으로 재구분할 수 있다.

이제 기초개념, 본질개념, 기능적 조직개념, 형태적 조직개념으로 구분된 지리 개념의 분류수준에 따라 앞에서 언급한 바와 같이 지리학이 장소 및 지역 연구, 공간 연구, 환경 연구로 구성된다는 점, 즉 방법론의 차이에 따른 다양한 관점이 있다는 점을 고려한다면, 지리내용으로서 지리 개념의 위계적 모습은 <그림 11-3>과 같이 나타낼 수 있다.

5. 지리교육 내용으로서의 기능

개념이 수많은 사실적 지식(정보)을 조직하고 전이성이 높다는 점에 주목을 받았다면, 기능은 사고기능을 중심으로 단편적인 사실적 지식보다는 높은 숙달성에 주목할 수 있다. 즉, 개념이 사실보다 유연하고 영속적인 장점을 가진다면, 기능(특히 지적기능)은 정보를 바탕으로 새로운 사태나 문제를 다룰 수 있게 해준다. 따라서 오늘날과 같은 정보의 홍수 속에서 생존하려면, 쉽게 망각이 이루어지는 사실적 지식을 교육할 것이 아니라 교과내용 속에 내재된 필수적인 기능을 숙달하는 것을 보다 더 중요시할 수밖에 없다.

그러므로 지리요목을 구성하는 데 있어서도 본질적으로 사실보다는 개념과 기능에 더 많은 관심을 기울여야 한다는 사실을 받아들이는 것이 필요하다. 특히 기능은 개념, 원리 등을 사실과 연결시키는 연결고리인 것이다. 이처럼 학습에서 기능이 점차 강조되는 것은 사고의 기능을 직접 가르칠 수 있고, 학습요소로서 사고의 기능요소를 조작할 수 있다는 견해에 근거를 두고 있으며, 이러한 흐름은 최근 인지중심 교육과정의 대두와 관련된다.

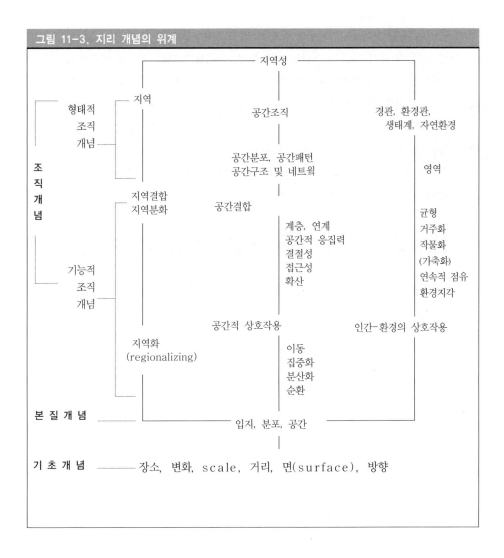

그림 11-3. 지리 개념의 위계

더욱이 지식교육에서 지식의 전달 이외에 고등정신기능, 즉 여러 가지 지적기능들을 길러주어야 한다는 지적은 늘 있어 왔지만 최근에 와서 고등사고능력(higher-order thinking ability)이 과거 어느 때보다 강조되고 있다. 그러므로 지적기능과 관련하여 교과내용에 있어서 탐구정신을 개발하고 그것이 탐구방법의 효율적 학습에 도움이 되도록 교과내용을 재조정할 것이 요구되고 있다.

지리에서도 학생들이 지리 내용 구조를 밝히는 핵심개념 및 하위개념들과 지리학습의 바탕을 이루는 원리들을 사용하도록 하려면, 기능의 실행에 보다 많은 강조점을 둘 수밖에 없다. 그러나 지리 교과와 관련된 지적 기능 또는 사고력에 대한 본격적인 연구는 아직까지 매우 부족한 상태이다. 더욱이 종래의 지리교육에서는 주로 지도화 중심의 기능만 강조되었으며, 지리적 사고와 관련된 지리적 지적 기능에 대한 연구는 국내에서는 거의 이루어지지 않는 것이 현실이다. 따라서 지리 교과와 관련된 지리학의 전통적 기술인 지도화나 야외조사와 같은 실제적 기능을 중요시하는 것도 당연하지만, 지리적 탐구 및 문제해결과정과 관련한 지적 기능에 대해서도 좀더 많은 관심을 기울이고 지리 교과와 관련한 기능들을 체계적으로 분석하는 것도 시급한 일이다.

그동안 지리 교과의 기능의 분류에 대한 연구결과를 영연방과 미국의 학자들을 중심으로 정리하면 <표 11-5>, <표 11-6>과 같다.

표 11-5. 지리의 기능(미국)

Guideline(1984) (고교)	지리적 질문을 던지기	어디서(Where), 무엇을(What) 그리고 왜(Why)
	지리적 정보를 획득하기	• 입지를 확인하는 기능 • 장소의 인문적, 자연적 특징을 관찰하기 • 인간의 지리적 활동과 장소의 인문적, 자연적 특징에 관한 자료를 획득하기
	지리적 정보를 제시하기	• 기술적, 통계적 자료의 체계적 결합과 분류 • 표를 작성하고 범주의 라벨 달기 • 그래프를 준비하기 • 지도를 준비하기 • 보고서를 준비하기
	지리적 정보를 분석하기	• 표, 그래프의 정보를 언어로 번역하기 • 지도를 해석하고, 공간적 패턴을 찾아 이를 비교하기 • 지도투여의 왜곡을 이해하기
	지리적 일반화를 개발하고 검증하기	• 귀납적 추론 • 연역적 추론
F. B. Brouillet et al(1984)	• 방향과 관련한 기능 • 스케일과 관련한 기능 • 입지와 관련한 기능 • 상징과 관련한 기능 • 비교와 추론과 관련한 기능	(지도화 기능)
C. Salter(1989) (지적기능)	• 관찰 • 숙고(speculation) • 분석 • 평가 • 지도, 차트, 지구본과 관련된 기능(기본적 기능)	
NGS교사용 지침서 (미국, 1991)	• 지리적 질문을 던지기 • 지리적 정보를 획득하기 • 지리적 정보를 획득하기 • 지리적 정보의 제시 • 지리적 정보를 분석하기 • 지리적 일반화를 개발하고 검증하기	

표 11-6. 지리의 기능(영연방)

Williams & Catling(1985) (초등학교)	기본적 의사소통기능	• 사실적으로 쓰기 • 상상적으로 쓰기 • 참고도서와 자료의 사용 • 수학적 기능 • 모델화와 도화적 표현 • 구두표현과 토론
	지적 기능	• 측정과 양화를 포함한 과학적 • 탐구방법의 사용 • 가설설정, 문제해결, 검증, 의사결정하기, 결론도출, 일반화와 평가 • 실험과 관찰
	사회적 기능	• 학습 및 학습결과의 발견점의 공유 • 지역사회의 조사와 참여 • 지역사회와 인간집단의 다양 • 성과 다양한 가치의 인식 • 환경 제측면에 대한 태도의 변화
G. Conolly(1985) (중학교)	관찰	• 야외에서 대상을 인식하기 • 모델에서 현상을 인식하기 • 그림, 항공사진, 인공위성이미지로부터 정보를 인식하기 • 그래프로부터 정보를 읽기 • 컴퓨터처리결과 읽기와 통계 사용하기 • (환경의 소리) 효과적으로 듣기
	수집과 기록	• 야외자료수집, 인쇄물자료수집, 도화와 그래프화하기 • 요약하기 • 분류하기 • 인터뷰하기 • 적합성 생각하기 • 자료 한계 인식하기
	지도화 하기	• 지도그리기 • 지도읽기 • 지도 해석하기와 선택하기
	탐구하기	• 질문만들기 • 가설세우기 • 일반화하기 • 추론하고 예측하기 • 행위순서짜기
	자료의 해석, 분석, 종합	• 언어 • 지도 • 모델 • 그림과 영상 • 원격탐사이미지 • 그래프 • 방송 • 컴퓨터처리결과
	의사소통	• 자료를 논리적으로 배열하기 • 정보를 발표하기(효과적으로 발표하고 보여주기) • 에세이나 보고서 작성하기 • 질문지 완성하기 • 그룹토의에 참석하기

	사회적 기능	• 다른 사람과 계획짜기(그룹활동 기능, 다른 관점으로 이슈를 보기) • 그룹 일원으로 기여하기
	의사결정기능	• 의사결정 : 문제해결과 판단하기
D. Mills(1991) (중학교)	사회적 기능	• 호기심 • 관심 • 확신 • 의사소통 • 질문을 제기하기
	언어와 연구기능	• 읽기, 쓰기 • 듣기 • 말하기
	과학적, 수학적 기능	• 과학적 방법(측정, 량화, 가설) • 표본조사 • 수학적 방법(산수, %내기, 근사치법, 통계와 그래프, 대수, 확률, 집합, 형상..)
	지적 기능	• 관찰 • 인식 • 기록 • 분류 • 해석 • 가설세우기 • 일반화
	심미적 기능	• 형상, 형태, 패턴 • 환경의 질 • 소재의 성질과 색상
	실제적 기능	• 도구의 이용(표본 만들기, 기록하기, 조사하기, 계산기 및 컴퓨터의 사용) • 기능(스케치하기, 지도화, 표본추출, 그래프화, 모델화, 다이아그램만들기, 설문지만들기, 인터뷰하기, 토론하기, 시뮬레이션/극화놀이, 현지조사하기, 사진 해석하기)
영국 DES Geography 5-16 (1990)	• 지도와 다이아그램의 사용 • 필드웍 기능 • 2차적 자료의 사용기능	
*J.A. Ross and F. Maynes (1980, 캐나다)	• 과제를 정의하기 • 정보를 논리적인 순서로 조직하기 • 정보를 입지시키기 • 정보를 검색하기 • 정보를 평가하기 • 정보의 기록 • 정보를 해석하기 • 패턴의 해석 및 관계 찾기 • 정보의 해석 및 패턴 찾기 • 잠정적 결론이나 일반화에 도달하기 • 타인과 의사소통하기	• 사진, 지도, 다이아그램, 차트, 그래프 그리고 스케치를 이용하여 정보를 추출하기 • 어떤 상황속에서 적용할 수 있는 정보의 조직화에 대한 판단 • 지리적 정보를 한 형태에서 다른 것으로 번역하기 • 정보를 제시할 본보기 디스플레이를 준비하기 • 정보를 간결하게 제시하기

영연방의 경우를 보면, 과학적·수학적 기능, 언어·연구기능 등 다양한 의사소통기능이 강조된다. 특히 초등학교에서는 사회적 기능을 강조하면서도, 지리교과의 지적기능과 지도관련기능, 지리야외조사기능(field work skill)이 균형 있게 제시되고 있다. 미국의 경우를 보면 사회과 속에서의 지적기능과 지도화기능이 주로 강조되며, 특히 최근에는 고등학교에서 지적기능이 강조되고 있다.

여기에 제시된 기능들을 종합하면 지리기능은 일반적인 지적 기능에 의해 좀더 세분화될 수 있는 다양한 지적 기능, 의사소통기능에 가까우면서도 지리의 고유성이 인정되고 있는 지도화기능 중심의 지리도해기능과 모든 교과를 통틀어 보편적인 교수법으로 사용되는 일반적이고 기본적인 기능으로 정리할 수 있다. 특히 지적기능에서는 사회과에서 지적 기능목표들의 영역을 정보획득기능, 정보의 조직과 활용기능, 탐구(과정적 기능), 의사결정기능, 메타인지기능으로 구분한 김재형의 것은 시사하는 바가 크다. 『지리교육지침서』에서 제시한 '지리적 질문을 던지기', '지리적 정보의 제시', '지리적 정보를 분석하기', '지리적 일반화를 개발하고 검증하기'와 같은 기능들을 통합적으로 제시하는 것이 바람직하다. 이에 따라 관련된 하위의 지리 기능들을 함께 제시하면 <표 11-7>과 같다.

표 11-7 지리의 기능	
지리 지적 기능	• 지리적 질문하기 • 지리적 정보를 획득하기 • 야외조사기능 • 지리적 정보를 분석하기 • 지리적 일반화 및 검증하기 • 지리적 의사결정(문제해결)기능 • 지리적 메타인지기능 　-지리적 비판 사고기능 　-지리적 창의 사고기능
지리 도해기능 (geographicacy skill)	• 지리 자료를 Table, 다이어그램, 차트 등 그래픽 표현하기 • 지도화 기능과 지구본활용 기능 • 항공사진, 인공위성이미지, 사진, 그림 등으로부터 지리적 정보를 인식하기
기본적 의사소통기능과 사회적 기능	• 수리적 기능 • 구두표현 기능 • 문장표현 기능 • 사회적 기능

6. 지리학의 학문적 계통과 지리교육내용의 구조

지리 내용은 기본적으로는 모학문인 지리학을 바탕으로 하므로, 모학문의 분류체계에 따른 학문적 계통이 지리교육 내용으로 인식되었다.

지리학은 바레니우스의 전통에 따라 지지와 계통지리로 구분하는 것이 일반적이며, 다시 후자는 인문지리와 자연지리로 분류되어 왔다. 이러한 분류는 지리내용의 원천으로 생각할 수 있으며, 지금까지 가장 널리 사용되는 분류는 해게트(Haggett)의 것으로, 그는 지리학을 철학·계통지리·지역지리·지리기술(techniques)로 대구분하고, 계통지리는 자연지리와 인문지리로, 지역지리는 라틴아메리카지리, 남부아시아지리와 같은 문화적인 것과 열대지역지리, 건조지역지리와 같은 지대적(zonal)인 것으로 소구분하였다. 그러나 이 분류에서는 지리학의 정통적인 대상중심의 분류체계를 따르고 있어 지역계획과 같은 응용분야의 위치가 설정되지 못하고 있고, 또한 지역지리의 경우 문화지역, 경제지역 등과 같은 지역구분에 의한 지역에 초점을 둠으로써 다양한 스케일의 지역들을 다루지 못하는 단점을 가지고 있다.

이와 유사한 것으로 해리스(Harris)의 '도서관을 위한 지리학의 분류'가 있는데, 도서관을 위한 일반 분류항목을 제외하면 지리학사와 철학 및 방법론, 자연지리, 인문지리, 응용지리, 지역지리로 대구분되어 있다. 이 분류에서 인문지리분야는 자연지리에 비해 최근의 미국 지리학의 연구 성과에 따라 선사지리학, 마케팅지리 등 학제적인 연구 분야에 이르기까지 매우 미세하게 세분되어 있다. 그러나 이 분류는 지리학 연구를 위해 지리학의 소분야를 직접 제시하여 지리 내용의 학문적 계통에 대한 이해를 힘들게 할 수 있으며, 특히 지리학적 입장에서 지리교육이나 군사지리를 응용지리로 분류하고 있어 이를 지리교육에 적합한 내용의 분류체계로 삼기에는 어려움이 있다.

하지만 이와 같은 분류에서 나타난 바와 같이 지리학의 학문적 계통 분류에서 나온 지지와 계통지리의 이원론적 분류체계는 오랫동안 수용되어왔고 계통지리는 다시 인문지리와 자연지리로 구분됨을 알 수 있다. 또한 이러한 구분을 바탕으로 지리학의 학문적 계통으로서 인문지리와 자연지리는 주제의 형태로 전개되고, 지지(지역지리)는 지역의 스케일에 따라 전개된다는 점에 주목할 수 있다. 즉, 지리교육의 학문계통적 내용은 계통지리와 지지(地誌)로 파악되고 이를 구성하는 주된 성분은 주제와 지역이라고 할 수 있다. 이처럼 지리내용을 지역-주제의 구성성분에 따라 다시 정리하여 그 예를 제시하면 <표 11-8>과 같다.

그렇지만 앞에서 제시한 지리학의 학문계통적 영역인 지리학사 및 방법론, 지리적 기술

(technique), 그리고 응용적 분야(지역개발 및 계획, 환경지리 등) 등이 지리교육내용에 어떤 의미를 지니는지 다시 음미해볼 필요가 있다. 즉 지리학사 및 방법론 분야는 지리학에 있어서 좀더 전문적인 연구에 필요한 것으로 지리내용을 구성하는 데 활용하거나 부분적으로 하나의 정보로서 제시될 성질의 것이다. 지리적 기술은 앞 절에서 지리교육 내용으로서 제시된 기능의 영역과 결합되어 지리기능으로 통합되어야 할 것이다.

한편, 해리스의 분류에서는 응용지리 안에 계획, 지리교육, 군사지리 등이 포함되었지만, 지리학의 응용 분야는 대체로 지리학에서 본격적인 연구가 이루어지지 않은 분야나 학제적 연구가 주를 이루는 분야를 지칭한다. 그렇지만 지리학의 응용 분야는 다른 학문 분야에 비해 일찍부터 지리학의 연구성과가 축적된 분야이고, 특히 환경에 대한 연구나 지역개발·계획은 이미 지리학의 한 분야로 취급하고 있다. 따라서, 여기에서는 응용 분야는 자연지리와 인문지리로 분명하게 구분되지 않으면서 자연지리와 인문지리 양 분야에 걸쳐 연구되는 분야를 지칭하기로 한다. 이때 응용 분야는 주제를 통한 연구가 주를 이루므로 <표 11-8>의 주제성분에 따라 지리내용에 첨가할 수 있다.

그러므로 지리의 학문적 계통은 지역지리에서 나온 지역의 성분과 인문지리, 자연지리, 응용적 분야에서 나온 주제의 성분으로 구성된다고 할 수 있다.

표 11-8. 주제-지역 성분에 따른 지리내용의 구조

	고장·향토·지방	한국	한국 밖의 지역			세계
			'서구' 세계	'사회주의' 세계	'개도국' 세계	
하계망의 발달	자연지리					
빙하지형의 형성과 발달						
인구	인문지리					
촌락패턴						
읍·도시 내부						
천연자원의 개발 (채굴산업)						
농업						
제조업						
교통체계와 이동패턴						
기타 3차 산업 활동						

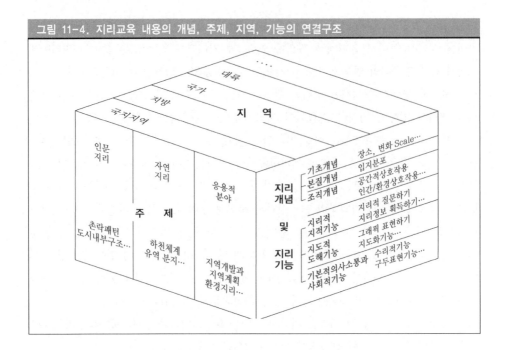

그림 11-4. 지리교육 내용의 개념, 주제, 지역, 기능의 연결구조

지리학의 학문적 계통에서 나온 지역지리의 지역과 인문지리, 자연지리, 응용 분야에서 나온 주제의 성분을 결합하면, 지리교육의 학문적 내용은 결국 지리적 주제, 지역, 지리개념 및 지리 기능의 세 가지 성분으로 구성된다고 할 수 있다. 따라서 지리 내용의 연결구조는 <그림 11-4>와 같이 설정할 수 있다.

7. 지리교육내용으로서 가치와 태도

지리 학습에서는 지리적 방법론에 나타나는 가치와 지리 내용에 내재하는 가치를 비롯하여 자발적인 지리 학습을 하는 과정에서 나타나는 지리적 내용과 무관한 다양한 가치들을 다루고 형성한다. 그 중에서도 특히 지리와 관련되거나 두드러지게 나타남으로써 가치교육에 공헌할 수 있는 내용들을 정리하면 <표 11-9>와 같다.

그렇지만 지리 학습을 통한 학생들의 평가기준을 설정하는 것은 이러한 지리 내용에 제한된 가치뿐만 아니라 일반적인 정의적 영역에 대한 평가도 동시에 이루어지도록 해야 한다. 이와 같이 지리내용에 제한된 가치와 태도 측면에 일반적인 가치와 태도를 결합한 지리에서의 정의적 측면에 대한 평가는 블룸의 교육목표 분류론(Taxonomy)을 활용할 수 있다. 카스웰(Carswell, 1970)이 블룸의 교육목표 분류론에 지리적 내용을 삽입한 예를 이용하면, 지리의 정의적 영역에 대한 평가틀은 <표 11-10>과 같이 제시할 수 있다. 그러나, 실제의 교수-학습에서는 가치와 태도의 일반적 측면은 특정한 내용과 분리되어 다룰 수 없는 경우가 많으므로, 내용, 기능, 가치 및 태도는 하나의 내용 영역 안에서 통합적으로 성취되고 평가하는 것이 바람직하다.

표 11-9. 지리 내용과 유관한 가치들

슬레터[*]	코위[**]	세나르티라야와 와이스[***]
• 환경을 돌보는 자세 • 인간 권리의 존중 • 정의 - 사회적/정치적/경제적 • 문화/사회에 대한 적합성 • 타문화에 대한 존중 • 경관의 질 보존 • 지속가능성의 이용과 오용 • 수탈 내지 침탈의 부재(침탈에 대한 거부) • 문화와 환경과 관련한 타자 이해 • 환경에 대한 책임감	• 지구의 분포, 패턴, 과정, 상호작용의 인간에 대한 중요성 • 인간의 복지를 위한 물질의 개발과 문화적 자원에 부가된 중요성 • 보존을 통한 환경의 질을 감독하고 향상하는 것의 중요성 • 인구성장, 영양부족, 인간생존과 관련한 인간의식의 중요성	• '세계적 마음' 혹은 '지구적' 관점 • '현대 세계의 상호 관련성 · 상호 의존성에 대한 이해' 혹은 '어떤 인간도 고립되어 살 수 없다'는 개념 • '인간은 생태계 일부이다'는 개념과 '세계의 자원 및 문화 자원의 보존' • 자연의 아름다움에 대한 감상 및 존중 • 국제 이해와 선의

출처: *: Slater(1996); **: Cowie(1978); ***: Senathirajah & Weiss(1971)

표 11-10. 블룸 분류에 따른 지리교육의 가치 분류

정의적 영역　　　　　　　　　　　　　수준	상	중	하
1.0 감수 　　1.1 지리를 하나의 체계적 지식으로서 인식 　　1.2 지리의 중요성의 수용 　　1.3 지리에 대한 뉴스에 대한 감수성 2.0 반응 　　2.1 부과된 지리적 문헌을 적극적으로 읽기 　　2.2 지리적 문헌에 대한 친숙성 　　2.3 지리에서의 현대의 논쟁점에 대한 관심 3.0 가치화 　　3.1 지리적 사고를 하는 사람으로 느끼기 　　3.2 지리수업에서 적극적 역할을 하기 　　3.3 지리수업에 성실하기 4.0 가치의 조직 　　4.1 지리의 역할에 대한 인식 근거를 개발하기 　　4.2 지리가 세계문제를 해결하는데 도움을 주는 탐구체계를 　　　　제공한다는 인식을 반영할 수 있는 판단의 형성 5.0 가치나 가치복합체에 의한 인격형성 　　5.1 문제를 지리적 관점에서 보기 　　5.2 지리적 이론과 실천과 일치하는 생활철학의 모색			

참고문헌

김성재. 1999, 「하나의 세계체제와 지식기반사회의 도래」, 대통령 자문 새교육 공동체 위원회, ≪21세기 지식기반사회를 대비한 국가발전 전략과 교육개혁≫.

김재형. 1991, 「사회과 지적 기능목표의 영역 체계화에 관한 연구」, 동국대학교 박사학위논문.

권정화. 1997, 「지역지리 교육의 내용구성과 학습이론의 조응」, ≪대한지리학회지≫ 제32권 제4호.

소경희·이화진. 2001, 『지식기반사회에서의 학교교육과정 구성을 위한 기초연구(II)』, 한국교육과정평가원

서태열·류재명. 1997, 「제7차 지리교육과정 개발과정에서 타나난 문제점과 앞으로의 과제」, ≪지리·환경교육≫ 제5권 제2호, 한국지리환경교육학회.

서태열. 1993, 「지리교육과정의 내용구성에 대한 연구」, 서울대학교 박사학위논문.

_____. 1993, 「지리교육과정 및 교수의 기본원리」, ≪지리·환경교육≫ 제5권 제2호, 한국지리환경교육학회.

_____. 2000, 「사회과의 영역들간 관계와 관계설정에 대한 논의」, ≪사회과 교육의 문제와 내용범위≫, 한국교육과정평가원 전문가초청세미나 자료집.

양은주·조경원·임현식. 2001, 「지식기반사회 학교교육과정의 인식론적 대안 탐색: Polanyi의 지식이론을 중심으로」,≪교육과정탐구≫ 제19권 제1호.

이경섭·이홍우·김순택. 1984, 『교 육과정: 이론, 개발, 관리』, 교육과학사.

이기석. 1983, 「지리학연구와 개념에 대하여」, ≪지리학의 과제와 접근방법 -석천 이찬 교수 화갑기념논문집≫, 교학사.

이귀윤. 1996, 『교육과정 연구: 과제와 전망』, 교육과학사.

이돈희·박순경·김정호. 1997, 『사회과 교과학 연구』, 한국교육개발원.

이찬. 1969, 「지리교육에 있어서의 기본개념」, ≪새교육≫ 4월호.

이홍우. 1982,『知識의 構造와 教科』, 교육과학사.

이화진. 1999, 「구성주의와 교육과정 구성」, 한국교원대 초등교육연구소 편, 『구성주의와 교과교육』, 문음사.

임덕순. 1979, 「지리교수용 제 기본개념의 결정: 지리교육과정의 구성을 위한 논의」, ≪지리학과 지리교육≫ 제9집, 서울대학교 사범대학 지리교육과.

유귀수. 1978, 「지리과 나선형 교육과정구성에 대한 연구」, 이화여자대학교 교육대학원 석사학위논문.

유한구. 1998, 「교육내용 선정의 두 기준: 교육내용 선정의 문제와 발전과제」, ≪교육과정연구≫ 제16권 제1호.

전제아. 2001, 「교육과정 구성에 있어서 지식의 체계성과 보편성: 구성주의 관점을 중심으로」, ≪교육과정연구≫ 제19권 제2호.

조광준. 1970, 「국민학교 사회과 지리의 교재구조 연구」, 서울대학교 교육대학원 석사학위논문.

조연주 외 2인 역. 1997, 『구성주의와 교육』, 학지사.

조영태. 1986, 「지식과 지적기능의 통합비판」, ≪교육과정연구≫ 제5집, 교육과정연구회.

황윤환. 1999, 「교수-학습이론으로서의 구성주의」, 한국교원대 초등교육연구소 편, 『구성주의와 교과교육』, 문음사.

허경철·강창동·소경희. 2000, 『지식기반사회에서의 학교교육과정 구성을 위한 기초연구(I)』, 한국교육과정평가원.

허경철. 2001, 「지식 생성(生成) 교육을 위한 지식의 성격분석」, ≪교육과정연구≫ 제19월 제1호, 한국교육과정학회.

菊地利夫. 1975, 「高校地理敎育 目的能力 方法能力」, 菊地利夫 編著, 『高校地理敎育 原理 方法』, 古今書院.

Beyer, B. K. 한면희 외 공역, 1991, 『사회과 탐구논리』, 교육과학사.

Hempel, C. G. 곽강제 역, 1989, 『자연과학철학』, 박영사.

Lyotard. 1992, 이현복 역, 『포스트모던적 조건』, 서광사.

Oakeshott, M. 1972, *Education: The Engagement and Its Frustration*, 차미란 옮김, 1993, 「교육: 영위와 그 좌절」, ≪교육진흥≫ ’93 겨울~’94여름.

Shulman, L. S. 1987, "knowledge and teaching: Foundation of the New Reform," Harvard Educational Review, 57(1), 정선영 외 3인, 2001, 『역사교육의 이해』, 삼지원.

Adams, J., R. Abler, and P. Gould. 1971, *Spatial Organization: The Geographer's View of the World*, Prentice-Hall.

Ausubel, F. and F. G. Robinson. 1969, *School Learning: An Introduction to Educational Psychology*, Holt, Reinhard and Winston, Inc,

Bennetts, T. 1981, "Progression in the Geography Curriculum," R. Walford(ed.), *Signposts for Geography Teaching*, Longman: London.

Bloom, B. S. et al.(eds.). 1954, *Taxonomy of Educational Objectives, Handbook I:Cognitive Domain*, Longman; D. R. Krathwohl et al(eds.), 1967, *Taxonomy of Educational Objectives, Handbook II:Affective Domain*, David McKay Co.

Brodbeck, M.(ed.). 1968, *Readings in the Philosophy of the Social Science*, The MacMillan Co.

Crabtree, C. 1967, "Supporting Reflective Thinking in The Classroom," in J. Fair and F. R. Shaftel(eds.), *Effective Thinking in the Social studies*, 37th Yearbook of NCSS, National Council for the Social Studies, Washing, D.C.: U.S.A.

Cox, B. 1982, "An Investigation into the Substantive Disciplinary Structure of Geography," *Geographical Education*, Vol.4, No.2.

Fien, J. 1983, "Humanistic Geography," in J. Huckle(ed.), *Geographical Education: Reflection and*

Action, Oxford University Presss.

Graves, N. J. 1980, *Curriculum Planning in Geography*, Heinemann Educational Books.

Gunter, M. Alice et. al. 1995, *Instruction: A Models Approach*, Allyn and Bacon.

Haggett, P. 1979, *Geography: A Modern Synthesis*, 3rd ed., Harper & Row.

Hall, D. 1976, *Geography and The Geography Teacher*, George Allen & Unwin LTD.

Hall, R. 1982, "Key Concepts: A Reappraisal," *Geographical Education*, Vol.4, No.2.

Harris, C. D. 1985, *Geographical Bibliography for American Libraries*, A.A.G. & N.G.S.

Harvey, D. 1972, *Explanation in Geography*, Edward Arnold.

Lanegran, D. A. and Risa Palm. 1973, "Geography in Everyday Life," in D. A. Lanegran and Risa Palm(eds.), *An Invitation to Geography*, McGraw-Hill Co.

Marsden, W. E. 1976, "Principles, Concepts and Examplars and the Structure of Curriculum Units in Geography," *Geographical Education*, Vol.2.

Naish, M. C. 1982, "Mental Development and The Learning of Geography," in N. J. Graves(ed.), 1982, *New Unesco Source Book for Geography Teaching*, Longman/The Unesco Press.

_____. 1985, "Geography 16~19," in D. Boardman(ed.), *New Directions in Geographical Education*, The Falmer Press.

Nystuen, J. D. 1963, "Identification of Some Fundamental Spatial Concepts," in B. J. L. Berry and D. F. Marble(eds.), *Spatial Analysis*, Prentice-Hall. INC.

Parker, J. C. and L. J. Rubin. 1966, *Process as Content*, Chicago: Randy McNally & Co.

Polanyi, M. 1958, *Personal Knowledge: Toward A Post-critical Philosophy*, London: Routledge & Kegan Paul.

Pring, R. 1976, *Knowledge and Schooling*, Open Books

Ryle, G. 1949, *The Concept of Mind*, New York: Barnes & Nobles, Inc.

Scheffler, I. 1965, *Conditions of Knowledge*, Chicago: The University of Chicago Press.

Schwab, J. J. *Science, Curriculum and Liberal Education*, The University of Chicago Press.

Senesh, L. 1966, "Organizing A Curriculum Around Social Science Concepts," in I. Morrissett(ed.), *Concepts and Structure in the New Social Science Curricula*, Social Science education Consortium, Inc., West Lafayette, Indiana:U.S.A.

Seo, Tae-Yeol. 1994, "Recontextualizing Geography Curriculum: Society, Student and Discipline of Geography," *Journal of Korean Geographical Society*, Vol.29, No.4.

Thomas, E. N. 1964, "Some Comments about A Structure of Geography with Particular reference to Geographic Facts, Spatial Distribution, and Areal Association," in C.F. Kohn(ed.), *Selected Classroom Experiences:High School Geography Project*, National Council for Geographic Education.

Tyler, R. W. 1949, *Basic Principles of Curriculum and Instruction*, The University of Chicago.

Warman, H. J. 1963, "Major Concepts in Geography," in W. Hill(ed.), 1963, *Curriculum Guide for Geographic Education*, NCGE.

12 지리교육과정의 구성

지리교육 내용의 선정과 조직의 목적은 고등학교의 교수내용과 전문적 지리학자의
사고 및 연구와의 간격을 줄이는 것이다.(J.M. Girrincione and J. Decaroli, 1977, p.40)

1. 교육과정의 여러 모형들

1) 교육과정의 개념과 모형

교육과정은 어원적으로 경주로(정해진 목적을 향한 코스)를 의미하므로, 지리교육과정은
학교에서 지리가 하나의 교과로서 진행되는 전 과정을 의미한다. 일반적으로 교육과정은
교육목표의 달성을 위하여 학생들이 학교교사의 지도아래 경험하는 모든 교육내용의 계
획이라고 정의할 수 있으며, 구조화된 일련의 의도된 학습결과로도 정의된다. 실제로 교
육과정은 교육이념 및 목적을 달성하기 위하여 학교가 마련하는 일련의 학습과업의 체계
이므로, 교육과정을 구성하는 것은 교육하고자 하는 지식, 기능, 가치 및 태도로 구성되는
내용(그것이 경험, 학문, 교과 중 어느 것으로 보든)을 상세화하고 체계 있게 조직·기술하는
것이다. 따라서 지리교육과정이란 교육의 일반목표와 지리교과의 목표를 달성하기 위해
지리 교과의 내용을 조직화하고 체계화한 계획된 일련의 학습과업의 체계이다.

그러나 교육과정의 정의는 타너와 타너(Tanner & Tanner)가 제시한 10가지 종류의 정의
에서 볼 수 있듯이 매우 다양하고, 교육과정에 대한 특정한 입장을 반영하기도 하는데
교육과정의 구성요소들의 관계를 어떻게 파악하느냐에 따라 달라지기도 한다. 이러한 입
장의 차이는 하나의 모형으로 표현된다. 일반적으로 교육과정의 구성요소는 목적 및 목표,
교과 및 내용, 학습활동, 평가과정의 네 가지 정도로 분류되는 것이 보편적이며, 목표,
내용, 학습활동, 평가과정, 학습재료, 시간, 공간과 환경, 교수전략 등 교수·학습의 요소들

까지 세분하기도 한다.

교육과정은 구성요소인 목표와 내용의 강조점에 따라 몇 가지 모형으로 분류할 수 있다. 맥닐(McNeil)은 인간중심 교육과정(The Humanistic Curriculum), 사회재건 교육과정(The Social Reconstructionist Curriculum), 공학적 접근 교육과정(Thechnology and the Curriculum), 학문교과중심 교육과정(The Academic Subject Curriculum)으로 분류하였으며, 아이즈너(Eisner)와 밸런스(Vallance)는 인지과정중심 교육과정(Curriculum as the Development of Cognitive Processes), 공학적 교육과정(Curriculum as Technology), 자아실현 및 총체적 경험을 강조하는 교육과정(Curriculum as Consummatory Experience, Self-Actualization), 사회적응 및 사회재건 교육과정(Curriculum for Social Reconstruction-Relevance), 학문적 합리주의 교육과정(Curriculum as Academic Rationalism)으로 구분하였다. 곽병선은 맥닐의 분류에서 공학적 접근 교육과정은 교육과정개발과 보다 밀접하게 관련되므로 이를 제외하는 대신에 아이즈너가 중시한 인지과정중심 교육과정을 추가하여, 인간중심 교육과정, 사회재건 교육과정, 인지과정중심 교육과정, 학문중심 교육과정으로 분류하였다. 그런데 우리나라에서는 해방이후 교육과정의 발달과정에 따라 교과중심 교육과정, 경험중심 교육과정, 학문중심 교육과정, 인간 중심 교육과정의 네 가지의 형태로 교육과정을 유형화하는 시각이 굳혀져왔다. 즉, 교육과정의 이론모형에 있어 교과 또는 교수요목을 교육과정과 동일시하며 고정된 교과영역 안에서의 학습활동을 강조하는 교과중심 교육과정, 교과활동 밖의 아동의 생활과 경험을 중시하며 생활사태에서의 문제해결 능력을 강조하는 경험중심 교육과정, 교과의 내용으로서 지식의 구조를 중시하며 탐구과정을 강조하는 학문중심 교육과정, 학교환경의 인간화를 중시하며 잠재적 교육과정을 강조하는 인간중심 교육과정이 그것들이다. 이와 유사하게 이경섭(1986)은 교육과정을 교과중심 교육과정, 경험중심 교육과정, 학문중심 교육과정으로 유형화하였다.

그런데 이홍우(1977)는 교육과정에서 내용은 결국 학문이자 교과며 이를 다른 측면에서 보면 경험이라고 주장하면서 특히 교육이 그 자체로서 의미를 가지기 위해 내용이 목표보다 우선할 것을 강조하였다. 그는 학문, 교과, 경험을 갈등적 관계로 보지 않고 내용을 지칭하는 동일한 것으로 보고 교육의 과정에서 목표보다 이들 내용을 우위에 두는 것을 내용모형이라 부르고, 타일러 모형에서 블룸의 교육목표분류학에 이르는 내용보다는 목표를 보다 우선시하는 입장을 목표모형이라고 하여 두 가지 모형으로 구분하였다.

한편 교육과정은 교육과정 결정자의 수준 그리고 그에 따른 목표의 수준차이에 따라 달리 인식되는데, 굿래드(Goodlad, 1966)는 수업수준, 기관수준, 사회적 수준으로 구분하였고 이영덕(1989)은 굿래드와 유사하게 국가 및 사회적 수준의 교육과정, 교사수준의 교육과정, 학생수준의 교육과정으로 제시하였으며, 김호권(1977)은 이들을 포괄하려는 의도에서 공약된 목표로서 교육과정, 수업 속에 반영된 교육과정, 학습 성과로서의 교육과정이라는 세 가지 수준으로 구분하였다.

2) 지리교육과정의 모형과 체계

지리교육과정은 어떤 목적과 목표를 제시하는가에 따라 형태가 달라진다. 그리고 무엇을 내용으로 보는가에 따라서도 교육과정의 형태가 달라지게 된다.

지리교육에서 교육과정모형의 가장 강한 영향을 받은 최초의 것은 역시 미국의 HSGP(13장의 제1절 참고)라고 할 수 있다. 이홍우의 구분에 따르면, 당시의 미국의 학문중심교육과정의 영향으로 지리학의 구조(핵심적 원리와 탐구과정)를 강조하였던 HSGP는 분명히 내용모형의 지리교육과정이라고 할 수 있다. 이것은 HSGP 연구팀이 지리에서 중요하다고 생각되는 개념, 기능, 가치(특히 개념과 기능)를 학습단원에 반영하여 구조화한 것에도 잘 나타나며, 이 결과 HSGP는 특히 교수의 과정을 면밀하게 계획하는 이후의 지리교육과정 개발에 깊은 영향을 주었다.

한편 최근에는 인간주의 지리학의 영향으로 학생들의 개인지리(personal geography), 즉 학생개인이 이미 지리학도로서 살아가는 과정에서 행하게 되는 지리를 강조하는 지리교육의 인간주의적 관점이 대두되고 있다. 이 관점에서는 지리교육과정은 교사와 학생의 상호작용과정에 더욱 주목하며, 학생이 자신의 삶의 경험과 행위, 그리고 그들이 마주치는 수많은 환경에 의미를 부여하고 또 그것들을 알도록 도와주는데 더 많은 강조점을 둔다. 이러한 까닭에 이 관점은 학습자중심접근이라고 불린다. 이러한 지리교육과정모형은 피엔에 의해 최초로 제시되었는데 그 과정은 <그림 12-1>과 같다. 이는 경험을 강조하는 것과 인간중심적인 것을 강조하는 것의 중간적 형태를 가지고 있지만, 결국 교사와 학생의 상호작용을 강조하는 것으로 이후에 언급될 그레이브스에 따르면 과정모형(process model)에 가깝고 이홍우에 따르면 내용모형이라고 간주할 수 있다.

그러나 내용보다 목표를 강조하는 목표모형에 가깝게 지리교육과정을 보는 입장은 시린치몬(Cirrincione)과 데카로리(Decaroli)에서 잘 나타난다. 그들은 지리교육과정 체계를 <그림 12-2>와 같은 타일러-타바(Tyler-Taba)의 교육과정모형을 가지고 이해하려고 하였고, 이를 통하여 HSGP를 비판하였다. 즉 그들에 따르면 HSGP가 스코프와 시퀀스의 결정에 있어서 전적으로 지리 교과 내적인, 즉 지리학에서 나온 논리와 요구만을 충실히 반영하였고, 사회나 학생의 요구는 2차적인 것으로 보고 있다는 것이다. 따라서 사회, 학생, 교과 간에 균형이 이루어져야 하고, 차후 지리교육과정의 개선을 위해서는 이와 같은 개념틀을 사용할 것을 주장하였다. 그러나 이 모형은 교육과정의 전 과정에서 목표에 의한 일관성을 중시하는 이른바 목표모형이므로, 기본적으로 학문중심교육과정이론에 입각한 HSGP와는 상이한 것이다.

그런데 앞에서 언급한 목표모형이든 내용모형이든 교육은 실제로 교과와 교사에 의해 실행되므로, 교과교육과정에서는 이들의 입장을 가능한 한 교과를 통하여 절충하고 교육과정이 결정되는 수준들을 하나의 체계 속에서 통합하려는 노력들이 나타나게 되었다.

곧 교육과정모형의 상이한 수준, 교육과정요소들의 관계를 하나의 교과교육과정 속에서 총체적으로 파악하려는 것이다. 이처럼 지리교육이 전개되는 과정을 총체적으로 파악하려는 노력은 비들(Biddle)에 의해 체계화되었다. 그는 일반교육과정 모형인 타일러-타바

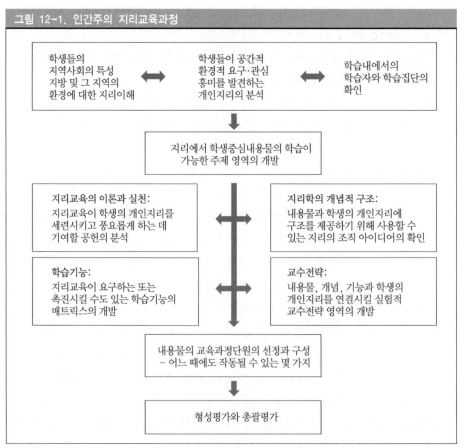

그림 12-1. 인간주의 지리교육과정

학생들의 지역사회의 특성 지방 및 그 지역의 환경에 대한 지리이해 ⟷ 학생들이 공간적 환경적 요구·관심 흥미를 발견하는 개인지리의 분석 ⟷ 학습내에서의 학습자와 학습집단의 확인

지리에서 학생중심내용물의 학습이 가능한 주제 영역의 개발

지리교육의 이론과 실천: 지리교육이 학생의 개인지리를 세련시키고 풍요롭게 하는 데 기여할 공헌의 분석

지리학의 개념적 구조: 내용물과 학생의 개인지리에 구조를 제공하기 위해 사용할 수 있는 지리의 조직 아이디어의 확인

학습기능: 지리교육이 요구하는 또는 촉진시킬 수도 있는 학습기능의 매트릭스의 개발

교수전략: 내용물, 개념, 기능과 학생의 개인지리를 연결시킬 실험적 교수전략 영역의 개발

내용물의 교육과정단원의 선정과 구성 – 어느 때에도 작동될 수 있는 몇 가지

형성평가와 총괄평가

출처: J. Fien(1980) p.244.

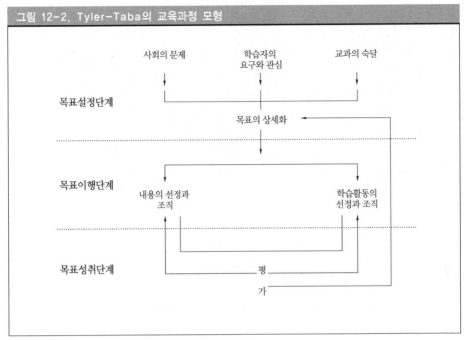

그림 12-2. Tyler-Taba의 교육과정 모형

출처: J.M. Cirrincione & J. Decaroli(1977), p.48.

모형처럼 목표설정 → 내용선정 → 내용조직 → 평가의 과정과 피드백으로 구성되는, 하나의 단일적이며 폐쇄적인 체계를 사용하지 않고, 투입(input), 산출(output), 피드백 (feedback)으로 구성되는 일련의 체계를 제시하였다. 시스템 접근(systems approach)이라고 불리는 그의 방법에 따르면, 지리교육과정의 체계는 <그림 12-3>과 같다. 이 모형에서 는 목적, 일반목표, 지리학의 패러다임 및 개념적 모형이 하나의 하위체계를 이루면서 지리교육목표가 설정되고, 이것은 다시 내용 및 기술, 학습경험의 의도된 학습결과를 만 들어내는 또 하나의 하위체계로 연결되어 있다. 이는 교육과정을 교육과정개발체계의 산 출(output)이며, 교수체계의 투입(input)으로 보는 이들간의 관계를 보다 밀착시킨 존슨 (Johnson)의 교육과정모형과 맥락을 같이하고 있다.

비들의 지리교육과정 모형의 특성은 지리학의 패러다임과 개념적 모델을 매우 중요시 하는 데 있다. 곧 지리학의 패러다임과 개념적 구조는 지리 교과의 내용 구조를 규정할 뿐만 아니라, 이미 학문 밖의 제반 가치 및 사상의 체계에서 유래하는 사회적, 정치적 요구 등을 수용하면서 발전해 왔으므로 지리 교과 밖에서 오는 교육목표와 사회적 요구를 충분히 반영할 수 있다고 가정하는 것이다. 부연하면 지리학의 여러 가지 방법론과 인식 론이 교육에서 의도하는 목적 및 목표와 그 방향이 맞물려 지리 교과의 목적과 목표를

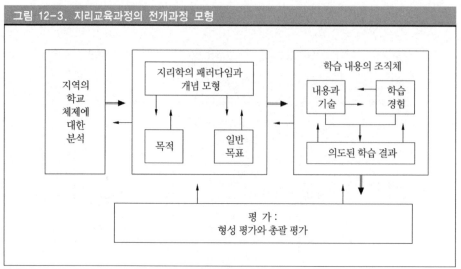

그림 12-3. 지리교육과정의 전개과정 모형

출처: Biddle(1976).

설정하는 지침이 된다는 것이고, 지리 교과는 패러다임과 개념모델을 통하여 지리학에서 나오는 학문적 요소와, 외부로부터 오는 지역 및 사회적 요구, 일반적 목적과 목표를 동시에 수용하는 것이다.

이는 일반교육과정과 지리 교과 교육과정의 차이를 학교지리의 원천이 되는 지리학의 패러다임에서 찾으려는 시도이며, 개별 교과의 모학문이 이미 다양한 사회의 변화와 요구에 반응하여 다양한 가치 및 신념체계와 지식체계를 가지고 있다고 간주하는 것이다. 따라서 이 모형은 교육의 내용으로서 학문을 강조하는 학문중심 교육과정관에 바탕을 둔 내용모형이면서도 목표를 학문과 절충하는 방식을 취하고 있다.

그레이브스 또한 이와 비슷한 관점을 취한다. 그는 먼저 지리교육과정을 계획하기 위해, 기존의 교육과정이론을 목표모형(objective model)과 과정모형(process model)으로 분류하고 이들을 분석하였다. 그에 따르면 타일러-타바 모형에 의해 대표되는 목표모형은 목표를 분명히 한다는 장점을 가지고 있으나, 목표의 설정 → 내용의 선정 → 내용의 조직 → 평가라는 직선적인 과정을 가지고 있으면서 목표에 전체 교육과정이 종속되어 있다는 단점을 가지고 있다. 또한 내용보다는 목표의 상세화에 강조점을 두어 행동적 목표의 처방으로는 창조적 사고과정을 반영할 수 없고, 주로 교수·학습수준에서만 의도하는 목표를 쉽게 달성할 수 있다고 비판하였다. 그리고 그는 후자의 과정모형에 대해서는 제한된 목표의 성취보다 학생들의 지식획득과정에 주된 관심을 기울이지만 지나치게 교사의 역할이 강조될 수 있다고 평하였다. 그러므로 양자는 모두 교수수준의 교육과정모형에 보다 가까우며, 양자간의 차이는 근본적으로 목표와 평가의 본질에 대한 견해의 차이로 파악했다. 즉 목표모형에서 행동적 목표의 설정이 중요하다면 과정모형에서는 보다 일반적인 목적의 진술이 중시되며, 전자가 평가절차에서 사후-시험평가를 사용한다면 후자는 교사에 의한 자기비판이 중요하고 교사와 학생의 의견이 모두 존중된다는 것이다.

이러한 논의를 토대로 그레이브스는 목표모형과 과정모형을 절충하면서 종래의 교육과정이론에서 교육과정과 교수를 애매하게 결합하는 것보다 분리하는 입장을 취하여 일반수준의 지리교육과정과 교수수준의 교육과정의 2단계로 파악하였다. 전자에서는 행동적 목표보다 학교교육의 일반적 목적이 더 중요시되며, 후자에서는 단기적 목표가 더 중요시된다. 그가 제시한 일반수준의 교육과정만을 보면(그림 12-4 참고), 지리교과의 목표설정을 위한 전단계로서 학교교육의 일반목적, 그리고 지리학에서 지리학자들의 연구를 반영할 패러다임을 중요시하는 교과 교육과정의 모형을 설정하고 있다. 이는 지리학 즉 학문으로부터의 요구와 사회 및 일반교육에서 오는 요구를 목표의 차원에서 절충시키려는 비들의 의도와 분명히 일치하는 것이다. 그리고 지리교육과정에서 내용을 기능, 개념, 원리, 이론, 법칙으로 파악하는 점은 지리내용을 각 계통적 분야의 주제로 보는 전통적 견해와는 입장을 달리하며, 지리 교과의 개념·구조적 측면을 강조하고 있다.

한편 교육과정은 문서에 나타난 교육과정의 협의의 의미로 자주 사용되지만, 교육과정의 계획, 시행, 평가가 포함되는 동적인 과정으로서 교육과정은 교육과정 체계라고도 불린다.[1] 또, 협의의 교육과정문서 혹은 교수요목(syllabus)의 의미에서, 광의의 지리교육이 계획되고 실행되는 전 과정이라는 의미에 이르기까지 다양한 측면이 내포되어 있다. 특히 후자의 의미로 지리교육과정을 받아들일 경우, 그 범위가 매우 넓어지기 때문에 몇 개의 하위체계로 이루어진 체계로 보는 관점은 지리교육과정의 이해를 보다 용이하게 할 수도 있다. 이러한 관점은 애매하고 혼란스러운 교육과정의 여러 국면을 분리하여 인식함으로써, 각각의 구성요소들을 상세화 할 수 있고 상세화된 하위국면들이 다시 종합적인 하나의 체계로 통합되어지는 교육과정의 동적인 과정을 보여주기 때문에 교육과정의 계획 및 개발을 위해서는 매우 유익할 것이다. 그러므로 문서로서의 교육과정보다, 실행되는 체계로서 지리교육과정을 먼저 인식하는 것이 필요하다.[2] 또한 교육과정에 대한 일반적

---

1) 뷰참(Beauchamp)은 교육과정을 문서로서의 교육과정, 실행의 과정을 포함하는 교육과정체계로서의 교육과정, 연구의 분야로서의 교육과정의 세 가지의 의미로 구분하였다.
2) 이 때의 체계분석을 체제적 접근과 구별하여야 한다. 전자는 주로 공학적 투입-산출분석에 초점을 둔 것이라면 후자는 전 과정을 하나의 총체로서 파악하는 것을 강조한다. 여기에서는 체계분석보다는 총체적 접근의 필요성에 주목하고자 한다.

인 논의는 교과를 통해 교육현장에서 실현되어지는 것이므로 교과교육과정으로서 지리교육과정은 교육과정논의의 여러 측면을(그것이 목표를 우선시하든 내용을 우선시하든) 가능한 총체적으로 다룰 수밖에 없다.

따라서 앞에서 논한 모형을 참고하면, 교과로서 지리가 학문적 요구와 일반교육목적 및 목표 그리고 사회적 요구간의 균형을 취하려면 교육과정의 목표모형과 과정모형을 절충하는 그레이브스(1980)의 입장을 채택하는 것이 바람직하고, 내용면에서는 학생들

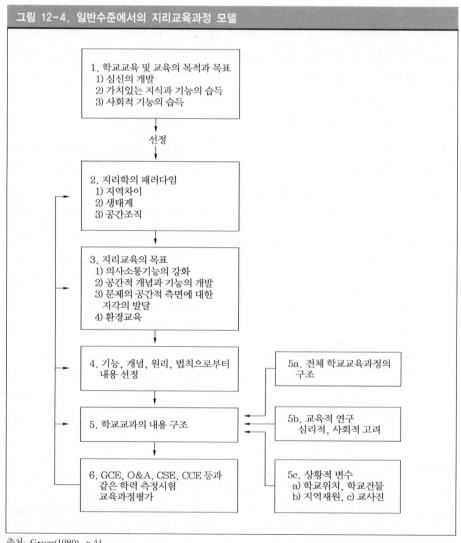

그림 12-4. 일반수준에서의 지리교육과정 모델

출처: Graves(1980), p.43.

의 경험을 동시에 중요하게 고려하려면 이것을 일반수준[3]과 교수·학습의 차원으로 분리하여 지리교육과정의 체계를 구성하는 것이 합리적이다.

2. 지리교육과정의 내용구성 방법: 선정과 조직

지리 내용의 선정준거와 조직원리는 지리 교과에서 하나의 함축된 체제(내용구성방법)를 이루며, 이것을 지리 교과에서는 교수요목을 구성하는데 자주 사용해왔다. 그것은 내용구성방법이 단일 학문을 배경으로 하는 지리 교과에서 내용의 선정과 조직, 즉 스코프와 시퀀스에 대한 결정을 포괄적으로 파악하는데 유용하기 때문이다.

국내·외의 지리 내용 구성방법에 대한 논의에서는 전통적으로 지리 교과의 고유한 방법으로 인식되어온 지역적 방법과 계통적 방법의 두 가지가 대체로 인정되어왔으나, 최근 구성방법을 체계적으로 분석하고 의미를 부여하는 작업이 요구되고 있다. 국외의 경우, 시노하라(篠原昭雄)는 계통적 방법, 지역적 방법, 주제적 방법으로, 보덴은 개념적 방법, 계통적 방법, 지역적 방법으로, 피엔은 개념 중심 방법, 원리 중심 방법, 주제 중심 방법, 학습자 중심 방법으로, 비들은 대륙적 방법, 화제(topic) 중심 방법, 동심원적 방법, 계통적 방법으로 구분하였다. 국내에서는 이찬과 임덕순(1980)이 지역적 방법과 계통적 방법, 화제중심방법과 개념중심방법, 동심원적 방법과 논리적 방법 등 6가지로 분류한 것이 최초의 언급이며, 이양우(1984)는 이와 같은 분류를 그대로 받아들였다.

그런데 여기에서 제시된 여러 방법 중에서 지리 교과의 특징을 보여주는 전통적인 지역적 방법과 계통적 방법의 양대 구분은 일반적으로 받아들여진다. 그러나 화제는 보편적으로 작은 소주제로 널리 사용되므로 주제의 한 하부 단위로 묶어서 계통적 방법의 한 부분으로 생각할 수 있다. 개념적 방법은 지역까지 개념으로 포함시켜 볼 수 있으나 주로 계통적 개념이 강조되므로 원리적 방법과 함께 계통적 방법에 속한다고 할 수 있다. 그리고 동심원적 방법은 개념과 주제를 다양한 스케일의 지역을 통해 결합하는 복합적 방법으로 다른 방법들과는 수준이 다르다. 한편 최근에 나타난 패러다임 방법은 개념과 주제를 지리학의 방법론(패러다임)을 중심으로 내용을 구성하는 복합적 방법으로 동심원적 방법과 수준이 같다고 볼 수 있다.

---

3) 일반수준은 학교교육의 일반목적이 보다 많이 투영되는 교육과정의 결정의 수준을 말하며, 교수·학습수준은 단기적 행동적 목표가 강조되는 수준을 말한다.

이 책에서는 지리 내용의 구성 방법을 지역적 방법과 계통적 방법의 이원적 분류를 따르면서 지리 개념과 주제들을 지역 또는 패러다임에 따라서 결합시키는 복합적 방법으로서 패러다임 방법과 동심원적 방법을 첨가하여 네 가지로 대구분하였다. 이 4대 방법아래 그 밖의 여러 가지 방법들을 맥락에 따라 통합하고 정리하면 다음과 같다.

1) 지역적 방법

지리학에서 지역연구의 전통은 블라슈(Blache), 헤트너(Hettner), 하트숀(Hartshorne), 허버트슨(Herbertson) 등에 의해 20세기 초에 정립된 이후, 1960년대까지 지리학의 중심적 역할을 해왔다. 따라서 이와 같은 지리학의 영향으로 대체로 1960년대까지 대부분의 국가에서는 지역지리중심으로 지리교육이 진행되었으며, 지역중심의 지리내용 구성방법은 확고한 위치를 차지하고 있었다.

이러한 지역중심의 지리내용 구성방법은 1960년대에 시작된 계량혁명과 논리실증주의적 공간지리학의 등장으로 계통중심, 개념중심의 지리내용 구성방법이 강화되면서 1970년대까지 상대적으로 후퇴한 듯 보였다. 그러나 1980년대 초에 전 세계 국가들의 지리교육을 비교한 결과 대부분의 국가에서 이 방법이 여전히 주된 방법임을 보여주었다. 따라서 지금까지도 이 방법은 지리내용을 구성하는 가장 보편적인 방법이라고 할 수 있겠다.

그런데 이러한 지역중심 내용 구성방법은 지역지리 내부의 방법론상의 변화나 각 나라의 특징적 관점에 의해 그 강조점을 어느 정도 달리할 수밖에 없었다. 예를 들면, 프랑스는 비달을 중심으로 하여 장소의 과학을 강조하는 전통을, 영국은 허버트슨 중심의 지역구분을 먼저하고 지역기술을 해나가는 분포의 과학을 강조하는 전통을, 독일은 리터(Ritter)와 헤트너 이후의 분포학(Chorology)과 슐리터(Schlüter) 이후 경관론 전통이 강조되었으며, 미국은 사우어(Sauer)에 의한 경관지역론과 하트숀의 지역차 전통을 강조하게 된 것이다.

지역지리 내부의 이러한 차이는 지리 내용에서 상이한 방향에서 영향을 미친다. 즉 지역지리는 하나의 틀로 통합되어 있지만, 대체로 연역적 접근과 귀납적 접근간의 차이는 있으며, 지역적 방법으로 지리내용을 구성하는데도 상이한 의미를 지닌다.

전자에서는 국가나 대륙을 중심으로 대지역 구분을 하고 세분된 지역들 각각의 하나의 소지역으로 기술해 나가는 것이다. 따라서 이 경우 지역을 구분하는 지표의 설정이 매우 중요하다. 초기에는 주로 자연적 인자들을 중심으로 시작하여 나중에는 인문, 자연적 요소를 모두 고려하는 종합적 지역 구분을 시도하였으며, 이 방법은 오늘날 지리 교육과정의 교수요목을 작성하는데도 널리 쓰이고 있다. 즉 허버트슨의 자연지역구분(기후, 식생), 맥킨더(Mackinder)의 정치지역구분, 스펜서(Spencer) 등의 문화지역구분은 교수요목의 작성에 오랫동안 중요한 역할을 하였으며, 최근에는 경제활동이 중요시되면서 경제지역구분이 자주 활용된다. 그러나 주지하다시피 이는 주로 지역구분과 지역경계선에 지나치게 많은 의미를 부여하여 지역의 종합적 모습을 이해하게 하지 못한다는 비판을 받는다.

후자는 구체적인 장소와 같은 작은 지역에서 출발한다. 그리고 구체적 장소 하나 하나의 구체적 사실들을 수집하고 이들을 종합하여 장소의 개성(지역성)을 찾아낸다. 따라서 이때 장소는 하나의 유기체로서 자연과 인간의 상호작용의 결과로 만들어진 곳이 된다. 이러한 개별 장소의 연구는 장소간의 실제적인 비교를 가능하게 하며, 지역간의 차이를 알 수 있고 개별지역의 특이성을 알게 한다. 이는 결국 지역의 차이성을 강조하는 방향성을 가지고 있어, 이미 허버트슨의 연역적 지역연구방법과 언스테드(Unstead)의 귀납적 지역연구방법의 논쟁에서 시작되었다. 이러한 관점의 차이는 지리내용의 구성과 지리교수법에 함의하는 바가 다르지만 결국 지역의 스케일을 통해 통합된다. 따라서 지역중심의 지리 내용구성 방법에서는 스케일에 따라 향토나 고장의 지리, 지방지리, 국토지리, 대륙 및 세계지리로 내용의 영역들이 구성될 수 있다.

여기에서는 이러한 관점의 차이에 따라 지역적 방법을 대륙별로 하위지역을 모두 다루어 나가는 전통적 지역적 방법과 계통적 주제 및 화제를 중심으로 지역성을 파악하는데 중점을 두는 지역-주제 방법으로 구분하기로 한다.

(1) 전통적 대륙중심 방법

이 방법은 세계를 대륙중심으로 다루는 방법에서 유래한 것으로, 개별대륙의 지역구분이나 세계의 지역구분이 중시된다. 대륙중심의 지역지리는 세계를 자연지역, 정치지역, 경제지역, 문화지역으로 구분함으로서 좀 더 구조화되었으며, 오늘날 대부분의 선진국의 지리 교육과정은 대륙구분보다 이들 기준에 의한 지역구분을 함께 사용하였다. 지금까지 행해져온 지역구분은 정치적 단위를 통한 구분(예, 국가), 자연환경에 따른 구분(예, 사바나 기후지역, 지중해성기후지역), 경제활동에 따른 지역구분(예, 경인공업지역, 경제블록, EEC), 종합적 기준들에 의한 지역(예, 호남지방), 그리고 종합지역과 거의 같은 의미로 쓰이는 문화에 의한 구분(예, 라틴아메리카) 등이 있다. 최근에는 특히 지역을 종합적으로 보는 눈을 길러주기 때문에 문화지역의 개념이 강조되고 있으며, 우리나라도 제2차 교육과정부터 문화지역에 의한 세계의 지역구분을 사용하고 있다.

한편, 전통적인 대륙중심의 세계구분을 보면, 그것은 대체로 다음의 절차로 구성된다.

① 개별 대륙이 지리적 환경인자의 분포도의 검토를 통해 소개되며, 대륙은 지역, 국가로 나누어져 보다 자세히 학습된다.
② 자연환경 하나의 인자나 문화환경 하나의 인자가 학생들에게 대륙을 소개하기 위해 사용되며, 인자에 근거하여 설정된 지역이 보다 자세히 학습된다.
③ 대륙이 여러 지역들로 나누어지고, 이 개별지역 각각 또는 선별된 지역이 자세히 검토된다. 또, 전 대륙의 지리적 환경인자의 분포가 논해지고, 이러한 분포간의 관계와 지역적 형태가 다루어진다.

이 접근방법이 사용된 대표적인 예는 1960년대 롱(Long)과 로버슨(Roberson)이 제시한 영국의 중등학교 지리 교수요목과 미국의 필립(Philips)이 제시한 교수요목인데, 그 내용은 <표 12-1>과 <표 12-2>와 같다. 이것을 보면, 먼저 주변지역에서 시작하여 국토, 세계의 생활중심으로 개관한 다음, 세계를 대륙별로 학습하고 맨 마지막으로 국토(國土)지리를 학습하지만, 궁극적으로는 여전히 대륙별로 그 하위지역을 모두 학습하는 것에 중점이 있다. 이러한 입장은 오늘날과 큰 차이가 없다.

표 12-1. 롱(Long)과 로버슨(Roberson)의 교수요목

중등 1학년	주변환경(향토, 영국, 세계) 　지도의 활용과 학교등 인접지역의 토지이용 　영국의 생산활동(농, 임, 수산업)과 토지이용 　세계 각지역의 생활
중등 2학년	남아메리카, 오스트레일리아 및 뉴질랜드, 아프리카 　남아메리카 　오스트레일리아와 뉴질랜드 　아프리카
중등 3학년	북미와 아시아 　북미(캐나다와 미국 북동부) 　북미(미국 남부및서부, 멕시코) 　아시아(인도및 주변의 서아시아) 　아시아(서남아시아와 동남아시아)
중등 4학년	유럽 　유럽 계통지리(지질, 기후, 도시 등)와 소련 　중부 유럽 　이베리아반도와 남부 유럽
중등 5학년	영국본토와 세계구분 　영국 지방지리 　영국 계통지리(산업, 도시, 자원…) 　야외조사(fieldwork)

학년	요목
표 12-2 필립(Philips)의 교수요목	
1	가정
2	이웃
3	지역사회와 그 환경
4	다양한 자연적 그리고 세계문화 지역에서의 지역사회생활 같은 주에서 고향외 다른 지역사회의 생활
5	미국과 캐나다 서반구
6	라틴아메리카(개관) 캐나다와 라틴아메리카 동반구 라틴아메리카, 아프리카(사하라 남부)와 오스트레일리아 남대서양 유럽과 아시아
7	유라시아 동반구 유럽, 소련, 북아프리카, 남부아시아 세계속의 미국 유럽과 소련
8	대 지리적 환경, 세계관계에서 미국의 계통지리적 학습 지역사회, 주, 미국
9	세계지리(1년 코스) 지구과학과 자연지리
10	세계지리, 세계의 경제 및 상업지리 경제지리(세계분포와 교환)
11	라틴아메리카지리, 현대의 세계문제와 관련한 특수지역 미국의 역사지리속에서의 향토지리
12	세계문화지리 선별지역 연구 세계정치지리 시사문제에 대한 지리적 학습

한편, 대륙중심으로 지리 내용을 구성하는 방법은 ① 교사가 대륙을 제목으로 하여 프로그램을 조직하는 것이 쉬우며, ② 코스를 가르치는 데에 고도로 자격을 갖춘 지리학자가 될 필요가 없고, ③ 개별 대륙에 대한 참고자료가 많다는 장점을 가지고 있다.

반면에 이 방법의 단점은 ① 초년기에 학습되는 대륙은 후기의 학습을 위해 선정된 대륙들과 동일한 깊이에서 학습되지 않으며, ② 강조점이 개념의 누적적 발달보다는 대륙 각각의 개별 지역에 관한 사실들의 암기에 있고, ③ 이것은 보통 전 세계를 다루므로 지역의 학습이 대부분의 학생들에게 지루한 것이 된다는 점을 들 수 있다.

최근에는 지역이 학생들에게 종합적인 정보를 제시하고, 지역의 차이점과 유사성에 동시에 주목하게 할 수 있도록 하기 위해, 토막난 소주제가 되기 쉬운 계통적 화제(topic)대신에 보다 포괄적인 탐구가 가능한 주제위주로 내용이 구성되고 있다. 그것은 다음 소절에서 다룰 지역-주제 구성방법이다.

(2) 지역—주제 방법

1960년대까지 지역중심의 조직된 지리 내용은 실제에서는 지역의 항목별 사실적 지식, 특히 특이한 사실 등을 나열하고 기술하였다. 즉 헤트너의 지지적 도식에 따라 자연관련 내용에서 시작하여 인문적 내용에 이르는 방대한 내용이 나열되었으므로, 지역을 다루되 그 다루는 방법에 대한 제시가 없고 교과서의 내용은 구조화되지 않았다. 또한 이러한 지지적 도식은 인문적 현상의 원인을 자연에서 찾는 환경결정론적 입장을 내포하고 있었으므로, 지역에 대한 기술은 자연적·생물적 환경의 요소로부터 시작하여, 하나의 지역 안에서 환경에 대한 인간의 대응에 대한 공부로 끝나는, 틀에 박힌 단조로운 접근이 되기 쉬웠다.

지역 내용의 시퀀스는 가까운 곳에서 먼 곳으로 또는 먼 곳에서 가까운 곳으로 나아가면서 지역이나 국가들의 명칭을 제시하는 것이었다. 즉 아시아 지리는 동남아시아, 서남아시아, 남부 아시아 등의 명칭으로 제시되었다. 그러나 그 속에서 다루어질 내용이나 지역을 다룰 방법에 대해 아무런 시사점도 주지 못해 지명의 나열중심의 단조로움을 벗어나기 어려웠다. 따라서 학습에서도 이렇게 나열된 것을 암기할 수밖에 없다. 영국의 교육과학부(DES)는 이러한 전통적인 지역적 구성방법에 대해 다음과 같이 비판하였다.

① 개별 지역의 특이성(uniqueness)을 강조함으로서 충분한 일반 개념틀의 결핍 때문에 주로 단순한 암기에 의존한다.
② (서로간에) 관계를 별로 갖지 않는 사실에 지나치게 비중을 둔다.
③ 인문지리에 많은 영향을 주는 인간행위, 삶의 질과 본질, 기술, 도시화와 같은 많은 요소를 고려하지 못한다.
④ 지표의 넓은 영역에 걸쳐 존재하는 수많은 유사성을 보여주지 못한다.
⑤ 다양한 기능을 가진 지역주위에 경계선이 분명하게 그려진다고 가정한다.

이는 지역지리를 학교지리로 번역하는 과정에서 아무런 교육적 처방 없이 제시된 결과이다. 부연하면 지역을 가르치기만 하면, 지역의 종합적 성격을 이해할 것이라고, 그리고 지역지리중심 지리학의 최종목적이 막연하게 달성되리라고 기대한 결과이기도 하다. 이는 동일한 지리학의 내용도 학교지리라는 틀 속에서는 전혀 다른 결과를 가져올 수 있음을 보여준 예이다.

따라서 1960년대 이후에는 지리내용을 지역중심으로 구성하더라도 새로이 등장한 공간지리학으로 대변되는 계통지리학의 발전과 변화를 수용하여 내용을 보다 체계화하지 않을 수 없게 되었다. 즉 전통적인 지역중심 내용구성방법이 지지적 도식에 따라 지역틀 아래에 백과사전식의 항목별로 나열하는 것이었으나, 변화된 지역중심방법에서는 지역틀 아래 계통적 주제나 사회적 이슈를 적극 활용하게 되었다. <표 12-3>, <표 12-4>에서 제시된 베네츠(Bennets)의 안과 비들의 예는 이러한 시도의 일부이다.

표 12-3. 베네츠(Bennetts)의 지역중심 내용구성안(중등 2학년)

오스트레일리아
1. 인구의 분포
2. 빈 심장부 - 사막지역과 반건조지역
    사례: Alice Springs
3. 건조와 반건조지역의 광업
    사례: 서부 오스트레일리아의 Pilbara District
4. 오스트레일리아 북부의 초지
    사례: 축사, 수송문제
5. 퀸즈랜드 해안
    사탕수수 산업
    보초
6. 동남 오스트레일리아
    해안에서 머리-달링분지에 이르는 점이지대
    사례: 밀농가와 양목장
7. 오스트레일리아의 대도시
    사례: 시드니
8. 오스트레일리아의 철강, 제철산업
9. 눈이 많은 산악지대 - 수력자원과 관개
10. 남서부 오스트레일리아 - 원거리 주변
11. 총괄개요 - 인구분포의 이해

표 12-4 비들(Biddle)의 지역-주제 구성의 사례

예) 아프리카 :
    일반적 자연적 구조
    기후요소와 지역기후
    기후-식생 관계와 생태지리적(biogeographical) 지역과의 관계
    주요광물자원의 분포와 성격

표 12-5. 초·중·고 사회과에서의 일본지지(涉澤文隆)

학습목표			일본지지적 내용의 취급 요령
지리적 사고력은 나선형방식	소학교	지역사회인식	저학년	가능한 가까운 사물, 환경을 구체적으로 관찰하고, 표현하며 지역학습의 바탕을 기른다.

학습목표			일본지지적 내용의 취급 요령
지리적 사고력은 나선형방식	소학교 — 지역사회인식	저학년	가능한 가까운 사물, 환경을 구체적으로 관찰하고, 표현하며 지역학습의 바탕을 기른다.
		중학년	국토이해의 기초로서 지역학습 관점에서 시(市,) 정(町), 촌(村)에서 도(都,) 도(道), 부(府), 현(縣)의 범위의 사회인식을 기른다.
		고학년	일본 지지학습의 기초로 식료생산, 공업생산을 중심으로 구체적 예를 바탕으로 국토이해를 꾀한다.
	중학교 — 국토인식	1년	지구적 시각에 입각하여 국토를 인식하는 것을 전제로 세계의 제 지역에 관한 이해를 꾀한다.
		2년	일본 제 지역의 지지적 학습을 중심으로 넓은 시야에 입각하여 국토인식을 심화한다.
	고등학교 — 세계인식	현대사회	구체적 생활에서 발전되도록 넓은 시야에서 현대 사회의 성립 및 그 기본적 문제를 포착한다.
		지리	세계인식의 일환으로서 일본을 하나의 국가단위의 지역으로 취급하여, 생활과 지역의 대항목에서 지지적 학습을 행한다

우리나라의 제4차 고등학교 지리II의 세계지리 교수요목에서 제시된 산업근대화에 힘쓰는 나이지리아와 같은 단원은 또 다른 하나의 방법으로 어떤 지역의 특성을 시사적 화제를 중심으로 제시한 것이다. 이러한 시도는 각 지역의 지역성을 특정 주제를 통하여 보다 분명히 제시함으로서 지역학습의 초점을 잃지 않게 해준다. 그러나 이처럼 지역의 특성을 명시적으로 제시하는 것은, 역으로 개별 지역의 다양한 모습을 이해하는 것을 방해할 수 있으므로 저학년에 적합하다. 곧 초등학교나 중학교에서는 지역을 너무 장황하지 않게, 화제나 특성을 통해 간명하고 분명하게 학습하도록 하는 것이 필요하기 때문이다.

이처럼 지역중심으로 계통적 주제나 화제를 도입하는 것은 때로는 계통지리가 지나치게 강조되어 지역이 하나의 사례나 단원의 도입을 위한 절차에 불과하게 만드는 경우가 발생하지만, 계통지리와 지지의 결합은 종래의 정태적 지지(地誌)에서 벗어나 동적인 지지(地誌)와 가까워진다는 장점을 갖는다.

한편 일본에서도 오랫동안 지역중심의 내용구성방법이 사용되어져 왔으며, 학습목표와 내용취급요령까지 매우 상세화 되어 있다. 지지교육에서의 학습목표의 계열(系列)을 지역 사회인식(국) → 국토인식(중) → 세계인식(고)으로 제시한 다음, 이를 보다 구체적으로 전개한 시사와(涉澤文隆)의 것은(표 12-5 참고) 대표적인 예이다. 이러한 방법은 지지(지역지리)의 학령단계별 목표를 제시함으로서 지역지리중심의 학습에서의 단조로움을 극복하고 각 수준별로 지역지리내용의 구성에 계열성(系列性)을 줄 수 있다.

2) 계통적 방법

전통적인 지역지리중심의 내용구성에서의 백과사전식의 개별항목은 점차 발달하여 지리학의 계통적 분야가 되었고, 이 계통적 분야 내에서 개별적 화제와 주제가 발전하고 이어서 개념과 원리, 이론들이 점점 발달해온 것은 주지의 사실이다. 일반적으로 계통적인 지리내용의 구성이란 지리학의 계통분야별로 내용을 구성하는 것을 뜻하나 계통지리학의 발달로 이것은 계통적 분야를 다시 화제나 주제나 개념 등을 통해 재조직하는 것을 의미한다.[4] 따라서 여기에서는 계통적 방법을 화제 및 주제적 방법, 개념중심 방법, 원리중심 방법으로 나누어 살펴보자.

(1) 주제-화제 방법

지역지리 중심으로 지리학이 발전하던 초창기에는 계통적 항목들은 점점 그 연구내용이 방대해지면서 이를 체계화하기 위한 화제를 중심으로 내용들이 조직되었다. 이러한 예는 미국의 경우 일찍이 맥머리(McMurry)가 제시한 화제중심의 학습방법에 잘 나타난다. 그는 허드슨강 ,금광 ,오하이오계곡과 같이 지리적 사실들을 묶어줄 화제(Topic)들을 제시하였는데 이것은 계통지리적 내용구성방법의 맹아라고 볼 수도 있을 것이다.

그러나 당시의 계통적 항목들의 화제(topic)는 오늘날 소위 주제(theme)중심으로 지리학이 심화되면서 사실상 주제와 화제간의 차이는 거의 없어졌고, 일반적으로 화제는 주제보다 학문적 초점이 적고 흥미위주의 주제라고 생각되지만 많은 경우에서 화제(topic)와 주제(theme)는 구별 없이 혼용된다[5]. 그런데 보덴의 경우 지리내용 구성방법에 있어 계통적 방법을 학술적 계통적 방법과 주제적 방법 등으로 나누고 있다. 그가 학술적 계통 방법에서 자연지리 지형의 화제로 지표, 충적지형, 빙하지형경관 등을 들고 경제지리에서 세계 농업체계, 주요제조업과 서비스산업의 입지 등을 들고 있는데 비해, 주제적 방법에서 화제를 물과 대기오염, 국립공원과 환경보존정책 등으로 들고 있는 점으로 보면, 화제는 계통분야든 주제든 그 아래에 포함되는 소항목을 뜻한다. 특히 그는 주제적 접근은 주로

---

4) 이찬·임덕순(1980)의 연구에서는 계통분야의 대상을 중심으로 정치와 지리간의 관계, 경제와 지리와의 관계 등으로 구분하는 것을 계통적방법이라고 하여 협의의 의미를 채택하고 있다.
5) 특히 지리학에서 화제(topic)는 계통적 주제로 흔히 사용되어왔으므로 topical, thematic, systematic은 같은 의미를 지닌다. 화제를 소주제로 한정할 수 있다.

표 12-6. 계통적 주제와 하위 화제(Bennetts, 1988)

제조업
1. 제조업은 무엇인가?
   일차적, 이차적, 삼차적 산업활동
2. 제조업의 요인는 무엇인가?
   1) 시장, 자본, 재료, 동력과 노동력; 그리고 수송의 중요성
   2) 공장의 사례 - 개방체계로서 분석된다.
3. 제조업체는 어디에 입지하는가?
   입지형태의 분석(예, 시장지향, 원료지향, 자유입지 산업)
   산업의 기본 요인들과 다른 요인들의 입지
4. 왜 제조업체는 종종 함께 군집을 이루는가?
   1) 산업단지와 산업지역의 사례연구
5. 산업입지에 변화를 가져오는 것은 무엇인가?
   1) 특정산업(예, 철강과 제철)에서의 변화패턴
   2) 산업지역에서의 변화(예, SE Lancashire)
   3) 읍에서의 변화패턴
6. 새로운 공장을 어디에 입지시킬 것인가?
   아이디어의 적용을 요구하는 역할놀이게임
7. 제조업체는 한 지역에 어떤 영향을 미칠 수 있는가?
   1) 이로운 점 - 승수효과
   2) 해로운 점 - 소음과 오염의 문제
      누가 조절해야 하는가? 누가 지불해야 하는가?

응용지리영역이나 다학문적 접근에서 오는 것이라고 보고, 계통적 접근은 계통분야에서 오는 것으로 구별한다. 영국적인 전통에서 화제는 대체로 대항목에서 구분되어 나온 소항목, 즉 대항목의 하위항목으로 여기는데 본 연구는 그와 같은 방향을 따르기로 한다.

결론적으로 계통적 방법은 주제적 방법과 화제적 방법을 포괄하며, 주제적 방법은 대체로 화제들을 포괄한다고 볼 수 있으므로 이를 주제-화제 방법이라 하겠다. 즉 지리내용의 구성에서 화제적 방법은 주제아래 하나의 소단원으로서 역할을 한다고 볼 수 있으므로 주제적 방법이 중심이 된다고 하겠고, 이들 주제는 지리학의 계통영역에서 나온다고 볼 수 있다. <표 12-6>은 선정된 계통적 주제와 그 아래 선정된 화제들을 보여준다.

이 방법에서는 계통분야별로 먼저 주제가 선정되고 이에 따라 소주제(화제)들이 정해지는 절차를 가지며, 계통분야의 주제는 결국 그 분야의 발달에 좌우되므로 위에서 제시된 주제들은 고정적이지 않고 학문의 발달에 따라 변화한다고 볼 수 있다.

한편 주제를 계통지리에서 오는 지리학적 주제에 한정시키지 않고 보다 넓은 의미에서 보면, 일반적인 주제들은 포괄성이 넓고 여러 가지 쟁점들을 제공하는 것들이 많아 통합

교과적 프로그램에서 효과적이고, 특정지역에서 지배적인 문제 및 쟁점, 학생집단의 특별한 흥미에 적합하도록 선정되어지면 매우 창조적인 내용구성에 도움이 된다. 이러한 예로는 영국의 '조기 학업중단 학생을 위한 지리교육개선안'(The Geography for the Young School Leaver: GYSL)의 교수요목이 대표적이다. 이 지리교육과정 개선안은 학업을 일찍 중단하게 되는 학생들에게 삶의 흥미를 찾고 삶에 관련성을 줄 수 있는 주제들을 먼저 선정하였는데, 안에서 찾아낸 주제는 ① 인간, 자원, 여가 ② 도시와 주민 ③ 사람, 장소, 작업이었다. 이처럼 넓은 의미의 주제들도 학교에서의 지리내용을 여과하는 틀로서 효과적으로 사용될 수 있다.

(2) 개념중심방법

이 방법의 목적은 학생들로 하여금 코스 중에 학생들의 경험과 이해가 파생되어 나올 수 있는 지리연구에 적합한 개념이 형성되도록 이끄는 것이며, 이는 지리교육과정에서 지리개념들의 연결구조 외에는 지리기능을 포함한 지리 내용의 선정을 제한할 조직틀이 없다고 보는 관점이다. 그러나 이 접근에서는 개념만이 중시되지 않는다는 점, 즉 개념의 획득을 가능하게 해주는 실행적 요소로서 기능과 태도 및 가치가 항상 함께 강조된다는 점을 주목해야 한다.

이 방법은 일반적인 원리로 생각될 수 있는 것이지만, 개별 교과에서는 교과 내용의 스코프와 시퀀스를 결정하는 중요한 방법으로 1960년대 이후 지리 교과에서도 사용되어져 왔다. 이는 브루너(Bruner)의 학문중심 교육과정의 영향으로 시도된 HSGP에 의해 격화된 것이다. 특히 이는 당시에 사회과학 전반에 널리 퍼져 있던 논리실증주의와 관계되는 것으로 지리학 방법론의 구조적 변화와 일치한다. 그것은 브루너의 사고가 실용주의에 경사되었으며, 따라서 신지리학의 경향에 보다 가깝게 경사되어 있었기 때문이다. 달리 말하면, 학문중심 교육과정이 각 학문의 핵심개념과 핵심아이디어에 치중해있었던 것처럼 논리실증주의에 바탕을 둔 새로운 지리학 즉 공간분석 지리학도 개념과 이론의 구축에 치중하였다. 논리실증주의에서 모든 분석의 출발점이 개념의 검토이며, 개념이 어떻게 정의되느냐에 따라 많은 이론과 법칙이 도출되기 때문이다. 따라서 이 접근의 기본적 가정은 학문은 학습할 대상에 의해 정의되기보다 질문을 던지는 방식과 그리고 그들이 가지고 있는 개념적 틀에 의해 제한을 받으며, 학생들은 미래에 효율적으로 배울 수 있도록 실제세계를 질서화하는 방법과 사고기능을 학습해야 한다는 것이다.

개념은 앞에서 언급한 것처럼 이론, 일반화, 법칙으로 연결됨으로서 의미를 지닌다는 점과 개념중심 접근에서는 이들 개념들이 가장 잘 구현되는 주제 또는 화제를 선정함으로서 내용 조직틀도 완성된다. 이 방법은 지역틀이 주는 단조로움을 피하는 것뿐만 아니라 그 안에서 제시된 주제들의 개념에 의해 보다 구조화된 방식으로 분명히 제시하는 장점을 가진다.

이 방법은 원래 학문중심교육과정에서 중요시하는 교과나 학문의 구조를 나타낼 핵심개념 즉 기본개념을 추출하고 이를 통해 교과의 내용을 구성하는데서 시작되었다. 그러나 핵심개념으로 교과의 내용을 구조화하는 것이 너무나 평면적이라는 비판이 제기되었으며, 조직개념을 통해 교과의 내용을 구성할 필요성이 대두되었다. 조직개념은 앞에서 밝힌 대로 물론 핵심개념과 동일한 수준이지만 개념들의 복합성과 위계에 보다 주목하는 것으로 최상위의 것은 패러다임이라고 볼 수 있다.

따라서 개념중심방법은 핵심개념중심의 구성방법과 일반적인 조직개념중심의 구성방법, 그리고 패러다임 중심 구성방법으로 구분할 수도 있다. 그러나 패러다임을 중심으로 한 내용의 구성방법은 계통적 영역을 넘어 지지의 영역까지 포괄하는 복합적 방법으로 다음 소절에서 독립적으로 다루도록 하고 여기서는 전자의 두 가지 방법을 살펴보자.

먼저 핵심개념을 통한 지리 내용의 구성은 핵심개념을 설정하고 이들을 누적반복하면서도 계속 그 범위를 넓혀가도록 나선형 교육과정을 구성하는 것이 최종적 목적이다. 앞절의 지리교육 내용으로서 개념에 대한 논의를 참고하면, 기본개념을 통한 지리내용의 구성은 두 가지 방식으로 전개된다. 그 하나는 즉 기본개념의 획득 그 자체를 중시하여 개념중심으로 내용을 구성하게 된다. 이때 이 기본개념을 실체적 기본개념이라고 한다. 다른 하나는 기본개념에서 그와 관련한 지리학의 기본아이디어들로 번역하거나 기본개념을 기본아이디어(핵심아이디어), 원리와 동일하게 받아들인다. 그러나 후자의 기본아이디어나 원리를 중심으로 내용을 제시하는 것은 다음에 따로 다룬다.

개념중심의 지리내용의 구성방법에서는 핵심개념(기본개념)의 추출이 가장 핵심적이고 어려운 작업이다. 존스는 지리의 핵심개념을 공간적 입지, 공간적 결합, 공간적 상호작용의 세 가지로 추출하고 <그림 12-5>와 같이 나선형적인 핵심개념의 발달과정을 보여주었다. 그런데 이와 같은 방식에서는 핵심개념만으로는 지리내용의 구성에서 시퀀스를 결정할 수 없으므로, 지역적 내용구성방법과 결합될 수밖에 없다. 즉 존스가 제시한 것은 지역지리와 대비적으로 공간지리학 패러다임의 핵심개념만을 추출하고 그것을 기존의 지역중심틀과 결합한 것이다. 캐틀링도 이러한 맥락에서 공간입지, 공간분포, 공간관계의 3가지 개념을 제시하였고, 리드는 공간패턴, 공간과정, 지역 및 지역화를 기본개념으로 보고, 그 아래에 공간패턴은 입지와 지역결합, 공간과정은 순환(이동, 교통 및 통신), 확산, 변화(율)를 포함한다고 주장하였다.

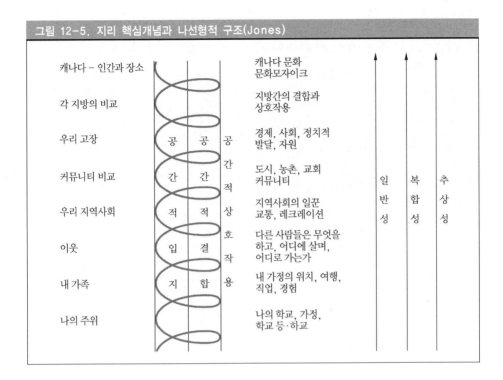

그림 12-5. 지리 핵심개념과 나선형적 구조(Jones)

존스가 환경 또는 지역틀과 결합한 것과 달리, 개념적 주제들과 개념들을 결합한 예는 <표 12-7>에 제시된 교수요목이 있다. 이 교수요목은 영국에서 공간지리학이 학교지리에 도입되던 1970년대 초에 지리교사들의 협의결과 만들어진 공간지리학의 개념과 주제가 결합된 최초의 것이다.

다음으로 조직개념을 통한 지리내용의 구성방법을 보면, 조직개념은 개념의 위계적 구조를 보다 분명히 제시하므로 교수요목의 작성을 용이하게 하고, 내용의 계통성을 유지하게 한다. 워커(Walker)는 입지, 상호작용, 거리, 스케일, 변화, 표현의 6가지 조직개념을 설정하고 이 조직개념에 포섭되는 하위개념들을 위계적으로 분류하였다. 그가 제시한 개념들의 관계를 보면 <표 12-8>과 같으며, 여기에서 제시된 개념을 토지이용, 농업, 상업과 통신이라는 계통항목과 결합하여 구성한 교수요목은 <표 12-9>와 같다.

개념중심방법의 등장은 종래의 계통지리에 대한 학습이 구체적 방향의 처방이나 제시가 없던 것이, 분명한 목표로서 개념의 탐구 및 이해가 제시됨으로서 교수수준의 교육과정 계획과 일반 교육과정 계획을 보다 긴밀하게 연결하였다.

표 12-7 챠니 마노 워크샵 그룹(Charney Manor Workshop Group)의 중등학교 교수요목	
1학년	공간체계로서 지방(local area) 학교, 가정, 가게, 공장, 농장 이는 모두 도시공간체계의 하위체계로서 기능한다. 여기에 체계의 계층이 내재하고, 각 체계는 투입, 처리, 산출 과정을 가진다. 공간개념: 이동, 네트워크, 상호작용, 공간적 분포, 최적 입지, surfaces, 경사 지도화 기능: 관찰, 지도화, 게임놀이, 하드웨어모델 만들기, 통계적 기술
2학년	농촌과 도시체계 주요 topic: 농업체계와 시장읍내와의 관계 중심지체계와 도시-농촌 계층 변화를 야기하고 촌락과 경관연구에 동적인 인자를 도입하는 국지화된 자원개발 도시내부지역의 분화 도시의 외적 관계 위기의 도시체계(예. 캘커타) 오수의 지리학(오염문제)
3학년	경제체제 주요주제: 개발은 점점 거리의 장애를 제거한다. 학생들은 익숙한 지방적(국지적), 도시 그리고 농업체계에서 복잡한 세계체계-지구촌으로 관심을 옮김 주요topic: 지방체계에로 세계적 인자의 투입 UK영국을 위한 자원공급원의 지역차 무역연계와 흐름의 분석 부국과 빈국의 격차(공간적 관점) 경제적 발전의 척도 저개발; 누적적 인과요인, 빈곤의 악순환, 문화 하위체계 발전, 확산, 교통망의 성장 오수의 문제 - 쾌적성, 보존, 계획

출처: D. Hall, op. cit., p.228

표 12-8. 워커(Walker)의 1차적 개념과 2차적 개념	
1차적 개념 (primary concepts)	2차적 개념 (secondary concepts)
입지	위치와 분포, 지역적 특화, 지역, 기능들의 결합/분리, 최소비용/최적입지.
상호작용	인간과 환경, 입지와 연계에 영향을 미치는 요인, 교역, 원조
거리	경로의 효율성, 실제거리와 시간 및 비용 거리, 입지의 효과
스케일	표현의 스케일, 작용/문제의 스케일, 규모의 경제, 계층성
변화	아이디어와 방법의 확산, 성장과 쇠퇴, 연속적 점유, 관성
표현	지도, 그래프, 사진, 다이어그램, 통계, 모델

표 12-9. 워커(Walker)의 개념중심 교수요목

주제 개념	영국 각 지방의 토지 이용	농 업	상업과 통신
입지	점들의 입지(좌표, 그리드, 위도와 경도), 지역의 입지-타운의 형태, 타운의 내부지구(zone), 토지이용권, 영향권	농업적 토지이용 패턴	산업의 입지
상호작용	읍내 그리고 주변 지역의 지대 형성에 영향을 미치는 요인, 보존에 대한 요구	토지이용에 영향을 미치는 요인 - 기복, 토양, 기후, 거리, 작용의 스케일, 수요, 정부의 행위와 인간의 태도 및 지식 ; 교역	산업입지에 영향을 주는 요인 - 원료, 동력, 노동력, 시장, 자본, 개인 그리고 정부의 행위, 거리
거리	직선, 도로와 시간, 거리, 경로, 계획(쇼핑)	토지이용에 대한 영향(농장과 시장거리의 측면에서)	최소비용입지에 대한 영향
스케일	국지 지역에서 세계에 이르는 다양한 스케일		
변화	토지이용과 건물형태의 변화하는 패턴	농업적 토지이용의 변화하는 패턴	산업입지의 변화하는 패턴, 산업적 관성
표현	지도, 그래프, 사진, 다이어그램	지도/위상, 그래프, 사진, 다이어그램, 모형	지도/위상, 그래프, 다이어그램, 모형

(3) 원리중심방법

개념은 매우 광범위하게 사용되어 가장 넓게 해석되는 경우 원리로 해석되며, 이때 개념중심접근은 원리중심접근이 된다. 개념을 대신하여 원리들이 이용되는 것은 원리를 진술하는 것보다 개념을 정의하는 것이 오히려 복잡하고 해석의 차이도 많기 때문이다.

원리 또는 아이디어는 적절히 진술되면 대부분의 개념진술보다 덜 애매하고 분명할 수 있다. 원리중심접근은 화제, 주제를 선정하고 그에 따른 원리 또는 핵심아이디어를 제시하는 것이며, 이는 개념중심방법보다 발전된 방법으로 여겨진다. 그것은 원리에 대한 강조가 실세계의 문제들에 개념을 적용하는 행위, 원리와 개념 간의 상호관련성의 추구를 동시에 포함하고 있기 때문이다. 부연하면, 개념에 대한 강조는 학교에서의 지리를 개별적이고도 불연속적인 교과에서 보다 발전시켜 그리고 현상들을 함께 묶어주는 보다 일반화된 진술을 추구하려는 새로운 노력으로 볼 때, 결국 보다 일반화된 원리에 대한 접근으로 나아가는 것은 당연한 귀결이다.

가장 대표적인 예가 HMI(1978)의 『지리에서의 교수 아이디어』(The Teaching Ideas in Geography)에 나타나는데, 여기에서는 농업, 지형, 제조업, 천연자원, 인구, 레크리에이션, 촌락, 토양과 식생, 읍과 도시, 교통, 기후와 날씨의 11개 주제 분야에 걸쳐 원리들을 제시하였다. 도시와 관련하여 제시된 원리들을 예로 들면, <표 12-10>과 같다.

또한 에버슨(Everson)은 원리중심 교수요목의 구성절차를 ① 가르칠 화제(주제의 의미임) 영역을 설정하고 ② 주제영역별로 목표[탐구기능, 태도와 가치, 지식(사실포함)]를 (가급적 행동적 용어로) 정하며, ③ 각 영역의 필수적 기본 아이디어를 결정하고, ④ 개념들의 난이도를 매트릭스로 작성하여 조절한다고 제시하였다. 이 절차에 따라 그가 제시한 촌락주제와 관련한 원리들의 예를 보면 다음 <표 12-11>과 같다.

이러한 원리중심방법은 HSGP의 교사용 지침서 5단원 거주와 자원에서 7가지 원리가 제시된바 있다. 최근 미국에서 작성된『지리교육 지침서』도 5대 근본주제를 통하여 기본 개념을 제시하고 이들을 학습 측면에서 원리 및 핵심아이디어들로 번역하여 제시하였다.

이 방법은 많은 지리 사상을 모두 다루지 않고 가장 핵심적인 원리만을 가르치는 편리함을 가져다준다. 그러나 원리를 추출하는 과정, 학생들의 사고과정을 고려한 교수재료의 구성에서 논리적 일관성을 유지하는 것이 매우 어렵다는 단점을 가지고 있다. 즉 학자들

표 12-10. 읍·도시 주제와 관련된 원리(영국 HMI)

1. 읍과 도시는 경제적, 행정적, 그리고 사회적 활동을 통해 성장한다.
2. 개별 읍은 발전과 기능의 기간과 관계되는 읍의 경관 모자이크를 보여준다. 기능지역의 일반적 패턴은 인식될 수 있다.
3. CBD는 상점, 사무실 등이 최대로 집중되어 있다.
4. 대도시의 쇼핑지역은 그 도시의 인구들의 쇼핑 습관과 관련하여 계층적 패턴을 형성한다.
5. 도심주변의 도시 활동의 집중도는 고지가, 고임대료를 형성하고, 도시 주변부로 갈수록 낮아진다.
6. 도심의 혼잡으로 도시 밖에 대규모 쇼핑센터가 개발된다. 특히 도시주변부에서 가장 접근성이 높은 지역에 입지한다.

......

14.

표 12-11 에버슨의 촌락과 관련된 아이디어(원리)

1. 오늘날 촌락의 패턴은 부분적으로 초기의 인간과 기술의 패턴에 달려있다.
2. 촌락의 site는 확인 가능한 특징에 의해 조절된다.- 건강, 안정성, 안락감, 접근성과 자원의 수송
3. 구의 형태와 크기는 자연적 그리고 경제적 요인과 관련되고, 또한 촌락의 성격과 관련된다.
4. 촌락주변의 토지이용의 집약도는 촌락으로부터 거리가 멀어짐에 따라 변한다.
5. 지역 내에서 상이한 크기의 촌락들의 발생에는 규칙성이 있고, 다양한 크기의 촌락 입지에는 패턴이 있다. 인구의 규모에 따른 촌락의 계층이 있다.
6. 하나의 촌락이 갖고 있는 모든 기능들은 인구의 계층과 촌락의 거리화와 관련되는 기능적 계층성을 정의하는데 사용될 수 있는 threshold size(상품도달거리)를 가지고 있다.
7. 모든 촌락은 시장지역을 가지고 있다; 그것의 크기는 촌락의 크기와 관련된다. 시장지역은 이상적인 육각형의 형태로 포섭되고 보여질 수 있다.
8. 촌락은 성장하고 쇠퇴한다.
9. 촌락간의 상호작용은 부분적으로 각 중심지의 크기에 의해 좌우된다.

도 명쾌하게 정리하기 힘든 학문자체의 구조적 변화를 짧은 시간에 몇 가지의 원리들로 추출하는 것이나, 전문적인 학자가 아닌 교사가 이를 충분히 숙지하면서 교수한다는 것은 매우 어렵기 때문이다. 다른 한편으로는 추출된 원리들도 주관이 개입될 소지가 많으며 진술된 원리들도 촌락은 성장하고 쇠퇴한다와 같은 자명한 경우가 많아 학문적 탐구활동을 계속하지 않는 교사의 입장에서 그 포괄적 의미를 학생들에게 충분히 유의미하게 전달하는 것이 쉽지 않다. 따라서 원리 중심의 내용구성방법에서도 실제적인 교수·학습에서는 일반화된 원리가 주입되는 것을 막고, 그와 같은 일반화된 원리를 끌어내는 과정과 그것을 이해하는 수단을 함께 제공하는 데 세심한 배려가 요구된다.

3) 패러다임 방법

이 방법은 종래의 핵심개념을 통해 지리교과의 내용을 파악하는 것이 단면적이어서, 조직개념을 통해 교과의 구조를 파악하려는 데서 나왔다. 그것은 조직개념으로서 패러다임이 보다 적극적으로 지리학의 개념과 주제를 그 아래에 포함시킴으로서 지리 내용 구성에서 개념과 주제, 지리학 방법론 및 가치체계를 보다 긴밀하게 연결할 수 있기 때문이다.

지리학에서 패러다임이라는 개념은 정상과학의 단일 패러다임과 동일하지 않다. 오랫동안 유지해온 종합 학문적 성격으로 인하여 지리학에서 복수패러다임을 통하여 방법론과 인식론의 다양성을 표현하는 것이 보편적이다. 일찍이 패티슨(Pattison)이 인식하였던 전통들은 지리학의 패러다임으로 볼 수 있으며, 접근방법이라고 표현되기도 하였다. 그리고 이들 접근방법, 전통(패러다임)은 기본개념으로 받아들여지기도 하였다. 그가 제시한 네 가지의 전통은 아직까지 지리학의 패러다임을 설명하는데 유용하며, 관점에 따라 더 세분하거나 서로 결합하여 축소되기도 한다. 예를 들면 인간-환경 관계의 전통은 지구과학 전통과 결합하여 생태적 관점으로 표현되기도 한다. 한편, 잉글리쉬(English)와 메이필드(Mayfield)는 지리학의 패러다임을 인간-환경 접근과 공간적 접근으로 나누고, 전자를 문화경관적 접근, 생태적 접근, 환경지각적 접근으로 후자를 공간질서, 지역, 공간확산으로 세분하였다. 그리고 해게트(Haggett)는 지리(*Geography*)에서 공간적 접근, 생태적 접근, 문화경관적 전통과 기능지역화를 합친 지역복합체 분석적 접근으로 세 가지로 분류하였다. 그러나 이 분류들도 기본적으로 패티슨의 4대 전통에서 벗어나지는 못하며, 태피(Taaffe)와 모릴(Morrill)도 패티슨의 전통에서 지구과학을 제외한 세 가지를 받아들였다.

지리교육에서 패러다임을 조직개념으로서 받아들일 때 지리학의 패러다임을 그대로 수용하게 된다. 즉, 지리학의 종합적 성격으로 패러다임을 복수의 방법론으로 파악하는 것이 불가피한 것으로 보인다. 비들은 종래의 단일 개념구조 접근들이 지리학 연구자들의 관심의 다양성을 겉으로만 위장하여 지리학 연구자들의 제 관점을 포용하지는 못하고 있으며, 지리교육과정의 조직에 대한 여러 가지 가능성을 사장할 수 있다고 비판하면서 연구자들의 신념체인 연구 패러다임을 내용의 조직에 사용하는 대안을 제시하였다. 즉, 이러한 패러다임 또는 그 결합형태는 조직개념간의 상호관계에 기초한 개념적 모델이 교육과정 문서의 조직과 형태를 안내할 수 있는 정보를 제공한다고 볼 수 있는 것이다. 하나의 패러다임은 학생들로 하여금 특정한 문제해결을 위한 변수를 확인하도록 이끌고 학생들은 연구자들이 사용하는 것과 유사한 지리학의 구조를 이용하여 문제해결을 발견할 것이다. 이는 학문중심 교육과정에서 성취하고자하는 학자들과 동일한 방식으로 학생들이 사고하도록 하는 것을 더욱 보장할 수 있다. 결국 지리교육내용의 구성에서 개념을 보다 많이 수용하는 방식중의 하나가 기본개념 또는 원리를 확인하는 방법이라면, 다른 하나는 학자들의 학문연구의 방향에 보다 밀착시킨 패러다임방법이라고 말할 수 있다.

비들에 따르면, 패러다임방법의 지리 내용의 구성 절차는 다음과 같다.

① 패러다임을 선정하고 그 패러다임에서 파악할 수 있는 지리내용의 구조를 제시한다.
② 패러다임과 관련되는 교육목표[지식(개념, 원리), 기능, 가치]를 설정한다.
③ 목표에서 제시된 패러다임과 관련되는 지식의 복합체를 만든다. 비들은 이를 조직화된 학습중심체 (organized learning center)[6]라고 표현했다.
④ 학습중심체에 따라 개별 교수단원의 계획을 위한 화제(Topic)를 선정한다(이 단계는 교육과정의 계획보다 구체화된 교수설계의 국면에 해당한다).

위의 첫 단계의 작업을 위하여 그는 1974년 그의 박사학위 논문에서는 해게트의 영향을 받아 지리학의 패러다임을 경관, 생태계, 공간조직, 지역복합체분석의 네 가지를 지리 내용의 구성에 사용하였으나, 1976년에는 잉글리쉬와 메이필드의 영향으로 경관, 생태계, 공간조직, 환경지각, 공간확산, 지역체계의 6가지를 사용하였다. 이때 여러 가지 패러다임을 채택하는 것은 용이할 지라도, 각 패러다임에서 나오는 개념 및 탐구절차를 함께 고려하는 내용구조를 제시하는 것이 가장 어려운 작업이다. 그가 제시한 공간조직 패러다임의 개념구조는 <그림 12-6>과 같다.

일단 패러다임의 내용구조가 정해지면, 그에 따라서 교육목표가 설정되고 이에 적합한 대주제를 선정하여 이 주제에 포함될 화제를 선정할 수 있다. 위에서 추출된 생태계 패러

---

6) 조직화된 학습중심체는 굿래드가 확인 가능한 학생들을 위한 존재하는 모든 학습기회 중에서 선별하여 제시한 구체적 학습기회라고 정의한 조직센터(Organizing Center)의 개념에 가깝다.

다임을 통해 내용을 구성하는 과정을 비들의 연구에서 정리해보면 <표 12-12>와 같다.

이 방법은 비들에서 시작하여 오스트레일리아에서 지리교육과정에 적용된 바 있으며, 그레이브스는 그의 교육과정 교수요목의 구성에 이 방법을 적용하였다. 그는 비들이 제시한 생태계 패러다임을 채택하여 내용을 전개하였는데, 비들의 모형에서 제시된 6개의 체계 즉 기후체계, 지형체계, 생물체계, 제조업체계, 농업체계, 도시체계에 따라 학년별 수준별로 주제를 중심으로 내용을 제시하였다. 그가 제시한 중등학교 교수요목 중 1학년의 교수요목은 <표 12-13>과 같다.

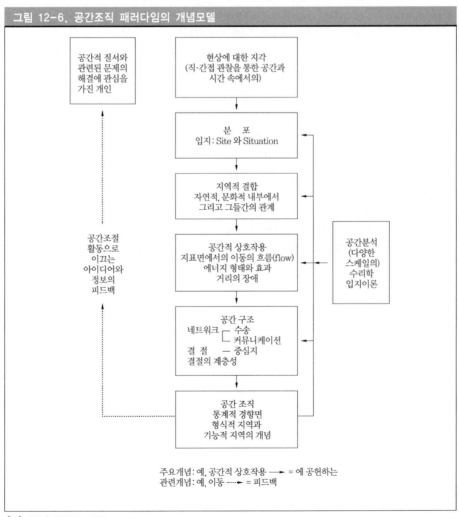

그림 12-6. 공간조직 패러다임의 개념모델

출처: Biddle(1982), p.292.

표 12-12. 생태계 패러다임에 따른 지리내용구성의 과정

I. 패러다임 선정 ----- 생태계 패러다임
   패러다임의 개념 모형의 제시

II. 교육목표설정
       1. 지식 (다음에 관한)
          투입, 에너지, 정보, 물질, 과정, 연계, 피드백,
          산출, 공간적 상호작용, 이동, 자원, 환경,
          지역체계와 같은 개념에 대한 지식
          인간은 무리적, 생물적, 그리고 사회-문화적
          환경으로 구성되는 하나의 체계와 불가분한 부분이다.
          ...
       2. 생태계 패러다임 속에서 나타나는 문제해결을 위한
          기능을 개발
          가설을 세운다.
          ...
       3. 가치: -을 밝혀주는
          학생들로 하여금 이들 문제에 대한 해결에 참여
          하도록 동기를 주는 지역적, 국가적, 그리고
          지구적 인간생태계의 생활의 질에 대한 관심
          ...

III. 주제 선정
       1. 환경적 영향에 대한 지역적 연구
       2. 인간에 의한 환경의 변화
       3. 인간-환경관계의 갈등
       4. 인간과 환경에 대한 미래전망

IV. 주제들의 화제Topic선정
     주제 3
          3.1 휴양지의 해빈 잠식
          3.2 도시의 오염과 혼잡
          3.3 주거지역의 주요 고가도로의 건설
          3.4 급사면에서의 농부에 의한 삼림제거
          3.5 농촌지역에서의 도시적 촌락의 팽창
     주제 4
          4.1 특정지역의 자원에 대한 인구압
          4.2 자원의 보존
          4.3 쓰레기처리의 광역패턴
          4.4 레져활동과 레크리에이션을 위한 공간할당
          4.5 보다 효과적인 커뮤니케이션과 교통의 수단의 개발
          4.6 부의 세계적 분포; 부와 인류복지의 공간적 차이

표 12-13 그레이브스의 생태계 패러다임에 따른 지리 교수요목(중 1)

(기후체계)

1. 날씨 관찰(도구 사용·비 사용시 풍향, 강우 등)을 간단하게 기록하기
2. 날씨의 계절적 변화와 그 원인
3. 날씨의 공간적 차이 - 영국의 동·남부

(지형체계)

1. local area의 자연사상(계곡, spur, plateau, scarp)의 관찰과 기술 : 사상의 명명을 위한 야외스케치, 지형도에서의 사상의 확인
2. 하천, 호소, 바다, estuary, 하천의 합류점
3. 하천의 침식, 운반, 퇴적
4. 암석, 점토, 모래, 사암, 석회암
5. 암석풍화
6. 해빈과 바다의 활동
7. 모래와 다른 암석에 대한 바람의 영향

(생물체계)

1. 나무, 관목(고장의): oak. birch, elm등의 확인
2. 토양(점토 등)의 확인
3. 보편적 작물의 확인(밀, 보리, oat등)

(농업체계)

1. 농가와 농가부속물의 사례학습(낙농, 경작농, 축우농장)
2. 간단한 토지이용의 지도화
3. 간단한 투입/산출 체계(농업)

(생산체계 : 제조업)

1. 지방공장의 간단한 산출/투입 모형
2. site와 그것의 장·단점의 초보적 분석
3. 그리드체계를 이용한 site의 입지

(촌락계1 : 인구)

1. local town의 인구(막대그래프)
2. 인구연령집단 피라미드

(촌락계2 : 취락)

1. 학교주변, 도시지역에서의 토지이용의 초보적 지도화, 주거와 상업지역 분류
2. 농촌촌락과 도시의 차이
3. 위도와 경도에 촌락을 입지시키기

이러한 패러다임 방법은 패러다임의 선정이나 주제의 추출과정이 매우 난해하지만, 지리교육과정에 응집력을 주는 교수단위를 조직할 일관성 있는 구조를 제공하며, 그것은 또한 공간문제에 대한 여러 가지 시각(보는 방법)을 가르침으로서 학생들에게 지리적 연구에 대한 관심을 일깨울 것으로 기대된다.

4) 동심원적 방법

이 방법은 영국에서는 주로 동심원적 방법으로 미국에서는 주로 지평확대방법, 환경확대방법, 지역확대방법, 지역사회확대방법으로 불렸으며, 양자 모두 일련의 동심원으로 구조화되므로 동심원적이라고 한다. 전자가 주로 영국의 중등학교의 지리내용을 구성하는데 사용되었다면, 후자는 주로 미국에서 사회과(Social Studies)에서 K-12(한국의 유치원~고3) 단계에 이르는 전 과정의 내용을 구성하기 위하여 사용되었다.

(1) 지평확대방법
이 방법의 기원은 헤르바르트학파 교육학자이며 지리교육학자인 맥머리에 있다. 그는 1898년에 일종의 초등학교 지리교육과정안을 제시하면서, 지리의 화제들은 가정(집)에서 출발하여 이웃, 그리고 지역사회로 발전해 나가야 한다고 주장했다. 즉 그가 제시한 구체적인 시퀀스는 가정에서 출발하여 4학년에는 미국을 각 주별로 다루고, 5학년에서는 미국 전체를 다루며, 6학년에서는 유럽을 다루는 것이다. 당시에 통각(apperception), 형식도야이론 등으로 특징 지워지는 헤르바르트학파는 아동의 성장과 발달은 인류의 문화발달단계를 반복한다는 문화경관이론에 입각하여 학교교육의 내용을 조직할 것을 주장하고 있었다. 물론 이에 훨씬 앞서서 근대교육의 창시자인 코메니우스는 일반적인 교수의 원칙으로 "가까운데서 먼 곳으로, 쉬운 것에서 어려운 것으로, 단순한 것에서 복잡한 것으로"와 같은 원칙들을 『대교수학』에서 제시한 바 있으며, 루소나 페스탈로치에 있어서도 이러한 원칙들이 제기되고 실천되었다.

그런데 이러한 구성방안은 듀이(Dewey)를 중심으로 하는 진보주의 교육가들에 의해 거센 비판을 받으면서 거의 폐기되기에 이르렀다. 왜냐하면 그들은 아동을 문화시대와 같은 형식적 틀에 넣는 것을 반대하고 아동중심적인 것을 보다 강조하였기 때문이다. 이에 맥머리는 문화개관방법보다 아동에 보다 가까운 계열화 방안을 강구하였는데, 그것은 아동이 성장해가는 상이한 크기의 환경과 학습내용을 결합하는 것이다. 그는 이를 지리 교과를 통해 구체화시켜 본 후, 1903년에 다시 초등학교 지리와 역사 교육과정안을 제시하였다. 그가 제시한 내용구성안은 <표 12-14>와 같다.

그러나 이 표에서 1, 2학년의 가정 및 학교는 공백으로 남겨두고, 세계지리는 7,8학년으로 확대하였다. 그리하여 7, 8학년에서 다루는 세계에 이르기까지 환경확대가 보다 확장되었으며, 미국 주(州)의 대부분이 이 환경확대방법을 초등학교 사회과에 채택하기에 이르렀다.

학년	지리	역사
3	향토지리	가족사, 주변지역사, 지역사회역사, 선사시대역사, 국경일
4	주(州)지리와 주의 지역지리	주와 변경지역의 개척자들 초기의 탐험과 정주화
5	북아메리카 지리	초기 미국사, 초기해양탐험가와 개척의 선구자, 유럽사(스페인, 포르투갈, 잉글랜드, 스코틀랜드)
6	북아메리카 지리	식민지시대의 미국사, 미-불 전쟁, 인디언전쟁, 그리스·로마 문명사

표 12-14. 맥머리의 초등학교 지리·역사 교육과정안(1903)

출처: L. W. LeRiche(1987, op.cit, p.146)

이러한 맥머리의 제안은 한나(Hanna)에 의해 보다 확대되고 정교화된다. 한나는 맥머리가 제시한 환경을 지리적(공간적) 크기의 지역사회로 더욱 세분하여 11개의 단계를 만들고, 각 크기의 모든 지역사회(community)에서 필수적인 9개의 사회기능 즉 교육, 레크리에이션, 보호와 보존, 조직과 통치, 심미적·정신적 욕구의 표현, 창조적인 도구와 기술, 생산·교환·분배, 교통, 커뮤니케이션을 추출하였다(그림 12-7 참고).

이렇게 하여 지역사회확대방법 또는 지평확대방법이 완성되었으며, 나중에는 이들 사회기능들은 사회과와 관련한 개별학문의 중심개념이나 활동으로 대체되었다.

그런데 이처럼 지역사회를 확대하는 근거는 무엇인가? 그것은 하위 규모의 지역사회들이 격리되어서는 실행하기 불가능한 기본적인 인간 활동을 통합하려는 노력이 필요하기 때문이다. 즉 그것은 보다 하위규모의 지역사회들은 보다 상위규모의 지역사회들을 형성하기 위하여 그와 유사한 규모의 지역사회와 결합할 (미국적인) 필요성과 요구에서 나온 것이다. 따라서 사회과 안에서 강조될 지역사회를 특정한 학년에 할당하는 것은 상대적으로 덜 중요하며, 하위규모의 지역사회에서 차상위 규모의 지역사회로 나아가는 시퀀스가 더 중요한 것이 된다. 이러한 입장은 한나의 다음 문장에서 분명해진다.

강조하는 시퀀스의 논리는 모든 사람들이 하나의 체계(Set)를 이루고 있으며, 점차 확대되면서도 상호의존적인 인간의 집단(Community)속에서 동시에 살고 있다는 생각에서 나왔다. 그리고 중심에 위치한 아동과 그의 가장 먼 사회층(band)인 세계 사이에는 여러 가지 스케일의 지역사회 집단들이 놓여 있다. 개별 아동들이 이 체계 속에 있는 개별집단을 인식하도록, 그리고 거기에 효과적으로 참여할 수 있는 능력을 기르도록 도와주는 것이 학교의 의무이다.

그림 12-7 한나의 지평확대모형

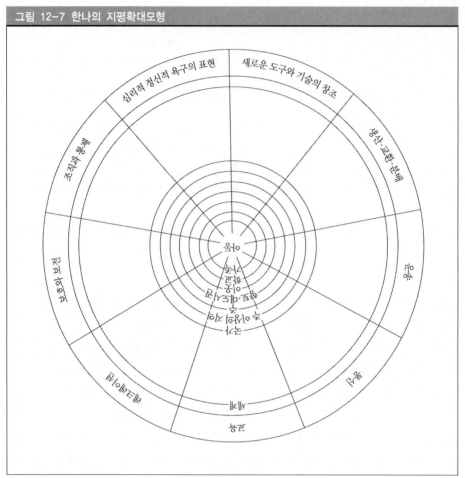

출처: P.R.Hanna(1963) p.194.

한편 한나 등이 제시한 지평확대방법에서 지리의 역할이 어느 정도 강조되었음에도 불구하고 지리는 사회과에서 중심적 역할을 하지 못하였다. 이때부터 이 방법은 사회과의 내용조직방법으로서 사회과 내용의 스코프와 시퀀스를 결정하는데 보다 많이 사용되었으며, 지리는 본연의 역할중의 하나인 다양한 스케일의 지역에서의 장소, 공간조직, 지역성을 학생들에게 제공하는 역할을 잃게 되었다. 즉 사회과의 지평확대에 그 공간적 차원을 빌려줌으로서 오히려 사회과에 흡수되어 7, 8학년의 세계지리정도로 축소되어 버린 것이다. 이렇게 됨으로써 지리는 지지분야에서는 세계지리만이 겨우 명맥을 유지하였고, 계통지리분야는 지평확대에 의해 존립마저 어렵게 되었다.

이는 슈퍼카(Superka) 등이 제시한 1970년대까지 가장 전형적인 사회과의 스코프와 시퀸스나, 1980년대 미국 미국사회과교육학회 특별위원회(NCSS Task Force)가 제시한 것을 보더라도(표 12-15 참고) 사회과 안에서 지리의 내용이 얼마나 축소되었는지 잘 보여준다.

그리고 지평확대방법은 미군정을 겪은 우리나라와 일본에 깊은 영향을 주었다. 우리나라의 경우 특히 초등학교에서 교수요목기(1946~1954)부터 사회과에 도입하여 지금까지 계속 사용 중에 있다. 또한 일본의 경우도 1950년대부터 한나식의 모형을 도입하여 1학년에 우리 동네와 학교 , 2학년은 근린사회, 3·4학년은 시(市)·정(町)·촌(村)과 도(都)·도(道)·부(府)·현(縣), 5학년은 국내, 6학년은 세계에 대한 내용으로 구성하여 지금까지 초등학교 사회과 교육과정의 내용 조직틀이 되고 있다.

그러나 이 방법에 대한 비판도 끊임없이 제기되어 왔다. 일찍이 존슨이 아동의 연령과 지역사회의 수준의 결합에는 난점이 있다고 지적한 바 있으며, 이 방법은 기본적으로 너무 연령, 학년 지향적이어서 처음 3단계의 지역사회(가정, 집, 학교)에서는 내용 반복이 많고 사회적 필수기능에만 집중하여 시사적 이슈와 문제를 적극적으로 다루지 못해 유연성이 부족하다는 비판을 받았다.

표 12-15. 미국 사회과의 스코프와 시퀀스

학년	Superka et al.(1980)	NCSS Task Force(1984)
K-	자아, 학교, community, 가정	사회 속에서의 자아의 인식
1	가족	사회 속에서의 자아의 인식
2	이웃들	1차적 집단속의 개인 : 학교와 가정생활
3	지역사회	인접한 사회집단에서의 기본적 요구의 대처 : 이웃
4	주(州)역사, 지리적 지역	다양한 환경속의 인간의 생활 : 지역
5	미국역사	아메리카의 사람들: 미국과 주변 지역주민
6	세계문화, 서반구	인간과 문화: 동반구
7	세계지리 또는 세계사	많은 국가의 변화하는 세계 : 지구적 관점
8	아메리카 역사	자유롭고 강력한 국가의 건설: 미국
9	공민 또는 세계문화	민주사회를 만드는 체계 : 법, 정의, 경제
10	세계사	주요문화의 진원 : 세계역사
11	아메리카 역사	미국의 성숙화 : 미국역사
12	아메리카 정부론	선택과목 · 현대사회의 쟁점과 문제 · 사회과학입문 · 인간사회에서 예술 · 국제적 지역연구 · 사회과학 코스 - 학문중심 · 사회사업활동에서의 관리경험 · 지방별 선택과목

또한 현대 기술의 발전은 학생들의 이동성을 증대시켜 인지범위가 확산됨으로서 환경의 확대 순서가 반드시 맞는지도 의문이 제기되며, 가까운 사상이라고 하여 반드시 쉬운 것은 아니다. 즉, 진보주의 교육관이 바탕을 두고 있던 당시의 사회를 이해하기 위해 유용한 방법이, 엄청난 사회변화를 겪은 오늘날의 고도 산업사회를 이해하는 데 아직도 도움을 줄 수 있을 것인지는 여전히 과제이다.

이와 반대로 배스크빌(Baskerville)과 세소(Sesow)는 이러한 비판들도 동심원적인 기본틀에서 잘 결합되면 지역사회(지평, 환경) 확대 방법은 여전히 유용하다고 주장하면서, 기존의 지평확대방법에 두개의 차원, 즉 아동들이 각 지역사회를 탐구하는 통로인 탐험, 획득, 적용, 개발, 아동을 둘러싼 대칭적 환경의 속성(사회적 환경 및 자연적 환경, 공식교육경험 및 비공식 교육경험)을 추가함으로서 그 수정안을 제시하였다.

한편 이를 지리 내용구성 면에서 보면, 다양한 스케일의 환경 내지 지역을 순차적으로 제시함으로서 그 의미를 가지지만, 학생들의 지리적 환경의 지각이 과연 스케일의 순서대로만 계속 발생해나가는가에 대한 의문이 여전히 제기된다. 그리고 상이한 스케일의 지역 사례들은 항상 동일한 지리적 주제나 질문들로만 결합되는 것은 아닐뿐더러, 서로 상이한 차원에서 상이한 공간관계, 인간-환경 관계가 존재하므로 스케일(지역크기)의 순서(예: 가까운 곳 → 먼 곳, 작은 지역 → 큰 지역)가 지리내용을 계열화하는 유일한 원리는 아니다. 특히 공간적 탈맥락화가 국가수준 이상으로 충분히 확대되는 중학교 이후에서는 지리내용의 계열화에서는 개념 및 주제의 차원 및 난이도 등이 훨씬 유용할 수 있다.

(2) 동심원적 방법

지평확대방법이 미국에서 사회과를 중심으로 발달해온 것에 비해, 이 방법은 영국에서 중등학교의 지리에서 주로 사용하여 왔다. 처음에는 지평확대처럼 작은 지역에서 큰 지역으로 지역을 확대하는 것이 중요하였으나 점점 주제, 개념을 지역 및 그것에 적합한 지역 사례를 통해 통합해나가는 점이 보다 강조되었다. 맥킨더(Mackinder)는 중등학교에서 지리내용의 난이도를 조절하기 위하여, 지역의 스케일에 따라 점점 난이도를 높이면서 지방에서 시작하여 국토 그리고 보다 큰 자연지역을 다루도록 내용을 조직하는 방안을 제시하였다. 울드리지(Wooldridge) 또한 지리학이란 이웃, 고장, 국가, 세계라는 동심원적인 원에 둘러싸여 있으므로, 학교지리에서도 이 네 가지의 스케일을 고려해야 한다고 제안하였고, 이를 바탕으로 하여 영국지리교육학회에서 브리올트(Briault)와 쉐이브(Shave)가 중심이 되어 새로운 교수요목을 제시하였다.

이후 브리올트와 쉐이브(1963)는 중등학교에서 대륙과 국가중심의 지역지리에서 벗어

표 12-16 브리올트와 쉐이브(Briault & Shave)의 동심원적 내용구성 모형		
	A 형	B 형(Topic, Theme 강조형)
중등학교1	향토, 영국, 북아메리카	의, 식, 주 (세계의 대표적 사례 지역 선정)
중등학교2	남반구와 몬순아시아 지역의 일부	지도의 이용, 교통수단, 기복이 도로에 미치는 영향 등 (세계의 서로 다른 지역 사례)
중등학교3	유럽대륙의 일부, 아시아 지역의 나머지	기후와 그 영향(세계)
중등학교4	세계 속의 영국 일반계통지리	산업과 무역 지역사회생활

나 계통지리와 지역지리가 조화를 이루는 동심원적 내용조직을 보다 강화하였다. 그들은 가장 가까운 지방을 먼저 다루고 그 다음에 국토나 대륙(유럽) 그리고 세계의 나머지 지역에서 선정된 지역을 다룰 것을 권장하였다. 그들의 이러한 주장은 당시의 대륙 지리 중심의 지역지리의 문제점들을 극복하고자 하는 의도에서 나온 것인데, 즉 대륙별로 전개되는 지역지리는 세계의 다른 부분 특히 고장 또는 향토와의 관련성을 상실하고 다른 규모의 장소들과 비교하였을 때 스케일에 대한 감각을 유지하기 힘들다는 비판을 염두에 둔 것이다. 따라서 상이한 스케일의 지역을 연속적으로 배열하여[7], 마지막 학년에서 다시 국토를 세계적인 맥락에서 조감하고 계통지리와 결합을 할 수 있도록 하는 것이 그들이 제시한 동심원적 방법의 핵심이다. 이들은 허버트슨적인 전통에 따라 기후 등 자연지리 관련 내용을 강조하여, 다음 <표 12-16>과 같은 중등학교 지리 내용의 동심원적 구성 모형을 제시하였다.

그들이 제시한 방법은 기본적으로 지역적이면서도, 상이한 스케일과 계통지리 내용을 지역틀 안에서 통합하는 방향으로 발전하였다. 그 결과 전통적인 지역적 방법이 지역구분과 지역성을 강조한다면, 동심원적 방법의 핵심은 개념, 주제, 지역의 계열적 통합을 강조하게 되었다. 그렇지만 지역은 여전히 강조되어, 주제와 개념의 위계 내지 학습순서가 지역에 의해 조절되도록 하였다.

이들의 모형은 마스덴(Marsden)에 의해 더욱 발전되어 가장 세련된 동심원적 방법이 되었다. 마스덴은 동심원적 방법이 친숙한 것에서 친숙하지 않은 것으로 전개하는 일반 교육원리를 가장 잘 수용한다는 인식아래, 지역적 방법에서 항상 가지고 있던 문제였던

---

7) 이 때 지역을 반드시 소 → 대 스케일로 전개하는 것만을 강조하기 위한 것이 아니라, 상이한 여러 스케일의 지역들이 연속적으로 제시되는 점이 중시된다.

종래의 자연지리중심 주제의 편협성을 극복하기위하여 동심원적 틀(concentric)과 계통지리에서 강조되는 개념적 방법(conceptual)과, 상이한 스케일의 지역에서의 사례학습(case Studies)을 결합하는 3Cs라는 변형된 동심원적 방법을 제시하였다. 그는 이를 중등 1~3학년에 응용하였는데, 1학년에서는 도시 내부와 레저, 2학년에서는 무역, 인간과 대지, 3학년에서는 산업화, 도시화와 같이 주로 인문지리중심의 주제를 선정하고, 이들에서 나온 중요개념을 여러 가지 스케일 지역과 사례지역에서 동심원으로 배열하는 <그림 12-8>과 같은 모형을 제시하였다.

그러나 이 모형은 기본적으로 계열화의 방법으로 동심원적 방법에 의존하지만, 주제에서 선정된 중심개념들을 상이한 스케일의 지역에서 반복, 상향 누적적으로 진행하여 나선형교육과정의 형태로 조직하도록 하므로 개념중심방법도 깊은 관련을 가지고 있다.

한편 국내에서는 이찬과 임덕순(1980)이 동심원적 방법을 변형하여 CRCL(개념적-지역적-동심원적-논리적 Conceptual-Regional-Concentric -Logical) 방법을 제시하였다. 그들은 기존의 지리내용구성방법을 지역적 방법과 계통적 방법, 화제중심방법과 개념중심방법, 동심원적 방법과 논리적 방법 등 6가지로 나누고 5가지 내용선정준거를 제시한 다음, 이들 방법에서 이러한 준거들과 가장 많이 부합되는 방법들을 평면적으로 결합하여 개념적-지역적-

그림 12-8. 마스덴의 동심원모형

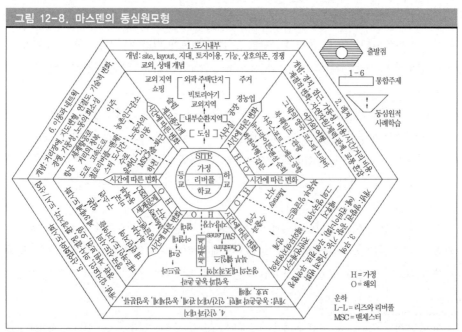

출처: W.E.Marsden(1976, p.256)

동심원적-논리적 방법이라고 명명하였다. 곧 그들에 따르면, 이 방법은 지리교육의 가르칠 대상으로서 지역과 개념 을 선택하고 논리적 순서와 가까운 것에서 먼 곳으로 학습해나가는 논리적 방법과 동심원적 방법을 채택한 것이다. 부연하면, 지리 교과에서 학습할 중심적 내용을 지역과 개념으로 보고 논리적 순서와 동심원적 지역 크기에 따라 조직한 것인데 이들이 제시한 지리 내용의 구조는 <그림 12-9>와 같다.

그러나 이 방법은 여기에서 채택한 논리적 방법의 경우 너무 포괄적이어서 지리 내용의 구성에 대한 구체적 방향을 제시하지 못하며, 지역적 방법은 이미 동심원적 방법에 포함되어 있어 굳이 재반복할 필요가 없어 보인다. 또한 이미 동심원적 방법이 주제, 개념을 지역의 스케일을 통해 통합하는 것이므로 개념적 방법도 일종의 반복이다. 결국 이 모형은 동심원적 방법을 풀어 쓴 것이라고 할 수 있다. 그리고 이 방법에서 채택된 4가지

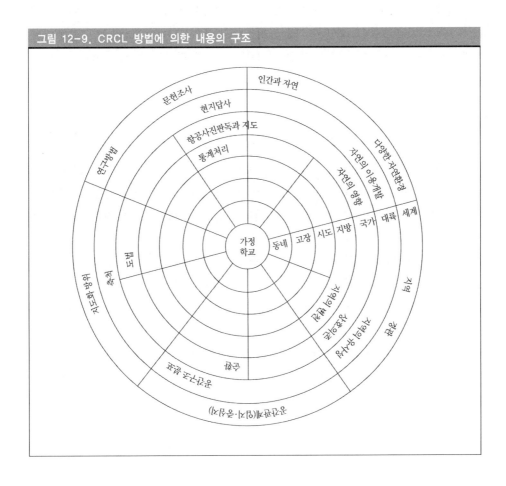

그림 12-9. CRCL 방법에 의한 내용의 구조

방법을 초, 중, 고 전 학년에 동일하게 동시에 적용하는 것은 내용 구성에서 초점을 잃기 쉬우며, 선택된 4가지 방법이 각각 완전히 상호 배타적이지 않을 경우 중복되기 쉽다. 그것은 동심원적 방법은 그 자체가 개념적 방법, 지역적 방법 등과 같은 방법들을 함의하고 있는 복합적 방법이므로 이를 다시 하위수준의 방법 즉 지역적 방법, 개념적 방법 등과 혼합하는 것은 논리적으로 중복되는 결과를 가져오기 때문이다. 따라서 수준이 서로 다른 몇 가지 방법을 수준의 고려 없이 혼합하여 사용하는 것은 지리 내용의 선정에서의 유연성을 줄일 수 있으므로 충분한 고려가 필요하다.

그렇지만 이들의 연구는 지리내용으로서 개념을 선정하고 이를 지리내용의 구성방법에까지 연결하여 일련의 논리적 절차를 가지고 교수요목을 제시한 최초의 것이다. 이와 똑같은 방법이 이양우(1984)에 의해 시도되었는데, 그도 앞에서 언급한 지리 내용의 선정의 준거들을 밝히고 세 가지의 혼합된 방법 즉 이찬-임덕순 방법, 지역적-계통적-개념적 방법, 개념적-지역적-화제적 방법에 의해 지리 내용을 전개하였다. 그러나 이 방법은 이찬, 임덕순의 연구와 동일한 과정을 거친 것이므로 동일한 단점을 지니고 있다.

5) 구성방법의 비교

앞에서 지리 내용의 구성방법을 지역적 방법(전통 대륙적 방법과 지역-주제 방법), 계통적 방법(주제 및 화제적 방법, 개념적 방법, 원리중심방법), 패러다임 방법, 동심원적 방법으로 분류하여 고찰하였는데, 후자의 두 가지 방법은 전자의 방법들을 어떤 목적에 의해 결합시킨 통합적 방법으로 전자의 두 가지 방법과는 수준을 달리하고 있다. 그러므로 각각의 방법은 스코프와 시퀀스의 결정방법과 내용구성의 의도를 달리하고 있다. 즉 패러다임 방법은 조직개념과 주제적 방법의 결합을 통해 계통지리와 지리의 이원성을 극복하고 일관성 있는 지리적 관점을 유지하는데 관심이 있으며, 동심원적 방법은 주제와 개념을 다양한 스케일의 지역을 통해 결합하는데 관심을 가진다. 이와 같은 각 방법간의 차이점을 비교·정리하면 <표 12-17>과 같다.

<표 12-17>에서 제시된 각 구성방법의 장점과 단점을 보면, 최고의 내용구성 방법은 없으며 막연하게 몇 가지 방법만을 평면적으로 결합한다고 해서 좋은 방법은 또한 아니다. 후자의 경우 오히려 내용이 중복되어 초점을 잃기 쉽다. 따라서 학생들의 인지발달단계, 내용목표로서 지리내용의 초점등과 같이 지리내용의 종적 차이를 직접적으로 고려할 수 있는 근거들을 먼저 마련하고 이에 적합한 내용구성방법이 채택하는 방식이 하나의 대안이 될 것이다.

표 12-17. 지리 내용 구성방법의 비교				
	구 분	중 점	장 점	단 점
지역적 방법	전통적(대륙적)방법 (Long & Roberson) (M.V.Phillips) 지역-주제 방법	대륙중심으로 세계를 다룸 지역구분, 지역성	교수자료가 풍부하고 내용조직이 용이함.	지역의 역동성을 파악하기 어렵다. 지역구분에서 경계선을 지나치게 강조함.
	스코프 : 지지적 도식, 백과사전에 따른 항목 시퀀스 : 대륙, 국가 등의 지역의 스케일, 지역의 원근			
계통적 방법	주제-화제적 방법 개념중심방법 원리중심방법	계통분야의 주제, 개념, 원리	일반화, 개념화를 강조할 수 있다.	계통 주제 중심으로 내용의 파편화. 학문 계통의 지나친 강조.
	스코프 : 계통적 주제, 화제 시퀀스 : 논리성(난이도, 귀납→연역, 연역→귀납 등			
패러다임 방법	비들(Biddle)	주제와 개념을 패러다임(관점, 방법론)을 중심으로 통합	학문연구절차와 쉽게 결합. 지리학방법론을 교육적으로 번역이 용이. 주제와 개념의 위상과 위계의 파악이 용이함.	패러다임 선택의 어려움. 학문연구방법을 너무 강조할 수 있음.
	스코프 : 개념과 주제 시퀀스 : 패러다임에 따른 연구절차			
동심원적 방법	*지평(환경, 지역사회 확대방법) : 환경의 스케일의 연속성 강조 *동심원적 방법(영) : 지역의 스케일의 다양성 강조	주제와 개념을 지역을 중심으로 통합 (다양한 스케일의 지역의 학습을 강조)	개념, 주제, 지역을 연속적으로 잘 통합할 수 있음. 다양한 스케일의 지역을 다양한 주제 개념을 통해 결합.	주제의 다양한 변화 없이 여러 스케일의 지역을 무의미하게 중복하기 쉬움.
	스코프 : 개념과 주제 다양한 종류의 지역 스케일			

참고문헌

김순택. 1983, 「교육과정의 개념」, 이경섭, 이홍우, 김순택 공저, 『교육과정-이론·개발·관리-』, 교육과학사.

김종서·이영덕·이홍우. 1985, 『교육과정』, 서울대 출판부

김호권·이돈희·이홍우. 1977, 『현대교육과정론』, 교육출판사.

이경섭. 1991, 『교육과정 유형별 연구』, 교육과학사.

이양우. 1984, "지리교육과정 내용선정 기준과 전개관", ≪지리학연구≫, 제9집.

이영덕·김종서 외 2인. 1989, 「교육과정이란 무엇인가」, 『교육과정과 교육평가』, 교육과학사.

이찬·임덕순. 1980, "초·중·고 지리교육과정의 구성에 관한 연구", 『교육과정 및 교과용 도서 개발의 기초』, 한국교육개발원.

이홍우. 1977, 『교육과정탐구』, 박영사.

이희연. 1991, 『지리학사』, 법문사.

임덕순. 1986, 『지리교육론』, 보진재.

황재기·이 찬 1977, 「지리교육과정」, 『지리과 교육』, 능력개발사.

篠原昭雄. 1984, "教育課程 地理 系統性," 町田 貞·篠原昭雄 編, 『社會科 地理教育講座 1 地理教育 理論』, 明治圖書.

山口幸男. 1984, "地域區分 意義 實際," 町田 貞·篠原昭雄 編, 『社會科 地理教育講座 2 地理教育 內容』, 明治圖書.

涉澤文隆. 1984, "社會科 日本地誌," 町田 貞·.篠原昭雄 編, 『社會科 地理教育講座 2 地理 教育 內容』, 明治圖書.

坂口慶治. 1984, "地理教育과 地誌學," 町田 貞·篠原昭雄 編, 『社會科 地理教育講座 1 地理教育 理論』, 明治圖書.

北川建次. 1984, "社會科 地誌學習 意義," 町田 貞·篠原昭雄 編, 『社會科 地理教育講座 2 地理教育內容』, 明治圖書.

齊藤殼. 1985, "新地理教育構想", 『地理』, Vol.30, No.3, 古今書院.

Beauchamp, G. 1971, "Basic Components of a Curriculum Theory," in H. A. Goroux et al.(eds.), 1981, Curriculum and Instruction, McCutchan Publishing co.

Bennetts, T. 1988, "Structure and Progress in Geography," in D.Boardman(ed.), *Handbook for Geography Teachers*, The Geography Association.

Biddle, D. S. 1980, "Paradigms and Geography Curricula, in England and Wales 1882~1972," *Geographical Education*, Vol.4, No.4.

Biddle, D. S. 1976, "Paradigms in Geography: Some Implications for Curriculum Development,"

Geographical Education, Vol.2, No.4.

Boden, P.(ed.). 1976, *Developments in Geography Teaching*, Open Books.

Boardman, D. 1985, "Geography for the Young School Leaver," in Boardman(ed.), op. cit.

Briault, E. W. H. & D. W. Shave. 1963, *Geography in and out of School*, 2nd ed., George G. Harrap.

Cantor, L. M. 1960, Halford Mackinder; *His Contribution to Geography and Education*, M.A.Thesis, Univ. of London.(D. S. Biddle, 1980, "Paradigms and Geography Curricula in England and Wales 1882-1972," Geographical Education, Vol.4, No.4에서 재인용-)

Catling, S. J. 1978, "The Child's Spatial Conception and Geographic Education," *Journal of Geography*, Vol.77, No.1.

Department of Education and Science. 1972, *New Thinking in School Geography*, HMI.

Eisner, E. W.& E. Vallance(eds.). 1974, *Conflicting Conceptions of Curriculum*, McCutchan.

Ellis, A. K. 1981, *Teaching and Learning Elementary Social Studies*, 2nd ed., Allyn & Bacon, INC.

English, P. & R. C. Mayfield(eds.). 1972, *Man, Space and Environment*, Open Univ. Press.

Everson, J. 1973, "The Organization of Content - A Suggested Basis," in R. Walford(ed.), *New Directions in Geography Teaching: Papers from the 1970 Charney Manor Conference*, Longman.

Fairbanks, H. W. 1927, *Real Geography and Its Place in The Schools*, Harr Wagner Publishing Co.

Fien, John. 1984, "School Based Curriculum Development In Geography," in J. Fien, R. Gerber, and P. Wilson(eds.), *The Geography Teacher's Guide to the Classroom*, Macmillan.

Hanna, P. R. 1963, "Revising the Social Studies: What Is Needed," *Social Education*, Vol.37, no.4.

Jones, F. E. 1980, "Curriculum, Geography, and The Canadian Context," in R. Choquette et al(ed.), *Canadian Geographical Education*, University of Ottawa.

LeRiche, L. W. 1987, "The Expanding Environments Sequence in Elementary Social Studies: The Origins, " *Theory and Research in Social Education*, Vol, 15, No.3.

Long, M. and B. S. Roberson. 1972, Teaching Geography, Heinemann Educational Book.

Goodlad. J. I.& M. N. Richter,Jr. 1966, *The Development of A Conceptual System for Dealing with Problems of Curriculum and Instruction*, L.A.:Univ. of California and Institute for Development of Educational Activities.

Graves, N. J. 1981, "Can Geographical Studies Be Subsumed under One Paradigm or Are a Plurality of Paradigms Inevitable ?," *Terra, Journal of the Geographical Society of Finland*, Vol.93, No.3.

Haubrich, H. 1982, "Introduction," in H. Haubrich(ed.), *Internatioanal Focus on Geographical Education*, Georg-Eckert -Institut für Internationale Schulbuchforschung.

HMI. 1978, The Teaching Ideas in Geography, HMSO.

Johnson, Jr., M. 1966, "Definitions and Models in Curriculum Theory," in H. A. Giroux et al.(eds.), 1981, op. cit.

Marsden, W. E. 1976, *Evaluationg the Geogrpahy Curriculum*, Oliver & Boyd.

McNeil, J. D. 1982, *Curriculum: A Comprehensive Introduction*, 2nd ed., Little, Brown and Company.

NCSS Task Force. 1984, "In Search of A Scope and Sequence in American Education," *Social Education*, Vol.48, No.4.

Ord, J. E. 1972, Elementary School Social Studies for Today's Children, Harper & Row.(R. A. Baskerville & F. Wn. Sesow. 1976, "In Defence of Hanna and the "Expanding Communities" Approach to Social Studies," *Theory and Research in Social Education*, Vol.4, No.1. 재인용)

Philips, M. V. 1963, "Suggested Sequences for Geographic Learning," in W. Hill(ed.), *Curriclum Guide for Geographic Education*, NCGE.

Ridd, M. K. 1977, "On Geography," in Manson and Ridd(eds.), op. cit.

Schrettenbrumer, H. L. 1991, "Geography: Education Program," in Arieh Lewy(ed.), *The International Encyclopedia of Curriculum*, Pergamon Press.

D. S. Biddle. 1982, "Course Planningin Geography," in N. J. Graves(ed.), op. cit.

Superka, C. P., S. Hawke & I. Morrissett. 1980, "The Current and Future Status of Social Studies," *Social Education*, Vol.44, No.5, NCSS.

Tanner, D. & L. N. Tanner. 1980, *Curriculum Development: Theory into Practice*, MacMillan.

Walker, M. J. 1976, "Changing the Curriculum," *Teaching Geography*, Vol.1, No.4.(Graves, 1980, op. cit. 에서 재인용)

Zais, R. S. 1976, "Conception of Curriculum and the Curriulum Field," in H. A. Giroux et al(eds.), op. cit.

13 지리교육과정의 개발 사례

지리교육과정을 계획하는 문제는 한편으로는 교육과정이론 다른 한편으로는
지리학이론에 달려 있는 문제이다(N. J. Graves, 1980, Curriculum Planning in Geography,
Heineman Educational Books Ltd. p.vii.).

지리교육은 교사가 교육과정의 개발과 실행과정에 많은 참여를 함으로써
향상되리라 믿는다.······교육과정 개발자와 교사는 목표, 내용, 전략에 대한
3가지 질문에 관심을 가져야 한다. 즉 what, why, how가 그것이다.
교육과정개발자가 직면하는 문제는 지리연구자의 문제와 동일하며
적절한 개념틀을 사용하여 문제제기, 자료수집 관계를
판단하는 것이다(J.M. Cirrincione and J. Decaroli, p.37, 47).

대규모 지리교육과정 개발 프로젝트는 교육과정의 구성요소인 목표, 내용, 방법, 평가
의 네 가지 측면을 종합적으로 고려하기 때문에, 지리교육관을 비롯하여 학생관, 지리교
육내용의 선정과 조직, 교수-학습방법, 시험 및 평가방법에 이르기까지 종합적인 변화를
동반하게 된다.

지리에서 이러한 대규모 교육과정 개발 프로젝트는 1960년대 미국의 HSGP가 시초이
며, 이후 다른 국가들에서도 HSGP와 같은 대규모 프로젝트를 진행하였다. 영국의 경우
미국의 HSGP의 영향으로 1970년대 말부터 교육과정 개발 프로젝트가 시작되어 1980년
대에 본격화되었는데 '지리(Geography) 14-18', 'GYSL(Geography for Young School Leaver)',
'지리(Geography) 16-19' 등이 그것이며, 1980년대 말부터 국가교육과정의 개발이 이루어
졌다. 미국에서는 1960년대 HSGP 이후 오랜 동안 침체를 겪었는데, 이를 극복하고 미국
의 지리 및 지리교육의 부흥을 위해 1980년대 초반부터 여러 가지 프로젝트들이 진행되
었다. 가장 대표적인 것이 『지리교육지침서』 개발 프로젝트였으며, 1990년대에는 이에
제시된 교육과정에 따라 세계지리와 미국지리의 학습을 위한 교재개발 프로젝트인 GIGI
와 ARGUS가 진행되었다.

이 장에서는 최초의 대규모 지리교육과정 개발 사례인 HSGP를 비롯하여, 영국의 '지
리 14-18', 미국의 지리교육공동위원회의 『지리교육지침서』, 영국의 국가교육과정 등
4개의 지리교육과정 개발 사례들을 살펴보도록 하겠다.

1. 미국의 HSGP(High School Geography Project)

HSGP는 미국에서 스푸트니크 충격 이후 전개된 학문중심 교육과정이론에 근거하여 각 학문별 교육과정 개발 프로젝트의 하나로 전개된 고등학교 지리교육과정 개발 작업이다. 즉, HSGP는 브루너가 『교육의 과정』에서 제기한 학문의 구조를 강조하는 이론을 바탕으로 만들어진 지리교육과정으로, 국내에서는 이찬(1968, 1969a, 1969b, 1968c)의 여러 논문에서 상세하게 소개된 바 있다.

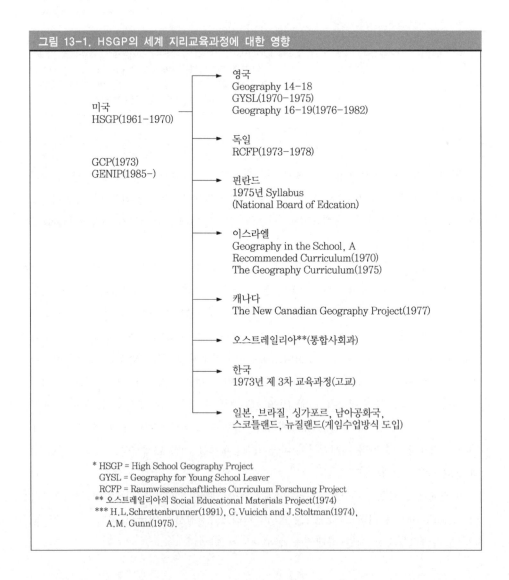

그림 13-1. HSGP의 세계 지리교육과정에 대한 영향

미국
HSGP(1961-1970)

GCP(1973)
GENIP(1985-)

영국
Geography 14-18
GYSL(1970-1975)
Geography 16-19(1976-1982)

독일
RCFP(1973-1978)

핀란드
1975년 Syllabus
(National Board of Edcation)

이스라엘
Geography in the School, A
Recommended Curriculum(1970)
The Geography Curriculum(1975)

캐나다
The New Canadian Geography Project(1977)

오스트레일리아**(통합사회과)

한국
1973년 제 3차 교육과정(고교)

일본, 브라질, 싱가포르, 남아공화국,
스코틀랜드, 뉴질랜드(게임수업방식 도입)

 * HSGP = High School Geography Project
   GYSL = Geography for Young School Leaver
   RCFP = Raumwissenschaftliches Curriculum Forschung Project
 ** 오스트레일리아의 Social Educational Materials Project(1974)
 *** H.L.Schrettenbrunner(1991), G.Vuicich and J.Stoltman(1974),
     A.M. Gunn(1975).

HSGP는 1961년에 시작하여 무려 10여 년의 개발과정을 거쳤다. 1969년에 공개된 교육과정을 살펴보면, 6단원으로 구성되어 모듈식으로 개발되었고 학생용 텍스트, 교사용 지침서뿐만 아니라 지도, 읽기자료 등 다양한 교수-학습 자료들이 제공되어 교수-학습 자료의 개발에서도 획기적인 변화를 가져온 것을 알 수 있다.

HSGP는 고등학교 1학년을 대상으로 하는 지리 코스를 위해 최신의 지리학 이론과 중요개념들을 학습하도록 하였다. HSGP에서의 이론과 개념에 대한 강조는 개념체계(개념, 이론, 일반화 등), 탐구과정, 기능을 지리의 실제적 내용으로 파악하는 경향을 만들었다. 그리고 HSGP는 개념 획득의 활동을 강조하는 개념중심으로, 지식 구조의 발견을 강조하는 탐구중심으로, 탐구과정에서 중요시되는 기능중심으로 지리교육과정을 구성하는 방법의 최초의 본보기가 되었다. 그리고 계통지리는 각 영역별로 선정되고 지역지리는 사례지역으로 그 역할이 축소되었다.

HSGP에서 시작된 개념-이론-탐구과정 및 기능을 강조하는 지리교육과정 내용조직방법은 기존의 지역중심 방법을 사용하고 있던 세계 여러 나라의 지리교육과정에 새로운 충격을 주었고, 특정학교 수준의 지리교육과정에서 나타나는 문제점 해결과 그 처방법에도 많은 시사점을 주었다. 특히 후자의 경우 영국의 '지리 14-18' 프로젝트, GYSL(Geography for the Young School Leaver) 지리 프로젝트 등을 비롯하여 세계 여러 나라의 지리교육과정 개선의 모델이 되었다. HSGP의 영향을 받은 세계 여러 나라의 지리교육과정 프로젝트나 국가교육과정을 정리하면 <그림 13-1>과 같다.

한편, 지금까지 국내에서는 HSGP에 대한 소개와 함께 한국의 교과서 또는 교육과정 일부단원과의 비교는 이루어졌지만,[1] HSGP 전체 내용구성체계를 제시한 바는 없었다. HSGP의 전체단원구성은 <표 13-1>과 같다.

주지하다시피 HSGP의 내용은 5개의 계통단원으로 되어있지만, 내용조직방법을 둘러싸고 제임스(James)를 중심으로 하는 노장학자들의 지역중심 내용조직방법과 소장학자들의 계통적 내용조직방법 간의 갈등이 있었다. 그 결과 절충과정에서 계통지리중심의 내용조직방법을 택하기로 하여 초안은 '도입, 도시의 구조, 도시의 네트워크(교통망), 제조업과 광업, 농업, 촌락과 문화, 인간과 자연환경, 수자원, 정치의 단위와 과정, 일본, 요약: 지리학의 아이디어' 등 11개의 단원으로 구성되었다(Vuicich & Stoltman, 1974).

이 초안은 다시 압축하여 문화지리, 도시지리, 정치지리, 경제지리, 주거와 자원(촌락지리와 경제지리 또는 응용지리)으로 대표되는 5개의 계통지리 단원과 지지 1단원(일본)으로 이

---

[1] 김일기(1976)는 우리나라의 도시단원과 HSGP의 도시단원을 비교하였다.

루어졌다. 건(Gunn, 1972)에 따르면, 전자의 4개 단원은 학습에 있어서 우선 순서가 없지만, 이들 4개 단원을 우선 학습한 후 주거와 자원의 단원을 학습하고 최종적으로 지역단원을 학습하는 시퀀스를 가지고 있었다. 부연하면, 지리학의 내용영역은 계통지리와 지지의 두 가지 영역으로 대구분할 수 있고, 계통지리는 문화, 도시, 정치, 경제, 촌락의 5개의 하위영역으로 나뉘며, 자연지리 영역은 제외되었다.

표 13-1. HSGP의 단원구성

1단원 : 도시들의 지리(42) 　1) 도시들의 성장 　2) New Orleans(4) 　3) 도시의 형상과 구조(4) 　4) Portsville(8-10) 　5) 도시의 규모와 범위(4-5) 　6) 특수도시기능(1) 　7) 세 도시 이야기 　8) Bruges 　9) 시간-거리 　10) 도시로의 이주 　11) Megalopolis	2단원 : 제조업과 농업(42) 　1) 제조업의 지리적 패턴(1) 　2) 제조업의 중요성(2-3) 　3) Metfab 주식회사의 입지(5-6) 　* Metfab회사의 소련에서의 입지 　4) 산업입지의 지리적 사례(2) 　* 그래픽 사례 　5) 기아(2-3) 　6) 농업분야(3-4) 　7) 농부와의 인터뷰(5-7) 　8) 농업게임(　/ 2-6) 　9) 세계를 위한 충분한 식량(1-2)
3단원 : 문화지리 (16) 1) 축우에 대한 다양한 아이디어 * 아이디어의 확산을 보여주는 게임 2) 스포츠에 관한 학습 3) 이슬람의 팽창 4) 캐나다 : 지역적 질문 5) 문화의 변화 : 동일성지향 경향	4단원 : 정치지리 (22) 1) 분할구역 2) 1인 1표 3) Millersberg의 학구 4) 런던 5) Point Roberts 국경분쟁
5단원 : 주거와 자원(32) 1) 주거와 인간 2) 2개의 하천 3) Watchung 4) 금홍석과 해변 5) 홍수와 재해 6) 물 수지의 균형 5) 쓰레기관리	6단원 : 일본 (16) 1) 일본의 소개(1) 2) 전통적 일본(2-3) 3) 현재의 일본(2-4) 4) 일본의 근대화(6-7)

* 괄호 안은 단위수업시간
** Hall, D., 1976, pp. 157-165.
Glowacki, W., 1972, "The Rebirth of High School Geography," The Clearing House, Vol.46, NO.6., pp.327-331.
Rolfe, J., 1971, "The Completion of the American High School Geography Project," Geography, Vol.56, Part 3, pp.216-220.
HSGP, Unit 1 Geography of Cities(Student Resources), The Macmillan Co.
HSGP, Unit 1 Geography of Cities(Teacher Resources), The Macmillan Co.
HSGP, Unit 6 Japan(Teacher Resources), The Macmillan Co.
HSGP, Unit 2 Manufacturing and Agriculture(Teacher Resources), The Macmillan Co.

이는 사회과로서의 지리, 즉 공간과학으로서 지리학의 성격을 좀더 부각시키려는 의도이며, 당시의 사회과학이 학문적 성격을 강조하는 이른바 '신사회과(New Social Studies)'라는 주된 추세에 부합하기 위한 것이었다. 한편 HSGP에서는 지식, 기능, 태도와 가치 영역에 걸쳐 목표를 설정하였으나 실행에서는 가치와 태도영역을 깊이 다루지는 못하였다(제3장에서 헬번이 제시한 HSGP의 목표 참조).

따라서 다른 측면에서 보면 학교에서 지리교과가 할 수 있는 여러 공헌점을 찾으려는 노력보다 최첨단의 지리학, 즉 사회과학으로서 지리학의 정체성에 너무 치중하여, 지리학의 종합적 성격과 이에 따른 지리교과가 학교 교육과정에 제공할 수 있는 다양성과 사회적 관련성을 충분히 보여주지는 못하였다.

그러나 다른 한편으로 HSGP는 몇 가지 면에서 중대한 공헌을 하였는데, 그것은 다음과 같다.

첫째, 사회과학으로서 지리학을 학교에 도입하여, 정보의 홍수 사회에서 학생들로 하여금 스스로 이들 정보와 사실 속에 개념과 이론체계를 구축하여 과학적으로 탐구하는 과정을 몸에 익히는 데 공헌하였다.

둘째, 지리교과 내용의 구성인자에서 종래의 지역지리 중심의 내용조직에서 사실의 비중을 낮추고 개념, 이론, 탐구기능 등을 중시하였다.

셋째, 교육과정의 내용선정을 위한 토대로 지리의 기본개념구조를 제시함으로써 개발자들이 가지고 있는 지리학을 보는 관점을 더욱 분명하게 드러냈다.

넷째, 지리 내용으로 선정된 단원의 주제들과 단원을 구성하는 내용들이 좀더 긴밀하게 연계되는 일관성을 보여주었다. 즉, 각 단원의 소주제는 각 주제단원의 중심적 개념과 이론의 체계를 명확히 드러내 주어야 한다는 것이다. 이는 종래의 지역중심 내용조직방법에서는 단원을 지역의 명칭으로만 제시하고 다룰 내용에 대한 암시가 없던 것과 비교된다. 따라서 가능한 한 단원들이 지역과 주제가 결합된 형식으로 제시되는 이 방법은 각 개념과 이론의 이해와 탐구의 각 단계들을 이어줄 관련 자료가 더욱 풍부하게 제공되어야 하고, 그 과정을 충분히 익히고 이해시킬 교수전략과 잘 훈련된 교사가 필요하다.

이상에서처럼 HSGP는 지리내용의 선정과 조직 면에서 지역중심방법으로부터 계통적-개념중심방법으로 전환하는데 획기적인 역할을 하였다.

2. 영국의 지리 14-18

영국에서 개발된 지리교육과정 개발 프로젝트의 대표적인 사례는 '지리 14-18', GYSL, '지리 16-19'인데, 이들 국가 수준의 프로젝트들은 새로운 지리교육과 지리학의 조류를 학교지리 속으로 도입하는 역할을 성공적으로 수행하였다고 평가된다. 이 중 GYSL은 고등교육을 받지 않고 조기에 학업을 중단하는 학생들을 위한 지리교육과정 프로젝트로서 그들이 바로 사회에 진출하였을 때 지리적 지식과 기능을 활용할 수 있도록 한 것이다. '지리(Geography) 16-19'는 우리나라와는 다른 학교체제, 즉 중등 상급학교 또는 상급학년을 위한 것으로 우리나라의 고등학교 수준을 넘어선다. '지리 14-18'은 우리나라의 인문계 고등학교 수준에 해당하는 것으로, 내용구성방법 면에서 미국의 HSGP의 영향을 강하게 받았다.

'지리(Geography) 14-18'은 1973~1981년에 걸쳐 개발된 영국의 10학년(14세)~13학년(17세) 사이의 학생을 위한 과정이다. 우리나라의 학제와 굳이 비교하자면 고등학교 1~4학년에 해당하지만, 이 과정은 11세(7학년)부터 시작되는 중등교육 연속과정의 일부이다[2].

이 프로젝트는 효과적인 교육과정의 개발이란 교사가 모든 측면에서 근본적으로 변화할 것을 요구한다는 신념 하에 진행된 교사의 자립적인 교육과정 개선전략을 강조하는 학교중심, 교사중심의 지리교육과정개발이다. 즉, 교육과정개발은 교사, 교수자료, 학교조직의 역할, 지위, 작용간 상호작용에 의한 사회적 과정이라고 보고, 톨리와 레이놀드(Tolley & Reynolds, 1977)에 따르면 교육과정이론에서는 해브록(Havelock)의 문제해결 및 자기유지 개념을 이용하였다. 그 결과 발견된 교육과정상에 시급히 개선될 문제는 평가시험을 개선하고 아울러 교사의 자발적 활동을 조장하며 정보를 제공할 지리교육 협의체를 구성하는 것이었다. 이 과정을 나타내면 <그림 13-2>와 같다.

이와 같이 '지리 14-18'은 지방분권적인 영국의 상황에 적합한 시험체제를 개발하면서 지리교사의 자발성을 끌어내기 위하여 중앙교육당국과 지방교육당국의 협조 및 지원 하

---

2) 16세까지 의무교육인 점과 16세 이후에 선별된 학생들만이 대학진학 또는 상급자격을 획득하기 위하여 18~19세까지 교육을 받는 영국적 상황의 특수성으로 인해서, 우리나라의 고교수준에 해당하는 15~17세 대상의 교육과정을 분리해내기는 어렵다(곽상만, 김영준, 1989: 87, 145). 이 고등학교 상급학년의 중간인 16세 이후에 진학을 위해 보는 시험으로 GCE(General Certificate of Education)와 CSE(Certificate of Secondary Education)의 두 가지가 존재했으며, 1988년 여름부터 통합하여 GCSE(General Certificate of Secondary Education)가 실시되고 있다. 16세에 치르는 교육일반 자격시험(제6형식 또는 3대학으로 진학가능)은 보통수준, 즉 O-Level이라고 부르고, 18세 이상의 학생이 대학진학을 위한 최종관문이 되는 시험을 A-Level이라고 한다.

에 몇 개 지역이 연합한 지리교사와 지리교육전문가로 구성된 컨소시엄을 중심으로 한 활동이 장려되었다. 또한 교육과정 요목의 구성보다 교육과정에서의 교수학습체제를 좀 더 중요시하여 교수재료, 교수방법, 아이디어 공유 및 개발을 무엇보다도 강조하였다.

이 프로젝트의 연구팀은 지리학과 지리교육의 상호작용을 3가지 유형(앞의 제8장에서 언급한 지리교수 스타일의 세 가지 유형을 참조할 것)으로 분류하였다. 첫째, 지리학을 지역의 기술을 강조하는 인간-환경 관계의 연구(지역차 패러다임)로 볼 경우, 지리교육의 목적이 시민정신의 함양에 있어 세계에 관한 정보를 주고 인간과 자연과의 관계를 분명히 알게 하며 지도읽기와 도표작성기능을 가르치는 경향이 있는 반면 평가는 주로 사실암기나 지도읽기가 된다. 이때 학습경험은 시청각 자료, 사례연구, 기타 보조물 등을 이용하는 학생에게 달려있지만 '해설자로서의 교사'의 역할에 의존한다고 볼 수 있다. 이 경우 교사 수준의 교육과정의 변화는 시험이나 교과서의 변화에 의해 일어난다.

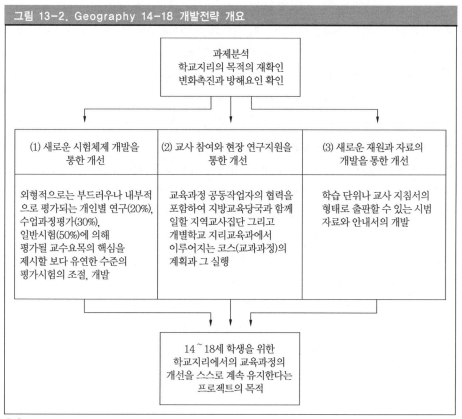

그림 13-2. Geography 14-18 개발전략 개요

출처: Tolley, H. and Reynolds, J. B.(1977), p.2.

둘째, 지리학을 예측력을 가진 과학(공간조직 또는 생태계 패러다임)으로 볼 경우, 지리교육의 목적은 과학적 사고력에 대한 지리교육의 공헌을 강조하는 경향이 있다. 이에 학생들은 어떤 원리나 이론을 학습하고 가설을 검증할 것이 요구되며, 따라서 평가는 객관적 유형의 질문과 함께 매우 엄밀하게 이루어진다. 학습에서는 간단한 것에서 복잡한 것에 이르기까지 계열화된 코스를 교사가 제공하며 학생의 학습행위는 학습할 정밀한 개념, 기능, 원리에 의해 밀접하게 결정되고, 이때 문제해결방법이 보편적인 교수기술이 된다. 이 경우 교육과정의 변화는 이미 만들어진 코스에 교사가 즉각적으로 사용할 수 있는 자료를 제공함으로써 일어난다.

셋째, 지리학을 하나의 과학으로 간주하지만 그 원리와 아이디어가 임상실험상황에서 유래하는 것이 아니라 가치와 그 가치체계가 묵시적으로 내재하는 어떤 문화로부터 발생하는 것이라고 보는 경우를 들 수 있다. 이때 지리교육의 목적은 지리교과를 통해 학생이 배우는 개념과 원리들이 다른 영역의 경험을 비롯해 원리와 개념 발달의 바탕이 되는 가치체계 등과 관련지을 수 있는 총체적 감수성을 키워주는 데 공헌하는 점을 강조한다.

따라서 평가는 피드백(환류)의 목적으로 사용되며, 개인적 작업과 과제가 정기적인 시험보다 강조된다. 교수-학습 상황은 교사가 학생들간 혹은 교사 자신과 학생들 간의 상호작용을 조장하고 학생들에게 지리학의 목적과 지리학분야에서 추구되는 탐구방법을 드러내는 데 도움을 주는 자료나 문제를 제공하는 중재자의 역할을 한다. 이 경우, 교육과정의 변화는 교사, 평가위원회, 교육종사자들의 자문뿐만 아니라 교과내용과 학습경험 선정 준거의 개발을 포함하는 복잡한 과정을 거친다.

그런데 이 프로젝트 연구팀은 세 번째 유형의 입장을 취하고 있다. 이는 학교지리는 지리학의 지역 기술이나, 인간-환경 관계의 연구, 공간조직의 연구를 그대로 받아들이지 않고, 이를 하나의 문화적 행위로 파악하면서 가치체계와 경험의 결합을 통해 개인적 성취를 강조하는 입장을 취하는 데 있다.

이러한 입장에서 제시한 'O-Level 시험'의 핵심 요목은 <표 13-2>와 같으며, 지방 컨소시엄들은 이를 교육과정 계획의 기초로 사용하였다.

다음으로 위의 각 주제영역별 내용구성의 예를 살펴보도록 한다. 농업지리에 대한 내용을 보면, 농업활동체계의 중심개념과 농업활동 관련 주제들을 두 가지의 큰 순환과정으로 반복함으로써 나선형적 조직의 효과를 의도하며, 그 구조는 <표 13-3>과 같다. 또한 기후체계와 농업체계 등 생태계 아이디어와 농업활동의 의사결정과정이 매우 중요시된다.

그런데 1970년대까지 활발하게 진행된 공간분석 지리학은 공간기하학과 수리적 증명을 지나치게 강조함으로서 인간을 배제하였다는 비판을 받게 되었다. 또한 공간분석론자들이 세운 모델들은 얼마 되지 않아 재수정을 가해야 함으로써 그들이 세운 논리적 엄밀성은 비판을 받기 시작하였다.

이에 따라 1970년대 말부터 여러 가지 대안적 접근방법이 등장하였는데 행태적 접근, 인간주의 지리학, 구조주의 지리학, 정치·경제학적 접근이 그것이다. 그 결과 이러한 신지리학이 다시 학교지리에 영향을 미치기 시작했고, 지리교육 전문가, 지리학자, 지리교사는 이러한 지리학의 새로운 조류에 대응하여 그들의 입장을 재정리하게 된다.

즉 1970년대와 똑같이 차니마노(Charney Manor)에서 회의를 열어 새로운 지리학의 변화에 대응할 1980년대 학교지리의 방향설정을 모색하였다. 그 결과는 *Signposts for Geography*

표 13-2. 지리 14-18의 핵심 교수요목

주제영역	확대된 체계 내지 맥락	사례 추출 지역
1) 날씨와 기후 2) 대조적인 지형 3) 자연자원의 보존 4) 농업적 토지이용 5) 산업의 입지, 성장과 쇠퇴 6) 교통망 7) 경제성장과 무역 8) 읍들의 촌락패턴과 읍내의 촌락패턴 9) 인구성장과 분포	대기와 대양의 순환 장기적 지질형성과정과 단기적 지형형성과정 물의 순환 자연적 기술적 경제적 사회적 정치적 → 과정(공간적 패턴과 경관에 영향을 미치는)	영국과 영국의 지방(약 45-65%) 세계의 다른 선진국(약 10-20%) 세계의 저개발국가(약 10-20%) 세계적 스케일의 자연체계와 경제체계(약 10-15%)

출처: Tolley, H. and Reynolds, J. B.(1977), p.174.

표 13-3. 농업지리 학습의 주제 구성

순환 I	순환 II
1. 토지이용의 기본적 평가(1) 2. 토지이용패턴인식의 방법론적 문제(2-3) 3. 의사결정으로서 농업(1) 4. 체계로서의 농업(1) 5. 지방농장과 토지이용(야외조사+2) 6. 영국 각 지방: 자연적 요인과 경제적요인의 상호작용(3) 7. 농업체계의 변화와 토지이용의 발달(1) 8. 토지이용에 대한 요구의 갈등(2) 9. 변화하는 유럽의 농업패턴(4-5) 10. 토지이용문제의 재평가: 토지이용체계는 무엇인가? 　토지이용에 대한 우리가치는 어떤 것인가?(1)	11. 서로 다른 농업체계의 분류(1) 12. 개별 작물의 분포와 대농업 체계와의 관계(1-2) 13. 지역비교 사례: 중국, 이집트, 뉴질랜드, 탄자니아, 아르헨티나(4-6) 14. 농업체계는 어떻게 변하는가?(1-2) 15. 농업공동체에서의 변화의 난점(2) 16. 세계기후체계, 인구분포, 칼로리 섭취량 패턴(2-3) 17. 농업생산물의 세계 교역(1) 18. 세계기아에 대한 브리턴의 미래역할(2)

* ( )는 수업 단위시간수

출처: Tolley, H. and Reynolds, J.B.(1977), pp.62~64.

*Teaching*이라는 책자로 출판되었는데 여기에는 인간주의 지리학, 구조주의 지리학을 학교지리에서 수용하려는 태도가 나타나지만, 그것을 구체적으로 교육과정 속으로 포함시킬 방법에 대한 대안은 제시하지 못하였다.

3. 미국의 지리교육공동위원회의 『지리교육지침서』

1) 『지리교육지침서』의 등장배경

1960년에 시작하여 1970년에 완성된 지리교육과정인 HSGP는 미국 전역으로 확산되었지만, 상업적 이유와 교육환경의 변화 등으로 인해 지속적으로 환영을 받지는 못하였으며, 당시 미국의 중등학교에서 지리교과는 사회과(Social Studies)의 급성장과 대비적으로 1980년대 초까지 침체를 거듭하였다.

이와 같은 지리교과의 침체는 지리교육 전문가와 지리학자들에게 깊은 우려를 자아내기에 충분하였고 뒤이어 지리교육에 대한 많은 비판이 이어졌다. 하트(Hart, 1982)는 미국지리학회(AAG: American Association of Geographers))의 회장취임연설에서 이와 같은 학교지리의 침체는 대학의 지리학이 지나치게 계량적이고 이론 위주로 전개되었기 때문에 대중성을 상실한 것과 관련이 있으며, 이로 인해 초, 중등학교 내 지리 과목의 약화와 대학에서의 지리학 선택 비율의 감소를 가져왔다고 주장하였다. 그는 대안으로서 지리학 최고의 형태이며 과학이자 예술인 지역지리, 즉 지리학의 기본(기초)으로 돌아갈 것(Back to Basics)을 강조하였다. 이는 1970년대 미국교육 및 사회전반에 나타난 기초를 강조하는 경향과 일맥상통하며, 그의 주장은 이후의 지리학과 및 지리교육의 부흥운동과 그 방향에 커다란 영향을 미친다. 즉 이는 1982년 이후 지리교육공동위원회의 설치와도 연결되며, 이후에 회장이 된 루이스(Lewis)가 이를 주장한 것과 무관하지 않다.

이에 따라, 1960년대에 HSGP를 만들어 새로운 지리교육을 모색했던 것처럼 미국지리교육학회(NCGE: National Council For Geographic Education)와 미국지리학회는 다시 공동 노력으로 새로운 대안을 모색하게 되었다. 이에 따라 공동위원회는 교육과정의 개발에서도 HSGP처럼 문제가 되는 특정한 학교급(학년)만을 위한 지리교육과정을 개발할 것이 아니라, 지리학의 기초를 중심으로 초, 중등학교 전체에 걸쳐 지리에서 다루는 내용들을 더욱 선명하게 제시할 일종의 지리교육과정문서인 『지리교육지침서』(Guideline for Geographic Education)를 개발하게 되었다.

표 13-4. 미국 지리내용의 영역의 변천

연대	학교지리	지리학	사회과(Social Studies)
1890년대	사실적 지명 암기 자연지리(고교),지문학	목적론적 자연지리 과학적 자연지리	Social Studies
1920년대	상업지리, 경제지리	인간/자연 관계 상업지리, 자연지리	(지리, 역사중심) 반성적 사고과정
1930년대	기술적 지역지리 세계지지	경관형태론, 환경가능론 기술적 지역지리	
1940년대	세계지지	기술적 지역지리	
1950년대	세계지지	문화지역/역사지역 형식지역/기능지역	생활적응교육 New Social Studies
1960년대	세계지지	공간관계, 논리실증주의 공간조직 패러다임	탐구과정
1970년대	HSGP 지도화, 세계지지	공간조직 지리학 인간주의 지리학	공공이슈 국제이해교육
1980년대	지리교육지침서	구조주의 지리학 지리학의 다원주의	시민활동 환경교육
1990년대	중핵교과로서 지리		Global Education

출처: *L.Kennnamer, Jr.(1970), pp.382~383.; J. D. Hass(1979), p.153.

이렇게 『지리교육지침서』가 개발된 후 그 후속 작업들이 줄을 이었다. 지리교육을 좀 더 향상시키기 위한 지리교육실천프로젝트(이하 GENIP: Geographic Education National Implementation Project)가 1985년부터 실행되었다. 한편 미국지리협의회(NGS: National Geographic Society)는 갤럽(1988)에 의뢰하여 18세 이상 성인을 대상으로 그들이 가지고 있는 지리적 지식과 기능에 대해 미국을 포함한 8개국간의 비교조사를 실시하였다. 이 결과 미국인의 기본적인 지리지식과 기능이 다른 국가에 비해 매우 낮았는데, 특히 젊은 층일수록 그 정도가 심하다는 결론을 얻었다. 이 조사는 기초교육인 지리교육의 실태를 적나라하게 보여줌으로써, 지리교육이 기초교육으로서 얼마나 무시되어 왔는지에 대해 타국과의 비교를 통하여 사회전반에 알리려는 의도를 가지고 있다. 이는 결국 초, 중등학교에서의 지리교육의 약화는, 미국교육에서 기초지식을 위한 교육이 제대로 실시되지 않고 있다는 한 단면을 증명해 보이는 것이었고, 향후 지리교육은 기초교육으로서 더욱 강화되어야 함을 역설적으로 보여주었다. 한편 국제이해교육, 환경교육, 지구촌 교육(global education, 세계교육) 등에서는 점점 지리지식의 중요성이 재인식되면서 지리지식에 대한 요구가 더욱 높아지는 추세다. 이와 같은 분위기 속에서 21세기를 대비하기 위한 '사회과 국가위원회'(National Commission on Social Studies, 1989)는 다가오는 미래사회에서 시민
정신과 지도력을 육성하기 위한 교육에서 지리의 역할을 대폭 강화해야 할 것이라고 밝혔
다. 그리고 21세기 미국교육을 위한『부시대통령의 교육개혁안』(한국교육개발원, 1991)에
서도 미래의 세계시민사회에 대응하기 위해서는 학교에서 지리지식의 강화가 시급히 요
청된다고 판단하여, 지리를 영어, 수학, 과학, 역사와 더불어 중핵교과로 인정하고 특히
4, 8, 12 학년에서는 만족할 만큼의 학업성취도를 얻어야 한다고 언급하고 있다. 이와
같은 일련의 변화로 미루어보아 앞으로 미국의 초, 중등학교에서의 지리 내용은 한층 강
화될 것으로 보인다. 그동안의 지리내용의 변천과정을 정리하면 <표 13-4>와 같다.

2)『지리교육지침서』의 개발

미국에서는 1970년대 학교지리에 대한 반성으로 1980년대에 초, 중, 고교 전체 지리교
육과정을 총괄적으로 제시하는『지리교육지침서』가 제시되고 많은 지리교육 관련 자료들
이 작성되었다. 이러한 자료들에는『지리교육지침서』와 함께 이를 더욱 발전시켜 초, 중
학교의 지리내용을 상세화한 'K-6 지리', '7-12 지리'와 같은 전국적인 프로젝트가 포함
되며, 각 주(州)에서 자율적으로 실정에 맞도록 창안하거나 지침서를 모델로 하여 다시
재개발한 주 수준의 교육과정 자료들이 대표적이다.

앞에서 언급한 바와 같이 지리교육 개선을 위해 NCGE와 AAG는 1982년에 나톨리
(Natoli)를 의장으로 하는 지리교육 전문가 및 지리학자 6인으로 구성된 공동위원회(Joint
Committee)를 조직하였고, 이 위원회는 2년의 연구 결과 1984년에 일종의 국가수준의 지
리교육과정문서인『지리교육지침서(Guideline for Geographic Education)』(1984)를 제시하였다.

이 지침서는 GENIP를 통해 보완되는데, 이 계획은 지리교육을 발전시키기 위해 미국
의 4대 지리학 관련학회, 즉 NCGE, AAG, NGS, 미국지리협의회(AGS: American Geogra-
phical Society)가 모두 참가하는 최초의 프로젝트가 되었다.

이것은 1985년 7월 1일에 발족하여 지금까지 계속되고 있는데, 그 활동은 초, 중등학교
지리교육 개선, 지리교사 양성을 위한 프로그램의 구성, 지리교사의 연수 등으로 나누어
져 전개되었다. 이에 따라 위의 지침서에서 제시된 각 학년의 학습초점(central focus)과 '5
대 근본주제'에 따른 실행안을 작성하는 프로젝트와 교사훈련 프로그램 개발 프로젝트가
행해지고, 현장지리교사의 연수는 NGS가 독자적으로 지리교육기금과 교육 프로그램을
마련하여 교사연수를 실시하였다.

특히 지침서의 학습초점과 5대 근본주제를 좀더 구체화하는 프로젝트는 각각의 학년별

학습초점과 5대 주제에 따라 상세화된 핵심아이디어(key ideas)와 학습기회(learning opportunities)를 작성하여 'K-6 지리'(1987)와 '7-12 지리'(1989)를 내어놓았다. 이러한 일련의 활동들은 학교에서 지리 교과의 위상을 높이고 미국 전역에서 사회과 교육과정의 구성에도 많은 영향을 미치게 되었다. 즉 5대 근본주제를 중심으로 하여 『지리교육지침서』, 'K-6 지리', '7-12 지리'가 각 주의 실정에 맞도록 재해석되거나 번역되어 사회과 교육과정으로 도입되었다.

　이러한 전국적인 움직임 속에서 각 주별로 활발한 지리교육개혁이 시도되었다. 이 중에서도 콜로라도 주를 비롯하여 캘리포니아 주 등이 가장 활발하였는데, 이들 지역에서는 다양한 교사용 안내서, 교과서, 참고자료, 교육과정 표준모델들이 미국적인 성격을 반영하여 각 주별로 작성되었다. 교육과정 모듈로는 *Geographic Perspectives on American Westward Expansion: A Teaching Module for the U.S. History and Geography Curriculum*[3]가 있고 교사용 안내서로는 *Geography: A Resource Book for Secondary Schools*[4]를 들 수 있으며, 지리 및 지리교육과정에 대한 다양한 참고자료[5] 및 교과용 도서[6] 등이 이에 포함된다. 특히 캘리포니아 주에서는 사회학이 'History-Social Science'라는 교과로 명칭을 바꾸면서 그 안에 3개의 의무코스, 즉 미국사와 미국지리, 세계역사와 문화 그리고 지리, 미국정부, 공민, 경제를 조직하였는데, 전자의 2개 코스에서 지리가 역사와 함께 강조되었다(Salter, 1986).

　『지리교육지침서』의 내용을 살펴보면, 장소와 시간에 따른 장소들간 관계에 대해 독특한 관점을 제공한다. 그리고 지리는 미국 국토에 대한 기본적 지리지식과 세계에 대한 이해능력이 부족한 현실 속에서 미래사회에 대비하기 위한 교양 있는 시민교육에 있어서 필수 요소임을 지적하고 있다. 그리고 5대 근본주제, 지리교과와 다른 교과와의 관련성,

---

3) M. T. Matherly and W. Wayne Harman, *Geographic Perspectives on American Westward Expansion: A Teaching Module for the U.S. History and Geography Curriculum*, Center for Academic Interinstitutional Programs, UCLA, 1987.

4) A.D. Hill, *Geography: A Resource Book for Secondary Schools*, ABC-Clio, Inc., 1989.

5) C. L. Salter, *Geographic Themes in United States and World History: An Integration of Fundamental Geography into the Basics of the American Curriculum*, Scroll., 1987.
　G. L. Hobbs(ed.), *The Essence of Place: Geography in the K-12 Curriculum*, The Regents of the University of California., 1987.
　A.D. Hill(ed.), *Placing Geography in the Curriculum: Ideas from the Western PLACE Conference*, University of Colorado., 1988.
　J. H. Hergesheimer and G.L. Hobbs, *Geography in the California Framework*, The Regents of the University of California, 1989.
　S. J. Natoli(ed.), *Strengthening Geography in the Social Studies*, NCSS, 1987.

6) R. M. Goldberg and R. M. Hanes, *Unlocking Geography Skills and Concepts*, Globe Book Co., 1988.
　T. Burley and J. Latimer, *Geographic Themes and Challenges*, Arnold Publishing Ltd., 1990.

초, 중등학교의 지리내용을 구성하는 중심초점(cental focus)의 스코프와 시퀀스, 그 내용해설, 고교지리에서 필요한 기능의 순서로 내용이 제시되어 있다.

먼저 5대 근본주제를 보면, 이는 6인의 공동위원회의 구성원 레너그랜과 리자 팜(Lanegran & Risa Palm, 1973)이 일찍이 그의 저서에서 밝힌 지리학의 기초개념과 연구절차를 결합하여 주제적 수준으로 정선한 것인데 미네소타 주에서 실험적 검사를 거쳐 최종적으로 5대 근본주제로 결정된 것이다. 입지, 장소, 장소 내 관계, 이동, 지역이 그것이며, 이에 대한 설명은 제4장의 <표 4-3>과 같다.

이러한 5대 근본주제는 그 성격상 1960년대부터 지리학자와 지리교육학자들이 줄곧 찾아왔던 하나의 지리학 내 기본개념이면서도 매우 포괄적인 의미로 사용되어 그 자체가 하나의 주제가 되고 있다. 즉 '장소 내 관계'에 대한 설명을 보면 이는 주로 인간과 환경과의 관계, 그리고 그 결과까지 포함하고 있어 지역과 더불어 지리학의 4대 전통으로 볼 수 있을 정도로 넓은 의미로 사용되고 있으며, 장소, 입지, 이동도 그러하다. 따라서 이는 이른바 핵심개념이나 주요개념과는 그 위상이 다르다. 즉, 이들은 스스로가 그 아래에 많은 개념들을 포섭하며, 초·중·고교 전체 지리교육에 걸쳐 제시된 중심초점(주제 또는 지리교육내용의 하위영역 등의 복합체)들을 종적·횡적으로 조직하는 역할을 하며 지리교과의 구조를 보여주는, 그레이브스나 프링이 말하는 조직개념인 것이다. 또한 이 5대 근본주제는 유치원에서 12학년에 이르기까지의 전 과정에서 지속적으로 다양한 스케일의 지역과 계통적 주제들을 묶으면서 상급학년으로 갈수록 그 내용들을 심화시켜, 브루너가 주장한 하나의 나선형 교육과정을 실현하고 있다.

그런데 솔터(Salter, 1987)의 주장에 따르면, 이들 주제들은 처음에는 위계를 설정하지 않았으나 나중에는 어느 정도의 위계에 대해 긍정적으로 평가하였다. 먼저 지리적 관찰을 토대로 입지와 장소를 가르치고 이후에 '장소 내 관계', 이동, 지역은 지리적 분석의 틀로서 가르쳐야 한다고 주장하였다. 그것은 5대 근본주제의 배열순서가 입지에서 시작하여 작은 규모의 지역인 장소를 다루고 그것을 바탕으로 좀더 넓은 지역을 연구하는 지리학자들의 연구과정을 명확하게 잘 보여주고[7], 각각의 분명히 구별되는 주제들은 실질적으로 지리학적 연구의 단계를 보여주는 데 매우 유용하기 때문일 것으로 해석된다. 한편 바로 이러한 연구의 단계 때문에 마지막에 제시된 주제인 지역의 경우 이를 동태적으로 파악할 근거의 제시가 부족하다.

---

7) 5대 근본주제를 추출하는데 원천이 되었던 D. Lanegran(1973)의 글을 보더라도 이러한 입장이 잘 나타난다(D.A. Lanegran and Risa Palm, op.cit., 1973.)

다음으로 이 지침서에 나타난 초, 중등학교의 지리내용의 스코프와 시퀀스를 정리하여 보면 <표 13-5>와 같다. 각 학년에서 다룰 내용은 지리적 개념과 학습결과(learning outcomes)로 분류되어 있다. 전자는 5대 근본개념과 그와 관련한 개념, 그리고 이를 다시 각 학년별로 묶어줄 중심초점(개념화된 주제의 초점)으로 구성되어 있으며, 후자는 각 학년 단계별 중심초점에 따라 일종의 학습목표처럼 제시되어 있다. 이들은 교사들이 이를 바탕으로 학습경험, 관련주제, 관련자료를 선정하도록 하는 데 도움이 되는 하나의 조직화된 학습 중심체 역할을 하는 것이다. 따라서 전체적으로는 개념중심 내용조직이 이루어져 있다.

이를 좀더 세부적으로 분석하여 우선 유치원과 초등학교 단계를 보도록 하자. 먼저 유치원과 초등학교 저학년 및 중학년에 걸쳐, 유치원에서는 아동 자신, 1학년에서는 가정과 학교, 2학년에서는 이웃, 3학년에서는 지역사회, 4학년에서는 주, 국가, 세계까지 지평(또는 지역, 또는 환경)을 확대한다. 이어서 초등학교 5학년에서는 미국, 캐나다, 멕시코 지역, 즉 미국과 주변국가로 이루어진 북아메리카 대륙을 다루고, 6학년에서는 라틴아메리카, 유럽, 소련, 중동, 아시아, 아프리카 지역으로 북미를 제외한 전 세계를 다루는 대륙별 세계지리로 구성된다. 그러나 5, 6학년의 세계지리 안에 실제로 제시된 내용은 대륙 또는 국가 중심이 아닌, 대륙의 문화지역이나 이슈(예로서, 생활의 질, 환경오염, 개도국과 선진국의 관계 등)를 중심으로 구성되어 있다. 결국 유치원과 초등학교 과정의 내용조직은 종래에 7학년의 세계지리까지 이어지던 지평확대방법의 틀에서 벗어나 이를 초등학교 4학년까지로 축소하였다. 따라서 초등학교 4학년까지의 첫 번째 사이클(cycle)과 초등학교 5학년부터 7~9학년까지 북미대륙에서 가까운 대륙으로 확장해 나가는 두 번째 사이클을 가진 지평확대가 이루어지고 있다.

전체적으로 초등학교 전 학년은 동심원적인 지평확대방법을 사용하여[8] 5대 근본주제의 적용을 통한 개념 및 기능의 학습에 초점이 맞추어져 있다. 특히 초등학교에서 지리교과의 구조를 보여줄 기본개념을 제시하는 등 초등학교 지리를 좀더 분명하게 드러내고 있어, 우리나라의 초등학교 지리교육과정 구성과 조직에 시사하는 바가 크다.

중학교 단계에서는 주(州) 또는 지역 지리와 세계지리(계통지리와 지지가 결합된 형태), 그리고 자연지리, 미국지리를 다룬다. 각 코스에서 다루는 주요주제를 정리하면 <표 13-6>과 같다.

중학교의 경우는 스코프만 제시하고 분명한 시퀀스는 제시하지 않았다. 중학교에 제시된 내용은 주 또는 지역지리, 세계지리를 필수로 하고 미국지리와 지구과학을 중학교와 고등학교에 걸쳐 가르칠 것을 권고하면서, 최소한 3학기에서 최대 6학기에 걸쳐 지리를

---

8) 전체구조는 현재까지 지평확대의 틀이 그대로 유지되고 있다.

표 13-5. 미국의 『지리교육지침서』의 중학교 지리 내용

학년	k	공간 속의 자신	
		입지, 장소의 특성	
	1	다른 장소 가정과 학교	
		상대적 입지	
		소규모환경의 특징	
	2	대규모 지역사회에서의 이웃과 소규모 장소	1 cycle
		입지, 장소, 환경변화	지평확대
		공간에서의 상호의존	
		이웃간, 내부적 상호작용	
		유사성과 차이성을 가진 이웃지역	
	3	지역사회	
		상대적 입지, 경관의 특성	
		환경적 관계	
		지역사회내부에서의 상호작용과 상호의존	
		지역으로서 지역사회	
	4	州, 국가, 세계	
		입지, 장소의 성격과 특성	
		인문및 자연환경의 상호작용	
		州, 국가, 세계내부에서의 인문적 상호작용	
		지구적 상호의존	
		지역들의 성격	
	5	미국, 캐나다, 멕시코	2 cycle
		입지, 장소들의 비교분석	
		삶의 질	
		미국의 캐나다, 멕시코와의 상호작용	
		미국, 캐나다, 멕시코의 자연및 문화지역	
	6	라틴아메리카, 유럽, 소련, 중동, 아시아, 아프리카	
		입지	
		자연적, 문화 지리적 특성	
		인문적, 환경적 상호작용	
		세계의 지역과 하위지역들	
중	7-9	州지리 또는 지역지리	----- 1학기
	7-9	세계지리(인문지리, 자연지리, 지역지리)	----- 2학기
	8-10	지구과학(자연지리의 실제적 부분 포함)	----- 2학기
	8-10	미국지리	----- 1학기
고	9-12	a. 환경지리(1학기)	
		b. 도시지리(1학기)	택 2
		c. 정치지리/세계지리적 이슈(1학기)	최소 2학기
		d. 역사/문화지리(1학기)	1학기
		e. 경제지리(1학기)	1코스 포함
		f. 향토지리와 향토문제(1학기)	
	11-12	우등 지리과정(1-4학기)	----- 1-4학기
		주제: 인구분포와 인구이동, 입지분석, 독도와 항공사진 해석 석, 지도학과 그래프, 환경영향 분석 또는 선정된 지역 또는 지역문제 등	

*는 중, 고교에 걸쳐서 제시된 내용영역

출처: Joint Committee(1984), pp.18~19.

표 13-6. 미국 『지리교육지침서』의 중학교 지리의 내용	
주(州) 또는 지역지리	• 주(州)나 지역 간의 비교분석 • 토론 : 주나 지역의 문제해결에서 가치, 태도, 이슈 • 강조점 : 인간과 환경의 상호작용, 생활의 질, 주(州) 또는 주(州) 내부지역들 간의 공간적 상호작용 • 핵심 지리인자: 장소, 입지, 기후, 패턴, 토양, 동·식물, 취락패턴, 교통, 경제에 관한 지식
세계지리	• 자연적, 문화적 특성(지구-태양 관계, 대기, 대양, 순환, 지형, 기후, 인구, 교통, 통신, 경제적 연계, 문화 확산) 의 지구적 패턴 • 선정된 지역 또는 지역간 연계에 5대 근본주제의 적용 • 개별대륙의 사례지역 연구(예, 인도의 식량, 일본의 산업 발달, 미국-멕시코 관계) - 지역적 맥락, 주요 지리적 개념과 문제 강조
지구과학*	• 자연환경의 형성과정(지구- 태양관계, 에너지흐름, 물의 순환) • 기후인자, 지형 및 기후 형태, 대양의 지리와 관련되는 지각운동 과정 및 침식과정 • 자연지리 자료와 지도의 활용
미국지리*	• 미국지리와 국가발전과의 관련성에 대한 계통적, 지역적 분석 • 초점 : 하위지역의 계통적 분석, 장소의 특성, 인간-환경의 상호작용, 공간 관계 • 주요 지리인자: 입지, 기후, 지형, 식생패턴, 인구성장과 분포, 취락의 형태 와 패턴, 교통, 자원의 입지와 관리, 산업발달과 관리, 농업적 토지이용 • 토론 : 인구변동, 불균등지역발전, 지역간 고용격차, 여성의 노동참여, 공공서비스, 사회적 정의, 연령별 인종 구조, 농업조직과 토지이용, 환경적 쾌적성

* 는 중, 고교에 걸쳐서 제시된 내용영역
출처: Joint Committee(1984), pp.18~19.

가르치도록 하였다. 따라서 중학교에서는 기본적으로 미국(국토)의 주 또는 지방 지리와 세계지리를 중심으로 지역지리를 강조하고 있다고 할 수 있다. 주 또는 지역 지리는 한 학기 동안에 초등학교에서처럼 5대 근본주제의 적용보다는 주(州)간 또는 지역간 비교와 패턴에 중점을 두고 있고 토론이 중요시되고 있다. 세계지리 역시 초등학교와 비교하면, 5대 근본주제를 적용하는 것은 비슷하지만 그밖에도 지리적 인자의 세계적 패턴, 사례지역 연구를 부가하여 초등학교와 중점을 달리하고 있다. 중학교와 고등학교에 걸쳐 있는 지구과학과 미국지리를 보면, 먼저 전자의 경우 자연지리라고 하지 않고 자연지리의 실체적인 인자를 포함한다고 한 점으로 보아, 이는 패티슨이 선언한 이른바 지리학의 4대 전통을 회복하여 지리학이 가지고 있는 종합적 성격을 분명히 하려는 의도로 보인다. 그리고 내용 상으로는 자연현상의 결과적인 기술이나 명칭보다 과정을 중요시하고 있다. 후자의 미국지리는 앞에서 제시된 주(州)지리 또는 지역지리와 거의 비슷하지만, 구분된 하위지역들을 계통적 분야별로 학습하도록 구성하면서도 특히 쟁점이 되는 이슈에 대한 토론을 강조하고 있어 주(州)지리 또는 지역지리보다 가치와 태도 영역에 더욱 많은 고려를 하고 있다.

그런데 지역지리(지지)에만 주목할 경우 중·고교에 걸친 주요영역이 주 또는 지방지리, 세계지리를 먼저 학습하고 다음에 미국지리를 학습하는 형태가 되어, 일본의 세계지리 선습(先習)방법과 동일하다. 다만 일본이 세계지리 선습 이후 일본국토지리를 학습하는

것은 세계 속에서 일본의 위상과 역할을 좀더 분명히 파악하고자 하는 것이지만, 미국의
경우는 미국지리에서 주로 미국 국내의 중심 이슈에 더욱 비중을 두는 점이 상이하다.
또한 지역의 스케일에 주목하면, 중·고교에서 지역, 국가, 세계 대지역의 서로 다른 스케
일의 지역들을 모두 포함시키고 있어, 학생들의 스케일에 대한 감각을 기르는데 매우 이
로울 것으로 보인다.

표 13-7. 미국 『지리교육지침서』의 고등학교 지리의 내용

환경지리	· 자연환경과 자연환경의 국지적, 국가적, 세계적 규모에서의 해석과 관리 · 생태계의 인자(대개, 대지, 물, 토양, 식물, 동물)와 기능의 조사·환경지각의 차이, 환경(환경보존, 보호이슈와 관련한)에 대한 지각의 차이, 환경오염의 조절 · 기술발달과 재해(독성쓰레기 처리장소, 핵발전소, 산성비 등) · 행정적, 경제적, 문화적 활동의 중심지로서 메트로폴리탄 지역의 초점으로서 도시의 역할을 강조하고, 문화적 경관의 지배적 특징을 중심으로 도시지역을 다룬다. · 도시 지역 간 연계와 인구, 재화, 아이디어의 흐름
도시지리	· 개별도시의 내부구조와 도시지역의 변화 그리고 이들과 역사적, 문화적 배경과의 관계 · 세계적으로 진행되는 도시집중화 · 다핵구조의 기능과 도시지역 · 도시지역사례연구(개발도상국, 선진국, 고용인구의 이동, 인구특성, 경제적 기능, 입지선정이유) · 정치와 영역 간의 관계를 검토한다. · 지방, 매트로 지역, 국가 그리고 지구적 스케일의 정치단원의 내적구조 및 경계와의 관계
정치지리	· 자연환경, 토지와 수괴의 윤곽, 인구 및 자원의 분포, 기술 발달이 정치에 미치는 영향 · 상이한 수준의 정치단위간 복합적 상호작용 · 사례연구: 선거의 투표결과 분포, 대도시지역의 정치적 구분
문화지리	· 문화집단의 행위와 경관의 용도, 형태, 특성 · 인간의 거주지와 자원의 이용 · 인간의 생태계에 대한 영향 · 문화의 기원과 전파 · 환경지각 · 취락형태의 비물질 문화의 지리·직접 야외관찰
역사지리	· 과거와 과거경관의 지리 · 지리적 패턴의 역사적 변화(예, 미국경관의 역사적 발달과정 등) · 특정 역사시대의 문화연구
경제지리	· 경제활동의 분포, 발달에 영향을 주는 입지적 요인과 과정 · 자원, 노동자, 자본의 국지적, 지역적, 국가적, 지구적 스케일의 분포와 흐름 · 경제활동(예, 도·소매업, 제조업 등)의 입지결정방식 · 경제활동의 입지의 장소적 특성과 삶의 질에 대한 영향
향토지리와 향토문제	· 향토지리에서의 쟁점 · 지리적 지식과 기능의 지역사회연구에의 응용 · 향토문제의 지리적 측면과 그 정의, 관련 자료의 수집, 대안 작성과 관련 기능의 강조 · 적절한 주제(예, 보건 및 복지시설의 입지선정, 공공교통체계의 분석 등)

다음으로 고등학교 단계를 보면, 환경지리, 도시지리, 정치지리/세계적 이슈, 역사/문화
지리, 경제지리, 향토지리에서 향토문제들 중 2가지를 선택하여 집중학습을 하도록 되어
있고 우등지리 심화과정 최소 1학기를 포함하여 최소 3학기 최대 6학기가 제시되고 있다.
각 코스의 중점내용들을 보면 <표 13-7>과 같다.

<표 13-7>을 보면, 고등학교에서는 도시, 정치, 역사, 문화, 경제 등 계통지리분야와
환경지리, 향토지역의 문제와 같은 응용적 분야가 있다. 그런데 환경지리, 향토지역의 문
제뿐만 아니라 계통지리분야에서도 시사적인 문제나 현실적인 쟁점 등과 관련한 실용적
이고도 응용적인 내용이 매우 강조되고 있음을 알 수 있다. 특히 환경문제, 물질과 정보의
흐름, 전 지구적 수준의 현상과 문제점을 강조하여 국제화, 정보화에 대응하고 있음을
보여준다. 다른 한편으로는 문화, 역사적 토대를 강조하여 지리적 시각을 확대하고 있다.

그런데 좀더 학술적인 내용을 우등과정에서 심화하는 점이나 구체적 현상에 대한 지리
적 적용과 학술적 코스를 따로 구분하는 점, 내용영역이 계통지리 분야별 선택으로 제시
되어 있는 점 등은 우리나라의 국가에 의한 중앙집권적 교육과정과 다르다. 따라서 고등
학교에서는 매우 다양한 코스가 제공되면서도 구체적인 내용구성이나 조직방법이 제시되
지 않고 교사나 지방교육당국에 맡겨지며, 명시적으로 계열이 제시되지 않았다.

이상에서 『지리교육지침서』에 나타난 각 학교급별 중심내용과 조직방법, 특징을 요약
하면 <표 13-8>과 같다.

표 13-8. 미국의 『지리교육지침서』의 학교급별 내용, 조직방법, 특징

	중심 내용	내용의 특징	단계별 내용 조직 방법	전체 조직 방법
유치원, 초등학교	5대 근본주제의 이해. 상이한 스케일의 지역의 이 해, 세계지리에로 5대 근본 주제의 적용.	환경 등 시사적, 응용적 분야 의 강조.	지평확대 방법 지역중심 방법	개념 및 원리중심 방법
중학교	주 또는 지방지리 세계지리	지역간 비교, 세계적 패턴, 지역사례연구 강조.	지역중심 방법 계통중심 방법	
중·고	지구과학(자연지리) 중심 국토(미국)지리	과정의 강조. 이슈의 토론 강조(정의적 영 역중시).	계통중심 방법 지역-주제 방법	
고등학교	분야별 계통지리 및 응용 지리	응용적 측면 강조, 응용중심 계통지리와 학술적 계통지 리의 분리제시.	계통중심 방법	

표 13-9. 5대 근본주제와 핵심아이디어

주제	핵 심 아 이 디 어
입지: 지표 위에서의 위치	· 장소들의 입지는 상대적 용어를 사용하여 기술될 수 있다. · 장소들의 입지는 준거체계를 이용하여 기술될 수 있다. · 장소들의 입지 원인들은 확인할 수 있다.
장소: 자연적 및 인문적 특성	· 장소들은 자연적 특성을 가지고 있다. · 장소들은 인문적 특성을 가지고 있다. · 장소들은 다른 방식으로 기술하거나 제시될 수 있다.
장소내부에서의 관계: 인간과 환경	· 장소들 내부에서의 관계는 인간이 환경에 어떻게 의존하는 가를 보여준다. · 장소들 내부에서의 관계는 인간이 어떻게 환경에 적응하고, 또 어떻게 변화시키는 지를 보여준다. · 장소들 내부에서의 관계는 기술이 환경에 대해 미치는 영향을 보여준다.
이동: 지구상에서 상호작용하는 인간	· 이동은 상호의존성을 보여준다. · 이동은 장소들 간의 연계를 보여준다. · 이동의 패턴은 인간, 아이디어, 생산물을 포함한다.
지역: 지역은 어떻게 형성되고 변화하는가?	· 지역들은 정보를 조직하는 하나의 방식이다. · 하나의 지역은 보편적 특징을 가진다. · 지역들은 변화한다.

출처: Joint Committee on k-6 Geography(1987), p.5.

한편 'K-6 지리'와 '7-12 지리'는 먼저, 위의 지침서를 보완하기 위해 지침서에 제시된 5대 근본주제 각각을 구현하거나 이해하도록 핵심 아이디어를 상세화하였다(<표 13-9> 참고). 그 다음에는 각 학년에 선정된 중심초점별로 이 핵심 아이디어에 따라 학습기회를 제시하였고, 이는 장차 학생들에게 학습경험을 제공할 준거가 된다. 이렇게 하여 지침서에서 제시된 5대 근본주제와 중심초점은 좀더 구체적인 진술로 번역되고 학생들의 활동으로 구체화되었다.

그런데 『지리교육지침서』와 'K-7 지리', '7-12 지리'는 일련의 통합된 지리교육과정체제를 이루고 있다. 이러한 지리교육과정의 구성과정 또는 절차를 순서대로 정리하면, 5대 근본주제의 선정(기본개념의 선정) → 이를 학습할 중심초점의 추출 → 핵심 아이디어 추출 → 학습기회의 선정이 될 것이다. 그리고 전 과정에서 개념의 이해와 기능을 통한 개념의 학습을 강조하는 개념중심의 내용조직방법을 사용한다. 이는 교과의 구조를 기본개념과 핵심 아이디어를 통해 좀더 분명하게 하는 브루너의 학문중심 교육과정관을 충실히 따르면서, 이를 통해 계속적으로 수준을 높이는 나선형 교육과정구성을 시도하고 있음을 알 수 있다. 한편 이 지침서에서는 지리적 질문하기, 지리정보 획득하기, 지리정보 제시하기, 지리정보 분석하기, 지리적 일반화를 개발하고 검증하기와 같이 5가지 기능의 범주를 제시하고 그 하위영역도 제시하여 개념과 기능을 함께 강조하고 있다.

3) 『지리교육지침서』 이후의 후속작업들

1980년대에 『지리교육지침서』와 'K-7 지리', '7-12 지리' 등 일련의 지리교육과정 개발작업이 마무리되고 1990년대를 맞이하면서 지리교육 및 지리교육과정은 새로운 국면으로 발전하게 되었다. 즉, 1980년대에 개발된 교육과정을 지원할 교수·학습 자료의 과목별 개발을 위한 프로젝트가 대규모로 진행되었던 것이다. 세계지리와 미국지리를 위한 교수-학습 자료 개발 프로젝트가 진행되었는데, 대표적인 것을 보면 세계지리를 위한 것이 GIGI 프로젝트이고, 미국지리를 위한 것이 ARGUS 프로젝트이다.

(1) GIGI(Geographic Inquiry into Global Issues) 프로젝트

GIGI라는 지리교육과정 개발 프로젝트는 미국의 세계지리용 교수-학습 자료의 개발 프로젝트이다. HSGP의 개발 당시 중추적 역할을 하였던 미국의 콜로라도 대학의 지리교육센터가 미국과학재단(NSF)의 지원으로 1990년에 시작하였으며, 1991~1993년에 이르는 3년 동안의 개발과 이후의 상업화 과정으로 연결되었다.

기본적으로 GIGI 프로젝트는 세계지리를 위한, 지구촌교육(세계교육)을 위한 새로운 지리교수자료의 개발이 주를 이루었는데, 탐구중심, 이슈 중심으로 쟁점중심탐구에 근거한 모듈식 지리 교수·학습 자료의 개발이 주된 목적이었다. 이 프로젝트의 주요 작업은 주로 9학년의 세계지리(Global Geography)를 겨냥하여 교과서를 대체할 대안적 교수-학습자료로 학생용 교재와 교사용 교재 등의 세트를 개발하는 것이었다.

GIGI 프로젝트는 세계지리를 다루기 위해 세계를 10개의 지역으로 나누는 구분을 사용하였는데, 여기서 미국과 캐나다는 제외하였다. GIGI는 쟁점중심 탐구를 통해 시민정신, 학문적 지식, 비판적·반성적 사고를 기르는 데 공헌하기 위하여 학습자들로 하여금 지리적 방법을 이용하여 실제세계의 지리문제에 대한 답을 추구하도록 하였다. 학생들이 직접 가설을 제기하고 자료를 해석하고 가설을 검증하도록 하였다. 이러한 '지리하기 (doing geography)'는 인지적, 정의적 측면을 중시하고 기능학습을 강조하는 결과로 연결되었다.

GIGI는 <그림 13-3>과 같이 10개의 지역에 각각 2개의 쟁점을 다루도록 하였는데, 남부 아프리카와 중남미의 경우는 3개의 쟁점을 다루며 각 쟁점별로 하나의 모듈이 되도록 하였다. 각 모듈은 어떤 시퀀스를 가지지는 않는다. 각 모듈의 쟁점들은 모두 2개의 지리적 질문으로 표현되며, 이 질문은 인간-환경관계 혹은 공간적 패턴이나 과정에 대한 기술과 설명을 요구한다.

그림 13-3. GIGI 모듈의 구조			
남부아시아	**인구와 자원** 인구성장이 자원의 유용성에 어떻게 영향을 미치는가? 방글라데시에서 자원보다 인구가 과다한 결과는 무엇인가?	**종교적 갈등** 종교적 차이는 어떻게 갈등을 일으키는가? 종교적 갈등은 인도와 파키스탄에서 국가적 통합 방식에서 어떤 역할을 하는가?	
동남아시아	**지속가능한 농업** 세계는 어떻게 지속가능한 농업을 달성할 수 있는가? 말레이시아의 상업적 농업은 지속가능한가?	**인권** 이동의 자유는 어떻게 기본적인 인간의 권리인가? 이동의 자유에 대한 권리가 캄보디아에서 어떻게 침해되는가?	
일본	**성장과 자원남용** 환경악화는 글로벌경제의 집행명령인가? 일본은 어디에서 자원을 얻으며 이러한 상호작용의 환경적 영향은 무엇인가?	**자연재해** 자연재해의 결과가 장소에 따라 다른 이유는 무엇인가? 일본은 어떻게 자연재해에 대비하고 반응을 하는가?	
구소련	**다양성과 민족주의** 국가는 문화적 다양성에 어떻게 대응하는가? 구소련의 자치령계획은 인종적 다양성을 만족시키는가?	**환경악화** 환경악화의 영향은 무엇인가? 아랄 해의 환경 재앙의 영향은 무엇인가?	
동부아시아	**인구변화** 인구성장은 어떻게 관리되는가? 중국은 왜 그리고 어떻게 인구성장을 관리하고 있는가?	**정치적 변화** 정치적 변화는 지역에 어떻게 영향을 미치는가? 1997년의 정치적 변화는 홍콩에 어떻게 영향을 미칠 것인가?	
오스트레일리아/뉴질랜드/태평양	**지구환경변화** 환경변화의 비율이 증가할 때 어떤 일이 일어날까? 지구온난화는 오스트레일리아와 뉴질랜드에 어떻게 영향을 미칠 수 있는가?	**지구적 상호의존** 지구적 상호의존의 원인과 결과는 무엇인가? 지구적 상호의존은 오스트레일리아와 뉴질랜드에 어떻게 영향을 미치는가?	
북아프리카/서남아시아	**에너지 자원** 에너지 수출국이 되면서 국가들은 어떻게 변해왔는가? 사우디아라비아는 석유 때문에 어떤 이익과 문제점을 가지게 되었는가?	**난민촌** 사람들은 왜 그리고 어디로 도피하려고 하는가? 팔레스타인은 가정을 가지고 있는가?	**영아와 유아 사망** 그렇게 많은 어린이들이 왜 빈곤을 겪고 있는가? 영아와 유아의 사망률은 중부아프리카에서 왜 높은가?
남부아프리카(사하라 이남)	**식량공급** 왜 식량이 부족한가? 사헬지대에는 왜 기아가 발생하는가?	**새로운 국가건설** 국가는 어떻게 만들어지는가? 나이지리아는 국가를 만드는데 왜 그렇게 어려운가?	
중남미와 카리브해연안	**도시화와 도시성장** 급속한 도시화와 도시성장의 원인과 결과는 무엇인가? 멕시코인은 어디로 그리고 왜 이동해가는가?	**개발효과** 개발은 사람과 장소에 어떻게 영향을 미치는가?	**불법무역** 불법무역은 장소들을 어떻게 연결하고 변화시키는가? 마약거래는 캄보디아를 왜 그리고 어떻게 변화시키는가?
유럽	**지역통합** 지역통합의 장점과 장애물은 무엇인가? 유럽은 합중국이 될 수 있는가?	**쓰레기관리** 왜 쓰레기관리가 지방적 그리고 지구적 관심인가? 유럽인들은 그들의 쓰레기를 어디에다 버리는가?	

표 13-10. GIGI 모듈에서 길러줄 가치 및 태도들
1. 일반적인 시민교육의 가치와 태도
. 동감적 이해, 열린 마음 그리고 관용을 권장한다.
. 틀에 박힌 그리고 단순한 해결방식에 도전한다.
. 자민족중심주의, 성차별, 그리고 인종주의를 극복한다.
2. 지리적 가치와 태도
. 모든 사람과 그 국토를 존중한다.
. 문화적 차이를 인정하고 소중하게 여긴다.
. 환경적 통일성과 자연적 다양성을 존중한다.
. 환경결정론을 극복한다.
. 상호의존에 대한 인식을 권장한다.
. 사회적 그리고 공간적 정의를 추구한다.

출처: Hill et. al.(1992), p.247.

특히 GIGI 교사용 지침서의 각 모듈들은 『지리교육지침서』에서 제시된 '5대 근본주제'의 맥락 속에서 모듈학습에 대한 간단한 개요부터 시작하는데, 이는 교수-학습 자료 개발의 교육과정적 근거를 『지리교육지침서』에 두려고 하는 의도이다.

그리고 지리 교수-학습 자료에서는 정의적 영역에 대한 강조가 있었는데, 이를 통해 지리적 관점 혹은 안목의 본질적 구성요소라고 할 수 있는 가치와 태도를 길러주는 데 중점을 두었다. 이 프로젝트에서 각 모듈의 학습을 통해 얻고자 하는 정의적 결과의 목록은 <표 13-10>과 같이 제시하였다. GIGI 모듈에서 발전시키고자 하는 가치 및 태도의 세트는 2개의 그룹으로 되어 있다. 하나는 일반적인 시민교육에 통합된 것으로 사회과교육 수업자료의 일반적인 목적들이며, 다른 하나는 좋은 지리교육을 통해 획득될 수 있는 가치와 태도들이다. 전자의 경우는 동감적 이해, 열린 마음, 관용 등이 포함되며, 후자는 타인과 다른 나라에 대한 존중, 문화적 차이와 자연의 다양성에 대한 존중, 상호의존에 대한 인식, 공간적 정의에 대한 사려 등을 포함하고 있다.

(2) ARGUS 프로젝트

ARGUS(Activities and Readings on the Geography of the United States)는 미국과학재단(NSF)의 지원금으로 AAG가 중심이 되어 이루어진 미국지리를 위한 지리교수-학습자료 개발사업으로, 미네소타 대학의 거쉬멜(Gersmehl)이 주가 되어 진행되었다.

그런데 NSF에 의해 지원을 받은 이 프로젝트의 초기 목적은 미국지리를 가르치기 위한 고등학교 수준에서 교수-학습자료의 개발과, 이를 다른 나라에서 해당 국가의 지역지리의 교수를 위해 개발한 교수-학습자료와 상호 교환하는 것이었다. 1992년 초에 러시아와의 협상을 시작으로 일본 등 3개 대륙에 걸쳐 4개국과 상호 교환하도록 하였다. ARGUS에서는 '5대 근본주제'가 강조되었지만 다른 나라와 교류할 때는 '5대 근본주제'를 포함하지 않았다.

이 프로젝트에서 핵심적인 주제는 '언어지도(linguistic map)'라는 아이디어였다. 언어지도는 어떻게 다양한 언어, 감각적 이미지, 추상적 개념, 가치판단이 개별 인간의 마음속에서 서로 연결되는지를 보여주는 그래픽 프레젠테이션이다. 이 프로젝트는 지리학자들의 큰 관심이었던 언어, 이미지, 아이디어의 정신적 결합은 장소와 밀접한 관련을 갖는다는 간단한 사실에 주목을 하였다. 이때 언어지도는 어떻게 보면 모두가 서로 관련이 되고, 또 그것을 둘러싼 세계와 관련이 되며 개인사와도 관련이 되는 이미지, 아이디어, 가치의 복합체를 의미한다.

따라서 ARGUS의 주된 목적은 사람들이 상이한 지역과 관련짓는 언어들에 주는 의미를 학생들로 하여금 검토하는 것을 도와주는 자료를 만드는 것인데, 간단한 언어-결합 테스트는 보통 언어와 이미지 간의 풍부한 연결 세트를 드러내고자 하였다.

ARGUS에서 사용된 언어지도라는 아이디어는 모두 6개의 언어적 형태로 구현되었다. 즉, 교사가 중등학교 학생, 교사, 그리고 교육과정 전문가들과 지역지리에 대해 토론할 때 사용한다는 측면에서 바라본 6개의 '언어적 연결'(개별 3가지 수준에 있어서의 1개의 '전방적' 그리고 1개의 '후방적' 과정)이 그것이다. 3개의 수준은 구체적 이미지, 추상적 분석, 그리고 가치판단이다. 학문적 차원에서 보면, 학자들은 그들의 사고세계를 3가지 수준, 즉 구체적인 사실적 수준, 다소 추상적인 이론적 수준, 좀더 개인적인 평가적 수준으로 나눈다.

이 6개의 언어적 연결 아이디어는 실제로 작동한다는 점에서 교육과정의 중추로 볼 수 있다. 지역지리를 세 가지 개념수준에서 일어나는 것으로 표상하는 것은 의미가 있다고 보았으며, 이 세 수준에는 각각 거의 동시적으로 작용하는 2개의 논리적인 반대 과정이 있다. 하나의 과정은 일반적으로 세계에서 인간의 언어로 가는 것으로 '전방적' 방향으로 칭하며 그와 동시에 반대 방향의 흐름을 '후방적'이라고 하는데, 이는 언어에서 실제 세계로 나아가는 방향이다.

이 6개의 언어적 연결 아이디어를 좀더 상세하게 설명하면 다음과 같다.

- 전방적 이미지화 - 어떤 장소에서의 특성을 명명하기 위한 언어를 학습하기
  지역지리의 첫번째 언어적 측면은 특정한 장소에 일어나는 고유한 특성을 기술하기 위해 언어를 학습하는 것에 대한 관심이다. 활동 중인 지리학자들의 정신에 대한 연구는 경관이미지들과 연결된 거대한 언어들을 보여준다.

- 후방적 이미지들 - '익숙한' 언어들과 결합하기 위해 새로운 특성을 배우기

지역지리에서 가장 심도 있는 진실 중의 하나는 주어진 언어가 세계의 상이한 부분에서 상이한 의미들을 가질 수 있다는 간단한 관찰로부터 비롯된다. 종종 이러한 차이점들은 지시적이다. 동일한 언어가 상이한 장소에서는 상이한 것을 의미한다.

- 전방적 분석 - 사물을 설명하기 위한 이론을 배우기

지역적 분석의 '전방적' 절반 부분에 대해 가르치는 것은 기본적으로 지리학자들이 특정한 장소에서 나타나는 특성을 설명하기 위해 고안한 이론들을 프레젠테이션하는 과정이다. 이러한 설명은 경제적, 정치적, 문화적, 종교적, 그리고 심리적 요인들뿐만 아니라 환경의 물리적 특성까지도 포함한다. 게다가 아이디어들간 연계는 상이한 장소에서는 항상 상이하다.

- 후방적 분석 - 이론을 적용하였을 때 무엇이 일어나는지를 배우기

하나의 지역에 함께 사는 사람들은 지역적으로 고유한 인과적 속성모델을 발달시키는 경향을 가지고 있다. 사회학자들은 이러한 용어를 무엇이 사물이 나타나도록 하였는지에 대한 개인의 의견이라고 기술하는 데 사용해왔다. 지리학자들은 상이한 장소에서 관찰한 차이점들에 대한 설명을 만드는 것에 대해 관심을 가지고 있다.

- 전방적 평가 - 한 장소에서의 조건을 평가하기

지역학습의 세 번째 수준은 사물이 어떻게 존재해야 하는 지에 대한 전문적·개인적 견해들로 구성되어 있다. 지역지리는 실제로 경관평가에 대한 실습 이상이 아니다. 그러나 지역평가라는 예술은 모든 지리의 사용 중에서 가장 실용주의적인 것의 서막, 즉 하나의 장소에서 다른 장소로 지식이 전환되는 것에 대한 지침이다. 하나의 장소에서 확실하게 알고 있는 것이 왜 다른 장소에서 틀리게 되는지를 찾으려고 노력하는 것에 전문화되어 있다.

- 후방적 평가 - 지리적 조건이 진실과 미에 대한 사람들의 의견에 영향을 미칠 수 있음을 평가하는 것을 배우기

상이한 장소에서 사람들은 상이한 세계관을 가지는 경향이 있으며, 이러한 차이점들은 종종 상이한 사회구조, 친족관계 등에서 표현된다.

한편, 이상의 과정들을 통해 만들어진 ARGUS는 텍스트, 교사용 안내서, 독서 자료집으로 구성된 결과물들을 제시하였다. 우선 ARGUS가 제시한 짧은 텍스트는 광범위한 지리적 원리(분석적 관점)와 다른 구성요소들을 위한 틀에 대한 요약이다. 이 텍스트는 주제 중심으로 조직되어 있는데, 간단한 소개와 함께 4개의 주요부분, 즉 민주주의의 역사, 경제적 지역화, 정치적 조직, 환경문제 등이 포함된다. 이 특정한 주제들은 국가간 차이점을 부각시킬 수 있는 일반적인 플랫폼(출발점)을 제공하기 위해 선택되었다.

텍스트에는 약 24개에 이르는 사례학습이 원리를 묘사하며 텍스트와 코스 내 다른 구성물간 연결을 시키는 데 도움을 줄 것이다. 개별 사례학습은 한 페이지의 레이아웃을 가지고 있는데, 특정한 장소에 대한 하나 또는 2장의 사진에 초점을 둔다. 전형적인 교과서 사진은 교사들에게 어려운 점을 부과할 수도 있다.

이러한 이슈를 다루는 것을 돕기 위해 개별 ARGUS의 사례학습들은 4가지 종류의 보

충정보를 포함하고 있다. 즉, 국가 전체를 통해 유사한 장면들의 입지를 보여주는 작은 지도, 그 지역의 핵심적인 측면을 보여주는 상이한 스케일의 지도, 짧은 설명적 문장, 다른 사례학습과 비교할 수 있는 통계가 그것이다. 이러한 방식으로 개별 사례학습의 구체적인 시각 이미지들은 직접적으로 다른 2개의 수준, 즉 분석과 평가 수준의 정보들과 연결되어 있다.

교사용 안내서는 사례학습과 관련된 교실토론을 위한 질문들을 포함하고 있다. 이러한 질문들은 사진에 대한 구체적 세부사항부터 그 지역의 관리나 다른 시민들에 의해 가능한 가치판단에 대한 추상적 함의에 이르기까지 6가지 언어적 통로 모두에 걸쳐 있다.

교사용 안내서는 또한 복사된 학생용 활동지까지 포함하고 있다. 이러한 개별 활동과 집단 활동은 지리학자들에 의해 사용되는 주요한 분석방법을 소개해준다. 활동들은 단순한 지도의 비교에서 야외관찰(이미지형성), 고급자료분석(이론검증), 역할놀이(지각과 평가)에 이르기까지 매우 다양하다. 또한 개별 활동들은 특정한 지역의 자료들과 특정한 테크닉 또는 지도기능과 결합하고 있다.

그리고 ARGUS는 독서 자료집을 가지고 있다. 그것은 교사가 개인적 배경을 위해 사용하거나 학생들에게 과제로 부과할 수 있다. 독서물은 다양한 범위에 걸친 관점을 가지고 있는데, 학문적 지리분석, 유명한 장소에 대한 기술, 소수자들의 지각, 상반된 견해, 그리고 기타 견해들을 포함하고 있다. 그밖에도 교사자료에는 슬라이드와 트랜스페런시(TP) 세트가 포함되어 있다.

4. 영국의 국가교육과정(National Curriculum)

1) 영국 국가교육과정 개발의 배경

영국에서는 1977년 교육 대논쟁이 있은 이후 지리 교과 역시 1980년대에 지리교육대논쟁에 휘말리게 되었다. 즉 지리교과의 학교교육에의 공헌, 지리교육 내용과 조직방법, 사회문제해결에 대한 공헌 등에 대한 비판이 제기된 것으로, 논쟁의 초점은 학교교육과정에서 독립교과로서 지리를 정당화하는 문제였다. 지리교육 대논쟁은 1985년 당시 교육과학부 장관이던 조셉(Joseph, 1985)이 영국지리교육학회(GA: The Geographical Association)에서 다음과 같은 7가지 질문을 던짐으로써 시작되었다.

① 지리코스에는 어떤 내용이 선정되어야 하는가? 내용선정의 준거는 무엇이며, 지리 교과는 전 교육과정의 폭과 균형에 어떠한 공헌을 할 수 있고, 또 지리교수에서 그 것은 성취될 수 있는가?
② 지리의 교수와 학습의 실행은 학생들이 살고 있는 세계에 대한 경험에 확고히 기초 하여 어떻게 강화될 수 있는가?
③ 학생들이 학습하는 지리는 사회에서 논쟁이 되는 이슈에 관심이 있는가? 있다면, 어 떤 접근방법이 사용되고 있는가?
④ 지리는 인간과 자연환경 간의 올바르게 균형된 관점을 가지고 있는가?
⑤ 정치적, 경제적 과정과 활동이 지리적 패턴과 변화에 주는 영향에 충분히 주의를 기 울이고 있는가?
⑥ 지리 교수는 어떻게 하면 초, 중등학교에서 잘 조직될 수 있는가? 독립교과 또는 통 합교과 중 어느 것을 선택할 것인가? 통합교과일 때 초, 중등에서 따로 구별할만한 공헌점이 있는가?
⑦ 16세까지의 교육과정에서 특히 중등 5, 6학년에서 지리 교과는 수용할 만한가? 사회 의 많은 압력을 고려하거나 자유로운 과목 선택시[9] 인문과목이 더 적합한 것은 아닌 가?

그러나 영국지리교육학회는 그들이 지리를 옹호하는 입장을 논리정연하게 정리한 책자 인 『지리에 대한 옹호(A Case for Geography)』(P. Bailey and T. Binns(ed.), 1987)를 제작하여 7개 질문에 대해 각각의 항목별로 답함으로써 지리 교과의 본질, 공헌, 중요성, 조직방법 을 분명히 인식시키는 데 성공하였다. 이는 이후에 국가교육과정체제에서 지리가 근본 교과로 자리잡는 과정에도 공헌한 것으로 보인다.

이러한 가운데 교육과학부는 국가교육과정 기본방향을 제시하고 1988년에는 교육개혁 법을 공포하였다. 국가교육과정위원회(National Curriculum Council, 1989)는 여기에 맞추어 3개의 중핵근본교과(core foundation subjects)와 7개의 근본교과(foundation subject)를 제시하 였다. 전자의 중핵근본교과는 영어, 수학, 과학이고 후자의 근본교과는 미술, 지리, 역사, 현대 언어, 음악, 체육, 기술이며, 연령별 수준은 5~7세를 제1핵심단계, 7~11세를 제2 핵심단계, 11~14세를 제3핵심단계, 14~16세를 제4핵심단계로 구분하였다.

근본교과로 지정된 지리교과 교육과정의 작성을 위해 국가지리교육과정 실무위원회가 구성되었고, 이 위원회는 1989년 12월에 중간 보고서를 내고 1990년 6월에 최종 지리교 육과정안을 발표하였다. 그리고 이것은 1991년 교육과학부에 의해 국가지리 교육과정안 이 제시되고, 잉글랜드는 이를 채택하여 그들 자신의 지리교육과정을 공포·제시하였다. 여기에서는 전자의 문서를 중심으로 분석해보도록 한다.[10] 그런데 이처럼 국가지리교육

9) 영국에서는 문학, 철학 등 전통적 인문학 관련 과목을 의미한다.
10) 양자는 내용상 큰 차이는 없다. 학습내용목표의 경우 국가지리교육과정이 7개를 제시하고 있으나, 잉글랜드의 경우는 이를 축약하여 지리 기능, 장소에 대한 지식과 이해, 자연지리, 인문지리, 환경지 리의 5개로 제시되었다(Department of Education and Science, *Geography in the National*

과정 실무위원회가 교육과정을 작성하는 동안, 영국지리교육학회는 그들의 입장을 밝히는 국가지리교육과정 대안을 독자적으로 1989년에 제시하였다. 이것도 일종의 국가수준의 지리교육과정안으로서 그들의 지리교육에 대한 입장과 내용조직방법이 드러나므로 여기에서는 함께 분석해보았다.

2) 영국의 국가지리교육과정의 분석

국가지리교육과정 실무위원회가 작성한 국가지리교육과정[11]은 앞에서 언급한 다른 중핵교과 및 근본교과와 마찬가지로 국가교육과정의 작성형식을 따르고 있다. 이 작성형식에 따르면, 성취대상목표(attainment target 이하 AT, 학생의 입장에서는 성취할 목표대상이며 교사의 입장에서는 지리 교과에서 제공할 지리 내용의 영역이라고 볼 수 있다.), 성취수준(level of attainment, 이하 LOA), 수준별 성취내용 진술(statement of attainment, 이하 SOA), 학습내용 분야(profile component, 이하 PC:학생들의 성취대상목표(AT)들을 묶어주는 대구분 영역)의 형식으로 각 교과의 교육과정을 진술하도록 하고 있으며, 각 AT(Attaninment Target)에 대해 각 수준(LOA)별로 각각의 내용진술(SOA)이 이루어지고, 이를 바탕으로 앞절에서 언급한 4개의 핵심단계별 학습 프로그램(program of study 이하 POS)이 제시된다(Moon, 1991: 2~6). 지리에서는 4단계의 학습 프로그램이 지리적 탐구, 지리적 기능, 장소 및 주제의 3가지 항목에 걸쳐서 진술된다.

국가지리교육과정은 그 체계상으로 보아 <그림 13-4>와 같이 5~16세 학생을 위한 지리교육의 일반목적을 먼저 설정하고, 이것을 지리교육목표로 구체화하였다. 이는 다시 지리교과의 구조와 결합하여 성취목표(AT)와 학습 프로그램으로 번역되고 있어, 일반 교육학에서 말하는 이른바 목표중심 교육과정모형을 취한다. 그러나 이후에 살펴보겠지만 교사와 학교의 역할 또한 중시함으로써 교사중심 혹은 학교중심 교육과정모형을 함께 취하여 절충형의 교육과정체제를 가지고 있다. 교사나 학교를 중시하는 것은 교사와 학교가 교육내용을 선택하는 지방분권적인 영국 교육체제의 전통이다.

먼저 이 교육과정안에서 제시된 지리 교과의 성격부터 살펴보도록 한다. 여기에서는 지리학을 장소·공간·환경의 연구를 통해 지구와 인간과의 관계를 탐구하는 것이라고 정

Curriculum(England), HMSO, 1991.).

11) 주로 잉글랜드와 웨일즈를 중심으로 작성하였다. DES & WO(The Department of Education & Science and The Welsh Office), *Geography for ages 5 to 16: proposals of the Secretary of State for Education and Science and The Secretary of State for Wales*, 1990.

의하고, 따라서 지리학은 인문학과 자연과학을 연결하는 가교역할을 하는 학문이며 국지적, 지역적, 국가적, 세계적 스케일에서 연구되면서 그 변화도 함께 연구대상이 된다고 진술하고 있다. 이는 종래 지리학에 대한 관점들 중에서 패티슨이 제시한 지역연구, 공간조직연구, 인간-환경과의 관계연구, 지구과학적 연구 전통의 4대 전통과 유사하다.

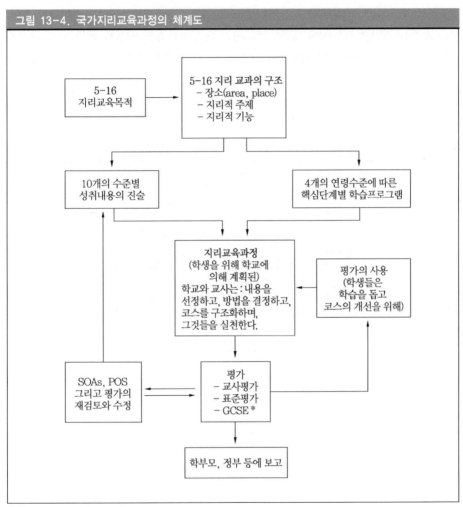

그림 13-4. 국가지리교육과정의 체계도

출처: DES & Wo, Op.cit., p.9.

* GCSE(General Certificate of Secondary Education)는 16세에 치루는 보통수준시험(O-Level)이다. 이는 진학 등을 위한 자격시험으로 실시된 종래의 의무자격시험(CSE: Certificate of Secondary Education)과 중등교육자격시험(GCE: General Certificate of Education)을 대신하여 1985년부터 실시해온 시험이다. 자세한 내용은 다음을 참고할 수 있다. Department of Education and Science & Welsh Office, GCSE Geography, HMSO, 1986., Steve Milner, GCSE Geography, Longman, 1989.

특히 인간-환경과의 관계연구전통, 지구과학적 전통이 결합되어 현대사회의 이슈인 환경의 연구로 압축한 것이라고 볼 수도 있을 것이며, 영국지리학이 그동안 생태계 또는 환경에 대한 연구에 많은 관심을 보인 결과이기도 하다. 따라서 이는 1960년대 이후 공간조직연구에 중점을 두었던 경향에서 벗어나 전통적인 종합학문으로서 지리학으로의 복귀를 뜻한다고 볼 수 있다.

다음으로 이 교육과정에서 제시된 지리교육 일반목적을 보면, <표 13-11>과 같다. a)는 환경과 지리적 다양성에 대한 관심, b)는 환경의 존중과 감상의 태도, c)는 환경에 대한 지식, d)는 지구에 대한 책임감에 대한 내용으로 환경에 대한 인식과 지식, 세계(지구)시민의 책임감이 강조되고 있다고 하겠다.

그리고 이들 목적을 실천하기 위한 지리교육목표를 보면, <표 13-12>와 같다. 입지,

표 13-11. 영국 국가 지리 교육과정의 지리교육 일반목적

a) 학생들로 하여금 그들의 주변 환경과 지표의 자연적 그리고 인문적 조건의 다양성에 관한 관심을 높인다.
b) 학생들 주위 세계의 아름다움에 대한 경이감을 기른다.
c) 환경의 질과 인간 거주에 대한 해박한 관심을 발전시키는 것을 도와준다.
d) 따라서 지구와 인간을 돌보는 책임감을 고양한다.

표 13-12. 영국 국가지리교육과정의 지리교육목표

a) 학생들로 하여금 국지적, 국가적, 국제적 사건들(events)을 지리적 맥락 안으로 들어오게 하는, 그리고 그들의 지리적 이해의 발달을 지원해줄 입지와 장소에 관한 지식틀(framework of knowledge)을 획득하게 한다.
b) 지형, 기후와 날씨, 수권체계, 생태계와 같은 지구의 자연적 체계들(systems)의 중요한 특징과 그들 체계들 간의 상호작용을 이해하게 한다.
c) 인간 활동과 자연의 물리적 과정에서의 입지와 분포패턴의 중요성, 즉 장소들이 인간, 물질, 정보의 이동과 자연적, 경제적, 사회적, 그리고 정치적 관계들에 의해 어떻게 연결되는가? 인간, 장소, 환경의 전 세계의 상호의존성을 이해하게 한다.
d) 다음의 두 가지를 포함한 인간과 환경의 관계를 이해하게 한다. 환경적 조건의 인간행동에 관한 영향, 상이한 기술, 경제체제, 그리고 문화적 가치를 가진 사회들이 특정한 환경을 지각하고, 사용하고, 변경하고, 만들어내는 여러 가지 방식
e) 장소감, 즉 장소의 개성 과 거기에 살아있을 것 같은 무엇에 대한 감정을 개발한다.
f) 장소, 공간, 환경에서의 변화를 일으키는 자연적, 인문적 과정에 대한 지식과 이해, 그리고 그러한 변화의 결과에 대한 비판적 평가를 획득하도록 한다.
g) 인간사회의 인종적, 문화적, 정치적 다양성과 그것의 지리적 표현을 인식하고 올바르게 평가하는 것을 개발한다.
h) 장소, 공간, 환경과 관련된 중요한 문화적, 사회적, 정치적 이슈를 이와 관련된 여러 가지 태도와 가치에 대한 감각을 가진다. 또 이를 확인하고 조사하는 데 필요한 기능과 이해를 개발하고 또한 이에 관한 지식을 획득하도록 한다.
i) 지리적 탐구에 필요한, 그리고 지도를 해석하고 정보기술(information technology)을 사용하며, 야외연구를 수행하는 것과 같은 다른 목적에서도 매우 가치 있는 기능(skills)과 능력을 개발하고 그 기술(technique)을 획득하도록 한다.
j) 관찰하고, 분석하고, 의사교환을 하는 능력을 포함하여 지적 그리고 사회적 기능을 개발한다.

장소, 환경에 대한 인식과 지식, 이해와 더불어 이들간의 관계에 대한 지식 등 지식 및 지적 기능영역뿐만 아니라(a, b, c, d, f항), 장소감이나 사회적 이슈에 대한 태도, 가치 등 가치 및 태도에 관한 영역(e, h 항)이 제시되어 있는데, 지리적 탐구기능, 일반적인 지적 기능, 사회적 기능으로 표현되는 기능영역(i, j 항 등)이 특히 강조되었고, 목표 진술이 매우 구체적인 행동목표로 진술되었음을 알 수 있다.

그리고 이들 목적과 목표를 달성하기 위해, 이 교육과정은 내용선정에서의 몇 가지 고려사항을 밝히고 있다. 첫째, 이는 지리학의 기본 내용을 반영한다. 지리 교과는 지리학의 학문적 중심과 학생의 발달 사이에 있어서 균형적인 관계를 유지하며, 학생의 요구와 내용을 다양한 방식으로 묶어 가르칠 수 있도록 한다. 둘째, 장소의 학습을 중요한 인자로 강조한다. 셋째, 자연지리와 지리학습의 과학적 인자를 재확인한다. 즉 지리 교과는 균형 있고 완전한 이해를 추구하고 최근의 지구적 주요 사건들을 다루며, 자연환경과 인간행동 간 상호작용에 근거하여 자연과 인문의 종합을 꾀한다. 이것이 바로 지리학의 독특한 특징이다. 넷째, 지리 교과의 교수-학습에서 탐구적 성격과 가치를 명백하게 한다. 지리에서 탐구적 접근은 교사가 학생들에게 질문을 던지고 건전한 지식, 이해, 기능 개발에 이르는 작업을 통하여 그에 대한 대답을 스스로 찾는 능력을 도와주는 것이다.

이제 이 교육과정에 제시된 지리의 내용을 살펴보자. 그레이브스(Graves et al., 1990: 2)에 따르면 중간 보고서에서는 지리적 기능과 일반기능, 고장과 지역, 영국, 세계지리1, 세계지리2, 자연지리, 인문지리, 환경지리 등 8개 영역(AT)을 제시하였으나, 종안에서는 일반기능을 지리적 기능으로 함께 표현하고 세계지리를 하나로 압축하여 7개 영역(AT)을 제시하고 있다. 즉 그것은 지리적 기능, 고장(향토)과 영국의 지역들, 유럽 속의 영국, 유럽 밖의 세계, 자연지리, 인문지리, 환경지리이다. 이는 기능, 지역지리(지지), 계통지리, 응용지리로 묶을 수 있는데, 따라서 대체로 정통적인 지리학의 구분방법과 맥락을 같이 한다고 할 수 있다. 즉 이는 지지와 계통지리로 대구분을 하고 다시 계통지리를 인문지리와 자연지리로 구분하는 방법을 택했으며, 그리고 응용분야를 인정하고 지리학의 지리적 기술(technique)을 학생들의 지리 교과의 학습과정에 맞도록 번역한 것이다. 따라서 국가지리교육과정에서는 PC(Profile component)를 명시적으로 제시하지는 않았지만, 홀(Hall, 1990: 318)은 대체로 <그림 13-5>와 같이 지리적 기능, 지리적 주제, 지역을 지리 교과의 3가지 내용영역, 즉 PC로 볼 수 있다고 하였다.

이와 같은 내용의 각 영역들은 일단 특정한 학교수준이나 연령수준에 한정시키지 않고 지리교과의 내용구조만을 제시한 것이다. AT 2～AT 4는 지역에 대한 내용으로 이들은 앞 절에서 언급한 바가 있는 맥킨더의 동심원적 지역조직방법에서 제시한 것과 거의 일치

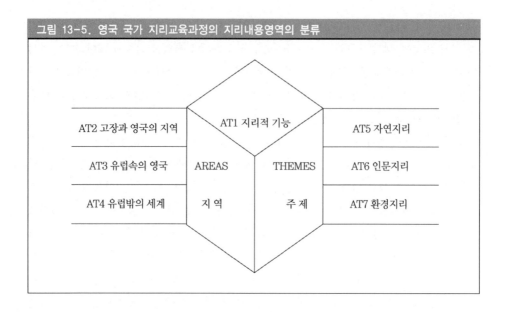

그림 13-5. 영국 국가 지리교육과정의 지리내용영역의 분류

하고 있다. 앞에서 밝힌 것처럼 미국에서는 사회학의 영향으로 주로 지평확대방법이라는
용어를 사용하고 좀더 큰 환경 또는 지역으로 나아가는 순서가 중요하지만, 영국의 경우
동심원적 방법이 주로 사용되고 순서보다 여러 스케일의 지역을 다루면서 스케일 감각을
익히는 것이 중요하게 여겨졌다. 또한 인문지리(AT5)와 자연지리(AT6)를 지리학의 통일성
과 지리철학에, 지리적 기능(AT1)을 지도에, 환경지리를 응용지리(AT7)에 대비시킬 수 있
을 것이다. 결국 국가지리교육과정에서 파악한 지리 교과의 내용구조는 티즈웰(Tidswell,
1990: 318)에 의하면, 기존의 학교지리에서 맥킨더의 'Seven Lamp'로 지리내용을 파악하
는 전통을 계승한 것이라고 할 수 있다. 이와 같은 내용구조는 지리의 계통적 주제와 연구
대상이면서 수단이 되는 지역과 지도화 기능뿐만 아니라 탐구기능, 일반적인 지적기능까
지 포함하는 지리적 기능으로 구성되어 영역간에 어느 정도 균형을 이루고 있다.

　지역과 관계되는 AT들을 제외한 AT1, AT5, AT6, AT7은 각각의 하위영역들로 세분화
되었는데 그 내용은 다음의 <표 13-13>과 같다. 하위영역들을 보면, 우선 자연지리와
인문지리가 균형을 이루고 있는 점과 이들만큼이나 환경지리의 내용이 중시되는 점이
매우 특징적이다. 또한 지역과 관련한 3개의 AT들은 하위영역들로 구분하지는 않았지만,
계통지리 AT들의 분량과 거의 비슷하다. 이는 앞에서 진술한 지리교육목적이나 목표에서
강조한 것처럼 교양 있는 세계시민의식 양성을 위해 세계 및 다양한 지역에 대한 지식,
환경에 대한 지식과 태도의 강조라는 일관성을 유지하고 있다.

표 13-13. 영국 국가지리육과정 내용의 하위영역 분류

지리적 기능 AT 1	지도와 다이어그램(MD)
	야외조사 기능(F)
	이차적 자료사용 기능(SS)
자연지리 AT 5	기후와 날씨(대기권)(A)
	하천, 하천분지와 대양(수권)(H)
	지형(암석권)(L)
	동물, 식물 그리고 토양(생물권)(B)
인문지리 AT 6	인구(P)
	촌락(S)
	커뮤니케이션과 이동(M)
	경제활동(E)
환경지리 AT 7	천연자원의 이용과 남용(R)
	환경의 질과 환경의 취약성(Q)
	환경의 보호와 관리(PM)

그러나 이러한 지리내용 구성에 대한 비판도 제기되었다. 홀(1990, 313~318)은 지리내용 구성에 대한 정통적인 분류방식에 따른 접근방법을 대신하여 지리교육에 대해 교육과정-교육철학-평가가 개방적이고 유기적으로 결합되는 생태적(ecological culture) 접근방법을 주장하였다. 그리고 그는 이러한 접근에서는 인간주의적 관점이 적절하며, 인간주의적 관점을 바탕으로 다문화교육과 같은 다양한 국면을 포용할 것을 요구하였다. 또한 갈등적 상황처럼 다양한 관점이 요구되는 주제와 문제해결과 개인기능, 의사소통기능 등 더 많은 성취목표 또는 내용영역(AT)들을 추가할 것도 주장하였다. 한편 그레이브스 등(1990: 2)은 내용의 조직 면에서 비판을 하였다. 예를 들어 '지리 14-18'프로젝트는 강조되는 내용영역들을 초점으로 하여 주제를 여과하였고, GYSL은 단원을 조직할 공간과학적 지리개념을 주제를 통해 여과하는 조직틀을 가졌으며, '지리 16-19'프로젝트는 주제 모듈이 이슈(주로 인간-환경)에 의해 조직되는 틀을 가지고 있는 데 비해, 아무런 구체적인 내용 조직틀을 제시하지 못하고 있다고 비판하였다.

한편 성취목표(AT)는 각각 10개의 수준별 내용을 상세화하였는데, 각 수준의 내용진술에서는 하위영역의 영문 약자로 위에서 열거한 하위영역과 관련된 것을 표시하였고 그 구체적 사례도 함께 제시하고 있다. 그리고 지역 영역은 별도의 하위영역들을 제시하지 않고, 각 스케일에 따라 핵심단계별로 다루어질 주제들의 시퀀스를 <표 13-14>와 같이 제시하였으며, 이것은 다시 핵심단계별 학습 프로그램 구성의 틀이 되고 있다.

결국 국가지리교육과정은 이 지역구조 위에서 각 핵심단계별 지리학습 프로그램을 지리적 탐구, 지리적 기능, 장소와 주제의 3개 항목별로 그 내용을 제시하였다. 한편 지리교육과정은 국가교육과정에서 제시된 연령수준을 조절하여 사용하였는데 이를 정리하면, 다음의 <표 13-15>와 같다.

한편 학습 프로그램은 위의 각 단계별로 지역의 틀 위에서 제시되었는데, 이 틀이 학습 프로그램의 중추가 되어 지리탐구와 지리기능을 비롯해 자연지리, 인문지리, 환경지리의 내용을 통합한다. 예를 들어 우리나라 초등학교 5,6학년과 중학교 1,2학년 수준인 제3핵심단계에서 전개된 내용들을 정리하여 보면 <표 13-16>과 같으며, 나머지 단계들도 이러한 틀에 따라 각각의 내용을 학습목표로서 상세화하여 제시하고 있다. 이 내용을 보면, 지리기능과 지리주제 간, 자연지리와 인문지리 간에 균형 있게 제시되면서도 학습목표로

표 13-14. 국가지리교육과정의 지역 내용의 시퀀스

Key Stage \ AT	향토와 지역 AT 2	유럽속의 영국 AT 3	유럽 밖의 세계 AT 4
1 (수준 1-2)	직접적 주위환경과 향토	다른 장소의 지리적 사상에 대한 학습	다른 장소의 지리적 사상에 대한 학습
2 (수준 3-4 중심)	향토	향토를 제외한 영국의 Locality 학습 영국 밖의 EC의 Locality 학습	열대 혹은 아열대의 Locality 학습
3 (수준 5-6 중심)	고장	고장을 제외한 영국의 지역 학습 EC의 국가들의 학습: 프랑스, 독일, 이탈리아, 스페인 EC내의 대조적인 두 지역	경제적 부유 지역의 학습 : 캘리포니아, 플로리다, 남부 온타리오, 남동오스트리아, 일본 남부 중에서 다른 나라의 학습: 인디아, 중국, 이집트, 나이지리아, 남아공화국, 브라질, 페루 중에서 광범위한 비교를 통한 미국, 소련, 일본의 학습: 산업, 에너지, 자원, 환경문제
4 (수준 7-10중심)	고장의 한 측면에 대한 확대된 탐구	소지역을 포함한 EC의 주제학습 : 농업, 인구이동, 지역개발, 관광	경제적 발전에 대한 주제학습 : 인도, 중국, 이집트, 나이지리아, 남아공, 브라질, 페루 중에서 일본과 신산업화 국가(NICS)와 관련한 국제무역의 일반패턴의 학습

표 13-15. 영국 국가지리교육과정의 학습수준단계의 구분

	수준	학년	연령	한국의 학교수준
핵심단계 1	1~2	1~2	5~7	유치원
2	3~4	3~6	7~11	초등학교 1, 2, 3, 4학년
3	5~6	7~9	11~14	초 5, 6 중 1,2학년
4	7~10	10~12	14~16	중 3 고 1,2학년

표 13-16. 영국 국가지리교육과정 학습프로그램(제3핵심단계)

(지리적 탐구) — AT1

1. 야외조사활동과 2차적 정보에 의존하는 교실활동 2. 탐구의 초점을 확인한다. 　탐구방향을 제시할 지리 질문을 제시한다. 　대상의 분류, 정보와 증거형태의 확인, 사용될 방법의 제시 　사전준비작업과 같이 탐구를 계획하고 조직하기 　체계적으로 야외관찰하고, 보다 엄밀한 정보획득을 위한 적절한 도구의사용 　지도, 다이어그램, 통계자료 등 다양한 원천에서 관련정보의 선택 　지리적 패턴을 확인, 기술하기.지리적 관계 탐구하기 　증거에 의한 설명을 제시하기.결론을 끌어내기 　일관성 있는 탐구와 적절한 방법의 사용 　사용된 방법과 도달한 결론을 평가하기 　획득한 지식, 이해를 고려하기위해 발견사항을 반성하기	

(지리 기능) — AT1

3. 영국 육지 측량국 지도(OS Map), 기타 지도, 인공위성 이미지, 다이어그램의 해석 기능, 야외조사기능	MD, SS, F
4. 핵심기호를 통한 전통적 OS symbol의 확인과 이용 　4분위, 6분위 그리드 체계의 이용 　OS지도 경로 찾기. 지도의 정보를 해석하고 기술하기	MD
5. 지도에서 분포 패턴의 기술 　간단한 기복도(등고선도) 해석 　등치선도, Choropleth Map, Flow Map의 해석 　입지의사결정의 보조수단으로 지도의 이용 　인공위성 이미지에 나타난 인문, 자연지리의 간단한 패턴의 확인과 해석 　위상도 형태로 변형된 지도(여행시간거리圖 등)의 해석 　다이어그램의 이용(막대 및 선 그래프, 파이차트)과 지리정보의 제시 및 해석 　다양한 지도를 이용하여 장소간의 생활의 질과 관련한 　변이를 확인하기, 지표(index)의 적절성 토론	MD
6. 야외에서 자료수집, 결과를 그래프로 표현하고 패턴을 설명하기 　소규모 사상의 야외 측정에서 횡단면도 그리기 　경관의 기록 및 해석을 위한, 주석이 있는 야외스케치하기	F

(장소) — AT 2-7

7. AT 2-7의 장소와 주제에 대한 지식과 이해를 획득할 기회를 제공한다. 이는 관련정보의 획득, 그 정보를 해석하고 알 수 있도록 해주는 아이디어, 사고와 추론의 형태를 개발한다. 8. AT 5-7까지의 목표를 위한 탐구와 학습은 세계의 서로 다른 지역의 사례학습에 의해 뒷받침되어야 한다. 즉 이것은 특정한 목표에 적합한 다양한 공간 스케일에서 시행되어야 한다.	
9. 고장(home region)	AT 2

고장과 대비되는 영국내의 지역	AT 2
영국 밖의 EC국가	AT 3
EC 밖의 개발된 지역	AT 4
개발도상국	
미, 소, 일의 기초학습	
10. 지역의 주된 사상, 사상(事象)들 간의 결합	AT 2
과거조건을 반영하는 현재의 지역적 특성	
지역발전에 영향을 준 기회와 장애요인	
지역 내의 변화와 변화기저의 과정	
다른 지역과의 연계	
지역의 환경적, 경제적, 사회적 이슈, 갈등적 이해관계	
11. 영국 각 지역의 학습은 매우 대조적인 지역중심	AT 2
12. 영국내부, EC내부의 경제적 번영과 삶의 질 의 공간적 차이의 패턴 검토	AT 3
프, 독, 이, 스페인의 학습 - 국가의 주된 사상, 각국의 지역(경제적 성장지역과 낙후지역), 지역 차의 원인, 변화의 양상과 이슈	
13. 선진개발지역: 캘리포니아, 남부 온타리오, 동남 오스트레일리아, 일본 남부(혼슈)	AT 4
지리적 특성, 경제적 중요성과 그 원인, 번영과 이민의 흡수범위, 이민이 미친 영향, 인구 성장 및 경제발전과 관련한 환경, 사회적 문제	
14. 개도국 : 인도, 중국, 이집트, 나이지리아, 남아공, 브라질, 페루	AT 4
규모, 위치 등 각국의 주요 지리적 사상, 국가 내 주요 지역차, 인구분포패턴과 주요한 인구이동, 다른 국가와의 결합, 개도국으로서 특성, 국가발전에 영향을 주는 기회와 장애들, 경제발전과 관련한 환경적, 사회적 관계	
15. 미국, 소련, 일본	AT 4
규모, 위치, 인구, 경제적 산물, 에너지원, 직업과 무역의 구조, 제조업의 일반적 분포패턴, 에너지 자원의 개발, 원료의 교역, 제조업의 발전과 관련한 오염 및 환경문제(한 지역 또는 특정발전과 관련하여)	
16. 상기한 지역들의 locality 학습	AT 2
(주제) ─ 자연지리(AT5)	
17. 기온과 날씨와 관련한 관찰과 기록	A
영국의 강수와 기온의 계절적 분포패턴	
기복, 대류, 전선의 강우에의 영향	
기후와 날씨의 구분	
영국의 기후형 분포의 특징	
영국의 기후형과 위도, 수륙분포, 기복, 탁월풍과의 관계를 고려	
18. 하천 흐름과 범람	H
범람방지 방법	
유역분지의 주된 특성	
물 순환의 주요성분과 연계	
19. 암석과 빌딩에 대한 풍화의 영향	L
상이한 풍화의 증거	

풍화와 침식	
하도와 하곡(범람원,..), 해안(해식애, 파식대)과 관련한 특징적 지형과 지형형성과정	
지진, 화산의 지구적 분포패턴, 지각판과 판 경계의 분포	
자연재해의 형태, 원인, 과정, 대응책	
20. 3대기후지역의 식생형태의 주된 특성과 분포패턴(영국기후대별)	B
(주제) — 인문지리(AT6)	
21. 지방과 지역의 인구의 규모와 분포의 변화	P
이주가 인종, 문화, 종교적 구성에 미치는 영향	
인구의 지구적 분포패턴, 지구위의 인구희박 및 조밀지역	
22. 개별촌락의 위치와 성장에 영향을 주는 요인, 성장에 수반된 이점과 문제점	S
읍내의 토지이용패턴, 인간 욕구의 변화와 촌락의 연령에 따른 이슈, 촌락계층개념의 도입과 특정지역의 상이한 크기의 촌락분포의 분석에 적용	
23. 철로망, 도로망의 변화, 교통 체계와의 관련 검토	M
상이한 형태의 교통의 장점과 단점의 비교, 상대적 장점의 기술적 발전 및 다른 결과에 따른 변화	
24. 상이한 경제활동형태의 토지이용패턴 비교, 선정된 지역 내의 분포 패턴 비교	E
농업 1) 상업적, 자급적, 조방적, 집약적, 유목, 건조, 혼농 등 다양한 형태의 농업	
공업 2) 상이한 형태의 산업입지(원료, 시장, 동력 등과 관련)	
서비스 3) 쇼핑과 업무중심지의 상이한 형태	
특정 장소에서의 경제 활동 성장 이유, 대단위 산업지역의 발달이유, CBD발달의 이유, 교외지역의 발달 이유, 지역특화의 장·단점, 특정 농업, 제조업의 지역적 특화	
경제발전 및 복지수준의 비교(세계에서의 상이한 지역의)	
(주제) — 환경지리(AT7)	
25. 신선한 물의 주요 원천과 다른 지역에서 안전한 상수의 공급을 유지하는 방법	R
재생, 비 재생 자원간의 차이	R
영국과 영국 밖의 지역에서 상이한 에너지원의 개발과 환경적 고려와의 관계	R
환경오염의 주된 원인, 하천, 호수, 바다, 대양이 오염되기 쉬운 원인	Q
수질오염의 해결방안, 하천과 수괴의 보호 및 개선을 위해 필요한 활동 형태	PM
상이한 환경의 가치와 여가에 대한 사람들의 견해	PM, Q
장소에 대한 갈등적 요구의 쟁점(환경적 가치와 관련)	PM, Q
가치가 높은 지역의 각국 정부의 보호방식 비교	PM

서 수준별로 상세화하여 제시되는 것은 매우 특징적이며, 교사들의 활용을 용이하게 해줄 것으로 보인다. 또한 앞에서 언급한 것처럼 매우 다양한 스케일의 지역이 지리사상의 여러 차원을 제시하고 있다. 즉 전 단계에 걸쳐서 영국적인 전통의 하나로서 계통지리와 지역지리를 개념과 지역의 다양한 스케일을 통해 동심원적으로 구성하고 있는 것이다. 그리고 시사적이고 응용적인 분야는 환경지리 속에서 충분히 다루고 있으며, 이와 관련하여 자연지리, 인문지리와 함께 현실과 직결되는 것을 다루되 이슈와 문제점의 분석과 정

확한 이해, 문제해결로 연결되도록 하고 있다.

영국 국가교육과정은 1991년에 처음으로 제시된 이후, 여러 차례의 개정이 있었다. 즉, 1995년, 2000년의 것이 그것이다. 1991년에 제시된 5개의 성취목표 영역과 10개의 수준이 있었는데, 1995년 이후에는 하나의 성취목표영역으로 통합되고 수준도 8개의 수준으로 축소되었다. 그리고 1991년의 것에는 핵심단계 4(KS 4)에서 지리와 역사 중 선택하여 필수화되었던 것이 미국식 사회학이 핵심단계 4에서 도입되면서 선택으로 변경되었다.

3) 영국지리교육학회(GA)의 대안적 지리교육과정안

국가지리교육과정 실무위원회가 제시한 국가지리교육과정이 지리학을 장소·공간·환경의 연구로 분리하여 제시한 데 비해, 영국지리교육학회는 지리학 고유의 장소 연구에 초점을 두어 자연환경과 인문환경을 통합하고, 여기에 중심적 초점으로 인간과 환경의 상호작용 관점을 채택해야 한다고 주장하였다(Daugherty(ed.), 1989: 6). 그러나 과학과 인문학의 가교로서 지리학의 역할을 높이 평가하는 점은 동일하다. 이 안에서는 지리 탐구를 강조하는데, 그 절차는 '이곳은 어떤 장소인가?', '왜 이 장소는 그와 같은가?' '다른 장소와 어떻게 그리고 왜 다르거나 유사한가?', '장소는 다른 장소와 어떤 방식으로 연결되어 있는가?', '이 장소는 어떻게 느껴지는가?'이며, 이를 통해 매우 국지적인 것에서 세계적인 것에 이르는 스케일에서 지리연구를 행할 수 있다고 밝히고 있다. 즉 지리적 탐구와 스케일을 매우 강조하고 있음을 알 수 있다. 한편 기능적인 측면에서는 문장력(literacy), 구두표현능력(oracy), 수리력(numeracy), 도해력(graphicacy)의 다양한 범위에 걸친 의사소통 기능을 모두 기를 수 있어야 한다고 진술하면서도, 도허티(Daugherty, 1989: 6)는 지도와 다이어그램을 이용하고 회화적 자료를 활용하는 지리도해기능(geographicacy)과 직접관찰에 보다 관심을 기울여야 한다고 주장한다.

또한 이 대안은 당시의 교육과정에서 논쟁의 쟁점이 되었던 개별 교과의 일반교육에 대한 공헌과 관련하여, 지리 교과의 입장을 밝혔다. 즉 HMI는 1985년에 5~16세 교육과정에서 포함되어야 할 내용의 영역(스코프를 결정할)을 종전의 8개에서 9개로 확대하여 학습과 경험의 영역을 제시하고, 교육과정의 구성은 이러한 경험의 영역에 바탕을 두어야 한다고 언급하였다. 이 9개의 학습과 경험의 영역은 심미적·창의적 영역, 인간 및 사회적 영역, 언어적·문학적 영역, 수학적 영역, 도덕적 영역, 신체적 영역, 정신적 영역, 기술적 (공학적) 영역이 그것이다. 영국지리교육학회의 이 안은 이 9개의 경험의 영역 모두에 걸쳐

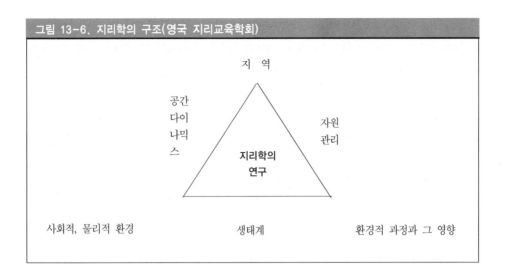

그림 13-6. 지리학의 구조(영국 지리교육학회)

지역

공간
다이
나믹
스

지리학의
연구

자원
관리

사회적, 물리적 환경   생태계   환경적 과정과 그 영향

지리 교과가 공헌할 수 있다고 주장하여 근본교과로서 지리를 정당화하였다. HMI(어임장학관(御任奬學官) Her Majesty Inspector)는 이미 1977년 교육 대논쟁 중에 'Red Book Curriculum 11-16'을 통해 학교가 교육과정을 계획할 때 교과 선정의 준거로서 8대 경험영역을 제시한 바 있는데, 프록토(Proctor, 1985: 38~45)는 지리 교과가 학생들의 8대 경험영역에 공헌한다고 주장한 바 있다.

한편 이 안은 지리학의 구조를 <그림 13-6>과 같이 파악하면서, 이러한 지리학 연구구조와 지리의 탐구과정을 고려하며 특히 환경교육을 강조하여 3개의 PC, 즉 환경의 이해, 환경의 조사, 환경의 평가를 제시하였다. 그리고 이들을 세분하여 14개의 내용하위영역, 즉 학습성취목표(AT)를 설정하였다(<표 13-17> 참조).

이상에서 선정된 내용영역을 보면, 먼저 제시한 지리학의 구조에서 추출한 것이지만 환경의 이해, 환경의 조사, 환경의 평가로 구분된 환경이라는 여과틀에 의해 걸러졌음을 알 수 있다. 따라서 여기에서 제시된 AT들은 보다 강력하게 PC들과 연결해야만 이해할 수 있다. 즉 PC와 AT간의 이러한 관계를 파악할 때만 교사는 자신의 교수에서 학습의 초점을 잡을 수 있을 것이다. 우선 PC 1의 하위내용영역들을 보면, 전체적으로 지역지리(지지)가 축소되고 계통지리 내용이 많은 부분을 차지한다.

특히 허버트슨의 전통과 환경이라는 내용의 여과틀로 인하여 기후가 더욱 강조되고 지형은 경관 속에 흡수되면서, 생태적 관점이 강조되었다. PC 2에서는 주로 지리적 기능에 관련되는 사항들로 구성되어 있으나, 목적과 목표에서 밝힌 다양한 의사소통기능을 모두 포함하고 있지는 않다. 또한 환경의 연구를 위해서는 적절하지만 지리적 정보원의 구축과 같은 영역은 지리적인 구체적 탐구기능에 비해 너무 애매하다. PC 3은 주로 지리학의 응용분야와 관련된 것으로 가치와 태도의 학습을 위해 내용이 선정되고 장소를 별도로 다루고 있어 정의적 영역의 교육에는 유익할 것으로 보인다.

이와 같이 분류된 내용영역들은 다시 주로 다루어질 핵심단계별로 <표 13-18>처럼 제시되며 어느 정도 계열화되어 있다. 그러나 이 대안에서는 지도들을 통한 도해력을 강조한다고 진술하면서도 야외조사는 핵심단계 1부터 시작하는 데 비해 지도의 이해는 핵

표 13-17. 지리교육 내용영역의 분류(영국지리교육학회)

환경의 이해 (PC 1)	향토(AT1) 향토 밖의 세계(AT2) 경관과 그들의 형성(AT3) 기후와 대기(AT4) 생태계와 자원관리(AT5) 인간과 촌락(AT6) 인간, 재화, 정보의 이동(AT7) 경제활동의 입지와 조직(AT8)
환경의 조사 (PC 2)	야외조사(AT9) 지도의 이해(AT10) 지리정보 원천의 구축(AT11)
환경의 평가 (PC 3)	환경의 이슈(AT12) 장소의 잠재력(AT13) 환경의 감상과 이해(AT14)

표 13-18. 지리내용영역의 계열(영국 지리교육학회)

단계 AT	핵심단계 1 (5~7 세)	핵심단계 2 (7~11 세)	핵심단계 3 (11~14 세)	핵심단계 4 (14~16 세)
AT 1	○	○	○	○
2		○	○	○
3		○	○	○
4	○	○	○	○
5			○	○
6	○	○	○	○
7			○	○
8	○	○	○	○
9	○	○	○	○
10		○	○	○
11		○	○	○
12		○	○	○
13			○	○
13				○
한국학교수준	초등학교		중학교	고등학교

*○ 표시는 이 단계에서 가르쳐진다는 뜻이며, 표시가 없다고 하여 그 단계에서 전적으로 배제한다는 뜻은 아니다.

심단계 2에서 시작하는 것은 균형이 맞지 않다. 유아기부터 그림지도는 야외조사만큼 중요하기 때문이다. 또한 지역을 위해 2개의 AT만을 선정하였고 이들 AT에 대한 설명에서 조차 다양한 스케일의 지역들을 어떻게 다룰 것인지 설명하고 있지 않아, 지역을 계통적 주제와 더불어 국지적 스케일에서 지구적 스케일에 걸쳐 다양하게 다룰 것이라는 내용선정의 원리들과 일치하지 않는 면이 있다. 그리고 국가교육과정처럼 학습 프로그램은 상세화되지는 않았고 각각의 AT별로 학습의 수준과 이들을 바탕으로 제시될 수 있는 학습 프로그램의 예만 몇 가지 들고 있다.

결국 이 대안은 초, 중등학교 전 과정의 지리 내용을 사회적 이슈이자 지리적 연구의 핵심중의 하나인 환경이라는 여과틀을 가지고 조직화하는 과정을 보여주었다는 의미를 가진다. 즉, 이 안이 제시하고 있는 내용 및 내용구성을 국가지리교육과정의 것과 비교하면, 후자가 학문의 요구, 사회의 요구, 학생의 요구에 있어서 균형을 취하고자 한 데 비해, 전자는 사회의 요구를 좀더 강하게 반영하여 사회의 요구와 학문의 주된 관심이 부합되는 환경에 대한 관심을 중심으로 내용을 선정했다고 할 수 있다.

참고문헌

김일기. 1976, 「HSGP와 우리나라 고교지리의 비교연구」, 《지리학과 지리교육》 제6집, 서울대
　　학 사범대학 지리학 연구실.
곽상만·김영준 편저. 1989, 『교육과정 국제비교연구』, 한국교육개발원.
박선미. 2001, 「영국의 사회과 교육과정」, 《사회과교육학연구》, 제40호, 한국사회과교육연구학회.
이찬. 1968, 「HSGP를 통해서 본 미국의 지리교육의 개혁」, 《지리학》 제3호, 대한 교육연합회.
_____. 1969a, 「새로운 지리 교육과정 운동」, 《새교육》 3월호, 대한교육연합회.
_____. 1969b, 「지리교육에 있어서의 기본개념」, 《새교육》 4월호, 대한교육연합회.
_____. 1969c, 「지리학습과 평가」, 《새교육》 5월호, 대한교육연합회.
장영진. 2003, 「영국의 지리과 국가교육과정 제정과 그 영향」, 《대한지리학회지》, 28(4), 대한지
　　리학회.
한국교육개발원. 1991, 『미국 2000: 교육전략- 부시대통령의 교육개혁안』.

Bailey, P. and T. Binns(ed.). 1987, *A Case for Geography: A Response to the Secretary of State for Education from Members of the Geographical Association*, The Geographical Association.
Daugherty, R. (ed.). 1989, *Geography in the National Curriculum: A Viewpoint from the Geographical Association,* The Geographical Association.
Department of Education and Science. 1991, *Geography in the National Curriculum(England)*, HMSO.
Department of Education and Science & Welsh Office. 1986, *GCSE Geography*, HMSO., Steve Milner, 1989, *GCSE Geography*, Longman.
DES & WO(The Department of Education & Science and The Welsh Office). 1990, *Geography for ages 5 to 16: proposals of the Secretary of State for Education and Science and The Secretary of State for Wales.*
Hill, David A. 1992, "The Geographic Inquiry into Global Issues Project: Rationale, Development, and Evaluation", in A. David Hill(ed.), *International Perspective Geographical Education*, University of Colorado.
Geographic Education National Implementation Project Committee on K-6 Geography. 1987, *K-6 Geography*, Washington D.C.; GENIP.
Geographic Education National Implementation Project Committee on 7-12 Geography. 1989, *7-12 Geography*, Washington D.C.;GENIP.
Gersmehl, Philip J. and James E. Young. 1992, "Images, Analyis, and Evaluation: A Linguistic Basis for a Regional Geography Course," in A David Hill(ed.), *International Perspective on Geographical Education*, University of Colorado.
Graves N. J., et. al. 1990, "First Impressions: A Discussion of the Interim Report of the Geography

Working Group for The National Curriculum from one Departmental Team," *Teaching Geography*, Vol.15, No.1.

Gunn, A.M. 1972, *High School Geography Project- Legacy for Seventies*, Centre Educatif et Culturel, Montreal.

Hall, D. 1976, *Geography and Geography Teacher*, George Allen & Unwin LTD, London.

_____. 1990, "The National Curriculum and the Two Cultures: Towards A Humanistic Perspective," *Geography*, Vol.75.

Hart, J. F. 1982, "The Highest Form of Geographers's Art," Annals of A.A.G., Vol.72.

Joint Committee on Geographic Education. 1984, *Guideline for Geographic Education*, NCGE & AAG.

Joseph, Sir Keith. 1985, "Geography in the School Curriculum," *Geography*, Vol.70, No.4.

Keith Orrell. 1985, "Geography 14-18," in D. Boardman(ed.), *New Perspectives in Geographical Education*, Macmillan Education.

Lanegran, D. A. and Risa Palm. 1973, "Geography in Everyday Life," in D.A. Lanegran and Risa Palm(eds.), *An Invitation to Geography*, McGraw-Hill Co.

Moon, Bob. 1991, *A Guide to the National Curriculum*, Oxford University Press.

National Commission on Social Studies in The Schools. 1989, *Charting A Course: Social Studies for the 21st*.

National Curriculum Council. 1989, *The Natinal Curriculum*, NCC.

Proctor, N. 1985, "Geography and The Common Curriculum," *Geography*, Vol.69, No.1.

Salter, C. L. 1987, *Geographic Themes in United States and World History: An Integration of Fundamental Geography into the Basics of the American Curriculum*, Scroll.

The Gallup Organization. 1988, *Geography: A International Gallup Survey*.

Tidswell, Vincent. 1990, "Capes, Concepts and Conscience: Continuity in the Curriculum," *Geography*, Vol75, Part4.

Tolley, H. and Reynolds, J.B. 1977, *Geography 14-18: A Handbook for school- based Curriculum Development*, Macmillan Education.

Walford, R. (ed.). 1980, *Signposts for Geography Teaching*, Longman.

제5부 **지리평가**

14 지리평가의 목적과 쟁점

지리평가는 학습자를 가르치는 지리교사에 의해 수행되는 가치판단의 과정이며,
확신과 능력을 요하는 고도의 숙련된 활동이다. 지리교사는 적어도 '무엇을 평가하며
또 어떻게 평가할 것인가'에 대해 적절하고도 합당한 결정을 내릴 수 있는
능력을 가지고 있어야 한다(Lambert, 1997, p.257).

학생평가의 정신과 스타일은 실제 교육과정을 정의하는 것이다(D. Rowntree, Assessing
Student: How shall we know them?, Kogan Page, p.1).

1. 평가에 대한 일반적 이해

1) 평가의 의미와 평가의 과정

일반적으로 평가는 프로그램의 가치나 장점을 기술하고 판단하는 측면, 프로그램의 효과 및 영향을 확인하는 측면, 프로그램에 관한 의사결정에 기여하는 측면을 복합적으로 지니는 합리적이고 체계적인 활동이다. 이러한 평가의 의미를 교육활동에 적용해 보면, 교육평가란 '교수 프로그램에 관한 의사결정을 하기 위하여 학습자의 행동변화 및 학습과정에 관한 정보를 수집하고 이용하여 교육적 의사결정을 내리는 데 도움을 주거나 의사결정을 하는 과정 바로 그 자체'라고 볼 수 있다.

검사, 측정, 사정(혹은 평정), 평가 등의 개념은 유사하면서도 항상 다르게 정의되므로, 분명한 개념의 정립이 요구된다. 배호순(1994)에 따르면, 일반적으로 검사(test)는 가치판단 근거의 수집을 위한 평가활동 전개과정 중에 이루어지는 절차·방법적 활동에 그치는 것으로 그 자체를 평가활동으로 볼 수는 없고, 측정(measurement)은 가치를 추정하는 행위이다. 총평으로 사용되는 개념인 사정(assessment)은 평가의 논리적인 측면만을 나타내는 기능을 하며, 평가(evaluation)는 가치를 산정, 확인, 추정, 결정, 평정 및 사정, 판단하는 일련의 과정을 총칭하는 개념이다.

평가와 관련하여 자주 사용되는 개념들을 구분할 필요가 있다. 검사, 측정, 평가 간의

관계는 대체로 다음과 같은 구분이 이루어진다. 측정과 평가의 가장 중요한 차이 중 하나는 측정이 가능한 한 검사가 미치는 영향을 제한하거나 극소화하려고 하는 반면, 평가는 검사의 영향 그 자체를 학생의 행동변화를 일으키는 중요한 원천으로 보고 그것을 이용하려고 하는 것이다. 즉 검사를 학생의 행동에 변화를 야기하는 환경원으로 간주하며 필요에 따라 그 영향을 극소화하거나 극대화하는 것이다.

최근 들어, 사정 혹은 평정이라는 개념이 널리 사용되고 있지만, 이는 총평이라기보다는 평가의 논리적 측면만을 나타낸다. 사정 혹은 평정은 비교적 측정이라는 개념과 가까운 개념으로 대상의 속성을 측정하고 계산하며 그에 대한 가치를 추정(estimate)하는 행위를 말하는데, 측정에 비하여 평가 개념에 좀더 가깝다고 할 수 있다. 물론 대상에 대한 측정이나 검사를 통하여 대상의 속성을 수량화하고 계산하는 활동을 사정활동이라고 하지만, 측정 및 검사에 대한 가치 추정이나 가치 판단이 이루어지는 경우도 있어 평가와 매우 유사한 활동임에는 틀림이 없다.

그런데, 평가라고 하면 으레 학생을 대상으로 시험을 통해 점수를 매기고 판정하거나 인간을 실패군과 성공군으로 분류하는 것에만 초점을 맞추어 온 것이 사실이다. 평가를 통해 교수 및 학습을 개선하고 학생의 학습에 도움을 주도록 하는 관점은 최근에 와서야 주목받고 있다.

2) 평가의 과정

배호순(1994)에 따르면 일반적으로, 평가의 주요 구성요소 활동들을 평가활동의 단계별 절차로 구분하면 다음과 같이 설정할 수 있다.

1단계: 평가 근거 및 목적의 확인(평가의 정당화)
2단계: 평가대상 및 내용의 확인(평가 준거의 설정)
3단계: 평가 전략의 결정(평가활동의 기획 및 설계)
4단계: 평가자료 수집계획(자료수집도구 및 방법의 준비)
5단계: 평가자료 수집활동의 운영 및 전개(자료수집활동의 전개)
6단계: 자료의 분석 및 판단(평가기준 및 규칙의 설정과 평가적 판단의 실시)
7단계: 평가결과의 보고(평가 결과 보고서 작성, 배포, 활용)

이들을 좀더 압축해보면, 평가는 일반적으로 ① 평가영역의 확인과 목표의 구체화, ② 평가 자료의 수집·작성, ③ 결과의 처리·해석·이용의 3단계로 구성된다.

그런데 교육적 평가는 하나의 프로그램 자체에 대한 것이라기보다는 교육과정과 교수의 전 과정과 관련한 평가이므로, 좀더 총체적이고도 구체적인 접근이 필요하다. 경상남도교육연구원(1991)은 한국교육개발원이 제시한 평가모형에 따라 평가의 구체적인 과정을 다음과 같은 단계를 통하여 제시하였다.

> 1단계: 교육과정의 이해 — 전인교육적인 교육과정 내용 이해
> 2단계: 교육목표의 설정(평가목표의 상세화) — 전인교육적 차원에서 사회적 사고력, 인지적, 정의적 영역을 안배하는 목표 설정
> 3단계: 평가장면 선정, 평가도구 선정 — 인지, 정의, 심동적 영역, 사회적 고등 사고력을 평가할 수 있는 장면과 도구를 선정
> 4단계: 평가도구 제작 — 합목적적인 도구 제작
> 5단계: 평가도구 실시 — 평가목적에 오류를 범하지 않도록 실시
> 6단계: 평가 결과의 처리 및 해석 — 사회과 교육 및 평가 목표에 적합한지, 또는 성과를 획득했는지의 여부 판단
> 7단계: 결과 활용 — 인지, 정의, 심동적 영역, 사회적 고등 사고력을 신장시키도록 활용

그렇지만 종래의 교육 평가에 있어서는 주로 3단계에서 5단계에 이르는 과정, 즉 평가장면 또는 평가도구의 선정과 평가의 실시에 이르는 과정에 중점을 두었다.

특히 평가장면 및 평가도구의 선정과정 이후에 강조되었던 것은 평가문항의 분석이었다. 이는 평가장면 및 평가도구 선정이 완료된 후(평가문항의 작성 뒤) 반드시 거쳐야 할 단계로서 인식되었다. 일단 평가장면(사태)이 정해지고 평가도구의 큰 구분이 이루어진 후에, 각 평가도구(문항)에 대한 두 가지 교육의 목적, 즉 내용목적과 행동목적에 비추어 검토하는 것이다.

이러한 목적(목표)에 따라 내용과 행동목표로 나누는 것을 이원목표분류라고 하며, 이처럼 두 가지 측면으로 나누어 문항들을 검토한 표를 이원목표분류표라고 한다. 각 평가문항이 내용과 행동 면에서 어떻게 분류되는가를 기술하거나 도표화하여 나타낼 필요성에 의하여 만들어진 것이다.

내용분류는 평가하고자 하는 내용이 교육목표(또는 평가목표)에 부합하도록 분명하게 기술할 수 있는 반면, 행동목표는 일반적으로 블룸의 교육목표분류학에 따라 인지적 영역과 정의적 영역을 중심으로 구분하는 데 그쳐 하위영역의 구분이 그리 용이하지 않으며 평가목적에 따라 달라지기도 한다.

지리과에서 오랫동안 사용한 이원분류표의 예를 들면 <표 14-1>과 같다.

표 14-1. 이원분류표의 예

내용분류 ＼ 행동분류	지식, 이해 (70%)	적용, 분석 (20%)	종합, 평가 (10%)	계 (문항수)
동력의 변천(10%)	7	2	1	10
석탄자원(10%)	7	2	1	10
석유와 전력(20%)	14	4	2	20
근대공업과 지하자원(10%)	7	2	1	10
공업의 발달과 입지조건(30%)	21	6	3	30
세계의 공업지대(20%)	14	4	2	20
계(문항수)	70	20	10	100문항

　　이러한 이원분류표는 여러 가지 형태로 변화할 수 있다. 즉, 평가에서 측정하고자 하는 영역이나 초점에 따라 교과특수적인 지리교과의 이원분류표를 작성할 수 있다. 예를 들면 <표 14-2>와 같이 지리평가의 행동목표를 정하고 제시할 수 있다.

표 14-2. 지리탐구과정에 따른 지리평가 이원분류표

내용영역 ＼ 행동영역	지리개념의 이해 및 기본적 지리적 지식의 습득	지리적 질문과 문제의 확인	지리 정보의 획득, 조직, 표현	지리정보의 분석, 해석, 일반화의 도출	지리탐구결과의 적용
지형					
기후					
도시					
촌락					
…					

　　한편, 대학수학능력시험에서는 사회탐구 영역뿐만 아니라 언어탐구, 수리탐구 등 모든 탐구영역을 위한 이원분류표를 만들었는데, 현재 사용되고 있는 이원분류표를 지리영역에 적용하면 <표 14-3>과 같다.

표 14-3. 대학수학능력시험 탐구능력 평가를 위한 이원분류표

내용영역 ＼ 행동영역	개념·원리의 이해	문제파악 및 인식	탐구 설계 및 수행	자료 분석 및 해석	결론 도출 및 평가	가치판단과 의사결정
지형						
기후						
도시						
촌락						
…						

3) 평가의 방법

평가방법은 여러 가지 준거에 의해 나눌 수 있다. 그러나 평가의 방법보다 평정의 방법으로서 객관식 평가와 주관식 평가로 나누기도 하고, 평가의 본질에 좀더 가까운 측면에서 질적 평가와 양적 평가, 과정중심평가와 결과중심평가 등으로 구분하기도 한다.

평가를 위한 검사의 측면에 초점을 두면, 문항의 형태를 선택형과 서답형으로 구분하고, 다시 전자를 진위형, 배합형, 선다형으로, 후자를 단답형, 완결형, 논문형으로 각각 나눌 수도 있다.

평가를 위한 검사, 측정의 형태에 주목하면, 평가 방법은 객관식 평가, 주관식 평가, 문제장면 평가, 수시 점검법, 상호 평가법, 교우측정법 등으로 구분할 수 있다. 객관식 평가는 진위형, 사지선다형, 조합형으로, 주관식 평가는 단답형, 완성형, 논문형으로, 수시 점검법은 관찰법, 체크 리스트법, 평정척법 등으로 재구분이 가능하다.

대체로 지금까지 다양한 종류의 객관식 검사(선다형, 완성형, 연결형, 진위형), 즉 객관식 지필평가문항 중심의 평가가 주를 이루었지만, 최근에는 에세이 유형의 질문(구조화된 에세이 질문, 논술형 질문 등)이 주목을 받고 있다.

전자의 객관식 검사를 옹호하는 학자들은 넓은 영역에 걸친 교수요목에 대해 표본화할 뿐만 아니라 여러 유형의 질문들을 통해 사실적 내용에 대한 암기보다는 지리적 기능과 원리에 대한 학생들의 이해와 적용 능력을 확인할 수 있다고 주장하였다. 그러나 학생들의 깊은 이해와 적용력을 알아보는 데는 실패하고 있다는 것이 지배적인 시각이다. 또한 객관식 검사란 단지 채점 시에만 객관적이라는 것이며, 객관식 시험에 무엇을 포함시킬 것인가에 대해서는 평가문항 개발자의 주관적인 판단은 피할 수 없다.

한편, 교육에 있어서 질적 평가와 과정중심의 평가에 대한 요구는 항상 있어왔지만 그 구체적 실현방법에 대한 의구심은 항상 존재한다. 사회적으로는 경제성, 효율성, 간편성, 객관성을 추구하는 조류에 따라 표준화된 지필검사에 의한 점수중심의 양적평가가 선호되었고, 학교 내부보다 학교 외적인 입시체제에 의한 결과중심의 학업성취도 평가가 여전히 중시되고 있다. 지리교육에서의 지리평가 또한 외부 지향적, 결과 지향적 평가와 동일한 경향을 나타낸 것은 주지의 사실이다.

그렇지만 우리나라의 교육평가는 지금까지 평가내용 면에서는 지식 중심이며, 평가체제에서는 학교 안의 교육과정 자체보다 학교외적인 입시체제에 의한 평가방식이 주도하였다. 또한 평가방법에서는 지필검사와 객관식 문항을 중심으로 지식의 확인, 하위 사고 능력의 양적 측정이 주류를 이루고 있다는 비판을 받아왔다. 최근 이러한 비판에 직면하여 지식보다는 지적능력의 평가를 중심으로 하는 국가시험체제로의 변화와 더불어 좀더 넓은 영역의 지식, 지적기능들을 평가할 수 있는 평가체제와 평가방법의 개발을 위한 노력들이 나타나고 있다. 그리고 종래의 지필검사를 중심으로 한 측정을 넘어서 학교생활기록부와 같이 각 교과의 교수-학습의 측면에서 평가요소를 중심으로 하는 종합적인 학업성취에 대한 기록을 바탕으로 평가하려는 움직임도 나타나고 있다.

또한 최근에는 준거지향검사(criterion-referenced testing)가 많은 주목을 받고 있다. 전통적 검사는 학생에게 동기를 부여하여 검사를 거친 다음 등급을 배정하는 형태로 이루어졌다. 이는 교수 프로그램을 통해 평가하거나 수업능률을 높이기 위해 분반을 하는 것(교수를 위한 학생의 분류와 선발)에 초점을 두었다. 그리고 학생의 성취를 정상분포에 맞추어서 평가를 하는 상대평가인 규준지향검사(norm-referenced testing)였다. 이에 반해 준거지향검사는 절대적 기준의 설정과 그 설정된 기준에 대한 검사를 하는 절대평가이다.

준거지향검사는 교수의도 및 교수목표의 설정(교수목표의 조작화 및 구체화) → 영역상세화와 절대적 기준의 설정(학습목표 혹은 학습목표 집합군의 논리적 개발, 교수영역) → 성취기준의 설정 → 평가기준의 설정 → 평가도구 및 문항개발 → 평가문항 검토 → 검사개발(문항표집 및 선제) 단계를 거치며 이루어진다.

4) 평가방법 및 도구의 평가기준

(1) 타당도(validity)

한 개의 검사 혹은 평가도구가 무엇을 측정하는가와 '측정하려고 의도하는 것'을 어느 정도로 충실하게 측정하고 있느냐의 정도(검사의 진실성 혹은 정직성)를 타당도라고 한다. 타당도의 문제는 무엇을 측정하고 있는가, 측정하려고 하는 속성을 어느 정도 충실히 측정하고 있는가에 대한 것이다.

타당도의 개념에는 준거(criterion)의 개념이 수반된다. 즉 무엇에 비추어 타당한지에 대한 것이다. 한 가지 검사가 여러 가지 다양한 목적에 이용될 수 있으므로, 타당도는 어느 한 가지 지수에 의거해 단정적으로 말할 수 없다.

① **목표지향 타당도**(criterion-referenced validity)
   a. 내용타당도(content validity) — 고전적 의미의 타당도, 안면 타당도(face validity), 교과타당도(curricular validity) — 평가도구가 그것이 평가하려고 하는 내용을 어느 정도로 충실히 측정하고 있는 지를 분석, 측정하려는 타당도, ㉠ 이 평가도구가 처음에 의도했던 교육목표에 비추어 적절한가, ㉡ 문항 내용이 교과내용의 중요한 것을 보편적으로 빠뜨리지 않고 포괄하고 있는가, ㉢ 문항의 난이도가

학생집단의 성질에 비추어 보아 적절한가, ㉣ 문항의 표본이 모집단을 잘 대표하고 있는가에 따라 결정됨(황정규, 1989: 365~382)

b. 목표지향 타당도(criterion-referenced validity): "목표에 따라서 가르친 학생이 가르치지 않은 학생보다 이 검사에서 성적이 더 좋은가": 문항이 얼마나 목표의 성취 및 불성취, 혹은 목표의 달성 및 미달성을 예리하게 판단할 수 있는 가에 대한 판단. → 내적준거

② 예언타당도(predictive validity):

한 평가도구의 타당도는 그 검사결과가 피험자의 미래 행동이나 특성을 어느 정도로 정확하고 안전하게 예언하느냐에 의해 결정된다. 이는 외적 준거이며, 시간 차원의 고려대상이다.

③ 공인타당도(concurrent validity):

검사 A와 준거 B 사이의 상관계수를 나타내는 것이다.

예) 철자법 선다형검사와 받아쓰기, 작문검사와 학생의 편지쓰기 → 준거의 성질

④ 구인타당도(construct validity):

한 검사가 조작적으로 정의되지 아니한 어떤 특성이나 성질을 측정했을 때, 그것을 과학적 개념으로 분석하고 의미를 부여하는 과정이다. 그 성질이 아직 모호하고 조작적으로 정의되지 아니한 구인(構因)이 대상이며, 검사 자체보다도 준거의 확인과 이론형성이 중심이 되는 타당화방법이다. 검사문항의 분석, 실험, 심리적 과정 연구, 변화상태 비교 등 모든 방법을 이용한다.

(2) 신뢰도(reliability)

얼마나 정확하게 오차 없이 측정하고 있느냐의 개념이다. '측정하고 있는 정도에 일관성이 있는가'와 '측정의 오차가 얼마나 적은가' 와 관련한 질문을 바탕으로 한다. 검사 점수에서 측정 오차의 상대적 정도를 나타내는 계수에 의하여 추정하며, 통계적으로는 관찰점수 변량 중에서 진점수 변량이 차지하는 비율로 표시된다. 문항이 많을수록 신뢰도는 더 높게 추정된다.

① 재검사 신뢰도(retest reliability), 안정성 계수: 한 개의 평가도구 혹은 검사를 같은 집단에서 두 번 실시해서 그 전후의 결과에서 얻은 점수를 기초로 해서 상관계수를 산출하는 방법이다.

② **동형검사 신뢰도**(equivalent-form reliability), **동형성 계수**: 미리 두 개의 동형검사를 제작하고, 그것을 같은 피험자에게 실시해서 두 동형검사에서 얻은 점수 사이의 상관을 산출하는 방법이다.

③ **반분 신뢰도**(split-half reliability), **동질성 계수**: 한 개의 평가도구 혹은 검사를 한 피험집단에게 실시한 다음 그것을 적절한 방법에 의해 두 부분의 점수로 분할하고 이 분할된 두 부분을 독립된 검사로 생각해서 그 사이의 상관을 계산하는 방법이다.

④ **문항내적 합치도**(inter-item consistency): 피험자가 각 문항에 반응하는 일관성, 합치도에 근거하여 검사 속의 문항들을 모두 독립된 한 개의 검사단위로 생각하고 그 합치도, 동질성, 일치성을 종합하는 방법이다.

(3) 객관도(objectivity)

객관도는 평가자 혹은 채점자가 원천인 신뢰도의 문제이다. 달리 말하면 객관도 혹은 평가자 신뢰도는 채점자의 채점이 어느 정도 신뢰성과 일관성이 있는가와 관련되며 사람이나 시간 간격에 따라 차이가 얼마나 적은가의 문제이다. 신뢰도가 측정도구의 변화에 의해 결정되는 것이라면, 객관도는 채점자의 변화에 의해 결정되는 신뢰도이다.

(4) 난이도, 문항곤란도(item difficulty)

문항의 어려운 정도이며, 한 문항에서 반응총수에 대한 정답반응수의 백분율로 표시된다.

$$D = \left(\frac{R - \dfrac{W}{n-1}}{N - NR} \right) \times 100$$

주: D: 난이도 지수, R: 미달문항을 남긴 피험자수, W: 오답자수, n: 답지수,
N: 총피험자수, NR: 미달문항을 남긴 피험자수

(5) 변별력, 문항 변별도(item discrimination)

어떤 검사의 개개 문항이 그 검사에서 득점이 낮은 학생과 높은 학생을 식별 또는 구별할 수 있는 변별력(discrimination power)이다.

$$DI = \frac{HR - NR}{\dfrac{N}{2}}$$

주: DI: 문항변별도 지수, HR: 상위집단의 정답자 수, LR: 하위집단의 정답자수, N: 전체 피험자수

2. 지리평가의 목적

일반적으로 평가의 목적은 첫째, 학생들에게 점수를 부과하고 둘째, 학생들이 무엇을 알고 무엇을 모르는지를 진단하며 셋째, 평가의 결과를 이용하여 교수방법과 교수자료의 개선에 도움을 주기 위한 것을 들 수 있다.

첫 번째의 평가목적으로 학생들에게 점수를 부과하기 위한 방법은 보통 다음의 두 가지가 있다. 하나는 교육목표를 완전히 달성하였는지 혹은 어느 정도 달성하였는지를 측정하는 방법이다. 이 방법은 간단한 지식의 암기나 부호의 획득 같은 목적을 측정하는 데 적합하다. 어떤 산물의 생산물과 산지를 암기하거나 지도의 부호를 보고 그것이 무엇을 의미하는가를 해득하고 있는지에 대해 측정하는 데 알맞다. 그렇지만, 복잡한 지리개념의 이해와 적용 및 분석능력의 측정을 목적으로 할 때에는 좀더 정교한 평가방법이 요구된다. 성적을 부과하는 또 하나의 방법은 전체 학생에 대한 비율을 기준으로 하여 상대적으로 측정하는 방법이다.

두 번째 목적, 즉 학생들의 학습 과정을 진단하는 일은 학생의 학업성취에 대한 차별적 점수를 부여하는 것이 목적이 아니고, 학생들의 학습활동을 직접 돕기 위한 것이다. 이러한 평가는 학습의 진행과정상 행하는 평가이므로 일반적으로 형성평가라고 한다. 이 평가는 어떤 단원을 학습하는 과정에서 짧은 시간을 이용하여 학생들의 학습 정도를 알아보는 데 주로 활용된다. 그리고 이 평가를 통해 나타난 학생들의 약점을 다음 시간에 보충할 수 있도록 하는 것이 중요하며, 이러한 목적의 테스트에서는 어떤 학생이 몇 점을 맞았는지 보다도 어느 문제를 맞았고, 어느 문제를 틀렸는지가 더욱 중요하다.

세 번째 평가목적은 평가의 결과에 따라서 교수방법이나 자료를 개선하는 것이다. 일반적으로 교사들은 앞에서 언급한 두 가지 목적은 잘 알고 있으나 셋째 목적은 간과하는 경우가 많다. 만약, 학생들이 어떤 문제를 거의 다 틀렸다고 말한다면, 그것은 교사 본인이 작성한 교수방법, 교수자료, 그리고 평가도구(문제)에 문제가 있다는 것이며, 이는 교사에 의한 평가를 통해 확인할 수 있을 것이다. 따라서 이러한 평가는 학생들을 측정함과 동시에 교수내용과 방법도 평가할 수 있을 것이다. 평가는 평가의 결과를 교수과정, 학습과정, 교육과정 및 교수자료에 환류하여 교육상황을 개선하는 데 목적이 있다. 즉 평가의 본질적 역할은 교사와 학습자가 함께 학습의 목표가 무엇이며 그것을 어떻게 도달할 것인지에 대해 상호 문제의식을 공유하고, 교수-학습 과정에서 도움을 얻기 위해서 그 진도에 관한 정보를 생성하는 과정이다(곽병선, 1998).

이러한 평가의 목적들을 좀더 세분해보면 <표 14-4>와 같이 정리할 수 있다. 그렇지

표 14-4. 평가의 목적

1. 점수부과와 등급판정
2. 학생의 선발
3. 학력의 측정
4. 학생이 아는 것과 모르는 것의 확인
5. 학생의 학습을 돕는 것
6. 교수방법과 교수자료의 개선

만, 평가에 앞서서 수업이 전개되어야 한다는 점을 전제하면, 뒤쪽에 있는 '학생이 아는 것과 모르는 것의 확인', '학생의 학습을 돕는 것', '교수방법과 교수자료의 개선'이 더욱 본질적인 평가의 역할과 기능을 대변하는 것들이고, 앞쪽에 있는 것일수록 그와 같은 학습에서 나온 결과들을 분석하거나 이용하는 부차적인 것들이라고 할 수 있다.

기존의 지리평가에서는 위에서 언급한 두 번째와 세 번째의 목적보다는 첫 번째의 목적, 즉 학생들에게 점수를 부여하는 데 더 많은 관심을 가지고 있으며, 학생에게 점수를 부여하는 데 가장 효율적인 방법으로서 시험이 만병통치약처럼 사용되었다.

지리평가에서 에세이 유형의 질문, 즉 구조화된 에세이 질문, 논술형 질문 등이 극히 일부에서 사용되었지만, 이도 최근에 와서야 주목을 받고 있다. 대체로 학교평가는 지금까지 몇 가지 종류의 객관식 검사(선다형, 완성형, 연결형, 진위형), 즉 객관식 평가문항 중심의 평가가 주를 이루었다.

그런데, 이러한 객관식 시험에 기초한 평가에 대한 정보는 교육과정을 수정하는 데는 크게 도움이 되지 못할뿐더러 오히려 역효과를 가져오곤 한다. 오히려 시험에서 설정된 합격기준이 교사와 학생들에게 교수-학습 활동의 목표와 내용 심지어 방법까지 규정함으로써 최종적으로는 시험제도의 변화 없이는 교육이나 교육과정의 변화를 가져오기는 매우 어렵게 되기 때문이다. 교육과정의 변화를 가져오려면 시험제도의 변화가 병행되어야 하지만, 대부분의 경우 시험제도의 근본적인 변화 없이 교육과정만 개편되어 교육과정이 바뀌어도 교실에서의 교수-학습 활동에는 변화가 나타나지 않는다.

마다우스(Madaus, 1988)는 객관식 시험과 같은 평가가 교육과정과 수업에 적어도 7가지 정도의 영향을 준다고 주장하였다. 그의 주장은 시험 혹은 평가가 교육에 미치는 영향을 이해하는 데 많은 도움을 줄 것이다(곽병선, 1998).

첫째, 시험이 학습자 개인, 교육기관, 교육과정과 수업에 힘을 발휘한다는 것은 가시적인 현상이라는 것이다. 만약 학생, 교사, 행정가가 어떤 시험에 대해서 그 결과를 중요한 것으로 믿고 있다면 그 사실 여부와 관계없이 그렇게 믿는 만큼 영향을 미친다.

둘째, 양적인 사회지표를 사회적 결정에 사용하면 할수록 그것을 관리하는 사회적 과정은 왜곡되거나 부패할 가능성이 높다는 것이다. 시험제도는 사회적 역할을 조정하는 데 있어서 역사적으로나 상대적으로 객관적인 방식으로 인정된다. 하지만, 시험결과를 중요한 사회적 결정에 이용함으로써 시험의 긍정적 효과는 약화된다. 종국적으로는 시험을 대비하는 교육을 시행함으로써 교육의 본질이 훼손될 뿐만 아니라 부패하기 쉽다.

셋째, 중요한 결정에 시험결과를 사용할수록 교사는 바로 시험을 가르치게 된다는 것이다. 교사는 비록 개인의 신념으로 시험 준비를 시키고 싶지도 않고 교과를 협소하게 가르치고 싶어 하지 않을지라도 영향력을 발휘하는 시험이 있는 한 그 시험을 가르칠 수밖에 없게 된다.

넷째, 고부담시험이 제도로 확립되었고 이 시험의 통과가 하나의 관건이 되는 전통이 된 경우, 시험이 실질적으로 교육과정을 규정한다. 여기에서 크게 주목할 점은 교사가 학생들에게 이 시험 통과훈련에 열중하도록 함으로써 교원의 전문성을 찬양하는 온갖 논리들을 무의미하게 한다는 것이다.

다섯째, 교사들은 고부담 시험의 출제방식에 대해서 관심을 기울이고 따라서 그들의 교수법을 그 방식에 맞도록 조정한다는 것이다. 예컨대 선다형, 단답형, 논문식 등 시험의 형식은 교사의 수업방법에 영향을 미치며, 결국 시험방식에 부적합한 내용이나 교수방법은 도외시하는 결과를 초래하게 된다.

여섯째, 시험결과가 앞으로의 교육이나 진로선택에 유일한 기준으로 또는 부분적으로 사용되는 경우에도 사회는 이 시험 준비를 학교교육의 중요한 목표로 본다. 그러나 이러한 시각이 때로는 교육에 해를 끼칠 수 있을 것이라는 데 대해서는 별로 관심을 기울이지 않는다.

일곱째, 고부담 시험은 교육과정을 관할하는 기능을 소관부처나 학교가 아닌 시험관리 기관으로 전이시키는 결과를 가져온다는 것이다.

따라서 우리는 지리평가와 관련하여 다음과 같은 질문들에 답해봄으로써 지리평가를 재검토할 필요가 있다(Lambert, 1997).

- 지리교육에서 우리는 학생들이 어떤 지식을 갖도록 하는 것이 필요한가?
- 어떻게 해야 학생들의 성취와 관련된 지식을 가장 잘 수집할 수 있는가?
- 어떻게 우리는 학생들의 성취 과정들을 기록할 수 있는 가?
- 어떻게 우리는 이에 대한 기록들을 지리교육에서 사용하고, 우리가 알아낸 것을 다음에 어떻게 이용할 것인가 ?

3. 지리평가에 대한 새로운 인식

최근 지리평가와 관련한 일련의 논의들을 보면 ① 국가적 평가기준을 마련하거나 이에 따라 평가목표를 상세화하고 학습자의 성취기준을 명료화하려는 노력(서태열, 김정호, 1997), ② 학생들의 학업성취에 대한 좀더 상세한 기록내용에 대한 요구(서태열, 1998a) ③ 대안적 평가로서 수행평가의 도입(소연, 1998; 마경묵, 1998) 등이 새로운 평가의 경향을 형성하고 있다.

이러한 일련의 연구들을 보면 지리평가에서 변화의 필요성이 계속 대두되고 있으며, 이러한 필요성의 근거는 대체로 다음과 같은 것들이 지적된다.

첫째, 지리평가 목적의 측면에서 보면, 무엇보다도 현재의 지리평가 자체가 학생들의 지리학습을 돕거나 지리과의 목적을 달성하는 데 적합하도록 교수-학습을 개선하는 것과 같은 평가의 본질적 목적을 살리지 못하고 있다(서태열, 1998b: 57). 즉 점수부과, 등급의 판정에 따른 학생의 서열화, 입시준비를 위한 지식중심의 평가를 최종적인 것으로 간주함으로써 평가의 부차적인 목적에 집착하고 전인적인 교육에 반하는 결과를 가져오기도 하였다. 그 결과 학생 개개인의 지리와 관련한 흥미, 특징, 성취, 학문적 능력 등에 관한 풍부하고 다양한 정보를 제공하는 평가가 되기 힘들었다. 더 나아가 개인의 학업성취정도에 대한 인식, 반성, 새로운 학습의욕 고취 등을 교과의 수업과 직접적으로 연관시키는 교육과정에서의 평가의 본질적 역할을 수행하기도 힘들었다. 특히 지리평가의 용도를 보면, 점수화 일변도로 결과에 대한 보상과 차별적 서열화가 주를 이루어, 지리평가의 가장 중요한 역할인 지리 교수-학습에의 환류 과정, 즉 그 결과를 지리 교수-학습에 활용하거나 학습자 개별 지도를 위해 활용하는 비율이 매우 낮았다.

둘째, 지리교육 목적의 측면에서 보면, 현재의 지리평가는 지리교육의 목적을 달성하는 데 필요한 지식과 이해, 기능과 능력, 가치와 태도가 충분히 습득되었는지를 종합적이고 총체적으로 파악하는 데 그 중점을 두지 못하고 있다. 따라서 지리 평가에서 이해, 지식, 그리고 사고력 관련 일부 영역이 강조되었을 뿐 가치, 태도, 기능 영역은 소홀하게 다루었으며, 고등사고능력에 대한 평가도 부족한 형편이다.

지리 평가는 인간과 자연 및 사회현상에 관한 피상적 지식의 습득에 대해 평가하기보다는 인간-자연-사회 현상의 상호관계에 대해 깊이 있는 이해를 하고 있는지, 개인과 사회가 마주하는 문제의 해결능력을 얼마나 향상시킬 수 있는지를 평가할 수 있어야 할 것이다. 우선 '지리에 대해 잘 아는 사람'을 기를 것인지, '지리를 잘할 줄 아는 사람'을 기를 것인지를 판단한 후에 그에 따라 수업과 평가 방법을 달리해야 한다.

셋째, 새로운 지식관과 학습자관은 새로운 평가관을 요구하고 있다. 구성주의에서는 학습자를 수동적인 정보의 수용자로 보는 전통적 관점과는 달리 지식을 자기 주도적으로 창조하고 구성하며 재조직하는 주체로 인식한다. 따라서 지식은 능동적으로 인식하는 주체에 의해 구성되는 것이다. 즉, 구성주의 학습자관에 따르면 지식은 인식 주체와 별도로 외부세계에 존재하는 것이 아니라, 인식 주체에 의해 구성되고 개인의 사회적 경험을 바탕으로 지속적으로 재구성되는 것으로 특정 사회, 문화, 역사, 상황을 반영한다. 그러므로 전통적인 지식관, 학습자관에 따른 정답 찾기 위주의 지리평가는 학습자의 지리지식의 획득, 조작 등의 구성 과정과 관련한 어떤 내용도 평가할 수 없다.

넷째, 평가 외적인 측면에서 보더라도 미래사회에서는 새로운 지식을 창조해 낼 수 있는 인간이 요구되며, 이러한 요구를 뒷받침하는 수업 자체의 변화와 더불어 새로운 평가관을 요구하고 있다. 정보화, 산업화 시대의 도래로 적극적이고 창조적이며, 주도적인 정보처리능력을 갖추면서도 비판적인 새로운 인간상을 요구하고 있다.

이러한 사회적 변화에 따라 요구되는 인간상의 변화와 학습자 및 학습에 대한 인식의 변화는 지리수업에서 지식 자체보다 지식의 획득, 형성, 구성 과정을 강조하게 되었다. 이를 위해서는 지식의 획득과정에 대한 평가와 학생이 지식을 형성하거나 조직, 재구성하는 기능을 사용하는 과정에 대한 구체적인 지리평가의 필요성이 더욱 높아지고 있다.

따라서 최근 지리평가에서 나타나는 중요한 경향은 <표 14-5>처럼 평가목표의 상세화와 명료화, 기능과 태도의 평가방법의 다양화, 형성평가와 교수-학습과정의 통합, 학생의 평가에 대한 참여, 학생의 학업성취에 대한 세밀한 기록의 작성과 보고 등을 들 수 있다.

표 14-5. 최근 평가의 새로운 경향

- 평정 목표의 상세화, 그리고 이를 교사와 학습자에게 명료화하는 것에 대한 관심
- 유일한 평정의 기회로서 최종 기말 시험에 대한 강조의 약화
  다양한 기능과 태도에 적합한 평정방법의 다양화
- 평정의 내용과 사용된 방법 양자에서의 만들어지는 왜곡에 대한 증대된 관심
- 교수와 학습과정으로 통합된 평정의 형성적 잠재력에 대한 이해의 증대
- 학생 자신의 평정에 대한 참여의 증대(예로서 종종 학업성취기록의 프로파일이나 컴파일의 맥락에서)
- 학생의 학업성취에 대한 보다 자세한 기술을 제공하는 기록과 보고의 절차 및 과정의 개발

출처: Lambert(1996) p.271.

지리교육이 모든 학생들로 하여금 그들 자신의 삶의 경험, 행위, 그들이 마주하는 수많은 환경에 의미를 부여하고 또 그것들을 알도록 도와주는 데 관심을 기울이기 위해서는, 학생들로 하여금 지리에서 사용하는 개념과 탐구방법을 스스로 시험해보도록 하고, 그들의 삶의 경험을 정신적으로 구조화하며, 해석하는 수단으로서 지리가 사용될 수 있도록 하는 지리수업과 지리평가가 요구된다. 즉 학생들의 적극적인 지적 수행의 과정을 확인하고 기록하여 학업성취의 과정과 결과를 동시에 파악하기 위해서는 <그림 14-1>과 같이 평가를 순환적으로 파악할 필요가 있다.

이에 따라 일시적이고 통제적인 평가에서 벗어나 상황 지향적이고 개개인의 학업성취 그 자체를 중시하는 평가로 방향을 전환하여야 한다. 그리고 측정에 의한 표준점수화보다 상세한 기록과 학업성취에 대한 판단을 바탕으로 양적인 측정이 동시에 가능하도록 하는 방안을 모색할 필요가 있다.

그리고 초·중·고의 학교교육이 진학을 위한 입시체제중심의 교육에서 벗어나 학교교육의 과정 자체가 중시되는 본연의 모습을 되찾기 위해서는, 학교내부에서 평가가 완성되고 이후 이것이 학교를 마친 후의 진학, 취업 등에서 중요한 자료가 되는 것이 바람직할 것이다. 그러므로 입시위주, 결과위주의 평가보다는 학교중심, 과정중심의 평가에 대한 관심을 더 높일 필요가 있다.

앞으로의 바람직한 지리교육 및 지리교육 평가방향의 모색에 있어서도, 결과중심의 평가에서 더 나아가 과정중심 평가에 대한 탐색이 필요할 것이다. 그것은 지필검사 중심의 표준화검사에 의한 평가가 지리수업의 본질적인 내용을 차지하는 지리탐구와 학생들의 지리적인 지적 표현의 본질적 능력을 충분히 파악해내지 못한다는 사실 때문에 더욱 그러하다.

깁스(Gipps, 1994)는 교육평가에 있어서 이러한 변화는 적어도 세계관의 변화에 기초한 것이라고 보고 있으며, 과학적 심리측정적 평가모델에서 교육적 모델로의 패러다임 변화로 표현하고 있다. 깁스는 평가가 변화하기를 다음과 같이 촉구하였다.

> "평가는 정확한 과학이 아니므로, 그와 같이(엄밀한 평가 혹은 객관적 평가) 표현하는 것은 그만두어야 한다. 이것은 물론 '과학적인' 지식의 절대성에 대한 신념이 없는 포스트모던상태에 해당될 수도 있다. 그렇지만 모더니즘의 입장에서는 '가치중립적인 방관자'가 되는 것이지만 포스트모더니즘의 입장에서는 적어도 그와 같은 가치중립적인 초월이 불가능하다고 지적한다. 우리는 자신의 가치와 인식에 따라 세상을 분석하는 존재이다. 구성주의 패러다임에 따르면, 실제가 고정되어 있거나 관찰자와 독립적으로 존재하는 것은 아니다. 오히려 실제는 관찰자에 의해 다양하게 구성된다. 이러한 패러다임에 보면 '진짜 점수'란 존재하지 않는다고 본다."(Gipps, 1994: 167)

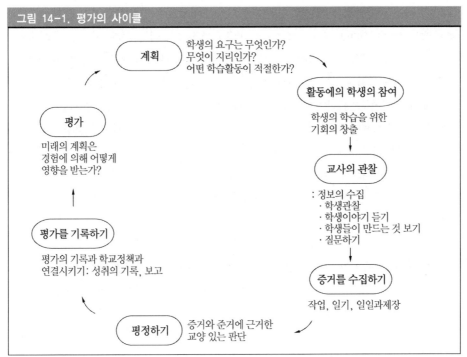

그림 14-1. 평가의 사이클

계획
학생의 요구는 무엇인가?
무엇이 지리인가?
어떤 학습활동이 적절한가?

활동에의 학생의 참여
학생의 학습을 위한
기회의 창출

교사의 관찰
: 정보의 수집
· 학생관찰
· 학생이야기 듣기
· 학생들이 만드는 것 보기
· 질문하기

증거를 수집하기
작업, 일기, 일일과제장

평가
미래의 계획은
경험에 의해 어떻게
영향을 받는가?

평가를 기록하기
평가의 기록과 학교정책과
연결시키기: 성취의 기록, 보고

평정하기
증거와 준거에 근거한
교양 있는 판단

출처: Lambert(1996), p.278.

4. 지리교육과정과 지리평가

지리교육이라는 활동의 모습은 지리교육과정이라는 틀에 의해 설명될 수 있으며, 이러한 틀에 의해 계획되고 실행될 때 지리교육은 체계화된다. 지리교육과정은 교육의 일반목표와 지리교과의 목적을 달성하기 위해 지리 교과의 내용을 조직화하고 체계화한 '계획된 일련의 학습과업의 체계'이다.

이때 지리교육과정에서의 핵심적인 질문은 ① 왜 학교에서 지리를 가르쳐야 하는지 ② 학생들에게 지리에서 무엇을 가르쳐야 하는지 ③ 지리학습을 통해 학생들에게 어떤 경험을 줄 수 있는지 ④ 지리학습에서 줄 학습경험은 어떻게 선정하고 조직할 수 있는지 ⑤ 이와 같은 과정이 적절하게 진행되고 있는지를 어떻게 평가할 것이며, 또 학습의 과정과 결과는 어떻게 평가할 수 있는지와 같은 것들이다.

따라서 지리교육과정은 학생들에게 지리 학습경험을 제공하여 설정된 학습목표를 달성하고자 노력하는 과정이라고 생각할 때, 지리 학습경험은 어떤 식으로든 평가되어야 하며,

지리교육과정을 평가하는 행동은 교육과정 평가의 세 가지 측면(지리교육의 목표, 학생들에게 제공되는 지리학습경험, 지리평가의 과정) 모두에 관심을 두어야 한다. 지리교육 과정에서는 교사들이 학습자를 위하여 무엇을 가르쳐야 하는지에 대한 준거를 설정해주어야 하며, 교사는 이러한 지리교육과정에 기초하여 가르친 것을 평가해야 한다.

각 교과교육 전문가뿐만 아니라 교육평가분야나 교육방법론에 종사하는 사람들이 종종 간과하는 사실 중의 하나는 자기가 다루고 있는 이론적 과업이 전체 교육과정 이론 분야의 종속적 하위구성요소라는 사실을 인식하지 못하고 그 부분을 독립적으로 인식하는 잘못을 저지르기 쉽다는 것이다(한명희, 1998: 12).

지리교육에서도 지리평가를 전체 지리교육과정의 한 부분으로 인식하지 못하고 그 부분이 마치 독립적으로 존재하는 것처럼 인식하는 잘못을 저지르기 쉽다. 요컨대 지리평가나 지리수업이 지리교육과정의 구성요소이지만 기술적인 방법 몇 가지를 개발했다고 해서 전체 지리교육과정이 변하는 것은 아니다. 오히려 지리교육과정을 어떻게 만들 것인지, 어떻게 설계할 것인지, 우리는 지리를 통해 학생들에게 어떤 교육적 경험을 하도록 하고 싶은지, 그리고 왜 그것을 경험하도록 하고 싶은지, 어떻게 그것을 경험할 수 있는지에 대한 종합적 안목을 통해 지리수업이나 지리평가가 하나의 틀 속에서 통합하고 걸러질 때에서야 의미 있는 지리교육과정, 즉 유의미한 지리적 학습경험의 총체가 만들어지는 것이다.

예컨대, 논술이나 포트폴리오가 창의력, 사고력을 기르는 좋은 지리평가 방법일지라도 교사나 학생들이 부딪치고 있는 교육적 상황과는 관계없이 무조건 바람직한 교육성과를 가져오지는 않는다. 그리고 교사가 시험문제를 잘 맞출 수 있게 해 준다거나, 객관식 시험문제를 잘 다듬어서 누가 보아도 타당한 문제를 출제한다거나 하는 것은 바람직한 일이지만 반드시 지리교육에서 바람직한 교육적 성과를 가져오지는 않는다. 또한 수업에서 협동학습이 책임감을 기르고 사회적 상호작용을 기르는 데 효과가 있다고 해서 무조건 바람직한 교육적 결과를 가져오는 것은 아니다.

또한 지리교육과정에서 지리평가가 교육과정의 한 요소라는 인식이 결여될 때 일어날 수 있는 또 하나의 오류는 지리평가에 대한 기술적인 이론, 즉 지리평가가 이루어지는 과정에 대한 사실적 기술이 곧바로 지리평가와 관련되는 문제를 해결하는 데 유용한 처방적 이론은 아니라는 점이다.

이는 지리교육 현상에 대한 설명에 있어서 이론적 무능과 딜레마로 나타난다. 지리평가에서 중요한 것이 문항만 잘 출제하면 되는 것이라는 생각도 지리교육현상에 대한 이론적 무능과 딜레마를 드러내는 대목이다. 지리평가가 평가의 진정한 교육적 의미와 그 결과로 학생들이 갖게 되는 의미의 세계에 대한 심층적 설명이 없다면, 그것은 지리교육의 본질적 변화와 아무런 연관이 없는 것이다. 지리교육과정의 측면에서 보면, 지리교육과정의 의도와 실행결과와의 관계를 세밀하게 파악해내려는 이론 및 실천에서 철저함이 부족한 것이며, 지리교육의 이론 및 실천의 미성숙함을 드러내는 것이다. 즉 이는 지리교육과정에서 지리교육 내용의 선정과 예상되는 학생들의 학업성취와의 관계, 그리고 이들이 지리평가와 맺는 관계를 설정하는 것이 교사의 체험 내지 경험의 논리에 의해서만 이루어지는 것을 의미한다. 그리고 이에 대한 이론이 구체적으로 개발되어 있지 못함으로써 결국 지리교육 전체에 대한 이론과 이해가 부족하다는 것을 의미한다. 이러한 지리교육은 단순히 경험에만 의지하는 지리교육이 되는 것이고, 이때 지리교육현상에 대한 이론이나 심층적 이해는 더욱 어렵게 되는 것이다.

결국, 지리평가를 지리교육의 목적 및 목표, 지리교육의 내용, 지리교육방법과 관련시키지 못하고 지리평가에만 국한하는 것은 지리교육과정 현상이 복잡하고도 다차원적인 교육현상임을 외면하는 것이다. 요컨대 지리교육과정이 학습자가 겪게 되는 경험의 총체라는 관점에서 평가를 바라보아야 한다는 것이다.

이처럼 지리평가를 지리교육과정의 한 부분으로 보기 위해서는 교육과정의 계획, 실행, 평가에서 자주 언급되는 진단평가, 형성평가, 총괄평가 모두에 대해 균형 있게 관심을 가져야 한다.

흔히 교육과정에서 진단평가, 형성평가, 총괄평가의 3가지 차원이 언급되지만 결국 총괄평가만이 논의의 대상이 되며, 수업과 관계되는 진단평가나 형성평가를 실시하더라도 중요한 판단을 위한 공적, 객관적 근거자료로서 활용되지 못하는 것은 놀라운 일이 아니다.

교육과정과 수업에서 강조되는 세 가지 평가 중에서 특히 형성평가에 대한 관심은 최근에 참평가 또는 수행평가에 대한 관심을 통해 나타나고 있다. 참평가는 총괄평가라기보다는 형성평가에 주로 관심을 두는데, 그것은 진단평가와 총괄평가 사이에 있다는 의미보다는 학습을 도와준다는 의미의 형성평가이다.

참평가는 학습과정 중에 이루어지는 평가일 뿐만 아니라 학습과정을 주된 평가의 대상으로 삼는다는 의미에서 학습과정에 대한 평가이다(조용기, 1997: 5). 이때 얼마나 알고 있느냐 하는 것이 중요하다기보다, 어떻게 아느냐 혹은 앎에 어떻게 임하느냐 하는 것이 중요하다. 무엇을 알고 있느냐가 관심의 대상이 되기보다 그것을 어떻게 그리고 왜 알려고 하느냐가 관심의 대상이 됨으로써 참평가는 과정을 평가하되 과정 중에 하는 평가이다.

교육과정을 평가할 때의 가장 유용한 정의는 계획된 것이든 계획되지 않은 것이든 학습자가 '겪게 되는' 경험을 포함하는 것이다(한명희, 1998: 8). 이 때문에 교육과정과 평가가 서로 연결되어 있는 것은 자명하다. 한쪽의 발전은 다른 한쪽에 영향을 미친다. 교육과정에 통합적인 평가체제는 평가가 교육과정의 계획, 이행, 평가 단계를 포함하는 틀 속에서 명백히 이루어지는 것을 확신함으로써 평가를 한 단계 더 발전시킬 수 있을 것이다.

이러한 의미를 영국의 DES는 다음과 같이 표현하였다.

> 평가 과정은 그 자체가 무엇을 가르치고 배워야 하는지를 결정하지는 않는다. 그것은 교육과정의 종이지 주인은 아니다. 그러나 나사못의 조임못처럼 최종단계에 있는 단순한 부가물은 아니다. 오히려 그것은 전후의 환류과정을 끊임없이 제공하는 교육과정의 통합적 부분이다. 따라서 평정은 모든 수준에서 교수전략과 실행 속으로 체계적으로 합쳐져야 한다(*Department of Eduaction and Science*, 1988, TGAT report, p.4).

따라서 지리교육과정에서 지리평가에 대한 본래의 관심은 궁극적으로 지리수업에서 교사가 어떻게 다양한 평가기회를 제시할 것인지 그리고 학생들에게 그들이 최상의 수행을 나타내도록 공정한 기회를 줄 수 있는 지리 학습체제로 지리평가를 통합해 낼 수 있는지에 있다(Lambert, 1996: 277). 수행평가는 이와 같은 역할을 충실히 수행해나가는 데 좋은 교육적 방법이 될 것이다.

학생들이 지리수업에서 무엇을 하며 학습과제를 통해 어떤 학습경험과 능력을 성취하는가에 대한 관심은 진정한 평가로서 수행평가의 주요한 측면이 된다. 학생들의 활동(수행)이 수업의 중심이 될 때, 학생들은 전체 학습과정에서 적극적인 참여자가 되고, 그들의 응답을 만들어내고 구성하는 데 책임감을 가지게 되며, 수업과 평가는 서로 유기적으로 통합된다.

참고문헌

경상남도교육연구원. 1991, 『사고력 신장을 돕는 사회과 평가방법』.

곽병선. 1998, 「교육과정과 교육평가의 연계방안」, ≪학교교육과정과 교육평가의 연계방안≫, 1988년 학술세미나 자료집, 한국교육과정평가원·한국교육과정학회.

그레이브스. 1985, 『지리교육학개론』, 이희연 옮김, 교학연구사.

마경묵. 1999, 「지리과 수행평가의 적용과 수행평가의 적절성 연구」, 고려대학교 교육대학원 석사 학위논문.

배호순. 1994, 『프로그램 평가론』, 원미사.

백순근. 1995, 「교수·학습 평가를 위한 새로운 대안: 수행평가를 중심으로」, ≪초등교육연구≫ 제 6집, 청주대학 초등교육연구소.

백순근 외. 1996, 『수행평가의 이론과 실제』, 국립교육평가원.

백순근 편. 1998, 『중학교 각 교과별 수행평가의 이론과 실제』, 원미사.

서태열. 1996, 「지리 평가에서 과정중심 평가틀의 구성: Profile 중심의 수행평가를 중심으로」, ≪ 지리·환경교육≫ 제4권 제1호, 한국 지리·환경교육학회.

서태열. 1998a, 「구성주의와 학습자중심 사회과 교수-학습」, ≪사회과교육≫ 제31호, 한국사회과 교육연구회.

서태열. 1998b, 「사회과 수행평가의 실제」, ≪교육월보≫, 교육부.

서태열. 1999, 「사회과 수행평가」, ≪열린교육연구≫ 제7집 제1호, 한국열린교육학회.

서태열·김정호. 1997, 『국가공통 공통사회 절대평가 기준』, 한국교육개발원 연구보고서.

서태열 외 7인. 1997, 『제7차 사회과 교육과정 개정 시안 연구·개발』, 한국교원대학교 사회과 교 육과정개정연구위원회.

석문주 외. 1997, 『학습을 위한 수행평가』, 교육과학사.

소연, 1998. 「지리교육에서의 수행평가의 적용에 관한 연구」, ≪지리교육론집≫ 제40집, 서울대학 교 사범대학 지리교육과.

이종일·석문주 외. 1997, 「사회과 학습평가의 새로운 경향: 수행평가를 중심으로」, 『학습을 위한 수행평가』, 교육과학사.

조용기 외. 1997, 「참평가」, 『학습을 위한 수행평가』, 교육과학사.

최석진 외 3인. 1991, 『교육의 본질 추구를 위한 사회과 교육 평가 체제 연구(II)-사회과 교육 평가 의 이론과 실제』, 연구보고 RR 91-19-4, 한국교육개발원.

한명희. 1998, 「교육과정에 있어서 이론과 실천의 관계성」, 『학교교육과정과 교육평가의 연계방안』, 1988년 학술세미나 자료집, 한국교육과정평가원·한국교육과정학회.

Gipps, C. 1994, *Beyond Testing: Toward a Theory of Educational Assessment*, Falmer Press.

Lambert, D. 1996, "Assessing pupils attainment and supporting learning," in Ashley Kent et.

al.(eds.), *Geography in Education*, Cambridge University Press.

Lambert, D. 1997a, "Principle of pupil assessment," in D. Tilbury and M. Wiliams(eds.), *Teaching and Learning Geography*, Routledge.

Lambert, D. 1997b, "Teacher assessment in the National Curriculum," in D. Tilbury & M. Wiliams(eds.), *Teaching and Learning Geography*, Routledge.

Wiegand, P. 1997, "Assessment in the primary school," in D. Tilbury and M. Wiliams(eds.), *Teaching and Learning Geography*, Routledge.

Wiggins, G. 1989, "Teaching to the authentic test," *Educational Leadership*, Vol. 46.

15 지리평가 목표의 설정과 상세화

학생들이 무엇을 하며, 어떻게 과제를 성취하는가는 '진정한 평가'의 주요 측면들이다.
학생들은 전체 학습과정에서 적극적인 참여자가 되고, 그들의 응답을 만들어내고
구성하는 데 책임감을 가지게 된다(J. Alleman and J. Brophy, 1997: 337).

1. 지리 성취기준과 평가기준

　지리 학업성취에는 기본적인 지적 행동 과정인 이해에서 적용에 이르는 단계들이 포함
되어야 한다. 포브스(Forbes, 1976: 19~20)에 따르면, 지리적 이해의 단계는 난이도에 따라
① 자료의 관찰과 기록 ② 자료의 순서화와 저장 ③ 모델이나 이론을 참고로 한 분석
④ 결과 해석의 4단계로 구분할 수 있다. '자료의 관찰과 기록' 단계에서는, 학생 자신이
나 타인에 의한 자료 수집이 중심이 되며 야외조사, 문헌자료가 주된 자료원천이다. 물론
이 과정은 연구 주제의 선정과 그 분류를 포함한다. '자료의 순서화와 저장' 단계는 두
가지의 과정, 즉 질적 자료를 양적 용어로 표현하는 것과 자료의 구성요소를 외부원천을
가진 자료와 양립할 수 있도록 만들기 위해 자료의 구성요소들을 그룹화하는 과정을 포함
한다. '분석' 단계에서는 선택된 주제 항목의 시간적, 공간적 분포에 어떤 패턴이 나타나
는지를 인식하기 위하여 수집된 정보를 지도화하여 분석한다. 통계분석, 패턴을 분명히
정의하거나 그것을 더욱 세분화하기 위해 통계적 분석을 시도하고, 드러난 공간구조의
패턴으로부터 그것을 발생시킨 기능적 구조나 관련된 시간적 구조를 탐구하여 그러한
관계를 일반적으로 기술할 수 있는 잠정적 모델로 이끌어간다. '결과의 해석' 단계에서는
인간과 그들의 사회적·경제적 특성이 장소에 따라 달라지듯이 기초적인 자연환경 또한
장소마다 달라지므로 모델과 실제 간의 차이를 설명하고, 공간과 시간 속에서 순간적으로
진행되는 변화의 비가시적 과정을 밝혀낸다.
　이러한 지리적 이해 단계를 바탕으로 인간과 인간, 인간과 환경, 인간과 사회의 관계를
이해하고, 이러한 관계에서 발생하는 쟁점과 문제를 해결하기 위해서는 지리학습 수준을

좀더 세밀하게 다듬고 확대하여 보다 높은 사고기능을 활용할 수 있도록 적용과 평가의 수준으로까지 확장할 필요가 있다.

미국의 『지리국가표준』(*National Geography Standards*, 1994: 34)에서는 지리적 교양을 갖춘 사람에 대해 첫째, 공간에서의 사물의 배열에 나타난 의미를 알며 둘째, 인간, 장소, 환경 간의 관계를 알며 셋째, 지리적 기능을 사용할 줄 알며 넷째, 공간적, 생태적 관점을 삶의 상황에 적용할 줄 아는 사람이라고 정리한 바 있다. 이 표준에서도 지리 개념의 이해, 지리 현상의 설명과 해석, 지리적 기능의 사용을 넘어 이를 활용하여 공간적, 생태적 관점의 삶의 상황에 대한 적용을 강조하는 것을 알 수 있다.

람버트(Lambert, 1996: 53)도 지리학습 및 평가의 영역을 제시하면서 '적용의 단계'를 최상의 단계로 설정하고 있다. 그가 제시한 영역을 보면, ① 선택된 장소를 정확하게 입지시키고 핵심적·사실적 정보의 기억과 관련된 '지리적 지식' 영역 ② 지리적 패턴, 과정, 관계에 설명을 제공하는 능력과 관련되는 '지리적 이해' 영역 ③ 지도, 그래프, 다이어그램, 영상적 자료를 이용하여 지리적 정보를 끌어내고 의사소통하는 능력과 관련되는 '지도와 그래픽 기능' 영역 ④ 지리적 질문을 확인하기 위한 조사를 행하고 결과를 설명하고 표현하기 위한 자료 수집의 적절한 기능을 사용하는 것과 관련되는 '지리적 탐구' 영역 5) 지리적 아이디어와 기능을 사회적, 정치적, 경제적 패턴, 자원의 이용, 환경 관리와 관련된 쟁점에 적용하는 것과 관련되는 '지리적 아이디어의 적용' 영역으로 구성되어 있다. 이러한 입장은 미국의 NAEP에서 제시한 지리평가틀(NAEP Geography Consensus Project, 1994: 19)에서도 나타난다. 이 평가틀은 지리 평가영역을 지리 고유의 내용 영역과 인지적 영역으로 구분하면서, 특정한 지리 내용을 다루며 학생에게 기대할 수 있는 인지적 영역을 다시 지식 알기, 이해, 적용의 3가지 계열적 단계를 지닌 영역으로 제시하였다.

한편 최석진 등(1990: 120~138)에 따르면, 사회적 사실과 현상을 구조적으로 파악하는 데 필요한 지리적 사고력은 지리적 의식의 발달과정 초기에 나타나는 초보적 사고로서 분포사고와, 좀더 심화된 것으로서 관계사고로 나타난다고 주장하였다. 먼저 분포사고는 지리적 사물이 지표상에 분포한 상황을 파악하고 설명할 수 있는 사고이며, 지리적 사물의 위치, 형태, 양을 가지고 장소가 달라지면 지리적 사물이 달라진다는 것을 이해하여, "어디에, 어떤 지리적 사물이 있다" "어떤 지리적 사물이 어디에, 어떻게, 분포되어 있다" 등 어디에, 무엇이, 어떻게 분포되어 있다는 상황을 파악하고 설명할 수 있다. 한편 관계사고는 장소의 지리적 사실과 현상이 이루어지게 된 지리적 요소들간의 관계, 인간 생활과 자연, 사회 환경과의 관계, 지역간의 관계 등을 사고하여 파악하는 것으로서 관계사고를 통하여 지역의 여러 가지 조건을 종합적으로 관련지어 지역의 특색을 파악할 수 있다.

 이를 지리적 사고의 측면에서 보면, 지리적 사고는 분포에 대한 설명과 해석이 바탕이
되며, 이것이 좀더 발전하여 인간과 인간, 인간과 공간 및 환경, 인간과 사회관계에 대한
일반화와 종합으로 심화되어 나가는 것을 알 수 있다. 이러한 논리는 미국의 『지리교육지
침서』(Joint Committee on Geographic Education of the National Council for Geographic
Education, 1984: 2)에서도 살펴볼 수 있다. 이에 따르면 지리탐구는 다음과 같은 논리적
과정을 지닌다. 첫째, 장소나 사이트를 입지시키고 그들의 자연환경적, 문화적 특징을 설
명한다. 둘째, 인간이 그들의 자연적, 문화적 환경에 대응하고 그것을 형성시켜 나감으로
써 발전해 나가는 관계를 탐사하는 것이다. 이러한 탐사를 통하여 여러 지역을 비교·대조
할 수 있을 것이며, 궁극적으로는 세계의 다양한 지역과 그들의 상이한 자연환경적 특성
과 인문환경적 특성 및 그 패턴에 대해 심층적으로 이해할 수 있을 것이다. 셋째, 지리탐
구의 기능을 이용(적용)하여, 고유한 교과 내용영역으로서의 지리에 대한 학생들의 지식과
이해를 더욱 광범위하고 정교하게 하는 과정이다.
 이와 유사하게 호주의 지리교사협의회가 제시한 '중등지리교육'(AGTA, 1986: 6)이라는
정책문서에서 지리조사의 단계를 ① 사회적, 자연적 환경 패턴, 문제 혹은 쟁점, 그리고
그것들의 입지와 배경을 관찰·기록·기술하기 ② 패턴, 문제 혹은 쟁점을 만들어낸 원인과
과정을 설명하기 ③ 예상 가능한 사회적, 자연적 환경의 영향을 탐사하고 평가하기 ④
모든 가능한 대안들에 대한 세심한 분석 후에 상황을 보존하거나 향상시키기 위한 최선의
방법에 대해 의사결정하기 ⑤ 이러한 의사결정을 위한 행동하기와 다른 의사결정자에게
주의를 기울이도록 유도하기의 5단계로 제시하였다.
 이상에서 논의된 지리탐구의 과정 및 지리적 사고의 발전단계를 고려할 때, 지리학업성
취과정과 그 기준은 <그림 15-1>에서 나타난 바와 같이 4단계로 구성할 수 있다.
 이러한 지리적 사고 및 논리에 따른 지리 성취 및 평가 기준 설정의 준거체제를 상술하
면 다음과 같은 네 가지 단계로 제시할 수 있다.

(1) 1단계: 지리적 사실 및 기본개념의 이해
 첫 번째 단계는 공간 및 환경과 관련된 지리현상을 파악하는 데 필요한 기본적인 지리
적 사실과 기본개념의 이해이다. 이는 지리적 인식의 출발점이 되는 향토, 지방 및 지역,
국가에서의 고유한 자원이나 장소의 명칭과 같은 기본적인 지리적 사실을 알고, 지리적
질문을 통해 공간적 맥락과 관점의 특성을 이해하며, 일상생활의 경험과 사회현상을 설명
하는데 필요한 기본개념을 획득하는 단계이다.

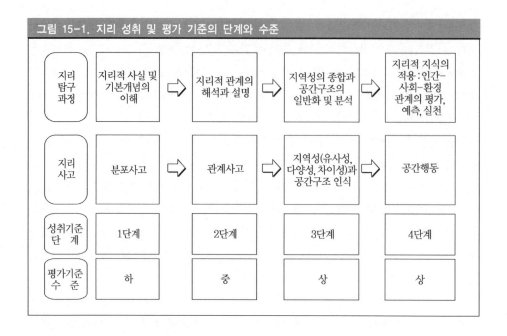

그림 15-1. 지리 성취 및 평가 기준의 단계와 수준

(2) 2단계: 지리적 관계의 해석과 설명

두 번째 단계는 인간과 인간, 인간과 사회, 인간과 환경과의 관계에 대한 해석과 설명이다. 이들 지리적 관심의 대상이 되는 관계들에 대하여 이론, 원리를 바탕으로 원인과 과정에 대한 설명과 함께 경험에 비추어 의미를 해석하는 것은 지리탐구의 두 번째 단계가된다. 인문환경과 자연환경의 요소에 대한 체계적 인식을 토대로 지리적 패턴과 다양한범위에 걸쳐서 자연적, 인문적 과정을 기술하며, 재화, 정보 및 아이디어의 교환을 통한장소간의 연결방식, 환경이 인간의 생활양식에 영향을 미치는 방식, 인간활동이 환경에영향을 미치거나 인간이 환경을 관리하는 방식 등을 설명하고 해석한다.

(3) 3단계: 지역성, 공간관계의 종합, 일반화, 분석

세 번째 단계는 종합을 통하여 인간-환경관계에서 드러난 지역간의 차이성과 유사성을밝히고, 인문적 과정과 자연적 과정 간에 그리고 각 과정 안에서의 상호작용으로 인해나타나는 생활공간의 형성과정, 패턴 및 공간관계를 일반화하고 분석하는 단계이다. 이단계는 일반적인 지리탐구의 과정에서 보면 지리적 정보를 종합하고 일반화하며 결론을도출하는 단계에 해당된다. 또한 이러한 과정에서 일반화나 결론을 이끌어내는 다른 대안적 방법이 있을 수 있고, 다양한 견해와 관점이 개발될 수 있다는 것을 이해하는 자세를가져야 한다.

(4) 4단계: 적용으로서 인간-사회-환경 관계의 예측, 평가, 실천

네 번째 단계는 인간과 사회, 인간과 환경 관계에 대한 지식을 새로운 상황에 적용하는 것이다. 이는 인간과 사회, 인간과 환경 관계에 대한 체계적 평가, 이들 관계에 있어서의 변화의 예측, 바람직한 변화를 모색하기 위한 실제적 행동을 통한 실천을 포함한다. 전단계의 지리탐구과정에서 획득된 다양한 지식, 기능 및 기술을 활용하고, 원인과 과정에 대한 설명을 통해 사회적 또는 환경적 문제, 쟁점, 과제와 관련된 발생 가능한 사회적·환경적 효과를 탐색하고 평가하며, 모든 가능한 대안의 세심한 분석에 이어 상황을 개선하거나 유지하는 최선의 방법에 대한 의사결정을 하거나 이러한 결정이 실행되기 위한 행동계획을 세운다.

이 단계를 통하여 학생들은 장소, 지역, 공간, 환경과 관련한 수많은 결정과 그 결정요인, 그들간의 관계를 심층적으로 학습하며, 하나의 장소, 지역, 공간에서 환경이 인간의 삶에 미치는 영향을 파악하고 다른 장소, 지역, 공간의 인간 활동 및 사건들과의 상호 관계에 대해서도 정확하게 이해하게 된다.

2. 지리학습 평가목표의 설정

지리교육의 목적을 달성하기 위하여 관련된 지식, 기능, 가치 및 태도를 기르는 것이 지리 교수-학습의 목표가 될 것이다. 학생들이 장소감, 공간능력, 인간-환경관계 등에 대해 인식하고 올바른 태도를 갖도록 하려면, 우선 '어디에서'로 시작되는 질문으로부터 지리적인 것과 비지리적인 것을 구분하고 공간적 관점, 생태적·환경적 관점을 특징으로 하는 지리적 관점, 지리적 지식에 대한 개념적 이해를 해야 한다. 그리고 지리탐구와 관련된 다양한 범위의 기능 및 기술의 개발과 실습의 기회, 개인 가치의 명료화와 개발의 기회, 개발된 일반화나 가치를 통해 의사결정을 하거나 문제해결을 하는 기회를 가져야 한다. 즉 사회적·환경적 패턴, 문제, 쟁점과 그들의 입지 또는 배경을 관찰·기록·기술하고, 환경체계의 공간조직 및 그 패턴, 문제와 쟁점을 만들어낸 원인과 과정을 설명한다.

그리고 발생 가능한 사회적·환경적 효과를 탐색하고 평가하며, 모든 가능한 대안에 대해 세심하게 분석한 후 상황을 개선하거나 보존하는 최선의 방법에 대한 의사결정을 내리게 된다. 이 결정이 실행되도록 행동계획을 세우거나 의사결정자의 주의를 받을 수 있는 활동계획을 수립하는 과정을 통해 다양한 지리적 개념, 이론, 원리에 대한 지식과 이해, 공간적 관점과 안목, 지리적 도해기능과 다양한 지적 기능을 포함하는 기능들과 기술,

가치와 태도를 활용할 기회를 가져야 한다. 최종적으로는 지리를 학습함으로써 전 세계에 걸친 인간-장소-환경 간의 연결과 그 관계를 이해하도록 해야 할 것이다. 이 때 학생들로 하여금 특정 환경과 공간적 상황에서 가치의 영향 및 효과를 분석하는 능력과 더불어 이를 바탕으로 한 환경에 대한 올바른 가치와 태도를 길러줄 수 있을 것이다.

지금까지 언급한 여러 학습요소를 평가와 관련하여 평가를 위한 학습요소군으로 묶어 보면 다음과 같다.

첫 번째 학습평가요소군은 지리적 개념에 대한 지식과 이해, 그리고 기본적 지리 지식의 획득과 관련되는 것이다. 지리는 '어디에서'라는 기본적이고 핵심적인 질문을 통해 그 특성을 보여준다. 이러한 지리적 질문은 지리적 관점의 특성과 중요한 지리적 기본개념들을 잘 반영한다. 이들은 또 지리의 기초개념과 이론, 원리들을 이해하는 것을 가능하게 함으로써 지리가 가지고 있는 다양한 관심사들을 해결하도록 한다. 그러한 관심사로는, 국지적, 국가적, 세계적 사건이 가지는 입지의 의미와 영향, 장소와 인간 활동의 공간조직 간 연계성, 지표 위의 패턴, 다양성, 변화를 만들어내는 상태에서 이들을 유지하는 인문적·자연적 과정, 중요한 환경적·사회적·경제적·정치적 제안과 개발안의 영향, 이에 대한 학생 자신과 인간집단의 태도, 대안적 의사결정의 다양성 등이 포함된다.

두 번째 학습평가요소군은 지리현상의 탐구와 의사소통과 관련되는 것들이다. 지리탐구는 문제의 지리적 측면에 대한 인식을 출발점으로 하여 추론하기, 분석하기, 결론내리기와 같은 기본적 사고기능에서 고등사고기능에 이르기까지 다양한 사고기능을 필요로 한다. 이러한 기능과 관련시켜 지리탐구를 과정별로 정리하면, 지리적 질문 및 문제를 확인하기, 지리적 정보를 획득하기, 지리정보를 조직하기, 지리정보를 분석하기, 지리적 일반화를 도출하고 검증하기, 그리고 일반화나 결론이 도출된 후 명확하고 효과적으로 그 결과를 지리적 정보로서 전달하기(의사소통하기)로 나누어 볼 수 있다. 각 요소들은 일반적인 탐구절차 및 과정과 유사성을 지니지만 각각 특징적인 지리탐구과정을 지니고 있으며, 지리정보를 조직하기, 분석하기, 의사소통하기에 있어서는 무엇보다도 공간적 관점과 야외조사기능(field study skills), 지도화기능(maps and globes skills) 등과 같은 기능들이 강조된다.

세 번째 학습평가요소군은 지리탐구 결과의 적용과 공간적 의사결정 및 문제해결기능이다. 지리탐구의 초기목표는 대체로 일반화와 한 가지 결론의 도출이지만, 이러한 일반화나 결론은 새로운 지리적 상황에 적용하거나 일반화나 결론을 끌어낸 조건을 재검토함으로써 그 한계를 인식하거나 또는 특정한 공간적 문제 및 쟁점에 있어서 의사결정이나 문제해결에 활용되어야 할 것이다. 특히 공간적 측면을 지닌 사회문제(예: 신공항, 신청사,

쓰레기 소각장의 입지, 선거구, 학구의 획정, 지역주의와 자원이용, 황무지 또는 갯벌의 보존과 지역 개발는 지리적 일반화나 결론을 활용하거나 새로운 대안을 제시함으로써 좋은 예가 된다. 이 때 가치명료화나 가치분석을 통하여 가치판단을 내리고, 행동화할 수 있는 능력을 갖추도록 해야 할 것이다. 따라서 가치의 측면과 행동 및 실천의 측면이 함께 검토될 수 있을 것이다.

네 번째 학습평가요소군은 가치, 태도와 관련된 정의적 목표들이다. 특히 여기에서는 지리의 교과내용적인 특징과 관련된 정의적 특성들이 학생들에게 있어서 어떻게 발현되고 표현되며 개발되어야 하는지에 초점을 둘 수 있다. 또한 여기에는 앞에서 언급한 의사소통과 관련하여 취급해야 할 사회적 기능(social skills)과 같은 기능들도 함께 고려하는 것이 필요하다.

따라서 지리학습의 평가목표는 다음과 같이 나눌 수 있다(<표 15-1>).

표 15-1. 지리평가의 목표
1. 지리적 개념에 대한 이해와 기본적 지리지식의 획득 2. 지리탐구와 의사소통 3. 지리탐구 결과의 적용 4. 가치, 태도와 관련된 정의적 목표

3. 지리 평가목표의 상세화

지리교육의 목표들을 그 하위목표들과 함께 상세화하면 <표 15-2>와 같다.

표 15-2. 지리교육 목표의 상세화

1. 지리적 개념에 대한 이해와 기본적 지리지식의 획득
  1) 지리적 개념에 대한 이해
    (1) 지리적 질문에 대한 이해
    (2) 공간적 맥락 및 관점의 특성에 대한 이해 및 감수성
    (3) 일상생활의 경험 및 현상의 지리적 개념화
  2) 기본적 지리지식의 획득
    (1) 지리 기본개념의 획득과 이해
    (2) 지리의 기초지식의 획득
    (3) 지리 이론 및 모델에 대한 이해 및 지식의 획득
    (4) 지리의 원리에 대한 이해 및 지식의 획득
    (5) 지리 기본개념, 이론, 원리의 일상생활에의 적용

2. 지리탐구와 의사소통
 1) 지리 탐구
  (1) 지리 질문 및 문제의 확인
  (2) 지리 정보의 획득
  (3) 지리 정보의 조직과 표현
  (4) 지리 정보의 분석과 해석
  (5) 지리 질문에 답하기: 지리에서 일반화 및 결론을 도출하고 검증하기
 2) 지리적 일반화 및 결론의 의사소통하기
  (1) 지리 질문에 대한 결론, 아이디어, 일반화를 지리적 정보로 표현하기
  (2) 도출된 결론, 아이디어, 일반화에 포함된 가치, 느낌을 문장으로 교환하기
  (3) 도출된 결론, 아이디어, 일반화에 포함된 가치, 느낌을 구어적으로 교환하기
  (4) 재사용을 위한 지리정보의 기록과 관리
 3) 지리탐구에 대한 자세
  (1) 일반화나 결론을 끌어내는 다른 대안적 방법이 있음을 이해하기
  (2) 다양한 견해와 관점이 개발될 수 있다는 자세
  (3) 문제가 가져올 복수의 결과에 대한 인지

3. 지리탐구 결과의 적용: 공간적 의사결정 및 문제해결기능
 1) 지리탐구결과의 적용: 적용, 문제해결, 의사결정
  (1) 지리적 일반화의 적용
  (2) 지리적 문제/쟁점/질문의 명료화
  (3) 가치명료화와 가치분석하기
  (4) 지리적 문제/쟁점/질문과 관련한 대안의 제시
  (5) 지리적 성격을 지닌 문제/쟁점/질문에 대한 적절한 행동 찾기
 2) 지리탐구결과의 적용을 위한 개인적 기능(personal skills)과 사회적 기능(social skills)
  (1) 개인적 기능
  (2) 사회적 기능

4. 가치, 태도와 관련된 정의적 목표
 1) 환경에 대한 관심과 책임감
  (1) 환경에 대한 관심
  (2) 환경에 대한 책임감
 2) 인문 및 자연 경관에 대한 심미적 평가
  (1) 상이한 인종, 문화에 대한 이해와 수용
  (2) 인문 및 자연 경관에 대한 미적 이해
  (3) 인문 및 자연 경관에 대한 자기표현과 그 교류
 3) 지리적 질문/쟁점/문제에 대한 태도와 자세
  (1) 의사결정에서 가치와 태도의 중요성에 대한 인식
  (2) 개인적, 전문적 그리고 공공적 생활에 대한 책임감
  (3) 생활에서 지리적 지식과 기능을 사용하려는 적극성
  (4) 지리적 차원을 지닌 국지적, 지역적, 국가적, 국제적 문제의 해결책을 찾으려는 태도

만약 '지리탐구'의 '지리 정보의 분석과 해석'만을 보다 상세화하면 <표 15-3>과 같이 분류할 수 있다.

표 15-3. 상세화의 사례

(4) 지리정보의 분석과 해석
ㄱ. 공간 정보의 요약
ㄴ. 지리 정보의 비교와 대조
  · 지리 정보자료와 관련 개념을 나열, 연계시키기
  · 다양한 지리정보원의 비교. 대조
  · 일차적 자료(야외 직접관찰, 면담.)와 이차적 자료(지도, 사진, 통계적 자료)에서 정보추출
  · 표나 그래픽 형태의 정보를 언어적 지리정보로 번역, 기술
  · 다수의 정보원으로부터 정보를 상호관련 시키기(비교/대조)
ㄷ. 주요 지리적 설명인자의 추출
  · 야외현장, 사진, 지도에 나타난 자연적, 인문적 중심인자의 확인
  · 지역 내의 인간 활동을 인문환경, 자연환경과 관련시키기
  · 공간조직, 구조와 관련되는 인문적, 자연적 요인들을 추출하기
ㄹ. 지리 패턴과 과정의 분석, 해석
  · 야외현장, 사진, 지도에 나타난 지리적 사상의 해석
  · 지도에 나타난 점, 선, 지역의 공간적 패턴의 해석
  · 공간관계를 나타내주는 공간패턴들을 비교하기
  · 공간패턴의 왜곡, 변형의 요인
  · 공간조직, 구조와 관련되는 인문적, 자연적 과정을 찾아내기

참고문헌

남상준. 1996, 「지리교육 목표설정에서의 상세화와 국제화의 추구」, ≪지리학논집≫ 제22권 제1
  호, 공주대 사범대학 지리교육과.
최석진 외. 1990, 『사회과 사고력 신장 프로그램 개발을 위한 방안 탐색』, 한국교육개발원.

AGTA(The Australian Geography Teacher's Association). 1988, "Geography in Secondary
  Education", The Australian Geography Teacher's Association, *Geographical Education*, Vol.5,
  No.2.
Cowie, P. M. 1978, "Geography: A Value-laden Subject in Education," *Geographical Education*, Vol.3,
  No.2.
Forbes, J. 1976, "The Subject Matter and Methods of Geographic Study," in Stewart Dunlop(ed.),
  Place and People: A Guide to Modern Geography Teaching, Heineman Educational Books,
  London and Edinburgh.
Joint Committee on Geographic Education of the National Council for Geographic Education and
  the Association of American Geographers. 1984, *Guidelines for Geographic Education*,
  Washington D.C.
Lambert, D. 1990, *Geography Assessment*, Cambridge University Press.
NAEP Geography Consensus Project. 1994, *Geography Assessment Framework for the 1994 National
  Assessment of Educational Progress*, National Assessment Governing Board, U.S. Department of
  Education.
NGS and NCGE Geography Education Standards Project. 1994, *Geography for Life: National
  Geography Standards*.
Senathirajah, N. & Weiss, J.(eds.). 1971, *Evaluation in Geography: A Resource Book for Teachers*, The
  Ontario Institute for Studies in Education, Toronto.
Slater, F. 1996, "Values: Towards Mapping their Locations in a Geography Education," in Asley
  Kent et al.(eds.), *Geography in Education: Viewpoints on Teaching and Learning*, Cambridge
  University Press.

16 지리 지필평가문항의 개발

시험계획에서 타당성과 신뢰성은 일관성 있게 유지되어야 한다.
상이한 종류의 타당성 가운데 가장 중요한 것은 내용타당도이다.
내용타당도는 교육과정에 있는 다양한 사실적인 정보를
공정하게 반영하는가 뿐만 아니라 주요개념, 기능, 학습수준을
반영하는가를 확인하는 것이다(Melvyn Jones, 1986: 238).

1. 평가문항의 유형

평가는 수업과 관련하여 실시하는 시기 또는 평가의 목적에 따라 진단평가(diagnostic evaluation), 형성평가(formative evaluation), 총괄평가(summative evaluation)로 나눌 수 있다. 진단평가는 수업내용을 전개하기 전에 학생들의 선행학습 정도나 선행지식을 확인하기 위하여 실시하며, 형성평가는 수업 중 학생들의 학습과정이나 과제수행과정에서 학생들의 수업에 대한 이해의 정도, 학습과정에 대한 점검을 위해 실시한다. 총괄평가는 수업 직후 학습한 내용에 대해 종합적이고 포괄적으로 교수-학습의 효과를 파악하고 이를 다시 교수-학습에 환류하기 위해 실시하는 평가이다.

이에 따라 일반적으로 진단평가나 형성평가는 간단한 평가지나 테스트, 퀴즈형식 등과 같은 평가문항들을 사용하며, 총괄평가에서는 다양한 형태의 평가도구와 문항들이 이용된다. 그렇지만 무엇보다도 평가문항의 사용과 제작에서 중요한 것은 교수-학습의 목표와 이를 평가에 적용한 평가목표에 대한 충분하고 명확한 이해가 필수적으로 전제되어야 한다는 것이다. 또한 교수-학습목표에 근거하여 평가목표가 분명히 드러나도록 평가문항으로 전환하고 변환하는 능력이 요구된다.

총괄평가에서 자주 사용되는 지필평가문항은 반응 및 채점 방식에 따라 주관식 문항과 객관식 문항으로 구분되며, 반응방식에 따라 선택형과 서답형 등으로 구분되기도 한다. 손다이크(Thorndike)와 해건(Hagan, 1968)은 자유 반응형과 구조화 반응형으로 구분하였으며, 로이드(Roid)와 하라디나(Haladyna, 1989)는 선택반응형과 구성반응형으로 구분하였다. 결국, 지필평가문항은 채점자의 주관성에 대한 반영 정도에 따라 객관식 문항과 주관식

문항으로 나눌 수 있으며, 응답자의 반응양식에 따라서 선택형과 서답형으로 구분할 수 있다(강창동 외, 1996).

그런데 선택형과 서답형으로 간단히 구분하든 로이드와 하라디나의 것을 받아들이든, 선택형 내지 선택반응형은 다시 진위형, 배합형, 선다형으로 구분되고 서답형 내지 구성반응형은 단답형, 완성형, 논문형으로 구분된다고 볼 수 있다. 특히 서답형에 있어서, 단답형이나 완성형은 용어나 단어로 제한된 응답을 하도록 제한하는 효과를 가져오며, 논문형은 응답을 서술하는 논술형이라고 볼 수 있다. 그리고 이러한 서답형에는 단답형과 논문형의 중간형태로서 일정한 길이 내에서 답을 제시하도록 응답을 제한하는 응답제한형도 하나의 형태로 포함된다.

이상의 것을 종합하여 평가문항의 종류를 구분하면 <표 16-1>과 같다.

한편, 평가문항을 객관식 문항과 주관식 문항으로 구분하는 경우는 문항에 대한 응답자의 반응보다는 응답반응에 대해 채점자가 가지는 주관성의 개입정도에 더 초점을 두는 구분이라고 할 수 있다. 전자의 경우 진위형, 선다형, 배합형, 단답형, 완성형이 있고, 후자의 경우는 논문형이 이에 해당한다.

객관식 문항을 바탕으로 하는 평가는 채점의 객관성과 신뢰성이 높다는 점에서 선호된다. 이는 주어진 답지 속에서 정답을 선택한다는 의미에서 선택형이 주를 이루며 채점에서 주관성의 개입여지가 없다는 점, 문항의 평가목표와 평가내용이 직접적으로 연계가 가능하여 내용에 대한 타당도가 높다는 점, 채점과 통계적 분석이 용이하다는 점 등의 장점이 있다. 또한 주관식 문항과 비교하면, 문항 수에 있어서 제약이 적어 비교적 넓은 범위에 걸쳐 피험자인 학생의 지식과 사고력을 측정할 수 있다. 그렇지만 객관식 문항을 이용한 평가는 단순한 기억력에 대한 측정이 되기 쉽고, 표현력이나 창의적 사고를 측정하기가 어렵다는 단점을 지닌다.

주관식 문항을 바탕으로 하는 평가는 피험자인 학생들의 의견, 논리적 사고 등을 드러냄으로써 사고력과 표현력을 평가할 수 있고, 학생의 학습경험들을 조직하여 정리할 수

표 16-1. 평가문항의 종류

선택반응형 또는 선택형	선다형 진위형 배합형
구성반응형 또는 서답형	완성형 단답형 논문형

출처: Roid & Haladyna(박도순 옮김, 1989) 참조.

있다는 장점을 가진다. 반면 채점자의 주관성이 개입될 수 있어 신뢰성과 객관성을 확보하기 어렵고, 평가의 의도가 명확하게 드러나지 않는다는 단점을 가지고 있다.

2. 지필평가문항 개발의 이론적 토대

최근 평가에서는 앞장에서 언급한 준거지향검사(CR: criterion-referenced)가 절대평가로 활용될 뿐만 아니라 상대평가로도 활용될 수 있어 점점 강조되고 있다. 이에 따라 지필평가문항도 CR검사의 개발단계에 따라 진행하는 것이 바람직하다. 이상적인 CR검사 개발의 단계는 로이드와 하라디나에 따르면(박도순 옮김, 1989: 28~31), 다음과 같이 5단계로 제시되며 이를 간단히 그림으로 표현하면 <그림 16-1>과 같다.

1단계: 교수의도 혹은 목표
평가에 있어서 우선적인 고려 대상은 교수 시 '내용에 대해 어떤 아이디어를 가지고 있었던 것인가'이다. 예를 들어, 지리 교과를 가르칠 때 '지역구조의 형성과정 이해하기'에서부터 '답사할 지역에 대한 지형도를 읽는 방법'에 이르기까지 매우 다양한 형태의 아이디어를 가지고 있으며, 이것이 바로 교수자(교사)의 의도 혹은 목표가 된다. 따라서 무엇보다도 교수결과에 대한 평가뿐만 아니라 교수행위 그 자체에 대한 평가를 위해서는 이러한 교수의도 혹은 목표를 우선적으로 고려해야 한다.

2단계: 영역상세화
1단계에서 확인된 교수의도 혹은 목표를 명료화, 상세화하는 단계로 교수의도를 나타내는 하나의 학습목표 혹은 학습목표의 집합체를 논리적으로 개발한다. 이는 앞에서 제시한 교수목표나 의도 속에 들어있는 몇 가지의 중요한 개념이나 이와 관련된 사실과 원리를 항목화하는 것이다. 이처럼 교수영역을 상세화하면서 강조해야 하는 것 중의 하나는 그 과정에서 찾을 수 있는 구인(construct)의 의미이다.

3단계: 문항개발
이 단계에서는 문항 형태의 확정과 함께 검사지에 포함될 문항을 선택하거나 제작한다. 일반적으로 문항개발에서는 검사문항이 교수목표와 논리적으로 일치하여야 하며, 사용하는 검사자료는 학생 반응의 유형에 따라 다르게 만들어져야 한다.

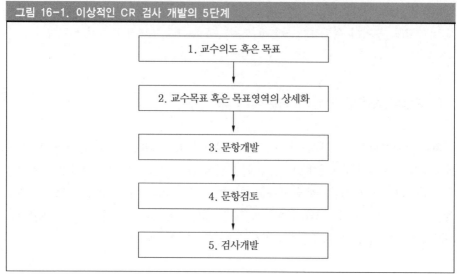

그림 16-1. 이상적인 CR 검사 개발의 5단계

출처: Roid & Haladyna(박도순 옮김, 1989), p.28.

4단계: 문항검토

CR 검사개발의 주요 목적은 교수의도를 적절히 반영하는 문항을 개발하여 설정하는 것인데, 그 적절성의 판단은 교과전문가에 의한 문항의 논리성 검토와 문항분석 및 현장 검증에 기초한 경험적 문항 검토의 두 가지 방법에 의해 이루어진다.

교과전문가와 교사에 의한 논리적인 문항검토는 주로 문항의 결점을 찾아내고, 교수목표 혹은 상세화된 교수목표(혹은 영역)와 검사항목간의 일치성을 판단하는 목표타당도에 대한 분석이 주된 것이다. 경험적 문항검토는 교수 전후 학생들의 반응유형을 검토함으로써 교수가 적절했는지, 검사문항을 통해 알아보려던 것을 정확히 측정하고 있는지를 판단한다.

5단계: 검사개발

총괄평가를 하게 될 몇몇의 목표 또는 내용영역을 결정하여 내용영역별 혹은 각 목표별로 문항을 표집하는 것이 마지막 단계이다.

이 단계에서 평가문항의 개발 및 검토는 이상적인 준거지향검사에서 매우 중요한 부분이며, 일반적으로 지식을 측정하기 위해 가장 흔히 사용하는 방법이 지필검사문항의 개발이다.

그런데, 일반적으로 검사는 교수목적에 관한 구체적인 진술로 된 성취목표 및 그 영역에 대한 것이어야 한다. 따라서 검사는 성취목표를 평가하는 평가목표로서 대표성을 지니고 있어야 내용 및 목표타당도를 확보하게 되며, 이를 위해 가장 적합한 유형의 검사형태가 결정되어야 한다. 선택반응검사가 일반적으로 좀더 많은 추출이 가능한 문항 형태로 인식되며, 따라서 선택반응검사가 높은 내용타당도를 보일 가능성이 높다.

3. 지필평가문항의 개발

일반적으로 평가가 교수-학습 계획과 맞물려 있고, 교수-학습 상황으로 피드백이 이루어지듯이, 평가문항의 제작 및 개발도 교수-학습 과정에 대한 의사결정처럼 미리 계획이 되고 명백한 목적의식을 가지고 진행되어야 한다. 즉, 지필평가문항을 작성하는 데 있어서 무엇보다도 중요한 것은 평가하고자 하는 목표를 분명하게 하는 것이며, 이에 부합되는 평가문항을 만들어야 한다는 것이다. 그리고 평가문항의 유형은 '평가하려고 하는 학습과제와 관련된 내용이 어떤 것이냐'에 따라 다르게 결정되어야 한다.

황정규(1994, 380~383)에 따르면, 학교 현장의 지필평가에서 사용될 평가문항을 개발하는 것은 다음과 같은 조건을 만족시킬 때 좋은 문항장면을 만들 수 있으며, 이때 좋은 평가문항이 나오게 된다.

첫째, 문항장면은 그 문항이 각 학생에게 가르친 교수목표를 성취할 수 있는 기회를 주는 정도에 따라 그 적절성이 좌우되므로, 교수목표에서 의도하는 구체적 행동과 내용을 문항에서 드러내기 위하여 문항장면을 바르게 선택해야 한다.

둘째, 평가하고자 하는 정신과정에 따라 문항의 난이도와 복잡성을 조정해야 하는데, 복잡한 인지과정을 요구하는 학습목표를 평가하는 경우에는 문항장면도 최소한 그와 같은 지적 사고과정을 자극할 수 있을 정도의 복합성을 지녀야 한다.

셋째, 문항장면에서는 구체적 현실도 평가해야 하지만 너무 구체적 문항상태에 얽매이면 단편적인 지식, 고전적 지식의 평가에만 그칠 수 있는 위험을 내포하게 되므로 적절한 수준으로 추상도를 적정화해야 한다.

넷째, 문항장면은 학생의 경험적 배경에 따라 친숙한 정도가 달라지는데, 학생들에게 새로운 경험을 주는 참신성의 정도가 중요하며 문항장면의 표면적 참신성보다 측정하고자 하는 정신적 과정의 참신성이 더 중요하다.

다섯째, 문항의 형태가 어떤 것이든 특히 객관식 검사를 지향하는 지필평가에서는 측정하고자 하는 것을 분명히 하기 위해 학생들의 반응을 제한할 수 있도록 구조화되어 있어야 하는데, 이 경우 어느 정도의 구조화는 필수적이다.

여섯째, 평가문항은 교수목표를 달성하였는가를 파악하는 하나의 증거가 되지만 동시에 학습자의 평가를 통해 학습하고자 하는 동기를 유발함으로써 자신감을 갖도록 하는 것도 중요하다.

앞에서 제시한 지필평가문항의 분류에 따라 평가문항을 선택반응 문항 또는 선택형 문항과 구성반응 문항 또는 서답형 문항으로 구분하고, 이러한 문항들의 개발에 대해 알아보도록 한다. 그리고 선택형 문항 중 선다형 문항의 형태로 현재 국가수준의 평가에서 중요한 역할을 하는 대학수학능력시험에서 사용하는 탐구형 문항의 개발에 대해서도 알아보기로 한다.

1) 선택반응 문항 또는 선택형 문항의 개발

선택반응 문항은 앞서 언급한 바와 같이 일반적으로 선다형 문항, 진위형, 배합형의 세 가지로 나누지만, 구조화된 형태의 여러 가지 질문이 묶인 세트문항, 선다완성형, 선다정답형, 연결형 등 여러 가지 형태로도 존재한다. 그리고 선택반응 문항 또는 선택형 문항은 채점이 간편하여 시간, 노력, 비용이 적게 들고 객관도와 신뢰도가 높고, 통계적 분석이 용이한 장점을 가지고 있어 가장 널리 이용되는 평가도구의 하나이지만, 고등사고능력, 표현력, 창의성에 대한 평가가 강조되면서 그 중요성이 점점 떨어지고 있다.

(1) 선다형 문항

선다형 문항은 답지의 개수에 따라 4지선다형, 5지선다형 등으로 구분되지만, 요구하는 답의 형태에 따라 정답형, 최선답형, 부정형, 다답형, 불완전문장형으로 구분된다. 대학수학능력시험에서는 이를 정답형, 최선답형, 부정형, 합답형, 완성형으로 구분하지만 거의 같은 의미이다. 다답형은 다수의 답을 고르는 형태로 합답형과 같은 개념이며, 불완전문장형은 문장의 빈칸을 완성시키는 완성형과 같은 의미이다. 한편, 답지의 개수에 있어서는 과거 4지선다형이 선호되었으나, 국가수준의 평가인 대학수학능력시험 체제가 등장한 이후 통계적 처리에서 유리하고 임의적 선택에 의한 예상정답률을 낮추기 위하여 4지선다형보다는 5지선다형이 선호되고 있다.

선다형 문항은 선택형 문항이나 객관식 문항이 가지고 있는 장점들을 모두 갖지만, 다른 선택형의 문항들보다 좋은 문항을 만드는 것이 힘들고 결과적으로 사실 확인 내지 지식 위주의 문항이 된다는 단점이 있다.

선다형 문항은 문두, 지문-자료, 보기(답지의 묶음) 그리고 답지로 구성되는데, 선다형 문항을 작성하는 절차는 다음과 같다(Roid & Haladyna(박도순 옮김), 1989: 48).

① 평가목표를 명료하게 하고 평가 전에 무엇을 가르치려고 했는지, 즉 교수목적을 분명하게 확인한다.
② 문항의 형식을 고려한다. 문두와 답지만으로 구성할 것인지, 문두, 지문·자료, 답지의 형태로 구성할 것인지, 문두, 지문·자료, 보기와 답지로 구성할 것인지 문항의 형식을 정한다.
③ 문두를 작성한다. 이때 문두는 질문이 주어지고 답지가 문법적으로 대등한 것으로 이루어지는 것과 질문이 주어지고 답지 중에서 선택한 정답이 문두를 문법적으로 완성시키는 두 가지 형태 중 하나의 형태를 선택한다.
④ 지문·자료를 제시할 경우, 문두에서 묻고자 하는 내용을 분명하게 드러낼 수 있고 또 그 논리적 연계성이 명확한 자료들을 확보한다.
⑤ 답지를 구성한다. 먼저 네 가지 혹은 다섯 가지 답지 중 하나의 정답지를 작성한다. 그런데 답지를 직접 제시하지 않고 여러 가지의 답지들을 선택할 수 있도록 할 때는 보기로 처리하여 답지를 선택하여 다시 정답을 찾도록 할 수도 있다.
⑥ 답지의 구성에서는 문법적으로 대등하고, 가르치고자 하는 것을 아직 습득하지 못한 학생들에게 매력적인 오답지를 작성한다.

선다형 문항의 작성을 문항의 구성요소별로 보면 다음과 같은 점에 유의해야 한다. 우선 문두는 문법적으로 부적절한 진술을 피하고 문두에 답에 대한 단서를 포함하지 않으며, 평가목표를 바탕으로 출제의도가 분명하게 드러나도록 작성한다.

답지의 구성은 다음 사항에 유의한다. 첫째, 답지의 중복은 피한다. 둘째, 답지를 지나치게 길거나 짧게 구성하여 정답을 암시하는 것을 피한다. 셋째, 구체적인 한정사나 절대적인 용어의 사용을 피한다. 넷째, 터무니없는 오답이나 유사한 오답은 피한다. 다섯째, 너무 일반적이거나 지나치게 긍정적인 문장진술을 통해 암시하는 것을 피한다.

다음으로 각 문항의 형태별로 사례들을 살펴보도록 한다.

가. 정답형: 정답형은 여러 개의 답지 중에 하나의 정답을 나머지의 오답들과 구분해 찾아내는 문항이다.

예시-1

(5지선다형) 선생님이 다음 지형의 형성과정을 질문했을 때 바르게 대답한 학생은?
(대수능 2005학년도 6월 모의고사 한국지리 14번 문항)

① 상미: 지진으로 인해 바위의 틈이 갈라졌습니다.
② 병호: 화강암이 차별침식을 받아 만들어졌습니다.
③ 희라: 화산재가 한라산에서 날아와 굳어졌습니다.
④ 윤택: 해안단구가 단층운동에 의해 내려앉았습니다.
⑤ 준형: 용암이 굳으면서 기둥모양으로 갈라졌습니다.

나. **최선답형**: 최선답형은 제시된 답지 중에서 '정답에 가장 가까운 것'을 찾도록 하
는 형태이다. 즉, 문항장면에서 정확한 정답을 미리 상정할 수 없는 조건일 경우
상황에 따라 여러 개의 답지 가운데 가장 적절한 답지를 선택하게 하는 선택형의
선다형 문항이다.

예시-2

지도는 중국의 지역별 공업 생산액을 나타낸 것이다. 이러한 변화의 원인으로 가장 적절한 것은?
(대수능 2005학년도 9월 모의고사 세계지리 4번 문항)

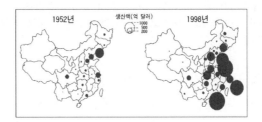

① 북서부 지역의 풍부한 지하자원 개발
② 동부지역의 하천을 이용한 내륙 수운의 발달
③ 서부지역 대개발을 통한 지역 격차 해소 정책
④ 북동부 지역에서 해안지역으로의 노동력 유입
⑤ 해안지역에서 외국자본과 기술의 적극적 유치

다. 부정형: 부정형은 제시된 답지에서 맞지 않는 답지, 즉 오답을 찾도록 하는 형태이
　　다. 문두의 끝이 '틀린 것', '아닌 것', '옳지 않은 것'과 같이 부정형으로 표현된다.

예시-3

다음 지도의 A~E에 관한 설명 중 옳지 <u>않은</u> 것은?
(대수능, 2005학년도 9월 모의고사 한국지리 4번 문항)

① A는 어항 입지에 좋은 조건을 갖추었다.
② B는 해양생태계의 일부이다.
③ C는 소금기에 강한 식물이 주종을 이룬다.
④ D는 염해를 입을 수 있다.
⑤ E는 원래 간석지였다.

예시-4

(4지선다형) 다음 중 태백산지의 해발고도 600m 이상의 고지대에서 고랭지 농업이 발달하게 된
이유로 옳지 <u>않은</u> 것은?

① 인구가 희박한 지역이어서 밭농사에 유리하기 때문이다.
② 여름철에 재배한 채소들의 출하시기가 평지와 다르기 때문이다.
③ 고도가 높아 여름철에도 서늘하여 병충해가 적고 상품성이 있기 때문이다.
④ 고속도로 등 교통여건의 향상되어 도시로의 출하가 편리해졌기 때문이다.

라. 다답형: 여러 가지 답지를 제시하고 몇 가지의 정답을 찾도록 하는 형태이다. 이 경
우는 답지에 들어갈 내용을 보기로 처리하여 선택을 통해 정답을 고를 수 있도록 하
는 것이 일반적이다. 또한 보기로 처리하지 않고 복수의 답을 쓰도록 할 수도 있다.

예시-5

지도는 서울시 상업시설의 분포를 보여준다. 상업시설 A와 상업시설 B에 대한 설명 중 옳은 것을
모두 고른 것은? (대수능 2005학년도 9월 모의고사 한국지리 16번 문항)

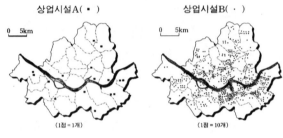

〈 보 기 〉

ㄱ. 교통이 발달하면 A는 도심으로 집중한다.
ㄴ. 인구가 증가하면 A의 수가 B보다 많아진다.
ㄷ. B간의 거리가 좁은 것은 최소요구치가 작기 때문이다.
ㄹ. A간의 거리가 먼 것은 재화의 도달범위가 B보다 크기 때문이다.

① ㄱ, ㄴ
② ㄱ, ㄷ
③ ㄴ, ㄷ
④ ㄴ, ㄹ
⑤ ㄷ, ㄹ

마. 불완전문장형: 문장을 제시하면서 빈 칸을 만들어 그 안에 들어갈 정답을 찾아내
어 완성시키는 형태로 서답형의 완성형처럼 완성형이라고도 할 수 있으며, 불완전
한 문장을 제시한다는 의미에서 불완전문장형이다.

예시-6

다음은 도시구조의 형성과정에 대한 설명이다. (가)와 (나)에 가장 적절한 것은?

도시의 규모가 작을 때에는 비교적 단순한 도시구조가 나
타나며, (가)가(이) 뚜렷하게 나타나지 않는다. 그러나 도
시가 성장하면서 도심이 형성되고, 교통로가 발달한 곳에는
(나)가(이) 발달한다. 그 인접지역에는 상업지역, 공업지
역, 주거지역 등이 형성되어 (가)가(이) 이루어진다. 도시
내부에 (가)가(이) 일어나는 이유는 지역에 따라 접근성과
지가가 다르기 때문이다.

	(가)	(나)
①	교외화	계층구조
②	이심현상	도시체계
③	지역분화	부도심
④	집심현상	종주도시
⑤	집적	대도시권

예시-7

> 다음 빈 칸에 들어가기에 가장 적절한 것은?
>
> 도시내부에 상업지구, 공업지구, 주택지구 등이 형성되는 것은 _____ .
>
> ① 이심현상이 나타나기 때문이다.   ② 집심현상이 나타나기 때문이다.
> ③ 교외화 현상이 나타나기 때문이다. ④ 도심공동화현상이 나타나기 때문이다.
> ⑤ 기능들이 지역에 따라 분화하기 때문이다.

(2) 진위형 문항

진위형 문항은 제시된 문장의 진술에 대해 진위 혹은 정오를 판단하여 반응하도록 하는 것으로 이자택일형이라고도 한다. 진위형은 정답률이 50%로 매우 높은 편이며, 질문 작성과 채점과정에 시간이 적게 들고 신뢰성이 있어 매우 용이하므로 간단한 테스트에 적합한 문항형태라고 할 수 있다.

진위형 문항은 추측에 의한 예상정답률이 50%까지 높다는 점이 문제이기는 하나 내용 타당도와 신뢰도가 높다는 장점을 지니고 있으므로, 어떤 교수목표나 내용을 간편하고 확실하게 확인하고자 할 때 사용하기에 유리하다.

그렇지만 진술문에서 다루는 내용이 사실, 사상, 법칙 등에 관해 어떠한 지식이든 반드시 진위가 가려지는 것이어야 한다. 훌륭한 진위형 문항은 하나의 개념이나 아이디어만을 포함하도록 한다(Roid & Haladyna, 박도순 옮김, 1989: 135). 따라서 진위형 문항을 만들 때는 문장에서 표현하고자 하는 문장이 모호한 의미를 피하도록 명확하게 표현을 해야 한다. 그리고 하나의 개념을 중심으로 분명하게 진위가 나누어지는 것을 다루어야 하며, 가능하면 긴 문장을 피하고 부정형으로 묻지 않는 것이 좋다.

예시-8

> 다음 문장들을 읽고, 옳은 것에는 O 로, 틀린 것에는 X 로 표시하시오.
>
> ① 도시 내부에서 지역분화가 일어나는 이유는 지역에 따라 접근성과 지가가 다르기 때문이다. ( )
>
> ② 인천-부천-서울, 서울-의정부에서는 도시 연담화 현상이 나타난다. ( )
>
> ③ 도시 경제 활동 중에서 도시 내부에서 지역주민을 대상으로 하는 미용업, 청소대행업, 학교, 관공서 등의 활동을 도시의 기반기능이라고 한다. ( )
>
> ④ 통근권, 통학권을 통하여 도시의 세력권을 파악할 수 있다. ( )
>
> ⑤ 도심의 기능을 분담하는 부도심이 형성되면 부도심을 중심으로 생활권이 형성된다. ( )

(3) 배합형 문항

배합형 문항은 전제로서 제시된 것과 그에 상응하는 지식을 담은 답지들로 구성되어 있으며 관련이 있는 것을 연결 내지 결합하는(matching) 형태이다. 배합형 문항은 다수의 답지를 필요로 하는 내용을 평가할 때 사용된다.

예시-9

다음의 예시문에서 제시된 내용과 보기에서 일치하는 것을 골라 연결하시오.

<보기>

① 인천, 안양, 부천, 성남, 수원, 안산 등의 공업도시가 포함된 종합공업지역이다. 제조업 종사자수와 생산액에서 각각 전국의 45.3%, 36.8%를 차지하는 우리나라 최대의 공업지역이다.

② 일찍부터 섬유공업을 중심으로 전통적인 공업이 발달하여 전자공업단지가 있는 구미를 비롯하여 경산, 영천, 달성을 포함하는 공업지역이다.

③ 풍부한 지하자원, 임산자원 그리고 동해의 수산자원을 바탕으로 발달하였고, 공업지역의 형성이 아직 뚜렷하지 못하다.

④ 군산과 목포를 중심으로 하는 공업지역으로 넓은 농업배후지역과 풍부한 노동력을 바탕으로 발달한 공업지역이다. 최근 중국과의 교역이 활발해지면서 성장이 기대된다.

⑤ 육상교통이 편리하고 수도권에 인접하여 수도권의 공장이 분산하여 입지하였으며, 대덕연구단지가 입지한 대전을 비롯하여 청주, 천안을 중심으로 섬유, 전자, 식료품, 피혁, 타이어공업과 첨단기술산업이 발달하였다.

⑥ 부산을 중심으로 포항에서 여수에 이르는 임해지역에 발달한 공업지역으로, 항만을 배경으로 1960년대부터 정책적으로 개발된 지역이다. 연관 산업이 집적되어 있는 우리나라 최대의 중화학공업지역이다.

a. 태백산공업지역
b. 남동임해공업지역
c. 충청공업지역
d. 수도권 공업지역
e. 영남내륙공업지역
f. 호남공업지역

배합형 문항은 전제와 답지를 다양하게 제시할 수 있으므로 이에 따라 배합하는 방식도 매우 다양하게 만들 수 있다. 문항의 제작이 비교적 간편하면서도 인과관계나 분류와 관련된 지식들을 풍부하게 물어보는 데 적합하다. 즉, 배합형 문항은 점검하고자 하는 목표와 내용을 넓은 범위에 걸쳐 깊이 있게 다룰 수 있어 효율성과 내용타당도가 높으므로 특정 내용에 대한 학습결과들을 점검하는데 사용하기 적합하다.

배합형 문항의 제작에 있어서 전제나 답지에서 제시된 항목들은 모두 동일한 지적 수준을 갖추도록 해야 정답에 대한 단서를 쉽게 주는 것을 피하고, 단순한 사실이나 지식의 암기를 확인하는 것을 피할 수 있다.

2) 구성반응 문항 또는 서답형 문항

구성반응 문항 또는 서답형 문항은 알고자 하는 지식의 전 영역에 걸쳐서 측정할 수 있다는 점에서 선택형과 마찬가지로 유용한 평가문항이지만, 답을 선택하는 것보다 스스로 응답한다는 점에서 선택형 문항과 차이를 가지고 있다.

구성반응 문항은 일반적으로 완성형, 단답형, 논문형의 세 가지로 구분된다. 구성반응 문항 또는 서답형 문항에서 완성형과 단답형은 응답반응에 대한 채점자의 주관성 개입 정도가 낮아 신뢰도와 객관도에 있어서 선택형과 별다른 차이가 없다. 논문형의 경우 종합적 사고력과 표현능력을 측정할 수 있지만 채점에서 주관성의 개입 정도가 가장 높은 단점이 있다.

(1) 완성형 문항

서답형 문항에서의 완성형 문항은 직접 답지를 작성한다는 점에서 선택형 문항의 불완전문장형과 형태가 구별되지만, 문항을 통해 확인하고자 하는 것은 별다른 차이가 없다. 진술문을 제시하고 중요한 용어, 단어, 혹은 구나 절을 지운 다음 이를 완전한 문장으로 완성하도록 함으로써 학생들의 반응을 보는 것이 일반적인 형태이다.

선택형의 완성형에서는 학생들이 완전히 모를지라도 답을 선택할 수 있지만, 서답형에서는 피험자인 학생이 확실히 알고 있어야만 답을 할 수 있어 추측에 의해 답을 쓰는 것을 어느 정도 배제할 수 있다는 장점이 있다.

그러나 선택형 문항과는 달리 서답형에서는 채점 상에 여러 가지 문제점이 있다. 그것은 응답의 정확성에 있어서 판정이 어렵다는 것이다. 즉 구성반응문항에서는 학생들 반응의 자유도가 크고 학생들의 반응 범위가 어느 정도는 열려 있기 때문에, 비록 해당 문항이 요구하는 한 가지의 정답이 아니라고 하더라도 유사한 답들이 나올 가능성이 높다. 따라서 정답과 유사하게 처리하는 대안적 정답과 이와 관련된 채점기준을 마련해야만 한다. 그것은 아주 작거나 미묘한 차이에 의해 채점자에 따라 정답으로 간주되기도 하고 오답으로 처리될 수도 있기 때문이다.

따라서 완성형의 문항을 작성할 때에는 피험자인 학생의 응답이 가능한 제한되도록 하기 위해 요구하는 질문과 답이 정확한 것이 되어야만 하며, 채워야 할 빈 칸은 가능하면 진술문의 끝부분에 두는 것이 좋다. 그리고 반드시 그 정답으로 채울 수 있는 조건을 충분히 갖추도록 해야 하며, 응답의 범위가 지나치게 넓은 것은 배제하는 것이 좋다. 또한 반드시 의미 있고 중요한 부분을 빈 칸으로 하는 것이 좋으며, 문장 내에 정답에 대한 단서를 포함하지 않는 것이 좋다.

예시-10

다음의 빈 칸에 들어갈 말을 완성시키시오.

• 도시에서 생산된 재화와 서비스가 도시 내부 지역주민을 만족시키는가, 혹은 도시 외부 지역주민을 만족시키는가에 따라 도시경제활동은 ①과 ②로 구분될 수 있다.

• 도시가 성장하여 공간적으로 확대되면 교통의 요지에는 도심의 기능을 분담하는 ①이 형성되며, 이를 중심으로 ②가 형성된다.

우리나라의 연령계층별 인구자료이다. 빈 칸을 채우시오.

(단위: 만명)

연도	유소년인구 (0-14세)	청장년인구 (15-64세)	노년인구 (65세 이상)	노년인구부양비 (%)
1960	1,015	1,389	95	( )
2000	961	3,175	335	( )

* 노년인구부양비: (노년인구/생산연령인구) x 100

---

(2) 단답형 문항

단답형 문항은 서답형 문항으로 자주 이용되는데, 단어나 용어, 문장, 숫자 등 간단한 형태로 답을 하도록 하는 것이다. 이는 짧은 시간에 많은 내용에 대해 질문을 할 수 있어 피험자인 학생들이 학습한 내용을 사실적 지식을 위주로 확인할 때 편리한 문항이며, 직접적인 질문의 형태를 취하기 때문에 물어보고자 하는 내용과 답하는 내용 간의 연결성이 매우 높게 나타난다. 그렇지만 단답형 문항은 단순히 기억이 재생되거나 사실적 지식이 확인될 가능성이 높다는 점에서 평가가 제한적이라는 단점이 있다.

단답형은 단어나 용어를 묻는 것에서, 간단한 구로 대답하는 것은 물론 비교적 짧은 문장으로 답하는 경우도 있어, 앞에서 언급한 완성형과 동일하게 채점에서 단점이 나타나기도 한다. 즉 학생들 반응의 자유도가 크고 반응의 범위가 개방적인 경우가 발생하기 때문에, 유사한 답과 대안적 답들에 대한 채점 준비가 필요하다.

단답형 문항을 제작할 때에는 질문을 명료하게 하여 질문의 구체적인 초점을 분명하고 확실하게 하여야 하며, 정답의 수가 한 개 혹은 몇 개에 제한되도록 하는 것이 좋다. 그리고 '설명하라', '비교하라', '기술하라' 등과 같은 동사를 이용하여 피험자인 학생들에게 요구하는 과제의 내용을 명확하게 하는 것이 좋다.

예시-11

- 도시기반기능과 도시비기반기능을 비교하여 설명하시오.

- 도시가 성장하여 공간적으로 확대되면 교통의 요지에 도심의 기능을 분담하는 역할을 하는 지역이 만들어지는데, 이를 무엇이라고 하는가?

- 육상교통이 편리하고 수도권에 인접하여 수도권의 공장이 분산하여 입지하였으며, 대덕연구단지가 입지한 대전을 비롯하여 청주, 천안을 중심으로 섬유, 전자, 식료품, 피혁, 타이어공업과 첨단기술산업이 발달한 공업지역을 쓰시오.

- 도시 내 지역분화가 일어나는 이유를 두 가지만 쓰시오.

- 해안단구가 무엇인지 진술하고, 이를 통해 알 수 있는 지형의 변화를 간단히 기술하시오.

(3) 논문형 문항

논문형 문항은 제시된 질문에 대해 피험자인 학생이 자유롭게 능력에 따라 반응을 하도록 구성한 문항이며, 형식상의 제한은 없다. 논문형 문항은 객관식 문항이나 선택형 문항이 가지지 못하는 서답형 문항으로서 가지는 장점인 학생들의 고등사고기능과 표현력, 논리적인 사고력, 판단력 및 응용력 등을 측정하는 데 유리하며, 문항의 출제가 비교적 용이하다는 장점을 가지고 있다. 즉 논문형 문항은 학생들에게는 학생들의 생각이나 아이디어를 조직하고 종합하며 그것을 표현하는 능력을 개발시키는 좋은 경험을 제공함으로써 고등사고능력을 길러줄 수 있다는 장점을 가지고 있다.

논문형 문항은 서답형 문항이 지닌 일반적인 단점을 가지는데, 채점시에 채점자의 주관이 개입될 가능성이 높아 객관도와 신뢰도에 있어 문제가 있고 많은 시간과 노력이 든다는 단점을 가지고 있다.

문항 작성의 방법은 단답형과 거의 같지만, 제작 시에는 피험자인 학생이 아무 내용이나 모두 쓰지 않도록 하고 피험자인 학생이 해야 할 과제를 분명하게 하기 위하여, 어느 정도 제한을 두거나 구조화시키는 것이 바람직하다. 그리고 논문형에서 요구하는 응답이 광범위하고 종합적인 것으로 포괄적인 지식을 요구할지라도 창조적인 것만을 요구할 수 없다는 점에 유의할 필요가 있다. 또한 문항의 작성에서 단답형 문항처럼 '분석하라', '설명하라', '기술하라', '비교하라', '제시하라'와 같은 동사를 사용하여 논문형 문항의 기능을 제대로 살리도록 하며, 가능한 사실적 지식의 확인보다 고등사고능력을 측정할 수 있도록 문항을 만들어야 한다.

논문형 문항을 개발할 때에는 무엇보다도 채점에 많은 관심을 쏟아야 하며, 이러한 채점에서는 반드시 채점 기준을 제시하고 모범답안을 작성하도록 한다. 채점에서 응답을 평가하는 방법에는 평정척도와 체크리스트의 두 가지가 있는데, 이것들을 이용하면 채점 기준은 명확하게 제시될 수 있다(박도순, 61). 특히 체크리스트는 피험자인 학생이 작성한 답지에 중요한 사항이 나타나는가에 따라 일정한 점수를 부여하는 방법이며, 평정척도는 응답의 가치를 결정하기 위해 낮은 수준에서 높은 수준으로 일정한 스케일에 따라 분류하고 할당된 점수를 부여하는 방법이다.

예시 -12

도시는 규모가 작을 때 비교적 단순한 도시 구조를 가지지만, 도시가 성장하면서 그 구조도 변화하게 된다. 대도시의 도시구조의 형성과정을 도심, 부도심, 지역분화를 이용하여 설명하고, 도심과 부도심의 기능 및 역할에 대해 기술하시오.(10점)

<모범답안의 예>

도시발달의 초기에는 뚜렷한 중심지역이 나타나지 않지만 도시가 점점 성장하게 되면 가장 접근성이 높아 중심적 역할을 하는 도심이 나타나게 되고, 도시가 더욱더 커지게 되어 대도시로 발전하면서 교통로가 발달한 곳에 부도심이 발달한다.

이 때 도시내부에서는 지역에 따라 접근성과 지가가 다르기 때문에 지역분화가 일어나게 되며, 도심과 부도심을 중심으로 그 인접지역에는 상업지역, 공업지역, 주거지역이 형성되면서 지역분화는 더욱 뚜렷해진다.

도시의 중심부에 해당하는 도심의 경우, 접근성이 높기 때문에 지가가 매우 높고 건물의 고층화가 이루어지며, 비싼 지대를 지불할 능력이 있는 전문 상업·업무기능이 입지한다. 반면에 공장, 주택, 학교 등은 넓은 부지를 필요로 하기 때문에 도시 외곽에 입지하게 된다. 또한 사회계층에 따라 원하는 주거지의 기준이 다르기 때문에 주거지도 분화하게 된다.

도심은 전문상업기능이나 업무기능이 밀집하기에 적합한 곳이다. 이 곳에는 관청, 은행의 본점, 대기업의 본사가 위치하며, 대형백화점과 고급호텔 등 전문적인 고급 서비스업이 입지하게 된다.

부도심은 도시가 공간적으로 확대되면서 교통의 요지에 도심의 기능을 분담하는 기능을 하며, 부도심을 중심으로 생활권이 형성된다. 부도심은 주로 상업기능과 일부 업무기능을 바탕으로 하여 형성되어 주민들의 통행거리를 단축시키고 도심의 교통량을 분산시키는 역할을 한다.

<체크리스트의 예>
도심 및 부도심의 형성과정에 대한 설명: 3점
지역분화에 대한 설명: 2점
주거지 분화에 대한 언급: 1점
도심의 역할 및 기능에 대한 설명: 2점
부도심의 역할 및 기능에 대한 설명: 2점

총: 10 점

<평정척도의 예>
1등급(10점): 도심 및 부도심의 형성과정과 지역분화에 대해 설명하고 도심과 부도심의 기능 및
　　　역할을 제시하였다.
2등급(8점): 도심 및 부도심의 형성과정에 대해 설명하였으나 지역분화에 대한 설명이 부족하며,
　　　도심과 부도심의 기능 및 역할을 제시하였다.
3등급(6점): 도심 및 부도심의 형성과정과 지역분화에 대해 설명하였으나, 도심과 부도심의 기능
　　　및 역할에 대해 부분적으로 제시하지 못하였다.
4등급(4점): 도심 및 부도심의 형성과정, 지역분화, 도심 및 부도심의 기능의 세 가지 중 두 가지
　　　만 설명하였다.
5등급(2점): 도심과 부도심의 형성과정, 지역분화, 도심 및 부도심의 기능에 대한 설명 중 어느
　　　한 가지만 하였다.

3) 탐구형 평가문항의 개발

(1) 탐구형 평가문항에 대한 이해와 평가문항의 개발

객관식 문항과 주관식 문항은 응답에 대한 채점에서 채점자의 주관의 개입정도에 따라
구분되기도 하지만, 때로는 측정하려는 목표를 달리하는 경우가 많다. 객관식 문항은 지
식이나 이해의 정도, 해석력 및 분석력을 측정하는 데 초점을 두며, 주관식 문항은 종합력,
판단력, 사고력, 종합적 표현능력 등과 관련된 응답자의 반응을 측정하는 데 초점을 두게
된다.

그렇지만 객관식 문항과 주관식 문항의 구분에 반드시 평가목표의 성격을 도식적으로
적용시키거나 국한시킬 필요는 없다. 객관식 문항을 이용해서도 개념에 대한 이해력, 자
료분석 능력에서 나아가 결론도출 능력 등과 같이 여러 가지 사고능력으로 확장하여 종합
적인 탐구 및 사고능력을 측정하는 문항의 개발을 시도할 수 있다.

이러한 형태에 해당하는 대표적인 것이 우리나라에서 1994년부터 시작된 대학수학능
력시험이라고 할 수 있다. 대학수학능력시험(이하 대수능이라 함)은 학생들의 사고능력 및
탐구능력을 측정하기 위하여 사회탐구의 경우, 개념 및 원리의 이해, 문제파악 및 인식,

탐구설계 및 수행, 자료분석 및 해석, 결론도출 및 평가, 가치판단 및 의사결정과 같은 평가목표로서 행동영역들을 제시하고 있다. 초기에는 문제파악 및 인식, 탐구설계 및 수행, 자료분석 및 해석, 결론도출 및 평가, 가치판단 및 의사결정 등 5가지의 평가요소를 가지고 있었으나, 이후에 개념 및 원리의 이해를 포함하여 6가지가 되었다.

그리고 대수능의 평가문항은 5개의 문항으로 된 선다형의 선택반응형의 문항 형태를 취하고 있으며, 최선답형, 정답형, 합답형, 부정형, 완성형의 5가지로 제시하고 있다. 이는 일반적으로 분류되는 선다형 문항의 형태로서 최선답형, 정답형, 부정형, 다답형, 불완전문장형로 구분되는 것과 같은 형태이다. 다만 다답형은 합답형으로 불완전문장형은 완성형으로 대치되었을 뿐이다. 이는 기본적으로 선다형을 토대로 객관식 평가문항의 여러 가지 형태를 모두 반영한 것이라고 볼 수 있다.

대수능형 문항의 개발에서 가장 중요한 것은 교육과정에 따른 학습내용을 중심으로 하는 내용목표와 행동목표를 결합하는데 있다. 그렇지만 학생들의 사고 및 탐구능력의 어떤 행동목표를 측정하기 위한 문항인가를 파악하는 것이 더 중요하므로, 행동목표의 각 영역이 강조되고 이에 따라 문항의 출제를 위해서는 14장의 <표 14-3>과 같은 이원 분류표를 작성하는 것이 바람직하다.

그리고 대수능의 탐구형 문항은 선다형의 선택형 문항의 형태를 지니므로 앞에서 언급한 선다형 문항개발에 대한 내용을 참고하면 된다. 일반적으로 선다형 문항이 문두, 지문-자료, 보기(답지의 묶음) 그리고 답지로 구성되는 것처럼 대수능의 탐구형 문항도 동일한 형태를 지니고 있으며, 선다형 문항의 개발 과정을 따르게 되는데, 앞에서 언급한 것을 좀더 간략하게 제시하면 다음과 같다.

① 평가목표를 명료하게 한다.
② 문항의 형식을 고려한다. 문두, 지문-자료, 답지의 형태로 구성할 것인지, 문두, 설명지문-자료, 질문, 보기 그리고 답지로 구성할 것인지 등 문항의 형식을 정한다.
③ 문두를 작성한다. 이때 문두는 질문이 주어지고 답지가 문법적으로 대등한 것으로 이루어지는 것과 질문이 주어지고 답지 중에서 선택된 정답이 문두를 문법적으로 완성시키는 두 가지 형태 중 하나의 형태를 선택한다.
④ 질문과 관련되는 명확한 자료들을 확보한다.
⑤ 답지를 구성하되 하나의 정답지를 작성한다.
⑥ 답지의 구성에서 매력적인 오답지를 작성한다.

(2) 대수능 탐구형 평가문항의 행동영역별 사례
여기에서는 대수능의 탐구형 평가문항에서 제시하고 있는 행동영역인 개념 및 원리의 이해, 문제파악 및 인식, 탐구설계 및 수행, 자료분석 및 해석, 결론도출 및 평가, 가치판단 및 의사결정의 6가지 경우를 중심으로 살펴보기로 한다.

가. 개념 및 원리의 이해 문항: 기본적인 개념이나 원리를 이해하고 있는가를 측정하는 문항이다.

예시 -13

다음의 가상 등고선 지도에서 직선 (가)~(마)의 길이가 모두 동일하다고 할 때, 실제 거리가 가장 긴 것은? (대수능 2003학년도 예체능계 39번 문항)

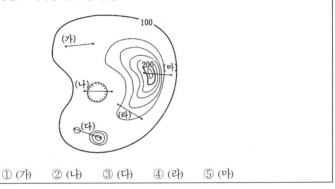

① (가) ② (나) ③ (다) ④ (라) ⑤ (마)

나. 문제파악 및 인식 문항: 자료에 나타난 주장, 문제 등 탐구해야 할 주제를 찾고, 그 주장이나 진술의 근거, 가정 등을 찾는 문항이다.

예시 -14

다음은 ○○학생이 작성한 보고서의 일부이다. 학생의 탐구주제로서 가장 적절한 것은?
(대수능 2005학년도 9월 모의고사 한국지리 8번 문항)

△△ 보고서

○ 조사항목:
대전-무주 간 소요시간 승객 수 및 운행횟수
대전-무주 간 고속버스 승객의 이용목적

○ 조사결과
• 대전-진주간의 고속도로에서 대전-무주까지 44km 구간의 개통되었음
• 대전에서 무주읍까지 소요시간이 1시간 20분에서 30여분으로 단축되었음
• 대전-무주 간 승객수 및 통근인구가 증가하였음

① 자원개발에 의한 지역의 변화
② 기술발달에 따른 지역의 변화
③ 교외화에 따른 위성도시의 발달
④ 교통발달에 따른 생활권의 변화
⑤ 고속도로 개통에 따른 산업의 변화

다. 탐구설계 및 수행 문항: 자료를 통해 가설을 설정하고, 탐구문제나 주제에 적합한
   자료수집 방법을 찾거나 조사 및 실험의 계획 및 그 절차를 탐색하는 문항이다.

예시 -15

그림은 우리나라 도시와 농촌 인구의 변화 추이를 나타낸 것이다. 이러한 변화의 원인을 조사하기
위한 탐구주제로 적절한 것을 <보기>에서 모두 고른 것은? (대수능 2002학년도 인문계 47번 문항)

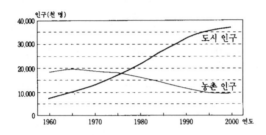

────────── <보 기> ──────────
ㄱ. 농공단지 수의 변화를 조사한다.
ㄴ. 농촌인구의 성비변화를 살펴본다.
ㄷ. 농가소득 중 농외소득의 비중을 알아본다.
ㄹ. 도시 근로자 대비 농민의 소득수준을 조사한다.
ㅁ. 성장 위주 정책이 국토공간에 미친 영향을 알아본다.

① ㄱ, ㄴ
② ㄱ, ㄷ
③ ㄴ, ㄹ
④ ㄷ, ㅁ
⑤ ㄹ, ㅁ

라. 자료 분석 및 해석 문항: 자료에 나타난 정보를 분석하고 해석하며 이를 재구성할
   수 있는 능력을 다루는 문항이다.

예시 -16

그림은 우리나라의 어느 두 지역에서 볼 수 있는 월별 강수량 분포를 나타낸 것이다. 이와 관련된
설명으로 옳은 것을 <보기>에서 모든 고른 것은? (대수능 2003학년도 인문계 62번 문항)

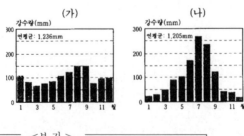

────────── <보 기> ──────────
ㄱ. (가) 지역은 남해안에 위치한다.
ㄴ. (나) 지역은 여름철에 물 부족을 자주 겪는다.
ㄷ. (나) 지역은 강수량의 여름 집중도가 높다.
ㄹ. (나) 지역에는 저수지, 보(洑) 등이 필요하다.
ㅁ. (가) 지역의 겨울철 강수량은 (나) 지역보다 많다.

① ㄱ, ㄴ, ㄹ
② ㄱ, ㄴ, ㅁ
③ ㄱ, ㄷ, ㄹ
④ ㄴ, ㄷ, ㅁ
⑤ ㄷ, ㄹ, ㅁ

마. 결론도출 및 평가 문항: 자료를 바탕으로 일반화 내지 결론을 도출하고 탐구의
   과정 및 자료 등에 대해 평가할 수 있는 능력을 측정하는 문항이다.

예시 -17

A 도시의 무질서한 팽창을 막기 위해 주변에 개발 제한 구역을 설정하였다. (가), (나) 마을의 지리적
변화상을 바르게 추론한 것은? (대수능 1999학년도 수리·탐구 영역(II) 61번 문항)

① (가) 마을의 가옥 수는 줄어들 것이다.
② (가) 마을에서 A 도시로의 통근자 수가 줄
어들 것이다.
③ (나) 마을에 제조업 투자가 늘어날 것이다.
④ (나) 마을 주민은 토지 이용에 제약을 받을
것이다.
⑤ 두 마을의 지가는 모두 하락할 것이다.

바. 가치판단 및 의사결정 문항: 여러 가지 논의와 주장 그리고 그에 대한 대안들이
   가지고 있는 가치기준을 판단하고 이를 통해 의사결정을 내릴 수 있는 능력을 측
   정하는 문항이다.

예시 -18

다음 조건을 고려하여 쓰레기 매립장을 설치하려고 한다. (가)와 (나) 지도를 보고, (다) 지도에서 가
장 적절한 위치를 찾으시오. (대수능 1999학년도 수리·탐구 영역(II) 63번 문항)

• 주민들의 피해와 반발을 최소화해야 한다.
• 도로와 가까워 쓰레기를 옮기기 편리해야 한다.
• 해양, 하천, 지하수 오염의 위험을 최소화해야 한다.

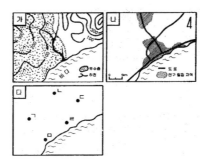

① ㄱ   ② ㄴ   ③ ㄷ   ④ ㄹ   ⑤ ㅁ

참고문헌

강창동 외. 1996, 『교육학개론』, 하우.

로이드와 하라디나. 1989, 『문항작성방법론』(박도순 옮김), 중앙교육진흥연구소.

박도순·홍후조. 2003, 『교육과정과 교육평가』, 교육과학사.

황정규. 1994, 『학교학습과 교육평가』, 교육과학사.

Baliey, P. & Peter Fox(eds.). 1996, *Geography Teacher's Handbook*, The Geographical Association.

Boardman, D. (ed.). 1986, *Handbook for Geography Teachers*, The Geographical Association.

Gipps, C. 1994, *Beyond Testing: Toward a Theory of Educational Assessment*, Falmer Press.

Lambert, D. 1996, "Assessing pupils attainment and supporting learning," in Ashley Kent et. al.(eds.), *Geography in Education*, Cambridge University Press.

Lambert, D. 1997a, "Principle of pupil assessment," in D. Tilbury and M. Wiliams(eds.), *Teaching and Learning Geography*, Routledge.

17 지리수행평가

무엇보다도 중요한 역할을 하는 것은 학습활동이다. 교수와 학습, 그리고 평가를
연결하기 위해서는 수업 중에 이루어지는 활동에 관심을 둘 필요가 있다.
이때 학습활동은 학습과제, 숙제 등을 포함하는 전 영역을 지칭하는 용어로서,
학생들이 읽고 듣는 것을 통해 입력하는 것을 넘어 학생들이 하는 것이고,
학습하고 적용하고, 실행하고, 스스로 평가하고, 다양한 방식으로 교육내용에 대해
반응을 하도록 기대하는 것이다(Alleman & Brophy, 1997: 327).

1. 수행평가의 필요성

교육과정과 수업에서 강조되는 세 가지 평가 중에서 특히 형성평가에 대한 관심은 최근에 참평가 혹은 수행평가에 대한 관심을 통해 나타나고 있다. 참평가는 총괄평가라기 보다는 형성평가로 주로 다루며, 그것은 진단평가와 총괄평가 사이에서 나온다는 의미 대신 학습을 도와준다는 의미에서 형성평가이다. 진단평가나 총괄평가 역시 형성평가로 통합하여 사전학습을 진단하고 학습성과를 검토해주는 과정으로 본다면 형성평가는 학습자가 겪게 되는 수업경험에 대한 총체적 판단을 만들어 줄 것이다.

참평가는 학습과정 중에 이루어지는 평가일 뿐만 아니라 학습과정을 주된 평가의 대상으로 삼는다는 의미에서 학습과정에 대한 평가이다(조용기, 1997: 5). 이때 '얼마나 알고 있느냐' 하는 것 보다, '어떻게 아느냐 혹은 앎에 어떻게 임하느냐' 하는 것이 중요하다. '무엇을 알고 있느냐'가 관심의 대상이 되기보다 그것을 '어떻게 그리고 왜 알려고 하느냐'가 관심의 대상이 됨으로써 참평가는 과정을 평가하되 과정 중에 하는 평가이다.

최근에는 교육의 본질추구를 위해서나 열린 교육을 위해서 평가가 달라져야 한다는 논의가 많아지면서, 수행평가는 보다 적극적으로 도입되고 있다. 학교교육에서 수행평가가 도입되어야 한다는 필요는 다음과 같은 것들에 그 근거가 있다.

첫째, 평가의 본질적 목적에서 보면, 무엇보다도 평가 그 자체가 학생들의 학습을 돕고 교육의 목적을 달성하는데 적합하도록 교수-학습을 개선하는 것과 같은 평가의 본질적 목적을 살리지 못하고 있다. 즉 점수부과와 등급의 판정에 따른 학생의 서열화와 입시준

비를 위한 지식중심의 평가를 최종적인 것으로 간주해 버림으로써 평가의 부차적인 목적에 집착하여 전인적인 교육에 반하는 결과를 가져오기도 하였다. 그 결과로 학생 개개인의 흥미, 특징, 성취, 학문적 능력 등에 관한 풍부하고도 다양한 정보를 제공하는 평가가되기 힘들다. 더 나아가 개인의 학업성취의 정도에 대한 인식, 반성, 새로운 학습의욕의고취 등을 교과의 수업과 직접적으로 연관시킬 수 있는 교육과정에서의 평가는 그 본질적역할을 수행하기도 힘들었다. 특히 평가의 용도를 보면, 점수화 일변도로 결과에 대한보상과 차별적 서열화를 위한 것이었으며, 평가의 가장 중요한 역할인 교수-학습에의 환류 과정 즉 그 결과를 교수-학습에 활용하거나 학습자 개별 지도를 위한 활용이 매우낮았다.

둘째, 수업 목표의 측면에서 보면 평가는 교육의 목적을 달성하는 데 필요한 지식과이해, 기능과 능력, 가치와 태도가 충분히 습득되었는지에 대해 종합적이고 총체적으로파악하는 데 그 중점을 두지 못하고 있다. 따라서 평가에서 이해, 지식, 그리고 사고력관련 영역이 매우 제한적으로 강조되었을 뿐 가치, 태도, 기능 영역은 소홀하게 다루어졌으며, 고등사고능력에 대한 평가도 부족한 형편이다. 특히 수업과 평가를 통해 "특정 교과적 지식에 대해 잘 아는 사람"을 기를 것인지, "특정 교과적 지식을 잘 사용할 줄 아는사람"을 기를 것인지에 따라 사용되는 수업과 평가의 방법은 달라져야 할 것이다.

셋째, 새로운 지식관과 학습자관은 새로운 평가관을 요구하고 있다. 구성주의에 따르면, 학습자는 수동적인 정보의 수용자로서 보는 전통적 관점과는 달리, 지식을 자기 주도적으로 창조하고 구성하고 재조직하는 주체로서 인식하게 되며, 지식은 능동적으로 인식하는 주체에 의해 구성되는 것이다. 즉 구성주의 학습자관에 따르면 지식은 인식 주체와별도로 외부세계에 존재하는 것이 아니라 인식 주체에 의해 구성되고, 개인의 사회적 경험을 바탕으로 지속적으로 재구성되는 것으로 특정 사회, 문화, 역사, 상황적 성격의 반영이다. 그러므로 전통적인 지식관, 학습자관에 따른 정답 찾기 위주의 평가는 학습자의지식의 획득, 조작 등의 구성의 과정과 관련한 어떤 내용도 평가할 수 없다.

넷째, 평가 외적인 측면에서 보더라도 미래사회에서는 새로운 지식을 창조해 낼 수 있는 인간을 요구하며, 이러한 요구를 뒷받침하는 수업 자체의 변화와 더불어 새로운 평가관을 요구하고 있다. 정보화시대, 산업화시대의 도래로 사회의 변화는 새로운 인간, 즉더욱 적극적이고 창조적이며 주도적인 정보처리능력을 갖추면서도 비판적인 인간상을 요구하고 있다.

이러한 사회적 변화에 따라 요구되는 인간상의 변화와 학습자 및 학습에 대한 인식의변화는 학교수업에서 지식 자체보다 지식의 획득, 형성, 구성 과정을 강조하게 되었다.

이를 위해서 학생들의 자기 주도적 학습능력을 키우고, 지식의 획득과정에 대한 평가와 학생이 지식을 형성하거나 지식을 조직, 재구성해나가는 기능을 사용하는 과정에 대한 구체적인 평가의 필요성이 더욱 높아지고 있다.

열린교육의 관점에서 보면, 열림의 의미가 아동의 자율적이고 개인적인 선택능력을 강조하는 절차적 열림(procedural openness), 아동들이 학습할 과제를 선택하고 스스로 평가하는 좀 더 적극적인 열림의 형태인 규준적 열림(normative openness)이 이루어지기 위해서는(Hill(1975)은 열림을 절차적 열림, 규준적 열림, 제도를 중심으로 하는 개혁적 열림(revolutionary openness) 으로 구분한 바 있다), 수업목표, 학습내용의 조직, 학습집단의 조직, 학습활동, 학습자료의 차원에서 열림이 일어나야 할 뿐만 아니라 평가에서도 열림이 일어남으로써 하나의 환류적 과정으로 교육의 과정 전체가 열림을 지향해야 한다.

백순근(1995: 9)에 따르면 수업, 즉 교수-학습에서 수행평가 방식의 도입을 주장하는 이유로 다음을 들 수 있다.

첫째, 학습자가 인지적으로 아는 것도 중요하지만, 그들이 아는 것을 실제로 적용할 수 있는 지의 여부를 파악하는 것도 중요하기 때문이다. 만약 지리수업에서 본다면 지리에 대해 잘 아는 것보다 실제생활에서는 지리를 잘 할 줄 아는 것이 더욱 중요하기 때문이다. 전자가 가시적인 지식에 머물 가능성이 높은 데 비해 오히려 후자와 같이 지리적으로 생각하기, 과학적으로 탐구하기, 입지 결정하기 등 실제로 지리를 잘하는 것이 학생을 위해 필요하기 때문이다. 둘째, 교수-학습 목표와 평가내용을 보다 직접적으로 관련시키기 위함이다. 셋째, 학습자 개인에게 의미 있는 학습이 이루어지도록 하기 위함이다. 넷째, 획일적인 표준화 검사를 적용하기 어려운 상황, 예컨대 다양한 인종과 문화가 공존하는 사회 속에서 다양성 그 자체를 인정하면서도 동시에 타당한 평가를 하기 위함이다. 다섯째, 교육평가의 과정이 학습과 이해력을 직접적으로 조장할 수 있도록 하기 위함이다. 여섯째, 여러 측면의 지식이나 능력을 지속적으로 평가할 수 있는 장점이 있기 때문이다. 마지막으로 고등사고과정에 대한 평가나 학습의 과정에 대한 평가를 하기에 적합한 기법이기 때문이다.

지리수업이 지리교육의 목적인 지리적 사고력의 함양, 공간문제해결능력을 포함하는 공간능력의 확대에 기여한 정도를 평가하는 데 있어서 지필검사만으로는 충분하지 못할 것이다.

따라서 지리평가에서 수행평가를 도입하면 지리수업에서는 적어도 다음과 같은 방향으로의 변화가 가능하다.

첫째, 수행평가는 지리교육의 목적 즉 지리적 사고의 삶에의 적용능력을 촉진할 수 있다.

둘째, 수행평가에서 가장 중요한 부분은 교사와 학생에 의해 이루어지는 교수-학습활동
이므로, 수행평가를 통해 지리교수와 학습, 그리고 지리평가를 연결하는 지리수업과 학생
활동에 좀더 많은 관심을 둘 수 있다. 이때 학습활동은 학습과제, 숙제 등을 포함하는
전 영역을 지칭하는 용어로서, 학생들이 읽고 듣는 것을 통해 정보를 받아들이는 것을
넘어 학생들이 직접 행하는 것으로 적용하고, 실행하고, 스스로 평가하고, 다양한 방식으
로 교육내용에 대해 반응을 하는 전 과정을 포괄한다.

즉 이러한 학생들의 수행활동은 암기하고 토론하고, 토의하고, 다양한 역할을 하는 것
을 통해 말하기와, 단답형이든 보다 긴 작문이든 행하게 되는 쓰기와, 탐구하고, 문제를
해결하고, 모델을 만들고 보여주는 목적지향적인 행동을 모두 요구하는 총체적인 것이다.
이처럼 목적지향적인 활동이 이루어져야만, 학생들은 학습의 과정과 어떤 종류의 결과물
을 만들어 내게 될 것이며, 지리평가는 차후에 이러한 과정과 결과물을 등급화하는 방향
으로 나아갈 수도 있을 것이다.

셋째, 수행평가는 지리수업방법의 변화를 필수적으로 가져올 것이며, 학생들의 활동이
중심이 될 수 있는 지리수업방법으로의 전환이 일어날 것이다. 물론 지리수업방법의 전환
없이, 일제식의 평가에서도 논술형, 서술형의 검사를 통하여 수행평가를 행할 수 있지만,
수행평가를 이용하여 학생들이 특정한 상황이나 환경 그리고 주어진 과제를 어떻게 처리
하는 지를 보고, 듣고, 질문할 수 있는 수업상황을 만들어 낼 수 있을 것이다.

넷째, 수행평가는 지리수업 및 지리평가에 있어서 학생관 혹은 학생들의 역할에 변화된
인식을 가져와 진정한 의미의 지리학습과 지리평가를 기대할 수 있을 것이다. 학생을 평
가의 대상이 아니라 학습의 주체로 인식함으로써, 학습 주체의 학업성취 및 자아 성취에
대한 기록을 남기는 것과 더불어 적합한 판단이 이루어지도록 해야 할 것이다.

다섯째, 지리 수행평가에서는 지리평가를 수업 후의 과정만으로 간주하기보다 지리학
습의 과정이자 실제 수업상황 및 실생활에 걸쳐 통합적으로 이루어지는 활동으로 인식할
수 있게 해줌으로써 지리적 지식과 안목을 좀더 생동감 있게 만들어 줄 것이다. 즉, 수업
의 과정을 통해 수업과 동시에 평가가 이루어지도록 하며, 단순한 지식에 대한 확인을
넘어 고등사고 기능을 통해 지식을 구성하는 과정에 대해 평가가 이루어지도록 해야 한다.

여섯째, 수행평가는 지리 인지능력의 발달과정을 충분히 반영하여 학습의 과정과 결과
모두에 초점을 두어 평가의 다양한 관점과 시각을 고려할 수 있을 것이다.

표 17-1. 전통적 평가체제와 수행평가의 특성비교

구분	전통적 평가체제 (예: 선택형 시험)	새로운 평가체제 (예: 수행평가)
평가 목적	선발, 분류, 배치 한줄 세우기	지도, 조언, 개선 여러줄 세우기
평가 내용	결과적(내용적) 지식 학습결과 중시, 학문적 지능의 구성요소	절차적(방법적) 지식 학습결과 및 과정 중시, 실천적 지능
평가 방법	선택형 문항 위주 표준화 검사 중시 대규모 평가 중시 일회적, 부분적 평가 객관성, 일관성, 공정성 강조	수행과 활동 위주 개별교사에 의한 평가 소규모 평가 지향 지속적, 종합적 평가 전문성, 타당도, 적합성 강조
교사의 역할	지식의 전달자	학습의 안내자, 촉진자
학생의 역할, 학습자관	수동적 학습자 지식의 재생산자 학습: 직선적, 위계적, 연속적 과정 추상적, 객관적 상황 중시 학습자의 기억, 재생산 중시	능동적 학습자 지식의 창조자 학습: 인지구조의 계속적 변화 구체적, 주관적 상황 중시 학습자의 이해, 성장 중시
교수·학습활동	교사 중심 인지적 영역 중심 암기 위주 기본학습능력의 강조	학생 중심 지·정·체 모두 강조 탐구 위주 창의성 등 고등사고기능 강조
철학적 근거	절대주의적 진리관 합리론 경험론 등	상대주의적 진리관 구성주의, 현상학, 해석학, 인류학 등
평가 체제	상대평가, 양적평가, 선발형 평가 *규준지향평가(norm-referenced)	절대평가, 질적평가, 권고형 평가 *준거지향평가(criterion-referenced)

출처: 백순근(1999).

2. 수행평가의 성격

사회적 변화에 따라 요구되는 인간상의 변화와 학습자 및 학습에 대한 인식의 변화(예를 들면 구성주의의 등장)는 지식 자체보다 지식의 획득, 형성, 구성 과정을 강조하게 되었다. 이를 위해서는 학생들의 자기 주도적 학습능력을 키우고, 지식의 획득과정에 대한 평가와 학생이 지식을 형성하거나 지식을 조직, 재구성해나가는 기능을 사용하는 과정에 대한 구체적인 평가의 필요성이 더욱 높아지고 있다.

또한 학교수업이 교육의 목적인 사고력, 창의력, 이해력, 문제해결능력을 확대하는 데 기여한 정도를 평가하는 데 있어서 지필검사 만으로는 충분하지 못하다. 학교교육이 모든 학생들로 하여금 그들 자신의 삶의 경험, 행위, 그들이 마주치는 수많은 환경에 의미를 부여하고 또 그것들을 알도록 도와주는 데 관심을 기울이기 위해서는, 학생들로 하여금 다양한 교과에서 사용되는 개념과 탐구방법을 스스로 시험해보게 하고, 그들의 삶의 경험을 정신적으로 구조화하고, 해석하는 수단으로서 지식과 안목을 사용할 수 있도록 해주는 수업과 평가가 요구된다.

따라서 일시적인 통제 평가에서 벗어나 상황 지향적이고 개개인의 학업성취 그 자체를 중시하는 평가로 방향을 전환하고, 측정에 의한 표준점수화의 문제보다는 좀더 상세한 기록과 학업성취에 대한 판단을 바탕으로 하면서도 양적인 측정도 가능하도록 하는 방안을 모색할 필요가 있다(이점에서 수행평가는 준거지향평가와 밀접한 관련을 가지고 있다).

이러한 대안으로서 제시되는 것이 이른바 수행평가이다. 수행평가는 실제생활과 같은 수업상황에서 벌어지는 수업사태에서 과제의 수행과정이나 그 결과에 대한 포괄적인 평가를 의미하는 것으로 인위적으로 만든 시험과 같은 표준화된 상황을 요구하는 것은 아니다.

수행평가의 성격은 매우 다양하고, 관찰, 학습습관, 실험실 평가, 말하기, 사회적 상호작용, 이슈에 대한 느낌에 이르기까지 다양한 내용들이 포함된다. 즉, 수행평가는 수업과제의 실제적인 수행과정과 그 속에서 드러나는 사고과정까지도 종합적으로 평가하는 체제라고 할 수 있다.

평가의 목적이라는 측면에서 본다면, 수행평가는 학습자로 하여금 정답이나 조작된 정답을 피동적으로 찾아내는 것이 아니라 학생들의 적극적인 지적 수행의 과정을 확인하고 기록하여 학업성취의 과정과 결과를 동시에 파악하는 것이 주된 목적이다.

따라서 수행평가는 수업과제의 실제적인 수행과정과 그 속에서 드러나는 사고과정까지도 종합적으로 평가하는 체제라고 할 수 있다. 평가의 목적이라는 측면에서 본다면, 학습자로 하여금 정답이나 조작된 정답을 피동적으로 찾아내는 것이 아니라 학생들의 적극적인 지적 수행의 과정을 확인하고 기록하여 학업성취의 정도를 파악해보는 것이 주된 목적이다. 이러한 수행평가의 내용과 성격은 <그림 17-1>과 같이 표현할 수 있을 것이다.

수행평가의 성격은 매우 다양하고, 여기에는 관찰, 학습습관, 실험실 평가, 말하기, 사회적 상호작용, 이슈에 대한 느낌에 이르기까지 다양한 내용들이 포함된다.

위긴스(Wiggins, 1989)에 따르면 ① 매력 있고 가치 있으며 ② 실생활과 같은 상황으로 구성되고 ③ 고정된 틀에 매여 있지 않으며 다양하고 ④ 학생들의 질적인 결과와 수행이 드러나도록 하고 ⑤ 다양한 상황에서 학생들의 반응을 탐색할 수 있는 과제들이 제시되어야만 진정한 수행평가가 이루어질 수 있다고 주장하였다.

　참평가로서 수행평가는 궁극적으로는 교사의 교수와 학생의 학습을 도와주기 위하여 총괄평가에 평면적으로 의존하기보다는 진단평가, 형성평가, 총괄평가가 수업과 평가의 순환적 과정 속으로 통합되어 사전학습을 진단하고 학습 성과를 검토해주며 학습자가 겪게 되는 다양한 학습경험과 결과에 대한 총체적 판단을 제공해주는 것이다.

　따라서 학생들이 수업에서 무엇을 하며, 학생들은 학습과제를 통해 어떤 학습경험과 능력을 성취하는가는 '진정한 평가'로서 수행평가의 주요 측면이 된다. 학생들의 활동, 즉 수행이 수업의 중심이 될 때 학생들은 전체 학습과정에서 적극적인 참여자가 될 뿐만 아니라 그들의 응답을 만들어내고 구성하는 데 있어서 책임감을 가지게 되며, 그로 인해 수업과 평가가 서로 유기적으로 통합될 것이다.

그림 17-1. 수행평가의 내용과 성격

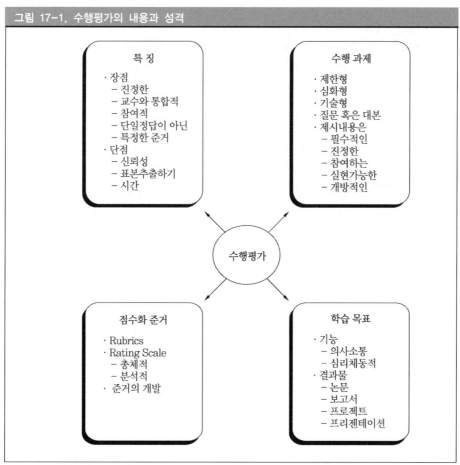

출처: Macmillan(1997), p.198.

3. 수행평가의 계획과 여러 가지 도구들

학생들이 무엇을 하며, 학생들의 과제가 어떻게 성취되는가는 '진정한 평가'의 주요 측면들이다. 학생들의 활동, 즉 수행이 수업의 중심이 될 때, 학생들은 전체 학습과정에서 적극적인 참여자가 되며, 그들의 응답을 만들어내고 구성하는 데 책임감을 가지게 된다. 이때 진정한 평가가 이루어질 수 있을 것이며, 최고의 평가활동으로서 학생들이 가지고 있는 능력의 수준을 확인하는 것을 넘어 학생들의 행동에 직접적으로 영향을 미치게 되는 것이다.

앨러만과 브로피(Alleman & Brophy)는 학생의 수행중심의 활동을 계획하는 원칙들을 다음과 같이 제시한 바 있다(Alleman & Brophy, 1997: 330~334)

가. 목적 적합성: 평가의 한 부분으로서 사용되는 활동을 위한 내용근거는 지속적 가치를 지니고, 삶에 적용되는 것이어야 한다.

나. 적절한 난이도: 개별 활동은 난이도의 최적 범위 내에 있어야 한다. 도전하고 싶도록 하거나 끝난 후 심화학습으로 나아갈 수 있도록 적절한 난이도를 가지고 있어야하며, 학생들로 하여금 혼란을 일으키거나 좌절감을 느끼게 하는 정도로 어려워서는 안 된다.

다. 실행가능성: 개별 활동은 교사가 마주치게 되는 여러 가지 제약조건을 고려할 때, 실행 가능한 것이어야 한다. 교사는 또한 과제 그 자체의 실행가능성을 고려해야 한다.

라. 비용 효율성: 어떤 활동을 행하였을 때 활동으로부터 파생되리라고 예상되는 교육적 이익은 소요되는 여러 가지 비용들을 극복할 수 있어야 한다.

마. 다양한 목적: 많은 목적을 동시에 성취할 수 있는 평가활동일수록 좋다. 많은 목적을 동시에 성취할 수 있는 평가활동은 그것이 주요목적을 달성하는데 효과적인 한, 적은 목적을 성취하는 것보다 선호된다.

바. 동기유발적 가치: 다른 조건이 동일하다면, 학생들이 즐거워하고 최소한 의미 있거나 가치 있다고 판단되는 것일수록 좋다.

사. 고등사고의 촉진: 상투적인 대응으로 해결되는 과제보다 정보를 해석·분석하고 조작하도록 도전감을 주는 것이 좋다.

아. 수용가능성: 학생들의 흥미나 능력 등 다양한 차이를 수용하는 데 용이할수록 좋다. 평가활동은 학생들의 흥미나 능력에 있어서 다양한 차이를 수용하는 데 용이할수록 그렇지 못한 것보다 선호된다.

1) 수행평가의 여러 도구들

백순근(1995), 닛코(Nitko, 1996), 이종일(1997), 박선미(1998), 박상흠(1998) 등은 여러 가지 형태의 수행평가들을 제시한 바 있다. 이들의 논의에서 제시된 수행평가 방법들을 보면, 서술형 검사, 논술형 검사, 구술시험, 관찰법, 전시, 실험·실습법, 면접법, 포트폴리오, 연구보고서 혹은 프로젝트, 토론법 혹은 찬반토론법 등이 주된 방법들이다.

닛코(1996: 244~245)는 수행평가의 도구들을 다음과 같이 분류하였다.

- 개별학생, 집단, 개인 및 집단을 위한 구조화된 요구형 과제
  ① 종이-연필 과제: 주로 서술형, 논술형 검사에 사용될 수 있는 과제(사례: 특정 주제
     (예: 해안지역의 간척의 문제점, 지역불균형 발전 등)에 대해 논술하기; 시간을 이용
     하는 방법을 보여주는 그래프를 학습한 후 전형적인 하루 일과에 대한 이야기를 쓰
     기; 인종차별, 성차별에 대한 개인의 의견을 서술하기)
  ② 종이와 연필을 넘어 도구와 자료를 필요로 하는 과제: 쓰기에 한정하지 않고 정보와
     자료 수집 및 조직·재조직, 분석, 해석, 평가 활동 수반(사례: 전화를 이용해 채용에
     대해 문의하여 직업에 대해 알아보기; 시도별 인구통계를 주고 전국 인구분포도를 그
     리고 인구분포의 특성을 파악하기; 여러 가지 역사적 사건 자료를 주고 연표 만들기)

- 자연발생적 수행과제
  (사례: 학생들이 교실수업에서 친구간의 갈등을 다루는 방식을 관찰하기; 사회과의 숙제
  를 할 때 학생들이 범하는 문법 및 철자의 오류를 정리하기; 학생들이 학교행사 때 특정
  코너활동을 하는 행동을 관찰하기)

- 프로젝트
  ① 개별 프로젝트(사례: 일정한 기간 동안에 특정한 주제와 관련된 신문, 잡지, 광고 자
     료를 수집하고 분류하고 평가하기)
  ② 집단 프로젝트(사례: 일정한 기간 동안 하나 또는 몇 가지 도덕적 쟁점에 관해 표본
     조사를 실시하여, 분석하고 그 결과에 대해 쓰기; 인종과 자원과 민족을 둘러싼 갈등
     으로 유발된 지역분쟁의 사례를 찾아서 보고서 쓰기; 일정한 지역을 답사한 후 현장
     답사보고서 쓰기)
  ③ 집단 프로젝트와 개인 프로젝트 혼합형(사례: 집단 프로젝트에서의 집단보고서와 개
     별 학생들의 조사 과정과 결과, 결과해석을 담은 개인 보고서 결합)

- 포트폴리오
  ① 최고 작품 포트폴리오(사례: 각 대단원에서 작성된 주제도 중 가장 잘 된 지도 선정
     및 선정이유 설명)
  ② 성장과 학습과정 포트폴리오(사례: 단원별, 주제별로 작성된 신문자료 스크랩북을 만
     들고 자료의 내용에 대해 비평한 것을 시간의 흐름에 따라 모으기; 단원별로 실시한
     여러 가지 형태의 수행과제들을 순서대로 모으기)

- 시연
  (사례: 지리정보를 어떻게 수집하고, 표본으로 만들고, 조직하고, 표현하는지, 그리고 전
  시하는지 시연하기; 지리사진 전시회 갖기; 시사적 정치·경제·사회적 사건 관련 사진 전
  시하기)

- 실험
  (사례: 물의 지표상 흐름에 의한 토양침식이 어떻게 조절되는 지를 결정할 일련의 연구
  를 행하기)

• 구두 발표(토론)와 극화

(사례: 선거에서 유권자에 제시될 지방선거의 쟁점(예: 그린벨트 해제)에 대해 찬성하거나 반대하는 역할을 하도록 하기; 다양한 정치지도자의 이데올로기가 어떻게 다른 지를 보여주기 위해 각 부문별로 역할을 해보기)

• 시뮬레이션과 의도적 상황

① 역할자와 '표준화된 환자'(사례: 상담자는 구직면담자의 역할을 하고, 개별 학생들은 직업을 얻기 위한 면담을 하면서 자기 자신을 매력적으로 보이게 하고 질문을 처리하는 능력을 보여주기; 특정 지역을 여행하고자 하는 여행자에게 여행정보를 전문적으로 처방하기)

② 컴퓨터로 처리된 시청각, 텍스트 시나리오 및 시뮬레이션(사례: 다양한 기후조건과 지리적 조건하에서 실제시간에 비행, 항해, 여행 등의 행동을 취하기; 특정 지역을 개발하고자 할 때 나타나는 지역주민의 다양한 반응들과 환경변화를 예측하여 지역개발 전략을 짜기)

이상과 같이 사회과 수행평가의 사례들은 매우 다양하게 제시될 수 있으나, 이들 형태나 도구들도 각각의 장·단점을 가지고 있다. 이 중에서 논술형·서술형 검사는 전통적으로 가장 익숙한 것으로 생각된다. 대표적인 것으로는 학생들간 사회적 상호작용을 통한 의사결정 및 합리적 문제해결과정, 토론과 그에 대한 관찰, 연구보고서 작성이 중심적으로 포함되는 프로젝트와 예체능 계열의 교과의 평가에서 자주 활용되는 다단계의 활동으로 구성된 포트폴리오와 같은 것들이라고 볼 수 있다.

이러한 프로젝트와 포트폴리오는 학생의 학업성취와 관련된 프로파일을 만드는데 유익한 틀이 된다. 이러한 형성 프로파일의 작성에는 많은 시간이 소요되기는 하지만 학생들의 학업성취과정에 대한 매우 세밀한 정보와 교수·학습 전략의 적절한 변화를 가져올 수 있는 값진 수단이 될 수 있다.

2) 프로젝트 중심 수행과제 및 수행평가의 구성 과정

프로젝트 방법이 신문 및 관련 자료의 수집, 홍보물 또는 안내물 작성, 견학, 답사, 현지조사, 사고기능 중심 작업활동 등과 같은 다른 형태의 수행활동들로 실시됨으로써 이들 과제들이 결합하여 하나의 포트폴리오를 구성할 수 있어 활용도가 높으므로 프로젝트 방법을 중심으로 수행평가를 실시하는 과정을 제안해보고자 한다.

(1) 프로젝트 중심 수행과제 및 평가의 구성 과정

닛코(1996)는 프로젝트 중심 학습활동을 작성하는 지침에 대해 ① 프로젝트를 직접 평

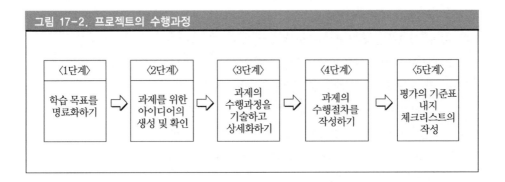

그림 17-2. 프로젝트의 수행과정

가하도록 기회를 제공하기 위해 가장 중요한 학습 목표를 명백하게 확인한다 ② 고려 대상인 여러 프로젝트 중 평가하고 있는 학습목표에서 가장 강력하게 연결되는 최종적 프로젝트의 질적 특성을 확인한다 ③ 고려 대상 프로젝트에서 개별학생이 행하는 활동과 그 활동의 수준을 가늠해본다 ④ 개별 학생이 프로젝트에서 보이는 성취 및 행동 특성들을 평가할 때 사용되는 점수화의 근거를 확인한다 ⑤ 프로젝트의 등급을 계산할 때 개별 특징에 주는 가중치를 확인한다 ⑥ 학생들이 자료원에 접근할 능력 면에서 상이하다면, 프로젝트를 완수할 때 사용되는 자료원들을 제한한다고 제시한 바 있다. 이 지침들을 참고하여, 프로젝트 중심의 수행과제의 구성과정을 도표화하면 <그림 17-2>와 같다.

① 1단계: 학습 목표를 명료화한다. 수행평가의 출발점은 과제의 수행이 행해지는 근거, 즉 학습목표를 확인하는 것으로 이후의 모든 수행과정을 결정짓는 매우 중요한 요소이다.
② 2단계: 학습 목표와 관련되는 내용과 목표성취를 위한 활동 과제에 대한 아이디어를 만든다.
③ 3단계: 과제의 내용과 수행과정을 상세하게 기술한다.
④ 4단계: 평가의 주요한 관점과 유의사항을 작성한다.
⑤ 5단계: 평가의 기준표 또는 체크리스트를 작성한다. 이때 평가의 소 영역별로 등급의 척도를 정하면서, 점수화의 준거를 제시한다.

(2) 프로젝트 수행과제의 사례: 고등학교 1학년의 경우
① 수행과제 명칭: 이상적인 도시를 설계하기(공간이용과 시설물 입지의 결정을 통하여)
② 수행과제의 형태: 집단별 개인별 보고서 작성과 토의 및 발표
③ 수행목표:
    a. 인간 거주지로서 도시가 어떻게 만들어지는가, 어떤 구조를 가지고 있는가를 이해한다.
    b. 조별 토의를 통해 바람직한 토의 태도와 자기표현력 및 의사소통능력을 기른다.
④ 과제 수행과정 및 절차의 상세화:

a. 고등학교 공통사회 '생활공간의 형성' 단원에서 '도시'주제를 다루기 1～2 주 전에
b. 5～6명으로 하나의 집단이 되도록 조를 편성한다.
c. 도시를 어떻게 만들면 좋은지에 대한 아이디어를 각 조별로 생각해올 것을 요구한다.
d. 각 조별로 본시 수업 전 활동을 통하여 토의하고,
- 이상적인 도시가 갖추어야 할 조건을 제시한다. 이때 그러한 아이디어를 뒷받침할 자료를 수집하여 그 근거를 제시하도록 한다.
- 도시를 만들 부지(자연적 토대 및 환경)를 결정한다.
- 인간의 생존 공간으로서 도시가 인간의 다양한 욕구를 충족시킬 수 있는 공간이용 (토지이용)과 시설물을 설정하도록 한다.
- 도시를 건설할 부지 위에 선정된 토지이용과 시설물을 입지시킨다(이때 교사는 다양한 형태의 토지이용들을 소개해줄 수 있다).
- 본 수업 시 각 조별로 이상적인 도시의 조건, 합리적 토지이용 및 입지의 관점에서 설계된 도시에 대해 발표하고 설명한다.
- 각 조별로 발표한 도시설계의 아이디어와 내용에 대해 질문을 하거나, 비판을 한다.
- 각 조별로 도시의 이상적인 토지이용과 평면배치를 수정하거나 재구성하여 제출한다.
⑤ 평가의 관점과 유의사항: 수행과제를 부과할 때는 다음 사항을 유의하여 제시한다.
a. 과제의 내용과 교사가 기대하는 과정과 결과를 명료하게 제시한다.
- 이전 학생에게 그 동안 모아 놓은 질 높은 프로젝트의 사례를 보이고 토의할 기회를 준다.
- 프로젝트의 방식, 과제의 수행과정, 과제의 목적에서 기대하는 바를 기술한 것을 학생들에게 나누어주고 토의할 기회를 준다.
- 학생들에게 사례를 보여주되 그대로 흉내내지 않도록 한다.
b. 프로젝트를 평가하는 데 사용할 기준을 분명하게 밝힌다.
- 도시설계의 아이디어와 설계된 도시가 좋고, 나쁘다는 평가가 내려지지 않도록 한다.
- 학생들로 하여금 설계된 도시의 장점과 문제점을 이해하도록 하거나 아이디어의 참신성을 강조한다.
- 아이디어에 충실하게 설계되었는지를 검토하도록 해준다.
- 도시의 평면구조와 관련하여, 도시의 토지이용에서는 도심, 부심, 상업지역, 공업지역, 주거지역과 같은 기능지역과 관련한 개념들과 연결할 기회를 제공한다. 그리고 도시의 주요 시설물에 대해서는 인간의 최소한의 기초욕구, 즉 종교적

욕구, 교육적 욕구, 개인의 안전에 대한 요구, 국가 및 집단의 안전에 대한 욕구
(공공기관, 교통, 통신 등), 자유의 추구, 평등의 추구 등과 관련지어 이해할 수
있도록 해준다.
  c. 제출시한을 명시한다.
  d. 진행보고서를 요구한다.
⑥ 평가기준표의 사례: 평가의 하위영역들을 결정하고, 영역의 비중을 결정해둔다.

표 17-2. 프로젝트 평가 기준표

영역 \ 수준	매우 부족함	부족	보통	우수	매우 우수함
대인관계	타인의 의견을 경청하지 않고, 무시한다.	타인의 의견을 듣기는 하나 그 논리나 입장을 이해하려고 하지 않는다.	타인의 의견, 논리, 입장을 어느 정도는 이해하고, 수용하려는 태도를 갖는다.	타인의 의견, 논리, 입장을 배려하면서 자기 주장을 해나간다.	타인의 의견, 논리, 입장을 수용하거나 자신의 입장을 바꾸고, 올바른 주장의 강요보다는 설득을 한다.
집단유지 및 과제책임감	조별 과제에 대한 관심이 전혀 없고, 과제수행의 의사가 없다.	조별 과제에 대한 관심이 있으나, 과제 수행에는 소극적이며 남에게 미룬다.	조별 과제에 대해 관심을 가지고 어느 정도 집단 내에서 역할을 한다.	조별 과제의 수행을 위한 분위기 조성과 과제수행에 대한 책임감을 보인다. 개인의 입장보다 조의 입장을 중요시한다.	과제 수행 시 지도력과 주도력, 헌신적인 태도를 보인다.
논리의 전개 및 주제이해능력, 과제수행능력	수행하는 주제에 대한 이해가 전혀 없다. 주장의 일관성과 명료성이 없고, 전혀 명료하지 못하다.	수행 주제에 대한 이해는 없으나, 주장하는 바가 어느 정도 논리적 일관성과 객관성을 갖는다.	수행 주제에 대한 이해가 어느 정도 이루어지고, 주장하는 바의 입장이나 논리가 분명하나, 증거 제시나 내용의 조직력과 체계성이 부족하다.	수행 주제에 대한 이해가 이루어진 상태에서 주장을 전개하며, 증거를 제시하거나 논리적인 일관성을 보인다. 다양한 지식의 적용능력을 보인다.	수행 주제에 대한 이해가 충분히 이루어진 상태에서, 주장하는 바의 논리적 일관성, 명료성, 내용의 체계성과 조직력, 아이디어의 참신성과 독창성이 나타난다.
의사소통 및 표현력	의사전달이 불명확하고 전달하는 내용이 불분명하다.	의사표현을 어느 정도는 하나, 표현하고자 하는 내용이 분명치 않다.	전달하고자 하는 내용은 분명하나 조직력과 명확성이 부족하다.	내용과 의미의 전달이 분명하다.	내용과 의사전달 시 풍부한 자료와 예를 들고, 다양한 형태로 지식을 표현한다.

3) 포트폴리오 평가

피셔와 킹(Fisher & King, 1995)에 따르면 포트폴리오는 여러 가지 형태가 있다. 가장 흔하게 사용되는 형태로는 the working portfolio, the showcase portfolio, the record-keeping portfolio의 세 가지가 있다(이하 WP, SP, RP). WP 형태의 포트폴리오는 학생과 교사가 서로 평정하고 평가한다. 작업 샘플(work sample)은 학습과 성장의 증거로 제시되며, 학생과 교사는 샘플과 기록을 선정하고 첨가할 수 있으며 학부모도 논평을 첨가하도록 권장할 수 있다. 이러한 평가의 의도는 WP가 학생의 진행하는 발전과정에 대한 살아있는 기록으로서 역할을 하도록 하는 것이다.

전형적인 WP에 포함될 내용의 예를 들어 보면 다음과 같다. "어떤 지역의 갯벌을 간척해야 하는가 또는 하지 말아야 하는가"와 같은 질문에 대한 학급토론의 과정을 하나의 과제로 포함할 수 있을 것이며, '먼지폭풍(Dust Bowl)으로부터 배운 교훈'이라는 토픽에 대한 에세이 작성을 위한 연구노트, 미국의 남북전쟁에 대한 보다 깊은 이해와 평가를 얻기 위해 학생들이 최종적으로 제안한 관광경로를 작성하는 지도화 프로젝트를 위한 자료를 포함한다.

SP형태의 포트폴리오는 예술가의 포트폴리오와 유사해서 학생들이 최고의 작품을 제시하도록 하는 것이다. 여기에서는 포트폴리오에 포함될 것에 대한 선택권을 보통 학생들이 가진다. 그런데 SP는 매일 매일의 학생들의 수행을 보여주지 않기 때문에 평가의 목적에 덜 유용하다는 평을 받기도 한다. 그렇지만 예체능계열의 학생의 선발에서는 매우 유용하게 이용되고 있다.

RP는 보통 SP와 함께 사용되어진다. 그것의 목적은 SP에서 포함되지 않은 완성된 평정 및 평가의 샘플들의 기록을 제공하는 것인데, 모든 완성된 숙제에 대한 기록을 제공하는 것이다.

보통 한 학생의 포트폴리오는 학교 교과의 전 영역에 걸친 것이다. 포트폴리오는 한 부분이 하나의 교과로 지정되어 사용될 수도 있으며, 여러 교과에 걸쳐 통합적 활동을 반영하는 부분을 포함할 수도 있다.

4. 수행평가 도입의 효과와 문제점

수행평가는 교과서 중심의 교수에서 벗어나 학생들의 직접적인 학습경험을 중시함으로써 지필검사에서 측정할 수 없는 다양한 기능들을 측정할 수 있다는 장점을 가지고 있는 반면에, 많은 시간이 소모되고 사후에 점수화할 수 없는 학생들의 반응들이 나타날 수 있고 과제들을 수행하는 과정에서 학생들이 일관성을 상실하는 경우가 있으며, 이에 따라 점수화 과정에서 평가자의 오류가 발생할 수도 있는 등의 단점을 지니고 있다.

따라서 수행평가를 실시하고 수행을 측정하는 것에도 문제점은 있다고 할 수 있다. 수행평가에서 교사들은 그들이 계속해서 행해온 진단기술을 사용할 것이며 이는 학생들의 능력이나 취약점들, 교수계획상 다음에 발생할 것에 대한 정보를 제공하겠지만, 학생들이 기능과 지식을 습득하는 것은 복잡한 과정이며 그들의 발달에는 시간이 필요하다.

그리고 개별교사가 하는 평가가 심각하게 신뢰성이 부족할 수도 있다. 특정학생의 이해 정도가 실질적인 그들의 이해수준보다 높다고 생각할 수 있게 하는 경우가 많은데, 교사는 포장이 잘된 보고서나 능숙한 말솜씨에 의한 '후광효과'에 의해 잘못된 판단을 내리기 쉽다.

또한 우리는 너무나 빨리 학생들이 할 수 있는 것보다 할 수 없는 것에 쉽게 초점을 맞추는 경우가 많다. 학생들의 수행 자료는 가능한 넓은 범위에서 수집될 필요가 있다. 교사의 관찰은 임의적이고 순간적이기 보다는 가능한 초점이 있고 체계적일 필요가 있으며, 그와 같은 관찰의 결과들에 대해서는 기록이 요구된다. 그리고 수행평가와 같은 평가 체제는 전문가적 판단, 교육적 예술성과 유연성을 요구하고 있어 학생들의 수행에 대해 믿을 만한 판단 근거를 만드는 데 많은 노력과 시행착오가 필요하다.

한편 수행평가와 같은 평가체제는 전문가적 예술성을 높게 평가하고 있다. 다른 말로 하면, 평정과정은 정확하게 순수과학적인 것이 아니라 항상 새로운 정보와 관점에 따라 달라지는 좀더 유연한 예술적 행위와 닮았다는 것이다. 그것은 절대적이고 근본적인 것들로 평가는 학생들의 수행에 대해 믿을만한 판단을 만드는 데 관심이 있다.

수행평가에서 이러한 판단은 어떤 과목에서 학생들의 성취수준을 추정하는 기초가 된다. 물론 이러한 판단에서 우리는 다시 학생들의 능력과 관련시키거나 교수-학습 상호작용면의 복잡성에 대해 충분히 알게 됨으로써 그 관계가 결코 간단한 것이 아니라는 것을 배우게 된다(Lambert, 1996: 284).

교육적 평가의 변화는 매우 어려운 작업으로, 이러한 변화는 적어도 인간관과 세계관의 변화에 기초하는 것이며 교육적 모델로서 패러다임의 변화를 동반하는 것이다.

5. 수행평가 과제 개발의 사례

1) 사례 1

① 수행과제: 이상적인 도시를 설계하기: 공간(토지)이용의 방법과 주요시설물 입지의 결정을 통하여

② 수행과제의 형태: 집단(조별) 활동과 토의 및 발표

③ 수행목표:

   a. 인간 거주지로서 도시가 어떻게 만들어지는가, 어떤 구조를 가지고 있는가를 이해한다.

   b. 조별 토의를 통해 바람직한 토의 태도와 자기표현력 및 의사소통능력을 기른다.

④ 과제수행절차:

   a. 생활공간의 형성단원에서 '도시'주제를 다루기 1~2 주 전에

   b. 5~6명으로 하나의 집단이 되도록 조를 편성한다.

   c. 도시를 어떻게 만들면 좋은지에 대한 아이디어를 각 조별로 생각해올 것을 요구한다.

   d. 각 조별로 토의하여

     · 이상적인 도시가 갖추어야 할 조건을 제시한다. 이때 그러한 아이디어를 뒷받침할 자료를 수집하여 그 근거를 제시하도록 한다.

     · 도시를 만들 부지(자연적 토대 및 환경)를 결정한다.

     · 인간의 생존 공간으로서 도시가 인간의 다양한 욕구를 충족시킬 수 있도록 공간이용(토지이용)과 시설물을 설정하도록 한다.

     · 도시를 건설할 부지 위에 선정된 토지이용과 시설물을 입지시킨다(이때 교사는 다양한 형태의 토지이용들을 소개해줄 수 있다.).

     · 각 조별로 이상적인 도시의 조건, 합리적 토지이용 및 입지의 관점에서 설계된 도시에 대해 발표하고 설명한다.

     · 각 조별로 발표한 도시설계의 아이디어와 내용에 대해 질문을 하거나, 비판을 한다.

     · 각 조별로 도시의 이상적인 토지이용과 평면배치를 수정하거나 재구성하여 제출한다.

⑤ 평가의 관점과 유의사항:

   a. 도시설계의 아이디어와 설계된 도시가 좋고, 나쁘다는 평가는 하지 않도록 한다.

   b. 학생들로 하여금 설계된 도시의 장점과 문제점을 이해하도록 하거나 아이디어의 참신성을 강조한다.

   c. 아이디어에 충실하게 설계되었는지를 검토하도록 해준다.

　　　d. 도시의 평면구조와 관련하여

　　　　・도시의 토지이용에서는 도심, 부심, 상업지역, 공업지역, 주거지역과 같은 기능
　　　　　지역과 관련한 개념들과 연결할 기회를 제공한다.

　　　　・도시의 주요 시설물은 인간의 최소한의 기초욕구, 즉 종교적 욕구, 교육적 욕구,
　　　　　개인의 안전에 대한 요구, 국가 및 집단의 안전에 대한 욕구(공공기관, 교통, 통신
　　　　　등), 자유의 추구, 평등의 추구 등과 관련지어 이해할 수 있도록 해준다.

　　⑥ 평가(채점기준표): 영역에서 논리의 전개, 주제수행능력에 가장 높은 비중을 둔다.

표 17-3. '이상적인 도시 계획하기' 채점 기준표

영역 ＼ 수준	매우 부족함	부족	보통	우수	매우 우수함
대인관계	타인의 의견을 경청하지 않고, 무시한다.	타인의 의견을 들으려고는 하나 그 논리나 입장을 이해하려고 하지 않는다.	타인의 의견, 논리, 입장을 어느 정도는 이해하고, 수용하려는 태도를 갖는다.	타인의 의견, 논리, 입장을 배려하면서 자기 주장을 해나간다.	타인의 의견, 논리, 입장을 수용하거나 자신의 입장을 바꾸고, 올바른 주장의 강요보다는 설득을 한다.
집단유지 및 과제책임감	조별 과제에 대한 관심이 전혀 없고, 과제수행의 의사가 없다.	조별 과제에 대한 관심이 있으나, 과제 수행에는 소극적이며 남에게 미룬다.	조별 과제에 대해 관심을 가지고 어느 정도 집단 내에서 역할을 한다.	조별과제의 수행을 위한 분위기 조성과 과제수행에 대한 책임감을 보인다. 개인의 입장보다 조의 입장을 중요시한다.	과제 수행 시에 지도력과 주도력, 헌신적인 태도를 보인다.
참여도(과제활동, 발표, 태도)	조별활동, 발표에 매우 소극적이며, 부정적 태도를 보인다.	과제활동에 참여하는 태도가 소극적이며, 발표에도 매우 소극적이다.	과제활동에 어느 정도 참여하며, 발표도 조금씩 한다.	활동, 발표에 참여하는 태도가 적극적이다.	조별활동, 발표에 매우 적극적이다.
논리의 전개 및 주제 이해능력, 과제수행능력	수행하는 주제에 대한 이해가 전혀 없다. 주장의 일관성이 없고, 전혀 명료하지 못하다.	수행 주제에 대한 이해는 없으나, 주장하는 바가 어느 정도 논리적 일관성과 객관성을 갖는다.	수행 주제에 대한 이해가 어느 정도 이루어지고, 주장하는 바의 입장이나 논리가 분명하나, 증거 제시나 내용의 조직력과 체계성이 부족하다.	수행 주제에 대한 이해가 이루어진 상태에서 주장을 전개하며, 증거를 제시하거나 논리적인 일관성을 보인다. 다양한 지식의 적용능력을 보인다.	수행 주제에 대한 이해가 충분히 이루어진 상태에서, 주장하는 바의 논리적 일관성, 명료성, 내용의 체계성과 조직력, 아이디어의 참신성과 독창성이 나타난다.
의사소통 및 표현력	의사전달이 불명확하고 전달하는 내용이 불분명하다.	의사표현을 어느 정도는 하나, 표현하고자 하는 내용이 분명치 않다.	전달하고자 하는 내용은 분명하나 조직력과 명확성이 부족하다.	내용과 의미의 전달이 분명하다.	내용과 의사전달 시 풍부한 자료와 예를 들고, 다양한 형태로 지식을 표현을 한다.

2) 사례 2

① 수행과제: 국토 및 지역개발에서 개발과 환경보전간의 갈등적 입장에 대해 토론하기
② 수행과제의 형태: 개인별 자료수집과 토의(토론) 및 발표
③ 수행목표:
  a. 갈등적 쟁점에 대한 토의 및 토론에서 바람직한 토론(토의)의 태도를 갖도록 하고,
  b. 개발과 환경보호간의 갈등적 입장에서 나타나는 내용과 가치를 이해하고,
  c. 바람직한 개발의 방향과 대안을 제시하려는 능력과 책임감을 갖도록 한다.
④ 과제수행절차:
  a. '국토개발과 환경보전' 단원을 배우기 일주일 전에 학생들이 개발과 환경보전 간
    에 갈등이 가장 잘 나타나고 있다고 생각되는 신문기사 자료를 수집해오도록 개별
    과제를 부여한다.
  b. 자료수집과 동시에 그 사례의 중요한 쟁점과 그에 대한 본인의 견해를 별도의
    용지에 한 장 분량으로 기술해오도록 한다.
  c. 수집해온 사례를 전시하고 소개한다(개인의 견해서는 전시하지 않는다).
  d. 그 중에서 학생들로 하여금 특정한 한가지의 사례를 선택하도록 한다. 그리고 가
    장 유사한 사례들도 함께 제시한다.
  e. 선택된 사례를 바탕으로 대조적인 두 입장, 즉 개발입장과 보존입장 가운데 한
    가지를 취하여 지지하는 견해나 근거를 자유롭게 발표하게 한다.
  f. 각각 입장을 지지하는 견해나 근거 및 자료를 정리한다.
  g. 대조적인 두 입장, 즉 개발입장과 보존입장에 대해 반박하는 견해나 근거를 자유
    롭게 발표하도록 한다.
  h. 갈등적 관계인 개발과 보존이 갖는 각각의 장점과 단점을 정리하여 발표하도록
    한다.
  i. 이 두 가지 입장 이외의 제삼의 방안을 제시하고 발표하도록 한다.
  j. 바람직한 해결의 방향이나 대안적 관점을 모색하도록 한다.
  * 수행과제에서 예상되는 수집사례의 예: ① 시화지구 개발의 효과와 문제점, ② 새만
    금지구 개발, ③ 섬진강하구 갯벌의 개발, ④ 영월 동강 댐 건설
⑤ 평가의 관점과 유의사항:
  a. 개발입장과 보전입장이 지역에 따라 전개되는 양상이 달라지는 것을 이해하도록 한다.
  b. 가능한 개발입장과 보전입장을 대변하는 각각의 다양한 관련자들의 견해가 드러

날 수 있도록 토론을 전개한다.

　c. 자료수집을 가능하면 시간적으로 제약을 두지 않고 하며 어느 정도 시간이 지난 것이라도 사용하도록 한다.

　d. 개인의 견해서에 나타난 근거, 논리전개, 자료에 대한 이해력에 초점을 두고 평가하며, 전체토론에서는 각각의 입장을 얼마나 잘 대변하면서 논리적 일관성과 명료성을 가지는가와 토론에 대한 참여태도, 의사전달 면에서 평가가 이루어지도록 한다.

⑥ 평가기준표:

표 17-4. '갈등적 입장 토론하기' 평가 기준표

영역 ＼ 수준	부족	보통	우수
자료수집능력	주어진 주제와 관련되는 자료를 수집하지 못한다.	주어진 주제와 어느 정도 일치하는 자료를 수집한다.	주어진 자료와 일치하는 여러 가지 자료를 탐색하고 그것을 선별할 줄 안다.
개인 견해서 작성 및 자료 이해	주제와 관련하여 수집된 자료의 내용을 충분히 이해하지 못하며, 자료와 무관한 자신의 견해를 밝힌다.	주제와 관련하여 수집된 자료의 내용을 이해하고, 여러 가지 내용요소들을 어느 정도 인식하지만, 자신의 견해나 평가가 분명하지 않다.	주제와 관련하여 수집된 자료의 내용을 충분히 이해하고 있으며, 여러 가지 내용요소를 추출하여 상반된 입장의 논리적 근거를 비교하고, 자신의 견해를 밝힌다.
논리 전개 및 조직력	토론의 주제에 대한 이해가 전혀 이루어지지 않은 상태에서, 주제와 무관한 주장을 한다.	주제와 관련된 주장을 발표하지만, 내용의 논리적 일관성, 명료성이 높지 않다.	상반된 두 가지 견해의 논리적 구조를 명확하게 이해하고, 새로운 대안을 조직적으로 제시한다.
의사전달 및 참여	의견을 분명하게 제시하지 못하며, 토론 및 발표에 대한 참여도가 낮다.	의견을 비교적 명료하게 표현하고, 발표에도 어느 정도 참여한다.	발표에 매우 적극적이며, 전달하고자 하는 내용을 분명하게 표현한다.

3) 사례 3

① 수행과제: 도심 및 부심의 토지이용 조사 보고서 작성하기
② 수행과제의 형태: 집단(조별) 활동 및 보고서 작성
③ 수행목표:

　a. 도시 및 읍의 중심지역은 어떻게 토지(공간)이용이 이루어지고 있는지와 도시 및 읍의 중심지역의 상업적 토지이용을 통해 해당 도시나 읍의 성격을 이해한다.

　b. 조별활동을 통하여 집단의 협동활동에 바람직한 태도와 의사소통능력과 보고서 작성능력을 높인다.

④ 과제수행절차

　a. 생활공간의 형성단원을 다루기 1～2 주 전에

　b. 5～6명으로 하나의 집단이 되도록 조를 편성한다.

　c. 도심이나 부심의 토지이용을 조사할 때 학생들의 거주지역에 따라 다음과 같이 조사지역을 어느 정도 넓은 범위에서 정해준다.

　　예) 대도시 학생: 부심 또는 도심, 중, 소도시: 도심, 읍: 읍의 중심거리

　d. 학생들에게 각 조별로 해당도시나 읍의 지도를 구입하게 한 다음, 조별로 조사지역의 범위를 지도에 표시하게 하고 개인별 조사범위도 결정한다. 이때 2인 1조로 다시 또 소집단으로 나누어서 조사할 수도 있다.

　e. 해당 범위의 지역에서 조사할 날짜를 정하여 조사에 임한다.

　f. 기본도 위에 직접 표시하거나, 토지이용 형태별로 채색을 하거나, 약도 위에 토지이용 상태를 기술해나간다. 그리고 특징적인 토지이용을 보이는 건물이나 표지물 등의 위치를 표시하고 사진을 찍는다.

　g. 개인별 조사내용을 수합한 다음 하나의 토지이용도를 완성한다. 지형도 이외의 형태, 즉 그림지도의 형태로 토지이용상황도를 그려보게 한다.

　h. 조별 토의를 통하여 토지이용 형태별로 상황을 정리, 분석하여 그 지역의 토지이용에 대한 견해를 써서 토지이용 사진과 함께 보고서를 제출한다. 이때 반드시 조별로 조사활동 일지를 제출하게 하되, 협의의 일시, 내용, 결과를 상세 하게 기술하게 한다.

⑤ 평가의 관점과 유의사항

　a. 실제 학생들의 조사 가능 시간을 염두에 두고서 조사 범위를 정하도록 교사가 도와준다.

　b. 토지이용 조사를 통하여 생활지역에 익숙해짐과 동시에 생활공간에 대해 이해하도록 지도한다.

　c. 평가에서는 지도작성능력, 자료분석능력을 평가하는 데 중점을 두면서, 조별활동을 통한 과제참여와 집단 활동의 자세와 태도를 중시하여 평가한다.

　d. 평가 시 조별 조사일지를 반드시 참고한다.

⑥ 평가기준표:

표 17-5. '토지이용 조사보고서 작성하기' 평가기준표

영역 \ 수준	부족	보통	우수
집단활동능력	집단활동(조사 및 보고서 작성)에 매우 소극적이어서 조원의 참여도가 낮다.	조사활동에 참여하고 과제에 대한 책임감이 어느 정도 있으나, 조사 시 역할분담이 이루어지지 않는다.	모든 조원이 조사활동에 책임감을 가지고 임하며, 역할분담을 통해 수시로 협의하면서 조사를 행한다.
과제수행능력	주어진 주제에 대한 이해가 낮고, 주어진 조사지역의 토지이용을 성실히 조사하지 못한다.	주어진 주제에 대해 어느 정도 이해한 상태에서 조사지역의 토지이용도를 작성하지만, 자료를 명료하게 정리하여 제시하지는 못한다.	주어진 주제 및 과제를 완전히 이해하고, 자료의 기록, 정리가 명료하게 이루어져 있다.
자료분석	주어진 주제에 대한 이해가 부족하고, 자료에 대한 분석이 이루어지지 않았다.	토지이용을 형태별로 분류하여 정리하였으나, 정리한 결과에 대한 해석과 분석이 없다.	자료의 분석을 통하여 토지이용의 특성을 추출하고 독창적인 해석을 하였다.
보고서 작성	보고서의 내용 전개가 조직적이지 못하다.	주제가 잘 드러나도록 분석한 자료를 이용하였으나, 진술이 체계적이지 못하다.	주제가 잘 드러나도록 자료를 조사하고 그것에 대한 분석을 바탕으로 진술이 조직적이고 체계적으로 이루어졌다.

참고문헌

곽병선. 1998, 「교육과정과 교육평가의 연계방안」, ≪학교교육과정과 교육평가의 연계방안≫, 1988년 학술세미나 자료집, 한국교육과정평가원·한국교육과정학회.
김정호. 1997, 「사회과 절대평가기준 개발의 준거체제」, ≪사회과교육≫ 제30호, 한국사회과교육 연구회.
김정호·박선미. 1998, 「국가교육과정에 근거한 평가기준 및 도구 개발 연구-고등학교 공통사회」, 연구보고 RRE 98-3-5, 한국교육과정평가원.
_____. 1999, 「고등학교 공통사회 평가방법 개선방안- 논술형 및 서술형 평가를 중심으로-」, 연수자료 CRE 99-1-4, 한국교육과정 평가원.
마경묵. 1999, 「지리과 수행평가의 적용과 수행평가의 적절성 연구」, 고려대학교 교육대학원 석사 학위논문.
박상흠. 1998, 「사회과 수행평가의 이론적 배경과 적용방안」, ≪사회과교육≫ 제31호, 한국사회과 교육연구회.
박선미. 1998, 「사회과 수행평가」, 백순근 편, 1998, 『중학교 각 교과별 수행평가의 이론과 실제』, 원미사.
백순근. 1995, 「교수·학습 평가를 위한 새로운 대안: 수행평가를 중심으로」, ≪초등교육연구≫ 제6집, 청주대학 초등교육연구소.
백순근 외. 1996, 『수행평가의 이론과 실제』, 국립교육평가원.
백순근 편. 1998, 『중학교 각 교과별 수행평가의 이론과 실제』, 원미사.
서태열. 1996, 「지리 평가에서 과정중심 평가틀의 구성: Profile 중심의 수행평가를 중심으로」, ≪지리·환경교육≫제4권 제1호, 한국 지리·환경교육학회.
_____. 1998a, 「구성주의와 학습자중심 사회과 교수-학습」, ≪사회과교육≫ 제31호, 한국사회과 교육연구회.
_____. 1998b, 「사회과 수행평가의 실제」, ≪교육월보≫, 교육부.
서태열·김정호. 1997, 「국가공통 공통사회 절대평가 기준」, 한국교육개발원 연구보고서.
서태열 외 7인. 1997, 「제7차 사회과 교육과정 개정 시안 연구·개발」, 한국교원대학교 사회과 교육과정개정연구위원회.
석문주 외. 『학습을 위한 수행평가』, 교육과학사.
소 연. 1998, 「지리교육에서의 수행평가의 적용에 관한 연구」, ≪지리교육론집≫ 제40집, 서울대학교 사범대학 지리교육과.
이종일. 1997, 「사회과 학습평가의 새로운 경향- 수행평가를 중심으로」, 석문주 외, 『학습을 위한 수행평가』, 교육과학사.
조용기. 1997, 「참평가」, 석문주 외, 『학습을 위한 수행평가』, 교육과학사.
최석진 외 3인. 1991, 「교육의 본질 추구를 위한 사회과 교육 평가 체제 연구(II)-사회과 교육 평가의 이론과 실제」, 연구보고 RR 91-19-4, 한국교육개발원.

한명희. 1998, 「교육과정에 있어서 이론과 실천의 관계성」, 『학교교육과정과 교육평가의 연계방안』, 1988년 학술세미나 자료집, 한국교육과정평가원·한국교육과정학회.

Alleman, J. and J. Brophy. 1997, "Elementary Social Studies: Instruments, Activities, and Standards", in Gary D. Phye(ed.), *Handbook of Classroom Assessment: Learning, Adjustment, and Achievement*, Academic Press.

Blum, Robert E. and Arter, Judith A.(eds.). 1996, *Handbook for Student Performance Assessment, Alexandria*, Virginia: Association for Supervision and Curriculum Development.

Gipps, C. 1994, *Beyond Testing: Toward a Theory of Educational Assessment*, Falmer Press.

Kent et. al.(eds.). *Geography in Education*, Cambridge University Press.

Lambert, D. 1997a, "Principle of pupil assessment," in D. Tilbury and M. Wiliams(eds.), *Teaching and Learning Geography*, Routledge.

_____. 1997b, "Teacher assessment in the National Curriculum," in D. Tilbury and M. Wiliams(eds.), *Teaching and Learning Geography*, Routledge.

Macmillan, James H. *Classroom Assessment: Principle and Practice for Effective Instruction*, Allyn and Bacon.

Newman, Fred, M. 1997, "Authentic Assessment in Social Studies: Standards and Examples", in Gary D. Phye(ed.), *Handbook of Classroom Assessment: Learning, Adjustment, and Achievement*, Academic Press.

Wiegand, P. 1997, "Assessment in the primary school," in D. Tilbury and M. Wiliams(eds.), *Teaching and Learning Geography*, Routledge.

Wiggins, G, 1989, "Teaching to the authentic test," *Educational Leadership*, Vol. 46.

18 지리학업성취 프로파일의 작성

좋은 평가를 위해서 필수적인 것은 많든지 적든지 간에 우리가 가르치는 학생에 대해서
'알고자 하는 경험'을 쌓는 것이다. 이러한 경험은 평가의 결과물이라고 할 수 있다.
우리는 가르치는 학생에 대해서 더 많이 알아야 하며,
더욱 많은 이해를 획득해야만 한다(Lambert, 1997: 257).

평가 과정 자체가 무엇을 가르치고 배워야 하는지 결정하지는 않는다. 그것은
교육과정의 종이지 주인은 아니다. 그렇지만 나사못의 조임못처럼 최종단계에 있는
단순한 부가물은 아니다. 오히려 끊임없이 전후의 환류과정을 제공하는 교육과정의
통합적 부분이다. 따라서 평가는 모든 수준에서 교수전략과 실행 속으로
체계적으로 합쳐져야 한다(Department of Eduaction and Science, TGAT report, 1988, p.4).

1. 지리평가 프로파일(Profile)의 필요성과 의의

학생들의 학업성취를 체계적으로 기록하기 위한 프로파일 중심의 평가는 1980년대 초
반부터 영국에서 도입되기 시작해, 대학입시제도 및 사원선발제도의 개선과 더불어 고용
주들에게 학생들에 대한 용이하고도 종합적인 정보를 제공하고 학교에서 학생들에게 학
습동기를 장려하는 수단으로서 등장하였다. 최근에는 학부모, 고용주, 진학, 전문직업훈련
등에 학생들에 대한 종합적인 평가 자료를 제공함으로써 광범위하게 사용되고 있다.

프로파일은 지식, 이해, 기능, 테크닉, 가치, 태도를 포괄해 지리교수의 목적과 목표와
관련된 학생들의 수행에 대한 총괄적 정리이다. 프로파일은 하나의 이수증서가 될 수 있
지만, 학업 수행과정의 전체 상을 가져오는 것으로 과정과 결과 모두가 될 수 있는 특정한
평가철학을 반영하는 개인적, 능동적 기록물이다.

모티모어(Mortimore)와 킨(Keane, 1986)은 프로파일이 다음의 6가지 측면에서 가치가 있
다고 주장하였다.

첫째, 프로파일은 결과보다는 과정을 중시한다. 프로파일 중심의 평가에서도 프로파일
보다는 프로파일을 작성하는 과정, 즉 결과보다 과정에 그 강조점이 있다. 그러므로 크리
스토피(Christofi)가 주장한 것처럼 실은 프로파일 그 자체도 평가의 방법이라기보다 평가

의 결과들을 보여주는 방법일 수 있으며, 본질적으로는 평가 전체를 주요부분 혹은 주요 성분으로 분리하는데서 나온 것이다. 브로드풋(Broadfoot, 1987) 또한 프로파일은 평가에 있어서 교육과정, 의사교환, 책무성(accountability) 간의 보다 나은 균형을 제공함으로써 전통적인 평가와 졸업자격증제도와 같은 것에 내포된 갈등요소들의 일부를 해결할 수 있다고 언급하였다.

둘째, 프로파일은 학업성취에 있어서 실패율에 대한 관심보다 성공적인 학습활동에 대한 관심이 크다. 이 점에서 람버트(Lambert, 1990)는 프로파일의 기본적인 의도는 하나의 학점과 등급에 의한 총합적 평가의 경향에 반대하는 것이라든가 또는 그러한 수행과정들을 합하는 것이라기보다는 개인의 학업성취를 자세히 기록하는 것이라고 하였다.

셋째, 학생들의 적극적인 참여를 장려한다.

넷째, 학부모의 적극적인 참여를 장려한다. 학부모와 학생, 그리고 교사의 참여를 통해, 결국 평가는 전체적인 총합과 평가결과의 전체적 해체라는 두 극단 사이의 절충이 될 것이며, 이는 적은 수의 프로파일 성분들을 통해 의사교환이 이루어지도록 하는 것이다.

다섯째, 학업성취과정에 대한 안내와 상담이 강조된다. 효과적인 프로파일링 과정은 교육과정의 단순한 투입-산출(input-output) 모형에서 분리된 총체로서 보이기 쉬운 학생의 교육과정 경험의 양 측면을 함께 묶어주는 것을 요구한다. 즉 내용에서 평가로 이어지는 '내용 → 평가'의 형태가 아니라 내용과 평가가 상호작용하는 '내용 ↔ 평가'의 형태가 되어야 할 것이다. '프로파일 만들기(profiling)'는 통합된 평가프로그램에서 하나의 인자를 만듦으로써 학습과제의 상황과 학업성취의 표시를 합리화하는 것을 돕게 될 것이다. 숙제와 다른 학습과제들은 확인된 학습목표에 의해서 더욱 적절하게 고안될 것이며, 그것의 평가는 잘 정의된 평가목표를 더욱 잘 겨냥하게 될 것이다.

여섯째, 학교 외부의 평가집단의 지원에 의해 타당성을 확보하는 것이 가능하다.

한편 교육과정의 평가의 측면에서 본다면, 프로파일은 무엇보다도 학생들의 학업성취에 대한 충분한 정보를 제공함으로써 형성평가에서 중요한 자료가 될 수 있으며, 이를 종합화함으로써 총괄평가에도 공헌할 수 있을 것이다. 학생들이 그들 자신의 형성프로파일을 작성하고 교사와 함께 평가에 참여함으로써 보다 많은 학습동기를 제공하게 된다는 점에서 프로파일 평가의 가치는 더 커진다. 물론 기능, 개념, 능력에 이르기까지의 기록이 상세하면 할수록 형성평가에서의 그 가치는 커지는 것이다. 그리고 일년간 축적된 프로파일들은 총괄적인 최종적 프로파일을 작성하는 데 도움을 줄 것이다. 이 최종적인 총괄프로파일에는 외부에서 치러지는 시험기록까지 남길 수 있어 이를 통해 학생들의 개인적인 질적 특성과 개인간 차이까지 파악할 수 있을 것이다. 그것은 프로파일의 장점으로서 개별 학생들에 대한 폭넓고 다양한 정보를 제공함과 동시에 전통적인 표준화검사에 의한 상대평가도 가능하기 때문이다. 프로파일을 작성하는 과정인 프로파일 만들기는 효과적이면서도 실질적인 것이어야 하며, 이 과정은 건전한 교육과정에 관한 관점에 기초해야 한다. 이때 프로파일은 진정한 의미의 형성평가의 기능을 담당하고 학생들의 학업과 자기 자신에 대한 지식의 향상이라는 평가의 근본적인 목적을 달성할 수 있는 것이다. 이러한 점에서 뉴탈과 골리드슈타인(Nuttal & Golidstein)이 주장한 것처럼 프로파일은 평가만을 위한 외부적인 제도, 즉 시험제도보다는 교육과정과 학교 내적인 교육의 과정에 평가를 좀더 근접시키려는 노력으로 볼 수 있다.

2. 프로파일의 형태와 내용

프로파일은 아직 완전히 합의된 모형은 없으며, 매우 다양한 형태의 학업성취도의 기록 형식이 있다. 교사와 학생이 합의된 기준에 따라 평을 쓰는 개방적 기록지, 적절하게 표시할 수 있도록 구성된 기능과 교과들의 그리드(grid)로 된 매트릭스, 가능한 응답군에서 이미 작성된 평가지의 선택 등이 있다. 그러나 학업성취의 기록양식은 평가하고 기록할 학습영역에 따라 달라지기 마련이다. 그렇지만 여기서는 수업에서 기대하는 학습목표 즉 평가목표의 여러 측면들을 다양하게 포함하게 될 것이다. 예를 들어 인지적 영역, 정의적 영역, 심리체동적 영역에 이르는 다양한 성취목표들이 기록될 수 있어야 할 것이다.

크리스토피(1988)에 따르면, 좋은 프로파일이 되기 위해서는 다음과 같은 조건을 갖추어야 한다. 첫째, 기본적인 수리능력과 언어능력과 같은 전통적인 학업성취 이외에도 듣기와 문제해결과 횡교육과정 관련 기능, 도구를 정확하게 사용하는 능력과 같은 실제적 기능, 책임감과 주도력과 같은 개인적 자질과 같은 기능과 질적 측면의 평가를 기록해야 한다. 둘째, 학업성취에 대한 정보는 등급으로 주어질 필요는 없으나 구조화된 형식으로 제시되어야 하며, 동일한 종류의 정보가 다른 학생에게도 기록되어야 한다. 셋째, 프로파일 보고서는 사용자들에게 직접적으로 보내지는 신용장이라기보다는 학생들이 학교를 졸업할 때 줄 수 있도록 고안되어야 한다. 넷째, 프로파일은 자격증처럼 일부 학생들에게만 주어지기보다 특정한 학생집단 모두에게 주어지도록 해야 한다.

프로파일을 개발하는 데 여러 가지를 단순히 섞어 놓는 것은 바람직하지 않다. 지리 교과에서는 학교에서 설정한 평가방향에 맞추어 교과의 필요에 적합한 것이어야 한다. 그리고 프로파일에서 가장 중요한 인자는 학습과정에서 프로파일이 학생들에게 어떻게 도움을 줄 수 있는지를 고려하는 것이다. 이때 프로파일을 교과내용과 무관한 것으로 할 것인지, 교과내용 제한적인 것인지에 따라 프로파일의 형태가 달라질 것이다.

3. 지리 프로파일(Profile)의 평가기록과 프로파일 만들기(profiling)

프로파일이 학생들의 학업성취의 다양한 특성들을 담은 것이라면, 프로파일 만들기는 그와 같은 프로파일의 형태로 결과를 보여줄 교실 안팎의 학생의 학습경험에 대한 정보를 도출해내는 전 과정을 의미한다.

프로파일의 기록은 <표 18-1>처럼 준거지향평가(criterion-referenced assessment: 절대평가: 이하 CRA)가 일반적으로 선호된다. 하지만 이와 같은 평가 기록방식은 기준에 따른 절대적 평가의 결과들만을 얻게 되므로 통계적 조작에 적절하지 못하다는 지적이 있어왔다.

표 18-1. 준거지향평가 기록

Criteria (사진)기술기능	수준
	수준 1: 사진에서 주요 사물들을 확인할 수 있다.
	수준 2: 사진에서 주요 사물과 몇 가지의 부차적 사물들을 확인하고 기술한다.
	수준 3: 사진에서 주요 사물과 대부분의 부차적 사물들을 확인하고 기술한다.
	수준 4: 지리적인 관점에서 사진을 가지고 대부분의 사물들을 확인하고 기술한다.

출처: Graves and Naish(1986), p.13.

표 18-2. 규준지향평가 기록

Criteria	등급					의견
	A	B	C	D	E	
기본개념의 이해						
관찰력						
사실적 지식						
기록						
해석						
지도기능						
그래프기능						

출처: Graves and Naish(1986), p.12

그러나 프로파일 중심 평가에서는 평가의 측정기록을 정량화할 수 있도록 <표 18-2>처럼 규준지향평가(norm-referenced assessment: 상대평가: 이하 NRA)를 통해 기록할 수도 있다.

그런데 프로파일을 통해서도 양에 의한 상대평가와 같은 비교가능성을 확보할 수 있다는 점이 특기할 만하다. 문제는 프로파일에서 기록하고자 하는 평가인자들에 얼마나 정밀하게 관련되면서도 개인간의 차이가 비교 가능하도록 하는 평가를 제공하느냐이다. 사실 CRA를 좀더 강조하게 된 것은 지금까지 NRA가 지나치게 심리측정모델에 의존하는 바가 큰 상대평가의 모형이므로 이를 회피하려는 경향에서 비롯된 것이다. 이로 인해 프로파일의 작성에서도 이러한 경향을 지니고 있지만, 분명히 CRA에서는 평가가 가능한 목표들을 지정하는 데 있어서 나타나는 문제점은 교사가 이것들에만 집중해 바람직한, 그리고 검사할 수 없는 요소들을 무시할 수 있다는 점이다. 그리고 CRA는 하나의 기술항목 또는 성취만을 가지게 되고, 유연성이 적으며 어떤 작은 단위의 학습이 평가되지 못하는 실제적인 위험성이 있다. 조금 낮은 수준의 것이라도 성취한 것을 기록하는 것 자체가 중요하며 이것이 학생들을 격려하고 교사가 학생들이 도달한 단계를 확실히 알고 어려운 영역을 진단하는 것을 도울 수 있다는 점에서 보면 조금 낮은 단계의 것도 기록하는 것이 중요하기 때문이다. 이러한 경우 NRA방식의 도입을 통해 프로파일 중심의 평가는 보다 많은 증거의 수집을 통해 신뢰도와 타당도를 보다 높일 수도 있을 것이다. 결국 프로파일은 CRA와 NRA의 기록 모두 가능하므로 학생에 대한 정량적 평가와 학생들의 상상력, 인내력과 같은 질적 특성을 포함하는 정성적 평가까지 포괄할 수 있을 것이다.

한편 평정측법(graded assessment: 등급중심의 평가)과 프로파일은 정량화와 측정에 대한 입장의 뚜렷한 차이를 가지고 있다. 등급중심의 평가는 분명히 테스트와 시험을 통한 심리적 전통에 확고한 뿌리를 가지고 있으며, 프로파일 옹호론은 학업성취도의 측정방식과 그 측정에서 종종 수반되는 평가대상이 되는 학습경험에 대한 환원주의적 관점과 이를 통한 의미의 축소에 대한 반발에 그 뿌리를 두고 있다.

4. 프로파일의 구성

프로파일은 수업에서의 기능, 능력, 지식과 이해, 가치와 태도와 관련된 다양한 평가목표들이 프로파일에 있어야 하고 그것들을 기록할 수 있어야 할 것이다. 이를 위해 먼저 개별 교과의 교육목적이 검토되어져야 할 것이며, 다음으로 이에 따른 다양한 학습평가의 목표들이 제시되어야 한다. 이는 프로파일 중심의 평가에서 실질적인 첫 번째 절차에 해당된다. 즉 평가목표의 기준을 설정하는 것이 프로파일 중심의 평가틀을 구성하는 데 가장 우선적이면서 가장 어려운 작업이 된다. 지리 교과의 경우에도 프로파일을 통한 평가를 위한 평가목표의 기준을 설정하는 것이 첫 번째의 작업이 되며, 지리를 통해 학생들의 학업발전과정 프로파일을 추적하기 위한 중추적 기준을 제공하는 중추적 핵심을 정의하는 것이 가장 어려운 일이기도 하다. 이때 지리 교과적인 측면에서 보아, 학생들의 학업의 성취과정은 결과적 지식보다는 과정적 지식 즉 기능(skills)과 이를 통한 (지적)능력 및 그 과정에서 수반되는 가치와 태도로 나타나게 해야 한다.

둘째, 설정된 교수-학습의 평가목표를 보다 상세화해 구체적인 수업상황에서 활용할 수 있게 한다.

셋째, 상세화된 평가목표를 바탕으로 수업상황을 고려하면서 학급, 개별학생, 교사-학생의 단원별 형성평가 프로파일과 최종적인 총괄평가 프로파일을 작성하는 것이다.

이상의 과정을 토대로 지리 프로파일 만들기의 전체과정을 정리하면 <그림 18-1>과 같다.

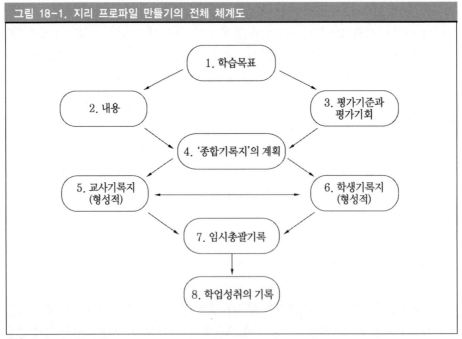

그림 18-1. 지리 프로파일 만들기의 전체 체계도

출처: Lambert(1990), p.49.

5. 지리 프로파일 틀의 구성 사례

1) 지리교육 목적의 검토

지리는 전통적으로 장소 및 지역의 탐구, 공간의 탐구, 인간-환경 관계의 탐구라는 세 가지 성분으로 구성되어 있으며, 이러한 성분들을 균형적으로 취급하는 종합성, 총괄성으로 인해 학생들에게 다양한 지식과 이해, 안목, 기능과 기술, 가치와 태도를 바탕으로 하는 다양한 학습기회를 제공한다. '장소 및 지역 탐구'의 과정은 다양한 스케일의 지역, 즉 국지적, 지역적, 국가적, 세계적 스케일의 지역의 학습을 통해 인간사회의 인종적, 문화적, 정치적 다양성의 지리적 표현, 장소의 개성에 바탕을 둔 장소감, 그리고 장소와 지역에서의 인간과 환경의 관계에 대한 안목을 포함하고 있다. '공간 탐구'는 공간분포, 지역결합, 공간적 상호작용과 같은 개념들을 바탕으로 하는 공간적 통찰력과 안목을 제공한다. 즉 지표 위에서 나타나는 구체적 현상과 패턴과 과정들이 공간에서 서로 연결되는 방식에 대한 통찰력을 보여준다. '인간-환경 관계의 탐구'는 각 지역들간의 상호의존 및 지구적 관점에 대한 필요성과 인간-환경 체계의 상호관련성에 대한 인식을 높이고 환경의 질을 유지하고 향상시키도록 하는 바람직한 가치와 태도가 무엇인지를 인식하는 데 도움을 준다.

이 때문에 지리는 삶의 기본적 어휘로서 '장소와 입지에 관한 직접적 지식을 포함하는 지리적 지식', 즉 인간과 장소에 관한 지식, 인간의 자연환경에의 의존과 환경에 대한 영향에 관한 지식, 경제적 상호의존과 세계에 대한 지식, 자연 및 사회 환경에 대한 지식을 길러준다. 이러한 지식은 다른 나라의 국민, 문화에 대해 학습할 때나 세계정세나 현재의 세계적 사건을 이해하는 데 중요한 기초가 됨으로써, 지리는 오늘날과 같은 지구촌 사회에서 시민정신에 필요한 직접적 지식을 제공하게 된다.

그리고 지리는 환경적·공간적 관계가 세계적 규모, 지역적 규모, 국지적 규모에 이르기까지 다양한 스케일에서 우리의 생활에 영향을 미치는 방식, 그리고 인간이 이러한 다양한 환경적·공간적 관계를 형성해나가는 방식에 대해 보다 복합적인 이해를 길러준다. 또한 세계화된 마음이나 지구적 관점, 현대세계의 상호관련성 및 의존성의 이해, 환경적 미에 대한 감상과 환경보존 태도, 국제이해와 상호 호혜적 태도를 비롯한 총체적 감수성 발달에도 지리는 중대한 영향을 미치고 있다. 특히 지리는 관련 지식을 다루면서 학생들의 문해력(literacy), 구두표현능력(oracy), 수리력(numeracy), 도해력(graphicacy)과 같은 4가지 의사소통의 방식에도 공헌을 하는 바, 그 중에서도 지도, 지구의, 항공사진, 그리고 도표의 사용에 따른 도해력의 육성에 특별한 공헌을 한다. 이러한 의미에서 이는 지리적 도해력 (geo-graphicacy)이라고 불린다.

따라서 지리는 다음과 같은 5가지의 내재적 목적을 가지고 있다고 하겠다. 우선 지리는 장소와 지역에 대한 지식과 이해, 장소와 지역 안에 살고 있는 인간이 부여한 의미체계, 이들이 결합되어 생성되는 일체감, 소속감, 애착에서 입지감, 영역감에 이르는 총체적 관심인 장소감을 길러주는 것을 첫 번째 목적으로 한다. 두 번째 목적은 패턴의 지각 및 비교 능력, 정향능력, 시각화능력을 포함하는 통찰력과 안목을 의미하는 공간능력을 길러주는 것이다. 세 번째 목적은 공간능력을 바탕으로 해 지리적 문제, 쟁점, 질문에 대한 의사결정을 하거나 문제해결을 하는 능력인 공간적 의사결정 및 문제해결 능력을 길러주는 것이다. 네 번째 목적은 지도, 지구의 그 밖의 시각적 지리자료의 표현, 이를 이용한 공간정보의 수집, 획득, 조직, 분석, 해석의 과정을 통한 의사소통의 능력 즉 지리적 도해력을 길러주는 것이다. 다섯 번째 목적은 자연에의 경외감을 포함해 '사회환경과 인간이 환경을 어떻게 이용하고 오용하는가'에 이르기까지 인간-사회-환경과의 관계에 대한 인식을 고양하고 이를 통해 올바른 관계, 가치를 모색하려는 태도를 길러주는 것이다. 이와 같이 지리가 가지고 있는 환경적, 사회적 체계에 대한 이해, 장소감, 공간적 의사결정 능력, 인간-사회-환경 관계의 인식, 지리적 도해력과 같은 목적은 현대시민사회에서의 시민정신의 핵심인 합리적 의사결정능력, 문제해결능력과 관련되는 수많은 요소들을 포함하고 있다. 그리하여 지리는 개인의 시민정신과 그에 따른 책임감을 개발하고 고려하는 데 기여한다.

2) 평가목표의 설정

위의 지리교육의 목적들을 달성하기 위해 관련되는 지식, 기능, 가치 및 태도를 기르는 것이 지리 교수-학습의 목표가 될 것이다. 학생들의 장소감, 공간능력, 인간-환경관계의 인식 및 올바른 태도를 길러주려면, 우선 '어디에'에서 시작되는 질문으로부터 지리적인 것과 비지리적인 것을 구분하고 공간적 관점, 생태적 그리고 환경적 관점을 특징으로 하는 지리적 관점 그리고 지리적 지식에 대한 개념적 이해를 해야 한다.

그리고 지리탐구와 관련되는 다양한 범위의 기능 및 기술의 개발과 실습의 기회, 개인 가치의 명료화와 개발의 기회, 그리고 개발된 일반화나 가치를 통해 의사결정을 하거나 문제해결을 하는 기회를 가져야 한다. 즉 사회적 또는 환경적 패턴, 문제 그리고 쟁점과 그것들의 입지 또는 배경을 관찰하고 기록하고 기술하며, 환경체계의 공간조직 및 그 패턴, 문제와 쟁점을 만들어낸 원인과 과정을 설명하며, 발생 가능한 사회적·환경적 효과를 탐색하고 평가하며, 모든 가능한 대안의 세심한 분석 후 상황을 개선하거나 보존하는 최선의 방법에 대한 의사결정을 내리며, 이 결정이 실행되도록 행동계획을 세우거나 의사결정자의 주의를 받을 수 있는 행동을 수립하는 과정을 통해 다양한 지리적 개념, 이론, 원리에 대한 지식과 이해, 공간적 관점과 안목, 지리적 도해기능과 다양한 지적 기능을 포함하는 기능들과 기술, 가치와 태도를 활용할 기회를 가져야 한다. 최종적으로는 지리를 학습함으로써 전 세계에 걸친 인간-장소-환경간의 연결과 그 관계를 이해하도록 해야 할 것이다. 이때 학생들로 하여금 특정 환경과 공간적 상황에서의 가치의 영향 및 효과를 분석하는 능력과 이를 바탕으로 한 환경에 대한 올바른 가치와 태도를 길러줄 수 있을 것이다.

지금까지 언급한 여러 가지 학습요소들을 평가와 관련해 평가를 위한 학습요소 군으로 묶어보면 다음과 같다.

첫 번째 학습평가요소 군은 지리적 개념에 대한 지식과 이해, 그리고 기본적 지리 지식의 획득과 관련되는 것들이다.

두 번째 학습평가요소 군은 지리현상의 탐구와 의사소통과 관련되는 것들이다. 지리탐구는 문제의 지리적 측면에 대한 인식을 출발점으로 하여 추론하기, 분석하기, 결론내리기와 같은 기본적 사고기능에서 고등사고기능에 이르기까지 다양한 사고기능을 필요로 한다.

세 번째 학습평가요소 군은 지리탐구 결과의 적용과 공간적 의사결정 및 문제해결기능이다.

네 번째 학습평가요소 군은 가치, 태도와 관련된 정의적 목표들이다. 특히 여기에서는 지리의 교과내용적인 특징과 관련되는 정의적 특성들이 학생들에게 있어서 어떻게 발현되고 표현되며 또 개발되어야 하는지에 초점을 맞출 수 있다.

3) 지리평가목표의 상세화

지리교육의 목표들을 그 하위목표들과 함께 상세화하면 제15장에서 제시한 바와 같다.

4) 지리 프로파일 작성의 사례

지리교육 학업성취 프로파일의 형식은 교사가 설정한 평가방향이나 학교, 지방교육청, 국가의 평가정책의 전반적인 틀 안에서 필요에 따라 가장 적합한 양식을 개발할 수 있을 것이다. 앞으로의 지방화추세에서 교육과정의 지역화와 맞물려 지역의 실정에 맞는 지역중심의, 학교중심의 평가에 대한 관심이 더욱 고조될 것이다.

여기에서 작성된 학업성취 프로파일은 교수-학습과정에서 학생들을 격려하고 도움을 주며, 교사가 학생들이 학습에서 도달한 단계를 확실하게 알 수 있도록 하려는 프로파일 작성의 원래의 취지를 살리게 될 것이다. 또한 보다 자세한 학습평가의 자료와 처리 결과를 얻기 위해 상세화된 학습목표의 항목별로 규준지향적으로(norm-referenced) 기록하도록 함으로써 상대평가도 가능하게 될 것이다.

앞으로 지리교육에서도 학습과정에 대한 교사의 측정이 평가에서 상당한 비중을 차지하겠지만, 교사와 학생의 의견교환 및 협의가 중요하게 될 것이다. 즉 학생들은 그들 자신의 형성 프로파일을 작성하고 고려하는데 지리 교사와 함께 참가해 자신의 수행능력을 보다 조심스럽게 평정하고 그들 자신의 학습을 위해 보다 많은 책임감을 갖도록 고무될 것이다.

따라서 프로파일은 학생의 성취에 대해 보다 충분하고도 나은 정보를 제공함으로써 값진 형성평가의 자료가 될 것이며, 최종적으로는 지리학습에서 다루는 지식, 이해, 기능 및 테크닉, 가치와 태도의 전 영역을 포괄해 설정된 학습목표와 관련된 학생들의 학업수행을 총정리함으로써 총괄평가에도 중대한 기여를 할 것이다.

고등학교 한국지리의 III. 생활공간의 변화 3. 도시 단원을 대상으로 프로파일을 작성하면 다음과 같다. 이때 규준지향평가에 따라 평가기록을 작성하도록 제시하였다.

표 18-3. 학생용: 학습주제(소단원)별 특정 평가요소에 대한 자기평가 기록표

이름: 단원명:

평가요소: 지리정보의 분석과 해석	1 매우 부족함	2 부족함	3 보통임	4 잘하였음	5 매우 잘하였음
<지리탐구>					
1. 지리 질문 및 문제의 확인					
2. 지리정보의 획득					
3. 지리정보의 조직과 표현					

4. 지리정보의 분석과 해석
 1) 공간 정보의 요약
 2) 지리 정보의 비교, 대조
  (1) 다양한 지리 정보원의 비교, 대조
  (2) 일차적 자료와 이차적 자료의 정보 추출
  (3) 표나 그래픽 정보를 언어적 지리정보로 번역, 기술
 3) 지리적 설명자의 추출
  (1) 지역 내 인간-환경 관계 찾기
  (2) 공간구조 설명인자의 추출
 4) 지리 패턴과 과정의 분석, 해석
  (1) 공간적 패턴의 해석
  (2) 공간패턴의 변형과 왜곡의 요인
  (3) 공간구조의 형성과정을 찾기					

5. 지리 질문에 답하기					

표 18-4. 교사용: (소단원) 학습주제와 관련된 평가요소의 전체 학생평가 기록표

이름: 단원명:

지리정보의 분석과 해석	학생 번호											
	1	2	3	4	5	6	7	8	9	10	11	…
1. 공간 정보의 요약												
2. 지리 정보의 비교, 대조 2.1. 다양한 지리 정보원의 비교, 대조 2.2. 일차적 자료와 이차적 자료의 정보 추출 2.3. 표나 그래픽 정보를 언어적 지리정보로 번역, 기술												
3. 지리적 설명자의 추출 3.1. 지역 내 인간-환경 관계 찾기 3.2. 공간구조 설명인자의 추출												
4. 지리 패턴과 과정의 분석, 해석 4.1. 공간적 패턴의 해석 4.2. 공간패턴의 변형과 왜곡 요인 4.3. 공간구조의 형성과정을 찾기												

* 기록은 1-5까지로 함
1. 매우 부족함 2. 부족함 3. 보통임 4. 잘하였음 5. 매우 잘하였음

표 18-5. 교사-학생용: (중단원) 주제별 종합 프로파일

학생 이름: 주제:

지난 학습주제에서 성취목표는 무엇이었습니까?
그것을 어느 정도 성취했나요?

profile 구성요소	주제학습목표	학생 의견	교사 의견

1. 지리적 개념의 이해와 기본 지리 지식의 획득
  1) 지리개념의 이해
  2) 지리 지식의 획득
	도시지역이란 무엇인가?
	도시의 상이한 사회, 경제적 계층과 토지이용은 어떻게 결합되는가?		

2. 지리탐구와 의사소통
  1) 지리탐구
 	
  2) 지리적 일반화와 의사소통 하기
  3) 지리탐구에 대한 자세
	도시공간구조는 어떻게 형성되는가?
	도시지역은 어떻게 분화하는가?
	도시구조의 형성에 영향을 미치는 인자는 무엇인가?		

3. 지리탐구의 적용
  1) 공간적 의사결정
 	
  2) 개인적 기능과 사회적 기능
	도시구조와 도시교통 문제는 어떤 관련을 가지고 있는가?
	도시구조의 문제점을 어떻게 해결할 수 있는가?
	도시의 신공항은 어디에 건설하여야 하는가?		

4. 가치와 태도
  1) 환경에 대한 관심과 책임감
  2) 경관의 미적 평가
 	
  3) 지리적 쟁점/문제에 대한 자세와 태도
	도시환경의 질적 악화는 도시의 토지이용과 어떤 관련을 가지고 있다.
	도시구조에서 심미적 안정감을 주는 지표물들은 많을수록 좋다.		

학생의 새로운 학습목표:
교사의 평가: 날짜:

부모의 확인/의견: 날짜:

표 18-6. 대단원별 학생개인별 교사-학생 기록표

이름:
단원 개요:

<학생의 평가>
1. 이 단원에서 재미있었던 것은 ?

2. 이 단원에서 배운 가장 중요한 기능과 아이디어는 ?

3. 이 단원에서 잘 이해되지 않는 주제는 무엇이었는가 ?

<학생의 학습목표>
보다 많은 발전을 할 수 있는 가장 적합한 목표는 ?

<교사의 의견>
이 단원에서의 학생의 학습활동 수행에 대한 의견은 ?

<단원학습에 대한 총괄적 견해>

<다음 단원에서 목표를 달성하기 위한 새로운 아이디어>

학생 확인: 날짜:
교사 확인: 날짜
학부모 확인: 날짜:

표 18-7. 교사용: 학생개인별 종합 프로파일

Ⅰ.학생 성명과 과목

이름:　　　　　　　　　　　　　　　　　　학급:
과목:

Ⅱ. 학습목표의 영역

1. 지리적 개념이해와 기본 지리 지식의 획득	
2. 지리탐구와 의사소통 　지리탐구 　지리도해기능 　탐구자세	
3. 지리탐구의 적용 　공간적 문제해결 및 의사결정 　사회적 기능 　개인적 기능	
4. 가치와 태도	

Ⅲ. 종합평가

학생 확인:　　　　　　　　날 짜:

교사 확인:　　　　　　　　날 짜:

참고문헌

김정호. 1997, 「사회과 절대평가기준 개발의 준거체제」, ≪사회과교육≫ 제30호, 한국사회과교육
  연구회.
김정호·박선미. 1998, 『국가교육과정에 근거한 평가기준 및 도구 개발 연구-고등학교 공통사회』,
  연구보고 RRE 98-3-5, 한국교육과정평가원.
김정호·박선미. 1999, 『고등학교 공통사회 평가방법 개선방안: 논술형 및 서술형 평가를 중심으로』,
  연수자료 CRE 99-1-4, 한국교육과정 평가원.
박상흠. 1998, 「사회과 수행평가의 이론적 배경과 적용방안」, ≪사회과교육≫ 제31호, 한국사회과
  교육연구회.
박선미. 1998, 「사회과 수행평가」, 백순근 편, 1998, 『중학교 각 교과별 수행평가의 이론과 실제』,
  원미사.
백순근. 1995, 「교수·학습 평가를 위한 새로운 대안: 수행평가를 중심으로」, ≪초등교육연구≫ 제
  6집, 청주대학 초등교육연구소.
백순근 외. 1996, 『수행평가의 이론과 실제』, 국립교육평가원.
백순근 편. 1998, 『중학교 각 교과별 수행평가의 이론과 실제』, 원미사.
서태열. 1996, 「지리 평가에서 과정중심 평가틀의 구성: Profile 중심의 수행평가를 중심으로」, ≪
  지리·환경교육≫ 제4권 제1호, 한국 지리·환경교육학회.
_____ . 1998a, 「구성주의와 학습자중심 사회과 교수-학습」, ≪사회과교육≫ 제31호, 한국사회과
  교육연구회.
_____ . 1998b, 「사회과 수행평가의 실제」, ≪교육월보≫ 교육부.
서태열·김정호. 1997, 『국가공통 공통사회 절대평가 기준』, 한국교육개발원 연구보고서.
서태열 외. 1997, 『제7차 사회과 교육과정 개정 시안 연구·개발』, 한국교원대학교 사회과 교육과
  정개정연구위원회.
석문주 외. 『학습을 위한 수행평가』, 교육과학사.
이종일. 1997, 「사회과 학습평가의 새로운 경향- 수행평가를 중심으로」, 석문주 외, 『학습을 위한
  수행평가』, 교육과학사.
최석진 외. 1991, 『교육의 본질 추구를 위한 사회과 교육 평가 체제 연구(II)-사회과 교육 평가의
  이론과 실제』, 연구보고 RR 91-19-4, 한국교육개발원.

Alleman, J. & J. Brophy. 1997, "Elementary Social Studies: Instruments, Activities, and Standards,"
  in Gary D. Phye(ed.), *Handbook of Classroom Assessment: Learning, Adjustment, and Achievement*,
  Academic Press.
Blum, Robert E. & Judith A. Arter(eds.). 1996, *Handbook for Student Performance Assessment*,
  Alexandria, Association for Supervision and Curriculum Development, Virginia.

Broadfoot, P. 1987, *Introducing Profiling*: *A Practical Manual*, Macmillan.

Christofi, C. 1988, *Assessment and Profiling in Science*: *A Practical Guide*, Cassel.

Graves, N. & M. Naish. 1986, *Profiling in Geography*, The Geographical Education.

Hall, Geoffrey. 1989, *Records of Achievement*: *Issues and Practice*, Kogan Page, London.

Lambert, D. 1990, *Geography Assessment*: *A Guide and Resource for Teachers*, Cambridge University Press.

Macmillan, James H. *Classroom Assessment*: *Principle and Practice for Effective Instruction*, Allyn and Bacon.

Mortimore, P. & A. Keane. 1986, "Records of Achievement," in F. Broadfoot, *Profiles and Records of Achievement*: *A Review of Issues and Practice*, Cassel.

Nuttal & Goldstein. 1986, "Profiles and Graded Tests: The Technical Issues", in F. Broadfoot, *Profiles and Records of Achievement*: *A Review of Issues and Practice*, Cassel.

Newman, Fred, M. 1997, "Authentic Assessment in Social Studies: Standards and Examples," in Gary D. Phye(ed.), *Handbook of Classroom Assessment*: *Learning, Adjustment, and Achievement*, Academic Press.

Wiggins, G. 1989, "Teaching to the Authentic Test," *Educational Leadership*, Vol.46.

제6부 지리교육연구

19 지리교과교육 연구의 영역과 방법

연구 중인 문제들을 적절하게 개념화해야만 적절한 방법론의 선택으로
옮아갈 수 있다. 연구자의 주요 기능은 연구문제에 대한
적절한 개념화에만 있는 것이 아니며, 더욱이 자료수집과
해석을 위한 기술과 절차를 장식하는 것도 아니다.
바로 방법론에 있는 것이다(Lidstone, 1988: 274, 275).

1. 지리교육연구의 필요성

지리가 학교에서 교과목으로 등장하면서 '초·중등학교에서의 지리교육', 이른바 '학교
지리'는 지리교육을 둘러싼 교육현상에 대한 연구를 바탕으로 전개되기보다는 지리학을
전수하는 지리교수(geography didactics)를 중심으로 전개되어왔다. 그동안 지리교육연구가
지리교수(geography didactics) 방법 중심에서 벗어나지 못하고 오랫동안 이러한 전통을 유
지해온 것이 사실이지만, 최근에는 지리교육 관련 현상을 좀더 전문적이고도 체계적으로
연구하는 경향이 형성되어 다양한 연구대상, 연구방법이 활용되고 연구의 결과로서 의미
있는 연구성과들이 나타나고 있고, 대학과 같은 고등교육기관에서 행해지는 지리교수현
상까지도 연구가 이루어지고 있다.

이러한 지리교육과 관련해 나타나고 있는 최근의 변화는 지리교육 외적인 사회환경적
변화와 대학에서의 교사양성과 관련한 교과교육에 대한 관심의 증대와 밀접한 관련이
있다. 왜냐하면 한편으로는 현대사회가 더욱 전문화, 조직화된 사회로 이행함에 따라 전
문성이 제고되는 교육의 필요성이 날로 높아지고 있으며 다른 한편으로는 교육현상을
바라보는 시각이 다양하게 확대되어 교과에 대한 인식이 높아졌기 때문이다.

종래 대부분 교과교육이 학문답게 보이지 않는다는 이유로 기피 대상이었기 때문에
교과교육의 체계적 발달을 보지 못했던 것이 사실이었다. 그렇지만 학교교육에 관한 이론
을 교과에 대한 이론만으로 구성하기는 어렵더라도 교과에 대한 관점을 포함해야 하고
그와 관련해 전개되어야 한다는 새로운 인식이 더욱 중요시되고 있다. 특히 학교교육이

교과교육을 중심으로 진행되는 실정과 교육의 활동과 내용을 조직하는 기본적인 단위로서 교과의 본질적 의의에 비추어 볼 때, 학생들을 교육할 교사교육에서의 교과교육은 무엇보다도 중요한 것일 수밖에 없다.

이와 같은 교과교육에 대한 새로운 인식의 증대는 무엇보다도 지리교육의 지평의 확대에 좋은 환경을 제공해주고 있다. 그러나 지리교육의 발달과 체계화를 가져오는 데는 부단한 노력과 아울러 이들을 뒷받침하는 연구가 필수적이다. 지리교육을 지리학의 한 분야인 응용지리학의 한 부분으로 간주할 것인지, 또는 교육학에서 실천교육학의 한 분야로서 교과교육학의 한 부분으로 취급할 것인지는 검토가 요구되는 문제이지만, 무엇보다도 지리교육이 건전한 지리학의 발전을 초래하고 학생들에게 의미 있는 교과교육의 하나로서 인식되기 위해서는 지리교육의 실행적 측면뿐만 아니라 실행에 앞서는 계획과 연구의 필요성에 대한 인식이 높아져야 한다.

그런데, '지리교육이 교과교육학으로서 지리교육학으로 성립되느냐'에 대한 논의는 앞으로 지리교육의 방향을 논하는 데 중요한 시사점을 줄 수 있다.

일반적으로 어떤 것을 교과로 삼고 어떤 것이 교과교육학의 형태로 정립할 수 있는가는 통합교과를 중심으로 교과교육학이 성립된다는 견해가 지배적이지만, '지리교육이 교과교육학의 하나로서 지리교육학으로 성립하느냐 하지 않느냐'의 문제는 더 깊은 논의가 필요하다. 예컨대, 교과교육학으로서 성립가능성에 대한 이돈희(1987)의 주장에 따르면, '개별적 교과'보다 '통칭적 교과'를 중심으로 그 가능성을 논하는 것이 가능하다고 했다. 그렇지만 국가마다 그 예가 다르므로 상이한 결론을 얻을 수 있다. 즉 미국의 사회과(Social Studies)나 일본 사회과의 영향으로 우리나라에서와 같이 지리를 사회과의 일부로 받아들이는 시각에서 본다면 지리교육을 교과교육학으로 보는 것은 불가능하다. 그렇지만, 유럽적인 전통에서는 지리학의 종합성 내지 통합성, 즉 자연과학과 인문학을 연결시켜주는 가교적 역할을 하는 것을 인정하여 특히 초·중등학교에서 지리를 역사와 더불어 전통적인 독립교과로 인정하는 경향이 강하다. 그러므로 지리과목이 통칭적 교과의 역할을 한다는 것을 인정할 때 지리교육학이 성립한다고 볼 수 있다.

다음으로 교과교육학이 어떤 형식으로 성립하는가에 대해 살펴보도록 한다.

이돈희(1987)는 지금까지 교과교육을 교사의 전문성을 규정하는 방식으로 생각하여 교사양성과정과 관련시켜 교과의 내용을 교수하고 학습하는 과정의 방법적 원리 혹은 기술에 관한 '교육방법 중심적 교과교육학'이 전통적 교과교육학의 주류를 이루어왔다고 주장하였다. 또한 그는 교육의 목적을 실현하기 위해 내용을 포괄적으로 이해하는 것과 더불어 교육의 방법적 원리를 개발하고 정당화하는 데 관심을 두는 '교과내용 중심적 교과교육학'으로 발전할 필요성이 있다고 지적했다.

그는 더 나아가 교과교육과 관련한 현상을 이론적으로 설명하고 예측하는 것을 완전히 배제할 수 없으며, 교과교육이 설령 교과의 교수에만 국한한다 하더라도 교수의 일반적 이론은 교과의 교수를 통해 검증되어야 할 뿐만 아니라, 한 교과의 교수에서 출발하는 새로운 교수에 대한 이론의 모색 또한 가능할 수 있다고 논했다. 이 점에서 그는 '교육이론 중심적 교과교육학'이 불가능하지는 않다는 근거를 찾았다. 그리고 그는 이러한 실천상황을 이론적으로 상정하는 교과교육학은 그 논리적 존립근거를 상실하는 것을 막아줄 것이라고 주장했다.

따라서 교과교육의 논리적 존립근거를 마련하기 위해서는 이론을 검증하고 실천상황을 이론적으로 상정하는 것, 즉 교과교육과 관련한 현상들을 심층적으로 연구하고 분석하는 것이 필수적이라는 것을 분명히 해준다. 지리교육 또한 논리적 존립근거를 마련하는 일은 이에 대한 체계적 연구의 모색에 있다고 해도 과언이 아니다. 실제로 교과교육뿐만 아니라 학교교육 전반에서 '왜, 어떤 것을 가르치는 것이 의미 있고, 또 무엇을 어떻게 가르칠 것인가'와 같은 의문에 대한 검토를 바탕으로 세운 계획과 학교에서 지리교육 현상은 항상 일치하지 않고 양자간에는 상당한 정도의 차이가 존재한다. 이 점은 교과교육으로서 지리교육이 교수방법적 원리의 탐색을 통해 문제해결을 시도하는 것에서 나아가 그에 대한 체계적 계획, 연구, 분석의 필요성을 유발시킨다. 지리교육은 임기응변적일 수 없으며, 지리교육과 관련되는 교육상황에 대한 종합적이고도 체계적인 대비가 부족할 때는 그 존립근거를 상실할 것이다.

따라서 지리교육의 발전을 도모하고 교과교육으로서 지리교육의 논리적 근거를 마련하기 위해서는 지리교육과 관련한 현상들을 탐구하고 분석하는 작업을 넘어서 지리교육연구를 체계화하고 이를 반성적으로 성찰하는 일이 요구되고 있다. 즉 교과교육으로서 지리교육의 존립근거를 마련하기 위해서는 지리교육 현상을 하나의 연구대상으로 설정하고 이러한 지리교육 현상을 이론을 통해 검증하며, 이를 바탕으로 실천 상황을 이론적으로 상정하는 이론적 체계화 과정이 필요하다고 하겠다.

지리교과교육이 학교에서 지리교수의 실행이라는 단순한 차원을 넘어서, 교과교육의 이론을 상정할 수 있는 하나의 학문으로서 존재하기 위해서는 최소한 다음의 세 가지 조건을 만족시켜야 한다. 첫째, 지리 교과의 내용을 교수하고 학습하는 과정의 방법적 원리 혹은 기술을 개발해야 하고, 둘째, 교육목적의 실현을 위해 지리 내용을 포괄적인 검토와 이해를 바탕으로 지리교육의 방법적 원리를 정당화할 수 있어야 하며, 셋째 지리교육과 관련한 현상을 이론적으로 설명하고 예측하며 새로운 지리교수에 대한 이론을 모색할 수 있어야 한다. 이러한 조건들은 지리교육이 실천교육학으로서 혹은 교과교육학으로 자기정체성을 확립하는 준거가 될 것이다.

2. 지리교육 연구의 영역

1) 월포스(Wolforth)의 교접면중심의 영역 분류

월포스(Wolforth, 1980)는 지리교육에서 연구가 필요한 부분은 지리교수와 지리교육의 배경을 이루는 학문과 만나는 부분 즉 교접면이라고 인식해 이 부분을 지리교육의 연구영역으로 제시한 바 있다. 그는 먼저 '교수학으로서의 지리(geography as didactics)'와 '배경학문인 과학으로서의 지리학(geography as science)'을 구분하여 양자간에 교차하는 면, 그리고 지리교수의 또 다른 배경학문이 되는 교육학에서 직접적으로 관련되는 분야인 교육과정 분야와 만나는 면, 그리고 교육심리분야와 관련해 학습이론과 만나는 면이 바로 지리교육에서 연구영역이라고 간주했다(<그림 19-1>).

그런데, 그의 접근에서 출발점은 '과학으로서의 지리학(geography as science)'과 '교수학으로서의 지리(geography as didactics)'를 구분하는 데 있다. 그는 전자는 본질적으로 장소 및 공간에 대한 호기심을 지향하고 있는 데 비해, 후자는 학습자의 장소 및 공간과의 관련에 대한 호기심을 지향하고 있다고 그 차이를 설명했다. '교수학으로서 지리'는 사회인으로서 학생들이 학습하는 방식으로 환경과 상호작용할 수 있다고 주장하면서, 그는 지리교육에서의 연구의 과제는 한 방향으로든 다른 방향으로든 이와 같은 학생들과 환경간의 상호작용의 본질 탐구에 대한 관심이라고 했다. 더 나아가 그는 양자의 차이점을 전자는 '순수분야'로, 후자는 '응용분야'로 구분하였다. 그에 따르면 지리학의 연구는 이론체 구성이 그 목표이기 때문에 학교지리의 내용과 방법론 양자 모두 많은 부분이 지리학의 연구에서 나온다. 이에 비해 지리교수에 대한 연구는 교사와 학생 그리고 교과 간의 상호 작용이 연구의 성과에 의해 이끌어지도록 하는데 의의가 있다고 주장했다.

그리고 그는 '교수학로서의 지리'는 지리학은 물론 다른 연구분야에도 관심을 둘 필요가 있는데, 그것은 주로 교육학과 연결되는 분야라고 생각했다. 그 첫 번째 영역은 교육심리학과 만나는 분야로 '어떻게 공간학습이 일어나는가'에 대한 이론적 연구체이다. 두 번째 영역은 교육과정이론으로서 철학, 심리학, 사회학에 그 뿌리를 둔 교육과정이론으로 이는 지리교수에 대한 연구에 좋은 자극을 제공할 것으로 기대했다.

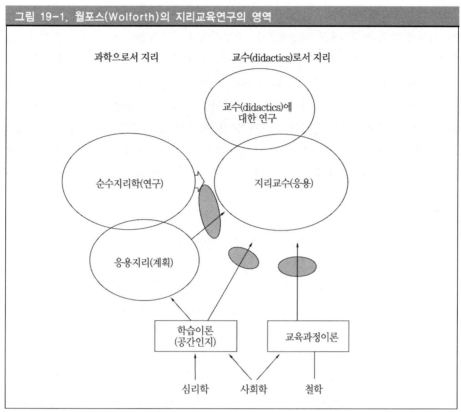

그림 19-1. 월포스(Wolforth)의 지리교육연구의 영역

출처: Wolforth(1980), p.171.

이에 따라 그가 제시한 지리교육의 연구영역은 구체적으로 다음과 같다. 첫째, <그림 19-1>에서 지리교육과 학습이론이 결합되는 국면의 연구로서 공간인지와 관련한 연구가 그 대표적 예이다. 그는 아동들이 어떻게 공간과 장소를 알게 되는가와 상이한 아동집단들 간에 공간인지의 차이(예로서 선호지역과 지도의 구성)는 어떠한가를 우선적인 연구과제로 제시했으며, 아동들이 습관적으로 교수매체로서 그들에게 제시되는 공간 및 장소의 이미지들을 어떻게 알게 되는가에 대한 것도 중요한 연구로 간주했다.

두 번째는 지리교육과 교육과정이론이 결합되는 국면에 대한 연구로서 지리교육과정 연구에 대한 전반이 모두 여기에 해당한다. 교육과정의 모델, 교수요목(syllabus)의 특정한 지리교육의 교수목표와, 전체 교육체제의 목적관과의 관계 등이 그 주제들이다.

셋째, 지리학으로서의 지리와 교수학으로서의 지리가 접하는 부분으로서 지리교육의 내용과 교수방법에 대한 연구가 그것이다. 특히 그는 대학지리와 학교지리가 관련을 맺는 부분이 대단히 중요하다고 생각했으며, 지리교사는 순수지리학을 실체적인 지식과 방법론의 원천으로 볼 수 있어야만 한다고 주장했다. 이와 더불어, 그는 지리학 모델의 조사 그 자체가 주요 강조점으로 한정될 때는 철학적이고 실질적인(practical) 문제가 발생하게 되므로, 지리교육자의 연구문제는 과학으로서 지리학의 성과들을 그것이 교육적인 가치를 갖도록 번역, 또는 '가공하는(processing)' 수단을 발견하는 것이라고 주장했다.

그런데, 이와 같은 월포스의 견해는 공간인지연구, 교육과정연구, 지리내용 및 교수방법론이 지리교육분야로서 존재할 수 있음을 지리교육의 학문적 배경을 통해 제시한 점에서는 탁월하나 역시 단점이 있다. 즉 오늘날의 발달된 교육과정이론에 비추어 지리교육연구의 영역들은 좀더 체계적으로 상세화할 수 있는 데 비해 개략적으로 3가지 분야만을 확인하는 데 그쳤다.

2) 힐(Hill)과 던(Dunn)의 과정적 접근에 의한 영역분류

힐(Hill, 1989)은 지리교육이 진행되는 과정에 따라 지리교육의 연구를 제시했다. 즉 그는 지리교육의 연구영역을 '무엇을', '어떻게', '어떠한 맥락에서'라는 3가지 질문에 대해 대답하는 과정을 토대로 제시했다.

'무엇을'에 해당하는 것은 어떠한 종류의 지리를 가르칠 것인가에 대한 것으로 결국 '지리교육의 내용에 대한 연구'라고 할 수 있으며, 지리학의 내용을 지리교육의 내용으로 번역하는 과정을 포함해 지리교육내용의 선정, 조직에 대한 연구가 여기에 포함한다. 두 번째의 '어떻게'라는 질문은 교수-학습이 이루어지는 과정에 대한 것으로서 '과정에 대한 연구'라고 그는 표현했다. 여기에는 인지적, 정의적 영역의 목표들을 통한 수업의 평가, 그리고 학생들의 공간표현능력의 발달, 그리고 그와 관련한 변인들에 대한 연구, 교수방법에 대한 연구가 포함된다. 맨 나중의 '맥락에 대한 연구'로 표현할 수 있으며, 이는 지리교육과 일반교육과정과의 관계, 지리교육향상을 위한 정책 및 전략적 차원(지리교육에 대한 홍보 및 교육과정개선전략), 그리고 지리교육과 관련한 학교교육체제를 비롯한 제도적 토대에 대한 연구를 포함한다.

그리고 던(Dunn, 1991)은 힐의 아이디어를 계승해 더욱 세분화시켰다. 그는 지리교육연구에서 가장 핵심적 연구는 교수자료를 개발하고 번역하는 일이라고 보고, 힐이 언급한 지리교육의 3가지 연구영역들은 결국 이를 향해 통합되어야 한다고 주장한다.

그는 지리교육에서 '내용에 대한 연구'는 정보, 지식과 이해, 기능, 태도와 가치, 관점/패러다임에 대한 연구로 구성되며, '과정에 대한 연구'는 교사훈련(교사양성 및 재교육), 교수/학습 이론과 전략, 평가, 인지적 그리고 정의적 발달과정에 대한 연구로 구성된다고

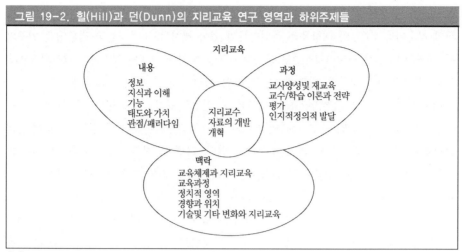

그림 19-2. 힐(Hill)과 던(Dunn)의 지리교육 연구 영역과 하위주제들

출처: Dunn(1991), p.98

하였다. '맥락에 대한 연구'는 교육체제와 지리교과와의 관계, 교육과정, 정치적 영역, 지리교육의 경향과 위치, 기술과 기타 변화와 지리교육과의 관계에 대한 연구로 구성된다고 하였다. 이를 그림으로 나타내면 <그림 19-2>와 같다.

그런데 던의 논의는 '왜 지리를 가르치는가'에서 시작하여 제도적 측면과 정책적 측면 등에 이르기까지 월포스의 것보다 광범위하게 지리교육의 여러 측면을 고려했다고 평가할 수 있다. 그렇지만 지리교육을 지나치게 교수를 중심으로 파악한 점이나 과정적 측면을 이론에 바탕하지 않고 경험적으로 처리해 교사양성과 교수/학습을 같은 영역으로 처리한 점 등은 적절하지 못하다고 볼 수 있다.

3) 연구결과 중심의 경험적 접근에 의한 영역 분류

국내의 지리교육 연구의 성과에 대한 검토는 1970년대의 정장호(1976)의 연구, 1980년대의 강환국·정환영(1983), 이중우(1987), 유홍식(1988)의 연구가 가장 대표적이며 포괄적이다. 특히 이들 연구성과의 정리는 몇 가지 지리교육적 변화와 관련이 있다. 즉, 1970년대 초반 HSGP와 관련된 지리교육에 대한 관심과, 1980년대 중반 대학원 석사과정의 증설과 지리교육 박사과정 설치 등과 밀접한 관련이 있다고 볼 수 있다. 그 중 1980년대 말의 이중우, 유홍식의 연구는 분야별 연구업적을 중심으로 정리한 가장 광범위한 것이라고 할 수 있겠다.

이 정리과정에서 연구 성과에 기초하여 지리교육 연구분야의 설정이 이루어졌다(표

19-1 참조). 정장호의 연구에서 교수법, 지리교육의 일반론, 교재내용 및 그 분석, 교재용도 서의 저술이라는 4개의 대항목은 하위항목이 없이 제시되었다. 강환국·정환영의 연구와 이중우의 연구에서는 지리교육연구 분야의 대구분과 함께 그 하위영역들이 제시되었으나, 양자 모두 경험적 구분을 시도해 연구분야의 설정 근거는 밝히지 않았다.

이에 비해 유홍식은 정태범(1985)의 교과교육 연구의 분류, 즉 교육목표론, 교과의 내용 구조, 교과교재론, 교과교수론, 교수평가론의 분류에 따른 연구분야를 설정함으로써 좀더 진일보한 지리교육의 연구영역을 제시하고 있다. 그런데, 정태범의 분류는 교육과정의 구성요소를 일반적으로 교육목표, 교육내용, 교수-학습, 교육평가의 4가지로 파악한 위에, 교수-학습을 교수론과 교재론으로 양분하여 5가지 영역을 제시한 것이다.

결국, 그는 정태범의 분류를 수정해 지리교육총론, 지리교육목표, 지리교육동향, 지리 교육방법, 지리교육교재, 지리교육평가의 6가지 분야로 대구분하고, 지리교육내용은 내용 구조, 구조화, 연계성, 의식 및 수준으로, 지리교육동향은 지리교육사, 외국의 지리교육, 검토 및 해설, 교사 및 연구로, 지리교육방법은 방법총론, 목표구현방법, 학습형태, 재료이 용방법으로, 지리교육재료는 교수자료, 교과서의 재료, 기타 교육재료로 소구분했다(<표 19-1> 참고). 그러나 그의 분류는 지리교육동향이 대항목으로 등장한 점이나, 내용구조, 구조화, 연계성, 의식 및 수준 등의 하위주제들이 초점이 없이 나열된 점으로 보아, 지리교 육의 연구대상으로 무엇이 있을 수 있는가를 교육과정의 틀을 통해 규범적으로 탐색하기 보다는 지리교육성과라는 결과에 가능하면 맞추어지도록 조정하는데 중점을 둔 연구영역 의 설정이라고 하겠다.

다음으로, 외국의 연구성과 중심으로 지리교육 연구영역이 제시된 예를 미국과 영국을 위주로 살펴보기로 하겠다. 먼저 미국의 경우 지리교육관련 박사학위논문에 대한 분석을 토대로 제시된 스톨트만(Stoltman, 1991)의 것이 대표적이다. 그는 박사학위논문의 분석을 통해, 연구성과들을 4가지로 범주화했는데, 그것은 '초등 및 중등(K-12) 지리교육', '지도 의 이용', '공간인지의 발달', '교육과정에서 지리 교과의 위치'였다. 이러한 범주화는 연 구주제 면에서 개념과 지식의 획득, 지도 기능의 발달과 계열, 교수방법과 교수기술, 학생 들의 공간적 인지적 발달, 지리 분야의 위치가 가장 많이 다루어졌기 때문이다. 그리고 그는 '초·중등 지리교육'을 초등(K-6) 지리교수의 내용 및 개념구분, 중등(7~12)의 지리 교수의 내용 및 개념구분, 초등 학습결과의 경험적 연구, 중등 학습결과 경험적 연구로 세분하고, 지도의 이용을 지도기능의 계열화와 지도 및 세계에 대한 이미지의 연구로 구 분했다. 결국 스톨트만의 경우도 이러한 구분의 근거는 경험적이었다고 볼 수 있다.

그런데 영국에서는 이러한 경험적 분류가 지리교육의 연구성과를 중심으로 시도된 예

표 19-1. 국내 연구성과중심 영역설정의 사례

유흥식(1988)	강환국 · 정환영(1983)	이중우(1987)
지리교육총론 (1) 단행본 (2) 비단행본	지리교육일반 (1) 지리교육일반론 (2) 지리교육의 문제점 및 개선책 (3) 국제학회 지리교육연구 보고	지리교육일반
지리교육일반	지리교육목표	
지리교육내용 (1) 내용구조 (2) 구조화 (3) 연계성 (4) 내용의 의식 및 수준	지리교육내용 (1) 교과교육내용 (2) 교육과정연구 (3) 지리교육의 구조화 연구	학습내용 (1) 지역 (2)지지 (3) 향토 (4) 가치교육 (5) 환경교육 (6) 인구교육 (7) 개념 (8) 용어 (9) 지명 (10) 학습모델 (11) 국제이해 (12)학교급별
지리교육동향 (1) 지리교육사 (2) 외국의 지리교육 (3) 동향의 검토 및 해설 (4) 교사 및 연구의 동향	지리교육사	지리교육발달
지리교육방법 (1) 교육방법 총론 (2) 교육목표 구현방법 (3) 학습형태 (4) 교육재료 이용방법	지리교육방법	학습지도 (1) 학습지도방법 (2) 야외조사 (3) 평가
지리교육재료 (1) 교수자료 (2) 교과서의 재료 (3) 기타 교육재료	지리교육자료 (1) 교과서 분석 (2) 교과서 이외의 학습지도자료분석 (3) 기타	교재 (1) 교재일반 (2) 문헌자료 (3) 지침서 (4) 교과서 (5) 정기간행물 (6) 통계 (7) 지도 (8) 부도 (9) 사진 (10) 모형
지리교육재료 (1) 교수자료 (2) 교과서의 재료 (3) 기타 교육재료	지리교육자료 (1) 교과서 분석 (2) 교과서 이외의 학습지도자료분석 (3) 기타	교재 (1) 교재일반 (2) 문헌자료 (3) 지침서 (4) 교과서 (5) 정기간행물 (6) 통계 (7) 지도 (8) 부도 (9) 사진 (10) 모형
지리교육평가	지리교육평가	
	지리교육심리	
		지리교육 과정(過程)

출처: 유흥식(1988), 122쪽.

가 많다. 리드스톤(Lidstone, 1988)은 대표적인 사례들을 수집해 제시했는데 그 예는 <표 19-2>와 같다. 이 중에서 오랫동안 영국에서 지리교육의 성과분석의 틀로서 사용된 롱(Long, 1964)과 내쉬(Naish, 1972)의 것은 연구결과 중심의 경험적 분류인데 비해, 코니(Corney, 1982)는 지리교육을 지리교육과정의 계획, 지리교육과정총론, 기타로 구분된 체계를 사용하여 좀더 상세하게 제시하였다. 그러나 지리교육과정총론으로서 제시한 지리의 교육과정에 대한 공헌, '교육과정의 개발과정과 변화에 대한 영향'은 지리교육목적론과

표 19-2. 영국의 지리교육 연구영역 설정 사례

Long(1964)	Naish(1972)	Corney(1982)
지리교수의 테크닉 지리의 이해와 평가 학생의 지리에 대한 관심과 태도 지리교육 아이디어의 개발	관심과 태도 국제이해 비교교육 아이디어의 사적 발달 평가와 시험 인지발달/학생의 지리적 사고 교육과정과 교육과정의 변화: 현위치와 가능한 발전 다른 교과와의 연계 대학지리교육 학교지리와 지리학의 성격 변화 간의 관계 변화 학교지리의 중간단계와 조기졸업자 교수테크닉	지리교육의 교육과정 계획 학생의 발달 지리의 내용 학습테크닉과 지리교수 교수스타일과 교수전략 시험과 평가 지리의 교육과정에의 공헌 교육과정의 개발과정과 변화에의 영향 지리교사와 지리교육제도 교육에 대한 지리적 연구 외국의 지리교육

출처: Lidstone(1988), pp.276~277.

지리교육과정 개발론에 관한 것으로 보아야 적절할 것 같고, '기타'로서 제시한 지리교사와 지리교육제도 등을 비연속적인 연구로 본 점은 특히 오늘날과 같이 교사교육이 강화된 입장에서 본다면 적절하지 않다.

한편, 그밖에도 영국에서의 지리교육에 대한 연구성과들이 1980년대 이후 그레이브스 (Graves, 1980, 1981, 1982)에 의해 학술지인 *Progress in Human Geography*의 분야별 발전상황 보고란에서 여러 차례 검토된 적이 있다. 그러나 그가 행한 1980년, 1981년, 1982년의 세 차례의 검토에서 사용한 지리교육 성과의 항목들이 모두 상이하다. 그 예로 1980년에 그가 사용한 틀을 보면, 지리교육사, 지리교육철학과 목적, 교육과정, 학습문제와 교수전략, 평가와 시험, 비교연구의 6가지가 있는데 이는 이후의 분석틀을 이루는 근간이 되었지만 그러한 구분 역시 그 근거를 경험에 두고 있다. 그리고 그레이브스(1987)는 그때까지의 영연방에서의 지리교육 연구에 대한 종합적 평가를 행했는데, <표 19-2>에 제시된 롱의 영역구분을 이용하여 시기별 평가를 하였다. 그는 1960년대 이전의 지리교육은 주로 교수기술을 중심으로 이해와 평가에 초점이 주어졌으며 1960년부터 지리교육의 역사적 비교연구가 등장하였다고 평가하였다. 그리고 그는 1970년대에 들어서면서 지리 평가 방법에 대한 관심이 증대되었고 아동의 그래픽 자료의 인지와 해석, 상이한 연령의 아동의 문제해결능력, 환경인지에 대한 연구가 증가했다고 평했다.

이러한 연구성과를 중심으로 지리교육의 연구영역을 설정하려는 시도는 연구의 결과를 바탕으로 해 당시까지의 대략적인 동향을 파악하고 그 결과들을 평면적으로 평가하기는 편리하지만, 지리교육의 미래의 방향모색을 위한 틀로 사용되기는 어려울뿐더러 지리교육의 존립을 위해 어떠한 연구가 있어야 하는지와 특정 연구가 지리교육연구에서 어떠한 의미를 가지는지에 대한 대답을 주기에는 부족하다.

4) 규범적 접근을 통한 지리교육연구 영역의 분류

지리교육연구의 영역설정은 근본적으로 지리교육의 대상에 대한 논의, 즉 지리교육은 무엇을 연구할 수 있는가라는 질문과 결부시킬 수 있으며, 연구의 형태는 연구방법론과 관련하여 논해진다. 따라서 지리교육이 어떠한 것을 연구대상으로 하며 그것은 어떠한 연구영역을 구성하게 하는가에 따른 규범적 접근에 의해 지리교육 연구의 영역을 탐구할 수 있다.

월포스가 지리교육연구 영역을 설정하는 데 있어서 지리교육의 연결적 속성을 찾기 위해 활용한 두 가지의 학문적 배경, 즉 교육학적 배경과 지리학적 배경을 이용하면, 한편으로 지리교육이 전개되는 과정, 즉 교육과정의 양상과 그 구성요소들이 지리교육의 연구대상이 되며 다른 한편으로는 지리학의 하위분야들이 연구의 대상이 된다. 이렇게 하면, 힐과 던이 고려한 지리교육의 과정적 측면을 좀더 포괄적이면서 계통적으로 파악할 수 있다. 그러나 학교수준의 차이는 또한 지리교육의 질적, 양적 차이를 가져오는 요인이므로 과정과 수준을 동시에 고려하기 위해서는 학문적 배경을 통해 파악한 대상들을 수준에 따라 재고려할 필요가 있다.

따라서 지리교육연구의 영역설정을 위해 배경학문에서 오는 두 가지 대상영역, 즉 '교육학에 있어서 교육과정의 관점에서 본 대상영역'과 지리학의 학문적 대상영역을 고려하고, 마지막으로 그것을 수준에 따라 구분할 수 있다.

첫째, 배경학문으로서 교육학을 고려하기 위해 교육과정을 통해 파악되는 대상을 이용해 지리교육연구의 영역을 살펴보자. 광의적으로 학교교육을 통해 전개되는 모든 교육내용의 계획이라고 정의되는 교육과정은 교육현상을 총체적으로 파악하는 데 유용하며, 교육과정을 이루는 요소들은 각각 교육현상에 대해 체계적인 이해를 제공하기 때문에 지리교육의 연구의 실체를 파악하는 데 도움을 줄 것이므로, 여기에서는 교육과정의 개념을 통한 접근을 시도한다.

이러한 접근의 예로는 정세구(1988)에서 찾을 수 있다. 그는 사회과교육에서 연구의 정립을 위한 구조를 제시하기 위해 학적연구대상, 연구방법론을 연구접근모형의 중요한 지표로 사용했다. 그는 사회과가 가지고 있는 특수성, 즉 사회과 안에 여러 가지 학문을 다시 포함하고 있는 점을 고려해 기초 및 배경학문들을 학문적 연구대상의 한 방향으로 잡고, 통합된 사회과가 그 자체로서 가지는 학적대상은 교육과정의 요소에 따라 다른 한 방향을 제시했다. 기초 및 배경학문별로는 정치, 경제, 사회 및 문화, 지리, 역사, 가치교육으로, 교육과정요소로서는 목표, 내용, 지도방법, 평가, 교수자료, 교사교육, 교육환경, 교과역사, 초·중등 교육과정으로 제시했다. 하지만 그가 제시한 사회과학 교육학의 접근모형에서 채택된 학문적 배경은 지리교육의 측면에서는 지리학과 교육학으로 보아야 할 것이며, 연구방법 또한 개별 교과마다 달라질 수 있고, 초·중등교육과정은 교육과정의 요소로 파악하기 힘들다.

지리교육연구의 대상을 교육과정이론에서 따라 재정리해보면, 일반적으로 교육과정의 구성요소는 이영덕(1969)의 구분처럼 교육목표, 교육내용(선정 및 조직), 학습경험 과정(지도방법, 자료, 상호작용, 분위기), 평가, 네 가지로 제시된다. 그러나 이러한 구성요소를 가진 교육과정은 관점에 따라서, 이들 구성요소들의 배열을 달리하면서 계획되고 개발된다.

짜이스(Zais, 1977)는 이와 같이 교육과정을 다루는 분야의 여러 가지 개념들, 즉 교육과정의 기초, 교육과정의 설계, 교육과정의 구성, 교육과정의 개발, 교육과정의 시행, 교육과정의 공학 등의 개념을 구분하고 정리한 바 있다. 그가 구분한 교육과정의 기초는 철학적, 심리적, 사회적 기초를 다루는 것으로, 일반적으로 교과에서는 교과교육과정에서의 위치와 의의 및 그 정당화 등을 탐색하는 것이 되므로 교과에서의 교육과정철학 내지 교육철학이라고 보아도 무방하다. 그리고 교육과정의 시행과정은 교육과정의 구성요소를 통해 파악할 수 있다. 교육과정의 설계는 교육과정요소의 배열방식에, 교육과정의 개발은 교수자료의 개발측면에, 교육과정 개선은 교육과정요소의 일부의 변화에 초점을 맞추는 차이점은 있지만, 교과 측면에서 보면 이는 교육과정 계획 및 개발의 측면으로 통합된다. 그리고 교육과정공학은 교육과정 및 교수의 체제와 관계되는 것이지만, 교과의 경우에는 오히려 학교제도와 정책의 측면이나 교수과정과 밀접하게 관련시킬 수 있는 것이다.

따라서 지리교육을 교육과정의 측면에서 고찰할 때 관계되는 양상과 구성요소들을 정리하면, 교육사 및 철학, 교육과정 개발 및 계획, 교육정책 및 제도 등이 있고, 교육과정 시행과정의 중요한 구성요소로는 교육목표, 내용(선정 및 조직), 교수-학습 과정(지도방법, 자료, 상호작용, 분위기), 평가가 있다. 그런데 교육과정이 그레이브스(1979)처럼 일반적 수준과 교수 수준의 두 가지 수준으로 파악되거나, 이영덕(1987)처럼 국가 및 사회적 수준의 교육과정, 교사 수준의 교육과정, 학생 수준의 교육과정으로 파악하는 것을 참고할 수 있다. 이때 교과교육에서 교과의 교수가 많은 비중을 차지하는 점을 고려하면, 교수-학습 과정은 좀더 세분해 교수론(지도법), 학습론, 교재론으로 구분할 수 있다.

따라서 지리교육에 대한 연구영역을 대구분하면, 지리교육철학, 지리교육과정 개발 및 계획론, 지리교육정책 및 제도론, 그리고 교육과정구성요소에 따라서 지리교육목표론, 지리교육 내용론, 지리교수-학습론, 지리교육 평가론으로 대구분할 수 있으며, 지리교수-학습론은 지리교수론, 지리학습론, 지리교재론, 지리수업환경론으로 소구분할 수 있다. 지리교수론은 지리교수법, 지리교수 전략론, 지리교수 공학론으로 다시 소구분될 수 있으며, 지리교재론은 지리교재 및 개발로 확대할 수 있으며, 지리교육과정의 계획 및 개발에서는 지리교육과정개발, 지리교육과정계획, 횡교육과정(국제이해교육, 사회과교육, 환경교육, 가치교육, 세계교육 등)을 다룰 수 있다.

특히 지리 교수-학습론에서 상세화할 수 있는 연구로는, 지리탐구 및 사고 과정 등 지리학습 일반에 대한 연구(지리학습론), 지리에서의 인지적, 정의적 발달과정 및 공간인지에 대한 연구(공간인지발달론), 교수 스타일, 교수방법, 지리교수전략에 대한 연구(지리교수론), 교수 자료(예: 교과서, 참고자료) 및 매체(지도 등), 그리고 교수환경에 대한 연구(지리교재 및 매체론), 더 나아가 시험 및 평가에 대한 연구(지리 교수-학습 평가론) 등을 들 수 있다. 지리교육의 제도와 정책에 대한 연구는 학교에서 지리와 관련되는 제도와 정책에 대한 아이디어들을 탐색하는 것, 대학에서 지리학과의 방향, 진로에 대한 정책적 고려, 그리고 교원교육 등에 대한 연구들이 있을 수 있다. 후자의 두 가지는 주로 대학 수준의 지리교육과 맞물려 있는 것으로 이후에 언급하기로 한다.

두 번째로, 지리교육의 연구대상을 지리학의 학적 연구대상에서 찾아 영역을 설정해 보도록 한다. 이는 지리학의 연구에서 대상에 따른 학적 분류를 활용하는 것이다. 즉 지리학의 연구분야에 따라 지리교육의 연구대상을 설정해 그것을 지리교육의 연구영역으로 삼는 것이다.

지리학의 학문적 계통의 분류는 학자들마다 상이할 수 있으나 대체적으로 바레니우스적 전통에 따라 지지(지역지리)와 계통지리의 대구분이 가능하며, 후자의 계통지리는 대체로 인문지리, 자연지리, 응용지리로 구분하는 것도 가능할 것이다. 따라서 지리교육 측면에서 보면, 지지교육과 계통지리교육으로 대구분하거나 더 나아가 지지교육, 인문지리교육, 자연지리교육, 응용지리교육으로 4가지로 크게 구분할 수 있을 것이다. 지지교육에서는 향토교육, 세계지리교육 등의 주제들이 있을 수 있으며, 응용지리교육으로는 환경지리교육 등의 주제가 있을 수 있다.

그런데, 최근 인문지리학에서 학문의 발달로 경제지리학, 도시지리학, 인구지리학, 촌락지리학, 문화지리학, 역사지리학 등으로 분화되어가는 추세에 맞추면, 이들 배경학문을 대상으로 한 경제지리교육, 도시지리교육, 인구지리교육, 촌락지리교육, 문화지리교육, 역사지리교육이 성립할 수는 있다. 그러나 대체적으로 이들 경제지리학, 문화지리학 등은 지리학의 인접학문과 중첩되거나 연계된 학문분야이므로 지나친 세분화는 오히려 지리교육의 의미를 오히려 희석시키고 감소시킬 수 있을 것이므로 이들은 인문지리교육 등으로 통합되는 것이 바람직하다. 즉 이들이 지리교육의 연구영역으로 설정될 경우, 경제교육, 인구교육 등과 같이 횡교육과정의 일부로서 다루어지게 되어 지리의 통합성이 오히려 상실되기 때문이다.

마지막으로 지리교육의 연구영역을 학교교육의 수준에 따라 설정해 보도록 한다. 일반적으로 학교수준을 초등, 중등, 고등으로 구분하지만 최근에 등장하고 있는 성인교육 및 생애교육의 중요성에 비추어 보면, 지리교육을 초등지리교육, 중등지리교육, 고등지리교육(대학지리교육), 생애교육으로 구분할 수도 있을 것이다.

초등지리교육은 지리와 관련한 개념형성 초기에 장소, 공간, 환경 등에 대한 올바른 인식을 키워주고 평생에 걸쳐 지리를 삶에서 활용하는 토대를 구축해주기 때문에 매우 중요하다. 그러나 그동안 우리나라 초등학교에서의 지리교육은 주로 사회과의 일부로서 빈약하게 다루어지고 있어 좀더 많은 연구가 요구된다. 중등지리교육은 그동안 지리교육의 주된 대상이었다.

고등교육에서의 지리교육에 대한 관심은 두 가지의 방향, 즉 대학에서의 지리학 교수를 위한 교육과정 개발과 교원교육 체계화의 방향에서 활발하게 일어나고 있다. 대학에서 학문을 전수하는 과정은 기본적으로 교수(didactics)현상의 하나이며 학문의 발달에 따라 그 양상을 달리해왔다. 대학에서의 지리학도 물론 교육의 한 형태로 전개되므로 이에 대한 인식 또한 좀더 넓어지고 있으며, 골드(Gold, 1991)처럼 교수법에서 대학 지리학과의 교육과정에 이르는 전과정을 교육적 측면에서 재검토하려는 노력도 보인다. 그리고 대학에서의 교원교육은 직전교육(pre-service)과 현직교육(in-service)로 구분할 수 있는데, 특히 최근 교과교육에 대한 관심은 홍웅선(1983), 정태범(1985), 이화국(1988a, b)에 의해 활성화되었다.

생애교육의 측면에서 보면, 장소, 공간, 환경에 대한 지식은 일생을 통해 필요하다. 또한 학교교육이라는 형식교육을 넘어 성인의 비형식교육을 통해서도 지속적으로 학습이 이루어지므로, 지리교육의 장소 및 공간학습, 환경교육은 사회교육에 공헌하는 바가 크다. 그리고 사회인들로 하여금 다양한 지리적 지식 및 기능을 유용하게 활용하도록 하고, 장소 및 공간에 대해 올바른 관점을 제공해주는 것은 지리교육을 보다 의미 있는 교육활동으로 향상시킬 것이다.

그러므로 지리교육은 전개되는 수준에 따라 초등지리교육, 중등지리교육, 고등지리교육, 생애교육으로 구분해 그 영역을 설정할 수도 있을 것이다.

3. 지리 교과교육학의 구조

1) 교육의 과정과 지리교과교육학의 구조

지리교과교육학의 구조를 마련하는 일은 지리교과교육의 연구영역을 설정하고 검토하는 일과 기본적으로 그 틀을 같이하며, 지리교과교육의 영역 내지 지리교과교육의 연구영역에 대한 검토는 여러차례 제시된 바 있는 일반적 교과교육 영역의 구분들을 이용할수 있다.

먼저 교과교육의 과정에 근거해 규범적으로 교과교육의 영역들을 설정하는 것을 들 수있다. 예를 들어 교과교육의 과정을 토대로 한 정태범(1985)의 규범적 분류에 따르면, 교과교육학은 교과교육목표, 교과교육내용, 교과 교수론, 교과교재론, 교과교육평가의 5가지로구분할 수 있을 것이다. 이때 제시될 수 있는 지리교과교육학은 지리교과 목표, 지리 교과내용론, 지리 교과교수론, 지리 교과교재론, 지리 교과평가론이 될 수 있을 것이다.

이를 지리교육의 과정을 통해 재검토해보면 교육이 '왜', '무엇을', '어떻게'에 답하는과정으로 진행된다고 볼 때, 지리교육의 과정은 '왜 지리를 가르치는가?', '지리에서 무엇을 가르치는가?', '지리를 어떻게 가르치는가'로 규범적으로 구분될 수 있을 것이다. '왜'에 해당하는 것은 지리교과의 철학적 정당화와 이해에 해당할 것이며, 이는 지리교과의존재 의미를 인식론적으로 밝히는 것이 된다. '무엇을'에 해당하는 것은 지리교육의 목적과 목표, 그리고 지리교과의 내용에 해당하는 것이며, 무엇을 지향해 지리를 교육할 것인가와 이러한 목표를 달성하기 위한 구체적인 내용은 무엇인가에 대한 것이다. '어떻게'에해당하는 것은 지리 교과의 운영원리에 대한 것이다. 이에는 지리교육의 이론 및 방법에해당하지만 구체적으로 지리교수의 방법, 지리수업활동의 계획, 지리학습, 지리 교수-학습 자료, 지리수업교재, 지리수업매체, 지리평가가 될 것이다.

이렇게 보면, 지리 교과교육은 지리교과의 철학, 지리교과 목적과 목표, 지리교과의내용 , 지리교수방법, 지리수업계획, 지리학습, 지리 교수-학습자료, 지리 교수-학습매체,지리평가로 구성된다고 할 것이다.

이를 좀더 압축하면, 지리교과의 철학과 목적, 목표가 하나로 묶일 수 있고 교수방법과수업계획 또한 하나로 묶일 수 있으므로 지리교과 목적·목표론, 지리교과 내용론, 지리교과 교수론, 지리학습론, 지리 교수-학습 자료론(전통적으로는 교재론), 지리 평가론으로 정태범의 모형으로 되돌아가게 된다.

2) 교과교육 연구의 다차원성과 지리 교과교육학의 구조

앞에서 언급한 바와 같이 교과 교육연구 대상들의 다차원성을 고려하면서 지리교육의 연구 영역들을 설정할 수 있을 것이며, 이를 통해 지리 교과 교육학의 영역을 제시할 수 있을 것이다. 이때 지리교과교육의 연구영역은 좀더 다양해지며, 배경학문의 내용 영역과 교과교육의 이론영역이 더욱 잘 결합된 영역들이 제시될 수 있을 것이다.

교과교육현상의 다차원적인 틀은 규범적인 교육의 과정에 따른 인식대상, 교육의 과정에 대한 거시적 시각에서 본 인식대상, 교과교육의 내용이 되는 학문적 배경을 바탕으로 한 인식대상, 교육이 진행되는 교육체제의 수준에 따른 인식대상에 따라 구성될 수 있을 것이다.

교육의 과정에 따른 인식대상을 보면, 교육의 과정이 미시적으로는 교수-학습이 중심이 되며, 거시적으로 보면 교육과정 자체의 개발, 교육과정의 철학과 학사, 교육과정 정책 등으로 볼 수 있을 것이다. 그러나 이 양자는 교육의 과정이라는 측면에서 동일한 인식의 연장선장에서 볼 수 있다.

미시적 교육의 과정을 중심으로 보면, 지리교육의 연구 대상영역은 앞에서 본 규범적 교육의 과정에 따른 분류와 일치하게 된다. 즉 지리교육의 연구대상 영역은 지리교과 목적·목표론(지리교육 철학, 지리교육 목표), 지리교과 내용론, 지리교과 교수론, 지리학습론, 지리교수-학습자료론(교재론, 교수-학습 자료론, 지리 수업 매체론), 지리평가론으로 나누어 질 수 있다. 지리교육의 과정을 거시적으로 보면, 지리교육의 시행과정은 지리교육과정의 개발, 지리교육정책 및 제도, 지리 교사교육(전직 및 현직)에 의해 이루어지며, 이는 지리교육사로 남는다.

교과교육의 학문적 배경을 바탕으로 하는 지리교육을 보면, 지리학의 다양한 학문적 분야들마다 각각의 고유한 영역들이 존재할 수 있을 것이다. 최근 지리학은 더욱더 세분되는 경향을 가지고 있지만, 지나친 세분화로 인해 지리교육 본래의 의미를 상실하지 않기 위해서는 우선 지리학 학문분류의 중구분정도를 이용하는 것이 적절하다고 본다.

그런데 지리학은 공간의 연구, 장소 및 지역의 연구, 환경의 연구를 종합적으로 보여주는 학문이므로 이들 영역들은 상당한 영역내의 튼튼한 연계망이 있다고 볼 수 있을 것이다. 그리고 공간의 연구는 주로 지리학의 계통적 성격을 반영하는 것으로 계통지리의 대표적 영역인 인문지리와 자연지리로 재구분할 수 있을 것이다. 이들 각 영역에는 매우 세분화된 영역들이 있다. 장소 및 지역의 연구는 이른바 지역지리 내지 지지로 불리는 지리학의 학문분야로서 스케일(scale)에 따라 장소연구, 중규모지역, 대규모지역으로 나눌 수 있다. 이미 기존의 지리교육에서 장소연구는 장소 및 향토교육으로, 중규모지역으로는 한국지리교육이, 대규모지역은 세계지리교육으로 생각해 볼 수도 있다. 환경의 연구는 환경지리와 기본적으로 지리의 다양한 응용을 주로 다루는 응용지리로 나누어 볼 수 있지만, 환경지리로 대표될 수 있을 것이다.

따라서 지리교과 교육을 학문적 배경을 중심으로 보면, 그 영역들은 최소한 자연지리교육, 인문지리교육, 지역지리(지지)교육, 환경지리교육으로 구분할 수 있을 것이다.

교육이 진행되는 교육체제의 수준에 따라 교육은 학교전 교육, 초등교육, 중등교육, 고등교육, 생애교육으로 구분할 수 있을 것이며, 이에 따라 지리교육도 학교전 지리교육, 초등지리교육, 중등지리교육, 고등지리교육, 생애교육으로 나누어서 생각할 수 있다. 학교전 교육은 대체로 초등교육의 연장선상에서 파악하는 경우가 많기 때문에 유치 및 초등지리교육으로 묶을 수 있을 것이다.

따라서 지리교육연구의 대상은 거시적인 것과 미시적인 것을 포함하는 교육의 과정에 따른 인식대상, 학문적 배경에 따른 인식대상, 교육체제의 수준에 따른 인식대상의 3차원으로 파악할 수 있을 것이며, 이를 도표를 통해 제시하면 <그림 19-3>과 같다.

그림 19-3. 지리 교과교육학의 구조

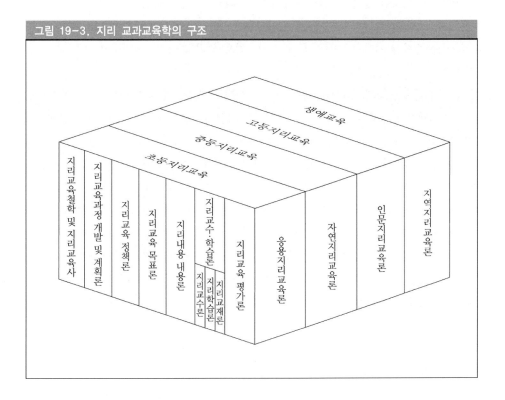

4. 지리교과교육 연구의 연구유형과 연구방법

1) 지리교과교육 연구의 연구유형

지리교육연구의 성격과 그 학문적 특징을 지리교육, 교과교육, 교육학과의 관련성 속에서 파악하기 위해서는 지리교육연구의 대상, 연구방법 및 관심을 고려하면서 지리교육연구를 분류할 수 있을 것이다. 가장 좋은 예는 이돈희(1987)의 구분으로 교육방법 중심적 교과교육학, 교육내용 중심적 교과교육학, 교육이론 중심적 교과교육학으로 삼분하는 것이며, 이에 따르면 지리교육연구는 '교육방법 중심적 지리교육연구', '교육내용 중심적 지리교육연구', '교육이론 중심적 지리교육연구'로 나누어 볼 수 있을 것이다.

그런데, 교육방법 중심적 지리교육연구는 지리교과의 내용을 교수하고 학습하는 과정의 방법적 원리 혹은 기술에 관한 연구를 하는 교과교육연구로서 나타난다. 이는 전통적인 지리교과 내용에 특수한 교수기술에 대한 연구와 지리교과의 내용의 교수-학습 과정에 대한 방법과 관련한 교육학 이론에서의 도입 및 적용이라는 두 가지를 모두 생각해볼 수 있다. 즉 이러한 형태의 교과교육연구는 '교과제한적 교육방법'에 대한 교과교육연구와 '교과 비제한적 교육방법'에 대한 교과교육연구로 구분할 수 있을 것이다. 이때 전자는 교수기술 중심적 지리교육연구, 후자는 이론적용 중심적 지리교육연구라고 할 수 있을 것이다.

전자의 경우는 교과교육학에 대한 심층적 이해가 부족할 때 나타나는 교과교육학으로 교과의 내용을 단순히 가르치고 배우는 과정의 방법적 원리 혹은 기술에 관한 것으로서 '방법중심 교과교육학'이라고 볼 수 있다. 그러나 이러한 교과교육학은 단순히 교육학의 주변학문으로 파악되고 그리고 교과의 특성에 상관없는 일반적인 교육학을 분리해 강조하게 되어 교과의 특성을 반영하지 못하는 구조적 한계를 지닌다. 그렇지만 이러한 교육방법중심적 교과교육연구는 교육이론을 적용하거나, 교과에 특정한 현상을 일반화함으로써 보다 높은 수준의 연구로 발전할 수 있다.

따라서 지리교과교육 연구는 전통적인 지리교수의 기법에 대한 관심을 주로 연구하는 교수기술 중심적 지리교육연구, 일반교육학 이론을 도입하고 적용함으로써 교과적 보편성과 차이성을 파악하려는 이론적용 중심적 지리교육연구, 지리교육 내용으로서 지리적 지식을 중심으로 교육이론과의 접목을 추구하는 교육내용 중심적 지리교육연구, 지리 교과의 특정한 현상을 바탕으로 교육적 이론을 끌어내는 데 관심을 두는 교육이론 중심적 지리교육연구의 네 가지의 형태로 구분할 수 있다.

첫째, '교수기술 중심적 지리교육연구'는 전통적인 지리교과내의 특수한 교과기술에 대한 것 즉 지리 교과 제한적인 교육방법에 대한 교과교육연구로써 가장 대표적인 것이 지도학습에 대한 연구(예: 한균형·강용진, 1999)라고 할 수 있다.

둘째, '이론적용 중심적 지리교육연구'는 지리 교과내용의 교수-학습과정에 대한 방법에서 교육학 이론의 도입과 적용이 중심이 되는 것으로 최근에 많은 논의가 있었던 지리과에서 협동학습의 도입에 대한 논의(예: 유수현, 1998)가 그 예이다.

셋째, '교육내용 중심적 지리교육연구'는 지리교육내용에 대한 포괄적인 이해를 바탕으로 지리교육 및 교육의 방법적 원리를 개발하고 정당화하는 데 관심을 둔다. 주로 지리교육 내용의 원천이 되는 지리학 및 관련학문의 내용을 중심으로 교과교육을 모색하는 연구로서 나타나며, 월포스(1980)에 따르면 과학으로서 지리학의 성과들을 그것이 교육적인 가치를 갖도록 변역하는 또는 '가공하는' 수단을 발견하는 것이다. 이러한 예들은 이은실 (1998), 이영민(1999), 송호열(1999), 조성욱(2000)의 연구에서 잘 나타나고 있다.

이는 특정한 수준의 학생들에게 교과의 내용을 제시하는 구체적 연구인데, 지리교과의 내용적 지식을 학생들에게 이해시키기 위해 동원하는 여러 가지 표상의 방식에 대한 연구를 포함하게 되면 교과교육연구로서의 특수성을 좀더 많이 확보하게 된다. 이와 같은 지리적 지식의 표상방식의 측면에서 보면 이러한 지리교육연구는 내용뿐만 아니라 방법의 측면에도 특수성을 갖게 된다.

즉 지리학습과 관련지어 보면, 특정한 지리내용의 학습을 위해 주로 지리학습이 전통적으로 사용해온 지도와 그래프의 활용, 야외조사 등 다른 교과와 구별이 되는 지리적 지식의 표상을 사용한다는 점에서 지리교육연구의 고유성 내지 특수성을 보여줄 수 있을 것이다.

그런데, 이러한 연구를 통해 얻어지는 지식이 이론화·일반화되면, 교과교수에 대한 단순한 지식도 아니고 일반교육학의 범주에도 포함되지 않는 교과특정현상에 대한 일반적 지식이 된다. 이처럼 교과의 특정한 내용, 지식의 구조, 학습자를 동시에 고려하게 되며, 내용과 방법이 통합된 양식이 된다. 이 경우 이러한 연구에서 얻어지는 지식들은 교육이론중심적 교과교육연구의 결과로 나오는 지식들과 유사한 점을 가지게 된다.

넷째, '교육이론 중심적 지리교육연구'는 지리라는 한 교과의 교수에서 출발하는 새로운 교수에 대한 이론의 모색으로서 즉 교과교육에서 실천상황을 이론적으로 상정하는 교과교육이 가능하다고 보았다. 또한 이러한 연구는 교과와 학생의 이해, 교수를 위한 매체, 그리고 교수과정이 관련된 교수내용에 대한 지식을 바탕으로 해 이루어지는 연구이다. 이러한 연구를 지향하는 연구로서 서태열(1996), 권정화(1997), 박승규(2000)의 것들이 있다.

　　지리교육연구에서 교육이론 중심적 교과교육연구가 될 수 있는 연구(네 번째의 연구영역)의 대표적 예는 공간인지와 관련한 연구이다. 이 연구는 아동들이 어떻게 공간과 장소를 알게 되는가, 그리고 상이한 아동집단들간 공간인지의 차이(장소 선호와 멘탈 맵(mental map)의 구성)는 어떠한가, 아동들이 습관적으로 교수매체로서 그들에게 제시되는 공간 및 장소의 이미지를 어떻게 알게 되는가와 같은 것들이 우선적인 연구과제들이다. 그리고 지리교육연구는 이를 통해 아동들의 인지발달을 구명하고 사회과에서 시간인식, 사회현상에 대한 인식과 더불어 사회인식의 근간을 이루는 공간인식과 환경학습에 대한 이해를 도와줄 것이다. 또한 지도의 이용과 관련된 연구는 최낭수(1983, 1998, 1999)의 연구처럼 지도기능의 계열화, 세계와 장소에 대한 이미지의 학습, 그래픽 자료의 인지와 해석, 지도기능을 비롯한 기능의 발달과 계열에 대한 이해를 도와줄 것이다.

　　이러한 분류를 바탕으로 보면 지리교육이 크게 성장했던 1960년대 말과 1970년대 초에는 교수기술 중심적 지리교육연구, 교육내용 중심적 지리교육연구가 중심이 되었고, 1990년대 이후에는 이론적용 중심적 지리교육연구와 교육이론 중심적 지리교육연구가 중심이 되면서도 교육내용 중심적 지리교육연구가 재조명되어 지리교육이 발달했다고 평가할 수 있다.

　　특히 1995년 이후의 지리교육연구는 매우 큰 변화의 방향이 나타나고 있는데 다음의 세 가지로 요약할 수 있다.

　　첫 번째의 변화양상은 교육내용 중심적 교과교육학과 관계되는 지리내용중 심적 지리교육연구가 두드러지게 증가했다는 점이다. 즉 지리교육연구의 교과교육연구로서의 특수성을 교과내용적인 측면에서 추구하려는 노력들이 매우 강화되었으며, 이는 교과교육연구로서의 보편성을 지니기 위한 노력들과 동시에 진행되었다는 점에서 주목할 만하다.

　　두 번째는 교육방법 중심 교과교육학적 연구가 여전히 주를 이루면서 지속적인 증가세를 보인다. 이는 첫 번째의 변화와 거의 동시에 나타난 현상으로 일반 교육학 이론을 지리교육에 도입해 그 적용가능성을 파악하거나 지리교육 내용과 교육방법의 결합을 시도하려는 노력이라고 볼 수 있다. 특히 이 부분은 모든 교과교육연구에서 공통적으로 나타나는 현상으로 교육이론의 일반화를 추구하는 것이라고 생각된다. 이는 급속히 변화하는 다양한 교육이론, 특히 협동학습, 학습의 개별화, NIE 학습, 문제해결학습, 논쟁문제학습, 개념도를 활용한 학습, 탐구학습 등의 다양한 교수-학습 이론을 교과에 적용한 것이다[예: 강철성(1997), 이희열·도정훈(1998), 황병원(1998), 이경한(1998)]. 이는 교과교육을 체계화하고 교육이론의 적용을 통해 교과교육이 실제에서 갖는 보편성과 특수성을 파악함으로써 교육현상에 대한 좀더 깊은 이해를 추구하려는 노력의 결과라고 할 수 있다.

셋째, 교육이론중심적 지리교육연구를 지향하는 연구들이 시도되고 있다. 지리 교과의 교수에서 새로운 지리교육적 이론을 모색하는 것으로 권정화(1997)의 것이 대표적이다.

2) 지리 교과교육 연구의 연구방법

연구자는 어떤 종류의 분석방법, 설명방식, 이론을 고수하기를 원함으로써, 어떤 방법을 다른 방법보다 선호하게 되며, 연구방법의 선택은 종종 신념이라는 행위로서 설명되기도 한다. 코헨과 마니온(Cohen & Manion, 1980)은 연구자가 연구의 규범적 또는 해석적 패러다임을 지지할 것인가에 따라 어떤 이슈들을 흥미 있는 것으로 여기고, 그리고 다른 것들을 거부함으로써 어떤 특정 종류의 분석, 설명 그리고 이론에 대한 선호를 보여준다고 주장했다.

지리교육연구에서 연구방법의 선택은 연구자가 다른 방법보다 특정한 방법을 잘 안다는 사실에 근거하거나 또는 지리교육의 한 측면에 대한 연구에서 이전부터 특정한 연구방법을 사용해왔고 이 방법이 계속 유지되어야 한다는 연구자의 선입관에 근거할 수도 있지만, 이는 바람직한 현상은 아니다.

따라서 지리교육 연구자는 특정한 연구영역에 직면하게 될 때, 그들은 그들의 관심과 선호하는 방법에 잘 들어맞을 것 같은 가능하고 잠재적인 연구문제를 구성하는 데 시간과 생각을 쏟아 부을 것이다. 특정한 문제에 대한 해답을 찾는 적절한 방법의 선택보다 이 방법이 적절한 문제의 연구에 종종 적용된다. 이때, 연구에서 채택되는 연구방법은 연구문제의 근본적 핵심부분을 이루며, 그와 같이 선정된 연구방법의 타당성을 검증하는 것은 실제 연구와 똑같은 또 다른 연구 프로젝트의 일부가 될 수도 있을 것이다.

그러므로 지리교육 연구자는 다양한 종류의 보편적인 교육연구방법에 대해 정통해야 올바른 연구를 수행할 수 있을 것이다. 특정한 연구에 있어서 연구대상과 방법을 중심으로 연구 자체를 개념화하고 그 개념화된 연구가 최선의 것이 되도록 만족시켜주는 연구방법을 사용할 수 있어야 한다. 부연하면, 연구 중인 문제들의 적절한 개념화만이 연구자가 적절하게 방법론을 선택하도록 해줄 것이며, 일단 연구자가 그들의 연구주제를 적절하게 개념화하게 되면, 그때 방법론에 대한 훌륭한 결정이 따를 것이다.

거버(Gerber, 1994)는 지리교육 연구자는 연구방법을 고려할 때, 최소한 다음의 세 가지 점을 고려할 필요가 있다고 주장했다. 첫째, 연구자는 '과학이라는 집'에 대한 접근을 통해 연구방법을 선택할 필요가 있다. 이 접근 모형은 기반층이 연구접근을 지지하는 철학으로 구성되어 있으며, 1층은 수행되어왔고 전파된 방법의 다양한 적용방법들로 되어 있고, 최상층은 실제의 연구방법을 설명하는 메타이론으로 구성된 3층집으로 만들어져 있다. 즉 거버에 따르면 연구방법을 선택함에 있어서는 개념화된 연구틀에 대한 철학적 인식을 바탕으로 다양하게 적용 가능한 방법들을 검토하고, 이러한 연구방법을 사용했을 때 연구방법에 대한 연구방법론 즉 연구자가 사용하는 연구방법론에 대한 거시적 재평가가 요구된다는 것을 인식해야 한다는 것이다.

둘째, 연구자는 연구문제에 대해 이분법적 접근을 시도할 것인지, 반이분법적 접근을 시도할 것인지를 결정해야 한다. 이분법적 접근은 연구에서 이론적 측면과 실제적 측면, 마음과 경험이 발생하는 마음, 그리고 주체와 객체를 분리하는 것이 가능하다는 전통적인 데카르트적인 관점을 채택하는 것이고, 비이분법적 접근은 연구 대상과 주체가 분리될 수 없다는 주장에 근거한 것이다.

셋째, 연구자는 연구문제가 잘 이해되는 현상을 다룰 것인지 혹은 다소 잘 이해되지 않는 현상을 다룰 것인지를 결정해야 한다. 즉 연구문제가 기존의 알려진 현상에 대한 실험적 조사를 요구하는 것인지, 그렇지 않으면 잘 인지되지 못한 새로운 현상에 대해 개념화할 필요가 있는 것인지를 결정함으로써 연구방법의 선정을 용이하게 할 수 있을 것이다.

그동안 외국의 지리교육 발전과정을 보면, 지리교육연구에서 관심이 증대된 중요한 부분은 지리교육자들의 연구 참여 범위의 다양화와 더욱 넓어진 연구접근방법들이다. 초기에는 주로 지리교수 현상에 대한 기술적 연구나 실험적 연구가 주를 이루다가, 계량혁명과 현장조사(survey)에 근거해 연역적 실험적 접근으로 발전했다. 영국의 경우 1970년대에 집중적으로 이러한 연구가 이루어졌으며, 라이스(Rhys, 1972)나 루논(Lunnon, 1969)의 연구가 대표적인 사례이다. 1980년대 이전까지의 연구방법이 주로 양적 접근에 의존했다면, 1980년대 이후에는 다양한 접근 방법이 사용되었다. 즉 한편으로는 행위와 행동에 대해 좀더 자세한 기술을 바탕으로 한 사례연구와 행동연구, 다른 한편으로는 인간이 살아가면서 지리교육 속에서의 경험과 의식적 행동에 대한 이해를 추구하는 해석학적 접근, 사회비판이론, 인간주의적 전통의 채택을 중심으로 하는 다양한 질적 접근들에 의해 보완되었다.

한편, 국내의 지리교육연구는 남상준(1996)에 따르면 1995년까지의 지리 교수-학습방법에 대한 연구물들이 중심이 되고, 연구방법은 대체로 실험수업, 조사보다는 문헌정리가 주를 이루며 미시적 실천수준에 치우쳐 있었다고 한다.

그러나 1995년 이후 지리교육연구는 지리교육 내용에 대한 이론적 분석과 고찰을 위한 문헌연구(사례: 권정화(1997)), 교과의 내용의 이해에 대한 자세한 기술을 바탕으로 하는 사례연구(사례: 서태열(1996)), 지리교육적 경험과 행위에 대한 해석적 분석적 연구[권정화

(1997), 박승규(2000), 강창숙(2002))가 등장하고, 교수전략과 지리수업방법에 대한 실험적 연구가 강화되는 등 교육연구의 다양한 방법들이 사용되고 있다. 즉 지리교육연구가 교육 연구이론의 보편적인 방법들을 채택하고 활용함으로써 교육연구로서의 보편성을 확보하려는 노력들이 강화되고 있음을 보여준다.

특히 최근에는 지리교육 현장에서 나타나는 지리교육현상에 대한 전문적 진단과 처방에 대한 관심이 커지고 있는데, 지리교육현장성이 강조되는 수업연구가 더욱 깊이 있게 진행되고 있어 현장연구가 강화되고 있다. 수업연구에서 도식적 언어를 통한 상징적 표상을 분석하는 질적연구와 현장행동연구(action research, 송언근, 2000a, 2000b, 2001), 내용서술에 대한 비판적 담론분석법(남호엽, 2002)에 의한 연구, 지리수업 상황의 정확한 관찰과 분석에 적합한 미시기술적인 연구(김민정, 2002)가 그 예이다.

이러한 현장연구는 교사와 대학에 기반을 둔 연구자간의 협동연구의 형태로 진행되는 것이 바람직하며, 보다 나은 지리교육연구를 위해 이러한 연구방법에 대한 요구가 높아지고 있다. 이와 같은 형태의 연구를 위해서는 지리교육연구는 적어도 다음의 전제조건들이 만족되어야 한다.

첫째, 지리교수가 어떠해야 하는지에 대한 처방과 관련한 미사여구들과 너무나 흔히 학교교실에 만연된 틀에 박힌 내용해설 중심적인 교실수업과의 격차를 줄이는 방식을 발견해야 한다.

둘째, 지리교육과 관련한 문제들을 해결하는 데 교사들이 중요한 역할을 해야 한다는 것이다. 실제로 교사의 역할과 전문성의 발전이 없이는 지리교육의 발전은 있을 수 없다.

이러한 작업들 위에서 지리교사에 의한 교수와 지리교육연구는 연계를 강화할 수 있을 것이며, 이때 우리는 지리교육연구에서의 관행적인 무의미한 연구들에 대해 문제를 제기할 수 있을 것이다. 그리고 미사여구와 실제교육 간의 차이에 대한 연구는 발생하는 지리교육과정의 본질적 문제를 해결하는 방향들을 제시할 수 있을 것이다.

협동연구는 대학에 기반을 둔 연구자에게는 교실수업과정과 교육과정의 쟁점에 대해 이론화하고 일반화하는 데에서 더 나아가 교수의 기원과 결과를 검토하여 변화의 장애요인들을 찾아내는 기회를 제공할 것이다. 교육현장에 기반을 둔 연구자에게는 교수에서의 변화가 나에게 있어서는 불가능하다는 잘못된 관점을 극복하고 교실 환경이 표면적으로 드러나는 것, 즉 피상적으로 있는 그대로와 다르다는 것을 파악하게 해주고 지리교육의 변화를 주도적으로 끌어갈 기회를 제공하게 될 것이다. 무엇보다도 중요한 것은 이와 같은 교사의 행동인 것이다.

참고문헌

강철성. 1999, 「창조적 집단사고 활동을 위한 지리수업 구조화: 아프리카 기후와 식생을 중심으로」, ≪지리·환경교육≫ 제7권 제2호, 한국 지리·환경교육학회.

_____ . 1997a, 「지리수업설계에 따른 GIS 기초과정 교육 프로그램안」, ≪지리·환경교육≫ 제5권 제1호, 한국 지리·환경교육학회.

_____ . 1997b, 「문제해결 학습에 따른 지리학습 지도사례에 관한 연구: 분석을 위한 교수-학습의 실제」, ≪지리·환경교육≫ 제5권 제2호, 한국지리·환경교육학회.

강환국·정환영. 1983, 「한국 사회과교육학의 연구동향에 대한 분석적 고찰(I): 지리교육분야」, ≪교육개발연구논총≫ 제4호, 충북대 사범대학 교육개발연구소.

권정화. 1997, 「지역인식논리와 지역지리 교육의 내용 구성에 관한 연구」, 서울대학교 대학원 박사학위논문.

권동희. 1998, 「고등학교 한국지리 교육용 영상자료 데이터베이스 개발」, ≪한국지역지리학회지≫ 제4권 제2호.

권순덕. 1999, 「지리학습의 개별화를 위한 비판적 사고기능의 선정과 메타인지의 계획·실행·평가 과정에 관한 연구」, ≪지리·환경교육≫ 제7권 제2호, 한국 지리·환경교육학회,.

김경추. 1998, 「사고력 계발을 위한 지리과 수업방법」, ≪지리학연구≫ 제32권 제3호, 한국지리교육학회.

김은정. 1998, 「지리수업에서 인터넷의 효과적 활용에 관한 연구」, ≪지리교육논집≫ 제40권, 서울대학교 사범대학 지리교육과.

김수천. 1987, 「교육과정이론과 교과」, 윤팔중 외 공편, 『교육과정이론의 쟁점』, 교육과학사.

김혜숙. 1996, 「문학작품을 활용한 지리수업」, ≪지리·환경교육≫ 제4권 제1호, 한국 지리·환경교육학회.

남상준. 1996, 「지리교육 반세기의 회고와 전망: 연구업적을 중심으로」, ≪대한지리학회지≫ 제31권 제2호.

류수현. 1998, 「협동학습을 이용한 지리수업의 개선방안 연구」, ≪지리교육논집≫ 제39집, 서울대학교 사범대학 지리교육과.

박선미. 1999, 「지리과 수업의 구성주의적 접근: 도시 단원을 사례로」, 고려대학교 대학원 박사학위논문.

박성희. 1997, 「지리수업에서 지역사회 환경관련 자료의 활용에 관한 연구: 정의적 목표 구현을 위한 환경교육 수업모형 개발을 중심으로」, ≪ 지리교육논집≫ 제38권, 서울대학교 사범대학 지리교육과.

박승규. 2000, 「일상생활에 근거한 지리교과의 재개념화」, 한국교원대학교 대학원 박사학위논문.

배상운. 1999, 「고등학교 한국지리 자연환경단원에서의 구성주의적 멀티미디어 코스웨어 개발과 적용」, 경북대학교 대학원 박사학위논문.

배상운·조화룡. 1999, 「중등 지리과에서의 구성주의적 멀티미디어 활용 수업의 모형 개발과 효과 분석」, 《한국지역지리학회지》 제5권 제1호.

서태열. 1994, 「지리교육 연구의 영역설정을 위한 탐색」, 《지리·환경교육》 제2권 제1호, 한국 지리·환경교육학회.

_____. 1996a, 「지리개념의 발단단계에 대한 연구: '장소' 개념을 중심으로」, 《대한지리학회지》 제31권 제4호.

_____. 1996b, 「지리평가에서 과정중심평가틀의 구성」, 《지리·환경교육》, 제4권 제1호, 한국 지리·환경교육학회.

_____. 1997, 「지리 교과교육 연구와 실제의 매체」, 『교과교육 연구와 실제의 의사소통 매체』, 한 국교과교육학회.

소 연. 1998, 「지리교육에서의 수행평가 적용에 관한 연구」, 《지리교육논집》 제40권, 서울대학 교 사범대학 지리교육과.

송언근·이보영. 1999, 「구성주의 인식론에서 본 구성주의적 지리교육의 전제」, 《지리학연구》 제33권 제1호, 한국지리교육학회.

송호열. 1999, 「중등학교 기후 단원의 내용 선정과 조직원리」, 《지리·환경교육》 제7권 제2호, 한국 지리·환경교육학회.

심광택. 1999, 「협동학습에서의 Jigsaw Ⅱ 방법과 실제」, 《지리과교육》 창간호, 한국교원대학교 지리교육과.

이경한. 1996, 「지리과 가치수업 모형의 개발과 수업활동 전개과정의 조직」, 《지리교육논집》 제36권, 서울대학교 사범대학 지리교육과.

_____. 1997, 「지리적 논쟁문제 해결을 위한 교수모형의 개발」, 《지리·환경교육》 제5권 제1호, 한국 지리·환경교육학회.

_____. 1998, 「지리수업전략으로서 개념지도의 이용 가능성에 관한 논의」, 《지리·환경교육》 제6권 제1호, 한국 지리·환경교육학회.

유홍식. 1988, 「한국지리교육연구의 발달: 분야별 연구를 중심으로」, 《지리교육논집》 제19집, 서울대학교 사범대학 지리교육과.

이돈희. 1987, 「교과교육학의 성격과 과제」, 《사대논총》 제34집, 서울대학교 사범대학.

이영덕. 1969, 『교육의 과정』, 배영사.

_____. 1987, 「교육과정이란 무엇인가」, 김종서 외 공저, 『교육과정과 교육평가』, 교육과학사.

이영민. 1999, 「문화와 환경의 개념적 연관성과 현대환경문제」, 《지리·환경교육》 제7권 제2호, 한국 지리·환경교육학회.

_____. 1997, 「문화·역사지리학 연구의 최근동향과 지리교육적 함의」, 《지리·환경교육》 제5권 제1호, 한국 지리·환경교육학회.

이은실. 1998, 「체계론에 토대를 둔 자연지리학습 내용의 구성」, 《지리교육논집》 제40집, 서울 대학교 사범대학 지리교육과.

이종원. 2000, 「지리교사 전문성 향상을 위한 교육과정 연구」, 서울대학교 대학원 석사학위논문.

이중우. 1987, 「지리교육의 연구동향」, 《경북대 교육대학원 논문집》 제19집, 경북대 교육대학원.

이화국. 1988a, 「교원교육에서의 교과교육 실태와 개선방안(上)」, ≪대학교육≫ 통권32호, 대학교
    육협의회.

_____. 1988(b), 「교원교육에서의 교과교육 실태와 개선방안(下)」, ≪대학교육≫ 통권 33호, 대학
    교육협의회.

이희열·도정훈. 1998, 「한국지리 교과에서의 NIE 방안에 관한 연구」, ≪지리·환경교육≫ 제6권
    제2호, 한국 지리·환경교육학회.

임준묵. 1999, 「사회(지리) 교과서 지형 용어의 이해도 향상에 관한 연구」, ≪지리·환경교육≫, 제
    7권 제2호, 한국지리·환경교육학회.

정 암. 1997, 「고등학교 지리교육에 있어서 GIS의 교수자료구성에 관한 소고」, ≪지리·환경교육≫
    제5권 제2호, 한국 지리·환경교육학회.

정세구. 1988, 「한국사회과학 교육학의 정립의 방향」, ≪사대논총≫ 제36집, 서울대학교 사범대
    학.

정인철. 1999, 「지리교육에 있어서 위성사진의 활용방안」, ≪지리·환경교육≫ 제7권 제2호, 한국
    지리·환경교육학회.

정태범. 1985, 「교과교육학의 개념적 모형」, ≪교원교육≫ 제1권 제1호, 한국교원대학교.

정장호. 1976, 「지리교육」, ≪지리학≫ 제13호, 대한지리학회.

조성욱. 2000, 『고등학교 경제지리 교육내용 선정과 조직에 관한 연구』, 서울대학교 대학원 박사
    학위논문.

조창래. 1998, 「중학교 사회과 지역지리 교수학습 방법 연구: 심화·보충형 교수학습을 중심으로」,
    ≪지리교육논집≫ 제39집, 서울대학교 사범대학 지리교육과.

조혜종·오병희. 1997, 「고등학교 한국지리의 탐구학습에 관한 연구」, ≪지리·환경교육≫ 제5권
    제2호, 한국 지리·환경교육학회.

짜이스. 1977, 「교육과정의 탐구영역」(한준상 외 옮김), 1988, 『교육과정논쟁』, 집문당.

최규학. 1998, 「지리신문 활용을 통한 지리수업 방법: 구성주의적 접근을 중심으로」, ≪지리교육
    논집≫ 제39집, 서울대학교 사범대학 지리교육과.

최낭수. 1998, 「지도교육을 통해서 본 도해력의 중요성」, ≪지리·환경교육≫ 제6권 제1호, 한국
    지리·환경교육학회.

_____. 1999, 「효율적인 지도교육을 위한 아동 공간인지발달 연구」, ≪지리·환경교육≫ 제7권 제
    2호, 한국 지리·환경교육학회.

최진식. 1988, 「일본 지리교육연구의 동향: 1945~1981」, ≪지리교육논집≫ 제19집, 서울대학교
    사범대학 지리교육과.

한병선. 1999, 「토의식 수업모형에 따른 지리학습 태도 연구」, ≪지리학연구≫ 제33권 제1호, 한
    국지리교육학회.

홍웅선. 1983, 「교과교육학의 측면」, ≪교육학연구≫ 제21권 제1호, 한국교육학회.

황병원. 1998, 「지리 교수 전략으로서 개념도 활용: 고등학교 한국지리 '도시' 단원의 성취도를 중
    심으로」, ≪지리교육논집≫ 제39집, 서울대학교 사범대학 지리교육과.

황정규. 1984, 「교과교육의 문제와 전망」, 『학교교육제도 및 교육과정발전방향탐색』, 한국교육개
    발원 편, 교육과학사.

황홍섭. 1998, 「구성주의적 사회과 교육을 위한 웹기반 가상공간에서의 경험학습방안」, ≪한국지
    역지리학회지≫ 제4권 제2호.

_____. 1995, 「지역지리학습에 있어서 음악작품의 활용」, ≪한국지역지리학회지≫ 제1권 제1호.

Birkenhauer, Josef. 1988, "A Review of Research Activities in Geographical Education in the Federal
    Republic of Germany 1975~1984," in Josef Birkenhauer and Bill Marsden(eds.), *German
    Didactics of Germany in the Seventies and Eighties*: *A Review of Trends and Endevours*, IGU
    Commission on Geographical Education.

Dunn, James M. 1991, "Translation and Development Theory in Geographic Education: A Model
    for the Genesis and Production of Geography Instructional Materials in A Competitive
    Funded Grant Environment," *Journal of Geography* Vol.91, No.3.

Gerber, Rod. 1994, "The Role of Qualitative Research in Geographical Education," in Hartwig
    Haubrich(ed.), 1994, *Europe and the World in Geography Education*, HochSchulverband fur
    Geographie und ihreDidaktik e. V., Nurnberg.

Gold, J. R. et al. 1991, *Teaching Geography in Higher Education*: *A Manual of Good Practice*, Basil
    Blackwell.

Graves, N. J. 1979, *Curriculum Planning in Geography*, Heineman Educational Books.

_____. 1980, "Geographical Education in Britain," *Progress in Human Geography*, Vol.4, No.4.

_____. 1981, "Geographical Education," *Progress in Human Geography*, Vol.5, No.4.

_____. 1982, "Geographical Education," *Progress in Human Geography*, Vol.6, No.4.

_____. 1987, "Research in Geographical Education," *New Zealand Journal of Geography*, Vol.84,
    No.84.

Hill, A. D. 1989, "Geography and Education: North America," *Progress in Human Geography*, Vol.13,
    No.4.

Lidstone,J. G. 1988, "Research in Geographical Education," in R. Gerber and J. Lidstone(eds.), 1988,
    Developing Skills in Geographical Education, IGU Commission on Geographical Education.

NCGE. 1967, *Research Needs in Geographic Education*: *Suggestions and Possibilities*, National Council for
    Geographic Education, Illinois State University, Illinois.

Stoltman, J. P. 1991, "Research on Geography Teaching," in J. P. Shaver, *Handbook of Research on
    Social Studies Teaching and Learning*: *A Project of National Council for the Social Studies*,
    Macmillan Publishing Co.

Wolforth, J. 1980, "Research in Geographical Education," in Choquette et al., des., *Canadian
    Geographical Education*, Canadian Association of Geographers & University of Ottawa Press.

20 지리교과교육 연구의 국내·외 동향

교과교육론은 마땅히 교과전문가가 다루어야 하며, 단순한 수업경험만 가지고는
부족하고 교과내용을 모르는 교육학의 이론만 가지고도 적합하지 않다
(정인석, 1990: 27).

교과내용에 대한 학문적 연구의 자유가 부족하다. 교과교육의
이론적 체계 정립을 위해서는 교과교육전문가를 위시해 교과 담당교사의
교과서에 대한 비판, 검토가 자유롭게 활성화되는 것도 필요조건이다
(정인석, 1990: 26).

1. 국내 지리교과교육 연구의 동향

지리교육은 지리학의 발전을 위한 인적자원을 생산하는 매우 중요한 토대이며, 지리학
의 사회적 이미지를 미리 만들어내는 데 결정적인 역할을 하는 분야이다. 최근 지리교육
은 학교에서 지리교수의 실행이라는 단순한 차원을 넘어서 지리교과교육의 이론을 상정
할 수 있는 하나의 학문인 교과교육학으로 그 존재가 부각되고 있다. 즉 지리교육의 연구
영역과 연구방법이 좀더 체계화되고 연구로서의 보편성을 확보함으로써 지리교육연구가
지리교육학으로서 정립되고 있다.

1) 지리교육의 시대별 발달과정

우리나라에서 근대적 의미의 지리교육이 시작된 것은 개화기 시대부터이며, 우리나라
근대학교에서의 근대교육이 시작되면서부터라고 할 수 있다. 근대적 지리교육은 개화기
애국계몽주의 사조의 영향을 받으면서 학교 교육의 일부로서 실시되고, 지리학은 국학으
로서 실시되었다(남상준, 1988, 1992). 이에 따라 지리교육은 근대교육의 형성기부터 우리
나라 학교교육에서 중요한 역할을 해왔고, 지리교육연구는 학교교육제도의 변화와 그에

따른 지리의 위상과 그 궤도를 같이하면서 양과 질의 두 가지 측면에서 지속적인 발선을 이루어왔다.

(1) 지리교육의 시기별 발달과정

개화기의 지리교육은 애국계몽정신을 기르려는 사상적 배경에서 교재 개발과 지리수업의 실행이 중심이 되어 진행되었고, 근대적인 학교법령체제가 정비되면서 학교교육체제와 좀더 긴밀한 관계를 가지면서 체계적으로 발전할 계기를 얻을 수 있었다. 그러나 일제강점기 동안은 식민지교육의 일부로 지리교육이 시행됨으로써 일부 지리 교과서 내용의 진전 외에는 진정한 의미의 발전을 보지 못했다.

해방이후 지리교육은 학교교육과정의 변화에 따라 그 관심의 정도와 연구의 양이 결정될 정도로 학교교육의 변화양상과 밀접한 관련을 지니면서 발전해왔다. 그리고 최근에는 지리교육 연구를 교사양성이나 학교의 지리교육과 직접 연계시키고 더욱 체계화시킴으로써 교과교육으로써 지리교육이라는 정체성을 찾아가고 있다.

그런데, 지금까지의 '지리교육의 발달과정을 어떻게 파악할 수 있는가'에 대한 논의는 지리교육의 시기구분문제와 직접 연결되어 있다. 지리교육의 시기구분의 문제에 대한 논의가 본격적으로 나타나기 시작하는 것은 1980년대 말이라고 볼 수 있다. 해방 이전의 시기 구분에 대한 논의는 일찍이 장보웅(1969, 1971), 황재기(1979)에 의해 이루어졌으며, 개화기에서 일제강점기에 이르는 기간 동안의 시기구분에 대한 검토는 남상준(1986, 1988. 1992)에 의해 이루어졌고, 해방 이후 지리교육의 발전과정에 대한 시기구분의 문제는 유홍식(1988)이 처음으로 제기했다.

유홍식은 연구물의 수를 토대로 해방 이후 지리교육의 성장기를 제1기(1950년대 중기에서 1960년대 중기), 지리교육의 양적 확대시기인 제2기(1960년대 후기에 서 1970년대 중기), 지리교육연구가 내면적으로 성숙해진 제3기(1970년대 이후의 시기)로 구분했다. 그러나 지리교육제도, 지리교육의 중심적인 이념적 지향, 그리고 지리교육연구의 질적 변화를 고려한다면 지리교육의 발달과정을 다르게 파악할 수도 있을 것이다.

해방 이후 지리교육의 발달과정을 시기구분에 관계없이 각 연도별로 간략히 살펴보면 다음과 같다.

먼저 광복 후 미군정기에는 학교의 지리가 사회과의 한 부분으로 자리를 잡았고, 사회과 내에서도 독립성이 강한 분야였다. 이 시기에는 주로 교과서 위주의 지리교육이 전개되었던 시기라고 할 수 있다. 이때부터 1948년 교수요목기에 이르는 시기에는 지리교육에서의 큰 변화가 없었다.

그런데 1955년에 제1차 교육과정의 공포를 전후해 지리교육에서 새로운 변화가 나타나고 지리교육에 있어서 전문서적들이 등장했다. 김연옥(1955)에 의해 우리나라 최초의 지리교육 연구논문이 나왔으며, 1959년에는 최초의 지리교육연구서라고 볼 수 있는 박노식(1959)에 의한 지리교육개론서와 김경성(1959)에 의한 지리교육 번역서가 등장했다. 김경성이 번역한 책은 1950년대 유네스코의 지리교육지침서로서 스캎(Scarfe)이 편집한 것인데, 당시에는 세계적인 지리교육의 지침서 역할을 했었다.

1950년대에서 1960년대에 이르는 시기에는 지리교육과 관련한 글들이 너무 포괄적이거나 지나치게 지엽적인 지리교육의 문제점을 지적하는 것에 중점을 두면서 별다른 변화가 없었다. 그러나 1960년대 말에 이르면 지리교육연구의 질적, 양적 변화가 일어난다. 이전에 산발적으로 진행되던 지리교육연구에 체계성이 잡히고 그동안 볼 수 없었던 전문적인 지리교육 연구자 집단이 등장하면서 이들에 의해 세분화된 연구가 진행되어 상당한 학문적 연구성과와 더불어 지리교육에 대한 연구가 양적으로 팽창하기 시작한다.

1960년대 말에서 1970년대 초에는 이르는 시기에 지리교육발달에 큰 변화를 가져온 것은 각 대학에서 생산된 지리교육 석사논문들이었는데, 이들은 모두 교육대학원 석사학위논문들로서 10여 편 이상이 집중적으로 나왔다. 국내의 여러 대학에서 골고루 지리교육 석사논문들이 나왔는데, 서울대, 고려대, 경북대, 이화여대 등 몇 개 대학의 교육대학원이 중심적 역할을 수행했다. 이러한 전통이 계속되고 있어 현재에도 각 대학의 교육대학원에서는 꾸준히 지리교육 석사논문들이 나오고 있다.

이 시기의 지리교육연구자들은 황재기(1967, 서울대)에서 시작해 장보웅(1968, 서울대), 장채규(1969, 고려대), 김완종(1969, 고려대), 조광준(1970, 서울대), 예경희(1971, 경북대), 김부식(1971, 서울대), 강신호(1972, 서울대), 원경렬(1972, 서울대), 신규동(1972, 고려대), 양선자(1972, 이화여대), 오금숙(1973, 이화여대), 이금주(1974, 이화여대), 이은숙(1974, 서울대), 이청일(1974, 서울대)로 이어지면서 1945년 이후 처음으로 상당한 규모의 지리교육 전문가 1세대집단을 형성했다. 이때 형성된 지리교육 연구집단은 이후 사범대학, 교육대학과 같은 교원양성대학이나 학교 현장에서 지리교육을 주도적으로 이끌게 된다.

그리고 이 시기의 지리교육연구는 지리교육의 당면문제나 개선과제와 같은 지리교육 전반에 걸친 포괄적인 문제제기 및 방향제시를 하는 논문들이 주류를 이루면서도(추성구, 1967; 신규동, 1972), 지리교육 연구의 주요 영역 및 중심적 주제가 어느 정도 구분될 만큼 표면화되었다. 교육과정 및 교재분석(황재기, 1967; 조광준, 1970; 예경희, 1971 등), 지리교육사(장보웅, 1969, 1971), 지리 교수-학습(장채규, 1969; 이금주, 1975 등)과 같은 분야가 주도적인 연구분야였다. 특히 교과서 분석은 이 시기 지리교육연구의 주류를 이루게 되었는데,

이후의 지리교육연구의 흐름에도 중요한 영향을 미쳐 지리교육연구의 중요한 일부가 되었다.

한편 이찬은 이 시기 지리교육을 이끌어가는 데 매우 중요한 역할을 했다. 그는 HSGP를 중심으로 미국의 지리교육 개혁운동을 국내에 소개하는가 하면(이찬, 1968, 1969a, 1969b, 1969c), 동료들과 함께(이찬 등, 1972) 1960년대 유네스코에 의해 출판된 지리교육 소스북을 번역하고, 지리교육 영역별로 체계화된 최초의 지리교육서(이찬 등, 1975)를 내어놓았다. 또한 한국사회과교육연구회의 창립을 주도해 사회과 내에서 지리교육의 위상을 높이는 역할을 하기도 했다.

그런데 1970년대 후반에서 1980년대에 이르는 시기는 여전히 교육대학원의 석사논문이 지리교육연구를 주도하고 있었고, 1970년대 초반에 제기된 학문중심교육과정의 영향을 강하게 받으면서 지리학의 기본개념과 중요한 이론에 대한 논의가 많아진다. 그렇지만 이 시기는 1970년대에 시도된 미국의 지리교육의 도입이 마무리됨으로써 별다른 진전을 보이지는 못했다.

1980년대에는 1970년대의 미국 지리교육의 영향을 강하게 받으면서 새로운 아이디어와 내용체계를 도입하려던 시도가 마무리되고 지리교육 토착화의 기운이 나타나기 시작한다. 지리교육과정의 구성에 대한 논의도 그러한 예이다. 그런데, 1980년대의 지리교육에서 중요한 일은 세계적 수준의 지리교육학자인 영국의 노만 그레이브스(Norman Graves)의 저서(이희연 역, 1984)가 번역되었다는 것이다. 1960년대 말부터 미국에서 시작된 학문중심 지리교육의 도입이 마무리된 이후 사회과 중심의 미국의 지리교육에서 벗어나지 못하던 상황에서 영국의 수준 높은 지리교육이 최초로 소개됨으로써 우리나라의 지리교육의 수준을 한 단계 높일 수 있는 기회를 제공했다고 할 수 있다.

그런데 다른 한편으로는 1960년대 말에서 1970년대 초에 이르는 지리교육의 발전기와 1990년대에 이르는 20여 년간은 정체기라고 볼 수도 있다. 그것은 다음과 세 가지 이유 때문이라고 보인다. 첫째, 일부의 매우 뛰어난 연구물이 있음에도 불구하고 지리교육분야 전문가들에 의한 지속적인 연구와 개발이 없이 교육과정을 개정할 때마다 일시적으로 표출된 관심에 의해 연구물들이 매우 산발적으로 생산되었기 때문이다. 둘째, 1960년대 말에서 1970년대 초에 이르는 기간에 배출된 지리교육전문가들이 후속적인 연구에서 연구관심을 교과내용학인 계통적인 지리학연구로 모두 전환하면서 지리교육 박사 학위자가 없다는 사실이다. 이는 일반적으로 박사 학위자가 꾸준히 증가하는 추세를 보이면서 지리학 내의 다른 분야나 다른 학문분야와 뚜렷하게 대비될 정도였다. 셋째, 종래의 지리교육에서 진일보한 지리교육의 정체성에 대한 생각, 즉 교과교육으로서의 지리교육의 정체성을 확보하지 못했기 때문이다.

1990년대에는 지리교육은 제도적인 측면에서나 양과 질의 측면에서나 모두 비약적인 성장을 이룰 뿐만 아니라 또 지리교육연구 자체도 매우 체계화된다. 제도적인 측면에서 보면, 1990년대에 지리교육의 발전이 본격적으로 이루어지는 데는 종래의 지리교육 연구가 교육대학원을 중심으로 석사논문 수준에서 이루어지던 것에서 벗어나, 지리교육을 좀 더 전문적이고 체계적으로 연구할 수 있는 일반 대학원에서 지리교육 전공 석·박사과정이 만들어진 것과 관계가 깊다. 1986년부터 서울대와 한국교원대를 중심으로 설치된 석·박사과정이 중심적인 역할을 하면서 1990년대에는 지리교육 박사 학위자들을 배출할 수 있게 되었다. 1992년 이후 지리교육 박사 학위자들을 배출하면서 지리교육에 대한 이론적, 체계적 연구가 본격화되어 남상준(1992, 서울대), 류재명(1992, 서울대), 서태열(1993, 서울대), 최원회(1994, 서울대) 등으로 이어지는 지리교육 전문가 2세대 집단이 형성되기 시작했다.

그리고 1990년대에는 지리교육이 교원교육과 학교교육에서 중요한 역할을 하는 교과교육학으로서 자리매김하게 됨으로써 지리교육의 정체성을 확립함은 물론이고 지리교육이 보다 전문화되고 체계화되었다. 또한 여러 전문서적들이 출판되면서 1990년대에는 지리교육의 전성기를 맞이했다. 지리교육관련 전문서적이 김연옥(1990), 임덕순(1986, 1996), 류재명(1991, 1999), 남상준(1999)에 의해 출판되었고, 그동안 정기적으로 번역되어온 유네스코 지리교육지침서의 번역도 이루어져, 그레이브스가 편집한 1980년대의 유네스코지침서(이경한 역, 1995)가 출간되었고, 호주의 지리교사지침서(이경한 역, 1999)와 영국의 초등지리교육론(강경원 외 역, 2000)도 번역되었다.

(2) 시기별 지리교육 연구의 중심주제

우리나라 지리교육과 관련한 연구물들을 분석한 연구로는 정장호(1976), 강환국·정환영(1983), 이중우(1987), 유홍식(1988), 조광준(1992), 남상준(1996), 서태열(2000) 등이 있다. 이들 대부분은 해방 후부터 연구가 진행된 당시까지의 지리교육 연구물들을 분석했는데, 지리교육 연구물들은 지속적으로 증가해왔으며 몇 번의 급성장기를 보여준다.

가장 대표적인 급성장을 보이는 시기는 앞에서도 언급한 1960년대 말에서 1970년대 초에 이르는 시기와 1990년대이다. 이러한 급성장기는 교육과정의 개편시기와 맞물려 있거나 대학원 석·박사과정의 설치와 같은 제도적 변화와 밀접한 관련을 가지고 있다. 1960년대 말에서 1970년대 초에 이르는 시기는 제2차 교육과정이 본격적으로 시행되면서 체계적인 교육에 대한 관심이 사회적으로 증대되고 지리교육전문가 1세대 집단이 형성되었기 때문이다. 1990년대 초반에 지리교육 연구물이 폭발적으로 증가한 것도 교육과정 개편기를 전후한 지리교육의 문제점에 대한 진단과 대응방안과 관련한 연구물들이 다량으로 산출되었기 때문이다. 즉 1992년에 제6차 교육과정이 제정되고 공포되어 고등학교까지 사회과의 통합이 진행되어 '공통사회'가 등장함으로써 지리교육에 위기감이 조성되고 이에 따른 지리교육에 대한 체계적 연구의 필요성이 나타났기 때문이다. 그리고 이 시기는 대학원의 지리교육 전공 석·박사과정 설치와 같은 제도적인 변화로 새로운 지리교육 전문가 2세대 집단의 형성기와도 관련되어 있다.

한편, 유홍식(1988)에 따르면 1985년까지 연구가 많이 집중된 주제들은 지리교육방법(30%), 지리교육자료(19%), 지리교육동향(18%), 지리교육의 방향(15%)의 순인데, 지리학습, 지리평가 관련 주제를 다룬 것은 극히 일부이다. 이는 강환국·정환영(1983)에서도 이미 확인된 바와 같은데, 지리교육과정 및 교과내용 분석, 교과서 분석, 학습자료 분석이 주를 이루고 지리교육방법에 대한 논의가 중심이 되었다.

지리교육에서 다루어졌던 중요한 주제들의 변화는 거의 없는 듯하지만, 같은 주제분야에서도 내적구조가 달라지고 있다. 예를 들면 지리교육과정이 중요한 주제로서 다루어지지만 전통적인 지리교육과정의 해설, 변천, 문제점과 같은 주제보다는 지리교육 내용의 선정과 조직, 계열화, 그리고 내용지식의 구조 등에 대한 논의가 좀더 활발하게 진행되었다. 그리고 최근 지리교육연구에서 가장 관심이 모아지는 분야는 지리학습과정에 대한 이해이다.

남상준(1996)의 연구에 따르면, 1995년까지 지리교육에서 가장 많은 연구가 이루어진 주제는 지리교육 내용의 선정과 조직, 지리교육내용과 지리학적 지식의 연계 등이다. 그리고 지리교육사 및 동향, 지리 교수-학습 방법, 지리교육총론, 지리교재의 순으로 많은 연구가 이루어졌다.

그러나 1990년 이전의 지리교육 연구의 주제와 1990년 이후의 지리연구의 주제는 뚜렷한 변화가 보인다(<그림 20-1>과 <그림 20-2> 참조). 1990년대 이전에 가장 많이 다루어진 주제는 지리교육총론, 지리교육의 지리학적 내용, 지리 교수·학습, 지리교재, 지리교육의 동향과 관련된 것이지만, 1990년대 이후에는 지리교육에 대한 일반적인 논의인 총론적인 것과 교육과정 해설과 같은 지리교육 동향에 대한 연구가 대폭 줄어들고 지리교수·학습, 지리교재, 지리 내용의 선정과 조직이 여전히 중요하게 다루어지는 가운데, 지리평가, 지리교육심리, 지리교육 목적과 목표와 같은 주제들에 대한 관심이 증가하고 있는 추세이다.

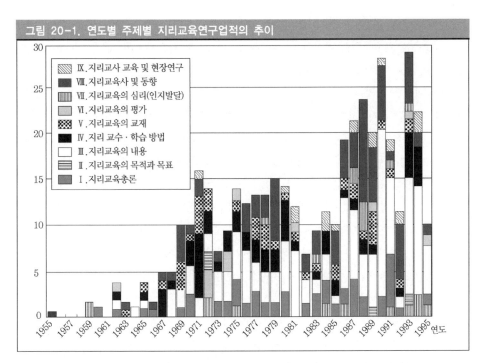

그림 20-1. 연도별 주제별 지리교육연구업적의 추이

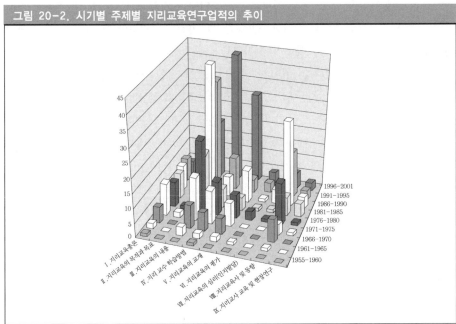

그림 20-2. 시기별 주제별 지리교육연구업적의 추이

* 남상준(1996)의 것에 1996~2001년 사이의 것을 연구자가 첨가했음.
** 남상준(1996)의 연구에서는 1990-1995년 사이의 연구물에 석사학위논문을 포함시켰으나, 1996-2001년에는 석사학위논문을 제외했다.

(3) 지리교육 및 지리교육연구의 주체들

지리교육은 기본적으로 지리의 교수·학습에 이르는 전 과정에 대한 진단과 처방을 다루고 있다는 점에서 학교교육과 직접적인 관계를 가진다는 특징을 가지고 있으며, 지리교육에 대한 관심을 가장 많이 가진 집단은 지리교사들이다. 그렇지만 지리교육 및 지리교육연구의 주체로서 지리교사들은 지리교육의 실행에만 주로 관심을 가지며, 지리교육현상에 대해 이론적으로 설명하거나 문제에 대한 전문적 처방을 내리는 데는 어려움을 보인다.

지리교육에 대한 전문적 연구를 주도하는 것은 학회인데, 지리교육을 전문적으로 연구하는 것을 표방하는 학회는 2개이다. 1973년에는 한국지리교육학회가, 1993년에는 한국지리환경교육학회가 창립되었지만, 지리교육 전문학회로서의 역할을 하고 있는지는 재평가되어야 한다. 후자의 학회는 2000년 이후 지리교육 및 환경교육 관련 논문들만 학회지에 게재하고 지리교육자료, 지리교육포럼을 마련하면서 지리교육연구의 전문성을 점점 높이고 있다. 이들 학회는 학회지 ≪지리환경교육학회지(구 지리·환경교육)≫와 ≪지리학연구≫를 각각 발행하고 있다.

그리고 대한지리학회는 가장 큰 지리학회로서 지리교육관련 쟁점이 생길 때마다 전국 수준에서 지리교육특별위원회를 구성해 심포지엄을 여는 등 중요한 역할을 해왔으며, 학회지인 ≪대한지리학회지≫에는 지리교육 논문이나 지리교육 관련자료, 지리교육 심포지엄의 내용들을 실린다. 그리고 1995년에 창립된 한국지역지리학회도 학회지인 ≪한국지역지리학회지≫에서 또한 다수의 지리교육 논문들을 싣고 있다.

한편 19개의 국내 사범대학 지리교육과에서도 논문집을 간행해 지리교육을 끌어가고 있는데, ≪지리교육론집≫(서울대학교), ≪지리학논집≫(공주사범대) 등은 오랜 역사를 지닌 대표적인 것이며, 최근에도 ≪지리과교육≫(한국교원대, 1999)과 같은 논문집이 창간되어 지리교육에 대한 논의는 매우 활발하다. 그리고 1970년대까지 중요한 역할을 했던 것들도 있는데, 경북대학교의 ≪지리교육≫이 그 대표적인 예이다. 한편으로 지리교육분야가 역사교육, 일반사회교육과 함께 참여하고 있는 한국사회교육연구학회에서 출판하는 ≪사회과교육≫에도 여전히 지리교육 논문들이 발표되고 있다.

그런데 앞에서 언급한 1990년대에 형성된 지리교육 전문가 집단 2세대는 지리교육연구를 가장 활발하게 하는 집단이다. 1992년부터 지금까지 국내에서 배출된 지리교육 박사학위자들이 18명을 넘어가면서 지리교육의 본격적인 발전기를 맞고 있는데, 남상준(1992, 서울대), 류재명(1992, 서울대), 서태열(1993, 서울대), 권순덕(1993, 서울대), 최원회(1994, 서울대), 김회목(1994, 동국대), 유홍식(1995, 서울대), 이경한(1996, 서울대),권정화(1997, 서울대), 심광택(1997, 한국교원대), 양원택(1997, 전남대), 조성욱(2000, 서울대), 박승규

(2000, 한국교원대), 최낭수(2000, 서울대), 박선미(2001, 고려대), 배상운(경북대, 2001), 남호엽 (2001, 한국교원대), 이간용(2001, 서울대), 강창숙(2002, 한국교원대) 등이다. 이들의 박사학위 논문의 연구경향을 보면, 지리교육사 및 철학 (2)편, 지리교육과정 (4)편, 지리 교수-학습 (8)편, 교재분석 (1)편, 지리평가 (1)편, 범교과교육 (3)편의 지리교육에서의 전 영역에 이르 는 연구가 진행되었다. 특히 지리교육에서 가장 논의가 활발한 영역은 지리 교수-학습, 지리교육과정이다. 지리 교수-학습에서는 지리수업의 조직화, 지리수업계획 및 교수전략, 지리적 사고 수업, 지식유형에 따른 지리수업방법, 멀티미디어 코스웨어, 지도 도해력, 구성주의 수업, 개념발달과 상보적 교수-학습 등 매우 다양한 주제들이 연구되었는데, 수 업계획 및 수업방법은 물론이고 지리학습에 대해 더욱 깊이 있는 연구가 진행되고 있음을 보여준다.

그리고 최근 지리 교수-학습과 관련된 자료들의 발간이 두드러지게 증가했는데, 이는 지리교사들의 자발적인 조직에 의해 주도되고 있다. 여기에는 전국지리교사연합회, 젊은 지리교사모임, 서울시중등지리교사연구회가 중심적인 역할을 하고 이의 영향으로 각 지 방의 교사연합회가 결성되고 있다. 이들 교사조직들은 멀티미디어 자료, 학습지에 이르기 까지 다양한 교수-학습 자료를 개발해 지리교육의 발전에 기여하고 있으며, 활동적인 교 사들은『교실 밖 지리여행』(노웅희·박병석, 1994)과 같은 교사와 학생을 위한 지리서적들 을 출판했다.

2) 지리교육 연구의 연구영역별 연구동향

기존의 지리교육 연구 주제별 연구동향을 정리한 여러 연구물들을 보면 공통 연구 주제 분야가 나타난다. 여기에서는 연구영역을 지리교육사 및 철학, 지리교육의 목적과 목표, 지리교육과정, 지리 교수-학습, 지리 교수-학습 자료 및 매체, 지리학습 심리 및 인지발달, 지리평가, 범교과교육의 8가지로 한정해 살펴보기로 한다.

(1) 지리교육사 및 철학

지리교육사에 대한 최초의 연구는 장보웅(1968)에 의해 이루어졌으며, 장보웅은 개화기 지리교육에 대한 연구(1969)에 이어 일제시대 지리교육(1991)에 대한 체계적 연구를 시도 함으로써 지리교육사 연구에서 선구적 역할을 했다. 그리고 황재기(1979)는 구한말-일제 식민지강점기 말에 이르는 기간의 지리교육을 정리했고, 권혁재(1982)는 개화기와 일제시 대의 지리학과 지리교육을 분석했으며, 남상준(1986, 1988, 1992)도 일제시대의 지리교육,

개화기의 지리교육에 대한 일련의 연구를 진행했다. 이렇게 해 1880년대 말 이후 개화기와 일제강점기의 지리교육이 재조명되었는데, 이 시기에 행해졌던 연구의 특징은 교과서 중심으로 지리교육의 발달과정을 파악하는 것에서 탈피해 좀더 종합적으로 교육제도, 교육정책, 교육이념이 어떻게 지리교육의 발달과정에 반영되었으며 지리교육의 이에 대한 대응은 무엇인가를 밝혀내고 있다는 것이다. 그밖에도 미 군정기의 지리교육(예경희, 1973)과 대한민국 정부수립 초기의 지리교육(예경희, 1974)에 대한 논의가 있었으며, 그리고 지리교육사 연구의 문제점이 지적되었다(류재명, 1988).

개화기 지리교육에 대한 연구는 장보웅(1968, 1970)에 의해 이루어졌는데, 개화기의 지리교육환경과 당시 사용되었던 주요 지리교과서들이 소개되고 분석되었으며, 이후의 연구에 결정적인 영향을 미쳤다. 그런데 교과서를 중심으로 지리교육의 형성과정을 조명하는 것과 더불어 제도적인 측면에서 개화기 지리교육의 형성과정을 파악하는 것이 요구되었는데, 이러한 요구에 부응해 남상준(1988)은 개화기 근대교육제도의 형성과정 속에서 지리교육이 성립되는 과정을 밝히고자 했다.

한국 근대 지리교육의 형성 및 전개과정을 밝힌 남상준(1992, 1993)의 연구는 개화기 지리교육에 대한 가장 종합적이고 체계적인 것이었다. 그는 한국 근대 지리교육은 국학의 일환으로서, 그리고 국가주의 및 계몽주의 교육사조의 일환으로서 실시되었다고 본다. 그에 따르면, 이처럼 지리교육이 국가주의 교육의 속성을 지니게 된 것은 국학의 일환으로서 지리학 및 지리교육이 행해지고, 국토의식의 함양을 중시하며, 교과 외적인 목표와 발전적 가치를 중시하는 측면을 가지고 있기 때문이라고 밝히고 있다. 특히 그는 지리교육이 계몽주의적 교육의 일환으로서 전통적 자연과의 극복, 해외실정에 대한 계몽, 화이관의 붕괴에 커다란 기여를 한 점을 밝히고 있다. 또한 내용적인 측면에서 보면, 자연지리를 주요 내용으로 했던 개화 초기의 계몽주의적 지리교육이 개화 후기에는 인문지리를 중심으로 하는 애국계몽운동에 입각한 지리교육으로 전환한 점을 밝히고 있다.

그리고 남상준은 한국 근대 지리교육의 형성 및 전개과정을 실학과 개화사상에서의 지리학의 연구, 교육에 대한 국가·사회적 요구를 바탕으로 신식학교들에 의해 교화적·계몽적 관점에서 세계지리 중심의 지리교육이 이루어졌던 지리교육의 계기적 도입기(1883~1895), 갑오경장 이후 국가가 직접 교육개혁의 계획을 수립, 시행함에 따라 학교의 관제와 규칙들에 의해 한국 근대교육의 교육의 하나로서 자리잡게 된 제도적 정착기(1895~1906), 일제 통감부의 대한 식민지화 교육정책에 저항해 사학을 중심으로 하는 애국계몽적인 지리교육이 전개되는 저항적 지리교육의 전개기(1906-1910)의 3시기로 구분하고 있다.

일제시대의 지리교육에 대한 연구는 장보웅(1971)에 의해 처음으로 매우 체계적인 연구가 이루어졌다. 장보웅(1971)은 일제시대의 지리교육을 다루면서 일제시대를 전기, 중기, 후기의 세 시기로 나누고 당시의 지리교과서를 중심으로 지리교육 내용을 매우 광범위하게 고찰하면서 지리교육사 연구에서 선구적 역할을 했다. 남상준(1986)은 교과서 중심의 지리교육사 연구를 탈피하려는 노력을 계속 시도했는데, 일제시대 식민지 교육정책의 변화에 따른 지리교육 및 한국지리교육의 변화양상을 학교교육과 사회교육의 양면을 모두 고려하면서 고찰했다.

이들의 연구에 따르면 일제 강점기 초기에는 구한말과 별 차이가 없는 지리교육이 실시되었다. 그러나 일제 강점기 후기로 가면서 교과서의 내용상으로는 인문지리보다 자연지리가 압도적으로 많아졌으며 외국지리는 다루어지지 않았다. 결국 지리교과는 정책교과목으로서, 그리고 지리교육은 일제의 식민지지배와 침략전쟁 수행의 수단으로서 행해졌다. 권혁재(1982) 또한 개화기와 일제시대의 지리학과 지리교육에 대해 정리하면서, 세계지리의 소개로 출발했던 개화기 지리학은 한국지리로 매듭을 짓는 것처럼 보이고, 일제시대에는 지리학과 지리교육이 식민지정책과 침략전쟁의 수행을 뒷받침하는데 이용되었다고 설명했다.

그런데, 지리교육적 관심이 깊었던 최남선, 김교신, 기요와 같은 인물에 대한 인물사적 연구들도 주목할 만하다.

권정화(1990)는 육당 최남선의 지리와 관련된 많은 글들과 깊은 관심들이 계몽사상에서 비롯된 것을 잘 밝히고 있다. 그리고 육당의 관심이 개화기의 계몽운동의 맥락에서 국난을 타개하고 세계정세를 정확히 파악하기 위해서는 세계적 지식이 필요하다는 것을 인식하는 것에서 비롯되었음을 잘 보여준다. 이를 통해 개화기의 지리학적 관심은 애국계몽운동의 일환으로 성립되었으며, 이는 또한 계몽기 지리학과 지리교육의 목적과 역할이 동일했음을 잘 보여준다. 그리고 이은숙(1996)은 김교신의 지리사상과 더불어 경험과 답사를 중시하는 그의 지리교육방법을 소개했다. 또한 옥성일(1997)은 서구의 지리교육사와 관련된 중요인물인 리터(Ritter)와 기요(Guyot)의 지리사상의 역사적 근원을 추적하면서 리터와 기요의 지리교육사상 및 방법의 공통점과 차이점을 밝히면서 유럽과 미국에서 지리교육의 발달과정을 잘 보여 주었다. 그는 기요의 지리교육방법의 핵심을 동심원적 방법, 자연에 대한 직접관찰과 현지경험, 시각적 교육법, 인과적 설명방식의 4가지로 정리하면서 이는 페스탈로치와 리터의 영향이라고 볼 수 있다고 주장했다. 또한 기요는 교육에서도 법칙성을 추구했고, 인간심성의 발달단계에 따라 다른 학습과정을 강조했다고 밝히고 있다.

한편, 지리교육 철학에 대한 그동안의 논의는 피상적이며 논리적인 치밀한 전개가 부족했는데, 최근의 박승규(2000)의 연구는 나름대로 의미 있는 논의를 보여준다. 그는 기존의 교과 분류처럼 '지식'과 '경험'이라는 교과 내용 특성에 근거하기보다는 교육이 궁극적으로 지향하고 있는 인간들의 삶의 문제와 관련지어서 교과를 분류하는 노력이 필요하다고 주장하면서, 일상생활에 근거해 지리교과의 재개념화를 시도했는데, 그 논리적 근거를 오크쇼트(Oakeshott)의 총체적 경험세계에 근거한 구체적 총체로서의 '실제'에 두었다. 그는 일상생활의 공간성이 다양한 삶의 모습을 통합적으로 인식할 수 있도록 해줄 뿐만 아니라 인간들이 갖는 실존성을 이해하는 중요한 개념이기 때문에 공간성에 기초한 실생활에 대한 이해가 지리교육에서 필요하고, 이에 따라 총체적 경험세계에 근거한 일상생활로서의 지리교과는 다른 어떠한 교과성립의 준거보다도 학습자들의 개인적 적합성에 근거해야 한다고 주장했다.

(2) 지리교육의 목적과 목표

일반적인 교육목적이나 사회과 교육의 목적과 관련해 지리교육의 목표에 대한 연구나 지리교육 고유의 목적에 대한 연구가 매우 부족하다. 더욱이 지리교육의 목적과 목표에 대한 보다 상세한 연구가 부족해 교육과정과 같은 문서에 기술된 바와 같이 단순히 지리교육의 목적을 단순히 국토애, 애향심을 기르는 것으로 기술하는 것이 일반적 경향이다.

넓은 의미의 교육의 목적을 달성하기 위해 지리교육이 지향해야 할 고유한 목표가 무엇인지를 분명히 해야 함에도 불구하고 지리교과 내적인 교과목표에 대한 인식이 부족한 점은 지리교육의 정체성 확립에 걸림돌이 되고 있다. 즉 지리교육은 당연히 지리학의 내용을 가르치지만, 이러한 내용의 교수를 통해서 지리교육이 도달하고자 하는 고유한 정신적 상태나 인지적 상태에 대해 명확히 제시하지 못함으로써 교과의 존립근거가 불분명해지는 것이다. 이러한 지리 고유의 교육목표를 분명히 함으로써 교육과정에서 지리가 교과로서 어떠한 공헌과 역할을 할 수 있는지를 분명히 할 수 있음은 물론이고, 이에 따라 지리교육내용이 선정되고 조직되며, 지리수업 결과는 이 목표에 비추어 그 달성도를 평가할 수 있을 것이다.

지리교육의 목적과 목표에 대한 최초의 연구는 김대경(1972)에 의해 이루어졌는데, 그는 지리학습 목표에서 지리교육의 외적인 제2목표인 국가, 사회적 목표에 대해 분석하면서 이러한 목표에 대한 진술의 변화를 추적했다. 이 연구는 종래의 애국심과 같이 당연시되었던 지리교육의 목표가 지리교과의 제1의 목표라기보다는 교과 외적인 제2의 목표라는 점을 보여주고 있어, 지리교육의 내재적 목표에 대한 새로운 논의가 필요한 것을 보여주고 있다.

오랫동안 지리교육의 목적과 목표에 대한 깊이 있는 논의나 분석이 부족했으며, 또한

그 논의도 매우 산발적이었다. 이경한(1996)은 최근 가치목표와 그 내용에 대해 연구했는
데, 지리교육의 인지적 목표에 비해 가치목표가 상대적으로 등한시되어 온 사실을 지적하
고, 지리교육 목표상 다루어지는 가치목표와 이의 변화상을 살펴보았다. 그는 그동안 지
리교육에서 중시되어온 가치목표로는 지역의식의 고양, 자연환경과 인문적 현상의 다양
성에 대한 인식, 향토애와 국토애, 국제이해를 통한 세계시민정신의 함양 그리고 자연미
등을 들 수 있으며, 교육과정상에서는 국력배양, 경제발전, 국가발전이라는 가치주입적
요소가 주를 이루어왔음을 밝히고 있다.

한편, 지리교과 고유의 목적과 목표에 대한 논의는 거의 부족한 편이지만, 서태열(1996)
은 지리교육의 고유한 목적들을 여러 가지 갈래에서 정리했다. 그는 지리교육의 목적을
장소감의 함양, 공간능력의 육성, 공간적 의사결정 및 문제해결능력의 육성, 지리적 도해
력의 육성, 인간-사회-환경과의 관계에 대한 인식의 함양의 5가지로 제시했다. 그는 이러
한 목적에 대한 분류를 지리학습을 평가하기 위한 목표들로 상세화하는 데 이용했는데,
지리학습평가의 목표영역을 지리적 개념에 대한 이해와 기본적 지리지식의 획득, 지리탐
구와 의사소통, 지리탐구결과의 적용, 가치·태도와 관련된 정의적 목표의 4가지 대영역으
로 구분해 제시했다.

남상준(1996)은 지리교육목표 설정에서의 상세화와 구체화를 추구했는데, 상세화 요소
중 '내용'은 과제분석적, 분류학적 접근방법이 유효하며 '행동'에 대해서는 조작주의적
접근이 일반적이라고 주장하면서, 대상 학습자들의 경험, 흥미 및 관심, 지적발달 등을
고려했을 때 초등학교 저학년에서는 구체화의 정도가 가장 강하고 고등학교로 갈수록
점차 낮아지고 상세화의 정도는 이와 반대로 이루어지는 것이 바람직하다고 지적하고
있다.

(3) 지리교육과정

지리교육에서 가장 많은 관심이 집중되고 많은 연구물들이 나온 분야의 하나가 지리교
육과정이다. 그동안의 지리교육과정에 대한 연구들은 크게 세 가지의 형태로 나누어 볼
수 있다. 첫째는 국가에서 공포된 지리교육과정의 변천, 해설 및 특징을 기술하고 비교하
는 형태이며, 둘째는 지리교육과정에서 전체 내지 학교급별 내용의 선정 및 조직, 즉 내용
구성에 대한 연구, 셋째는 최근에 나타난 경향으로 지리학 분야별 교육내용의 선정 및
조직 그리고 내용의 계열성에 대한 연구이다.

먼저, 지리교육과정의 변천, 해설 및 특징을 기술하고 비교하는 연구들을 살펴보면 지
리교육과정의 변천과 이에 대한 비교가 주를 이룬다. 특히 지리교육과정에 대한 초기 연

구들은 대부분 이러한 형태를 띠고 있다. 그것은 지리교육과정에 대한 초기의 연구관심이 주로 국가에서 공포한 지리교육과정의 내용 및 목표의 변천, 그리고 외국의 지리교육과정의 도입과 그것과의 비교, 사후적인 해설이나 특징을 기술하는 것이었기 때문이다.

한편 지리교육과정에 대한 관심이 크게 증가했던 시기인 1970년대에도 이러한 접근방식은 지리교육과정 연구의 중심을 이루었다. 지리교육과정의 특징을 기술하거나(임덕순, 1979), 지리교육과정을 비교하고(김부식, 1972; 김일기, 1976), 지리 교육과정의 변천을 다루거나(이찬, 1977; 조광준, 1977; 황재기, 1979; 박정일, 1979; 심풍언, 1986), 지리교육과정상의 특정한 분야의 내용의 변천을 다루는 것(민홍기, 1977)이 그 예이다. 그런데, 교육과정 비교연구는 교육과정연구의 기초적인 작업으로서 여전히 의의가 있는데, 최근에 박선미(2001)는 미국의 지리교육과정과 우리나라 지리교육과정을 비교하기도 했다.

다음으로 지리교육과정의 지리내용 구성에 대한 연구들을 살펴보면, 이는 지리교육과정 연구의 핵심적 내용을 이룸으로써 자주 논쟁의 쟁점이 되었다.

지리교육과정과 관련한 이론적 논의는 여러 차례 부분적으로 이루어졌으나 지리교육과정의 내용구성에 대해 가장 포괄적이고 체계적인 최초의 연구는 이찬·임덕순(1980)에 의해 이루어졌으며, 이양우(1984)의 연구가 뒤를 이었다. 이찬·임덕순의 연구는 지리내용의 선정준거제시, 구성방법의 채택, 내용의 전개, 단원의 선정이라는 일련의 지리내용 구성과정을 제시한 최초의 연구였다. 그들은 지리 내용구성방법으로서 개념적-지역적-동심원적-논리적(CRCL: conceptual-regional-concentric-logical) 방법을 제시했다. 이들은 기존의 지리내용구성방법을 지리적 방법과 계통적 방법, 화제중심방법과 개념중심방법, 동심원적 방법과 논리적 방법 등 6가지로 나누고 내용선정의 준거를 5가지로 밝힌 다음, 이들 준거에 가장 잘 부합되는 방법들을 결합해 개념적-지역적-동심원적-논리적 방법을 만들었다. 이들이 제시한 내용선정의 준거는 다음의 5가지이다. 첫째, 지리학의 기본개념들에 바탕을 둔 지리교수용 기본개념들이 포함되도록 지리교육과정을 구성한다. 둘째, 인간의 지역확대에 도움을 주는 여러 생활지역, 가령 동네, 고장, 국가, 세계 등이 포함되도록 한다. 셋째, 조직적 사회 내에서 사는 인간들에게 필요한 기본적 활동, 즉 기본적 사회적 기능들이 포함되도록 한다. 넷째, 가르치는 일은 가까운 지역으로부터 먼 지역으로의 순서, 즉 지평확대 방법에서의 순서를 따른다. 다섯째, 가르치는 일은 단순한 것으로부터 복잡한 것으로 이행한다. 이들이 제시한 지리내용 구성의 방법은 지리교육의 가르칠 대상으로서 '지역'과 '개념'을 선택하고 논리적 순서와 가까운 것에서 먼 곳으로 학습해나가는 논리적 방법과 동심원적 방법을 채택한 것이다. 그리고 이양우(1984)도 지리내용의 선정의 준거를 밝히고 세 가지 혼합된 방법, 즉 이찬·임덕순의 방법, 지역적-계통적-개념적 방법,

개념적-지역적-화제적 방법에 의해 지리내용을 전개했다.

그런데, 이때까지의 지리내용의 선정 및 조직에 대한 연구는 주로 학문적 배경에서 오는 내용의 선정과 조직에만 초점이 주어져 있었으며, 학생들의 인지발달이나 지리교육과정의 체계를 이루는 요소에 대한 검토가 부족하고 지리의 교육적 내용, 구성방법 등을 종합적으로 고려하지는 못했다.

서태열(1993)은 지리교육과정의 구성에 앞서 지리개념, 지리기능, 지리적 주제 등 지리교육내용 요소들과 지리내용 구성방법, 지리내용의 선정준거와 조직원리에 대해 검토한 후 이를 토대로 지리내용 구성모형을 제시했다. 이 모형은 초, 중, 고교의 전학년에 걸친 지리교육과정개발에 활용할 수 있도록 학령단계, 지리내용의 초점, 지리내용 구성방법을 결합해 교육과정구성에서 학생, 사회, 학문과 관련된 요소들을 종합적으로 고려한 최초의 것이다. 이 모형은 학령단계를 4개의 단계로 구분하고, 1단계(초 1~4)에서는 학생들의 생활지리에 초점을 두어 화제중심의 내용구성을, 2단계(초5~6)에서는 국토와 세계에 대한 기초적 이해에 초점을 두어 구체적 화제중심의 내용구성을, 3단계(중학교)에서는 자연 및 인문현상의 다양성과 차이성에 초점을 두면서 생태 패러다임과 지역-주제방법을 중심으로 내용구성을, 4단계(고등학교)에서는 지역분석에 초점을 두어 주제-화제방법, 개념중심방법을 중심으로 하는 내용구성이 이루어지도록 하고 있다. 그는 이 모델을 이용해 초, 중, 고교의 학교급별에 지리내용의 초점, 구성방법, 지역의 크기와 주제를 달리할 것을 강력히 주장했다.

이러한 지리내용 구성에 대한 논의는 제7차 교육과정의 개발이 진행되었던 1997년부터 다시 활발하게 일어났다. 류재명(1997)은 제7차 교육과정개발을 위한 초, 중, 고교의 지리내용구성에 대해 초등학교에서는 세계 전체를 다루고, 중학교에서는 자연지역별 세계지역을 다루고, 고등학교에서는 이론중심으로 토픽별 지역문제를 다루도록 내용구성을 할 것을 제안하였다. 다른 한편으로 그는 지리교육내용의 계열적 조직방안에 대해 논하면서(류재명, 1998), 내용전개순서에 있어서 계통적 접근, 지역지리적 접근, 현재 교육과정상의 한국지리내용구성에 대해 분석한 후 지역과 주제를 좀더 세분화해 지리교육내용의 요소를 제시할 것을 주장했다. 특히 그는 지역의 스케일에 따라 주제, 논리, 개념이 서로 연계되면서 내용의 세분화에 바탕한 주밍(zooming)을 통해 지역을 볼 수 있도록 내용을 구성할 것을 주장했다.

한편, 지리교과서에서의 내용구성에서 쟁점중심접근의 도입에 대한 논의도 있었다. 김현경(1996)은 상위질문과 하위질문으로 구성된 대단원과 중단원의 내용구성과 함께, 질문의 제시, 질문의 분석과정, 문제의 해결이라는 3단계의 학습으로 내용을 구성할 것을 제시했다. 그리고 권정화(1997)는 내용구성에 대한 메타적 관점에서 기존의 고전학파의 견해를 토대로 하여 시간과 공간의 대칭성에서 연유한 역사와의 명확한 구분을 강조하는 방식으로 내용을 구성하는 것을 비판하고, 지리와 역사와의 명확한 구분자체가 무의미하므로 사회적 시공간개념을 도입해야 한다고 주장했다.

마지막으로 지리학 분야별 교육내용의 선정 및 조직, 그리고 내용의 계열성에 대한 연구를 보면, 최근에 특히 두드러진 발전을 보이는 부분으로 개별 학문영역별 교육을 위한 지리교육내용의 스코프와 시퀀스를 결정하는 데 초점을 맞추고 있다. 이러한 발달을 가져온 대표적 영역이 전통적으로 많은 논의가 있었던 지역지리 영역과 최근에 연구된 경제지리 영역이다.

지역지리에서 내용의 선정 및 구분에 대한 연구는 주로 지역학습을 위한 지역구분을 중요하게 다루었는데, 지역구분과 지역구분에 따른 학습 시퀀스에 대한 관심이 많았다. 이는 주로 교과서에 도입된 지역구분에 대한 검토와 새로운 대안의 제시 형식으로 논의가 이루어졌는데, 이는 1960년대 말에서 1970년대 초에 활발했던 교과서의 내용분석과도 깊은 관련을 가지고 있다.

지리교육내용에서 지역구분 특히 한국지리 지역구분은 황재기(1967)에 의해 시도된 이후 지리교육연구의 중요한 주제였으며, 홍순환·예경희(1973)도 한국지리학습의 지역구분을 시도했다. 1960년대 말의 논의들을 보면 우리나라의 지역구분, 지역경계에 대한 관심과 구분된 각 지방을 다루는 순서에 대한 논의가 주를 이루었는데, 예를 들면 1970년대 초반까지 중부지방 → 남부지방 → 북부지방으로 다루는 것이 탁월했다. 이러한 지역구분과 지역학습의 시퀀스는 이후의 교육과정에서의 중학교 지리내용구성에도 강력한 영향력을 행사하였으며, 많은 비판에도 불구하고 2000년대까지도 여전히 그 틀을 유지하고 있다(이러한 구성에 대한 비판과 전통적인 틀을 유지하게 된 과정 등 제7차 교육과정에서 지리내용의 구성에 대한 논란은 《지리·환경교육》 제7권 제1호에 상세히 실려 있다).

그런데 지역지리 내용구성에 있어서는 지역구분과 그에 따른 학습 시퀀스에 대한 관심 외에도 지역인식에 대한 검토를 바탕으로 내용구성 및 학습논리에 대한 함의를 도출하려는 시도가 이루어졌다. 권정화(1997)는 학습과정을 고려해 지역지리의 교육내용을 구성하는 원리를 도출하고자 시도했는데, 지역지리 교육내용은 다양한 지리적 현상들을 지역의 개념으로 파악하여 사유의 질서를 알게 되는 지역인식의 논리에 따라서, 그리고 이 논리를 학습하도록 하는 방향으로 구성되어야 한다고 주장했다. 그는 지역인식의 논리에 내재된 학습이론을 도출하면서 이들 논리에 따른 지역학습을 대비적으로 고찰했는데, 유기적 복합으로서의 지역인식 논리와 순차적 누적모형을, 공간모형으로서의 지역인식논리와 점진적 분화모형을, 생성적 지역인식논리와 순환적 구성모형을 상호 연관시키면서 교수-학습이론에서 가장 주목하고 강조해야 할 점은 인식의 순환성이라고 보았다. 또한 그는 기존의 두 가지의 중심적 지역인식논리, 즉 유기적 복합으로서의 지역인식논리와 공간모형으로서의 지역인식논리를 넘어 개인의 주관적 의미로서 구성되는 장소와 타인과 공유하는 경험으로서 파악되는 지역간의 상호작용을 강조하는 생성적 지역인식논리를 바탕으로 교육내용을 구성할 것을 주장했다.

경제지리 내용의 스코프와 시퀀스에 대한 검토는 조성욱(2000)에 의해 이루어졌다. 그는 초, 중등 교육과정에서 다루고 있는 경제지리학의 학문적 내용과 학습자의 특성 및 관심을 고려하고, 실생활에서의 유용성을 인정받을 수 있는 경제지리 과목의 교육내용 선정 및 조직의 대안을 제시했다. 즉 기존의 경제지리 교육내용 선정 및 조직방법을 산업별 분류방법, 주제중심방법, 경제과정중심방법의 세 가지로 분류해 그 장단점을 파악해보고, 새로운 대안으로서 지역문제중심방법을 제시했다. 그는 지역문제중심방법에서 경제지리학으로부터 경제지리교육의 필수개념을 선정할 필요가 있다고 주장하면서 경제지리교육의 필수개념으로서 분포, 상호작용, 입지, 변화, 환경을 제시하고, 이들 개념을 다양한 지역문제에 의해서 교육내용을 선정하고 조직하는데 기본틀로써 작용하도록 했다. 또한 그는 단원조직에서는 지역문제 및 지역명을 대단원의 제목으로 대조적인 두 개 이상의 사례를 대비시킴으로서 사고의 폭을 넓힐 수 있다고 보았다.

한편 중등학교 기후단원의 내용선정과 조직원리는 송호열(1999)에 의해 탐색되었으며, 류재명·서태열(1997), 송언근(2001) 등이 통합사회과 및 그 운영에 대한 문제점들을 지적하고 있는 것처럼, 통합사회과는 지리교육과정에 대한 논의에서 새로운 과제로 계속 남아 있다.

(4) 지리 교수–학습

지리 교수-학습에 대한 연구의 중심은 초기에는 주로 교수방법 내지 기법이었으며, 1990년대 이후에는 점점 학습에 대한 관심이 증가해왔다. 앞 절에서 살펴본 것처럼 지리 교수-학습에 대한 연구물들은 1960년대 말에서 1970년대 초에 이르는 시기와 1990년대에 집중적으로 증가하면서도 꾸준히 산출되는 특징을 보여준다. 두 시기에 특히 많은 연구물들이 나오는 것은 교육과정의 개정과 맞물려 새로운 교수방법이나 학습법에 대한 모색과 함께, 새로이 도입된 교수 및 학습 이론에 따른 관심의 증가와 깊은 관련이 있다. 특히 1990년대에는 다양한 지리 교수방법과 지리교수전략이 검토되고, 학습에 대한 보다 상세한 연구가 진전되었다. 여기에서는 지리 교수방법 및 교수 전략에 대한 연구와 지리학습에 대한 연구로 나누어 살펴보기로 한다.

① 지리 교수방법 및 전략

지리 교수-학습에 대한 최초의 연구는 김연옥(1955)의 실험 코스(Pilot Course)에 대한 연구였는데, 이는 미국 교육사절단의 협력으로 교수법 개선결과 보고논문으로, 교수법 개선뿐만 아니라 우리나라 지리교육 분야 최초의 연구로서 교육계에 큰 관심을 던져주었다고 평가된다(정장호, 1976: 44).

이후 지리교수 및 학습에 대한 연구에서 변화가 없었으나, 새로운 지리교수법과 지리학습에 대한 관심은 1960년대 말에서 1970년대 초기에 이르는 시기에 나타난다. 당시 새로운 학습지도방법의 방향모색에 대한 논의(장채규, 1969; 최외홍, 1972)에서 나아가 학습의 구조화에 대한 논의가 김종호(1971), 홍태선(1971)에 의해 이루어지고, 다양한 지리교수방법에 대한 고찰(임덕순, 1970; 이찬, 1975; 임덕순, 1976; 김회목, 1985)이 이루어진다. 그리고 지도읽기수업(오금숙, 1973)과 지리모형제작(원경렬, 1963)도 지리수업에서 많은 관심을 끄는 주제였다. 이 시기의 지리학습에 대한 이론적 논의의 초점은 완전학습이었다고 볼 수 있는데, 이금주(1973)에 의해 지리학습지도에 완전학습이론을 적용한 것이 그 예이다.

그런데 1960년대 말 이찬에 의해 미국의 HSGP가 소개되면서 브루너의 발견학습에 바탕을 둔 탐구학습에도 관심을 가지게 되었지만(남궁봉, 1978), 이후로 지리수업에서 진정한 의미의 발견학습 내지 탐구수업에 대한 본격적인 논의는 제대로 이루어지지 않았다. 이는 입시중심의 교육풍토 때문에 다소 많은 시간이 소요되는 탐구수업의 효율성이 의문시되었기 때문으로 보인다.

따라서 1990년대 중반까지도 지리수업현장에서는 전통적인 주입식 수업형태가 중심이었으며, 탐구형 수업은 거의 이루어지지 않았고 설령 탐구식 수업이라고 하더라도 단편적인 방식으로 이루어지거나 탐구과정별 요소들을 나열하는 데 그쳤다고 지적되고 있다. 그리고 탐구수업에 대한 연구들도 근본적으로 행동주의 모형이나 정보처리모형에 기반한 것으로, 학습한 내용을 서로 연계시키면서 종합적인 사고를 하는 데는 어려움을 가지고 있었다.

탐구수업에 대한 본격적인 논의는 1990년대에 들어오면서 다시 활발해졌다. 이 시기에는 기존에 형식적으로 진행되던 탐구수업에 대한 비판과 함께 새로운 이해에 바탕을 둔 대안에 대한 모색이 이루어졌다. 이러한 대안의 모색은 탐구수업에 대한 새로운 이해에 바탕을 둔 수업활동의 조직화를 강조하거나, 탐구의 형식보다는 사고의 과정을 강조하거나, 사실탐구에 대안적인 탐구로써 가치탐구를 강조하는 세 가지 방향으로 나타났다. 그리고 시뮬레이션과 같은 모의수업을 도입하려는 시도들(이찬, 1974; 최석진, 1987, 1988; 이지류, 1991)도 나타나고 있어 탐구수업이 여러 가지 형태로 이루어질 수 있음을 보여주었다.

먼저 탐구수업에 대해 비판하면서 탐구수업에 대한 이해를 새롭게 제기한 것으로는 류재명(1992a, 1992b)의 논의가 두드러진다. 그는 기존의 탐구수업이 학습여건상의 불리한 환경과 학습자의 학습활동을 실증주의적인 의미에서의 과학자 연구활동과 동일시하는 경향 때문에 학교교육에 적용하기에는 어려움이 있다고 지적하면서, 학생들의 이해를 높이기 위한 수업활동조직에서는 내용의 논리성이 가장 중요하다고 주장했다(류재명, 1992a). 또한 그는 이러한 논리실증주의적인 관점에서 과학적 방법론의 절차에 따라 수업을 진행하는 경직된 탐구학습에 대해 비판하고, 더 나아가 학습자 스스로의 사고로 쉽게 이해에 도달하게 되는 소크라테스식 탐구를 옹호하기도 했다(류재명, 1992b). 그리고 그는 이희열과 함께(류재명·이희열, 1994) 탐구수업의 현장적용을 시도했는데, 탐구수업 이론이 현장에서 성공적으로 적용되지 못하는 원인이 대규모 학습, 교사의 수업시간 부담, 입시제도 등의 교육환경 등에만 있는 것이 아니라, 수업활동 조직과 수업운영에 있어서의 과도한 개방성에 근본적인 문제가 있다는 것을 발견했다. 이들은 학습의 경제성에 초점을 두고서 학습자가 교과의 내용을 효과적으로 이해할 수 있도록 수업활동을 조직하는 대안을 제시했다.

다음으로 탐구에 대한 새로운 대안 모색으로 주목할 만한 것은 지리과에서 사고를 강조하는 수업에 대한 연구이다. 1970년대에도 있었지만(임덕순, 1972), 1990년대 이후 나타난 논의는 이양우(1990), 최원회(1994)에 의해 주도되었다. 특히 최원회(1994)는 탐구학습 등 종래의 교수-학습이론이 지닌 본질적인 한계를 지적하고 이를 대체할 수 있는 지리과 사고수업모형을 제시했다. 그는 내용특수적 혹은 교과제한적인 사고수업이론이나 탐구수업 이론에 근거할 경우 학습자의 사고력을 신장시키는 데에 한계가 있다고 보고, 학습자의 총체적 사고력을 극대화하기 위해서는 신(新)피아제 이론과 전략적 수업-학습 이론에 근거한 내용-전략 통합이론을 추출해내어야 하며, 지리과에서는 내용-전략 통합적 사고수업 → 연계수업 → 내용특수적 사고수업으로 연결되는 일련의 수업과정이 효과적이라고 주장했다. 이후 그는 사고수업에서 구성주의적 접근을 결합해 구성주의적 교수-학습에 대한 연구(최원회, 1998)를 제시하기도 했다.

세 번째로 새로운 대안으로 나타난 것은 가치탐구수업에 대한 관심이다. 지리과에서의 탐구도 역시 사실탐구와 가치탐구로 구성된다는 인식하에 가치의 측면에 대한 탐구 요구가 나타났다. 지리과 수업에서 가치교육에 대한 관심이 김일기(1976)에 의해 제기된 이후,

가치탐구에 대한 연구는 주로 이경한에 의해 이루어졌다(이경한, 1996; 이경한 등, 1998). 이경한(1996)은 지리과 가치수업을 구성하는 요소들을 단계적으로 검토한 것을 바탕으로 가치문제를 확인하고 알아보기, 여러 방향의 사실들을 알아보기, 행동의 이유를 추론하기, 가치의 차이와 갈등을 비교하기, 잠정적인 가치결정과 선택하기, 선택결과와 그 영향을 알아보기의 6단계 지리과 가치수업모형을 제시했으나, 이후의 연구(이경한 등, 1998)에서는 가치명료화, 가치분석, 가치조사 등 기존의 가치탐구모형을 이루고 있는 여러 가지 요소들을 조합해 7단계의 또 다른 가치수업모형을 제시했다.

그런데 최근 지리수업방법과 교수전략에 대한 연구에서는 지리학습에 보다 많은 관심을 기울이면서 지리교수설계 및 교수전략을 연구하는 새로운 경향이 나타나고 있다. 지리수업설계에 대한 연구에서는 수업활동의 조직화, 지식의 유형에 따른 수업방법의 선정, 고등사고기능을 기르는 수업, 체제론적 접근 등이 논의되는가 하면, 지리교수전략으로써 개념도를 적극적으로 활용하려는 노력들이 등장했다.

수업활동의 조직화에 대한 연구는 류재명(1992, 1993)에 의해 이루어졌다. 그는 학습자가 교과의 내용을 효과적으로 이해할 수 있도록 수업활동을 조직하는 것의 중요성을 강조하면서 다인수 학급에서도 가능한 수업활동 조직방안을 연구했다. 그는 란다(Randa)의 상세화 이론과 라이거루스(Reigeluth)의 정교화이론을 토대로 가르치는 학습내용을 분해하여, 이를 학습자의 수준을 고려하면서 구체화 혹은 상세화하였다. 이를 통해 그는 논리적인 전개가 비약적이지 않게 단계적으로 진행될 수 있도록 단계를 세분화하고 논리적으로 배열해 전개하는 수업모형을 개발했다. 그가 개발한 수업활동 조직모형은 특히 지리학의 기본지식을 가설-연역적 사고체계로 변환해 교육내용을 조직하고 이를 단순한 가상모형에서 출발하도록 조직한 것이었는데, 그가 개발한 조직모형에 의한 수업은 강의식 수업에 비해 학업성취도가 높고 학생의 수업내용에 대한 이해를 높일 수 있다고 보고하고 있다.

그리고 수업설계에서 다루고자 하는 지식의 유형에 따라 수업방법이 달라질 수 있다는 주장이 나왔다. 심광택(1997)은 지리 교과 속에 공존하는 다양한 유형의 지식을 고려해 그에 걸맞은 다양한 교육방법의 실제를 제시했다. 그는 기술적 통제력을 확장시키려는 관심에 의한 경험-분석적 지식 중심 내용을 다룰 때는 개념탐구수업이 적합하고, 어떤 행동이 지역전통에 비추어 적절한지를 해석하려는 관심에 따라 역사-해석적 지식을 다룰 때는 문제해결수업이 적합하며, 가치관으로부터 의식을 해방시키려는 관심에 따라 비판적 지식을 다룰 때는 의사결정수업이 적합하다는 것을 주장하면서, 실제 교육현장에서 지리 교사들이 다양한 시각에서 수업내용을 재구성할 것을 강조했다. 그는 또한 행동이론과 구조분석을 통해 경험적 현상에서 시작해 설명적 지식에 이르는 1단계, 추론적 진술과 분석을 통해 개념적 지식을 이론적으로 설명하는 2단계, 행위를 검토해 실천적 해석에 이르는 3단계, 정보활용능력을 이용해 사례지역 학습에 참여하는 4단계의 지리수업(심광택, 1994)을 제시한 바 있다.

수업설계에서 주목할 만한 또 하나의 새로운 접근방식은 체제론적 접근이다. 이은실 (1998)은 고정과 체계 중심의 자연지리교육을 강조하면서 자연지리학습에 체제접근을 도입해 학습내용의 구조화를 시도했다. 학습내용의 구조화는 체계구조 인식, 체계 구성요소의 명료화, 체계 내의 상호관계와 과정 분석의 단계로 이루어지고, 구체적 지표공간으로서 체계의 특성, 자연체계와 인문체계와의 관계에 대한 학습으로 진전되도록 했다.

그리고 지리교수전략으로서 개념도의 활용에 대한 연구가 황병원(1998), 이경한(1998), 정재완(1999)에 의해 이루어졌는데 개념도가 사고력을 키우는 데 효과적임이 밝혀지고 있다. 그리고 최근에는 개념도를 개념학습에 대한 평가도구로 이용하는 방안(이병철, 2002)까지 연구되고 있어, 개념도가 교수전략, 수업활동도구, 평가도구로써 폭넓게 이용될 수 있음이 드러나고 있다. 황병원(1998)은 학생의 입장에서 개념 및 개념들 간의 관계성 이해가 힘든 단원을 대상으로 개념도를 활용한 교수전략을 수립해 학생들의 학업성취에 대한 실증적 연구를 시행하였는데, 고등학교 한국지리 도시 단원의 수업에서 개념도를 활용한 수업이 여학생보다 남학생들에게, 성적 하위집단보다 성적 상위집단에게 효과적이라는 결론을 얻었다. 이경한(1998)은 문제해결 개념지도, 빈칸 넣기 개념지도 등으로 개념도를 수업활동 도구로써 활용할 수 있는 방안을 제시했으며, 정재완(1999)은 개념도를 활용해 문제해결수업을 한 결과를 분석하여 개념도를 활용한 문제해결수업을 진행한 집단이 일방적인 강의식으로 수업을 진행한 집단보다 저급사고와 고급사고 모두에서 높은 성취를 보이고 있음을 밝혔다.

개념도와 더불어 협동학습에 대한 논의도 나타났다. 유수현(1998)은 학습효과가 학습자의 학습활동을 조정하고 통제하는 학습구조에 따라 크게 달라진다는 점에 주목해 전통적인 강의식 수업에 대한 대안적 교수-학습 방법으로 협동학습을 이용할 것을 제안하고, 순수한 협동학습모형에 가까운 존슨(Johnson)의 LT모형을 토대로 해 학습지를 사용하는 지리수업에 적합한 협동수업모형을 고안했다.

이처럼 1990년대 중반에는 다양한 교수전략과 수업방법들이 도입되었으며, 또한 다양한 교육학적 배경을 지닌 수업방법과 지리학습의 여러 방법을 결합해 단원에 따라 상이한 수업방법들을 사용하는 방안이 제시되기도 했다. 이러한 노력들은 기존의 수업방법으로는 학생들의 사고력을 향상시킬 수가 없다는 인식을 반영하는 것인데, 이는 특히 1990년대 중반부터 탐구능력을 강조하는 대학수학능력시험이 등장한 이후 학생들의 사고력과 탐구력을 실질적으로 향상시킬 필요성이 나타났기 때문이다.

그런데 교수설계와 관련해 최근에 나타난 변화 중 가장 새로운 것은, 지리교육현장에서 가르쳐야 할 내용을 선택하고 체계적으로 구성하여 전달하는 교수학적 변환과정에 대한 관심이다. 아직 지리과 교육에서 교수학적 변환과정에 대한 충분한 연구는 이루어지지 않았지만, 김민정(2002)은 지식에 대한 교사와 학생의 입장이 본질적으로 다르다는 인식론적 차원에서 다수의 학생들이 교과내용을 쉽게 받아들일 수 있도록 잘 다듬어진 농축된 형태의 내용을 수업에서 제시하기 위한 교사의 노력인 교수학적 변환에 대한 연구를 진행하면서, 지리수업에서 나타나는 극단적인 교수현상들을 분석했다.

② 지리학습

지리학습에 대한 관심은 지리수업과정에서 개념화, 개념학습과 가장 밀접한 관련을 가지고 있지만, 전통적으로 지리학습은 지리교수에 의해 주어지는 것으로 간주하는 경향이 강하다. 이처럼 학습을 주어지는 것처럼 인식하면 지리수업의 역동성을 이해하기가 힘들며, 진정한 의미의 학습이 어떻게 일어나는지 파악하는 것은 더욱 어렵게 된다. 최근 지리교육연구의 지리학습에서 더 관심을 끌고 있는, '교수에 의해 일어나는 반응으로서 학습'이 아니라 '학습자 내부에서 일어나는 내면화과정으로서의 학습'에 대한 이해가 요구되기 때문이다.

이러한 관점에서 주목할 만한 것은 구성주의적 교수-학습에 대한 논의와 지리 교과의 개념형성에 대한 논의이다. 지리 교과에서 구성주의적 교수-학습에 대한 논의는 그동안 서태열(1994, 1995, 1997), 류재명(1995, 1997), 권정화(1997) 등의 논문에서 연구의 일부로 소개되었지만, 본격적인 논의는 서태열(1998), 최원회(1998), 박선미(1999), 송언근(2000a, 2000b, 2001) 등에 의해 이루어졌고 구체적인 구성주의적 지리수업의 가능성과 실행방안들이 검토되고 제시되었다.

지리학습과 관련해 주목할 만한 다른 한 가지는 지리 교과에서 오개념(misconception)의 형성에 대한 연구라고 할 수 있다. 김진국(1999)에 의하면 지리 교과에서 암기 위주의 강의식 수업과 비전공 교사에 의한 교수 등의 현실적 여건 이외에도 학습자에게 오개념이 형성되는 원인은 다양하다고 한다. 즉, 인지구조의 차이, 감각적 경험의 차이, 잘못된 관찰, 일상 언어와 학문 언어의 차이 등과 같은 학습자변인과, 교사의 잘못된 개념설명, 언어를 통한 의미 전달 등의 교사변인, 그리고 교과서변인 등이 그 원인인데, 무엇보다도 개념이 주는 언어적 의미에 의해서 오개념이 형성되는 경우가 많으며, TV 등의 대중매체에 의해 오개념이 형성된다고 그는 밝히고 있다.

지리학습과 관련해 개념의 형성에 중요한 역할을 하는 언어에도 주목할 필요가 있는데, 김현주(1997)는 지리용어가 언어적 의사소통과 지리개념학습에서 중요한 매개역할을 한다는 점에 주목해 이해수준에 맞는 용어표현방식을 찾아야 한다고 주장했다. 그는 개념의 학습에서 지리용어의 기능에 주목하면서, 지리용어의 역할, 지리용어에 대한 교사와 학생의 인식, 용어표현방식에 대해 탐색했는데, 학생들은 한자어나 추상적 용어에 대해 어려움을 느끼고 있고, 교사들은 학생들의 지리용어에 대한 이해정도를 과대평가하고 있음을 밝혔다. 즉, 지리수업에서 표현방식을 고려하지 않은 채 사용되는 수많은 용어들이 학생들의 이해를 떨어뜨리는 원인으로 작용함을 알 수 있다.

지리수업에서 개념학습에 대한 관심은 꾸준히 있어왔다. 류재명(1993)은 교수전략에서 질문이 차지하는 위치를 검토하고 스무고개식 질문법과 소크라테스 대화법을 분석하면서, 질문법을 활용한 개념학습 프로그램, 즉 일종의 탐구지향적인 세분화된 질문들로 구성해 논리적 추론과정에 따라 배열하는 개념학습 프로그램을 개발했다. 또한 개념의 추상성에 따라 개념학습이 달라질 것이라는 주장도 나왔다. 이경한(2001)은 지리 개념의 추상성에 따라 개념학습의 방법이 달라진다고 주장했는데, 자연지리개념은 관찰에 의한 구체적 개념이 많아 결정적 속성을 중심으로 하는 개념학습모형을, 인문지리 개념은 정의에 의한 추상적 개념이 주를 이루고 있어 대표적인 사례를 중심으로 하는 개념학습모형을 중학교와 고등학교의 지리수업에 각각 적용했다. 이 실험에서 그는 중학교에서는 구체적인 지리 개념에 대해 결정적 속성을 중심으로 하는 개념학습이, 고등학교에서는 추상적인 지리개념에 대해 대표적 사례중심으로 하는 개념학습이 효과가 있다고 주장하고 있다.

한편 지리과 학습과 관련해 오랫동안 관심을 기울여온 부분은 지역학습인데, 여기에는 홍순완(1973), 김일기(1983), 원경렬(1984), 조성욱(1997), 권정화(1997), 박승규·심광택(1999) 등 많은 연구가 있다. 지역학습의 방법에 대한 논의에서 새로운 것은 지역인식논리에 기초한 지역학습과 경관 및 기호 표상을 이용한 지역학습이다. 전자는 권정화(1997)가 주장하는 것인데, 그는 지역학습의 과정에서 구성주의 학습이론을 적용함으로써 학생들의 사적 지리와 공적 지리 간의 순환을 통한 지역학습이 가능하다고 하면서, 사적 지리로서 학생의 주관적 경험과, 공적 지리로서 교육내용을 생활세계로 번역하는 방안인 대안적 지역인식논리의 필요성을 강조했다. 한편 후자는 박승규·심광택(1999)이 주장하는 것으로, 교육내용에서 경험세계 및 생활세계의 중요성에 근거하여 지역학습을 위해 지역 전체의 기호적 표상과 텍스트의 두꺼운 지층을 보여주는 사례 장소와 경관변화를 가장 잘 나타내주는 장소를 택하여 사례장소 학습을 통해 새로운 지역학습이 가능하다고 주장하고 있다.

지도학습 또한 지리과에서 많은 관심을 가져왔던 부분으로서 1960년대 이후 지속적으로 연구물들이 나오고 있는데, 송태용(1965), 오금숙(1973), 이현옥(1978), 한인수(1980), 한인수·송종홍(1981), 정용우(1981), 홍기룡(1985), 한균형·강용진(1999)의 연구가 대표적인 예이다.

(5) 지리 교수-학습자료 및 매체

지리 교수-학습자료는 교과서를 비롯해 학습지에 이르기까지 점점 다양해지고 있지만 교과서는 여전히 교수-학습자료에서 중심적인 역할을 하고 있으며, 컴퓨터는 지리교수-학습의 매체로서 점점 중요해지고 있다. 이러한 교과서의 중요성에 비추어 지리 교수-학습자료를 교과서와 함께 교과서의 내용분석과 자료 및 매체로 나누어 살펴보기로 한다.

① 교과서 및 교과서 내용분석

지리교육연구에서 교과서 분석은 일찍부터 큰 줄기를 이루어 왔는데, 1960년대 말부터 많은 연구가 이루어졌다. 황재기(1966)에서 시작되어, 김완종(1969), 예경희(1971, 1972), 조광준(1972), 이은숙(1974)으로 이어지면서 발달해왔으며, 오늘날에도 교과서 분석을 한 많은 논문들이 있다. 황재기의 연구는 본격적인 지리교과서 분석으로서는 처음 이루어진 것으로, 내용구조와 지역구분이 중요한 분석요소였고 또한 지명, 삽화, 도표, 지도에 대한 분석이 함께 이루어져 이후의 연구들은 이 틀을 따랐다. 그리고 서찬기(1965)의 교과서에서의 지명학습에 대한 연구는 적정한 지명의 수, 기본지명, 적정지명의 구조를 종류별, 등급별, 주별, 국가별로 밝히고 있어 이후의 지리교육 연구에 중요한 영향을 주었으며, 원경렬(1972)은 교과서에서 사용되는 지리용어를 분석하여 너무 많은 지리용어를 사용하고 있었던 문제점을 지적했다.

그런데, 최근에 이르기까지 이 분야의 연구물들은 지속적으로 나오고 있지만(손용택, 1997, 1998; 양원택, 1996), 비록 그것이 교과서의 국제비교일지라도 교과서에 나오는 용어의 빈도, 주제별 쪽 수, 진술의 특징을 찾아내는 데 머물고 있어 새로운 발전을 보지는 못하고 있다.

교과서의 내용분석에서 주목할 만한 것으로는 최영미·공우석(2001), 남호엽·김일기(2001)와 같은 것들이 있다. 최영미·공우석(2001)은 제1차에서 제6차 교육과정에 이르는 시기의 한국지리 교과서에서 식생·임업 단원의 내용을 분석했다. 이들은 특히 삼림대 구분의 변천이나 내용기술의 문제점을 검토했는데, 삼림대의 구분이 식생구분인지 기후구분인지가 분명하지 않고, 대표수종도 다르게 제시되고 있어 혼란이 있음을 보여주었다.

특히 제6차의 11종 한국지리 교과서에서도 삼림대의 구분이나 농작물의 북한계선에서 구분지표가 다르거나 잘못된 정보가 수록되어 있음을 지적했다. 남호엽·김일기(2001)는 지역교과서에 나타난 민족정체성과 지역정체성의 관계를 제주의 지역교과서를 대상으로 분석했는데, 다른 지역에 비해 지역의 고유성이 상대적으로 잘 나타나고 있는 제주지역의 교과서 및 지역학습에서도 지역정체성이 민족정체성에 비해 제한적으로 다루어지고 있어 지역정체성 추구가 주변화되고 있는 사실을 보고했다. 그들이 연구자료의 분석에 사용한 방법은 자료의 내용서술을 분석하기 위한 비판적 담론분석법과 자료의 삽화 및 사진을 분석하기 위한 도상학적 분석법이다. 그리고 제주의 지역교과서는 민족국가의 스케일을 기준으로 제주의 정체성을 부상시키고 있으며, 지역의 고유성은 주로 민족국가의 스케일에서 다른 지역이나 다른 나라와의 차별화를 통해 드러내고 있다.

② 지리 교수-학습 자료 및 매체

지리교과에서는 교과특성상 전통적으로 다양한 자료와 매체를 이용하는 경우가 많았으며, 이에 대한 논의가 지속적으로 있어왔다. 최근에는 매체 및 자료의 특성과 지리수업을 연계하는 연구도 매우 활발하며, 특히 신문자료를 이용하는 NIE나 인터넷을 이용하는 IIE에 대한 관심이 매우 높다.

지리 교수-학습 자료에 대한 초기의 관심은 지도모형 작성(원경렬, 1963)에서 시작되었으며, 초·중등학교의 주요한 관심은 주로 지도와 관련된 것이었다. 이후 차츰 여러 가지 교수-학습 자료에 대해 주목하기 시작했는데, 1990년대 이후 획기적인 변화가 나타나기 시작하여 1990년대 초에 주로 주목한 것은 신문자료였다.

먼저 신문자료의 경우 수업자료로써 시사성, 사실성, 시청각적 표현에서 뛰어난 효과를 가지고 있어 많은 주목을 받고 있다. 일찍이 신문자료가 중요한 지리자료라는 인식이 시작된 것은 1970년대부터였으나, 1990년대에는 보다 본격적으로 그 활용방안에 대해 최규학(1998), 손현미(1999), 이희열·도정훈(1998) 등에 의해 연구되었다. 최규학(1998)은 지리신문 활용을 통한 지리수업방법을 구성주의에 근거해 제시하고자 구성주의적 지리교육을 위한 교수-학습 모형을 개발하고, 구성주의적 지리 교수-학습의 실천을 위해 지리신문 편집과 지리신문 활용학습을 통해 구현하고자 시도했다. 이희열·도정훈(1998)은 고등학교 한국지리 교과의 학습지도에 있어서 신문자료를 효과적으로 활용하기 위한 교수-학습 방법을 구안·적용하고 그 효과를 검증하고자, 탐구수업을 바탕에 둔 문제파악 → 가설설정 → 가설검증 → 정리·발전으로 전개되는 수업모형을 제시하면서 신문기사를 교재화하는 과정을 보여주었다.

신문자료 외에도 상상력과 관련되는 문학작품, 음악작품, 사진자료, 영상물자료 등이 최근에 와서 관심을 끌고 있다. 김혜숙(1997)은 문학작품의 교육적 특성과 활용가능성을 검토하였으며, 이를 통해 문학적 소양이 지리적 상상력을 자극하고 개인지리를 발달시키는 데 도움을 준다고 주장하였다. 사진자료의 개발 및 활용방안과 함께 직관, 갈등, 조절, 균형화라는 4단계를 고려한 구성주의적 사진자료 활용을 위한 수업모형이 제시되기도 했다(이기복·황홍섭, 2000). 황홍섭(1995)은 지역지리학습에서 음악작품의 활용방법을 제시하였으며, 지형이해수업에서 영상자료의 활용방안(양희경, 2001)에 대한 논의와 한국지리교육용 영상자료의 데이터베이스화(권동희, 1998)에 대한 논의도 진행되었다.

그런데 교육에서 정보화가 진행되면서 IT(information technology) 교육이 지리 교수·학습의 자료 및 매체에도 큰 영향을 미치고 있다. 1995년 이후 CAI(컴퓨터 보조학습)에 의한 코스웨어의 개발에서 멀티미디어 자료의 활용으로 나아가 최종적으로 멀티미디어 자료들을 통합적으로 이용할 수 있는 IIE(internet in education)으로 변화되고 있다. 특히 IIE에서 강조의 초점은 인터넷자료의 검색에서 나아가 종합정보시스템 구축에 따른, 홈페이지를 중심으로 한 통합적 교수·학습인 웹기반 학습으로 발전해나가고 있다.

먼저 CAI에 의한 지리교육용 코스웨어의 개발을 보면 최윤희(1991)에 의해 처음으로 이루어졌다. 그는 인지론적 학습이론을 대표하는 가네(Gagne)의 학습이론에 따른 9가지 교수 사태를 교수설계안의 틀로 하고, 제이(Jay)의 제안을 각 교수사태에 결합한 교수설계안을 작성해 개인교수형의 코스웨어를 개발했다.

이후 컴퓨터 성능의 발달과 강력한 소프트웨어의 발전으로 다양한 멀티미디어자료들을 이용할 수 있는 오프라인 코스웨어 개발이 나타났다. 배상운(1999)은 CD-ROM 형태의 오프라인 코스웨어를 개발하면서 구성주의 수업이론과 멀티미디어, PIDA(prediction & explanation-inquiry activity-discussion & fixation-application & synthesis) 수업전략을 기반으로 하는 구성주의적 멀티미디어 활용수업(CMAI)의 개념적, 절차적 모형을 정립하고 이에 따른 코스웨어를 개발·설계했는데, 강의수업, 집단교수, 개별학습, 협동학습의 수업유형별로 효과를 분석한 결과 학업성취도에서는 이들 수업유형간에 유의미한 차이가 발생하지 않았다. 그리고 최운식·김이진(2000)도 자료제시형 소프트웨어를 제작해 이를 이용한 멀티미디어 지리수업의 효과를 분석했는데, 이러한 수업은 교과서를 이용한 강의식수업보다 학업성취도면에서도 효과적이고 특히 상위그룹학생들에게 효과적이었다.

최근 CAI를 위한 코스웨어 개발이 점점 멀티미디어 코스웨어 개발로 발전하면서 웹기반으로 하는 멀티미디어 코스웨어로 발전해나가고 있는데, 황홍섭·장서순(2002)은 초등학교 3학년의 그림지도 학습을 위한 멀티미디어 코스웨어를 플래시로 작성했다.

그런데 IIE(인터넷 활용수업)와 웹기반 수업을 보면, 전자는 정보의 검색, 정리, 편집에 초점을 두고 후자는 웹을 기반으로 해 홈페이지 등의 운영을 통해 종합적인 정보이용체계를 구축하는 것에 초점을 두는 측면이 있다. 하지만 이 둘은 점점 통합되어 ICT 활용교육 내지 수업으로 발전해가는 경향이다. 이러한 변화는 1990년대 말 이후 급격하게 진행되었다.

인터넷을 활용한 지리수업의 가능성을 탐색하면서 정보검색, 편집 등에 그치고 있는 한계를 넘어서 실제로 인터넷을 활용한 지리수업모형을 개발할 필요성이 논의되고(김숙, 1998), 지리에서 인터넷학습을 통해 자료개발의 방향성과 가능성을 탐색하면서 인터넷을 활용한 협동학습과 인터넷 재현기능에 기초한 시뮬레이션, 게임을 중심으로 지리수업방법(이종원, 2000)이 제시되기도 하고, 초등학교 사회과에서 인터넷 활용학습을 통한 국제이해교육(홍기대·이점동, 2001)이 시도되기도 했다. 이희연·최운경(2000)은 인터넷 홈페이지를 활용한 실험수업반이 학생들의 학업성취수준과 수업흥미도, 만족도, 학습의욕 정도 등에서 훨씬 긍정적인 결과를 보인다고 보고했다.

이처럼 정보의 통합성과 종합성에 유리한 웹기반 학습(이희연·최운경, 2000)에 대한 연구가 두드러지게 많아졌지만, 연구의 대부분은 웹기반 수업의 효율성을 분석하는 것으로 흐르고 있다. 그리고 여전히 교실수업에서 필요한 소프트웨어의 개발을 위한 아이디어, 인터넷을 통해 잘 구현될 수 있는 지리적 주제에 대한 개발이 여전히 과제로 남아 있다. 그렇지만 최근 몇 가지의 의미 있는 발전이 나타나고 있다.

황홍섭(1998)은 사회과 지리 영역의 기본개념 중의 하나인 지역을 웹기반 가상공간에서 학습자가 능동적으로 학습하는 도입, 탐색, 토론, 정리의 4단계를 가진 경험학습방안을 제시했으며, 김은정(1999)은 인터넷 활용수업 방안으로 홈페이지의 텍스트 구성과 교사의 통제정도에 따라 수업에 이용할 하이퍼텍스트를 구조적 텍스트와 비구조적 텍스트의 두 가지 형태로 나누고, 이에 따라 두 가지의 수업을 실시하면서 상위수준의 학습자와 하위수준의 학습자가 서로 어떻게 다르게 반응하는가를 비교·분석했다. 김은정은 그의 연구에서 상위, 하위 그룹 학생들 모두 높은 성취점수를 얻었으며, 흥미나 호기심의 측면에서 보면 성적이 하위인 학생들은 구조적 텍스트와 교사가 일정한 부분에서 학습통제를 할 때 흥미나 활용효과에 더욱 높은 수치를 나타내고, 상위의 학생들은 자유로운 검색을 통해 호기심을 충족시키며 다수의 자료를 검색할 때 훨씬 반응이 높게 나타난다는 사실을 밝혀냈다. 박철웅(2001)은 심화·보충형 수준별 수업을 위해 교과서를 재구성해 홈페이지를 구축하고, 수준별 과제해결학습 모형을 이용해 구성주의 학습원리와 웹기반 수업에 접목한 웹 활용 수준별 수업설계안을 제시했다.

다른 한편으로 IT 교육과 관련해 지리교육에서 지속적으로 관심을 보인 것은 지리교육에서 GIS의 활용이었다. 그러나 지리교육에서 GIS의 활용을 다룬 대부분의 글들이 모두 GIS를 통해 지리교육을 개선할 수 있다고는 기술하지만, GIS의 개념, 특성 및 필요성 그리고 GIS의 지리학 및 지리교육에의 도입 필요성에 대해서만 언급하는 수준에 머물러 구체적인 활용방안을 제시하는 것과는 거리가 있다. 그렇지만 GIS 관련 내용의 기술체계, 표현방식과 분량의 분석을 통해 GIS 교육을 평가하는 연구(황상일·이금삼, 1996)처럼 다소 발전된 연구물들도 계속 나오고 있다.

(6) 지리학습 심리 및 인지발달

지리 교수-학습에서 심리적 연구가 미치는 영향이 매우 크고 지리교육에 대한 연구에서 공간인지발달과 관련한 연구가 매우 중요하며, 이 분야에는 공간조망능력, 공간준거틀 형성과정, 공간개념화 과정, 공간표상능력 등과 관련된 많은 연구가 요구됨에도 불구하고, 이에 대한 전문적 연구자가 부족하고 심층적인 실험연구가 바탕이 되어야 한다는 이유 때문에 아직까지 연구물이 많지 않다. 이 분야의 연구는 1980년대 본격적인 연구가 시작되었으며 1990년대에도 연구물 수가 크게 증가하지는 않았고 산발적으로 진행되었다.

지리심리 및 인지발달에 대한 연구의 초기 관심은 공간인지에 대한 연구이며, 지도와 관련된 개념의 발달에 대한 연구와 함께 나타났다. 최낭수(1983)는 축척과 지도화를 통해 초등학생의 공간개념 형성에 관한 연구를 했는데, 초등학생의 지리적 공간에 대한 이해 정도를 지도의 축척에 대한 실험을 통해 살펴보고 학교를 중심으로 주변 생활지역을 지도화시켜 공간인지범위를 확인했다. 그의 연구에 따르면 6학년에 가서야 비로소 축척개념의 이해가 일어나는데, 피아제는 아동의 축척개념이 구체적 조작기에 나타난다고 하였으나 이 실험에서는 형식적 조작기에 가서야 개념이해가 나타나는 것을 확인하였다. 그리고 학년이 높아짐에 따라 더 많은 지표물을 관찰하는 것이 아니라는 결론을 내리고 있다. 이와 유사하게 초등학생의 축척개념의 발달과정에 대한 연구(김만곤, 1988)가 있었다.

그리고 지도와 관련된 개념의 발달에서 더 나아가 아동의 공간인지능력을 파악하는 연구는 이경한(1988)에 의해 이루어졌다. 그는 초등학생의 인지도(cognitive map)을 이용해 아동들의 공간인지정도, 공간관계의 조직능력, 지도화능력 등을 분석하면서 공간인지능력의 발달을 알아보았는데, 학년이 증가함에 따라 공간인지요소의 수가 증가함으로써 공간인지정도가 발달하고, 저학년에서는 점으로 공간인지를 하고 고학년이 되면서 점을 선으로 연결지으면서 면적 공간인지를 하는 점을 확인했다. 이와 유사하면서도 공간이해수준과 지도읽기능력 간의 관련성을 밝히는 연구가 장영진(1991)에 의해 진행되었다. 그는 인지도에서 방위인식, 지표물의 표현방식, 결절점의 수를 통한 공간파악수준, 학교와 주거지 간의 상대적 공간배열을 분석해 학생들의 공간이해수준을 파악했고, 지도읽기 능력은 기호의 이해, 오리엔테이션 능력, 학교 및 거주지 인식의 3가지 도구에 의해 측정했다. 그런데 중학교 학생들의 공간이해수준을 보면 방위인식의 수준이 대부분 낮으며 공간조망능력과 관련되는 공간표상에서는 대부분의 학생이 평면형 즉 투영적 단계에 있고 지도읽기능력은 학년이 높을수록, IQ가 높을수록 높게 나타난다는 사실을 보고하고 있다. 이들은 학년이 높아짐에 따라 공간인지가 발달하고 있는 것을 확인했다.

그리고 서태열(1996)은 한국 학생들의 장소의 위계적 포섭관계에 대한 이해가 연령에 따라 뚜렷이 구분되는 4가지 단계, 즉 장소들을 병렬적으로 인식하는 1단계(5~7세), 장소의 위계적 포섭관계를 인식하는 2단계(8~9세), 점이적인 3단계(10세), 공간적 탈맥락화가 국가수준에 이르러 장소 및 공간의 위계관계를 완전히 파악하는 4단계(11~14세)로 발달하는 것을 확인했다. 이 연구는 피아제나 야호다의 연구에서와 같이 7세까지의 학생들에 있어서 장소의 위계적 포섭관계에 대한 정확한 인식이 나타나지 않는다는 점과, 10세가 인식수준에서 중요한 전환점이 되고 있다는 점에서 일치하는 결과를 얻었다.

그런데 공간지각 및 공간인지에 관한 연구와 지리 개념의 발달과정에 대한 연구는 병행하여 진행되는 경우가 많았는데, 지리개념 및 공간인지의 발달과정에 대한 종합적인 연구가 서태열(1995, 1996)에 의해 이루어졌다. 그는 지리의 기본개념 가운데 하나인 장소 개념이 어떻게 발달해나가는가와 이러한 발달과정이 뚜렷이 구분되는 어떤 단계가 있는지를 찾아내려고 했는데, 개념적 요소별로 어떻게 발달하는지를 질적으로 밝히면서 이들을 종합해 일정한 특징을 지닌 뚜렷한 발달단계가 어떻게 나타나는지를 보여주었다. 그에 따르면 장소개념의 발달과정은 개념의 모든 요소들이 발달하지 못한 1단계, 입지감과 소속감이 생기는 2단계, 점이적인 3단계, 입지감, 소속감, 장소선호 등 장소개념의 전 요소들이 발달한 4단계로 발달한다고 주장하였다. 그리고 유치원 2학년과 초등학교 1학년 간에는 장소라는 지리개념의 이해에 별 차이가 없으며, 초등학교 5, 6학년과 중학교 1, 2학년 간에도 별 차이가 없다는 것이 확인되었으며, 오히려 장소개념의 발달에 있어서 중요한 변화가 생기는 시기는 초등학교 2학년(8세), 4학년(10세), 5학년(11세)라는 것이 밝혀졌다. 이러한 결과들은 5세에서 7세 사이에 이르는 전조작기의 전개념기와 7세-11.5세에 이르는 구체적 조작기, 그리고 11.5세 이후의 형식적 조작기로 인지발달이 나타난다는 피아제의 인지발달단계와 거의 일치한다는 것을 보여주었다.

한편 강창숙(2002)은 지리개념의 교수에 대한 연구에서 비고츠키(Vygotsky)의 문화적 관점, 근접발달영역이론에 토대를 두고, 동료와의 상호작용을 통한 상보적 교수-학습의 관점에서 학습자의 인지구조 변화와 근접발달영역 측정을 통해 학습자의 지리개념 발달 특성을 밝히고자 했다. 그에 따르면, 개념발달은 구체적인 사실들에서 하위요소 개념, 기본요소 개념의 위계적인 순서로 상향 발달했으며, 학습자가 인지구조로 내면화하는데 가장 어려운 개념은 기본요소개념이라는 것을 밝혀냈다. 그리고 학습자의 개념발달은 수도권을 서울에 대한 일상적인 개념으로 표상하는 수준에서 출발하여 다양한 범주의 지리적 개념으로 표상하는 수준으로 발달하고, 표상한 개념의 양적 증가를 바탕으로 질적 변화가 이루어진다고 주장하였다.

(7) 지리평가

지리평가에 대한 연구는 학교 교육에서 평가의 중요성에 비추어 볼 때 매우 부족한 형편이다. 이는 학교 내부에서 이루어지는 평가보다 학교 외부에서 이루어지는 평가를 더 중요시하기 때문이며, 특히 입시를 겨냥한 평가, 즉 학생들의 학업성취과정을 파악하고 도와주는 의미보다 성취결과에 지나치게 많은 관심을 둔 결과이다.

1970년대 중반까지는 이찬(1969c)이 미국의 HSGP를 통한 지리교육 개혁에 대한 논의에서 지리평가를 다룬 것과 조광준(1974, 1975)이 초등학교의 평가목표와 내용을 다룬 것 외에는 연구물들이 거의 없었다. 지리평가에 대한 연구에서 관심이 집중된 것은 대학입시 문제에 대한 분석이었는데, 1974년 서울대학교 교육대학원에서 있었던 대학입시 지리문제 세미나에서 발표한 지리교육의 평가목적과 기준(이찬)을 비롯해, 강신호, 김일기, 황재기, 정장호, 원경렬에 의해 발표된 소고들(정장호, 1976)이 대표적인 예이다. 이후 지리평가에 대한 연구논문은 거의 없었는데, 이찬 등(1978)의 서적에서 따로 분리된 장으로 지리평가가 다루어지거나 황재기(1981)에 의해 지리평가에 대해 논하여졌으며, 주로 지필평가를 위한 평가문항 작성이 중심적인 내용을 이루었다.

1990년대 이후 지리평가에 대한 연구가 다시 나타나기 시작했다. 과거 학력고사의 지리문항에 대한 분석이 정회식(1993)에 의해, 대학수능시험의 지리문항에 대한 분석이 윤혜균(1998)에 의해 이루어졌다. 윤혜균은 1994년에서 1997년까지 4년간의 대학수능시험에서 지리평가문항들을 분석하기 위해 지리적 탐구력의 평가틀을 이용했는데, 탐구사고력의 평가요소별로 보면 지리정보분석과 해석능력을 측정하는 문항과 지리현상 및 문제인식능력을 측정하는 문항이 대부분을 차지하고, 가설설정 및 탐색, 지리적 기본지식의 이해, 공간적 의사결정 및 문제해결과 관련한 문항은 매우 낮은 출제율을 보여 다양한 탐구요소를 고르게 평가하지 못한 것으로 나타났다.

그동안 지리평가에 대한 논의에서 중심이 되어온 것은 입시위주, 결과위주, 지필평가

위주의 지리평가였지만, 이러한 흐름에 대한 비판과 그 대안으로 과정중심의 평가에 대한 논의가 1990년대 중반에 나타난다.

서태열(1996)은 그동안의 지필검사 중심의 표준화검사에 의한 평가가 지리수업의 본질적인 내용을 차지하는 지리탐구와 학생들의 지리적인 지적 표현의 본질적 능력을 충분히 파악해내지 못한다는 사실을 지적하면서, 지리교과에서도 과정중심의 평가를 지향해 학생들의 학업성취를 종합적으로 기록하고 평가하는 대안으로 프로파일 중심의 수행평가를 도입할 것을 처음으로 주장했다. 그는 먼저 지리 교과의 교육목적에 대한 검토를 바탕으로 학습평가의 목표를 제시한 다음, 설정된 교수-학습 평가목표를 보다 상세화해 구체적인 수업상황에서 활용하고, 이후 학급, 개별학생, 교사-학생의 단원별 형성평가 프로파일과 최종적인 총괄평가 프로파일을 작성하는 과정으로 평가를 진행할 것을 주장하며, 이 과정에서 필요한 여러 가지 평가기록지를 상세하게 제시했다.

그리고 지리평가를 좀더 깊이 있게 다루려는 노력들이 나타났는데, 지리평가에서 종래의 주로 지식 중심의 평가에서 벗어나 지리과 기능영역의 평가를 다룬 백경미(1996)의 연구는 주목할 만하다. 백경미(1996)는 지리에서 기능영역의 분류를 토대로 그것을 평가할 문항들을 개발하기 위해 지적기능, 도해기능, 일반사회기능으로 기능영역을 분류한 다음, 장면의 추상도, 참신도, 문제해결과정의 측정성, 문제사태의 포함과 같은 준거들을 이용해 기능영역 평가문항을 개발해, 기존의 지식목표중심의 평가문항과 반응의 차이를 비교했다. 그 결과는 특정사실의 암기여부가 관건이 되는 전통적인 지식확인중심의 문항은 정답률이 극단적인 분포를 보인 반면, 기능목표중심의 문항에서는 학생들이 더 잘 반응하며 평균을 중심으로 점수분포의 차이도 더 작았다.

1990년대 말에는 과정중심 평가로써 수행평가가 지리평가에 본격적으로 도입되어, 소연(1998), 마경묵(1998), 유원희(2000)에 의해 지리 수행평가에 대한 연구가 이루어졌다. 소연(1998)은 과정중심 평가의 중요성을 인식해 바람직한 지리평가 방안을 모색하기 위해 결과뿐만 아니라 과정에 관심을 두고 있는 다양한 지리 수행평가도구들을 개발하고, 이에 의해 실행한 수행평가에 대한 학생들의 반응을 조사했다. 마경묵(1999)은 수행평가에서 사용되는 평가도구와 기준이 학생들의 능력을 제대로 평가하고 있는지, 그리고 평가도구로 객관성과 타당성을 확보하고 있는지를 분석했는데, 수행평가가 지필검사를 대신할 적절성을 가진 것을 밝혀냈다.

(8) 범교과교육

지리 교과는 광범위한 범위의 지식들을 다루고 있어 여러 지식 분야에 걸친 범교과교육 혹은 횡교과교육과 관련된 주제들을 많이 포함하고 있다. 대표적인 주제들이 인구교육, 국제이해교육, 사회과교육, 환경교육 등이다. 인구교육은 1960년대와 1970년대에 주로 연구되었으며, 1980년대 이후에는 국제이해교육과 관련한 연구들이 있다.

인구교육에 대한 연구는 1970년대 말까지는 인구교육의 개념(이청일, 1974), 인구교육의 목표(임덕순, 1978), 인구교육 일반(이중우, 1980)에 대한 논의가 있었으나, 1980년대 이후부터는 거의 연구가 이루어지지 않고 있다.

국제이해교육은 1960년대 말부터 논의가 시작되어 현재까지도 연구물이 나오고 있다. 초기에 지리 특별활동을 통한 국제이해에 대한 논의(강신호, 1969)에서 시작해 1980년대에는 이현옥(1982), 민홍기(1982)에 의해 사회과 지리에서 국제이해교육의 방향에 대한 논의가 있었으며, 최근에는 인터넷을 통한 국제이해교육 방법(홍기대·이점동, 2001)과 지리적 상상력에 근거한 국제이해교육의 방향에 대한 논의(권정화, 1997)가 있었다.

지리교육에서 범교과교육에서 가장 많은 관심을 가지고 있고 지금까지 가장 많은 연구물이 나온 분야는 환경교육과 사회과교육이다.

환경교육은 1970년대에 이찬(1976), 조광준(1978)에 의해 논의가 나타난 이후 큰 변화가 없었으나 1990년대에 와서 국내에서 환경문제 발생에 따라 환경에 대한 관심이 급속하게 증가하고 환경교육과가 신설되는 등 사회 및 교육 환경의 변화가 나타남에 따라, 1990년대 이후 많은 연구물들이 나왔다.

1990년대 중반의 환경과 신설과 관련된 논쟁은 지리과 환경교육을 반성하는 계기를 제공했다. 환경교육과의 신설을 옹호하는 입장을 지닌 최석진(1996)은, 환경과의 목표, 내용선정, 조직을 중심으로 우리나라 환경교육의 현황과 문제점을 살펴보고 환경교육지도자 프로그램을 개발할 것을 주장했는가 하면, 최원회(1996)는 환경과의 출현이 지리교과에 미치게 될 영향을 대학에서 환경교육관련 교과내용학과목이나 지리교육과가 재개설하고 있는 환경관련 교양과목의 폐지나 인도로 이어질 가능성과 우려를 제기했다.

지리과 환경교육에 대한 연구는 환경교육의 목표 및 내용에 대한 연구와 수업 및 평가에 대한 연구로 나누어 살펴볼 수 있는데 최근에는 지리과 환경수업의 방법에 대한 연구가 점점 많아지고 있는 추세이다. 전자의 경우 유홍식(1995)은 지리과의 기본적인 환경목표를 인간활동과 그 활동장소에 대한 적절성을 평가하는 지적능력과 자연환경의 질을 보전하는 방향으로 합리적인 의사결정을 하는 태도의 두 가지로 제시했고, 지리과의 핵심적인 환경내용은 인간활동과 그 활동장소를 중심으로 하는 사회환경조건, 자연환경조건, 인공환경조건, 자연환경의 질, 생활의 질, 인접지역 및 상위규모지역 등이 연계된 상호관련성의 개념도식이라고 주장했다.

후자의 지리과 환경수업에 대한 연구로는 야외조사활동을 중심으로 하는 클럽활동을 위한 지역환경교육 프로그램 구성방법을 제시한 곽진영(1997), 정의적 목표를 구현하기 위해 지리과 환경수업모형을 개발한 박성희(1997), 지리과 환경수업의 설계 및 수행평가의 적용방법에 대해 논의한 유원희(2000), 대도시의 생활사례지역을 중심으로 환경교육에 접근을 시도하면서 경관분석중심 환경수업의 방법을 제시한 이민부·한주엽·장의선(2002)의 것이 있다. 이들의 연구결과는 주로 생활현장중심의 체험학습과 쟁점중심의 접근 방식이 환경교육에서의 효율성과 만족도 면에서 좋은 결과를 가져온다는 것을 보여주었다.

그밖에도 지리교과의 환경내용에 대한 학생들의 요구를 조사하거나(이우평, 1998), 제7차 교육과정에서 환경과 교육과정의 특성에 대한 미학적 고찰(이민부·박승규·정의선, 2001)이 있었다.

한편 사회과교육에 대한 연구는 일찍부터 지리교육의 관심 중 하나였다. 우리나라 사회과의 성립초기부터 지리는 역사, 일반사회와 더불어 사회과의 3대 영역을 이루면서 사회과교육의 한 축을 이루고 있다. 종래의 사회과교육에 대한 연구는 사회과 내에서 지리적 고유성을 강조하는 방식으로 교육과정 및 교육내용, 교수-학습 방법, 교수-학습 자료 등 여러 분야에 걸쳐서 이루어졌으나, 1990년대 이후 많은 변화가 나타났다. 특히 1992년부터 제6차 사회과 교육과정이 적용된 이후 사회과 통합에 대한 논의가 본격화되면서 지리에서는 사회과 통합에 대한 논의가 주를 이루게 되었고 여전히 과제로 남아 있다.

최근에는 제7차 교육과정에서 교육과정의 중요한 이론적 배경이 되었던 수준별 교육과정의 적용에 대한 논의(서태열, 1998; 조창래, 1998; 송호열, 2001), 학습자 중심 교수-학습(서태열, 1999), 구성주의 교육에 대한 논의(송언근)가 있었지만, 여전히 사회과 통합에 대한 논의가 여전히 주를 이루었다. 통합 사회과에 대한 교사들의 인식에 대한 연구(송형세, 1999), 제7차 교육과정에서 통합사회과 및 그 운영에 대한 문제점에 대한 논의(류재명·서태열, 1997), 초등학교 수준 사회과에서 지리교과의 통합적 접근방안(강경원, 2001), 통합에 대한 대응논리로 지역중심의 지리중심의 통합에 대한 논의(송언근, 2001)가 그 예이다.

3) 지리교육 연구의 중요 쟁점들

그동안 지리교육에 대한 논의에서 가장 많은 관심을 불러 일으켰고 쟁점과 관련해 많은 연구물들이 나온 것들을 시대별로 뽑아보면, 1960년대 말부터 시작된 지리과 기본개념, 지지학습을 위한 지역구분, 1980년대 말부터 본격적으로 논의된 지리과 내용구성방법, 그리고 1990년대 중반 이후 제7차 교육과정의 등장과 더불어 가장 많은 관심을 받은 구성

주의적 지리 교수-학습, 수행평가라고 할 수 있다. 그 밖의 여러 가지 연구의 쟁점들도
있지만 여기에서는 지리 기본개념, 지리내용 구성방법, 구성주의적 지리 교수-학습에 대
한 논의만을 다루도록 한다.

(1) 지리 기본개념

지리교육에서 기본개념에 대한 논의를 하는 것은 그것이 지리학의 학문적 구조와 지리
교과의 지식구조를 이해하는 데 가장 유익한 수단이며, 지리개념의 분류를 통해 지리교육
의 중심적 지식들인 개념의 성격을 규명하는 데 매우 유용하기 때문이다.

외국에서 지리의 기본개념이 지리 교육과정 및 지리 교수-학습에 갖는 의미에 대한
인식이 나타난 것은 브루너의 학문중심 교육과정이 제시된 것과 같은 시기이다. 지리교육
에서는 와만(H. J. Warman, 1963)에 의해 미국을 중심으로 시작되었는데, 우리나라에서는
타 교과교육 분야에 비해 상당히 일찍 이찬(1969)에 의해 제시되었다. 이찬은 그의 선구적
연구에서 인간-자연관계, 지역, 공간관계, 변천, 자연지리, 축척, 분포, 지도화의 8가지 개
념을 제시했는데, 이후 연구들의 기본틀이 되었고 약간의 가감만이 이루어졌다.

국내에서 기본개념에 대한 논의는 1960년대 말에 시작되었지만 그 논의가 지리교육계
에서 활발해진 것은 1970년대인데, 김연옥(1970), 조광준(1970), 강신호(1972), 유귀수
(1978), 임덕순(1979)에 의해 논의가 진행되었다. 김연옥(1970)은 분포, 지역, 인간-자연관
계, 공간관계로 매우 간명하게 기본개념을 제시했고, 조광준(1970)은 지도화, 분포, 지역,
인간과 자연관계, 공간관계, 지구의 6가지를 기본개념으로 선정하고 이들을 구체적인 수
준으로 변안해 상세화했다. 임덕순(1979)은 처음으로 국내외에서 제시된 지리 기본개념에
대한 비교연구를 시도하면서 지도화, 축척, 분포, 지역, 인간-자연관계, 공간관계의 6가지
를 지리교수용 기본개념으로 제시한 바 있다. 그리고 이기석(1980)은 지리의 기본개념이
지리학의 패러다임에 따라 상당히 달라질 수 있다는 점을 보여주었는데, 그는 공간조직
패러다임에서 중시되는 공간분포, 지역, 변화, 입지, 내적 응집력 등과 같은 개념들만을
기본개념으로 제시한 바 있다.

한편 1990년대에 지리 기본개념에 대한 논의가 다시 활기를 찾기 시작했는데, 이는
1991년부터 제6차 교육과정이 시행되고 종래의 지리교육과정에 대한 접근방식에서 벗어
나는 새로운 시도가 요구가 생기면서 지리교육과정에 대한 논의가 본격화되기 시작한
것과 관련이 있다. 류재명(1991)은 지리학 연구의 순차적 질서에 따라 자연토대, 공간행태,
지역분화, 공간관계, 지역계층, 공간구조의 6가지를 기본개념이라고 제시해 결과적으로
공간조직 패러다임에 입각한 개념들을 중시했다. 서태열(1992)은 지리의 기본개념에 대한

논의를 확대해 교육과정의 구성을 위한 조직개념을 제시할 것으로 주장했다. 한편, 전문 학자들이 이해하는 지리학과 현장교사들이 이해하는 지리교과간의 괴리, 즉 이론과 실제 간의 괴리를 개념 및 기본개념을 통해 이해하려는 연구(이영민, 1999)도 있었는데, 교사들 이 기본개념으로 인식하고 있는 개념들에는, 인간-자연관계, 입지, 지역, 지도화, 지역적 차이, 문화, 지리적 현상, 환경, 분포, 공간관계 등이 있다.

그런데 1970년대 이후 기본개념에 대한 접근은 두 가지의 방향성을 가지고 있다. 한 가지는 학문중심 교육과정의 영향으로 지리 교육 및 교과의 정체성을 이해하기 위해 모학 문인 지리학의 구조를 이해하기 위해 기본개념들을 추출하는 것이고, 다른 한 가지는 브 루너가 제시한 이론에 따라 나선형의 학문중심 교육과정을 구성하기 위해 기본개념들을 추출한 다음 이를 학생들의 수준에 맞도록 번안 내지 번역해 학습내용으로 제시하는 데 관심을 두는 것이다. 즉, 후자는 학문중심 교육과정에서 가장 중요한 초점이 두었던 기본 개념에 대한 접근으로서 나선형 교육과정을 염두에 두게 된다. 이때 기본개념의 추출과 더불어 이들 기본개념들을 학년수준별로 번역해 제시하는 일, 즉 학년수준별로 내용을 제시하는 것이 중요하게 된다. 지금까지 기본개념에 대한 논의의 대부분이 전자의 형태이 며, 후자의 방향으로 기본개념을 논한 것은 조광준(1970), 유귀수(1978) 뿐이다.

그리고 기본개념에 대한 지금까지의 논의를 보면, 기본개념을 제시하는 목적에 대한 이해가 서로 상이함에 따라 제시된 개념들이 다르며, 기본개념에 대한 논의의 맥락을 제 대로 이해하지 못하는 경우와 기본개념을 위한 지리개념의 분류에 머무는 경우도 있어 논란의 여지가 많다. 즉, 기본개념(basic concept 또는 key concept)을 주요개념 정도로 이해하 거나 기본개념이 학문의 구조 내지 교과 지식의 구조를 나타낼 수 있는 조건을 잘 이해하 지 못하는 경우가 많다.

서태열(1993: 44~54)은 그동안의 지리교육에 대한 논의에서 추출된 기본개념 수준의 일치, 기본개념 추출의 논리적 근거 마련, 기본개념 추출이 지리교육 내용의 구성에서 가지는 의미에 대한 검토와 같은 문제가 남아있음을 지적한 바 있다. 남상준(1999: 76~78) 은 기존의 기본개념 추출 작업은 첫째, 교육용이라기보다 지리학 자체를 연구하기 위한 개념에 가까운 것이므로 교육용 개념으로 번안하기 위해서는 여러 가지 여과장치를 거쳐 야 하며, 둘째 연구자들 간에 '개념에 대한 개념'에 대한 합의가 되어 있지 않아 개념들의 등가성 문제로 인해 제시한 개념들을 비교하는 것은 타당하지 못하다고 지적했다.

(2) 지리내용의 구성방법

지리내용 구성방법에 대한 논의가 본격화된 것은 1980년대 이후의 일이다. 가장 중요한 쟁점은 중학교 및 고등학교 지리내용의 구성, 즉 중등지리에서의 스코프와 시퀀스에 대한 것이다. 이는 제4차 교육과정 이후(1980년대 이후) 사용된 중등학교 지리내용 구성이 한국지리와 세계지리 중심으로 중학교와 고등학교에서 반복적으로 다루어지는 방식에 대한 논란이라고 할 수 있다. 한편 이론적 논의에서 새로운 진전을 본 때는 1990년대이다.

앞의 제12장에서 논의한 바와 같이 이찬·임덕순이 제시한 CRCL(개념적-지역적-동심원적-논리적) 방법을 비롯하여 서태열이 제시한 학교급별 내용구성방법, 류재명이 제시한 주민에 의한 지역내용 구성방법 등이 지리내용 구성방법으로 제시된 바 있다.

이러한 새로운 방식의 지리내용 구성에 대한 요구와 논의는 제7차 사회과 교육과정 시안에서는 제기되었으나 심의 및 편수과정에서 다시 제6차 교육과정의 내용구성방법으로 돌아감으로써 다시 논란이 되기도 하였다(류재명·서태열, 1997).

지리내용 구성방법에 대한 논의에서 나타난 새로운 경향은 종래의 전통적인 내용구성 방법인 지역적 접근과 그 대안으로 제시된 생태적 접근에 대한 논의(서태열, 1993; 류재명, 1998)이다. 그리고 지역지리교육, 즉 지지교육에서도 종래의 지역구분중심에서 벗어나 지역인식논리중심으로 하는 내용구성이 제시되고(권정화, 1997), 계통지리교육인 경제지리 교육내용의 구성에서 지역문제중심방법이 제시되고 있다(조성욱, 2000).

한편 초등학교부터 시작되는 내용구성에서 적용해온 환경확대법이 여전히 유효한가의 문제도 논의의 대상이다. 현대의 세계화된 정보사회에서는 환경확대방법에 대한 재론의 여지가 많음이 지적되고 있다(서태열, 1993; 남호엽, 2002).

(3) 구성주의적 지리 교수-학습

지리 교과의 교수-학습에서 새로 논의된 것은 제7차 교육과정의 기본정신이 토대를 두고 있는 구성주의이다. 1970년대 지리 교수-학습에서 새로운 흐름을 형성했던 탐구학습은 이론적인 검토가 이루어졌음에도 입시위주의 교육에 밀려 학교교육현장에 적용이 되지 못했던 한계가 있는 반면, 구성주의 교육은 제7차 교육과정에서 공식적으로 표방되면서 많은 관심과 함께 그 구체적 적용가능성과 실현방안에 대해 적지 않은 논의를 불러왔다.

지리교과에서 구성주의적 교수-학습에 대한 논의는 그동안 최남수(1988), 서태열(1994, 1995, 1997), 류재명(1995, 1997), 최원회(1995, 1996), 권정화(1997) 등의 논문에서 연구의 일부로 소개되기도 하고 교수-학습방안으로써 제시되기도 했다. 서태열(1977)에 의해 구성주의에 대한 이론적 탐색이 있었지만, 구성주의적 지리 교수-학습에 대한 이론적 논의를 넘어 실제 지리수업에서 구성주의적 수업의 가능성과 실행방안에 대해서는 최원회

(1998), 박선미(1999), 송언근(2000a, 2000b, 2001) 등에 의해 검토되고 제시되었다. 최원회(1998)에 의해 수업에서 구성주의를 실현하는 것이 탐색되었고, 박선미(1999)에 의한 이론적으로 보다 정교한 탐색이 이루어졌으며, 더 나아가 송언근(2001)은 구성주의 지리교육의 실천을 위한 일련의 수업연구를 수행했다. 그밖에 배상운(2000)은 멀티미디어 코스웨어를 개발하면서 구성주의적 수업을 실현하고자 했다.

최원회(1998)는 구성주의적 교수-학습 원칙들을 검토하고, 구성주의적 지리 교수-학습의 보다 구체적인 수업사례들을 기존의 수업 및 연구자료들을 중심으로 제시하면서 구성주의 지리수업의 실현가능성을 확신했다. 그리고 그는 구성주의적 원칙들이 전면적으로 적용된 실험적용 연구가 체계적으로 이루어질 것을 주장했다.

구성주의 수업에 대한 분석적 검토와 실제적인 실험적용 연구는 박선미(1999)에 의해 처음으로 이루어졌다. 박선미(1999)는 지리수업에 대한 구성주의적 접근을 시도하면서 수업은 사전에 완전하게 조직되는 대신 학습자의 사고과정을 전개시킬 수 있는 개방 시스템으로 작동되도록 해야 한다고 주장하면서, 도입-탐구-반성이라는 절차를 따라서 수업활동이 진행되는 안을 제시했다. 그리고 이러한 구성주의적 수업을 지원할 환경을 학습공동체, 학습과제, 학습자료, 평가기준의 4영역으로 제시하면서 이 중에서 가장 중요한 것은 개별활동과 소집단활동을 통해 수행해야 할 지리적 과제의 개발이라고 주장했다.

그리고 송언근은 일련의 연구(송언근, 2000a, 2000b, 2001)를 통해 구성주의 및 구성주의 수업에 대한 이론적 논의를 한 단계 발전시켜 구성주의의 실천을 위한 행동연구와 질적 연구를 바탕으로 하는 구성주의 지리수업을 실현함으로써 구성주의 지리수업의 새로운 장을 열었다. 그는 먼저 지리교육에서 사회적 구성주의를 가장 잘 구현하고 있다고 알려진 레지오 에밀리아 접근법을 토대로 구성주의 수업방법을 제시한 다음 그에 따른 학습모형을 제시했으며(송언근, 2000a), 이 접근법을 토대로 2차례의 현장수업연구를 시도했다. 1차연구(송언근, 2000b)에서는 제시된 학습모형의 이론적 적합성과 현실적 적실성 검증을 시도했는데 현장연구의 절차적 토대는 케미스와 맥타가트(Kemmis & Mctaggart) 모형이었으며, 2차 연구(송언근, 2001)에서는 1차 연구에서 나타난 문제점, 즉 레지오적 구성주의 학습방법의 적용에서 나타난 도식적 표상의 문제를 재구성해 적용했다. 특히 1차와 2차의 현장연구가 모두 질적연구에 의해 진행된 특징을 지닌다.

송언근(2000a)은 구성주의, 특히 사회적 구성주의를 가장 잘 구현하고 있다고 알려져 있고, 장기간의 프로젝트 학습과 협동학습, 상징적 표상, 발현적 교육과정 등의 특징을 지닌 레지오 에밀리아 접근법을 토대로 구성주의 지리교육에 적합한 절차적·방법적 요소를 추출한 다음 구성주의적 구성의 의미, 맥락적 구성과정과 방법, 그리고 지리적 맥락의 구성과정과 관련해 재구성된 학습모형을 제시했다. 이 학습모형의 절차는 개념도 작성, 표상과 토의 및 협력과정의 나선형적 반복으로 구성되어 있는데, 교사와 학습자 간의 토의에 의한 주제선정단계 → 도식적 언어를 통한 맥락적 구성과 표상단계 → 전 단계의 구성과정에서 제기된 문제를 새로운 주제로 선정하는 단계로 나뉘어져 있다. 이어서 송언근 (2000b)은 이미 제시한 레지오 에밀리아 방법에 의해 구성된 구성주의 지리교육방법을 실제수업에 투입해 이론과 실제의 접목점을 찾고, 이를 토대로 현장에 적합한 접근방법의 재구성을 시도했다. 이 연구에서는 질적연구와 행동연구를 연구방법으로 채택했는데, 특히 문제파악 및 개선계획의 마련-실행-관찰-반성의 사이클로 이루어진 케미스와 맥타가트 (1988)의 모델을 이용해 나선형적 구성과 도식적 표상을 통한 구성주의적 지리교육방법을 재구성했다. 즉, 레지오 접근법을 토대로 제시했던 구성주의적 지리교육의 학습절차 역시 학습자 그들의 언어로, 그들의 맥락에서 지식을 구성하도록 조직했다. 이렇게 구성된 학습절차를 실제 수업에 적용하고 이론과 실제와의 차이점, 이론의 문제점을 추출해 그 원인을 밝히고 이를 토대로 현실적 적실성을 갖춘 학습절차를 재구성했다.

더 나아가 송언근은 2차 연구에서는 도식적 표상을 지식구성의 결과를 위한 도구보다는 지식구성의 과정적 도구 혹은 지식구성을 위한 토론의 매개체적 도구로 의미를 전환해, 1차 연구를 토대로 수정한 학습절차를 수업에 재투입해 보다 현실적 적실성을 갖는 구성주의적 학습절차와 방법을 재구성했다.

이론적 검토와 두 차례에 걸친 현장 연구를 통해 송언근은 구성주의 지리수업의 실현가능성을 탐색했다. 그 결과 그는 현행 교과서를 이용해 선도개념을 중심으로 그 속에 내재된 지리적 지식을 지속적, 심층적, 능동적으로 구성하는 것이 가능하고, 구성주의 수업을 성공적으로 이끄는 핵심요소는 교사의 발문, 토론과 협동, 교사의 안내와 협력이라는 것을 밝혔다.

2. 국외 지리 교과교육 연구의 자료와 연구동향

1) 영연방

영국, 오스트레일리아, 뉴질랜드, 홍콩, 캐나다 등을 포함하는 영연방에서도 대부분의 경우 독일, 프랑스 등의 국가처럼 지리가 독립교과로 존재하는 전통을 가지고 있어 지리교육에 대한 연구는 매우 활발하다. 특히 영국은 다양한 지리교육 단행본들과 학술잡지들이 출판되고 있다.

영국의 지리교육연구는 오랜 연구 전통을 가지고 있으며, 그동안의 많은 연구 및 연구 성과들이 나와, 롱(Long, 1964), 내쉬(Naish, 1972), 코니(Corney, 1982), 그레이브스(Graves, 1980, 1981, 1982, 1987) 등에 의해 여러 차례 검토된 적이 있다.

롱(1964)에 따르면 1960년대 이전까지의 주요 관심사는 교수기술, 종합과 평가, 국제이해와 관련된 흥미와 태도, 지리교육 아이디어의 개발이었으며 1960년대에 들어와서 지리교육의 역사적 비교분석 연구가 새로운 연구형태로서 자리잡았다.

그레이브스(1987)에 따르면, 1970년대의 지리교육 연구는 아동의 그래픽자료의 인지와 해석, 아동의 문제해결능력, 환경인지, 교육과정의 과정의 기능과 평가에 대한 관심이 주된 것이었고, 지리평가방법에 대한 관심이 증가했으며 가치교육에 대한 관심과 지리교육에 대한 이데올로기적 비판이 새로운 영역으로 등장했다. 그렇지만 내쉬(1972)에 따르면 1970년대까지의 주된 연구방법은 실험적 접근과 실제조사(survey)였다.

코니(1982)는 1980년대에는 1970년대의 관심사 중 특히 교육과정에 관심이 크게 확대되었다고 보고했다. 이는 1970년대 말부터 시작해 1980년대에 본격화된 '지리 14-18', 'GYSL(Geography for Young School Leaver)', '지리 16-19'와 같은 대규모의 지리교육과정 개발 프로젝트와 관련이 있다고 생각된다. 특히 이를 통해 지리교육과정의 계획, 학생의 인지발달, 지리교육내용의 선정과 조직, 교수-학습방법, 시험에 대한 연구와 더 나아가 지리교과의 교육과정에서의 공헌, 지리와 통합교과에 이르기까지 모두 지리교육과정의 틀 안에서 상세하게 연구되어졌다. 이에 따라 교육과정 개발과 지리교육의 변화에 대한 연구가 중요한 관심이 되었으며, 지리교사교육, 교육에 대한 지리적 연구, 외국의 지리교육에 대한 관심이 보다 확대되었다. 이 시기의 연구방법은 코니(1982)에 따르면, 실제조사, 실험적 방법에서 나아가 문헌분석, 문화기술적 연구, 행동연구, 반성적 분석 등 다양화된 것으로 보고되었다.

1970년대에 다양화된 연구분야와 연구방법론을 토대로, 1980년대 이후 지리교육의 연구방법론에 대한 논쟁이 가속화되었으며, 이러한 연구성과들은 지리교육관련 국제기구인 국제지리연맹(IGU; Commission on Geographical Education)을 통해 여러 회원국의 지리교육 연구방법론에 영향을 미치고 있다.

1980년대 이전까지의 지리교육연구들이 계량혁명과 실제조사(survey)에서 나오는 연역적 실험적 접근방법에 기초를 두었다면, 거버와 리드스톤(Gerber & Lidstone, 1996)이 언급한 것처럼 1980년대 이후의 연구에서는 이와 같은 양적 접근보다 행위와 행동에 대한 보다 자세한 기술을 통한 사례연구와 행동연구의 이용으로 질적 접근이 이루어졌다. 이러한 질적 접근은 해석학적 그리고 인간주의 전통과 결부되어 다양화되어 갔으며, 최근에는 다양한 접근방법을 함께 고려하는 방식이 등장하고 있다. 그러나 그레이브스(1987)에 따르면, 영연방의 지리교육 연구에서 가장 오랫동안 지속된 연구는 지도, 원격탐사 이미지 등을 이용한 도해력(graphicay)에 대한 연구이다.

영국에서 지리교육 활동을 전개하는 대표적이고도 중심적인 학회는 영국지리교육학회 (The Geographical Association)이다. 이 학회는 다양한 형태의 지리교육잡지, 지리교육자료를 발간하고 있으며 교사를 위한 많은 지리교육지침서를 발간했다. 우선 이 학회가 발간하는 지리교육잡지를 보면, 지리교육일반 및 지리교육의 학문적 내용을 주로 다루는 *geography*, 수업계획, 야외조사활동, 교수자료, 교재 등 지리교수-학습 전반에 대한 이론과 실제에 대한 것을 다루는(주로 중등 지리교육을 위한) *Teaching Geography*와 초등지리교육을 다루는 *Primary Geographer*가 있다. 또한 이 학회는 지리교사용 지침서로서 *Handbook for Geography Teachers*(D. Boardman(ed.), 1986), *Geographical Work in Primary and Middle Schools*(D. Mills(ed.), 1987), *Geography Teacher's Handbook*(P. Bailey and P. Fox(eds.), 1996) 등을 출판했다.

그밖에도 대학수준에서의 지리교육을 전문적으로 다루는 *Journal of Geography on Higher Education*, 초등지리교육잡지인 *Classroom Geographer*가 있으며, *The Geographical Journal*도 가끔씩 특집형식으로 지리교육 관련 논문들을 싣고 있다. 오스트레일리아의 경우 전문적인 지리교육학술잡지인 *Geographical Education*(호주지리교사협의회, AGTA; The Australian Geography Teacher's Association)을 발행하고 있으며, 뉴질랜드의 경우 *New Zealand Journal of Geography*에 많은 지리교육논문들이 실리고 있다.

한편 지리교육 관련 단행본들이 많지만, 각 영역별로 대표적인 것들을 소개하면 다음과 같다. 각 시기별로 각각의 지리교육분야별로 그리고 쟁점이 되는 주제별로 지리교육의 동향을 정리한 것으로는 1970년대의 *New Directions in geography Teaching*(R. Walford, ed., 1973, Longman), 1980년대의 *Signposts for Geography Teaching*(R. Walford, ed., 1981, Longman) 과 *Geographical Education: Reflection and Action*(John Huckle, ed., 1983, Oxford University Press) 이 있다. 지리교육과정에 대한 것으로는 *Curriculum Planning in Geography*(N. J. Graves, 1979, Heineman Educational Books), *Evaluating the geography Curriculum*(W. E. Marsden, 1976, Edinbourgh & N.Y., Oliver & Boyd)이 있으며, 지리 교수-학습에 대한 것으로는 *Learning through Geography*(F. Slater, 1982, Heineman Educational Books), *Language and Learning in the Teaching of Geography*(London and N.Y.: Routledge)가 있다.

인지발달 및 도해력에 대한 것으로는 *Graphicacy and Geography Teaching*(D. Boardman,

1983, London: Croom Helm), *Making Sense of Place*(M. H. Matthews, 1992, Hertfordshire and Savage: Haevester Wheatsheaf and Barnes & Noble Books)가 있고, 지리교육개론인 *Geography in Education*(N. J. Graves, 1983, 2nd ed.,London: Heineman Educational Books), 고등지리교육서 인 *Teaching Geography in Higher Education*(J. R. Gold et al., Basil Blakwell), 초등지리교육서인 *Geography in the Early Ages*(Joy Palmer, 1994, London & New York: Routledge) 등이 있다. 한편, 오스트레일리아에서 출판된 대표적인 지리교육서로는 다양한 지리 교수-학습의 방 법과 실제에 대한 내용을 실은 *The Teacher's Guide to the Classroom*(J. Fien et al., eds., 1984, South Melbourne: The Macmillan Co. of Australia Pty. Ltd.)이 있다.

2) 독일

하우브리히(Haubrich, 1987)에 의하면, 독일의 지리교육연구는 주로 대학, 교원양성대학, 기타 각급학교 교사양성과정에서 지리교육자들에 의해 이루어지고 있다. 대표적이며 중 심적인 지리교육 연구활동을 전개하는 학회는 전문적인 지리교육 연구자들의 학회인 "독 일 고등 지리학 및 지리교육 학회(HGD: Hochschulverband fur geographie und Ihre didaktik e. v.)가 있다. 이 학회는 학술지인 *Geographie und Ihre Didaktik*를 간행하고 있으며, 독립교 과로서 지리의 교수를 위한 교과이론을 정립하기 위한 이론적 쟁점과 연구문제들이 이 학술지에서 논의되어 진다. 그리고 이 학회는 자주 심포지엄을 개최하면서 그 결과들과 이외의 이론연구들을 묶어 지리교육 단행본 시리즈인 *Geographiedidaktische Forschungen*를 내고 있다.

그리고 독일학교지리학회(Verband deutscher Schulgeographen e. v.)도 활발한 지리교육연 구를 진행하고 있다. 이 학회도 *Zur lage des Geographieunterrichts in der Bundersrepublik Deuschland*(1985), *Geographieunterricht: Weltoffen, Sachbezogen, Zukunftsorientiert*(1982) 등 여러 권의 지리교육 단행본을 출판하고 있다. 그리고 이 학회는 학술잡지로서 *Geographische Rundschau*를 출판하는데, 여기에서는 지리교육 이론에 대한 것도 일부 다루지만 주로 지 리교과의 (학문적) 내용을 지역중심으로 집중적으로 다루고 있다.

그밖에도 대단히 많은 지리교사용 지침서와 지리교육잡지가 출판되고 있다. 지리교사 들을 위한 실질적인 교수단위별로 집중적으로 다루는 학술잡지로는 *Geographie Heute*, *Geographie and Schule*, *Praxis Geographie*, *Zeitschrift fur den Erdkunde Unterricht*가 있다.

비르켄하우어(Birkenhauer, 1988)에 따르면, 독일의 지리교육 연구는 교육과정이론에 근 거한 지리교육과정뿐만 아니라 과학으로서 지리가 제공하는 다양한 교육적 가치를 개발하는데 치중함으로써 어느 한 극단으로 치우치지 않는다. 지리교육과정과 지리교육 목표, 지리교육의 학문적(지리학) 내용, 교수행위, 학습조건과 교과의 구조화, 학생의 사고와 언어, 개념발달과 문제해결, 교수방법과 테크닉, 교수매체, 수업진행 등 다양한 영역에 대한 연구가 이루어지고 있으며, 최근에는 학생들의 태도와 동기화, 교과에 대한 지각 등을 바탕으로 정의적 영역과 지각연구를 결합하는 연구들이 진행되고 있다.

3) 미국

미국의 학교지리는 1800년대 말 스위스 태생의 지리학자인 기요에 의해 관찰활동중심의 교수법을 중심으로 본격적인 발전을 시작하여 지리교육내용의 핵심은 자연지리가 되었고, 이를 위한 교수자료와 교과서의 개발이 지리교육의 중심적 내용이 되었다. 그러나 1916년 사회과의 등장으로 독립과목으로서 전통이 무너지면서, 콘(Kohn, 1948)의 것처럼 지리교육의 연구는 사회과의 틀과 관련지으려는 것들이 나타나게 되었다.

특히 지리교육의 내용의 측면에서 보면, 그동안 주를 이루어오던 자연지리 내용 대신에 인문지리가 주를 이루게 되었으며, 지리교육의 연구는 사회과의 성격의 변화에 따라 강조되기도 하고 약화되기도 했다.

그런데, 1960년대에 학문중심 교육과정의 등장으로 사회과가 이른바 사회과학적 지식과 탐구를 강조하는 신사회과(new social studies)로 변화함으로써 지리에 대한 인식이 새로워졌으며, 지리교육의 연구도 활발하게 전개되었다. 지리교육과정개발 프로젝트인 HSGP (High School Geography Project)가 등장함에 따라 지리교육과정, 지리교육의 내용, 지리교수-학습, 지리평가에 대한 관심이 증대되어 많은 연구물들이 나타났다. 이에 따라, 한편으로는 지리의 기본개념을 찾으려는 연구가 많아졌으며(예를 들면, Warman(1964), Pattison(1964), Nishi(1966)), 다른 한편으로는 교수-학습자료가 개발되고(예를 들면 Georgia 대학의 Geography Curriculum Project를 들 수 있다), 지리학과 지리교육의 변화에 대한 새로운 안내서들(Wilhelmina Hill(ed.), *Curriculum Guide for Geographic Education*, National Council for Geographic Education, 1964. 등)이 등장하며, 지리평가에 대한 연구(D. Kurfman(ed.), *Evaluation in the Geographic Education*, National Council for Geographic Education, 1971)가 나타나 1970년대 초반까지 지리교육연구가 다양한 분야에 걸쳐 이루어졌다. 한편으로 한나(Hanna, 1966)의 연구처럼, 여전히 사회과 내에서 지리의 역할을 찾으려는 연구물들도 있었다.

그러나 이러한 성과에도 불과하고 1970년대 말에서 1980년대 초기까지의 미국의 지리교육은 사회과에서 지리의 중요성에 대한 인식의 결핍 등의 원인으로 크게 위축되었다.

이 기간 대표적인 지리교육 연구서적인 맨슨과 리드(Manson & Ridd, 1977)의 것을 제외하면 연구서적이 거의 출판되지 않았다.

1980년대 중반에 이르러 미국의 지리교육은 미국의 교육개혁과 더불어 급속히 재성장하기 시작했다. 미국교육진흥위원회(NCEE)의 1983년 보고서 『위기에 처한 국가: 교육개혁의 긴급성』에서 5가지 기초과목으로서 지리가 복귀하면서 지리교육 연구가 강화되었다. 특히 지리가 기초교육뿐만 아니라 국제이해교육, 환경교육, 지구촌 교육에도 중요한 역할을 하는 것이 인정됨에 따라 그 교육적 가치가 높게 인정되었다. 1984년에는 AAG(Association of American Geographers)와 NCGE(National Council for Geographic Educatoin)가 공동으로 1984년에 『지리교육을 위한 지침서(Guideline for Geographic Education)』를 발간함으로써, 지리의 5가지 근본주제, 지리와 다른 교과와의 관련성, 초·중등학교의 지리교육의 스코프와 시퀀스 그리고 그 내용, 고교지리에서 요구되는 기능(skills)들을 제시함으로써 지리교육연구의 토대를 마련했다.

1984년 이후 미국의 지리교육은 지리교육지침서를 바탕으로 기존 교수자료 평가(Text Assessement in Geography), 현직교사 교육과정 및 지리교사양성과정에 대한 연구(예로서 지리교사양성을 위한 교육과정의 연구로는 The Introductory Course in the Geography for the Preservice Teacher(AAG, 1990)가 있다. 현직교사를 위한 교육과정은 미국 각주의 지리교사연맹들이 독자적인 프로그램을 통해 개발했으며, 이에 대한 자세한 내용은 서태열·이기석(1992), 서태열(1993)을 참고할 수 있다. 교육과정 및 교수자료의 개발 있어서 교육과정안으로는 K-6 Geography(Geography Education National Implementation Project Committee on K-6 Geography, 1987)와 7-12 Geography(Geography Education National Implementation Project Committee on 7-12 Geography, 1989)가 있고, 모듈식 교육과정으로는 Geographic Perspectives on American Westward Expansion: A Teaching Module for the U.S. History and Geography Curriculum(M. T. Matherly & W. Wayne Harman, Center for Academic Interinstitutional Programs, UCLA, 1987)가 있으며, 교사용안내서로는 Geography: A Resource Book for Secondary Schools(A. D. Hill, ABC-Clio, Inc., 1989)가 있다. 지리교육과정 내용구성방안으로는 Geographic Themes in United States and World History: An Integration of Fundamental Geography into the Basics of the American Curriculum(C. L. Salter, 1987)이 있으며, 교과용 도서로는 Unlocking Geography Skills and Concepts(R. M. Goldberg & R. M. Hanes, Globe Book Co., 1988) 등이 있고, 지리 평가자료에는 Geography Objectives(U. S. Department of Education, 1998) 등이 있어 다양한 분야에 걸쳐 지리교육의 연구와 실험이 진행되었다.

최근에 NCGE는 지리교육의 기초이론서적을 발간하였다. 대표적인 것으로 지도 학습과 지도에 대한 *The Language of maps*(P. Gershmehl, NCGE, 1991), 학생들의 지각을 통한 지리교육에 대한 접근을 연구한 *Seeking New Horizons: A Perceptual Approach to Geographic Education*(H. W. Castner, NCGE, 1990), *Discovering New Horizons: A Perceptual Approach to Geographic Education*(H. W. Castner, NCGE, 1995) 등이 있으며 이외에 교수자료도 출판하였다. 또한 NSG(National Geographic Society)는 *Teaching Geography-A Model for Action*(1988)과 *Directions in Geography-A Guide for Teachers*(1991) 등의 지리교사 안내서와 지도를 비롯한 지리교육 기초자료 발간에 많은 노력을 하고 있다. 또한, 지리교육과정의 표준(The Geography Education Standard Project, *National Geography Standard*, 1994)이 제시되었으며, 지금까지의 지리교육 개혁운동 성과에 대한 연구서적인 *A Decade of Reform in Geographic Education: Inventory and Prospect*(R. S. Bednarz & J. F. Peterson(eds.), National Council for Geographic Education, 1994)를 내어 놓기도 했다. 그리고 일련의 교육과정 개발과 관련된 좀더 구체적인 교수매체의 개발에 대한 연구가 진행되었는데, GIGI(Geographic Inquiry into Global Issues) 프로젝트와 ARGUS(Activities and Readings on the Geography of the United States) 프로젝트가 대표적인 예이다.

여전히 미국 지리교육의 중심적 학술지는 NCGE가 출판하는 *Journal of Geography*이며, AGS(American Geographical Society)가 출판하는 *Focus* 또한 중요한 지리교육자료가 되고 있다. 물론 NCSS의 *Social Education*이나 *Theory and Research in Social Education*에도 지리교육에 관련된 논문들이 자주 등장하며, 사회과에도 지리교육에 관한 연구들이 실린다.

한편, 스톨트만(Stoltman,1991)은 미국에서 지리교육연구에 해당되는 박사학위논문들을 분석했는데, 연구주제면에서 보면 지리 개념과 지식의 획득, 지도기능의 발달과 계열성, 교수방법과 교수기술, 학생들의 공간인지발달, 지리 분야의 교과적 위상이 가장 많이 다루어진 주제였다. 최근 들어 학습이론의 검증에 대한 관심이 증대되고 있으며, 그 연구방법은 주로 실험적 연구, 조사였다고 한다.

이상에서 미국의 지리교육은 교육과정의 개발과 그에 따른 보다 구체적인 교수매체의 개발에 대한 연구에 중심이 되고 있으면서도, 기초연구로는 아동의 지리학습과 공간지각과 같은 지리교육심리분야에 대한 연구가 많아지고 있다는 것을 알 수 있다.

4) 일본

일본에서는 교과로서의 지리가 메이지유신 이후 근대학교의 등장과 함께 나타났으며,

주로 '국민과 지리'로 교수되었다. 그러나 2차 세계대전의 패전 이후 미국 군정의 영향으로 1947년에는 초등학교에서는 버지니아 주의 사회과 모형에 의해, 중·고등학교에서는 미주리 주의 모형에 의거한 사회과가 성립되었다. 이러한 영향으로 일본의 지리교육은 주로 초등 지리교육의 경우 사회과 내에서 다루어져 왔지만, 현재 고등학교에 '지리·역사과'가 독립되어 있는 등 중·고등학교 지리교육은 거의 독립적으로 다루어지고 있다.

일본의 지리교육은 국가 주도의 중앙 집중적인 체제의 영향으로 국가 주도의 교육과정의 개정, 교육과정의 해설, 개정된 교육과정과 관련된 교수-학습의 실천에 대한 것, 그리고 그에 따른 새로운 교재의 개발이 주를 이루었다.

그렇지만, 1930년대에 출판된 三澤勝衞의『지리교육론』에서 보듯이 지리교육의 목적에 대한 강조는 일찍부터 나타났다. 그리고 柴田義松 등(1962)에 의한 구소련의 지리교수법의 번역과 같은 지리교수법에 대한 관심도 나타났으며, 근대학교교육의 성립 이후 지리교육의 철학, 방법론에 있어서 변화를 추적하는 지리교육사 및 철학에 대한 연구물들도 [예로서 山本幸雄(1958), 中川浩一(1978), 木本力(1984)] 지속적으로 출판되고 있다. 또한 岩本廣美 외 4인(1985), 齋藤毅(1978), 寺本潔(1984)의 연구와 같이 공간지각 및 심리에 대한 연구도 활발하게 전개되어 왔다. 이처럼 일본의 지리교육은 지리교육의 기초분야에 대한 관심에서부터 정책분야에 이르기까지 균형적으로 발전해왔다고 할 수 있다.

한편 일본의 초등 지리교육은 주로 사회과에서 다루어지지만 아동의 공간지각의 형성과 관련된 지리교육심리에 대한 연구(예로서 寺本潔 外 2人, 1991)와 지리교수-학습에 대한 연구가 강한 것으로 보인다. 특히 후자의 경우 지리내용을 중심으로 한 실제의 사회과 수업에 대한 연구의 대표적인 예로서 岩田一彦(『소학교 사회과의 수업설계(小學校 社會科の授業設計)』, 東京書籍, 1991)의 것을 들 수 있다.

또한 일본은 지리교육에 대한 연구서적들이 많으며(예를 들면 1950년대 것으로 山崎謹哉 외 2인,『지리교육의 연구』, 大明堂, 1957과 地理教育研究會 編,『교사를 위한 지리교육론(教師のための地理教育論)』, 大明堂, 1975와 같은 것이 있다), 지리교육의 여러 연구분야에 걸친 이론과 과제들을 정리하는 시리즈로 출판되는 경우도 있다. 1970년대의 대표적인 시리즈물로는 矢嶋仁吉 등이 편집한 것(예로서 矢嶋仁吉 외 2인 編,『지리교육의 원리(地理教育の原理)』, 古今書院, 1972.와 矢嶋仁吉 외 2인 編,『지리교육의 동향과 과제(地理教育の動向と課題)』, 古今書院, 1975, 矢嶋仁吉 외 2인 編,『지리교육의 기본문제(地理教育の基本問題)』, 古今書院, 1972 등이 있으며, 이 시리즈는 이후 12권이 출판되었다)과 1980년대에 町田 貞과 篠原昭雄가 편집한 것(町田 貞, 篠原昭雄 編,『지리교육의 이론(地理教育の理論)』, 明治圖書, 1984. 町田 貞, 篠原昭雄 編,『지리교육의 내용(地理教育の內容)』, 明治圖書, 1984. 町田 貞, 篠原昭雄 編,『지리교육의 방법(地理教育の方法)

』, 明治圖書, 1984)이 있다.

일본의 대표적인 지리 교과교육관련 학술지로는 고금서원(古今書院)이 발간하는『지리(地理)』와 일본지리교육학회(日本地理敎育學會)가 발간하는『신지리(新地理)』가 있다. 최진식(1988)에 의한 1945~1981년 사이의 일본의 지리교육연구에 따르면, 지리교육연구 논문 전체의 절반 정도가 이 두 잡지에 게제되어 있으며, 특히『지리』의 경우 현직교사를 중심으로 대학의 교수, 교육의 전문가가 참여해 이론과 실제를 결합시키는 장이 되고 있다. 부정기 학술지로는 古今書院에서 출판되는『지리학과 지리교육(地理學と 地理敎育)』이 있으며, 이 출판사는『현대지리교육강좌(現代地理敎育講座)』시리즈를 통해 많은 지리교육단행본(1988년 현재 12편)을 출판한 바 있다. 그밖에 많은 지리학회의 전문지들에도 지리교육논문들이 실리며,『지리학보고(地理學報告)』(愛知敎育大),『지리학보(地理學報)』(大板敎育大),『광도대학교육학부기요(廣島大學敎育學部紀要)』,『동경학예기요(東京學藝大紀要)』와 같이 교과교육이 발달한 각 대학의 논문집에도 지리교육의 논문들이 실리며, 사회과교육 관련 학회지인『사회과교육(社會科敎育)』(일본사회과교육학회(日本社會科敎育學會))에도 지리교육논문들을 게재하고 있다.

한편, 최진식(1988)은 일본의 지리교육연구 또한 우리나라와 마찬가지로 연구물 수의 증감은 각급학교의 학습지도요령(교과과정)의 개정기이거나 아니면 개정에 따른 신학습지도요령의 실시 시기와 대체로 일치하는 경향이 있다고 보고한 바 있다. 그리고 그에 따르면, 1945~1981년 사이 일본의 지리교육연구를 영역별로 볼 때, 지리교육일반, 지리교육교수 및 교수방법, 지리교육교재 연구의 순으로 높은 비중을 차지한다. 이들은 전체연구의 75%이상을 설명하고 있으며, 상대적으로 지리교육의 목표, 지리교육평가, 지리교육심리, 지리교육사 영역의 연구는 낮은 비율을 차지하고 있다.

이러한 경향은 한국과 상당히 유사하나, 지리교육 전반에 대한 논의와 교수방법에 대한 연구가 한국보다 강하다. 또한 한국은 지리학 내용과 수업자료에 대한 연구가 많으나 일본의 지리교육연구에서는 지리교육의 목표, 지리교육평가, 지리교육심리, 지리교육사 영역의 연구가 낮은 비율을 차지함에도 불구하고 지리교육 연구가 전 영역에서 골고루 이루어지고 있다고 볼 수 있다. 1945~1981년 사이만 보더라도 137권에 이르는 지리교육단행본이 출판되었으며, 지리교육일반, 지리교재, 지리교수, 교수자료가 가장 많은 비중을 차지하고 있었다.

5) 국제학술단체를 통한 지리교육 연구

지리교육 연구에 있어서 국제기구인 국제지리연합(IGU: International Geography Union)의 지리교육위원회(CGE: Commission on Geographic Education)는 매우 중요한 역할과 활동을한다. 그 동안 IGU CGE는 격년제로 개최되는 국제대회를 통해 세계 여러 나라의 지리교육연구 및 그 성과, 그리고 이론과 실제 경험들을 상호 교환하고, 지리교육국제헌장(International Charter on geographical Education, 1992)을 통해 지리교육을 위한 새로운 정책을 제시하며, 국제학술지인 *International Research in Geographical and Environmental Education*을 출판하는 등 지리교육의 발전과 보급에 대단히 중대한 공헌을 해왔다. 특히 격년제로개최되는 국제대회는 지리교육과정, 지리교사교육모델의 개발, 공간인지, 연구방법 등 지리교육의 전 연구영역들을 차례로 다루면서 지리교육의 새로운 지평을 열어가고 있다.

1980년대 이후 간행된 대표적 연구물들만 소개하면, *International Focus on Geographical Education*(H. Haubrich, ed., 1982), *Developing Skills in Geographical Education*(R. Gerber and J. Lidstone, eds., 1988), *International Perspectives on Geographic Education*(A. David Hill, ed. 1992), *Innovations in Geographical Education*(J. Van der Schee et. al., eds., 1996) 등이 있다.

한편 UNESCO에서도 지리교육의 중요성에 비추어 지리교육안내서를 출판해왔는데, 1959년에는 *A Handbook of Suggestions on the Teaching of geography*(N. Scarfe), 1965년에는 *Sourcebook for geography Teaching*, 1980년에 *Sourcebook for Geography Teaching*(N. J. Graves)가출판되었으며 이들은 모두 국내에서 번역되었다.

표 20-1. 각국의 주요 지리교육 학술지	
미국	Journal of Geography(지리교육일반)(NCGE: 미국지리교육학회) Focus(American Geographical Society) ** Social Studies교육: Social Education(NCSS: 미국사회과교육학회) Theory and Research in Social Education(NCSS: 미국사회과교육학회) Social Studies
영연방	Geography(지리교육(일반)지)(the Geographical Association: 영국지리교육학회) Teaching Geography(중등지리교육지)(GA) Journal of Geography in the Higher Education(고등지리교육지) Primary Geography(초등지리교육지)(GA) Classroom Geographer(초등지리교육지) (호주)Geographical Education(AGTA: Australian Geography Teacher's Association)
일본	『新地理』(日本地理教育學會) 『地理』(古今書院)
한국	『지리환경교육』(한국지리·환경교육학회) ≪지리교육논집≫(서울사대 지리교육과)
독일 (서독)	Geographie und Ihre didaktik(독일 고등 지리학 및 지리교육 협회: HGD(Hochschulverband fur geographie und Ihre didaktik e. v.)) Geographie Heute Geographie and Schule Praxis Geographie Zeitschrift fur den Erdkunde Unterricht Georaphische Rundschau
국제 학술지	International Research in Geographical and Environmental Education (Commission on Geographical Education, International Geography Union)

참고문헌

강창숙. 2002, 「지리개념 발달과 상보적 교수-학습에 대한 연구」, 한국교원대 박사학위논문.

강철성. 1997a, 「창조적 집단사고 활동을 위한 지리수업 구조화: 아프리카 기후와 식생을 중심으로」, ≪지리·환경교육≫ 제7권 제2호, 한국 지리·환경교육학회.

_____. 1997b, 「문제해결 학습에 따른 지리학습 지도사례에 관한 연구 : 분석을 위한 교수-학습의 실제」, ≪지리·환경교육≫ 제5권 제2호, 한국지리·환경교육학회.

_____. 1997c, 「지리수업설계에 따른 GIS 기초과정 교육 프로그램안」, ≪지리·환경교육≫ 제5권 제 1호, 한국 지리·환경교육학회.

강환국·정환영. 1983, 「한국 사회과 교육학의 연구동향에 대한 분석적 고찰-지리교육분야」, ≪교육개발논총≫ 4 .

권동희. 1998, 「고등학교 한국지리 교육용 영상자료 데이터베이스 개발」, ≪한국지역지리학회지≫, 4(2), 65-77.

권순덕. 1999, "지리학습의 개별화를 위한 비판적 사고기능의 선정과 메타인지의 계획·실행·평가 과정에 관한 연구," ≪지리·환경교육≫ 제7권 제2호, 한국 지리·환경교육학회.

권정화. 1990, 「최남선의 초기 저술에 나타나는 지리적 관심: 개화기 육당의 문화운동과 명치지문학의 영향」, ≪응용지리≫ 13.

_____. 1997a, 「지역인식논리와 지역지리 교육내용구성에 관한 연구」, 서울대학교 박사학위논문.

_____. 1997b, 「지리교육의 역사적 접근과 인문 지리학의 시공간 개념 검토」, ≪지리·환경교육≫ 5(1).

권혁재. 1982, 「개화기와 일제시대의 지리학과 지리교육」, 한국교육사연구회, 『한국교육사연구의 새방향: 교육사학의 본질과 방법』, 집문당.

그레이브스. 1984, 『지리교육학개론』(이희연 옮김), 교학연구사.

_____. 1995, 『지리교육학강의』(이경한 옮김), 명보문화사.

김경추. 1998, 「사고력 계발을 위한 지리과 수업방법」, ≪지리학연구≫ 제32권 제3호, 한국지리교육학회.

김민정. 2002, 「교수학적 변환과 극단적 지리교수현상」, 한국교원대 석사학위논문.

김 숙. 1998, 「지리교수 매체활용에 관한 연구: 인터넷 활용을 중심으로」, 전남대학교 대학원 석사학위논문.

김연옥. 1990, 『사회과 지리교육연구』, 교육과학사.

김은정. 1998, 「지리수업에서 인터넷의 효과적 활용에 관한 연구」, ≪지리교육논집≫ 40.

김일기. 1976, 「HSGP와 우리나라 고교지리의 비교연구」, ≪지리학과 지리교육≫ 6.

_____. 1979, 「국토지리교육을 통한 가치교육」, ≪지리학과 지리교육≫ 9.

김진국. 1998, 「지리교육에서의 오개념 연구」, 한국교원대학교 석사학위논문.

김현경. 1996, 「환경관련 내용의 쟁점중심조직」, ≪지리·환경교육≫ 4(1).

김현주. 1997, 「학생과 교사의 지리용어인식에 관한 연구 -고등학교 '한국지리' 농업단원을 중심으로」, ≪지리교육논집≫ 37.

김혜숙. 1996, 「문학 작품을 활용한 지리 수업」, ≪지리·환경교육≫ 4(1).

남궁봉. 1978, 「탐구학습방법을 통한 지리과의 학습지도」, ≪지리학과 지리교육≫ 8.

남상준. 1986, 「일제의 대한 식민지 교육정책과 지리교육: 한국지리를 중심으로」, ≪지리교육논집≫ 17.

_____. 1988, 「개화기 근대교육제도와 지리교육」, ≪지리교육논집≫ 19.

_____. 1992, 「한국 근대학교의 지리교육에 관한 연구」, 서울대학교 박사학위논문.

_____. 1996, 「지리교육 반세기의 회고와 전망: 연구업적을 중심으로」, ≪대한지리학회지≫ 제31권 제2호.

_____. 1999, 『지리교육의 탐구』, 교육과학사.

남호엽. 2001, 「한국사회과에서 민족정체성과 지역정체성의 관계」, 한국교원대학교 박사학위논문.

류수현. 1998, 「협동학습을 이용한 지리수업의 개선방안 연구」, ≪지리교육논집≫ 39.

류재명. 1991, 『우리의 삶터를 아름답게』, 한울.

_____ . 1992a, 「지리수업활동 조직화에 관한 연구」, 서울대학교 박사학위논문.

_____ . 1992b, 「지리수업에서의 소크라테스 대화법의 활용」, ≪지리학회보≫ 35.

_____ . 1993, 「질문법을 활용한 개념학습 프로그램 개발에 관한 연구: 산업입지개념을 중심으로」, ≪지리교육논집≫ 29.

_____ . 1997, 「제7차 지리과 교육과정의 체제개발 방안」, ≪대한지리학회지≫ 32(1).

류재명·이희열. 1994, 「지리수업의 전개방법에 관한 모형개발 연구」, ≪지리·환경교육≫ 2(1).

민홍기. 1982, 「지리교육에서 국제이해교육」, ≪사회과교육≫ 15.

박노식. 1959, 『신지리학교수론』, 정음사.

박선미. 1999, 「지리과 수업의 구성주의적 접근」, 고려대학교 박사학위논문.

_____ . 2001, 「한·미 지리교육의 내용과 조직 비교」, ≪대한지리학회지≫ 36(2).

박성희. 1997, 「지리수업에서 지역사회 환경관련 자료의 활용에 관한 연구: 정의적 목표 구현을 위한 환경교육 수업모형 개발을 중심으로」, ≪지리교육논집≫ 제38권, 서울대학교 사범대학 지리교육과.

박승규. 2000, 「일상생활에 근거한 지리교과의 재개념화」, 한국교원대학교 박사학위논문.

박정일. 1979, 「사회과 지리교육과정의 변천에 관한 연구: 1945~1975」, ≪지리학과 지리교육≫ 9.

박철웅. 2001, 「웹 활용을 통한 지리과 수준별 과제해결학습의 수업방안」, ≪한국지역지리학회지≫ 7(2).

배상운. 2000, 「고등학교 한국지리 자연환경 단원에서의 구성주의적 멀티미디어 코스웨어의 개발과 적용」, 경북대학교 박사학위논문.

배상운·조화룡. 1999, 「중등 지리과에서의 구성주의적 멀티미디어 활용 수업의 모형 개발과 효과 분석」, ≪한국지역지리학회지≫ 제5권 제1호.

백경미. 1996, 「지리과 '기능' 영역의 평가에 대한 연구 -중학교 사회과 지리분야를 중심으로」, ≪지리교육논집≫ 36.

브루일렛. 1972, 『지리교육의 원리와 사례』(이찬·김연옥·권혁재 옮김), 유네스코 한국위원회.

서태열. 1992, 「지리교육과정의 내용구성에 대한 연구」, 서울대학교 박사학위논문.

_____ . 1993, 「1980년대 이후 미국 지리교육 부흥운동의 전개과정과 그 시사점: 지리학, 지리교육, 그리고 교육정책의 관계」, ≪지리학≫ 제28권 제2호, 대한지리학회.

_____ . 1994, 「지리교육 연구의 영역 설정을 위한 탐색」, ≪지리·환경교육≫ 2(1).

_____ . 1996a, 「지리 평가에서 과정중심 평가 틀의 구성: Profile 중심의 수행평가를 중심으로」, ≪지리·환경교육≫ 4(1).

_____ . 1996b, " 한국학생의 위계적 공간포섭관계에 대한 이해", 『지리학논집』 22(1).

_____ . 1996c, 「지리개념의 발단단계에 대한 연구: '장소' 개념을 중심으로」, 대한지리학회지제31권 제 4호(영문판).

_____ . 1997, 「지리 교과교육 연구와 실제의 매체」, 『교과교육 연구와 실제의 의사소통 매체』, 한국교과교육학회.

_____ . 1998, 「구성주의와 학습자중심 사회과교육」, ≪사회과교육≫, 31, 53-80.

_____ . 2000, 「지리교과교육연구의 보편성과 특수성」, 『21세기의 교과교육학의 특수성과 보편성』,

한국교과교육학회.

서태열·류재명. 1997, 「제7차 지리교육과정 개발과정에서 나타난 문제점과 앞으로의 과제」, ≪지리·환경교육≫ 5(2).

서태열·이기석. 1992, 「지리과 중등학교 지리교사 연수 프로그램 개선에 대한 연구」, ≪지리교육논집≫ 제27집, 서울대학교 사범대학 지리교육과.

소 연. 1998, 「지리교육에서의 수행평가 적용에 관한 연구」, ≪지리교육논집≫ 40.

송언근. 2000a, 「지리교육의 구성주의적 접근을 위한 또 하나의 구성: 레지오 에밀리아 접근법을 중심으로」, ≪대한지리학회지≫ 35(1).

_____. 2000b, 「구성주의 지리교육의 실천적 구성을 위한 현장연구 Ⅰ」, ≪대한지리학회지≫ 35(4).

_____. 2001, 「구성주의 지리교육의 실천적 구성을 위한 현장연구 Ⅱ」, ≪대한지리학회지≫, 36(1).

송언근·이보영. 1999, 「구성주의 인식론에서 본 구성주의적 지리교육의 전제」, ≪지리학연구≫, 33(1).

송호열. 1999, 「중등학교 기후단원의 내용선정과 조직원리」, ≪지리·환경교육≫ 7(2).

스캎. 1959, 『신 지리교육의 지침』(김경성 옮김), 동국문화사.

심광택. 1994, 「수업설계론과 수업구조화: 일본 고등학교 도시단원을 사례로」, ≪대한지리학회지≫ 29(2).

_____. 1997, 「지식의 유형에 근거한 지리과 수업 방법의 실제」, 한국교원대학교 박사학위논문.

_____. 1999, 「협동학습에서의 Jigsaw Ⅱ방법과 실제」, ≪지리과교육≫ 창간호, 한국교원대학교 지리교육과.

심광택·박승규. 1999, 「'경관'과 '기호' 표상을 활용한 지역학습」, ≪대한지리학회지≫ 34(1).

양원택. 1996, 「한·일 고등학교 세계지리 교과서 내용 비교 분석: 국제이해교육의 관련 내용을 중심으로」, ≪한국지역지리학회지≫ 2(2).

양희경. 2001, 「영상자료 활용수업을 통한 지형이해 및 수업효과」, ≪한국지형학회지≫ 8(2).

옥성일. 1997, "낭만주의적 자연관과 지리적 환경론의 정립: 리터와 기요의 지리학 연구를 중심으로," ≪지리교육론집≫ 37.

유홍식. 1988, 「한국지리교육연구의 발달: 분야별 연구를 중심으로」, ≪지리교육논집≫ 19.

이경한. 1996, 「지리과 가치수업 모형의 개발과 수업활동 전개과정의 조직」, ≪지리교육논집≫ 36.

_____. 1997, 「지리적 논쟁문제 해결을 위한 교수모형의 개발」, ≪지리·환경교육≫ 제5권 제1호, 한국 지리·환경교육학회.

_____. 1998, 「지리수업전략으로서 개념지도의 이용가능성에 관한 논의」, ≪지리·환경교육≫, 6(1).

_____. 2001, 「추상성 정도에 따른 지리교과의 개념학습방법 개발에 관한 연구: 자연지리의 개념과 인문지리의 개념을 중심으로」, ≪지리·환경교육≫ 9(1).

이경한·남궁봉·최진성. 1998, 「지리교육에서의 가치교수-학습 프로그램의 개발」, ≪대한지리학회지≫ 33(1).

이기복·황홍섭. 2000, 「구성주의적 사회과 교육을 위한 사진자료 활용방안」, ≪한국지역지리학회지≫ 6(3).

이돈희. 1987, 「교과교육학의 성격과 과제」, ≪사대논총≫ 제34집, 서울대학교 사범대학.

이영민. 1997, 「문화·역사지리학 연구의 최근동향과 지리교육적 함의」, ≪지리·환경교육≫,제5권 제1호, 한국 지리·환경교육학회.

_____. 1999, 「지리교육의 기본 개념: 지리교사들의 인식과 재정립 방향의 모색」, ≪대한지리학회지≫ 34(3).

이은숙. 1996, 「김교신의 지리사상과 지리학 방법론:『조선지리소고를 중심으로』」, ≪문화역사지리≫ 8.

이은실. 1998, 「체계론에 토대를 둔 자연지리학습 내용의 구성」, ≪지리교육논집≫ 40.

이종원. 2000a, 「인터넷을 활용한 지리교육 방법 연구 -협동학습과 게임을 중심으로」, ≪지리·환경교육≫ 8(1).

_____. 2000b, 「지리교사 전문성 향상을 위한 교육과정 연구」, 서울대학교 대학원 석사학위논문.

이중우. 1987, 「지리교육의 연구동향」, ≪경북대 교육대학원 논문집≫ 19.

_____. 1980, 「지리학습에서 인구교육」, ≪교육연구지≫ 22.

이 찬. 1968, 「HSGP를 통해서 본 미국의 지리교육개혁」, ≪지리학≫ 3.

_____. 1969, 「지리교육에서의 기본개념」, ≪새교육≫ 4.

_____. 1976, 「환경교육의 배경과 내용」, ≪사회과교육≫ , 9, 13-20.

이찬 외. 1977, 『지리과교육』, 능력개발.

이청일. 1974, 「지리교육과정에서의 인구교육의 연구」, 서울대학교 석사학위논문.

이현옥. 1978, 「초·중등학교 지도교육의 주요개념에 관한 연구」, ≪지리학과 지리교육≫ 8.

_____. 1982, 「중학교에서의 국제이해교육」, ≪사회과교육≫ 15.

이희연·최은경. 2000, 「인터넷 홈페이지를 이용한 지리수업 방법의 학습효과에 관한 연구」, ≪대한지리학회지≫ 35(4).

이희열·도정훈. 1998, 「한국지리 교과에서의 NIE 방안에 관한 연구」, ≪지리·환경교육≫ 6(2).

임덕순. 1972, 「지리교육에 있어서의 사고력 신장」, ≪사회과교육≫ 6.

_____. 1976, 「지리교육의 방법」, ≪사회과교육≫ 11.

_____. 1978, 「중·고등학교에서의 인구교육: 목표와 내용」, ≪사회과교육≫ 13.

_____. 1979, 「지리교수용 제기본개념의 결정: 지리교육과정 구성을 위한 논의」, ≪지리학과 지리교육≫ 9.

_____. 1986, 『지리교육론』, 보진재.

_____. 1989, 「한국고교 지리과목의 구성골격·목표·내용의 변천-1948-1988」, ≪지리교육논집≫ 21.

장영진. 1991, 「중학생의 공간 이해와 지도읽기 능력 분석」, ≪지리교육논집≫ 26.

정용우. 1981, 「초보적인 지도학습 지도에 대한 이론적 접근」, ≪사회과교육≫ 14.

정장호. 1976, 「지리교육」, ≪지리학≫ 13.

정회식. 1993, 「대학입학 학력고사 지리과 문항 분석」, 한국교원대 석사학위논문.

조광준. 1992, 「지리교육연구사」, ≪사회과교육≫ 25.

조성욱. 1997, 「일본의 '지역학습'에 관한 고찰: 전개과정을 중심으로」, ≪지리·환경교육≫ 5(1).

_____. 2000, 「고등학교 경제지리 교육내용의 선정과 조직에 관한 연구」, 서울대학교 박사학위논

문.

조창래. 1998, 「중학교 사회과 지역지리 교수학습 방법 연구: 심화·보충형 교수학습을 중심으로 」, ≪지리교육논집≫ 제39집, 서울대학교 사범대학 지리교육과.

조혜종·오병희. 1997, 「고등학교 한국지리의 탐구학습에 관한 연구」, ≪지리·환경교육≫ 제5권 제2호, 한국 지리·환경교육학회.

최규학. 1998, 「지리신문 활용을 통한 지리수업 방법 -구성주의적 접근을 중심으로」, ≪지리교육 논집≫ 39.

최낭수. 1983, 「초등학교 아동의 공간개념 형성에 관한 연구: 축척과 지도화를 중심으로」, ≪지리학과 지리교육≫ 13.

_____. 1998, 「지도교육을 통해서 본 도해력의 중요성」, ≪지리·환경교육≫ 제6권 제1호, 한국 지리·환경교육학회.

_____. 1999, 「효율적인 지도교육을 위한 아동 공간인지발달 연구」, ≪지리·환경교육≫ 제7권 제2호, 한국 지리·환경교육학회.

최영미·공우석. 2001, 「고등학교 한국지리의 식생·임업 단원 내용 분석」, ≪지리·환경교육≫ 9(1).

최운식·김이진. 2000, 「멀티미디어를 이용한 지리수업에서의 수업효과 연구」, ≪지리·환경교육≫ 8(1).

최원회. 1994a, 「사고수업과정의 모색과 지리과에의 적용방안 연구」, ≪지리·환경교육≫ 2(1).

_____. 1994b, 「지리과 사고수업과정에 관한 연구」, 서울대학교 박사학위논문.

최윤희. 1991, 「인지론적 접근에 의한 지리 교육용 코스웨어의 개발과 교육적 효과에 관한 연구」, ≪지리교육논집≫ 25.

최진식. 1988, 「일본 지리교육연구의 동향: 1945-1981」, ≪지리교육논집≫ 제19집, 서울대학교 사범대학 지리교육과.

폴리와 자니카운. 2000, 『초등지리교육론』(강경원 외 옮김), 학문사.

한균형·강용진. 1999, 「지형단원수업을 위한 3차원컴퓨터 지도의 활용방안에 관한 연구」, ≪지리학연구≫ 332(2).

한인수. 1980, 「초등학교 사회과 교과서상의 지도자료취급에 관한 연구」, ≪지리학연구≫ 5.

한인수·송종홍. 1981, 「국민학교 사회과 지도학습의 실태와 당면과제」, ≪지리학연구≫ 6.

홍기대·이점동. 2001, 「초등지리교육에서 인터넷 활용 학습을 통한 국제이해교육」, ≪지리·환경교육≫ 9(1).

황만익. 1998, 「지리교육에서 지리정보체계(GIS)의 활용방안에 관한 연구」, ≪지리교육논집≫ 40.

황병원. 1998, 「지리 교수 전략으로서 개념도 활용 -고등학교 한국지리 '도시'단원의 성취도를 중심으로」, ≪지리교육논집≫ 39.

황홍섭. 1995, 「지역지리학습에 있어서 음악작품의 활용」, ≪한국지역지리학회지≫ 창간호.

_____. 1998, 「구성주의적 사회과교육을 위한 웹기반 가상공간에서의 경험학습방안」, ≪한국지역지리학회지≫ 4(2).

황홍섭·장서순. 2002, 「그림지도 학습을 위한 멀티미디어 코스웨어의 개발」, ≪한국지역지리학회지≫ 8(1).

篠原昭雄. 1991, 「(일본) 社會科 地理敎育의 현상과 과제」, ≪지리학≫ 제26권 제3호, 대한지리학회.

三澤勝衛. 1937, 「昭和 12年」, 『地理敎育論』, 古今書院 ,東京.

柴田義松 他譯. 1962, 『地理敎授法』, 明治圖書, 東京.

山本幸雄. 1958, 『地理敎育史』, 大修館書店, 東京.

中川浩一. 1978, 『近代地理敎育の原流』, 古今書院.

木本力. 1984, 『地理敎育の展開』, 大明堂.

岩本廣美 外. 1985, 「子どもの心理的發達に關する地理學的硏究」, 『新地理』 33-2.

齋藤毅. 1978, 「兒童の『心象環境』と世界像に關する方法論的考察」, 『新地理』, 26-3.

寺本潔. 1984, 「子どもの知覺環境に關する基礎的硏究」, 『地理學評論』.

寺本潔 外. 1991, 「子供の手描き地圖からみた知覺空間の諸類型」, 『愛知敎育大硏究報告』 제40
집(人文科學).

Birkenhauer, Josef. 1988, "A Review of Research Activities in Geographical Education in the Federal
    Republik of Germany 1975~1984," in Josef Birkenhauer & Bill Marsden(eds.), *German
    Didactics of Germany in the Seventies and Eighties: A Review of Trends and Endevours*, IGU
    Commission on Geographical Education.

Corney, G. 1982, *Register of Research in Geographical Education*, The Geographical Association,
    Sheffield.

Fien, J. 1992, "What Kinds of Research for what Kind of Teaching?: Towards Research in
    Geographical Education as a Critical Social Science," in David Hill(ed.), *International
    Perspectives on Geographic Education*, IGU Commission on Geographical Education.

Gerber, Rod. 1994, "The Role of Qualitative Research in Geographical Education," in Hartwig
    Haubrich(ed.), 1994, *Europe and the World in Geography Education*, HochSchulverband fur
    Geographie und ihreDidaktik e. V., Nurnberg.

Gerber, Rod & John Lidstone. 1996, "Reflecting on Developments and Directions in Geographical
    Education," in Rod Gerber and John Lidstone(eds.), *Developments and Directions in Geographical
    Education*, Channel View Publications, Clevedon.

Graves, N. J. 1980, "Geographical Education in Britain," *Progress in Human Geography*, Vol.4, No.4.

_____ . 1981, "Geographical Education," *Progress in Human Geography*, Vol.5, No.4.

_____ . 1982, "Geographical Education," *Progress in Human Geography*, Vol.6, No.4.

_____ . 1987, "Research in Geographical Education," *New Zealand Journal of Geography*, Vol.84,
    No.4.

Hanna, P. 1966, *Geography in the Teaching of Social Studies*, Houghton Mifflin Co., Boston.

Haubrich, H. 1987, "Some Recent Activities for Improving Geographical Education in the Federal
    Republic of Germany," in H. Haubrich(ed.), *International Trends in Geographical Education*,
    IGU Commission on Geographical Education.

Kohn, C. F.(ed.) 1948, *Geographic Approach to Social Education*, 19th yearbook, The National Council for the Social Studies.

Lidstone, J. G. 1988, "Research in Geographical Education," in R. Gerber and J. Lidstone(eds.), *Developing Skills in Geographical Education*, IGU Commission on Geographical Education.

Long, M. 1964, "The Teaching of Geography: A Review of Recent British Research and Investigation," *Geography*, Vol.49.

Manson, G. A. & M. K. Ridd.(eds.) 1977, *New Perspectives on Geographic Education*, Kendall/Hunt Publishing Co., Iowa.

Naish, M. C. 1972, "Some Aspects of the Study and Teaching of Geography in Britain: A Review of Recent British Research," *Teaching Geography Occasional Papers*, No.18, The Geographical Association, Sheffield.

Midori Nishi. 1966, "Geographic Guideline for Reconstructing the Social Studies Curriculum," *Journal of Geography*, Vol.LXV.

Pattison, W. D. 1964, "The Four Tradition of Geography," *Journal of Geography*, Vol.LXIII.

Stoltman, J. 1991, "Research on Geography Teaching," in J. P. Shaver, *Handbook of Research on Social Studies Teaching and Learning*: *A Project of national Council for the Social Studies*, Macmillan Publishing Co.

Tae-Yeol Seo. 1996, "A Study on the Stages in the Development of Geographic Concept: The Conception of 'Place'," *Journal of the Korean Geographical Society* 31(4).

Warman, H. J. 1964, "Major concepts in Geography," in Wilhelmina Hill(ed.), *Curriculum Guide for Geographic Education*, National Council for Geographic Education.

Wolforth, J. 1980, "Research in Geographical Education," in Choquette et al., des., *Canadian Geographical Education*, Canadian Association of Geographers & University of Ottawa Press.

찾아보기

인명

[ㅅ]

[ㅇ]

岩田一彦   569
齋藤毅   569
中川浩一   569

Hassell   255
Rawling   107

용어

[ㅈ]

■ 서태열

서울대학교 사범대학 지리교육과와 동대학원 석·박사 과정을 졸업하고 교육학 박사 학위를 취득했다. 1994년부터 고려대학교 지리교육과 교수로 재직 중이며, 1992년에 미국 매캘러스터 대학 객원연구원, 1993년에 미국 콜로라도 대학 'Post-Doctoral Fellow', 2000년에 미국 텍사스 주립대학에서 객원교수를 지냈다. 제7차 사회과 교육과정 개정위원, 한국지리환경교육학회 편집부장 등을 역임했으며, 현재는 한국사회과교육연구학회 부회장, 한국교육과정평가원 자문위원, 한국정신문화연구원의 자문위원 등을 맡고 있다.

주요 저·역서로는『초등지리교육론』(공역),『도시와 국토』(공저), *The Ordinary Life and Cultural Landscapes of Korea*(공저) 등이 있으며, 주요 논문으로는「자연주의 교육사상가들에게서 나타나는 지리적 관심: 지리학 및 지리교육에 미친 영향」,「지구촌 시대의 '환경을 위한 교육'의 개념적 모형의 정립」, "The Urban Children's Conception of Place in Seoul Mega City" 외 다수가 있다.

* e-mail: tyseo@korea.ac.kr

한울아카데미 782

지리교육학의 이해

ⓒ 서태열, 2005

지은이 | 서태열
펴낸이 | 김종수
펴낸곳 | 한울엠플러스(주)

초판 1쇄 발행 | 2005년 3월 3일
개정판 1쇄 발행 | 2005년 8월 15일
개정판 9쇄 발행 | 2018년 6월 4일

주소 | 10881 경기도 파주시 광인사길 153 한울시소빌딩 3층
전화 | 031-955-0655
팩스 | 031-955-0656
홈페이지 | www.hanulmplus.kr
등록번호 | 제406-2015-000143호

Printed in Korea.
ISBN 978-89-460-6493-5 93980

* 가격은 겉표지에 표시되어 있습니다.